高等院校土木工程专业“十二五”规划教材

基础工程学

（第2版）

陈国兴　樊良本　陈甦　等 编著

卢廷浩　主审

中国水利水电出版社

www.waterpub.com.cn

内 容 提 要

本教材针对土建类专业的建筑工程、岩土工程、地下空间工程、交通土建工程、轨道交通、道路工程等专业方向的教学需要，遵循“内容充实、注重实用、兼顾不同行业、便于自学”的原则，主要依据国家和行业最新版规范进行编写，充分体现了本学科的理论性、系统性、计算性、实验性及应用性的特点。全书共分10章，内容包括：绪论、岩土工程勘察、天然地基浅基础、连续基础、桩基础、沉井工程、地基处理、基坑工程、地下连续墙设计与施工、区域性地基与挡土墙。

本教材可作为高等学校土木工程、城市地下空间工程、交通工程、勘查技术与工程等专业《基础工程》课程的教材，也可作为土建类研究生的教学参考书，并可供土建类工程技术人员阅读参考。

图书在版编目（CIP）数据

基础工程学 / 陈国兴等编著. -- 2版. -- 北京 ：中国水利水电出版社, 2013.2(2023.12重印)
高等院校土木工程专业“十二五”规划教材
ISBN 978-7-5170-0660-2

Ⅰ. ①基… Ⅱ. ①陈… Ⅲ. ①地基－基础（工程）－高等学校－教材 Ⅳ. ①TU47

中国版本图书馆CIP数据核字(2013)第032038号

书　名	高等院校土木工程专业“十二五”规划教材 **基础工程学（第2版）**
作　者	陈国兴 樊良本 陈甦 等 编著 卢廷浩 主审
出版发行	中国水利水电出版社 （北京市海淀区玉渊潭南路1号D座 100038） 网址：www.waterpub.com.cn E-mail：sales@mwr.gov.cn 电话：（010）68545888（营销中心）
经　售	北京科水图书销售有限公司 电话：（010）68545874、63202643 全国各地新华书店和相关出版物销售网点
排　版	中国水利水电出版社微机排版中心
印　刷	北京市密东印刷有限公司
规　格	184mm×260mm 16开本 25印张 593千字
版　次	2002年12月第1版 2002年12月第1次印刷 2013年2月第2版 2023年12月第5次印刷
印　数	11001—12000册
定　价	**69.00**元

第二版前言

本教材第一版出版于2002年12月，其编写的宗旨是适应国家教育部本科专业目录调整后的土木工程专业的培养目标和教学要求。该教材是按照全国土木工程专业教学指导委员会对土木工程专业的培养规格要求和目标编写的，是《土质学与土力学》和《基础工程学》姐妹篇教材中的第二册。近年来，基础工程领域的研究与工程实践取得了新的进展，该领域的国家和行业规范相继进行了修订，出版了新一版的国家和行业规范。因此，本教材的编写人员决定对《基础工程学》（第一版）教材进行修订，出版《基础工程学》第二版。

第二版是在继承第一版的编写原则和基本格局的基础上写成的，原教材体系的基本格局不变，各章的顺序做了局部的调整，第一版的第9章、第10章、第6章依次改为第二版的第6章、第9章和第10章；鉴于本科生阶段一般不讲授动力基础的内容，地基基础抗震的内容在《工程结构抗震设计原理》课程中另有讲授，因此，全书修改为10章，删去了第一版的第11章。全书依据《岩土工程勘察规范》（GB 50021—2001）（2009版）、《建筑地基基础设计规范》（GB 50007—2011）、《建筑桩基技术规范》（JGJ 94—2008）和《公路桥涵地基与基础设计规范》（JTG D63—2007）等最新版国家和行业规范的精神进行编写。为了适应当前土建类专业《基础工程学》的教学需要，与第一版相比，第二版对各章都进行了较大幅度的修改，补充了我国基础工程领域的最新研究成果。针对土建类相关专业的建筑工程、岩土工程、地下结构工程、交通土建工程、轨道交通、道路工程等专业方向的教学需要，编写中遵循“内容充实、注重实用、兼顾不同行业、便于自学”的原则，编写人员积极收集资料，既重视基本理论和概念的阐述，也注重工程应用和前沿知识的教学，力求使本教材能较好地满足各高等学校土建类专业的教学要求。全书共分10章，第1章为绪论，第2章为岩土工程勘察，第3章为天然地基浅基础，第4章为连续基础，第5章为桩基础，第6章为沉井工程，第7章为地基处理，第8章为基坑工程，第9章为地下连续墙设计与施工，第10章为区域性地基与挡土墙。

本教材由南京工业大学陈国兴教授主编，河海大学卢廷浩教授主审。浙江工业大学樊良本教授撰写第1章；南京工业大学韩爱民教授撰写第2章、王志华副教授和高洪梅博士撰写第3章，浙江工业大学陈禹副教授撰写第4章；南京工业大学陈国兴教授撰写第5章；浙江工业大学施颖教授级高级工程师撰写

第6章；苏州大学陈甦教授撰写第7章；南京工业大学王旭东教授撰写第8章、蒋刚教授撰写第9章，浙江工业大学胡敏云教授撰写第10章。最后，由陈国兴、樊良本教授负责全书的审校工作，陈国兴教授负责全书的修改、定稿和校对工作，高洪梅博士参与了本书的审阅和校对工作。

由于《基础工程学》所包含的内容比较广泛，教材的内容涉及若干国家和行业规范，不同的规范或规程对某些内容和概念的表述与规定又不完全一致，因此，本教材对个别章节的内容和概念的表述未作统一。

鉴于不少兄弟院校采用本教材，书中的不足之处，希望各位专家和同仁赐教，并及时告知编著者，以便我们继续修改和提高。

陈国兴

2012年9月于南京

第一版前言

国家教育部于1998年7月颁布了新的本科专业目录，1999年全国高等学校已按新的专业目录招生。调整后的土木工程专业的知识面大大拓宽，相应的专业培养目标和业务要求有了很大变化，涵盖了原来的建筑工程、岩土工程、地下结构工程、交通土建工程、矿井建设、城镇建设等相近的若干专业或专业方向，现有的《土力学》和《基础工程》教材已经不能适应新专业的培养目标和教学要求。因此，编写一本新的土木工程专业的《土力学》和《基础工程》教材已成为当务之急。为适应这一形势的发展，南京工业大学、浙江工业大学、苏州城建环保学院和河北建筑工程学院等高校从事《土力学》和《基础工程》教学的教师，经过充分协商和研究，决定编写一套《土质学与土力学》和《基础工程》教材。本教材的编写是按照全国土木工程专业教学指导委员会对土木工程专业的培养规格要求和目标进行的，是该套姐妹篇教材中的第二册。

根据我们多年的教学经验，编写中遵循“内容充实、注重实用、兼顾不同行业、便于自学”的原则，各编写人员积极收集资料，广泛征求意见，吸收国内外比较成熟的知识，既重视基本理论和概念的阐述，也注重工程应用和学科前沿知识的教学，力求使本教材能较好地满足各高等学校的教学要求。全书共分11章，第1章为绪论，第2章为岩土工程勘察，第3章为天然地基上浅基础的设计，第4章为连续基础，第5章为桩基础设计，第6章为区域性地基与挡土墙，第7章为地基处理与复合地基，第8章为基坑工程，第9章为沉井工程，第10章为地下连续墙设计与施工，第11章为动力机器基础与地基基础抗震。

本书由南京工业大学陈国兴教授主编，南京工业大学宰金珉教授主审。全书由陈国兴教授制订编写大纲，并撰写第5、11章；浙江工业大学樊良本教授（副主编）撰写第1、4章；南京工业大学韩爱民副教授撰写第2章，王旭东副教授撰写第8章，蒋刚博士撰写第10章；苏州城建环保学院陈甦副教授撰写第7章；浙江工业大学施颖副教授撰写第9章；河北建筑工程学院陈国庆撰写副教授第3、6章。最后，由樊良本教授负责审校第2、5章，陈国兴教授审校第7～10章，陈国兴教授和樊良本教授共同审校第3、6章；陈国兴教授负责全书的修改、定稿和校对工作。

由于《基础工程学》所包含的内容比较广泛，教材的内容需涉及若干本国家和行业规范或规程，不同的规范或规程对某些内容和概念的表述与规定又不完全一致，因此，本教材对个别章节的内容和概念的表述未作统一。

博士研究生王志华同学为本书完成了部分绘图和校对工作，在此表示衷心感谢。

虽然本书已在南京工业大学土木工程学院试用两届，由于编著者的业务水平所限，书中尚会有错误和不足之处，敬请读者批评指正，并告知编著者。

陈国兴

2002年8月于南京

目　录

第1章　绪　　论

1.1　岩土工程学与基础工程学

岩土工程有时又被称为"土工技术"、"土力学"、"土工学"、"地质技术学"、"地质工学"、"地质工程学"等，通常认为是把土力学及岩石力学应用到包括建筑、交通、水利、矿冶等在内的广义的土木工程中，并与工程地质密切结合的学科。克里宁等（D. P. Krynine et al 1957）指出：工程地质学被其他的地球物理分支，以及被需要的工程概念所充实时，就形成一门新的学科——岩土工程学。最新的进展是把环境工程的一部分也包括进去，即所谓环境岩土工程。因此，可以认为，岩土工程学是运用土力学及岩石力学的基本理论和基本方法，结合工程地质学和水文地质学的知识，去解决广义的土木工程领域内的各种工程（基础工程、道路工程、水利工程、地下建筑、隧道工程、环境工程、海洋工程等）问题。或者说解决岩土作为建筑物地基、建筑材料、周围介质的问题，以及用土工方法解决其他工程问题（渗流问题、环境问题等）。

基础工程学研究的对象是各类建（构）筑物（房屋建筑、桥梁建筑、水工建筑、近海工程、地下工程、高耸构筑物等）的地基基础和挡土结构物的设计和施工，以及为满足基础工程要求进行的地基处理方法。可以认为基础工程是岩土工程的一个重要组成部分，即用岩土工程的基本理论和方法去解决地基基础方面的工程问题。由于基础是建筑物结构的一部分，在基础设计中需要大量的结构计算，所以基础工程学也与结构计算理论和计算技术密切相关。

1.2　地 基 与 基 础

基础工程学研究的对象是地基与基础问题。

所谓地基，指的是受建筑物荷载影响的土层。在建筑物荷载作用下地基土会产生附加应力和变形，其范围随荷载大小和类别、基础类型和尺度以及土层分布而不同。建筑物要求地基能满足稳定和变形，这要求除考虑地基土本身的强度和变形特性外，还应考虑周围的地质和水文条件、气候和环境条件及其变化对建筑物施工阶段和使用期间的影响，例如流砂管涌、液化、冻涨、湿陷等。当建筑物地基由多层土组成时，直接与基础底面接触的土层称为持力层，持力层以下的其他土层称为下卧层。持力层和下卧层都应满足地基设计的要求，但对持力层的要求显然比对下卧层要高。地基又可分为天然地基和人工地基两类，前者是不加处理直接用作建筑物地基的天然土层，后者是经过地基处理后才满足建筑物地基要求的土层。显然，当能满足基础工程的要求时，采用天然地基是最经济的。

基础是建筑物在地面以下的结构部分，与上部结构一样应满足强度、刚度和耐久性的要求。之所以将基础从上部结构分出研究是由于以下的原因：①基础是直接与地基土接触的结构部分，与地基土的关系比上部结构密切得多。在设计中，除考虑上部结构传下的荷载、基础的材料特性和结构形式外，还必须考虑地基土的强度和变形特性，而常规的上部结构设计往往不考虑后者。②基础施工有专门的技术和方法，包括基坑开挖、施工降水、桩基础和其他深基础的专项技术、各类地基处理技术等。基础施工受自然条件和环境条件的影响要比上部结构大得多。③基础有独特的功能和构造要求。例如地下室的功能和抗浮防渗要求、抗变形和抗震构造、特殊土地基上的构造等。根据设计和施工方法的不同，基础又可分为浅基础和深基础两大类。后者一般考虑基础侧面的抗力作用并使用专门的施工机械和方法。

地基和基础的设计往往不能截然划分，正确的基础设计必须建立在合理的地基评价基础上。“地基”、“基础”在英语中用同一名词“Foundation”，反映了两者的不可分割性。

1.3 基础工程是土木工程的重要组成部分

基础工程是土木工程的一个组成部分，其重要性表现在以下几个方面。

（1）地基基础问题是土木工程领域普遍存在的问题。地基基础设计和施工是整座建筑物设计和施工中必不可少的一环，掌握基础工程的设计理论和方法、了解施工原理和过程是工程师不可缺少的训练。对于高大建筑物和深基坑工程，以及地基条件复杂或者恶劣时，基础工程经常会成为工程中的难点和首先需要解决的问题。而由于土的复杂性、勘测工作的有限性等造成岩土工程的不确定性和经验性，基础工程问题又往往成为工程师感到最难把握的问题。

（2）地基基础造价占土建总造价相当大的比例。例如，在软土地区，可达百分之十几甚至超过百分之二十，如包括地下室和基坑工程可能更高。这样高的造价既要求设计和施工必须保证建筑物的安全和正常使用，同时考虑是否能选择最合适的设计方案和施工方法，以降低基础部分的造价。这在正确的理论和丰富的经验指导下是能够做到的。

（3）地基基础事故屡见不鲜，有时甚至酿成重大损失。而一旦发生了地基事故，弥补和整治是费钱、费力又费时的事。

基础工程事故常常由地基事故所引起，原因有勘测、设计或施工的失误，环境与气候的因素，乃至使用的不当等，有时这些原因可以同时存在。某一环节失误或者考虑不周就可能引发事故。

由于地基强度不足造成的建筑物地基失稳事故比较少见，这是由于强度问题相对较易控制且设计中考虑大的安全度的原因。但一旦疏忽，出现了失稳事故，造成的损失将是巨大的。著名例子有加拿大特朗斯康谷仓和挪威 5000m^3 油罐地基的失稳，巴西里约热内卢 11 层大楼由于桩基破坏而倒塌等。国内也有南方某地 8 层饭店建筑由于地基承载力不足在结顶后坍塌，以及沿海某小区因桩基承载力不足被迫拆除已建多幢高层建筑的事故。近年来，随着高层建筑的涌现、地铁的建造和地下空间的开发，深基坑工程中的失稳事故较多地发生，失稳的原因可能是强度不足，也可能是水的问题（流砂、管涌、突涌等）引起。例如，华东某地两起大的基坑工程事故、杭州地铁湘湖站基坑等的坍塌事故造就造成了生命和财产的重大损失。不正确的施工也会产生严重的后果，上海的“楼倒倒”就是一个典型的例子，一座尚未竣工交付的13层建筑物，北侧快速堆土6天内就达约10m高，而建筑物的另一侧在开挖基坑，在巨大的土压力下建筑物地基产生滑移，建筑物下的预应力管桩被切断，建筑物发生整体坍塌。

更为常见的则是地基变形事故，地基变形事故可以由建筑物基础本身的沉降引起，也可以由环境的影响（相邻荷载、地下采矿、邻近的施工如基坑开挖和降水等）所造成。由于地基的不均匀变形，基础之间产生差异沉降，发生挠曲或倾斜，上部结构受到影响，也会产生倾斜、扭转、挠曲，并可能造成结构的损坏。不仅影响到建筑物的正常使用功能，有时还危及建筑物的安全。对于这样的建筑物，常常需要实施建筑物的纠偏、上部结构和（或）地基基础的加固，有的必须拆除，其代价是昂贵的。因此，对变形问题必须充分重视。

综上所述，基础工程是土木工程必然遇到的和占重要地位的组成部分。

1.4　基础工程的现状

基础工程是一项古老的工程技术，发展到今天已成为一门专门的科学。随着岩土工程及其他相关学科的不断发展，基础工程在设计计算理论和方法、施工技术和机械设备等方面都有长足的进展。进入21世纪后，陆续编制和修订的规范规程有《建筑地基基础设计规范》(GB 50007—2011)、《建筑桩基技术规范》(JGJ 94—2008)、《建筑基桩检测技术规范》(JGJ 106—2003)、《建筑地基处理技术规范》(JGJ 79—2002)、《建筑基坑工程监测技术规范》(GB 50497—2009)、《高层建筑箱形和筏形基础技术规范》(JGJ 6—2011)、《既有建筑地基基础加固技术规范》(JGJ 123—2000)、《岩土工程勘察规范》(GB 50021—2001)(2009版)、《高层建筑岩土工程勘察规范》(JGJ 72—2004)、《建筑抗震设计规范》(GB 50011—2010)等。这些规范规程都是基础工程各个领域中取得的科研成果和工程经验的高度概括，反映了近年来基础工程的发展水平。

目前，基础工程的关注点之一是在设计计算理论和方法方面的研究探讨，包括考虑上部结构、基础与地基共同工作的理论和设计方法，优化设计方法，数值分析方法等。随着超高层建筑和大跨度大空间结构的涌现、城市地下空间的开发等，与之密切相关的两种技术也得到极大的重视，其一为桩基础技术，其中，桩土共同工作理论、桩基设计变形控制理论、桩基非线性分析和设计方法、沉降控制复合桩基设计理论、疏桩基础设计方法、长短桩结合设计方法、刚柔性桩结合设计方法、桩基承载力和沉降的合理估算、桩基础的环境效应等都是研究重点，近年来，由于城市轨道交通建设、古旧历史文物建筑移位以及越江隧道通过堤岸等的需要，拔桩工程技术应运而生。而（超）大直径灌注桩、预应力管桩、现浇混凝土大直径管桩、挤扩支盘桩、套筒桩、微型桩、桩身（桩端）后注浆技术等在桩基工程中的应用已趋成熟，新桩型、新工法的研发取得新的进展。其二是深基坑开挖问题，研究的重点是基坑支护设计理论和方法的优化、深基坑支护结构设计的变形控制、深基坑支护施工的动态观测监控等；新的基坑支护技术，例如不同类型的复合土钉墙技术、水泥土重力式围护墙技术、SMW工法、桩板墙技术、大宽度刚板桩技术、与主体结构相结合的地下连续墙技术、新类型的锚杆和支撑技术、三轴搅拌桩和渠形切割搅拌墙

（TRD工法）帷幕技术、地下水（尤其是承压水）控制技术等的开发研究；基坑开挖对环境的影响；逆作法技术的应用等。近年来，围海造地工程、码头堆场工程、物流园工程日益增加，沿海、沿江、沿湖岸边的工程大都存在原地下有较大厚度的饱和软土、原始地面标高较低的特点，当前软土地基处理中面临的问题不少，如：流状吹填土的预处理问题，大厚度淤泥、淤泥质土、有机质土的快速固结问题，因吹填流体、动力特征所产生的吹填土不均一性问题，吹填场地的沉降量计算问题，大厚度淤泥类软土的真空预压有效深度及较大厚度硬壳层应力扩散作用下的下卧软土处理深度控制问题，强夯用于饱和软土的机理研究问题，各类地基处理方法的施工及检测技术的改进问题。对于深水和复杂地质条件下的基础工程，例如在大型桥梁、水工结构、近海工程中，重要的是深入研究地震、风和波浪冲击的作用，以及发展深水基础（超长大型水下桩基、新型沉井等）的设计和施工方法。

随着我国经济建设的发展，相信会碰到更多的基础工程问题，也会不断出现新的热点和难点需要解决。而土力学和基础工程将在克服这些难点的基础上得到新的发展。

1.5 基础工程课的学习特点

基础工程学需要工程地质学和土力学的基本知识，这两门专业基础课是本课程的选修课程，其中土的基本特性，以及土力学中关于土压力、强度、变形、稳定、地基承载力等课题的基本内容和地基计算方法等都是必须掌握的。本课程培养学生阅读和使用工程地质勘测资料的能力，同时学会利用上述土力学知识，结合结构计算和施工知识，合理地解决基础工程问题。

任何一项成功的基础工程都是工程地质学、土力学、结构计算知识的运用和工程实践经验的完美结合，在某些情况下，施工可能是决定基础工程成败的关键。

应了解上部结构、基础和地基作为一个整体是协同工作的，一些常规计算方法不考虑三者共同工作是有条件的，在评价计算结果中应考虑这种影响，并采取相应的构造措施。

应清楚地基处理方法不是万能的，各种方法都有它的加固机理和适用范围，应该根据土的特性和工程特点选用不同的处理方法。

第2章 岩 土 工 程 勘 察

2.1 概 述

土木工程包括各种不同的结构和体系，如民用建筑、水电大坝、地下隧道、道路桥梁、港口码头等，所有这些设施都离不开岩土，它们不是建造在岩石或土之上，就是建造在岩石或土之中，或者以岩石或土作材料建造而成。选择建筑场地时，一般应查明：不良地质现象发育，对场地稳定性有直接危害或潜在威胁的地段；地基土性质严重不良的地段；对建筑抗震不利的地段；洪水或地下水对建筑场地有严重威胁或不良影响的地段；地下有未开采的有价值的矿藏或不稳定的地下采空区地段等。因此，对与工程有关的岩土体的充分了解是进行土木工程分析、设计与建造的前提。要了解岩土体，首先要查明它在空间上的分布和构成情况，获得与岩土相关的物理力学性质参数，然后才能对工程所在场地的稳定性、建筑适宜性作出明确判定，进而对拟建工程的基础设计、地基处理以及不良地质作用和地质灾害的防治等进行分析论证，提出安全可靠、经济合理的建议。岩土工程勘察规范明确规定，各项工程建设在设计和施工之前，必须按基本建设程序进行岩土工程勘察。岩土工程勘察应按工程建设各勘察阶段的要求，正确反映工程地质条件，查明不良地质作用和地质灾害，精心勘察，精心分析，提出资料完整、评价正确的勘察报告。

2.1.1 工程地质条件

工程地质条件是指工程建设所在场区的地质及环境所有因素的综合。这些因素包括：

（1）岩土类型。包括岩土的成因、时代、空间上的分布及工程特性等。我国的各个行业都制定了结合自身行业特点的岩土分类体系，主要是按岩土的成因类型、沉积年代、主要力学性质等进行分类，建立一套通用的岩土鉴别标准。岩土类型不同，其物质组成、结构构造不同，基本性质存在差异，从而决定了它的工程特性也不同。

（2）地质构造。地质构造是指构造运动使岩层发生变形和变位后所遗留下来的产物，常见的有褶皱、断层和节理。地质构造，尤其是年代新、规模大的新构造断裂，对工程场地的稳定起着控制作用，不容忽视。

（3）地下水条件。主要包括地下水的成因、埋藏和分布，地下水的补给、径流和排泄条件，地下水的渗流对工程建筑的影响以及地下水的水质和对混凝土的侵蚀性等。

（4）地形地貌。包括地表的高低起伏状况、山坡陡缓程度、河谷宽窄及形态特征、不同地貌单元的特征及其相互关系等。地形地貌直接影响场址和线路的选择。

（5）不良地质作用和地质灾害。包括岩溶、滑坡、危岩和崩塌、泥石流、采空区、地面沉降、场地和地基的地震效应以及活动断裂等，这些不良地质作用和地质灾害对建筑物的稳定和正常使用构成威胁，可以根据它们发生和发展的规律预测工程地质条件的变化，采取相应的防治措施。

2.1.2 工程勘察的基本要求

岩土工程勘察根据工程重要性等级、场地复杂程度等级和地基复杂程度等级划分为甲级、乙级和丙级3个勘察等级。

不同的岩土工程勘察等级，其基本要求有差别，技术工作收费比例也不一样。

岩土工程勘察阶段的划分取决于不同设计阶段对工程勘察工作的不同要求。由于勘察的对象不同，设计对勘察工作的要求不尽相同，勘察阶段的划分和所采用的规范也不尽相同。虽然不同勘察对象勘察阶段的划分有所不同，但总体上可以归纳为以下4个阶段，各勘察阶段的勘察目的、要求和主要工作内容如下。

1. 可行性研究勘察阶段

本阶段的勘察满足设计确定场址方案的要求，主要搜集场区和附近地区的工程地质资料，通过勘察初步了解场地的地层结构、岩土性质、不良地质现象和地下水情况等，对拟建场地稳定性和建筑适宜性作出评价。

2. 初步设计勘察阶段（初步勘察）

本阶段的勘察满足初步设计要求，主要搜集项目的可行性研究阶段岩土工程勘察报告等基本资料；初步查明地层、构造、岩土性质、地下水埋藏条件、不良地质现象的成因、分布及其对场地稳定性的影响程度和发展趋势；对抗震设防烈度等于或大于7度的场地，初步判定场地和地基的地震效应。通过以上工作，对场地内建筑地段的稳定性作出评价，为确定建筑物总平面布置、选择主要建筑物地基基础方案和不良地质作用的防治对策进行论证。

3. 施工图设计勘察阶段（详细勘察）

本阶段的勘察满足施工图设计要求，按不同建筑物或建筑群提出详细的工程地质资料和设计所需的岩土设计参数，对建筑地基作出岩土工程分析评价，为基础设计、地基处理、不良地质作用的防治等具体方案作出论证、结论和建议。

4. 施工勘察

施工勘察阶段主要解决与施工有关的岩土工程问题，如基槽检验、桩基工程与地基处理的质量和效果的检测、施工中的岩土工程监测和必要的补充勘察，具体内容视工程要求而定。

对场地较小且无特殊要求的房屋建筑和构筑物工程，可合并勘察阶段。当建筑物平面布置已经确定且场地或其附近已有岩土工程资料时，可直接进行详细勘察。

为达到岩土工程勘察的目的、要求和内容，必须采用一套勘察手段、按照规范的技术要求并遵循一定的步骤来配合实施。岩土工程勘察的基本方法有：工程地质测绘、勘探与取样、原位测试、室内试验以及资料的分析、整理与论证等。

2.2 工程地质测绘

工程地质测绘一般在可行性研究和初步设计勘察阶段进行，初步了解拟建场地的地层、岩性、构造、地貌、水文地质条件及不良地质现象，为场址选择及勘探方案的合理布置提供依据。在施工图设计勘察阶段可对某些专门地质问题做补充调查。

2.2.1　测绘内容和比例尺

工程地质测绘是在场地及其附近地段进行地质填图，其内容包括工程地质条件的全部要素。工程地质测绘的比例尺一般分为以下 3 种：可行性研究勘察可选用 1∶5000～1∶50000，初步勘察可选用 1∶2000～1∶10000，详细勘察可选用 1∶500～1∶2000。

2.2.2　测绘方法

工程地质测绘方法有像片成图法和实地测绘法。

像片成图法是利用摄影或航空（卫星）摄影的图片，先在室内进行解释，划分地层岩性、地质构造、地貌、水系及不良地质现象，并在像片上选择若干点和路线，然后做实地调查，进行核对、修正、补充，绘成底图，最后转绘成图。

实地测绘法有 3 种：①路线法，沿着一定路线，把沿途观察到的地质情况标绘在地形图上。②布点法，预先在地形图上布置观察点及观察路线，达到广泛观察地质现象的目的。③追索法，沿地层走向或某一构造线方向追索，以查明某些局部的复杂构造情况。

2.3　勘探与取样

勘探与取样是岩土工程勘察的重要手段。工程地质测绘不能了解地表以下的地质情况，而勘探则是了解地表以下地质情况的一种可靠方法，它可以直接或间接地取得有关地下岩土层的工程地质和水文地质资料。取样则是为了提供对岩土特性进行鉴定和各种试验所需的样品。勘探与取样是岩土工程勘察必不可少的两个手段。

勘探可分为坑探、钻探和工程物探（地球物理勘探）。触探也属于勘探之一种，将在后面岩土的原位测试章节介绍。

2.3.1　坑探

当需要直接了解地表下岩土层的情况时，可采用坑探。坑探就是用人工或机械挖掘探井、探槽、竖井、平洞或大口径钻孔，以便直接观察岩土层的天然状态以及各地层之间的接触关系，并能取出接近实际状态的原状岩土样，还可利用坑槽作岩土体原位试验。

2.3.2　钻探

钻探是了解深部地层并采取试样的唯一方法。钻探是指用钻头钻进地层，在地层内钻成直径较小并具有相当深度的圆形孔，称为钻孔。钻孔的口径上面较大，往下呈阶梯状缩小。钻孔的上口称孔口，底部称孔底，四周称孔壁。钻孔断面的直径称孔径，由大孔径改为小孔径称换径。从孔口到孔底的距离称为孔深。

钻孔的直径、深度、方向取决于钻孔用途和钻探地点的地质条件。钻孔的直径一般为 75～150mm，在一些大型建筑物的工程地质钻探时，孔径往往大于 150mm，有时可达到 500mm。钻孔的深度由数米至上百米，视工程要求和地质条件而定。一般的建筑工程地质钻探深度在数十米以内。钻孔的方向一般为垂直向下，也有打成倾斜的（斜孔）。在地下工程中有水平甚至直立向上的钻孔。

1. 钻探过程

钻探过程有 3 个基本程序：

（1）破碎岩土：借助钻头冲击、回转、研磨和施压，使小部分岩土脱离整体而成为粉末、岩土块或岩土芯叫破碎岩土。

(2) 采取岩土：用冲洗液或压缩空气将孔底破碎的碎屑冲到孔外，或者用钻具（抽筒、勺形钻头、螺旋钻头、取土器、岩芯管等）靠人力或机械将孔底的碎屑或样芯取出于地面。

(3) 保全孔壁：为了顺利地进行钻探工作，必须保护好孔壁，不使其坍塌。一般采用套管或泥浆来护壁。

2. 钻进方法

表2-1根据《岩土工程勘察规范》(GB 50021—2001)(2009版)，列举了各种钻进方法及其适用范围。

表2-1 钻进方法的适用范围

钻进方法		钻进地层					勘察要求	
		黏性土	粉土	砂土	碎石土	岩石	直观鉴别，采取不扰动试样	直观鉴别，采取扰动试样
回转	螺纹钻探	++	+	+	—	—	++	++
	无岩芯钻探	++	++	++	+	++	—	—
	岩芯钻探	++	++	++	+	++	++	++
冲击	冲击钻探	—	+	++	++	—	—	—
	锤击钻探	++	++	++	+	—	++	++
振动钻探		++	++	++	+	—	+	++
冲洗钻探		+	++	++	—	—	—	—

注 ++：适用；+：部分适用；—：不适用。

3. 取样

钻探的主要任务之一是采取岩芯和原状土试样。在采取试样过程中应保持其天然结构。如果试样的天然结构遭到破坏，或水分蒸发发生体缩，则试样就受到扰动，成了“扰动样”。用于岩土试验的试样必须保留其天然结构和天然含水量。岩芯试样质地坚硬，天然结构难于破坏。而土试样则不同，它很容易被扰动。因此，采取原状试样是岩土工程勘察一项重要技术。按照取样方法和试验目的，土试样扰动程度有4个质量等级，见表2-2。

表2-2 土试样质量等级

级别	扰动程度	试验内容
Ⅰ	不扰动	含水量、密度、强度试验、固结试验
Ⅱ	轻微扰动	土类定名、含水量、密度
Ⅲ	显著扰动	土类定名、含水量
Ⅳ	完全扰动	土类定名

在钻孔取样时，采用薄壁取土器所采得的土试样定为Ⅰ～Ⅱ级，采用中厚壁或厚壁取土器所采得的土试样定为Ⅱ～Ⅲ级，采用标准贯入器、螺纹钻头或岩芯钻头所采得的黏性

土、粉土、砂土和软岩的试样皆定为Ⅲ～Ⅳ级。为取得Ⅰ级质量的土试样，应采用薄壁取土器，以保证土工试验全部物理力学参数的正确获得。

4. 钻探成果

钻探成果包括钻探野外编录、野外钻孔地质柱状图、所取岩土试样等。

钻探野外编录详细记载钻探过程，是工程勘察最基本的原始资料，它包括两方面内容。

工程名称	××轨道交通××站～××站区间					工程编号	
孔号	DNTQ9XZ65	坐标	X=131525.135m	钻孔直径	108m	稳定水位深度	0.8m
孔口标高	5.64m		Y=175857.078m	初见水位深度	1.0m	测量日期	2012-04-22

地质时代	层号	层底标高（m）	层底深度（m）	层底厚度（m）	柱状图 1：300	岩性描述	标贯中点深度（m）	标贯实测击数	取样
Q_4^{al}	①-3	3.84	1.80	1.80		淤泥：灰色，流塑，饱和，夹有粉土、粉砂团块			
Q_4^{al}	②-1d3-4	1.04	4.60	2.80	fx	粉细砂：灰色，稍密，饱和，夹黏性土薄层，摇振反应迅速	1.30 2.30 3.30 4.30	2.0 4.0 4.0 3.0	
Q_4^{al}	②-3b3-4	−3.96	9.60	5.00		粉质黏土：灰色，软塑～流塑，高压缩性，无摇震反应，切面较光滑，韧性中高，夹较多粉土及粉砂，含云母及贝壳碎屑，局部含姜石			5.0-5.3 7.0-7.3 9.0-9.3
Q_4^{al}	③-2b1-2	−10.36	16.00	6.40		粉质黏土：灰黄色，可塑～硬塑，中压缩性，无摇震反应，切面较光滑，干强度中等，韧性中等，夹粉土，含铁锰结核			11.0-11.3 13.0-13.3 15.0-15.3
Q_3^{al}	④-1a1-2	−12.96	18.60	2.60		黏土：灰色，可塑～硬塑，中低压缩性，无摇震反应，切面光滑，干强度中高等，韧性中高等			17.0-17.3
Q_3^{al}	④-1b1-2	−18.36	24.00	5.40		粉质黏土：灰色，可塑～硬塑，中低压缩性，无摇震反应，切面较光滑，干强度中高等，韧性中高等			19.0-19.3 21.0-21.3 23.0-23.3
Q_3^{al}	④-4d1-2	−22.36	28.00	4.00	ZX	中细砂：浅灰色，中～密实，饱和，中低压缩性，主要成分为石英、长石，含黏性土和砾石及贝壳碎屑			
Q_3^{al}	④-4e1	−24.56	30.30	2.20		卵石：暗红色，密实，饱和，卵砾石含量约65%，粒径10～40mm	29.80	34.0	
K	[k2c]-2	−25.86	31.50	1.30		强风化：砖红色，主要为泥质砂岩和泥岩，风化强烈	31.80	45.0	Y1 32.0-32.3
K	[k2c]-3a	−29.36	35.00	3.50		中风化泥岩：暗红色，泥质结构，层状构造，岩质软，遇水易软化			Y2 34.0-34.3
K	[k2c]-3b	−31.36	37.00	2.00		中风化砂质泥岩：暗红色，泥质结构，层状构造，节理、裂隙较发育，岩质软，易软化			Y3 36.0-36.3
K	[k2c]-3a	−39.36	45.00	8.00		中风化泥岩：暗红色，泥质结构，层状构造，岩质软，遇水易软化			Y4 38.0-38.3 Y5 40.0-40.3 Y6 42.0-42.3 Y7 44.0-44.3

××勘测设计研究院	制图	项目负责	复核	审核	勘察编号	版本号	图表号	日期
						Q9-2	Q9-ZZ-82	2012-04

图 2-1　钻孔的地质柱状图

（1）岩土描述。包括地层名称、分层厚度、岩土的性质等。岩石的描述侧重于结构、构造、风化程度、完整程度等。地基土按颗粒级配和塑性指数分为碎石土、砂土、粉土和黏性土，对于不同的土，描述的侧重点也有所不同。

（2）钻进记录。包括钻进方法、护壁方式、孔内情况、取样位置及编号、原位测试类型及结果、岩芯采取率等。

岩土试样是钻孔编录的辅助资料，也是试验所需的样品，即使在提交勘察报告后也应妥善保存一段时间。如果应用彩色摄影，可用彩照代替实物。对全断面取芯的钻孔，还可制作纵断面的揭片，缩小体积，便于保存。

钻孔地质柱状图是野外编录的图形化，通过图、表反映某钻孔内地层的地质年代、岩土层埋藏深度、岩土层厚度、岩土层底部的绝对标高，图中还附带岩土描述、地面绝对标高、地下水水位和测量日期、岩土样采取位置及原位测试类型和结果等。柱状图的比例尺一般为1∶100～1∶500。图2-1为某钻孔的地质柱状图。

2.3.3　工程物探

地球物理勘探简称物探，是以研究地下物理场（如电场、磁场、重力场）为基础的勘探方法，用于岩土工程勘察时简称工程物探，其目的是通过观测、分析和研究地质体的物理场，结合有关地质资料，判断地层的分布与变化规律，摸清地质构造、地下埋藏物及地下水分布规律等问题。工程上采用最多、也最普遍的物探方法，首推电法勘探，它常在岩土工程初步勘察中配合工程地质测绘使用，以了解勘察区的地下地质情况。电法勘探也常用于具体查明古河道、暗浜、洞穴、地下管线等。浅层地震勘探（波法勘探）在工程勘察上也得到较广泛应用，主要用于反映地基土的地震效应，为抗震提供设计参数。

触探（包括静力触探与动力触探）与物探同属于间接性的勘探方法，它是将某种规格的探头以静或动的方法压入或击入地层，凭借贯入难易程度指标来判断地层的变化和性质。这部分内容将在岩土原位测试中介绍。

2.4　岩土室内试验

现场勘探所取的岩石或土试样经封装后运至实验室进行拟定项目的试验，以揭示岩土的特性，进行分类定名和岩土地层的划分。岩土性质的室内试验项目和试验方法、具体操作和试验仪器应符合现行国家相关标准的规定。岩土工程评价时所选用的参数值，宜与相应的原位测试成果或原型观测反分析成果比较，经修正后确定。

2.4.1　土的室内试验

1. 土的物理性质试验

各类工程均应测定有关土的分类指标和物理性质指标，如砂土需测定颗粒级配、比重、天然含水量、天然密度、最大和最小密度，粉土需测定颗粒级配、液限、塑限、比重、天然含水量、天然密度和有机质含量，黏性土需测定液限、塑限、比重、天然含水量、天然密度和有机质含量等。

天然含水量 w 与天然密度 ρ 是土的两个最基本的物理指标，由室内试验实测得到。另一项直接测定的基本指标是土粒相对密度 d_s。土的其他物理指标如孔隙比 e、干密度

ρ_d、饱和密度 ρ_{sad}、饱和度 s_r 等均可由上述3个实测指标计算得出。

液限 w_l 与塑限 w_p 综合反映土的颗粒组成、矿物成分及土水相互作用，通常采用液塑限联合试验测定。它们与土的天然含水量 w 一道，可以计算得到土的塑性指数 I_p 及液性指数 I_l。塑性指数 I_p 用于黏性土的分类，液性指数 I_l 则用于判定黏性土的天然稠度状态。

渗流分析、基坑降水设计等要有土的透水性参数，可由渗透试验提供。常水头试验适用于砂土和碎石土，变水头试验适用于粉土和黏性土，透水性很低的软土可通过固结试验测定固结系数、体积压缩系数，计算渗透系数。土的渗透系数取值应与野外抽水试验或注水试验的成果比较后确定。土方回填或填筑工程进行质量控制时，还要进行击实试验，测定土的干密度与含水量关系，确定最大干密度和最优含水量。

2. 土的压缩固结试验

当采用压缩模量进行沉降计算时，固结试验最大压力应大于土的有效自重压力与附加压力之和，试验成果可用 $e—p$ 曲线整理，压缩系数和压缩模量的计算应取自土的有效自重压力至土的有效自重压力与附加压力之和的压力段。考虑基坑开挖卸荷和再加荷影响时应进行回弹试验，压力的施加应模拟实际的加、卸荷状态。当考虑土的应力历史进行沉降计算时，试验成果应按 $e—\lg p$ 曲线整理，确定先期固结压力并计算压缩指数和回弹指数，施加的最大压力应满足绘制完整的 $e—\lg p$ 曲线。为计算回弹指数，应在估计的先期固结压力之后，进行一次卸荷回弹，再继续加荷，直至完成预定的最后一级压力。当需进行沉降历时关系分析时，应选取部分土试样在土的有效自重压力与附加压力之和的压力下作详细的固结历时记录，并计算固结系数。

3. 土的抗剪强度试验

三轴剪切试验方法的选择与荷载条件密切相关。对饱和黏性土，当加荷速率较快时宜采用不固结不排水（UU）试验，饱和软土应对试样在有效自重压力下预固结后再进行试验。对经预压处理的地基、排水条件好的地基、加荷速率不高的工程或加荷速率较快但土的超固结程度较高的工程，以及需验算水位迅速下降时的土坡稳定性时，可采用固结不排水（CU）试验。当需提供有效应力抗剪强度指标时，应采用固结不排水测孔隙水压力试验。

直接剪切试验的试验方法，应根据荷载类型、加荷速率和地基土的排水条件确定。对内摩擦角 $\varphi\approx0$ 的软黏土，可用Ⅰ级土试样进行无侧限抗压强度试验。

测定滑坡带等已经存在剪切破裂面的抗剪强度时，应进行残余强度试验。在确定计算参数时，宜与现场观测反分析的成果比较后确定。

4. 土的动力性质试验

若有动荷载作用或考虑地震作用，还需求得土的动力性质参数。由于动力条件的复杂性，通常一项动力参数可以采用多种试验方法求得，应事先考虑试验条件的相似性和设备功能的多重性。室内土动力特性试验的方法通常有动单剪试验、动三轴试验、动扭剪试验、共（自）振柱试验、振动台试验、离心机振动台试验。

动三轴试验、动扭剪试验可用于测定：土的动弹性或剪切模量、阻尼比、动泊松比与动应变的关系曲线，动应力与动应变关系的滞回曲线，饱和土的循环或液化应力比、振动孔隙水压力与循环周数的关系曲线。共（自）振柱试验可用于测定小应变时的动剪切模量、阻尼比与剪应变的关系曲线。

此外，土的室内试验还可完成一系列特殊要求的试验工作，如黄土的湿陷试验、膨胀土的自由膨胀率、膨胀率和膨胀力测定以及酸碱度、可溶盐、有机质含量等试验。

2.4.2 室内岩石试验

就室内试验而言，岩石与土在一些主要试验项目上，其指标的定义、试验方法大体上是相同的。所不同的是，岩石是颗粒间具有紧密连结的固体，不像土是松散体。

岩石的物理指标主要有密度、颗粒相对密度、含水量等，其测定与土的试验的基本要点是相同的。上述3个指标是实测指标，其他物理指标可由它们计算得到。

吸水率 w_a 与饱和吸水率 w_{sa} 分别反映岩石在大气压力下和一定压力下（通常为真空或煮沸状态）吸入水的质量与岩石干质量之比（用百分率表示），w_a 与 w_{sa} 二者之比还可判断岩石的抗冻性。

有一些岩石吸水后会软化（强度降低）。岩石饱和后的单轴抗压强度与干燥岩石的单轴抗压强度之比称软化系数 k_R，k_R 大于0.75时定为不软化岩石；k_R 不大于0.75时定为软化岩石。

单轴抗压强度试验是岩石最主要的室内试验项目之一。通常取高度10cm直径5cm的圆柱形岩样在压力机上压至破坏，所得强度即单轴抗压强度。由于试验方法与仪器较为简单，建筑桩基技术规范规定以饱和（黏土岩取天然）单轴抗压强度标准值 f_{rk} 作为计算嵌岩桩竖向承载力的依据。另外一个常用的强度试验是点荷载试验，它以加荷点间距为50mm之标准间距的试件的岩石的点荷载强度指数 $I_{s(50)}$ 为基准指标。点荷载强度指数 $I_{s(50)}$ 与岩石饱和单轴抗压强度 R_C 的换算关系为：$R_C=\beta I_{s(50)}$（β：长轴加载取21～23，短轴加载取17～19）。

在单轴抗压试验过程中，若测量试件的横向变形 ε_x 与纵向变形 ε_y，绘制应力与应变关系曲线（σ—ε 曲线），还可求得岩石的变形参数——弹性模量 E 及泊松比 μ。

岩石的抗剪强度试验包括直剪试验、三轴试验。岩石的直剪试验与土的直剪试验相同，同样根据Coulmb表达式来确定岩石的抗剪强度参数。能加工成规则试样的岩石可采用三轴试验，其试验方法与土的三轴试验基本相同，只是围压较大，一般不存在排水与测孔隙水压力等问题。通过一组试验，提供4种围压下的主应力差与轴向应变关系、抗剪强度包络线和强度参数 c、φ 值。

岩石的抗拉试验一般不采用直接施加拉应力的方法，而是在一圆柱形试件的直径方向施加一对线性荷载，使试件沿直径方向破坏，计算得到岩石的抗拉强度。

2.4.3 离心模型试验

在工程实践中，常采用比实物小的相似模型置于高重力场（g）中，使模型材料加重，直至与原型相同，这样一种试验方法称为离心模型试验。离心模型试验的基本设备主要包括离心机、挂斗和模型实验箱。让模型以每秒近百米的速度绕离心机主轴旋转，用一系列仪器探测离心机中模型内外的性状变化。这一试验技术已广泛用于工程的各个研究领域，如大坝的渗流、固结、变形、稳定性和地震效应研究；基础下土层中的应力、基础沉降及承载力分析；复杂荷载作用下桩基的性状分析研究；地下洞室、深基坑的稳定性评价等。

2.5 岩土原位测试

与室内试验不同，原位测试是在土层原来所处的位置，在基本保持土体的天然结构、天然含水量以及天然应力状态下，测定土的工程力学性质指标。与室内土工试验相比，它具有以下主要优点。

（1）能够测定难以取样（如饱和的砂土、粉土、淤泥及淤泥质土）土层的工程性质。

（2）能够避免取样过程中应力释放的影响。

（3）测定土体的范围远比室内试验大，因而代表性好。

（4）测试时间相对较短，效率高。

但是，原位测试也有不足之处。例如，测试土体的边界条件不明确，试验的应力路径及排水条件不能很好控制，应变速率比实际要大，再就是所得参数与土性质间的关系往往建立在统计经验基础上等。因此，室内试验与原位测试，通常配合使用，相互验证。

对土而言，岩土工程原位测试的主要方法包括：载荷试验（浅层平板载荷试验和深层平板载荷试验）、静力触探（圆锥静力触探和孔压静力触探）、动力触探（圆锥动力触探和标准贯入试验）、十字板剪切试验、旁压试验、现场剪切试验、波速试验等。

岩石的原位测试方法主要有：岩基载荷试验、现场直剪试验、现场三轴剪切试验。这些试验可以提供岩石地基的承载力和变形参数以及岩石或岩体的抗剪强度参数。

下面介绍岩土工程勘察中几种常见的原位测试方法，主要侧重于基本原理、方法的适用条件以及试验成果的应用，至于各种方法的技术要求、试验步骤以及如何进行成果整理等，由于篇幅较大，此处不予赘述。本章未作介绍的其他原位测试方法还包括旁压试验、扁铲测胀试验、现场直接剪切试验、波速测试、岩体原位应力测试、激振法测试等，可查阅有关技术规范或岩土工程及工程地质的相关手册。

2.5.1 载荷试验（PLT）

1. 基本原理

载荷试验是在拟建建筑场地上，在挖至设计的基础埋置深度的平整坑底放置一定规格的方形或圆形承压板（承压板面积不应小于 $0.25m^2$，对于软土不应小于 $0.5m^2$），在其上逐级施加荷载（p），并测定相应荷载作用下地基土的稳定沉降量（s）。

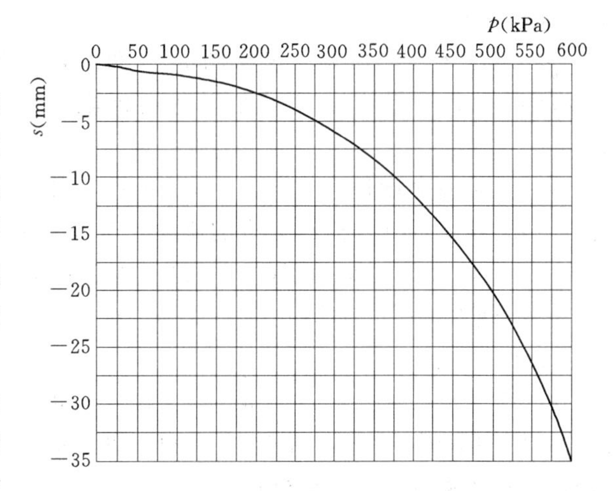

图 2-2 载荷试验 p—s 曲线图

由上述试验成果可以绘制 p—s 曲线（图 2-2），必要时还可绘制各级荷载下沉降（s）与时间（t）或时间对数（$\lg t$）曲线，根据 p—s 曲线拐点，结合 s—$\lg t$ 曲线特征，确定比例界限压力和极限压力。当 p—s 呈缓变曲线时，可取对应于某一相对沉降值（s/d=0.01～0.015，d 为承压板直径）的压力评定地基土承载力特征值。

2. 方法的适用条件

浅层平板载荷试验适用于浅层地基土；深层平板载荷试验适用于深层地基土（试验深度不应小于 5m）和大直径桩的桩端土；螺旋板载荷试验适用于深层地基土或地下水位以下的地基土。由于载荷试验与建筑物基础的工作条件相似，而且直接对天然埋藏条件下的土体进行现场模拟试验，其成果真实可靠。缺点是受荷面积较小，加荷后的影响深度不大，通常为（1.5～2.0)d，且加荷时间较短，不能提供建筑物的长期沉降资料。

3. 试验成果的应用

除评定地基土承载力之外，载荷试验还可确定地基土的变形模量，估算地基土的不排水抗压强度，确定地基土的基床反力系数，估算地基土的固结系数，确定湿陷性黄土的湿陷起始压力并判别黄土的湿陷性。

【例题 2-1】 某建筑场地土层为褐黄色硬塑状粉质黏土。用面积 0.25m^2 圆形钢制承压板进行载荷试验，各分级荷载和相应沉降见表 2-3，试评定地基土承载力和变形模量。

表 2-3　　载荷试验分级荷载和相应沉降表

荷载（kN）	12.5	25	37.5	50	62.5	75.0	87.5	100	112.5	125	137.5	150
沉降（mm）	0.11	0.81	0.84	1.18	0.89	1.76	2.01	4.43	3.52	4.56	4.99	9.90

解： 圆形承压板面积 0.25m^2，直径 d=0.564m，由各级荷载可求得各级压力 p；根据分级沉降可以求得各级荷载下的累计沉降量 s。结果列于表 2-4。

表 2-4　　载荷试验压力与沉降成果表

p（kPa）	50	100	150	200	250	300	350	400	450	500	550	600
s（mm）	0.11	0.92	1.76	2.94	3.83	5.59	7.60	12.03	15.55	20.11	25.10	35.00

累计沉降量 35mm，超过承压板直径的 0.06 倍 [0.06×564mm=33.84（mm)]，故终止试验。

根据表 2-4 的试验成果绘制 p—s 曲线，见图 2-2。由于曲线呈缓变形，不能确定比例界限压力，终止试验时亦未达到极限压力，故只能用相对沉降值评定地基土承载力。

《建筑地基基础设计规范》（GB 50007—2011）规定，当压板面积为 0.25～0.50m^2，可取 s/d=0.01～0.015 所对应的荷载，若取 s/d=0.01，则 s=0.01d=5.64mm，对应的压力 p=305kPa，但该值不能大于最大加载量的一半。最大加载量的一半为 300kPa，故地基土承载力特征值应取 f_a=300kPa，对应沉降 s=5.59mm。

变形模量：

$$E_0=I_0(1-\mu^2)pd/s=0.785\times(1-0.38^2)\times300\times0.564/5.59=20.3(\text{MPa})$$

式中：刚性承压板的形状系数 I_0 和粉质黏土泊松比 μ 均按规范规定取值。

2.5.2 静力触探试验（CPT）

（1）基本原理。

通过一定的机械装置，将一定规格的金属探头用静力压入土中，同时由与探头连接的导线直接用仪表量测土层对探头的贯入阻力，以此分析确定地基土的物理力学性质。目前采用的电测静力触探，可以直接量测探头的贯入阻力，有很好的再现性，并能实现资料的自动采集和静力触探曲线的自动绘制，直观地反映土层剖面的连续变化。

（2）方法的适用条件。

静力触探试验适用于软土、一般黏性土、粉土、砂土和含少量碎石的土。优点是连续、快速、精确，可以在现场直接测得各土层的贯入阻力指标，是最常用的一种原位测试方法。采用单桥探头、双桥探头或带孔隙水压力量测的单、双桥探头，可测定比贯入阻力（p_s）、锥尖阻力（q_c）、侧壁摩阻力（f_s）和贯入时的孔隙水压力（u）。

（3）试验成果的应用。

静力触探试验成果分析与应用包括下列内容：

1）绘制各种贯入曲线：单桥和双桥探头应绘制 p_s—z 曲线、q_c—z 曲线、f_s—z 曲线、R_f—z 曲线，孔压探头尚应绘制 u_i—z 线、q_t—z 曲线、f_t—z 曲线、B_q—z 曲线和孔压消散曲线：u_t—$\lg t$ 曲线。图 2-3 是双桥静力触探的 q_c—z、f_s—z 及 R_f—z 曲线图。其中 R_f 为摩阻比；u_i 为孔压探头贯入土中量测的孔隙水压力（即初始孔压）；q_t 为真锥头阻力（经孔压修正）；f_t 为真侧壁摩阻力（经孔压修正）。

$$B_q=\frac{u_t-u_0}{q_t-\sigma_w} \tag{2-1}$$

式中　B_q——静探孔压系数；

u_0——试验深度处静水压力；

σ_w——试验深度处总上覆压力；

u_t——孔压消散过程时刻 t 的孔隙水压力。

2）根据贯入曲线的线型特征，结合相邻钻孔资料和地区经验，划分土层和判定土类；计算各土层静力触探有关试验数据的平均值，或对数据进行统计分析，提供静力触探数据的空间变化规律。

3）根据静力触探资料，利用地区经验，可进行力学分层，估算土的塑性状态或密实度、强度、压缩性、地基承载力、单桩承载力、沉桩阻力、进行液化判别等。根据孔压消散曲线可估算土的固结系数和渗透系数。

2.5.3　圆锥动力触探（DPT）

（1）基本原理。

圆锥动力触探是利用一定的锤击动能，将一定规格的实心圆锥探头打入土中，根据打入土中的阻力大小判别土层的变化，对土层进行力学分层，并确定试验土层的物理力学性质。通常以打入土中一定距离所需的锤击数来表示土的阻力。

（2）方法的适用条件。

圆锥动力触探的优点是设备简单、操作方便、工效较高、适应性广，并具有连续贯入的特性。对难以取样的砂土、粉土、碎石类土等，对静力触探难以贯入的土层，动力触探是十分有效的原位测试手段。圆锥动力触探的缺点是不能采样对土进行直接鉴别描述，试验误差稍大，再现性差。

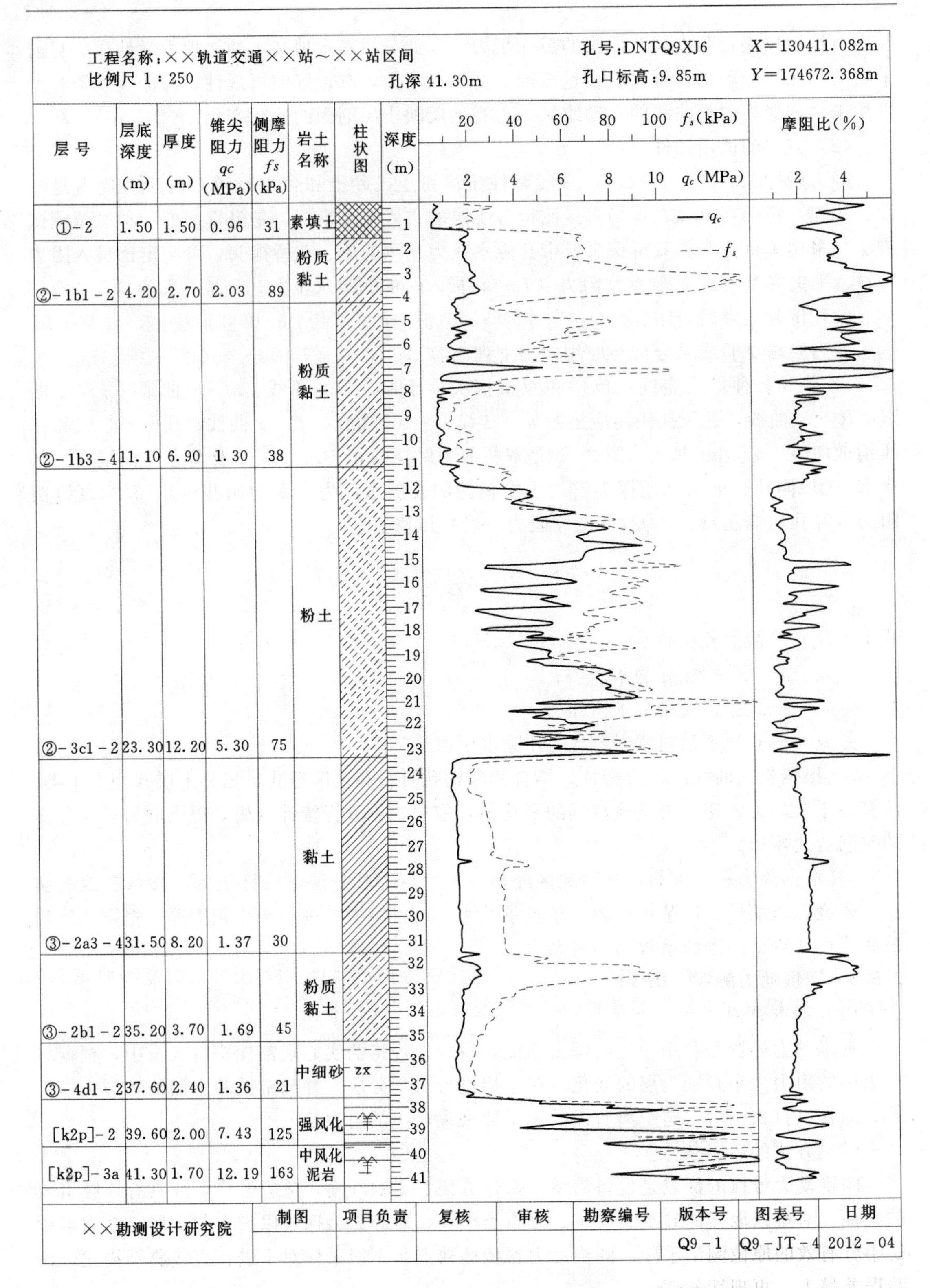

图 2-3　双桥静力触探的 q_c—z、f_s—z 及 R_f—z 曲线图

（3）试验成果的应用。

圆锥动力触探试验成果分析与应用包括下列内容：

1）单孔连续圆锥动力触探试验应绘制锤击数与贯入深度关系曲线。

2）计算单孔分层贯入指标平均值时，应剔除临界深度以内的数值、超前和滞后影响范围内的异常值。

3）根据各孔分层的贯入指标平均值，用厚度加权平均法计算场地分层贯入指标平均值和变异系数。

4）根据圆锥动力触探试验指标和地区经验，可进行力学分层，评定土的均匀性和物理性质（状态、密实度）、土的强度、变形参数、地基承载力、单桩承载力，查明土洞、滑动面、软硬土层界面，检测地基处理效果等。应用试验成果时是否修正或如何修正，应根据建立统计关系时的具体情况确定。

2.5.4　标准贯入试验（SPT）

（1）基本原理。

标准贯入试验也属动力触探方法之一，所不同的是其触探头不是圆锥形探头，而是标准规格的圆筒形探头（由两个半圆管合成的取土器），称为贯入器。标准贯入试验就是利用一定的锤击动能，将一定规格的对开管式贯入器打入钻孔孔底待测试的土层中，根据打入土层中的贯入阻力，评定土层的变化和土的物理力学性质。贯入阻力用贯入器贯入土层中的30cm的锤击数N表示，简称标贯击数。

（2）方法的适用条件。

标准贯入试验一般结合钻孔进行，其优点是操作简便，设备简单，土层的适应性广，可用于砂土、粉土和一般黏性土，最适用于$N=2\sim50$击的土层。而且通过贯入器可以采取扰动土样，对它进行直接鉴别描述和有关的室内土工试验，如取砂土做颗粒分析试验。该试验特别对钻探中难以取样的砂土和粉土的工程性质评定具有独特意义。

（3）试验成果的应用。

标准贯入试验成果N可直接标在工程地质剖面图上，也可绘制单孔标准贯入击数N与深度关系曲线或直方图。统计分层标贯击数平均值应剔除异常值。标准贯入试验锤击数N值，可对砂土、粉土、黏性土的物理状态，土的强度、变形参数、地基承载力、单桩承载力，饱和砂土和粉土的液化，成桩的可能性等做出评价。应用N值时是否修正和如何修正，应根据建立统计关系时的具体情况确定。

【例题2-2】　在花岗岩风化层内进行标准贯入试验，锤击数50击的贯入深度为25cm，试求标准贯入试验锤击数并判定该花岗岩风化程度。

解：《岩土工程勘察规范》（GB 50021—2001）（2009版）第10.5.3条规定，当锤击数已达50击，而贯入深度未达30cm时，可记录50击的实际贯入深度，按下式换算成相当于30cm的标准贯入试验锤击数N，并终止试验。

$$N=30\times\frac{50}{\Delta S} \tag{2-2}$$

式中　ΔS——锤击数50击时的贯入度，cm。

故本试验标准贯入试验锤击数$N=30\times50/25=60$（击）。

根据《岩土工程勘察规范》（GB 50021—2001）（2009 版）附录表 A.0.3 注 4：花岗岩类岩石的风化程度，可采用标准贯入试验划分，$N \geqslant 50$ 为强风化，$50 > N \geqslant 30$ 为全风化，$N < 30$ 为残积土。由此可判定花岗岩的风化程度为强风化。

2.5.5 十字板剪切试验（VST）

（1）基本原理。

十字板剪切试验是将一定规格的十字板头由钻孔压入孔底土层中，通过扭力设备带动十字板匀速转动，直至十字板旋转所形成的圆柱面发生破坏。通过一定的测量系统，测得其转动时所需之力矩，从而计算出土体的抗剪强度。这一抗剪强度值，相当于试验深度处天然应力状态下土层的不排水抗剪强度，在理论上相当于三轴不排水剪的总强度，或无侧限抗压强度的一半（$\varphi=0$）。

（2）方法的适用条件。

十字板剪切试验无需采取土样，适用于测定难以取样的饱和软黏性土（$\varphi \approx 0$）的不排水抗剪强度和灵敏度。它可以在现场基本保持天然应力状态下进行扭剪。该试验方法在沿海软土地区得到广泛使用，被认为是一种较为有效的、可靠的现场测试方法。与钻探取样、室内试验相比，土体的扰动甚小，而且操作简便。但对于不均匀土层，特别是夹有薄层粉砂、细砂或粉土的软黏性土，十字板剪切试验会有较大误差，其成果要慎重使用。

（3）试验成果的应用。

十字板剪切试验成果分析与应用包括下列内容：

1）计算各试验点土的不排水抗剪峰值强度、残余强度，重塑土强度和灵敏度。

2）绘制单孔十字板剪切试验土的不排水抗剪峰值强度、残余强度、重塑土强度和灵敏度随深度的变化曲线，需要时绘制抗剪强度与扭转角度的关系曲线。

3）根据土层条件和地区经验，对实测的十字板不排水抗剪强度进行修正。

4）十字板剪切试验成果可按地区经验，确定地基承载力、单桩承载力，计算边坡稳定，判定软黏性土的固结历史。

【例题 2-3】 某淤泥质粉质黏土中进行十字板剪切试验，十字板高 $H=0.2\text{m}$，直径 $D=0.1\text{m}$，剪切破坏时扭矩 $M=0.5\text{kN}\cdot\text{m}$，在同一深度取土样进行重塑土的无侧限抗压强度试验，得到无侧限抗压强度 $q_u=130\text{kPa}$，试计算土的抗剪强度、灵敏度及灵敏度等级。

解： 土的抗剪强度：

$$\tau_f = 2M/[\pi D^2 (H+D/3)] = 136.6(\text{kPa})$$

重塑土的抗剪强度：

$$\tau'_f = q_u/2 = 65(\text{kPa})$$

土的灵敏度：

$$S_t = \tau_f/\tau'_f = 2.1$$

$2 < S_t \leqslant 4$，属中灵敏度土。

2.6 岩土工程地下水

工程建设勘察、设计、建造过程中，赋存在岩土空隙中的地下水至关重要，应高度重视。大面积抽取地下水会引起地面沉降。工程活动可能会引发流土或管涌，给工程带来危害。地下水是造成边坡和基坑工程失稳的主要因素。地下水对基础和结构物产生浮力作用。有些地下水还会腐蚀地下结构物。因此，在进行岩土工程勘察时应根据设计和施工的需要提供有关参数，进行分析评价，预测可能产生的后果，提出监测和防护措施。

2.6.1 地下水的勘察要求

岩土工程勘察应根据工程要求，通过搜集资料和勘察工作，掌握下列水文地质条件：

(1) 地下水的类型和赋存状态。

(2) 主要含水层的分布规律。

(3) 区域性气候资料，如年降水量、蒸发量及其变化和对地下水位的影响。

(4) 地下水的补给排泄条件、地表水与地下水的补排关系及其对地下水位的影响。

(5) 勘察时的地下水位、历史最高地下水位、近3～5年最高地下水位、水位变化趋势和主要影响因素。

(6) 是否存在对地下水和地表水的污染源及其可能的污染程度。

对缺乏常年地下水位监测资料的地区，在高层建筑或重大工程的初步勘察时，宜设置长期观测孔，对有关层位的地下水进行长期观测。对高层建筑或重大工程，当水文地质条件对地基评价、基础抗浮和工程降水有重大影响时，还要进行专门的水文地质勘察。

2.6.2 地下水的设计参数及其确定

岩土工程中常用的地下水设计参数主要有下列几种。

(1) 地下水位。地下水按其埋藏条件分为包气带水、潜水和承压水，地下水位指的是稳定的潜水面的高程，根据钻探时的观测时间可分为初见水位和稳定水位。初见水位和稳定水位可在钻孔、探井或测压管内直接量测，稳定水位的间隔时间按地层的渗透性确定，对砂土和碎石土至少0.5h，对粉土和黏性土至少8h，并宜在勘察结束后统一量测稳定水位。

基础设计计算中经常涉及的地下水的埋深，则指的是潜水的埋藏深度，即潜水面至地表面的距离。

由于地下水对基础和结构物产生浮力作用，因此地下工程设计经常用到抗浮设计水位。抗浮设计水位通常按下面规定综合确定：

1) 如果有长期水位观测资料，抗浮设计水位可根据该层地下水实测最高水位和建筑物运营期间地下水的变化来确定；如缺乏长期水位观测资料，按勘察期间实测最高稳定水位并结合场地地形地貌、地下水的补给和排泄条件综合确定；在南方滨海和滨江地区，抗浮设计水位可取室外地坪标高。

2) 场地有承压水且与潜水有水力联系时，应实测承压水位并考虑其对抗浮设计水位的影响。

3) 只考虑施工期间的抗浮设防时，抗浮设计水位可取一个水文年的最高水位。

(2) 地下水流速和流向。地下水流速的测定可采用指示剂法或充电法。

测定地下水流向一般用几何法，沿等边三角形（或近似等边三角形）的顶点布置钻孔（井）。测点间距按岩土的渗透性、水力梯度和地形坡度确定，通常为50～100m。应同时量测各孔（井）内水位，以水位高程绘制等水位线图，垂直等水位线并指向水位降低的方向即为地下水的流向。

（3）渗透系数。渗透系数是反映土透水性强弱的定量指标，也是渗流计算时必须用到的基本参数。不同种类的土，k 值差别很大。因此，准确测定土的渗透系数十分重要。

在各向同性介质中，渗透系数 k(m/d 或 cm/s）定义为单位水力梯度下的单位流量，表示流体通过孔隙骨架的难易程度，其物理意义可由达西定理 $v=k_i$ 来说明，即水力坡度 i 等于 1 时，水的渗流速度即为渗透系数。

基坑开挖需要明沟排水、井点降水或管井抽水降低地下水位时，可根据土层情况由室内渗透试验测定土层的渗透系数。重大项目需要较准确测定含水层的渗透系数时，通常采用带观测孔的抽水试验。

（4）孔隙水压力。孔隙水压力是指土体中某点处的孔隙水承受的压力。对于饱和土，孔隙中充满水，这些水在稳定状态时有一个平衡的压力，就是孔隙水压力。当土体受到外力挤压，例如预制桩的打入或压入，土中原有水压力会上升，上升的这部分压力就是超孔隙水压力。一般来说，超孔隙水压力随着时间的推移会消散，但如果上覆土层不透水，则可能长期存在。

孔隙水压力的观测设备常用孔隙水压力计。

2.6.3 地下水作用的评价

岩土工程勘察应评价地下水的作用和影响，并提出预防措施的建议。

（1）地下水力学作用的评价内容。

地下水力学作用的评价内容通常包括：

1）对基础、地下结构物和挡土墙，应考虑在最不利组合情况下，地下水对结构物的上浮作用，原则上应按设计水位计算浮力；对节理不发育的岩石和黏土且有地方经验或实测数据时，可根据经验确定；有渗流时，地下水的水头和作用通过渗流计算进行分析评价。

2）验算边坡稳定时，应考虑地下水及其动水压力对边坡稳定的不利影响。

3）在地下水位下降的影响范围内，应考虑地面沉降及其对工程的影响；当地下水位回升时，应考虑可能引起的回弹和附加的浮托力。

4）当墙背填土为粉砂、粉土或黏性土，验算支挡结构物的稳定时，应根据不同排水条件评价静水压力、动水压力对支挡结构物的作用。

5）在有水头压差的粉细砂、粉土地层中，应评价产生潜蚀、流砂、涌土、管涌的可能性。

6）在地下水位下开挖基坑或地下工程时，应根据岩土的渗透性、地下水补给条件，分析评价降水或隔水措施的可行性及其对基坑稳定和邻近工程的影响。

（2）地下水的物理、化学作用的评价内容。

地下水的物理、化学作用的评价内容通常包括。

1）对地下水位以下的工程结构，应评价地下水对混凝土、金属材料的腐蚀性，评价方法按岩土工程勘察规范的相关条款执行。

2）对软质岩石、强风化岩石、残积土、湿陷性土、膨胀岩土和盐渍岩土，应评价地下水的聚集和散失所产生的软化、崩解、湿陷、胀缩和潜蚀等有害作用。

3）在冻土地区，应评价地下水对土的冻胀和融陷的影响。

（3）降低地下水水位的措施。

降低地下水水位的措施必须满足下面的要求。

1）施工中地下水位应保持在基坑底面以下0.5～1.5m。

2）降水过程中应采取有效措施，防止土颗粒的流失。

3）防止深层承压水引起的突涌，必要时应采取措施降低基坑下的承压水头。

当需要进行工程降水时，应根据含水层渗透性和降深要求，选用适当的降低水位方法。当几种方法有互补性时，亦可组合使用。

2.7 岩土工程分析评价和成果报告

岩土工程分析评价是在工程地质测绘、勘探、测试和搜集已有资料的基础上，结合工程特点和要求来进行的。各类工程、不良地质作用和地质灾害以及各种特殊性岩土的分析评价，都应遵循国家、地方或行业部门规范、规程的具体规定。

2.7.1 岩土参数的分析和选定

岩土参数应根据工程特点和地质条件选用，满足可靠性和适用性的基本要求。所谓可靠性，是指参数能正确反映岩土体在规定条件下的性状；所谓适用性，是指参数能满足岩土工程设计计算的假定条件和计算精度的要求。岩土参数的可靠性和适用性，首先取决于岩土结构受扰动的程度，不同取样方法对土的扰动程度是不同的：采用厚壁取土器、锤击法取土，对土样结构的扰动较大，使土的无侧限抗压强度 q_u 明显降低，变异系数 δ 显著增大。其次，试验方法和取值标准对岩土参数也有很大影响，如同一土的不排水抗剪强度，可用室内不排水剪试验或室内无侧限抗压强度试验或原位十字板剪切试验来测定，而测定结果各不相同。此外，测试结果的离散程度、测试方法与计算模型是否配套，也对岩土参数的可靠性和适用性有重要影响。

（1）岩土参数的统计计算。

岩土参数应按场地所划分的工程地质单元和层位分别统计，并按式（2－3）～式（2－5）计算其平均值 f_m、标准差 σ_f 和变异系数 δ。

$$f_m=\sum_{i=1}^{n}f_i/n \tag{2-3}$$

$$\sigma_f=\sqrt{\frac{1}{n-1}\left[\sum_{i=1}^{n}f_i^2-\left(\sum_{i=1}^{n}f_i\right)^2/n\right]} \tag{2-4}$$

$$\delta=\sigma_f/f_m \tag{2-5}$$

式中 f_i——岩土参数试验资料；

n——参加统计的资料个数。

（2）异常数据的舍弃。

算出平均值和标准差后，应剔除粗差数据。剔除粗差有不同方法，常用的有正负三倍标准差法、Chauvenet法、Crubbs法。

当离差满足式（2-6）时，其资料应剔除。

$$|d|>g\sigma \tag{2-6}$$

式中 $|d|=f_i-f_m$；

σ——标准差；

g——系数，当用三倍标准差时取 3，用其他方法时，由表 2-5 查得。

（3）岩土参数沿深度方向的变异。

岩土参数沿深度方向变化的特点，有相关型和非相关型两种。对相关型参数，按下式确定变异系数：

$$\delta=\sigma_r/f_m \tag{2-7}$$

$$\sigma_r=\sigma_f\sqrt{1-r^2} \tag{2-8}$$

式中 σ_r——剩余标准差；

r——相关系数，对非相关型 $r=0$。

表 2-5 **Chauvenet 法及 Crubbs 法的 g 值**

n	Chauvenet 法	Crubbs 法		n	Chauvenet 法	Crubbs 法	
		a=0.05	a=0.01			a=0.05	a=0.01
5	1.68	1.67	1.75	16	2.16	2.44	2.76
6	1.73	1.82	1.94	18	2.20	2.50	2.82
7	1.79	1.94	2.10	20	2.24	2.56	2.88
8	1.86	2.03	2.22	22	2.28	2.60	2.94
9	1.92	2.11	2.32	24	2.31	2.64	2.99
10	1.96	2.18	2.41	30	2.39	2.75	3.10
12	2.03	2.29	2.55	40	2.50	2.87	3.24
14	2.10	2.37	2.66	50	2.58	2.96	3.34

（4）岩土参数的标准值。

有了岩土参数的平均值 f_m 和变异系数 δ，则其标准值 f_k 可按下列方法确定。

$$f_k=\nu_s f_m \tag{2-9}$$

$$\nu_s=1\pm\left(\frac{1.704}{\sqrt{n}}+\frac{4.678}{n^2}\right)\delta \tag{2-10}$$

式中 ν_s——统计修正系数。

式中的正负号按不利组合取用。如土的抗剪强度指标 c、φ 等取负号。统计修正系数 ν_s 也可按岩土工程的类型和重要性、参数的变异性和统计资料的个数，根据经验选用。

2.7.2 工程特性指标

岩土的工程特性指标包括强度指标、压缩性指标及其他特性指标（如静力触探探头阻力、标准贯入试验锤击数、载荷试验承载力等）。

地基土工程特性指标的代表值有平均值、标准值及特征值。平均值和标准值的定义及计算已在岩土参数的分析和选定中作了明确阐述。那么什么是特征值呢？地基土承载力特征值是指由载荷试验测定的地基土压力变形曲线线性变形段内规定的变形所对应的压力值，其最大值为比例界限值。设计常用的工程特性指标值采用如下。

(1) 压缩系数、压缩模量等压缩性指标采用平均值。

(2) 静力触探探头阻力、标准贯入试验锤击数、圆锥动力触探试验锤击数根据各孔分层的贯入指标平均值，用厚度加权平均法计算场地分层平均值和变异系数。

(3) 抗剪强度指标值、岩石的单轴抗压强度值取标准值。

(4) 地基土载荷试验承载力、岩石地基岩基载荷试验承载力取特征值。

岩石地基承载力特征值，采用岩基载荷试验确定。对完整、较完整和较破碎的岩石地基承载力，可根据室内岩石饱和单轴抗压强度按下式计算：

$$f_a=\psi_r f_{rk} \tag{2-11}$$

式中 f_a——岩石地基承载力特征值；

f_{rk}——室内岩石饱和单轴抗压强度标准值；

ψ_r——折减系数，根据岩体完整程度以及结构面的间距、宽度、产状和组合，由地方经验确定，无经验时，对完整岩体可取 0.5，对较完整岩体可取 0.2～0.5，对较破碎岩体可取 0.1～0.2。

注：1. 上述折减系数未考虑施工因素及建筑物使用后风化作用的继续；

2. 对于黏土质岩，在确保施工期及使用期不致遭水浸泡时可采用天然湿度试样，不作饱和处理。

对破碎、极破碎的岩石地基承载力特征值，可根据地区经验值，无地区经验时，可根据平板载荷试验确定。

【例题 2-4】 对中等风化较破碎的泥质粉砂岩采取天然岩块进行了室内单轴抗压强度试验，其试验值为 9MPa，11MPa，13MPa，10MPa，15MPa，7MPa，试确定岩石地基承载力特征值。

解： 岩石地基承载力特征值可根据室内岩石饱和单轴抗压强度按式 (2-11) 计算。对于黏土质岩，在确保施工期及使用期不致遭水浸泡时可采用天然湿度试样。泥质粉砂岩遇水极易软化，属黏土质岩，故取天然湿度试样进行室内单轴抗压强度试验。

平均值

$$f_m=\sum_{i=1}^{n}f_i/n=9+11+13+10+15+7/6=10.83(\text{MPa})$$

标准差

$$\sigma_f=\sqrt{\frac{1}{n-1}\Big[\sum_{i=1}^{n}f_i^2-\big(\sum_{i=1}^{n}f_i\big)^2/n\Big]}$$

$$=[(9^2+11^2+13^2+10^2+15^2+7^2-6\times10.83^2)]/(6-1)^{1/2=}2.873$$

根据平均值和标准差，按式 2-7 计算，没有应剔除的资料数据。

变异系数

$$\delta=\sigma_f/f_m=2.873/10.83=0.265$$

统计修正系数

$$\nu_s=1\pm\left(\frac{1.704}{\sqrt{n}}+\frac{4.678}{n^2}\right)\delta=1-(1.704/6^{1/2}+4.678/6^2)\times0.265=0.781$$

根据式（2-9），岩石单轴抗压强度标准值

$$f_{rk}=0.781\times10.83=8.46(\mathrm{MPa})$$

折减系数 ψ_r 对较破碎岩体可取 0.1～0.2，故岩石地基承载力特征值

$$f_a=\psi_r f_{rk}=(0.1\sim0.2)\times8.46=0.846\sim1.692(\mathrm{MPa})=846\sim1692\ \mathrm{kPa}$$

工程实际中是取低限值 846kPa 还是高限值 1692kPa，视具体情况而定。确定岩体完整程度的指标是完整性系数 K_v，较破碎岩体的 $K_v=0.55\sim0.35$，若勘察中提供了岩体的完整性系数，则可以考虑当 $K_v=0.55$ 时取高限值，当 $K_v=0.35$ 时取低限值，K_v 介于 0.35～0.55 之间时可内插确定岩石地基承载力特征值。

2.7.3 岩土工程勘察报告

岩土工程勘察报告是勘察工作的文字成果，它的目的性很明确，就是通过各种勘察手段（如现场钻探、原位测试、室内岩土试验等）获取工程场地岩土层的分布规律和物理力学性质指标，通过归纳、整理、分析、论证，为地基基础的设计和整治利用提供可靠的技术依据。除此之外，成果报告还是地基与基础施工的参考资料和编制基础工程预决算的依据之一。对于结构设计师而言，全面掌握勘察报告中所包含的工程地质信息，仔细研究报告中为解决岩土工程问题所提出的合理建议，正确选择地基和基础的形式，是非常必要的，这往往对建筑物的安全、功能和造价有很大影响。对基础施工人员来说，勘察成果对合理选择和使用施工机具，预测并解决施工中可能碰到的问题，同样具有极大的参考价值。

岩土工程勘察报告应根据任务要求、勘察阶段、工程特点和地质条件等具体情况编写，一般分文字和图表两个部分。

（1）文字部分的报告内容。

岩土工程勘察报告的文字部分通常包括以下内容：

1）勘察目的、任务要求和依据的技术标准。

2）拟建工程概况。

3）勘察方法和勘察工作布置。

4）场地地形、地貌、地层、地质构造、岩土性质及其均匀性。

5）各项岩土性质指标，岩土的强度参数、变形参数、地基承载力的建议值。

6）地下水埋藏情况、类型、水位及其变化。

7）土和水对建筑材料的腐蚀性。

8）可能影响工程稳定的不良地质作用的描述和对工程危害程度的评价。

9）场地稳定性和适宜性的评价。

（2）图表部分的报告内容。

岩土工程勘察报告的图表部分通常附下列图件和表格：

1）勘探点平面布置图。

2）工程地质柱状图。

3）工程地质剖面图。

4）原位测试成果图表。

5）室内试验成果图表。

岩土工程勘察报告应对岩土利用、整治和改造的方案进行分析论证，提出建议；对工程施工和使用期间可能发生的岩土工程问题进行预测，提出监控和预防措施的建议。

【例题2-5】 某工厂拟建一龙门吊，起重量150kN，轨道长200m。场地平坦，勘察资料表明，上部土层为硬塑黏土与密实卵石互层分布，厚薄不一，下伏基岩埋深7～8m，地下水埋深3.0m，年变化幅度1.0m左右。龙门吊基础拟采用条形基础，基础宽1.5m，埋深1.5m。对地基基础的下面四种情况，哪种情况为评价重点，请说明理由。(1) 地基承载力；(2) 基岩面深度与起伏；(3) 地下水埋藏条件与变化幅度；(4) 地基的均匀性。

解： 龙门吊起重量150kN，考虑吊钩处于最不利位置，不计吊车和龙门架自重，基底面的平均压力为

$$P_k=(F_k+G_k)/A=(150+1.5\times1.5\times20)/(1.5\times1.0)=130(\text{kPa})$$

(1) 基底持力层为硬塑黏土与密实卵石，其地基承载力特征值均大大超过130kPa，地基承载力肯定满足要求。

(2) 根据《建筑地基基础设计规范》(GB 50007—2011)，地基主要受力层，对条形基础为基底下三倍基础宽度，即3×1.5=4.5(m)，自然地面下4.5m+1.5m=6.0(m)，而基岩埋深7～8m，故无需考虑基岩面深度与起伏对地基基础的影响。

(3) 基础埋深1.5m，地下水埋深3.0m，即使考虑年变化幅度1.0m，基础底面也在地下水面之上，故地下水埋藏条件与变化幅度与地基基础关系不大。

(4) 按《建筑地基基础设计规范》(GB 50007—2011)，桥式吊车轨面倾斜，纵向允许4‰，横向允许3‰，硬塑黏土与密实卵石压缩模量相差较大，且两者厚薄不一，应重点考虑地基的均匀性引起的差异沉降。

上述解答即是根据场地工程地质条件，结合上部结构荷载大小与作用形式，以规范的条款为依据，针对地基基础的设计和整治所进行的岩土工程分析与评价的一个例子。在对基础设计方案进行分析和评价时，要注意结合场地具体的工程地质条件，充分挖掘场地有利的条件，通过对若干方案的对比、分析、论证，选择安全可靠、经济合理且在技术上容易实施的较佳方案。所以，以下几点应当引起设计人员重视：

1）场地稳定性评价。这涉及区域稳定性和场地稳定性两方面的问题。前者是指一个地区或区域的整体稳定，如有无新的、活动的构造断裂带通过；后者是指一个具体的工程建筑场地有无不良地质作用及其对场地稳定性的直接与潜在的危害。原则上采取区域稳定和地基稳定相结合的原则。当地区的区域稳定性条件不利时，找寻一个地基好的场地，会改善区域稳定性条件。对勘察中指明宜避开的危险场地，则不宜布置建筑物，如不得不在其中较为稳定的地段进行建筑，须事先采取有效的防范措施，以免中途更改场地或付出高昂的处理代价。

2）基础持力层的选择。如果建筑场地是稳定的，或在一个不太利于稳定的区域选择了相对稳定的建筑地段，地基基础的设计必须满足地基承载力和变形要求；如果建筑物受水平荷载作用或建在倾斜场地上，尚应考虑地基的稳定性问题。基础型式有深、浅之分，前者主要通过桩基或沉井把荷载相对集中地交由周围地基土和深部稳定而坚实的地层承

担，而后者则通过基础底面，把荷载扩散分布于浅部地层。基础型式不同、持力层选择时侧重点不一样。

对浅基础（天然地基）而言，在满足地基稳定和变形要求的前提下，基础应尽量浅埋。如果上层土的地基承载力大于下层土时，尽量利用上层土作基础持力层。若遇软弱地基，有时可利用上部硬壳层作为持力层。冲填土、建筑垃圾和性能稳定的工业废料，当均匀性和密实度较好时，亦可利用作为持力层而不应一概予以挖除。如果荷载影响范围内的地层不均匀，有可能产生不均匀沉降时，应采取适当的防治措施，或加固处理，或调整上部荷载的大小与分布。如果持力层承载力不能满足设计要求，则首先考虑采取适当的地基处理措施，如软弱地基的深层搅拌、预压堆载、化学加固，湿陷性地基的强夯密实等。如还不能满足要求，就要采用桩基础。桩的型式多种多样，同样需要进行对比与优选。

对桩基础而言，主要的问题是合理选择桩端持力层。一般地，桩端持力层宜选择层位稳定的硬塑～坚硬状态的低压缩性黏性土层和粉土层、中密以上的砂土和碎石土层、中一微风化的基岩。当以第四系松散沉积层作桩端持力层时，持力层的厚度宜超过6～10倍桩身直径或桩身宽度。持力层的下部不应有软弱地层和可液化地层。当持力层下的软弱地层不可避免时，应从持力层的整体强度及变形要求考虑，保证持力层有足够的厚度。此外，还应结合地层的分布情况和岩土层特征，考虑成桩时穿过持力层以上各地层的可能性，选择合理的桩型和施工工艺。

3）考虑环境效应与影响。任何一个基础设计方案的实施不可能仅局限于拟建场地范围内，它或多或少、或直接或间接要对场地周围的环境甚至工程本身产生影响。如降排水时地下水位要下降，基坑开挖时要引起坑外土体的位移变形和坑底土的回弹，打桩时产生挤土效应，灌注桩施工时泥浆排放对环境产生污染等等。因此选定基础方案时就要预测到施工过程中可能出现的岩土工程问题，并提出相应的防治措施，采取合理的施工方法。现行规范已经对这些问题的分析、计算与论证作了相应的规定，设计和施工人员在阅读和使用勘察报告时，应不仅仅局限于掌握有关的工程地质资料，还要从工程建设的全局和全过程出发来分析、考虑和处理问题。

第3章　天然地基浅基础

3.1　地基基础设计概述

3.1.1　地基基础设计的基本要求

基础是将上部结构荷载传递至地基的结构，地基则是承受建筑结构和基础荷载的载体。地基基础构成了建筑结构的重要根基。地基基础设计需要满足承载力极限状态和正常使用极限状态的基本要求。承载力极限状态是指地基、结构或构件达到最大承载力，或达到不适于继续承载的变形的极限状态。正常使用极限状态是指地基、结构或构件达到正常使用或耐久性能中某项规定限度的状态。地基基础的承载力极限状态和正常使用极限状态要求可具体描述为。

（1）地基土体应满足强度和稳定性要求，且应具有足够的安全度。

（2）地基的变形量应不超过建筑物地基变形允许值，以免引起基础和上部结构的损坏，或影响建筑物的使用功能和外观。

（3）基础结构应具有足够的强度、刚度和耐久性。

除了满足上述基本要求之外，地基基础设计还应综合考虑建筑物的用途、上部结构类型及场地工程地质条件，并结合施工条件及工期、造价等方面的要求，合理选择地基基础方案，以保证地基基础设计安全可靠、经济合理。

3.1.2　地基基础设计等级

地基基础设计首先需要明确设计等级。《建筑地基基础设计规范》（GB 50007—2011）根据地基复杂程度、建筑物规模和功能特征以及由于地基问题可能造成建筑物破坏或影响正常使用的程度，将地基基础设计分为3个等级，见表3-1。

表3-1　地基基础设计等级

设计等级	建筑和地基类型
甲级	重要的工业与民用建筑 30层以上的高层建筑 休型复杂，层数相差超过10层的高低层连成一体建筑物 大面积的多层地下建筑物（如地下车库、商场、运动场等） 对地基变形有特殊要求的建筑物 复杂地质条件下的坡上建筑物（包括高边坡） 对原有工程影响较大的新建建筑物 场地和地基条件复杂的一般建筑物 位于复杂地质条件及软土地区的二层及二层以上地下室的基坑工程 开挖深度大于15m的基坑工程 周边环境条件复杂、环境保护要求高的基坑工程
乙级	除甲级、丙级以外的工业与民用建筑物 除甲级、丙级以外的基坑工程
丙级	场地和场基条件简单、荷载分布均匀的7层及7层以下民用建筑及一般工业建筑物；次要的轻型建筑物；非软土地区且场地地质条件简单、基坑周边环境条件简单、环境保护要求不高且开挖深度小于5.0m的基坑工程

3.1.3 浅基础设计规定、内容和步骤

天然地基上的浅基础是工业与民用建筑中最常用的基础形式。天然土层或岩层作为建筑物地基使用时称为天然地基，经过人工加固处理的土层作为地基时称为人工地基。一般地，当基础埋深小于5m或基础深度小于基础宽度时称之为浅基础。天然地基上建造浅基础施工简单，造价较低；人工地基或深基础，往往工期长，造价也高。因此，在保证建筑物安全可靠的条件下，宜优先选用天然地基上浅基础的设计方案。

（1）天然地基上的浅基础设计应根据地基基础设计等级，考虑长期荷载作用下地基变形对上部结构的影响程度，并符合以下规定：

1）地基计算应满足承载力计算的有关规定。

2）地基基础设计应考虑地基变形对上部结构的影响及其程度，严格控制地基不均匀沉降，除一些简单地基和结构条件外，均应按地基变形设计。

3）对经常受水平荷载作用的高层建筑、高耸结构和挡土墙等，以及建造在斜坡上或边坡附近的建筑物和构筑物，应验算其稳定性。

4）设计时，所采用的作用效应与相应的抗力限制应符合下列规定：①确定基础底面积及埋深时，传至基础底面上的荷载效应应采用按正常使用极限状态下荷载效应的标准组合值；②计算地基变形时，传至基础底面上的荷载效应应采用按正常使用极限状态下荷载效应的准永久组合值，且不计入风荷载和地震作用；③验算地基稳定性时，传至基础底面上的荷载效应应按承载能力极限状态下荷载效应的基本组合值；但其分项系数均为1.0；④确定基础高度、内力和验算材料强度时，传至基础底面上的荷载效应应按承载力极限状态下荷载效应的基本组合值，采用相应的分项系数。

5）地基基础的设计使用年限不应小于建筑结构的设计使用年限。

（2）天然地基浅基础设计内容和一般步骤如下：

1）根据上部结构形式、荷载大小和分布、场地工程地质和水文地质条件、相邻建筑物和地下建筑（管道）的关系等选择基础的结构形式、材料及其平面布置。

2）确定基础的埋置深度。

3）确定地基承载力。

4）根据传至基础底面上的荷载和地基的承载力，初步计算基础底面尺寸。

5）根据传至基础底面上的荷载效应进行相应的地基变形验算。

6）必要时进行稳定性验算。

7）基础剖面和结构设计。

8）绘制基础施工图，编制施工技术说明。

3.2 浅基础类型

浅基础的类型众多，按基础材料可分为：砖基础、灰土基础、三合土基础、毛石基础、混凝土或毛石混凝土基础、钢筋混凝土基础等；按基础构造和结构形式又可分为扩展基础、连续基础等。扩展基础是为扩散上部结构传来的荷载，使作用在基底的压应力满足地基承载力的设计要求，且基础内部的应力满足材料强度的设计要求，向侧边扩展一定底

面积的基础。扩展基础视基础内有无配置钢筋又可分为无筋扩展基础和钢筋混凝土扩展基础，其基础构造主要有柱下单独基础、墙下条形基础等形式。连续基础的构造形式包括柱下条形基础、十字交叉基础、筏板基础、箱形基础等。本节将主要介绍常用的几种扩展基础，以及在一些高耸建（构）筑物中常用的壳体基础和岩石地基上的锚杆基础，连续基础将在第 4 章中专门介绍。

3.2.1　无筋扩展基础

由砖、毛石、混凝土或毛石混凝土、灰土和三合土等建筑材料组成的，且不需配置钢筋的基础称为无筋扩展基础，常用作墙下条形基础或柱下单独基础。

（1）砖基础。砖基础是由普通烧结砖砌筑而成的基础。砖基础剖面一般为大放脚，每一阶梯挑出的长度为砖长的 1/4。为保证基础外挑部分在基底反力作用下不致发生破坏，砖基础常用等高砌法（又称两皮一收砌法）和二一间隔砌法两种，如图 3－1 所示。基底宽度相同时，二一间隔砌法可减小基础的高度，减少用砖量。砖基础材料易得、施工简便、造价较低，适用于地基坚实、均匀，6 层和 6 层以下的一般民用建筑和墙承重的轻型厂房基础工程。

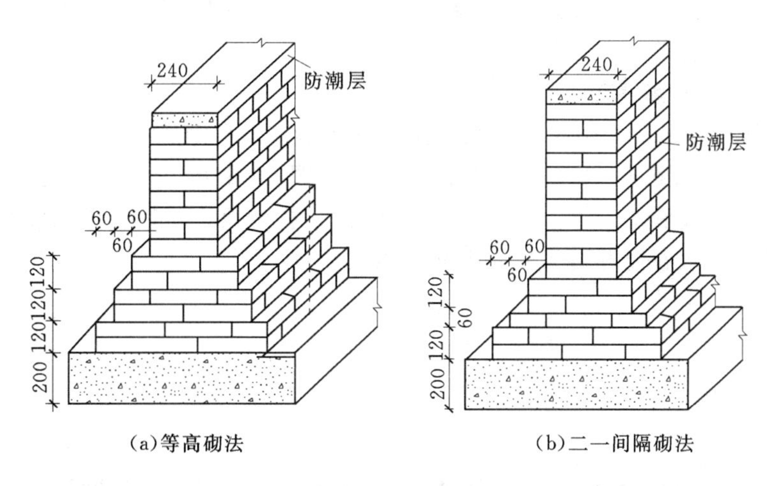

图 3－1　等高砌法和二一间隔砌法（单位：mm）

（2）灰土基础。灰土由石灰和黏性土混合而成。土料可用粉土、粉质黏土或黏土，以粉质黏土为宜。施工时，石灰和土料按体积比 3∶7 或 2∶8 拌和均匀，并加适量水分层夯实，每层虚铺 22～25cm，夯至 15cm 为一步，一般可铺 2～3 步。每层夯实结束后取灰土样测其干密度。夯实后的灰土最小干密度：粉土 1.55t/m^3、粉质黏土 1.50t/m^3、黏土 1.45t/m^3。灰土基础适用于地下水位较低、五层及五层以下的混合结构房屋和墙承重的轻型工业厂房基础工程。

（3）三合土基础。三合土基础是以石灰、砂、碎砖或碎石等为骨料按体积比 1∶2∶4 或1∶3∶6（石灰∶砂∶骨料）加适量水拌和，均匀铺设基槽并压实而成。施工时，每层虚铺 20cm，再压实至 15cm，铺至一定高度后再在其上砌砖大放脚。三合土的强度和所选骨料有关，矿渣具有水硬性，最为理想；碎砖次之；碎石和卵石因不易夯实，质量较差。三合土基础常用于我国南方地区、地下水位较低的四层和四层以下的民用建筑工程中。

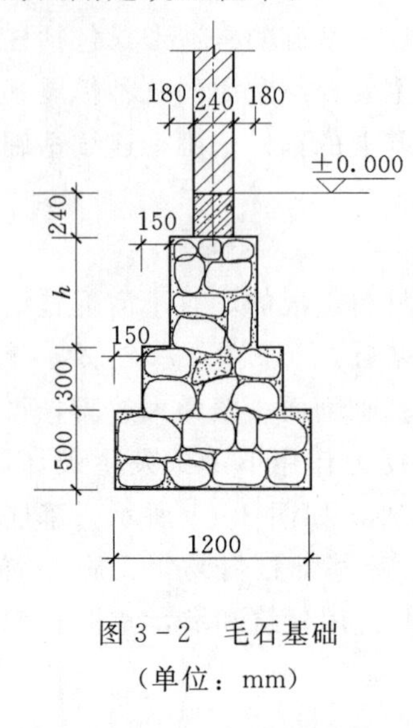

图 3-2 毛石基础
（单位：mm）

（4）毛石基础。毛石基础是用强度较高、未经风化的石材和砂浆砌筑而成。一般地，毛石强度不应低于 MU30，砂浆强度不低于 M5。毛石基础按其剖面形式有矩形、阶梯形和梯形三种。阶梯形剖面是每砌 300～500mm 后收退一个台阶，达到基础顶面高度为止。为保证锁结力和砌筑质量，每阶宜用三排或三排以上的毛石（图 3-2）；梯形剖面是上窄下宽，由下往上逐步收小尺寸；矩形剖面为满槽装毛石，上下等宽。毛石基础顶面宽度不应小于 400mm。

（5）混凝土和毛石混凝土基础。当上部结构荷载较大或基础位于地下水位以下时，常用混凝土基础。混凝土基础的强度、耐久性和抗冻性能均优于砖石基础，但其水泥用量大，造价较砖石基础高。若基础体积较大，为了节约混凝土用量，在浇灌混凝土时，可掺入少于基础体积 30% 的毛石，做成毛石混凝土基础。毛石混凝土基础的施工质量较难控制，在实际应用中并不广泛。

3.2.2 钢筋混凝土扩展基础

钢筋混凝土扩展基础一般指钢筋混凝土墙下条形基础和钢筋混凝土柱下单独基础。现浇柱下单独扩展基础截面一般做成台阶形或锥形［图 3-3（a）、（b）］，预制柱下单独基础一般做成杯形，如图 3-3（c）所示。预制柱插入杯口后，对柱子施加临时支撑，然后用强度等级 C20 的细石混凝土将柱周围缝隙填实。

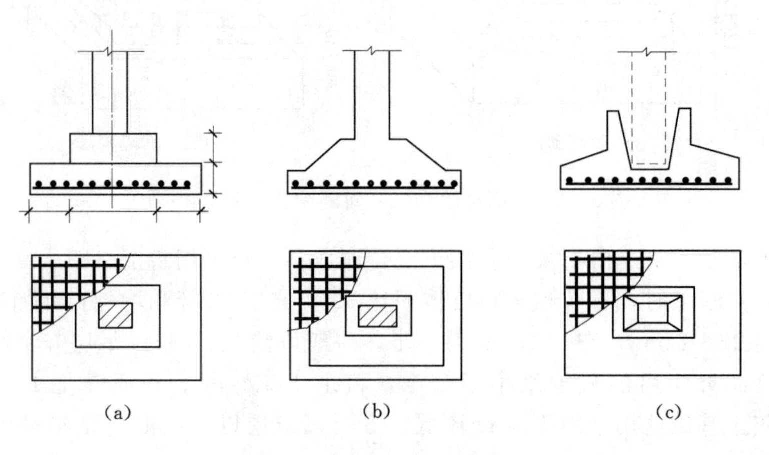

图 3-3 柱下独立基础

钢筋混凝土墙下条形基础的截面可做成有肋式和无肋式两种（图 3-4），多用于地质条件较差的多层建筑物。当建筑物较轻，作用在墙上的荷载不大，而基础需要做在较深的好土层上，此时采用条形基础不经济，可采用墙下单独基础，墙体砌筑在基础支撑的过梁上，如图 3-5 所示。

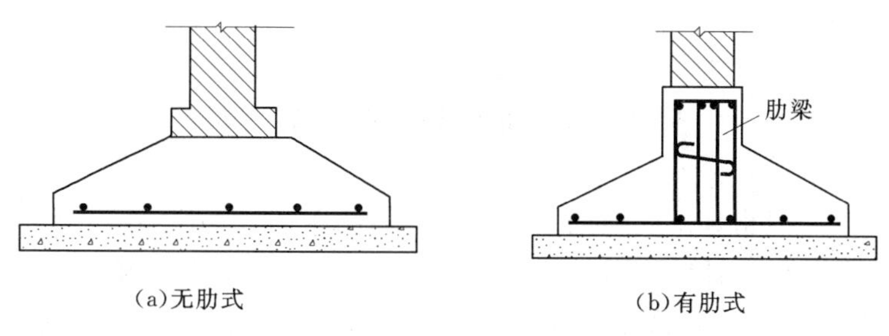

图3-4 钢筋混凝土墙下条形基础

3.2.3 壳体基础

烟囱、水塔、贮仓、中小型高炉、电视塔等各类筒形构筑物和高耸建筑物的基础平面尺寸较一般独立基础大，为节约材料，同时使基础结构有较好的受力特性，常将基础做成壳体形式，称之为壳体基础。壳体基础可以发挥钢筋和混凝土材料的受力特点，在竖向承载和抗水平荷载方面都具有优势，且具有造价低、施工速度快等特点。壳体基础常见正圆锥壳、M形组合壳和内球外锥组合壳等形式，如图3-6所示。

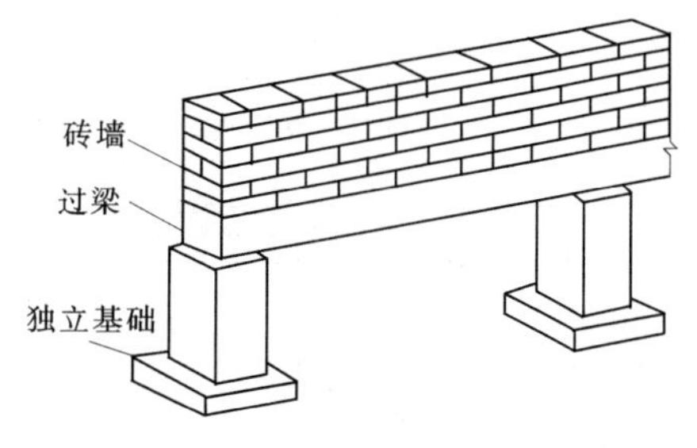

图3-5 墙下单独基础

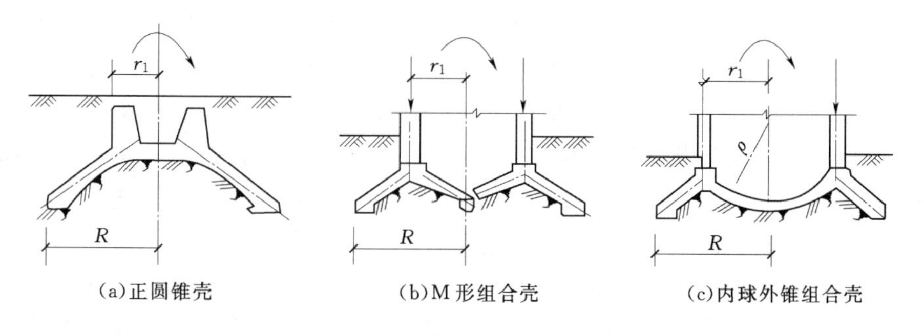

图3-6 壳体基础的结构型式

3.2.4 岩石锚杆基础

岩石锚杆基础是将细石混凝土和锚杆灌注于钻凿成型的岩孔内，与基岩形成整体，如图3-7所示。它适用于直接建在基岩上的柱基，以及承受拉力或水平力较大的建筑物基础，在输电线路基础工程中应用也较为广泛。根据上部结构型式及岩石特性的不同，岩石锚杆基础可做成间接锚杆和直接锚杆两种形式。间接锚杆常在基础下设锚杆，适用于钢筋混凝土柱基和岩石强度较低时；直接锚杆是将地脚螺栓（锚杆）直接锚入坚硬岩石中，适用于钢结构柱基和岩石强度较高的情况。岩石锚杆基础能充分利用岩石地基的坚固性以及钢材抗拉强度高的特点，具有减小开挖量、节省混凝土、工程造价低等优点，其关键在于保证锚杆基础与

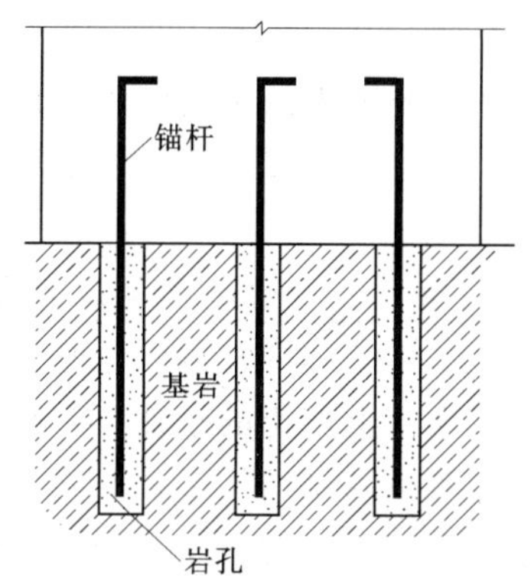

图3-7 岩石锚杆基础

基岩和上部结构的完整性。

3.3 基础埋置深度

基础埋置深度一般指基础底面到室外设计地面的距离，如图3-8所示。确定基础埋置深度是进行地基基础设计的一项重要工作，它涉及到工程造价、施工、工程安全性及正常使用功能等多方面问题。在满足地基稳定和变形要求的前提下，基础应尽量浅埋。这是确定基础埋置深度的基本原则。此外，选择基础埋置深度还需综合考虑以下几个方面的因素。

3.3.1 建筑物的功能和基础的构造要求

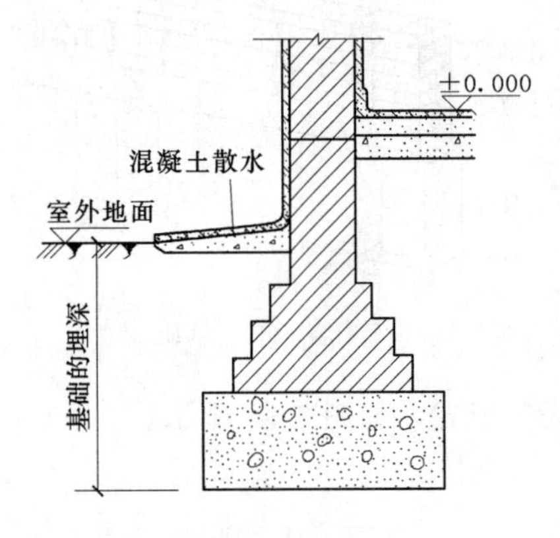

图3-8 基础的埋深定义

地基基础设计是为了满足上部结构的支承需要，因而基础埋置深度的确定首要满足建筑物或构筑物的功能要求。如建筑物设计有地下室则需要适当增加基础埋置深度以提供必要的地下空间。对于一些设备基础或建筑物功能对沉降要求非常严格的建筑物或构筑物，往往也需要调整基础埋置深度以达到沉降控制目的。同样地，对于一些超静定结构，如拱桥桥台，基础的小位移可能引起桥梁结构较大的附加内力。此时需要将基础设置在较深的好土层上，这是考虑基础埋置深度时需要计及的问题。如果上部结构的荷重分布很不均匀，为了减小结构荷重分布不均可能引起的不均匀沉降问题，可考虑同一建筑物采用不同的基础埋深的办法。此外，在确定基础埋深时，还需要考虑到建筑物中的电梯缓冲坑、电梯井、建筑物外的各种管道等设施的存在。

地基的类别、基础的形式和构造也是确定基础埋深需要考虑的问题。地表土在温度和湿度影响下，会产生一定的风化作用，其性质是不稳定的，加上人类和动物的活动以及植物的生长作用，也会破坏地表土层的结构，影响其强度和稳定性。因而，除岩石地基外，基础的埋深不应小于0.5m；为保护基础不外露，基础顶面应低于室外地面至少0.1m；基础底面应低于所在土层顶面以下不少于0.1m。

3.3.2 工程地质和水文地质条件

场地土层的分布及地基土的工程性质是选择基础埋置深度需要考虑的重要因素。地基土层当中，直接支承基础的土层称为“持力层”，持力层以下的地基土层称为“下卧层”。显然，确定基础埋深的另一个意义也即选择合适的持力层。

持力层的选择应充分考虑建设场地的工程地质和水文地质条件。一般地，承载力高、压缩性低、层厚均匀且层面水平的土层宜作为持力层。但是，实际工程中常遇到地基土层分布不均、层面非水平等情况。此时，选择持力层的一般原则为：上层土的承载力若高于下层土的承载力，宜以上层土作为持力层；反之，则需要综合考虑基础结构形式、施工难易程度、工程造价等方面。如上层土软弱且厚度较大，可考虑上层土为持力层，加大基础底面尺寸，采用宽基浅埋方式。当然，也可对该层软土进行人工加固处理或采用桩基础等基础型式；若上层软土较薄，宜以下层土作为持力层。此外，若持力层下存在软弱下卧层时，在确定基础埋深时应考虑尽量浅埋，以加大基础底面至下卧层的距离，减小下卧层顶面的应力作用，减轻下卧层的承载负担。

当场地地基为非水平成层地基时，若将整个建筑物的基础埋深控制在相同的设计标高，则持力层顶面倾斜过大可能造成建筑物不均匀沉降，此时也可考虑同一建筑物基础采用不同埋深来调整不均匀沉降。如对墙下刚性条形基础，可按台阶变化基础埋深，台阶高宽比为1∶2，每级台阶高度不超过0.5m。

选择基础埋深还需要考虑建设场地的水文地质条件。当潜水存在时，基础底面应尽量埋置在潜水位以上，则基础施工可免基坑排水、坑壁围护等问题。若基础底面必须埋置于潜水位以下时，除应考虑基础施工的安全性和经济性外，设计中还应考虑地下水的腐蚀性、防渗以及地下水的浮托作用。施工时，应采取不使地基土扰动的措施。若建设场地埋藏有承压含水层，则确定基础埋深时须确保坑底隔水层的自重大于水的承压力，以防止基坑因挖土卸压而产生坑底隆起、开裂。

3.3.3　地基基础的稳定性要求

基础除了承受上部结构的竖向荷载外，基础侧向土体作用于基础上的土压力使得基础还具有抵抗水平荷载的能力。当基础埋深较大时，侧向土压力对基础及上部结构的抗倾覆作用是明显的。因此，对于竖向荷载大、且可能遭遇较大地震力和风力等水平荷载作用的高层建筑，确定基础埋深时应考虑整体稳定性要求。《建筑地基基础设计规范》（GB 50007—2011）规定，在抗震设防区，除岩石地基外，天然地基上的箱形和筏形基础埋置深度不宜小于建筑物高度的1/15。

基础自重及基础侧壁和土体的摩阻力具有抵抗上拔力的作用。对于承受拉力或上拔力的构筑物基础，如高压输电塔基础，则必须有较大的埋深以保证所需的抗拔阻力。

位于稳定土坡坡顶上的建筑物，确定基础埋深应综合考虑基础类型、基础底面尺寸、基础与坡顶间的水平距离等因素。对于条形基础或矩形基础，当垂直于坡顶边缘线的基础底面边长小于或等于3m时，其基础埋深按下式确定：

条形基础

$$d \geqslant (3.5b - a)\tan\beta \qquad (3-1a)$$

矩形基础

$$d \geqslant (2.5b - a)\tan\beta \qquad (3-1b)$$

式中　a——基础底面外边缘至坡顶的水平距离，见图3-9；

b——垂直于坡顶边缘线的基础底面边长；

β——边坡坡角；

d——基础埋置深度。

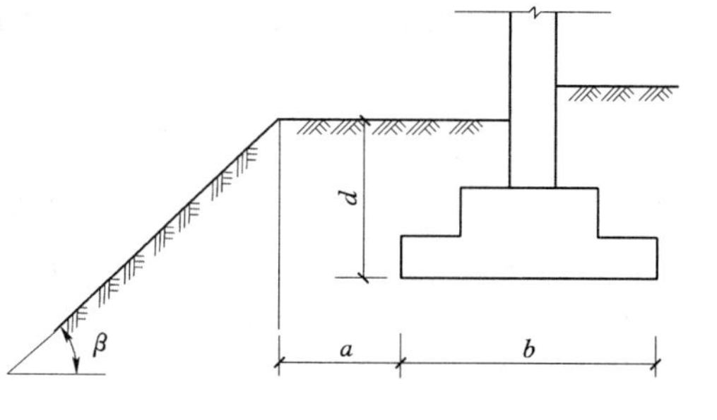

图3-9　基础底面外边缘线至坡顶的最小水平距离示意

【例题3-1】　某边坡上的建筑物基础为正方形基础，基础边长为2.8m，基底外边缘线至坡顶的水平距离为3.4m，坡脚为40°，坡高 7m，试求基础的最小埋深。

解： 据公式（3-1b）可得正方形基础埋深为：

$$d \geqslant (2.5b-a)\tan\beta = (2.5\times 2.8-3.4)\times \tan 40° = 3(\text{m})$$

所以室外地面距基础底面的最小埋深为 3m。

3.3.4 场地环境条件

在城市建筑密集区域，建设场地周边往往存在已有建筑物。当拟建建筑物与原有建筑物距离较近，尤其是拟建建筑物基础埋深大于原有建筑物时，拟建建筑物会对原有建筑物产生影响，甚至危及原有建筑物的安全和正常使用。因此，当存在相邻建筑物时，新建建筑物的基础埋深不宜大于原有建筑物基础。当设计埋深必须大于原有建筑物基础埋深时，两基础间应保持一定的净距。决定相邻建筑物净距大小的因素主要有拟建建筑物的沉降量和原有建筑物的刚度等。《建筑地基基础设计规范》（GB 50007—2011）规定，相邻建筑物基础净距可根据新建建筑物长高比和拟建建筑物预估沉降量按表 3-2 确定。

表 3-2 相邻建筑物基础间的净距（m）

影响建筑的预估平均沉降量（mm） \ 被影响建筑的长高比	$2.0 \leqslant \frac{L}{H_f} < 3.0$	$3.0 \leqslant \frac{L}{H_f} < 5.0$
70～150	2～3	3～6
160～250	3～6	6～9
260～400	6～9	9～12
＞400	9～12	不小于 12

注 1. 表中 L 为建筑物长度或沉降缝分隔的单元长度（m）；H_f 为自基础底面标高算起的建筑物高度（m）；
2. 当被影响建筑的长高比为 $1.5 < L/H_f < 2.0$ 时，其间净距可适当缩小。

一般地，相邻建筑物的基础净距也可按经验取相邻基础底面高差的 1～2 倍。当不能满足以上要求时，应采取有效的施工措施，如分段施工、设置临时板桩支撑、对原有建筑物地基进行加固等以确保相邻建筑物的安全。

此外，若基础邻近有地下管道、沟和坑等设施时，基础表面一般应高于这些设施的地面。对临水建筑物，为防流水或波浪的冲刷，其基础底面应位于冲刷线以下。

3.3.5 地基冻融条件

地基土的温度处于零摄氏度以下，且其中含有冰的各种岩石和土称为冻土。冬季冻结、夏季融化的土层称为季节冻土；冻结状态持续三年以上的土层称为多年冻土。地基土中的水分在负温度下冻结成冰，导致冰层膨胀和地表隆起的现象称为冻胀。冻胀产生的冻胀力和冻切力可使基础上抬，建筑物门窗不能开启，严重时墙体开裂；当温度升高，土中的冰晶体融化，含水量增大，土强度降低，导致建筑物产生沉陷，这种现象称为融陷。影响冻胀的因素主要是土的情况、土中含水量的多少以及地下水补给条件等。对于粘粒含量很少的细砂以上的土，孔隙集中，毛细作用极小，基本不存在冻胀问题。相同条件下，黏性土的冻胀就不容忽视。《建筑地基基础设计规范》（GB 50007—2011）根据冻土层的平均冻胀率的大小，将地基冻胀性分为不冻胀、弱冻胀、冻胀、强冻胀和特强冻胀 5 个等级，见表 3-3。

表3-3　地基土的冻胀性分类

土的名称	冻前天然含水量 w（%）	冻结期间地下水位低于冻深的最小距离 h_w（m）	平均冻胀率 η（%）	冻胀等级	冻胀类别
碎（卵）石，砾、粗、中砂（粒径小于0.075mm颗粒含量大于15%），细砂（粒径小于0.075mm颗粒含量大于10%）	$w \leqslant 12$	>1.0	$\eta \leqslant 1$	Ⅰ	不冻胀
		$\leqslant 1.0$	$1 < \eta \leqslant 3.5$	Ⅱ	弱冻胀
	$12 < w \leqslant 18$	>1.0			
		$\leqslant 1.0$	$3.5 < \eta \leqslant 6$	Ⅲ	冻胀
	$w > 18$	>0.5			
		$\leqslant 0.5$	$6 < \eta \leqslant 12$	Ⅳ	强冻胀
粉砂	$w \leqslant 14$	>1.0	$\eta \leqslant 1$	Ⅰ	不冻胀
		$\leqslant 1.0$	$1 < \eta \leqslant 3.5$	Ⅱ	弱冻胀
	$14 < w \leqslant 19$	>1.0			
		$\leqslant 1.0$	$3.5 < \eta \leqslant 6$	Ⅲ	冻胀
	$19 < w \leqslant 23$	>1.0			
		$\leqslant 1.0$	$6 < \eta \leqslant 12$	Ⅳ	强冻胀
	$w > 23$	不考虑	$\eta > 12$	Ⅴ	特强冻胀
粉土	$w \leqslant 19$	>1.5	$\eta \leqslant 1$	Ⅰ	不冻胀
		$\leqslant 1.5$	$1 < \eta \leqslant 3.5$	Ⅱ	弱冻胀
	$19 < w \leqslant 22$	>1.5			
		$\leqslant 1.5$	$3.5 < \eta \leqslant 6$	Ⅲ	冻胀
	$22 < w \leqslant 26$	>1.5			
		$\leqslant 1.5$	$6 < \eta \leqslant 12$	Ⅳ	强冻胀
	$26 < w \leqslant 30$	>1.5			
		$\leqslant 1.5$	$\eta > 12$	Ⅴ	特强冻胀
	$w > 30$	不考虑			
黏性土	$w \leqslant w_p + 2$	>2.0	$\eta \leqslant 1$	Ⅰ	不冻胀
		$\leqslant 2.0$	$1 < \eta \leqslant 3.5$	Ⅱ	弱冻胀
	$w_p + 2 < w \leqslant w_p + 5$	>2.0			
		$\leqslant 2.0$	$3.5 < \eta \leqslant 6$	Ⅲ	冻胀
	$w_p + 5 < w \leqslant w_p + 9$	>2.0			
		$\leqslant 2.0$	$6 < \eta \leqslant 12$	Ⅳ	强冻胀
	$w_p + 9 < w \leqslant w_p + 15$	>2.0			
		$\leqslant 2.0$	$\eta > 12$	Ⅴ	特强冻胀
	$w > w_p + 15$	不考虑			

注　1. w_p 为塑限含水量（%）；w 为在冻土层内冻前天然含水量的平均值。

2. 盐渍化冻土不在表列。

3. 塑性指数大于22时，冻胀性降低一级。

4. 粒径小于0.005mm的颗粒含量大于60%时，为不冻胀土。

5. 碎石类土当充填物大于全部质量的40%时，其冻胀性按充填物土的类别判断。

6. 碎石土、砾砂、粗砂、中砂（粒径小于0.075mm颗粒含量不大于15%）、细砂（粒径小于0.075mm颗粒含量不大于10%）均按不冻胀考虑。

在季节性冻土地区，选择基础埋置深度时，对弱冻胀土、冻胀土、强冻胀土和特强冻胀土，基础的最小埋置深度可由下式确定：

$$d_{min}=Z_d-h_{max} \tag{3-2a}$$

$$Z_d=Z_0\psi_{zs}\psi_{zw}\psi_{ze} \tag{3-2b}$$

式中 h_{max}——基础底面下允许出现冻土层的最大厚度，可按表 3-4 查取；

Z_d——设计冻深；

Z_0——地区标准冻深，系采用在地表平坦、裸露、城市之外的空旷场地中不少于10 年实测最大冻深的平均值。当无实测资料时，可根据《建筑地基基础设计规范》（GB 50007—2011）附录 F 采用；

ψ_{zs}——土的类别对冻结深度的影响系数，按表 3-5 采用；

ψ_{zw}——土的冻胀性对冻结深度的影响系数，按表 3-6 采用；

ψ_{ze}——环境对冻结深度的影响系数，按表 3-7 采用。

【例题 3-2】 某地区标准冻深为 1.8m，地基由均匀的粉土组成，冻前天然含水量平均值为 25%，冻结期间地下水位低于冻深的最小距离为 1.7m。场地位于城市市区，人口为 30 万人。基底平均压力为 140kPa，建筑物为民用住宅，采用矩形基础，基础尺寸为2m×1m。试确定基础的最小埋深。

解：（1）地基土为粉土，查表 3-5 得 $\psi_{zs}=1.2$。

冻前天然含水量平均值为 25%，冻结期间地下水位低于冻深的最小距离为 1.7m，查表 3-3 可知冻胀类别为冻胀，查表 3-6 可知 $\psi_{zw}=0.9$；

场地位于城市市区，人口为 30 万人，介于 20 万～50 万之间，查表 3-7 按城市近郊取值，得 $\psi_{ze}=0.95$。

（2）土质为冻胀土，矩形基础可取短边尺寸为 1m，按方形计算，建筑物为民用住宅，取基底平均压力为 140kPa，查表 3-4 进行内插计算得：

$$h_{max}=\frac{0.70+0.75}{2}=0.725(\text{m})$$

所以，基础最小埋深：

$$d_{min}=z_d-h_{max}=z_0\psi_{zs}\psi_{zw}\psi_{ze}-h_{max}=1.8\times1.20\times0.90\times0.95-0.725=1.12(\text{m})$$

表 3-4　　建筑基底下允许残留冻土层厚度 h_{max}　　单位：m

冻胀性	基础形式	采暖情况	基底平均压力（kPa）						
			90	110	130	150	170	190	210
弱冻胀土	方形基础	采暖	—	0.94	0.99	1.04	1.11	1.15	1.20
		不采暖	—	0.78	0.84	0.91	0.97	1.04	1.10
	条形基础	采暖	—	>2.50	>2.50	>2.50	>2.50	>2.50	>2.50
		不采暖	—	2.20	2.50	>2.50	>2.50	>2.50	>2.50
冻胀土	方形基础	采暖	—	0.64	0.70	0.75	0.81	0.86	—
		不采暖	—	0.55	0.60	0.65	0.69	0.74	—
	条形基础	采暖	—	1.55	1.79	2.03	2.26	2.50	—
		不采暖	—	1.15	1.35	1.55	1.75	1.95	—

续表

冻胀性	基础形式	采暖情况	基底平均压力（kPa）						
			90	110	130	150	170	190	210
强冻胀土	方形基础	采暖	—	0.42	0.47	0.51	0.56	—	—
		不采暖	—	0.36	0.40	0.43	0.47	—	—
	条形基础	采暖	—	0.74	0.88	1.00	1.13	—	—
		不采暖	—	0.56	0.66	0.75	0.84	—	—
特强冻胀土	方形基础	采暖	0.30	0.34	0.38	0.41	—	—	—
		不采暖	0.24	0.27	0.31	0.34	—	—	—
	条形基础	采暖	0.43	0.52	0.61	0.70	—	—	—
		不采暖	0.33	0.40	0.47	0.53	—	—	—

注　1. 本表只计算法向冻胀力，如果基侧存在切向冻胀力，应采取防切向力措施。
2. 本表不适用于宽度小于0.6m的基础，矩形基础可取短边尺寸按方形基础计算。
3. 表中数据不适用于淤泥、淤泥质土和欠固结土。
4. 表中基底平均压力数值为永久荷载标准值乘以0.9，可以内插。

表3-5　土的类别对冻深的影响系数

土的类别	影响系数 Ψ_{zs}	土的类别	影响系数 Ψ_{zs}
黏性土	1.00	中、粗、砾砂	1.30
细砂、粉砂、粉土	1.20	大块碎石土	1.40

表3-6　土的冻胀性对冻深的影响系数

冻胀性	影响系数 Ψ_{zw}	冻胀性	影响系数 Ψ_{zw}
不冻胀	1.00	强冻胀	0.85
弱冻胀	0.95	特强冻胀	0.80
冻胀	0.90		

表3-7　环境对冻深的影响系数

周围环境	影响系数 Ψ_{ze}	周围环境	影响系数 Ψ_{ze}
村、镇、旷野	1.00	城市市区	0.90
城市近郊	0.95		

注　环境影响系数一项，当城市市区人口为20万～50万时，按城市近郊取值；当城市市区人口大于50万小于或等于100万时，只计入市区影响；当城市市区人口超过100万时，除计入市区影响外，尚应考虑5km以内的郊区近郊影响系数。

3.4　地基承载力的确定

地基承载力是指地基土单位面积上承受荷载的能力。这里所谓的能力是指地基土体在荷载作用下保证强度和稳定、地基不产生过大沉降或不均匀沉降。地基基础设计中，确定地基承载力是满足地基土强度和稳定性、并确保具有足够安全度这一基本要求的首要工作。确定合适的地基承载力是一个非常重要和复杂的问题。一方面，地基承载力不仅与土的物理力学性质有关，而且与基础的型式、埋深、底面积、结构特点和施工等因素有关；另一方面，从设计的角度，确定合适的地基承载力需要综合考虑经济性和安全性双重因素。地基承载力设计值过小，地基土体不能充分发挥其承载性能，不经济。地基承载力取值偏大则偏不安全。

目前，在地基基础设计中，确定地基承载力的方法主要有：

（1）按原位测试方法直接确定地基承载力。

（2）按经验方法确定地基承载力。

（3）按地基土的强度理论确定地基承载力。

3.4.1 按原位测试方法直接确定地基承载力

在建设场地对地基土体进行原位测试是确定地基承载力直接有效的方法。目前用于评价地基承载力的原位测试手段较多，主要有载荷试验、旁压试验、触探试验等。其中，载荷试验被认为是确定地基承载力的原位测试方法中最直接可信的方法。

（1）载荷试验确定地基承载力。由载荷试验得到的典型地基土 p—s 曲线反映了地基变形自开始加载至地基破坏过程中，先后经历三个变形阶段，即弹性变形阶段、塑性变形阶段和破坏阶段。根据 p—s 曲线的形态及地基土在荷载作用下的变形特征，从经济性和安全性的双重角度，规范给出了依据实测 p—s 曲线确定地基承载力特征值的方法和规定。

《建筑地基基础设计规范》（GB 50007—2011）规定，浅层平板载荷试验在某一级荷载作用下，满足下列情况之一时，认为地基达到破坏，可终止加载：

1）承压板周围的土明显地侧向挤出。

2）沉降 s 急骤增大，p—s 曲线出现陡降段。

3）在某一级荷载下，24h 内沉降速率不能达到稳定标准。

4）沉降量与承压板宽度或直径之比大于或等于 0.06。

当满足以上前三种情况之一时，其对应的前一级荷载可取为极限荷载。则依据上述破坏标准，可得到完整 p—s 曲线。《建筑地基基础设计规范》（GB 50007—2011）给出的依据 p—s 曲线确定地基承载力特征值的方法如下：

①当 p—s 曲线上有明显的比例界限时，取该比例界限所对应的荷载值；②当极限荷载小于对应比例界限的荷载值的 2 倍时，取极限荷载值的一半；③当不能按上述二款要求确定时，当承压板面积为 0.25～0.5m^2，可取 $s/b=0.01\sim0.015$（b 为承压板宽度或直径）所对应的荷载，但其值不应大于最大加载量的一半。

按上述方法确定地基承载力时，同一土层参加统计的试验点不应少于 3 点，各试验实测值的极差不得超过其平均值的 30%，实测地基承载力特征值应取其平均值。

（2）旁压试验。旁压试验是通过旁压器，在竖直的孔内使旁压膜膨胀并将压力传递给周围土体，使土体产生变形直至破坏，从而得到压力与钻孔体积增量（或径向位移）之间的关系曲线，即 P—V 曲线（图 3-10）或 p—s 曲线。旁压试验可分为预钻式和自钻式两种试验方法，前者在预先打好的钻孔中完成测试，后者将成孔、旁压器定位放置、试验测试一次完成。自钻式旁压试验消除了预钻式旁压试验中由钻孔引起的土层扰动和天然应力的改变，其结果更符合实际。

根据典型旁压试验曲线可确定3个特征值（图3-10）：

1）初始压力（p_0）：根据旁压试验曲线直线段延长与V轴的交点，由该交点作与p轴平行线相交于曲线的点所对应的压力即为初始压力；

2）临塑压力（p_f）：旁压试验曲线直线段的终点所对应的压力；

3）极限压力（p_L）：旁压试验曲线过临塑压力后，趋向于s曲线渐近线的压力。

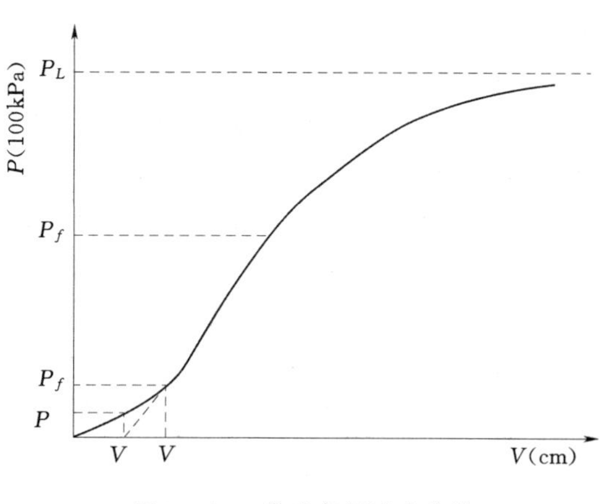

图3-10　典型旁压试验曲线

根据旁压试验特征值，可采用以下两种方法确定地基承载力特征值：

临塑荷载法：

$$f_{ak}=p_f-p_0 \tag{3-3a}$$

极限荷载法：

$$f_{ak}=\frac{p_L-p_0}{F_s} \tag{3-3b}$$

式中　f_{ak}——地基承载力特征值；

F_s——安全系数，一般取2～3，也可根据地区经验确定。

根据旁压试验确定地基承载力特征值，一般土体宜采用临塑荷载法。若旁压试验曲线过临塑压力后急剧变陡，此时宜采用极限荷载法。

3.4.2　按经验方法确定地基承载力

经验方法确定地基承载力主要有两类：一类是根据建设场地附近类似地基条件和建筑情况，参照已建建筑物地基承载力取值，并结合工程实践经验提出合适的地基承载力特征值；另一类是采用静力触探、标准贯入等原位测试手段对地基进行评价，并同时进行载荷试验，通过与载荷试验结果进行统计回归和对比分析提出以静力触探、标准贯入测试结果间接确定地基承载力的经验公式。经验法确定地基承载力一般仅适用于小型建筑物或作为设计参考使用。

我国不同行业和部门在确定地基承载力方面积累了大量的工程实践经验，建立了许多用于特定地区和特定土性地基承载力评价的经验公式。这些经验公式是来源于众多试验资料的统计和分析，有一定的代表性。实际应用中还需特别注意其适用范围，必要时须通过试验加以检验。

3.4.3　按土的强度理论确定地基承载力

从典型p—s曲线可以看出，地基土在逐级加载至破坏的过程中，地基土可承受的荷载存在一个相当大的范围。土力学中的临塑荷载、临界荷载和极限荷载定义了地基土在不同变形状态下承受荷载的能力。极限荷载是地基出现整体破坏时所能承受的荷载。显然，以此作为地基承载力特征值毫无安全度可言；临塑荷载是地基刚要出现塑性区时对应的荷载，以此作为地基承载力又过于保守。实践证明，地基中出现一定小范围的塑性区，对于建筑物的安全并无妨碍。这里提到的小范围塑性区一般认为其塑性区最大深度不大于基础宽度的1/4。因此，选择临界荷载作为地基承载力特征值是合适的，符合经济和安全的双重要求。《建筑地基基础设计规范》（GB 50007—2011）即采用以 $P_{1/4}$ 为基础的理论公式并结合经验给出计算地基承载力特征值的公式：

$$f_a = M_b\gamma b + M_d\gamma_m d + M_c c_k \tag{3-4}$$

式中　f_a——根据土的抗剪切强度指标确定的地基承载力特征值；

M_b、M_d、M_c——承载力系数，按表3-8采用；

b——基础底面宽度，大于6m时按6m考虑；对于砂土，小于3m时按3m考虑；

γ——基底持力层土的天然重度，地下水位以下取有效重度 γ'；

γ_m——基础底面以上土的加权平均重度，地下水位以下取有效重度；

c_k——基底下一倍短边宽度的深度范围内土的黏聚力标准值；

d——基础埋置深度，当 $d<0.5$m 按0.5m计，一般自室外地面标高算起。在填方整平地区，可自填土地面标高算起，但填土在上部结构施工后完成时，应从天然地面标高算起。对于地下室，如采用整体的箱形基础或筏基时，基础埋置深度自室外地面标高算起，当采用独立基础或条形基础时，应从室内地面标高算起。

表3-8　承载力系数 M_b、M_d、M_c

土的内摩擦角标准值 φ_k（°）	M_b	M_d	M_c	土的内摩擦角标准值 φ_k（°）	M_b	M_d	M_c
0	0	1.00	3.14	22	0.61	3.44	6.04
2	0.03	1.12	3.32	24	0.80	3.87	6.45
4	0.06	1.25	3.51	26	1.10	4.37	6.90
6	0.10	1.39	3.71	28	1.40	4.93	7.40
8	0.14	1.55	3.93	30	1.90	5.59	7.95
10	0.18	1.73	4.17	32	2.60	6.35	8.55
12	0.23	1.94	4.42	34	3.40	7.21	9.22
14	0.29	2.17	4.69	36	4.20	8.25	9.97
16	0.36	2.43	5.00	38	5.00	9.44	10.80
18	0.43	2.72	5.31	40	5.80	10.84	11.73
20	0.51	3.06	5.66				

注　φ_k 为基底下一倍基础短边宽度的深度范围内的土体内摩擦角标准值（°）。

《建筑地基基础设计规范》（GB 50007—2011）规定，式（3-4）应用于确定地基承载力特征值的前提是偏心矩 e 小于或等于0.033倍基础宽度。这是因为，式（3-4）所依据的 $p_{1/4}$ 理论计算公式是按均布条形荷载条件下推求得到，若基础作用水平荷载较大致偏心矩过大，则地基反力呈过大的非均匀分布，式（3-4）则不适用。

【例题3-3】 某条形基础底面宽1.8m，基础埋深为1.4m，基底偏心距 $e=0.05$m，见图3-11。地基土为黏土，地下水位距地表1.0m，地下水位以上土的重度 $\gamma=18$kN/m^3，地下水位以下土的饱和重度 $\gamma_{sat}=20$kN/m^3，黏聚力标准值 $c_k=20$kPa，内摩擦角标

准值 $\varphi_k=15°$，试计算地基土的承载力特征值。

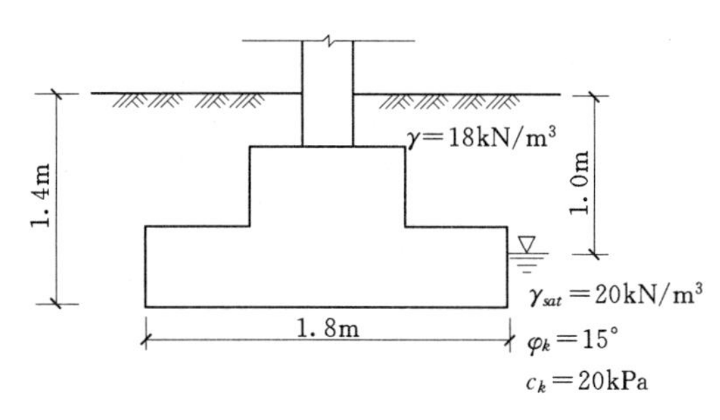

图 3-11　[例题 3-3] 图

解：偏心距 $e=0.05<\frac{b}{30}=\frac{1.8}{30}=0.06$；可按式（3-4）计算；基底下一倍短边宽即 1.8m 以内土的内摩擦角标准值 φ_k 和黏聚力标准值 c_k 分别为 15°和 20kPa，据 $\varphi_k=15°$ 查表 3-8 内插得：

$$M_b=\frac{0.29+0.36}{2}=0.33$$

$$M_d=\frac{2.17+2.43}{2}=2.30$$

$$M_c=\frac{4.69+5.0}{2}=4.85$$

基底下一倍短边宽深度内土位于地下水位以下，取有效重度：

$$\gamma'=\gamma_{sat}-\gamma_w=20-10=10(\mathrm{kN/m^3})$$

基底以上土的加权平均重度：

$$\gamma_m=\frac{18\times1.0+(20-10)\times0.4}{1.4}=15.7(\mathrm{kN/m^3})$$

故地基承载力特征值：

$$\begin{aligned}f_a&=M_b\gamma b+M_d\gamma_m d+M_c c_k\\&=0.33\times10\times1.8+2.30\times15.7\times1.4+4.85\times20=153.49(\mathrm{kPa})\end{aligned}$$

3.4.4　地基承载力特征值的修正

式（3-4）考虑了持力层的土体重量和抗剪强度、基础埋深范围内旁侧土的自重因素对地基承载力的贡献。根据承载力理论公式计算地基承载力特征值，其结果反映了实际基础尺寸和埋深的影响，可作为设计值采用。然而，上述以载荷试验等原位测试手段和经验方法确定的地基承载力特征值都是在一定条件下得到的，如载荷试验中的承压板宽度（或直径）和埋深与实际工程中的基础宽度和埋深不一致，其结果不能反映实际基础尺寸和埋深对地基承载力的影响。《建筑地基基础设计规范》（GB 50007—2011）规定，当基础宽度大于 3m 或埋置深度大于 0.5m 时，以载荷试验或其他原位测试、经验值等方法确定的地基承载力特征值，尚应按下式修正：

$$f_a=f_{ak}+\eta_b\gamma(b-3)+\eta_d\gamma_m(d-0.5)\tag{3-5}$$

式中　f_a——修正后的地基承载力特征值；

f_{ak}——由载荷试验或其他原位测试、经验方法确定的地基承载力特征值；

η_b、η_d——基础宽度和埋置深度的地基承载力修正系数，按基底下土的类别查表 3-9 确定；

b——基础底面宽度，当基础底面宽度小于 3m 时按 3m 取值，大于 6m 时按 6m 取值；

其余符号意义同前。

表 3-9 承载力修正系数

土的类别		η_b	η_d
淤泥和淤泥质土		0	1.0
人工填土 e或I_L大于等于0.85的黏性土		0	1.0
红黏土	含水比$\alpha_w>0.8$	0	1.2
	含水比$\alpha_w\leqslant 0.8$	0.15	1.4
大面积压实填土	压实系数大于0.95、黏粒含量$\rho_c\geqslant 10\%$的粉土	0	1.5
	最大干密度大于2100kg/m^{3}的级配砂石	0	2.0
粉土	黏粒含量$\rho_c\geqslant 10\%$的粉土	0.3	1.5
	黏粒含量$\rho_c<10\%$的粉土	0.5	2.0
e或I_L均小于0.85的黏性土		0.3	1.6
粉砂、细砂（不包括很湿与饱和时的稍密状态）		2.0	3.0
中砂、粗砂、砾砂和碎石土		3.0	4.4

注 1. 强风化和全风化的岩石，可参照所风化成的相应土类取值，其他状态下的岩石不修正。
2. 地基承载力特征值按《建筑地基基础设计规范》（GB 50007—2011）附录D深层平板载荷试验确定时η_d取0。
3. 含水比α_w是指土的天然含水量与液限的比值。
4. 大面积压实填土是指填土范围大于两倍基础宽度的填土。

3.5 基础底面尺寸的确定

在选定基础材料、类型，初步确定基础埋深后，则需要确定基础底面尺寸。根据地基基础设计的承载力极限状态和正常使用极限状态要求，合适的基础底面尺寸需要满足以下几个条件。

（1）通过基础底面传至地基持力层上的压力应小于地基承载力的设计值，以满足承载力极限状态。

（2）若持力层下存在软弱下卧层，则下卧层顶面作用的压力应小于下卧层的承载能力，以满足承载力极限状态要求。

（3）合适的基础底面尺寸应保证地基变形量小于变形容许值，以满足正常使用极限状态要求，且地基基础的整体稳定性得到满足。

3.5.1 按持力层承载力确定基础底面尺寸

基础上所作用的荷载是通过基础底面传至其下持力层。因而，基础底面尺寸越大，则作用于持力层单位面积上的荷载值越小，持力层的负担越轻。反之，则对持力层的承载能力要求更高。此外，由式（3-4）可知，持力层的承载力又与基础宽度有关。因此，工程上确定基础底面尺寸往往采用试算法，即先根据工程经验假定一个基底尺寸，然后进行承载力校核，从经济性和安全性两方面最终确定合适的基础底面尺寸。

（1）中心荷载下基础底面尺寸的确定。

假设中心荷载作用下基底压力为直线均匀分布。此时，根据承载力极限状态要求，基

础底面作用于持力层上的基底压力应不大于持力层承载能力，即

$$p_k \leqslant f_a \tag{3-6}$$

式中　p_k——基础底面压力，$p_k=\dfrac{F_k+G_k}{A}$；

f_a——持力层地基承载力；

F_k——相应于荷载效应标准组合时，上部柱或墙体作用于基础顶面的中心荷载；

G_k——基础及上覆回填土自重，$G_k=\gamma_G dA$，$\gamma_G=20\text{kN/m}^3$，地下水位以下$\gamma_G=10\text{kN/m}^3$；

A——基础底面积；

d——基础埋置深度。

根据式（3-6），则满足持力层承载力要求的基础底面积应为

$$A \geqslant \frac{F_k}{f_a-\gamma_G d} \tag{3-7}$$

根据式（3-7），可先选定基础的长度（l）或宽度（b），即可算出另一边长。

中心荷载下的柱下单独基础多采用正方形基础，此时基础边长应满足

$$b=\sqrt{A} \geqslant \sqrt{\frac{F_k}{f_a-\gamma_G d}} \tag{3-8a}$$

对墙下条形基础，沿基础长度方向取1m作为计算单元，则条形基础宽度应满足

$$b \geqslant \frac{F_k}{f_a-\gamma_G d} \tag{3-8b}$$

需要注意的是，式（3-7）和式（3-8）中的f_a包含了基础宽度影响。因此，在采用试算法选定基础宽度后，应视所选宽度是否大于3m而考虑是否需要对持力层承载力进行宽度修正后再进行验算。

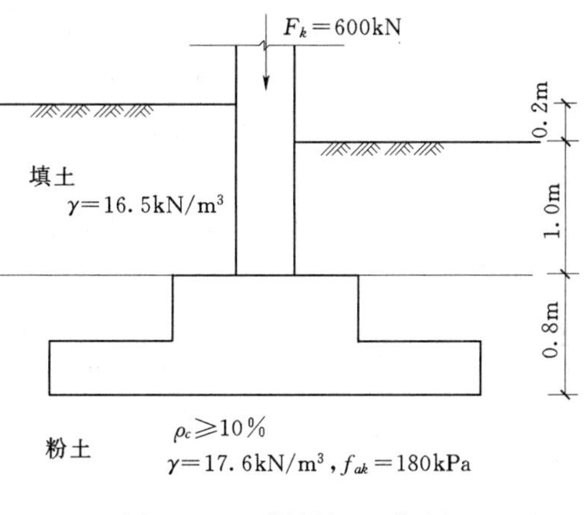

图3-12　［例题3-4］图

【例题3-4】　见图3-12，某墙下条形基础埋深1.8m，室内外高差0.2m，上层土为填土，$\gamma=16.5\text{kN/m}^3$，下层为粉土，粉土黏粒含量$\rho_c \geqslant 10\%$，$\gamma=17.6\text{kN/m}^3$，$f_{ak}=180$kPa，相应于荷载效应标准组合时，基础顶面受到轴心竖向力$F_k=600$kN/m，试确定基底宽度。

解： 1）计算修正地基承载力特征值。

假定基础底面宽度$b<3$m，$d=1.8$m，需对f_{ak}进行深度修正。

持力层为粉土，粘粒含量$\rho_c \geqslant 10\%$，经查表3-9得：$\eta_b=0.3$，$\eta_d=1.5$。

$$f_a=f_{ak}+\eta_d\gamma_m(d-0.5)=180+1.5\times\frac{16.5\times1+17.6\times0.8}{1.8}\times(1.8-0.5)=213.13(\text{kPa})$$

2）计算基础宽度。

室内外高差为0.2m，所以基础自重计算高度：

$$d=1.8+\frac{0.2}{2}=1.9(\mathrm{m})$$

$$b\geqslant\frac{F_k}{f_a-\gamma_G d}=\frac{600}{213.13-20\times1.9}=3.42(\mathrm{m})$$

与假设 $b<3\mathrm{m}$ 相反，取 $b=3.5\mathrm{m}$，对 f_{ak} 进行宽度修正：

$$\begin{aligned}f_a&=f_{ak}+\eta_b\gamma(b-3)+\eta_d\gamma_m(d-0.5)=213.13+\eta_b\gamma(b-3)\\&=213.13+0.3\times17.6\times(3.5-3)=215.77\mathrm{kPa}\end{aligned}$$

$$b\geqslant\frac{F_k}{f_a-\gamma_G d}=\frac{600}{215.77-20\times1.9}=\frac{600}{177.77}=3.37(\mathrm{m})$$

则 b 取 3.5m 符合假设。

3）验算持力层承载力。

基底平均压力

$$P_k=\frac{F_k}{b}+\gamma_G d=\frac{600}{3.5}+20\times1.9=209.43kPa<f_a=213.13(\mathrm{kPa})$$

满足要求。

（2）偏心荷载下基础底面尺寸的确定。

偏心荷载作用下，基底压力分布一般也假定为直线分布，其基底边缘压力可由下式计算：

$$P_{\substack{k\max\\k\min}}=\frac{F_k+G_k}{bl}\pm\frac{M_k}{W} \tag{3-9a}$$

或

$$P_{\substack{k\max\\k\min}}=\frac{F_k+G_k}{bl}\left(1\pm\frac{6e}{b}\right) \tag{3-9b}$$

式中 M_k——相应于荷载效应标准组合时，作用于基础底面的力矩标准值；

W——基础底面的抵抗矩；

e——基础的合力偏心矩；

b——弯矩作用方向基础底面边长。

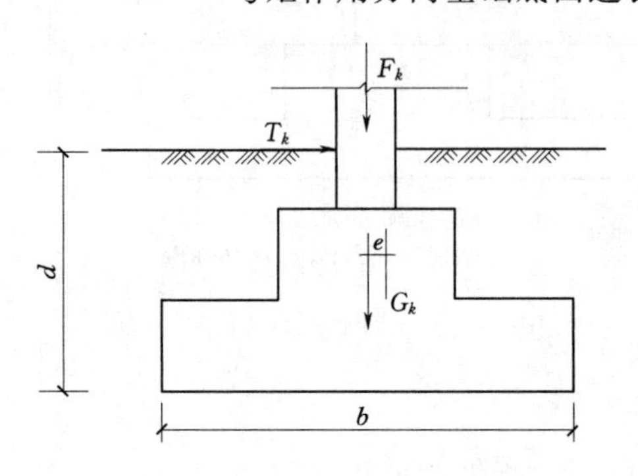

图 3-13 合力偏心矩求解示意

式（3-9）表明，基底压力的分布形态与合力偏心矩有关。合力偏心矩为作用于基础底面的总偏心力矩与基础上作用的总竖向荷载的比值。若基础上作用荷载如图 3-13 所示，则合力偏心矩可由下式求得：

$$e=\frac{T_k d}{F_k+G_k} \tag{3-10}$$

根据式（3-9b），偏心荷载作用下基底压力分布存在 3 种形态：

当 $e<b/6$ 时，基底两侧边缘压力均为正值；当 $e=b/6$ 时，基底一侧边缘压力为正值，另一侧为零；当 $e>b/6$ 时，基底一侧压力为正值，另一侧为负值。由于土体不能受拉，负值段基底与土体脱开，基底压力自零点位置起算。

当合力偏心矩 $e>b/6$ 时，基底边缘最大压力标准值 $p_{k\max}$ 应按下式计算：

$$p_{k\max}=\frac{2(F_k+G_k)}{3la} \tag{3-11}$$

式中 a——合力作用点至基础底面最大压力边缘的距离，其值为 $a=b/2-e$，见图3-14；

l——垂直于力矩作用方向的基础底面边长。

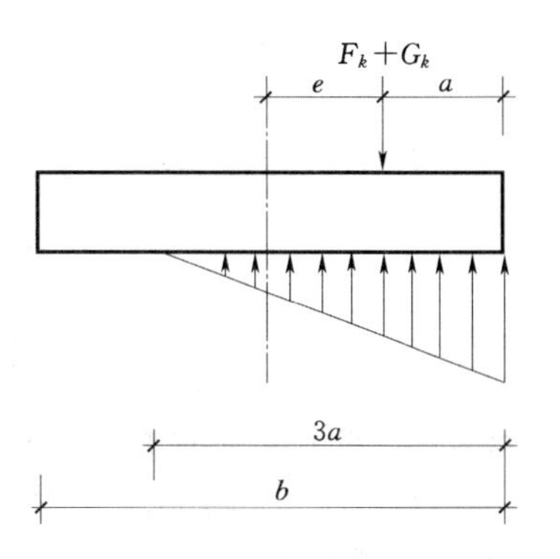

图3-14 大偏心荷载下基底最大边缘压力计算示意

基础受偏心荷载作用时，持力层承载力除应满足式（3-6）外，还应满足以下要求：

$$p_{k\max}\leqslant 1.2f_a \tag{3-12}$$

偏心荷载作用下，基础底面积的确定可首先按中心荷载作用计算所需基底面积，此时式（3-6）可得到满足。而后，视偏心力矩的大小，适当增加10%～40%的基础底面积，并按此面积初步拟定合适的基础底面尺寸，视情况按式（3-9）或式（3-11）计算基底最大边缘压力 $p_{k\max}$，并根据式（3-12）进行校核。如不满足式（3-12）的要求，则可适当增加底面积并重新校核。若 $p_{k\max}$ 远小于 $1.2f_a$，则还应从经济角度考虑适当减小基底尺寸。经以上试算过程，可得满足持力层承载力要求的基底尺寸。

设计中还需要注意的是，基底边缘最小压力 $p_{k\min}$ 不宜小于零，以防止基础一侧翘起或基础发生过分倾斜。一般地，对于中、高压缩性土地基，或有吊车的工业厂房柱基础，其偏心矩不宜大于 $b/6$。对低压缩性硬土地基，允许 $p_{k\min}$ 小于零，但基底应有不少于3/4的面积与地基土保持接触。此时，除需满足式（3-12）的承载力要求之外，还需对基础的稳定性进行校核。

【例题3-5】 某矩形基础底面尺寸4m×2m，如图3-15所示，基础埋深为2m，在设计地面标高处作用有上部结构传来的相应于荷载效应标准组合时的偏心竖向压力 $F_k=780kN$，偏心距为0.8m，水平力 $Q_k=100$kN，求基底压力分布及大小。

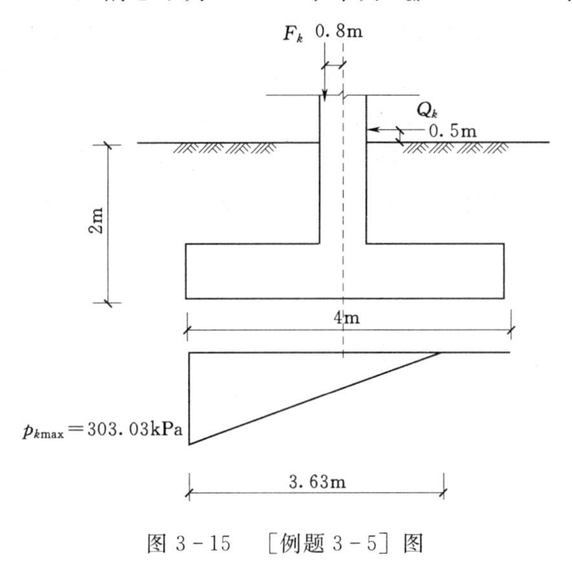

图3-15 ［例题3-5］图

解： 1）基础及填土重力。

$$G_k=\gamma_G\cdot A\cdot d=20\times4\times2\times2=320(\text{kN})$$

$$F_k+G_k=780+320=1100(\text{kN})$$

2）合力偏心矩。

$$\begin{aligned}M_k&=F_k\times0.8+Q_k\times2.5\\&=780\times0.8+100\times2.5\\&=874(\text{kN}\cdot\text{m})\end{aligned}$$

合力偏心距

$$e=\frac{M_k}{F_k+G_k}=\frac{874}{1100}=0.79(\text{m})>\frac{b}{6}=0.67\text{m}$$

3）基底压力分布及大小。

基础底面出现零应力区

$$a=\frac{b}{2}-e=\frac{4}{2}-0.79=1.21(\mathrm{m})$$

$$3a=3.63\mathrm{m}$$

应力零点距基底左侧边线距离为 3.63m，则

$$p_{k\max}=\frac{2(F_k+G_k)}{3al}=\frac{2\times1100}{3\times1.21\times2}=303.03(\mathrm{kPa})$$

基底压力分布及大小见图 3-15。

3.5.2 软弱下卧层的承载力验算

以上设计和校核过程可以保证持力层满足承载能力的要求。但是，基底压力经持力层向下扩散和传递，如果持力层下土层较好，则由于基底压力在土中产生的应力随深度减小，下卧好土层能够满足承载要求，一般无须进行验算。若持力层下存在软弱土层，则还需要进行软弱下卧层的承载力验算，并要求作用在软弱下卧层顶面处的附加压力与下卧层顶面以上的土体自重应力之和小于软弱下卧层的承载力，即：

$$p_z+p_{cz}\leqslant f_{az} \tag{3-13}$$

式中：p_z——相应于荷载效应标准组合时软弱下卧层顶面处的附加压力值；

p_{cz}——软弱下卧层顶面处土的自重应力值；

f_{az}——软弱下卧层顶面处经深度修正后的承载力特征值。

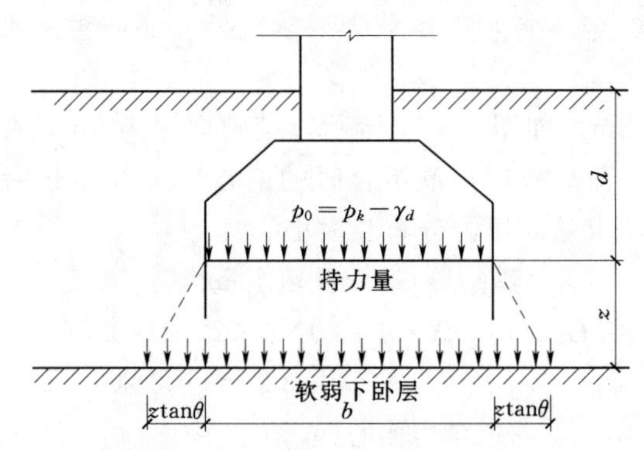

图 3-16 下卧层顶面的附加压力计算示意

式（3-13）用于校核下卧层的承载力，需考虑下卧层以上土体的自重对承载力的贡献，f_{az}故为经深度修正后的下卧层承载力。关于下卧层顶面处作用的附加压力 p_z，由于基底压力经过持力层传递，且持力层与下卧层土性相差较大，故 p_z 不宜采用均质弹性半空间地基中的附加应力求解方法。《建筑地基基础设计规范》（GB 50007—2011）综合试验研究结果和双层地基中的附加应力理论解，提出对矩形基础和条形基础分别按以下简化方法计算 p_z：

矩形基础：

$$p_z=\frac{p_0bl}{(b+2z\tan\theta)(l+2z\tan\theta)} \tag{3-14a}$$

条形基础：

$$p_z=\frac{p_0b}{b+2z\tan\theta} \tag{3-14b}$$

式中 p_0——基底附加压力，$p_0=p_k-\gamma_m d$；

z——软弱下卧层顶面至基础底面的垂直距离，见图 3-16；

θ——压力扩散角，按表 3-10 采用。

表 3-10 地基压力扩散角 θ

$\alpha=E_{s1}/E_{s2}$	$z/b=0.25$	$Z/b=0.50$
3	6°	23°
5	10°	25°
10	20°	30°

注 1. E_{s1}为上层土压缩模量；E_{s2}为下层土压缩模量。
2. $z<0.25b$ 时，取 $\theta=0°$，必要时由试验确定。$z>0.5b$ 时 θ 值不变。
3. z 在 $0.25b$ 和 $0.5b$ 之间时可插值使用。

从式（3-14）和图 3-16 可以看出，上述确定下卧层顶面附加压力的简化方法的基本思想为：基底均布的附加压力自持力层向下以 θ 角扩散至下卧层顶面，并均匀地分布在扩散后的面积上。并且，基础底面积范围内作用的总附加压力与下卧层压力扩散后面积上作用的总附加压力相等。该假设成立的前提是持力层刚度远大于下卧层刚度。因此，规范规定了式（3-14）应用的前提是持力层与软弱下卧层的压缩模量比值 $E_{s1}/E_{s2}\geqslant 3$。

若软弱下卧层承载力不满足要求，在条件许可时可适当增加基础底面积以减小基底压力，从而减小下卧层顶面的附加应力；也可减小基础埋置深度，使基底附加压力扩散至软弱下卧层顶面处的面积加大，相应也可减小下卧层顶面的附加压力值。在某些情况下，可能需要改变基础的类型以使下卧层承载力得到满足。此外，调整基础尺寸、埋深或重新选择基础类型后，需要对持力层和软弱下卧层承载力进行重新验算和校核。

【例题 3-6】 柱下基础在标准组合时承受的荷载如图 3-17 所示，已知基础底面尺寸为 2.2m×2m，试验算地基持力层与软弱下卧层承载力。

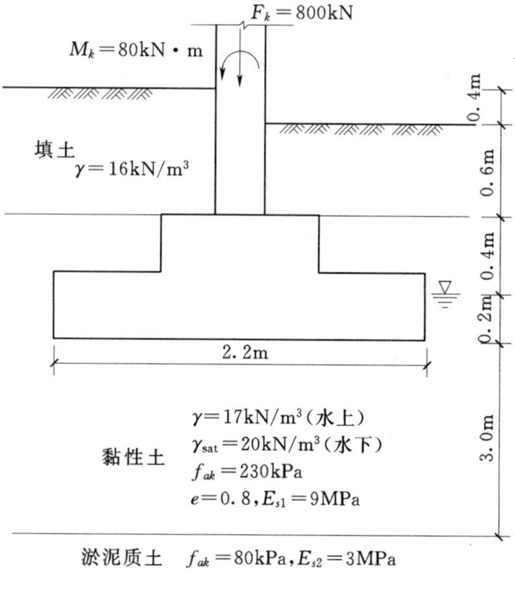

图 3-17 ［例题 3-6］图

解： 1）验算持力层承载力。

经深宽修正的持力层承载力：

$$f_a=f_{ak}+\eta_b\gamma(b-3)+\eta_d\gamma_m(d-0.5)$$

$b<3$m 时取 3m，经查表持力层黏性土的孔隙比 $e=0.8<0.85$，得 $\eta_d=1.6$。

$$\gamma_m=\frac{16\times0.6+17\times0.4+(20-10)\times0.2}{1.2}=15.33(\text{kN/m}^3)$$

$$f_a=230+0+1.6\times15.33\times(1.2-0.5)=247.17(\text{kPa})$$

$$P_k=\frac{F_k+G_k}{A}=\frac{F_k}{A}+\gamma_G d=\frac{800}{2.2\times2}+20\times\left(0.6+0.6+\frac{0.4}{2}\right)$$

$$=209.8(\text{kPa})<f_a=247.17\text{kPa}$$

$$W=\frac{2.2^2\times2}{6}=1.613(\text{m}^3)$$

$$p_{k\min}^{k\max}=\frac{F_k+G_k}{A}\pm\frac{M_k}{W}=209.8\pm\frac{80}{1.613}=\frac{259.4}{160.2}(\text{kPa})$$

$$P_{k\max}=259.4(\text{kPa})<1.2f_a=1.2\times247.17=296.6(\text{kPa})$$

所以，地基持力层满足承载力要求。

2）验算软弱下卧层承载力。

基底平均压力

$$P_k=209.8\text{kPa}$$

基底平均附加压力

$$P_0=P_k-\gamma_m d=209.8-15.33\times1.2=191.4(\text{kPa})$$

软弱下卧层承载力特征值需进行深度修正

$$f_{az}=f_{ak}+\eta_d\gamma_m(d-0.5)$$

软弱下卧层土体为淤泥质土，经查表 $\eta_d=1.0$，$\eta_b=0$。

下卧层顶面以上土体加权平均重度：

$$\gamma_m=\frac{16\times0.6+17\times0.4+(20-10)\times3.2}{0.6+0.4+3.2}=11.5(\text{kN/m}^3)$$

$$f_{az}=80+1.0\times11.5\times(4.2-0.5)=122.55(\text{kPa})$$

软弱下卧层顶面处的压力：

$$P_{cz}=16\times0.6+17\times0.4+(20-10)\times3.2=48.4(\text{kPa})$$

$\alpha=\dfrac{E_{s1}}{E_{s2}}=\dfrac{9}{3}=3$，$\dfrac{z}{b}=\dfrac{3}{2.2}>0.5$，查表 3-10，取压力扩散角 $\theta=23°$。

$$P_z=\frac{P_0bl}{(b+2z\tan\theta)(l+2z\tan\theta)}$$

$$=\frac{191.4\times2.2\times2}{(2.2+2\times3\times\tan23°)(2+2\times3\times\tan23°)}=38.97(\text{kPa})$$

$$P_z+P_{cz}=38.97+48.4=87.37(\text{kPa})<f_{az}=122.55\text{kPa}$$

所以，软弱下卧层满足承载力要求。

3.6　地基变形和稳定性验算

确定基础底面尺寸后，地基在荷载作用下的变形须控制在容许范围之内，这是地基基础正常使用极限状态的基本要求。对于受竖向荷载和水平荷载作用的建筑物地基以及斜坡场地地基等，地基的整体稳定性是设计中需要校核的问题。受较大偏心作用的基础结构的稳定性同样也需要认真对待。因此，为满足承载力极限状态和正常使用极限状态要求，很多情况下，地基基础设计还需要进行地基变形和稳定性验算。

3.6.1　地基变形验算

（1）地基变形特征。

地基变形特征是指建筑物的结构类型、整体刚度和使用要求决定的需要验算的地基变形。地基变形特征一般分为：

1）沉降量：基础某点的沉降值，通常以基础中点的沉降量表示。

2）沉降差：基础两点或相邻柱基中点的沉降量之差。

3）倾斜：基础倾斜方向两端点的沉降差与其距离的比值。

4）局部倾斜：指砌体承重结构沿纵墙 6～10m 内基础两点的沉降差与其距离的比值。

沉降量是评价地基土压缩性比较均匀、受邻近建筑物或荷载影响较小的单体建筑物地基变形的主要指标。如体型简单的高层建筑、满足上述条件的高耸结构等。

对于框架结构和砌体墙填充的边排柱，其相邻柱基沉降差异大时可导致构件受剪扭曲而损坏，因而这类结构的地基变形特征以沉降差控制。

倾斜是一些高耸结构和长高比较小的高层或多层建筑须严格控制的地基变形。这类结构产生倾斜的原因主要为地基土的不均匀以及受邻近建筑物荷载的影响等。由于高耸结构和长高比较小的建筑物重心较高、基础倾斜后可引起较大的偏心荷载。这将使得基底压力呈现不对称分布，且基底边缘压力增大，对地基和基础的整体稳定性构成威胁。此外，由倾斜导致的偏心作用还将在结构和基础中产生附加内力，严重时可致构件发生损坏。

砌体承重结构因地基不均匀沉降而产生裂缝是一种常见的情况。不均匀沉降主要源于地基的不均匀性以及地基土中的应力叠加。墙体裂缝的形态与地基的沉降特征相关。建筑物两端沉降较大、中部沉降较小时，其纵墙裂缝呈“倒八字形”；若建筑物中部沉降较大、两端沉降较小，其纵墙裂缝则为“八字形”。砌体承重结构房屋的破坏多为局部倾斜所致，故这类结构以局部倾斜作为地基的主要变形特征。

（2）地基变形的验算。

《建筑地基基础设计规范》（GB 50007—2011）规定：设计等级为甲级、乙级的建筑物，应按地基变形设计；设计等级为丙级的建筑物有以下情况之一时应作变形验算：①地基承载力特征值小于 130kPa，且体型复杂的建筑；②在基础上及其附近有地面堆载或相邻基础荷载差异较大，可能引起地基产生过大的不均匀沉降时；③软弱地基上的建筑物存在偏心荷载时；④相邻建筑物距离近，可能发生倾斜时；⑤地基内有厚度较大或厚薄不均的填土，其自重固结未完成时。表 3 - 11 列出了可不作地基变形验算的设计等级为丙级的建筑物范围。

表 3-11　　　可不作地基变形验算的丙级建筑物范围

<table>
<tr><td rowspan="2">地基主要受力层的情况</td><td colspan="3">地基承载力特征值 f_{ak}（kPa）</td><td>$80 \leqslant f_{ak}$ <100</td><td>$100 \leqslant f_{ak}$ <130</td><td>$130 \leqslant f_{ak}$ <160</td><td>$160 \leqslant f_{ak}$ 200</td><td>$200 \leqslant f_{ak}$ <300</td></tr>
<tr><td colspan="3">各土层坡度（%）</td><td>≤5</td><td>≤10</td><td>≤10</td><td>≤10</td><td>≤10</td></tr>
<tr><td rowspan="8">建筑类型</td><td colspan="3">砌体承重结构、框架结构（层数）</td><td>≤5</td><td>≤5</td><td>≤6</td><td>≤6</td><td>≤7</td></tr>
<tr><td rowspan="4">单层排架结构（6m柱距）</td><td rowspan="2">单跨</td><td>吊车额定起重量（t）</td><td>10～15</td><td>15～20</td><td>20～30</td><td>30～50</td><td>50～100</td></tr>
<tr><td>厂房跨度（m）</td><td>≤18</td><td>≤24</td><td>≤30</td><td>≤30</td><td>≤30</td></tr>
<tr><td rowspan="2">多跨</td><td>吊车额定起重量（t）</td><td>5～10</td><td>10～15</td><td>15～20</td><td>20～30</td><td>30～75</td></tr>
<tr><td>厂房跨度（m）</td><td>≤18</td><td>≤24</td><td>≤30</td><td>≤30</td><td>≤30</td></tr>
<tr><td rowspan="3"></td><td>烟囱</td><td>高度（m）</td><td>≤40</td><td>≤50</td><td colspan="2">≤75</td><td>≤100</td></tr>
<tr><td rowspan="2">水塔</td><td>高度（m）</td><td>≤20</td><td>≤30</td><td colspan="2">≤30</td><td>≤30</td></tr>
<tr><td>容积（m³）</td><td>50～100</td><td>100～200</td><td>200～300</td><td>300～500</td><td>500～1000</td></tr>
</table>

注　1. 地基主要受力层系指条形基础底面下深度为 $3b$（b 为基础底面宽度），独立基础下为 1.5b，且厚度均不小于 5m 的范围（二层以下一般的民用建筑除外）。

2. 地基主要受力层中如有承载力特征值小于 130kPa 的土层时，表中砌体承重结构的设计，应采取地基处理或采取减轻不均匀沉降的一些措施。

3. 表中砌体承重结构和框架结构均指民用建筑。对于工业建筑可按厂房高度、荷载情况折合成与其相当的民用建筑层数。

4. 表中额定吊车起重量、烟囱高度和水塔容积的数值系指最大值。

常规设计中，需要区分建筑物的结构特点、整体刚度和使用要求，计算相应的地基变形特征，并确保其小于地基变形允许值，即：

$$s \leqslant [s] \tag{3-15}$$

式中　s——相应于荷载效应准永久组合下的地基变形特征值；

$[s]$——地基变形允许值。

其中，地基变形特征值 s 可按土力学中介绍的地基沉降计算方法或规范推荐的应力面积法等方法计算得到。《建筑地基基础设计规范》（GB 50007—2011）给出了建筑物地基变形允许值，见表 3-12。对表中未包括的建筑物，其地基变形允许值应根据上部结构对地基变形的适应能力和使用上的要求确定。

表 3-12　　　建筑物地基特征变形允许值

变形特征	地基土类别	
	中、低压缩性土，桩基	高压缩性土
砌体承重结构基础的局部倾斜	0.002	0.003
工业与民用建筑相邻柱基的沉降差		
框架结构	$0.002l$	$0.003l$
砌体墙填充的边排柱	$0.0007l$	$0.001l$
当基础不均匀沉降时不产生附加应力的结构	$0.005l$	$0.005l$
单层排架结构（柱距为 6m）柱基的沉降量（mm）	（120）	200

续表

变形特征	地基土类别	
	中、低压缩性土，桩基	高压缩性土
桥式吊车轨面的倾斜（按不调整轨道考虑）		
纵向	0.004	
横向	0.003	
多层和高层建筑基础的倾斜　$H_g \leqslant 24$	0.004	
$24 < H_g \leqslant 60$	0.003	
$60 < H_g \leqslant 100$	0.002	
$H_g > 100$	0.0015	
高耸结构基础的倾斜　$H_g \leqslant 20$	0.008	
$20 < H_g \leqslant 50$	0.006	
$50 < H_g \leqslant 100$	0.005	
$100 < H_g \leqslant 150$	0.004	
$150 < H_g \leqslant 200$	0.003	
$200 < H_g \leqslant 250$	0.002	
高耸结构基础的沉降量（mm）　$H_g \leqslant 100$	400	
$100 < H_g \leqslant 200$	300	
$200 < H_g \leqslant 250$	200	

注　1. 括号内数字仅适用于中压缩性土。
2. l 为相邻柱基的中心距离（mm）；H_g 为自室外地面起算的建筑物高度（m）。

地基变形验算不满足式（3－15）要求时，仍须调整基础设计方案并重新进行地基承载力校核和变形验算。在必要情况下，还需要分别预估建筑物在施工期间和使用期间的变形值，以便预留建筑物有关部位间的净空，选择连接方法和施工顺序。

3.6.2　稳定性验算

地基基础的失稳破坏可能发生在以下几种情况。

（1）地基土强度不足引起的表层地基的滑动破坏和深层地基的整体滑动破坏。

（2）位于斜坡场地地基上的建筑物和构筑物，由于滑坡引起的地基基础失稳破坏；

（3）上部结构承受较大的水平力或倾覆力矩的建筑物和构筑物，如受风力和地震力作用高耸建筑物、承受拉力作用的高压输电塔基础以及由于地基不均匀沉降而导致的偏心力矩作用下的建（构）筑物等，受横向力或偏心力矩作用发生基础倾覆失稳；

（4）位于地下水位以下的基础受水浮力作用而发生的浮托失稳破坏。

地基基础设计中，应视建（构）筑物基础所处场地地质条件、基础和结构特点以及受力特征等具体情况，对地基基础的稳定性作出判断和评价，明确可能产生的失稳破坏的类型、主因，并进行相应的稳定性验算，在设计中采取相应的措施。

受水平力或偏心力矩作用的建筑物基础，应对该基础上作用的各力分别计算倾覆力矩和抗倾覆力矩，并以抗倾覆力矩与倾覆力矩的比值作为基础抗倾覆稳定安全系数，即：

$$K_{sq}=\frac{M_{RQ}}{M_{SQ}} \tag{3-16}$$

式中 K_{sq}——基础抗倾覆稳定安全系数，$K_{sq}>1.0$；

M_{RQ}——抗倾覆力矩；

M_{SQ}——倾覆力矩。

地基滑动失稳的验算也采用安全系数法进行。当建（构）筑物竖向荷载远小于地基的极限荷载，且建（构）筑物上作用水平荷载较大时，则基础与地基之间易产生沿基底平面的表层滑动（图 3-18）。此时，抗滑安全系数 K_{sb} 可按下式计算：

$$K_{sb}=\frac{p_v f+cA}{p_h} \tag{3-17}$$

式中 K_{sb}——地基表层抗滑稳定安全系数，一般取 1.2～1.4；

f——基础底面与地基土的摩擦系数；

c——基础底面地基土体的黏聚力；

A——基础底面面积；

p_h、p_v——作用于建（构）筑物基础上的水平荷载、竖向荷载。

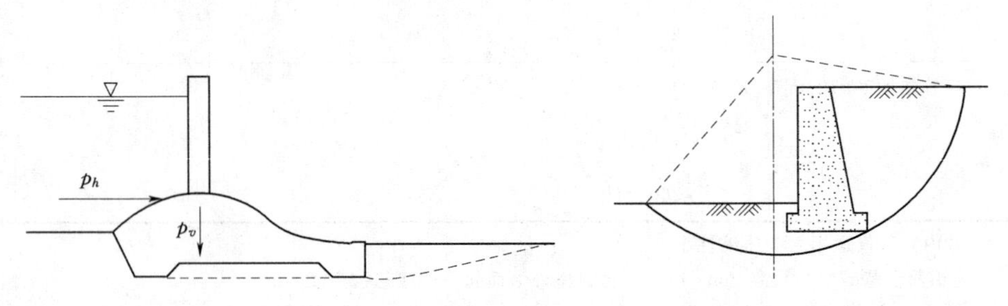

图 3-18 地基表层滑动失稳计算　　图 3-19 地基圆弧滑动

地基深层滑动失稳往往因基础上作用竖向荷载较大，荷载作用下地基土体强度不足，地基中形成了连续贯通的滑动面后发生（图 3-19）。深层整体抗滑稳定性常采用圆弧滑动法分析。深层抗滑稳定安全系数指作用于最危险滑动面上的所有力对滑动圆弧圆心所产生的抗滑力矩与滑动力矩的比值，以下式表示：

$$K_{ss}=M_R/M_s \tag{3-18}$$

式中 K_{ss}——地基深层抗滑稳定安全系数，$K_{ss}\geqslant 1.2$；

M_R——抗滑力矩；

M_s——滑动力矩。

处于斜坡上的建筑物基础，基础稳定性应按式（3-1）要求进行验算。当基础底面外边缘至坡顶的水平距离不满足式（3-1）要求时，可根据基底平均压力按式（3-18）确定基础距坡顶边缘的距离和基础埋深。此外，当边坡坡角大于 45°、坡高大于 8m 时，还应按式（3-18）对边坡的稳定性进行校核。

当建筑物基础存在浮力作用时，应对基础进行抗浮稳定性验算。对于简单的浮力作用情况，基础抗浮稳定性应符合下式要求：

$$K_{sf}=\frac{G_k}{N_{w.k}} \tag{3-19}$$

式中 K_{sf}——抗浮稳定安全系数，一般情况下可取1.05；

G_k——建筑物自重及压重之和；

$N_{w.k}$——浮力作用值。

若抗浮稳定性不满足式（3-19）的设计要求，可采用增加压重或设置抗浮构件等措施。在基础结构整体满足抗浮稳定性要求而局部不满足时，也可采用增加结构刚度的措施。

3.7 扩展基础的设计

在完成了地基设计，确保地基满足承载力极限状态和正常使用极限状态后，一个重要的工作是对上部结构和地基荷载共同作用下的基础结构进行设计和计算，目的是确保基础结构满足强度、刚度和耐久性要求。

3.7.1 无筋扩展基础的设计

由砖、毛石、灰土、混凝土等材料按台阶逐级向下扩展（大放脚）形成的无筋扩展基础，也称为刚性基础。刚性基础材料具有较高的抗压强度，但其抗拉、抗剪强度低。因此，无筋扩展基础的设计关键在于充分考虑材料的受力特点，使基础主要受压应力作用，并确保基础所受拉应力和剪应力不超过其材料强度的设计值。为此，无筋扩展基础需要满足刚性角要求。

刚性角是指刚性基础中的压力分布角，如图3-20所示。刚性角由基础材料的强度特性所决定。无筋扩展基础的截面尺寸由基础材料的刚性角确定，原则是确保基础底面不产生拉力，最大限度地节约基础材料。为此，基础的宽高比与刚性角之间具有以下关系：

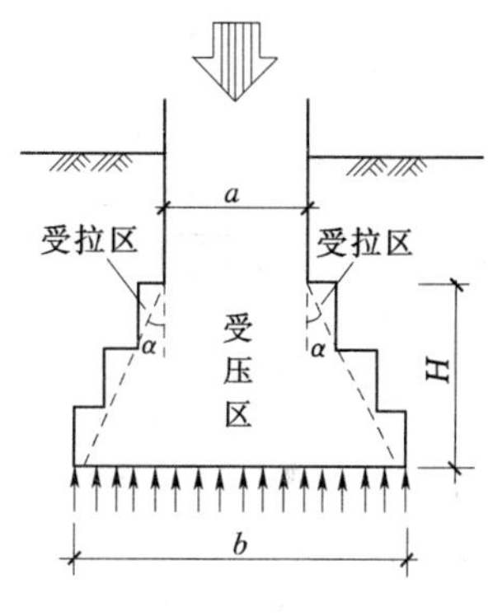

图3-20 刚性角的概念

$$\tan\alpha=(b-a)/2H \tag{3-20}$$

式中 α——基础刚性角；

a——柱宽或墙厚，见图3-20；

H——基础高度。

根据式（3-20），则无筋扩展基础的高度和宽度间应满足下式要求：

$$b\leqslant b_0+2H_0\tan\alpha \tag{3-21}$$

式中符号意义见图3-21（a）。《建筑地基基础设计规范》（GB 50007—2011）给出了不同基础材料下台阶宽高比 $\tan\alpha$ 的允许值，见表3-13。

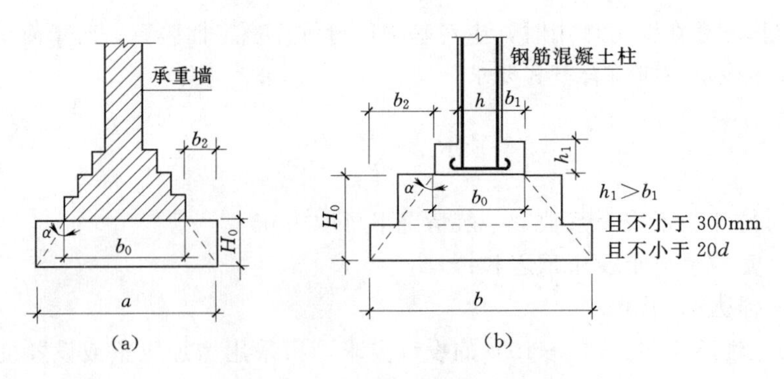

图 3-21 无筋扩展基础的构造示意

表 3-13　　无筋扩展基础台阶宽高比的允许值

基础材料	质量要求	台阶宽高比的允许值		
		$p_k \leqslant 100$	$100 < p_k \leqslant 200$	$200 < p_k \leqslant 300$
混凝土基础	C15 混凝土	1 : 1.00	1 : 1.25	1 : 1.00
毛石混凝土基础	C15 混凝土	1 : 1.00	1 : 1.25	1 : 1.50
砖基础	砖不低于 MU10 砂浆不低于 M5	1 : 1.50	1 : 1.50	1 : 1.50
毛石基础	砂浆不低于 M5	1 : 1.25	1 : 1.50	
灰土基础	体积比 3 : 7 或 2 : 8 的灰土，其最小干密度：粉土 1550kg/m³；粉质黏土 1500kg/m³；黏土 1450kg/m³	1 : 1.25	1 : 1.50	
三合土基础	体积比为 1 : 2 : 4～1 : 3 : 6（石灰 : 砂 : 骨料），每层虚铺 220mm，夯至 150mm	1 : 1.50	1 : 2.00	

注 1. p_k 为相应于荷载效应标准组合时基础底面处的平均压力 kPa。
2. 阶梯形毛石基础的每阶伸出宽度不宜大于 200mm。
3. 当基础由不同材料迭合组成时，应对接触部分作抗压验算。
4. 混凝土基础单侧扩展范围内基础底面处的平均压力超过 300kPa 时，尚应进行抗剪验算；对基底反力集中于立柱附近的岩石地基，尚应进行局部受压承载力验算。

除满足以上构造要求外，对采用无筋扩展基础的钢筋混凝土柱，其柱脚高度 h_1 不得小于 b_1 [图 3-21（b）]，并不应小于 300mm 且不小于 $20d$（d 为柱中纵向钢筋直径）。当柱纵向钢筋在柱脚内的竖向锚固长度不满足要求时，可沿水平方向弯折，弯折后的水平锚固长度不应小于 $10d$ 也不应大于 $20d$。

【例题 3-7】 某建筑楼外墙厚度 $a=320$mm，室内外高差 0.45m。从室外地面算起的埋置深度 $d=1.1$m。传到基础顶面的荷载 $F_k=96$kN/m，修正后地基承载力特征值 $f_a=98$kPa。外墙基础采用灰土基础，$H_0=300$mm，其上采用砖基础，二一间隔砌法，试计算基础总高度及砖放脚的台阶数。

解： 1）确定基础宽度。

由于室内外有高差，基础自重平均埋深

$$d=1.1+\frac{0.45}{2}=1.325(\mathrm{m})$$

基础宽度：

$$b \geqslant \frac{F_k}{f_a - \gamma_G d} = \frac{96}{98 - 20 \times 1.325} = 1.34(\text{m}) \approx 1.4\text{m}$$

验算地基承载力：

$$p_k = \frac{F_k + G_k}{A} = \frac{96 + 20 \times 1.4 \times 1 \times 1.325}{1.4 \times 1} = 95.7(\text{kPa}) < 98\text{kPa}$$

2）确定基础台阶（灰土）宽度。

由于 $p_k < 100\text{kPa}$，查表 3-13，对于灰土地基，台阶宽高比允许值为 1/1.25，即

$$\frac{b_2}{H_0} = \frac{1}{1.25}$$

$$H_0 = 0.3\text{m}$$

$$b_2 = \frac{H_0}{1.25} = \frac{0.3}{1.25} = 0.24(\text{m})$$

砖放脚宽度：

$$b_0 = b - 2b_2 = 1.4 - 0.24 \times 2 = 0.92(\text{m})$$

3）砖放脚台阶数 n（以基础半宽计）。

砖宽度为 60mm，砖放脚台阶数为：

$$n \geqslant \frac{b/2 - a/2 - b_2}{60} = \frac{1400/2 - 320/2 - 240}{60} = 5$$

采用二一间隔收砌法，砖放脚高度：

$$h = 2 \times 60 + 60 + 2 \times 60 + 60 + 2 \times 60 = 480(\text{mm})$$

基础总高度：

$$H = h + H_0 = 480 + 300 = 780(\text{mm})$$

设计的基础剖面如图 3-22 所示。

3.7.2　钢筋混凝土柱下单独基础的设计

1. 构造要求

（1）锥形基础边缘高度不宜小于 200mm，两个方向的坡度 $i \leqslant 1:3$，如图 3-23（a）所示。

（2）台阶形基础每阶高度一般为 300～500mm，当基础总高度 $h \leqslant 350$mm 时，可用一阶，$350 < h \leqslant 900$mm 用二阶，$h > 900$mm 用三阶，如图 3-23（b）所示。

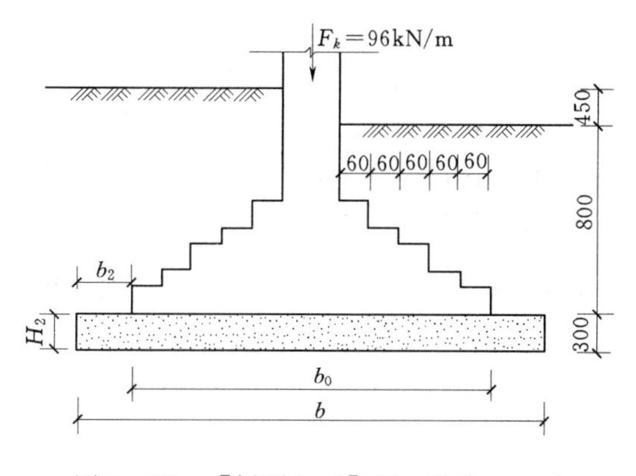

图 3-22　［例题 3-7］图（单位：mm）

（3）混凝土强度等级不宜低于 C20。基础下垫层厚度不宜小于 70mm，垫层混凝土强度等级不宜低于 C10。

（4）基础受力钢筋最小配筋率不应小于 0.15%，底板受力钢筋的最小直径不应小于 100mm，间距不应大于 200mm，也不应小于 100mm。当基础下有垫层时，钢筋保护层厚度不应小于 40mm，无垫层时不应小于 70mm。

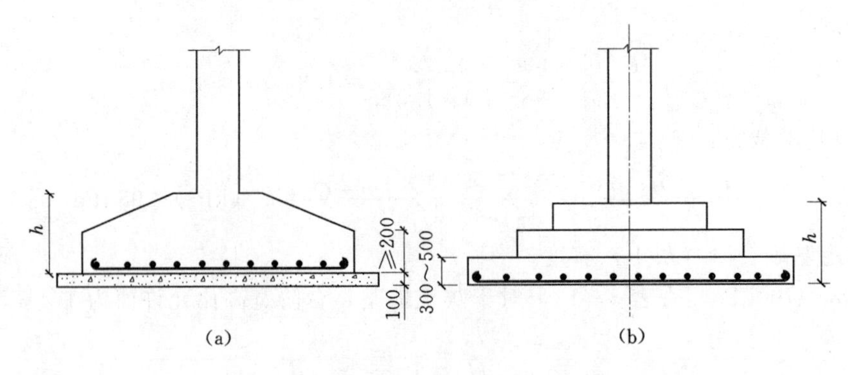

图 3-23　柱下单独基础的构造要求

（5）基础底面边长或宽度大于或等于 2.5m 时，底板受力钢筋的长度可取边长或宽度的 0.9 倍，并宜交错布置，如图 3-24 所示。

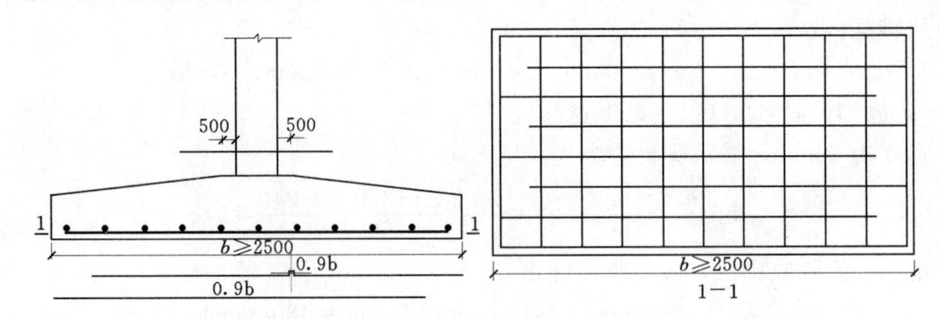

图 3-24　柱下单独基础底板受力钢筋布置（单位：mm）

（6）对于预制柱下的杯形基础，参看图 3-25，还需满足以下构造要求：

1）柱子插入深度 h_1 按表 3-14 选用，并应满足锚固长度的要求和吊装时柱的稳定性。

2）基础的杯底厚度 α_1 和杯壁厚度 t，可按表 3-15 选用。

3）当柱为轴心受压或小偏心受压且 $t/h_2 \geqslant 0.65$ 时，或大偏心受压且 $t/h_2 \geqslant 0.75$ 时，杯壁可不配筋；当柱为轴心受压或小偏心受压且 $0.5 \leqslant t/h_2 < 0.65$ 时，杯壁可按表 3-16 构造配筋，其他情况下，应按计算配筋。

表 3-14　　柱的插入深度 h_1　　单位：mm

矩形或工字形柱				双肢柱
$h<500$	$500 \leqslant h<800$	$800 \leqslant h \leqslant 1000$	$h>1000$	
$(1 \sim 1.2)h$	h	$0.9h$ 且 $\geqslant 800$	$0.8h$ 且 $\geqslant 1000$	$(1/3 \sim 2/3)h_a$，$(1.5 \sim 1.8)h_b$

注　1. h 为柱截面长边尺寸；h_a 为双肢柱整个截面长边尺寸；h_b 为双肢柱整个截面短边尺寸。
2. 柱轴心受压或小偏心受压时，h_1 可以适当减小，偏心距大于 $2h$ 时，h_1 应适当加大。

2. 基础高度的确定

基础在柱荷载和基底反力的共同作用下，柱脚四周会形成较大的主拉应力，当主拉应力超过混凝土抗拉强度时，则自柱脚四周沿45°方向出现斜裂缝，在基础内形成锥体斜截面破坏，如图3-26所示。其宏观破坏形式犹如从基础中冲切而成，故称该破坏模式为“冲切破坏”。这种现象除发生在柱边外，在基础变阶处也可能发生。

表3-15　　基础杯底厚度 α_1 和杯壁厚度 t

柱截面长边尺寸 h（mm）	杯底厚度 a_1（mm）	杯壁厚度 t（mm）
$h<500$	≥150	150～200
$500\leqslant h<800$	≥200	≥200
$800\leqslant h<1000$	≥200	≥300
$1000\leqslant h<1500$	≥250	≥350
$1500\leqslant h<2000$	≥300	≥400

注　1. 双肢柱的杯底厚度值可适当加大。
2. 当有基础梁时，基础梁下的杯壁厚度应满足其支承宽度的要求。
3. 柱子插入杯口部分的表面应凿毛。柱子与杯口之间的空隙，应用细石混凝土（比基础混凝土强度等级高一级）充填密实，其强度达到基础设计等级的70%以上时，方能进行上部吊装。

表3-16　　杯壁构造配筋

柱截面长边尺寸 h(mm)	$h<1000$	$1000\leqslant h<1500$	$1500\leqslant h\leqslant 2000$
钢筋直径 φ(mm)	8～10	10～12	12～16

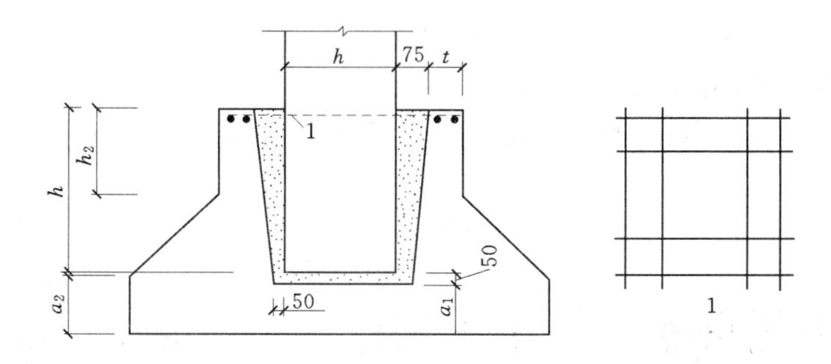

图3-25　预制钢筋混凝土柱与杯口基础的连接示意
（$a_2\geqslant a_1$，1—焊接网）（单位：mm）

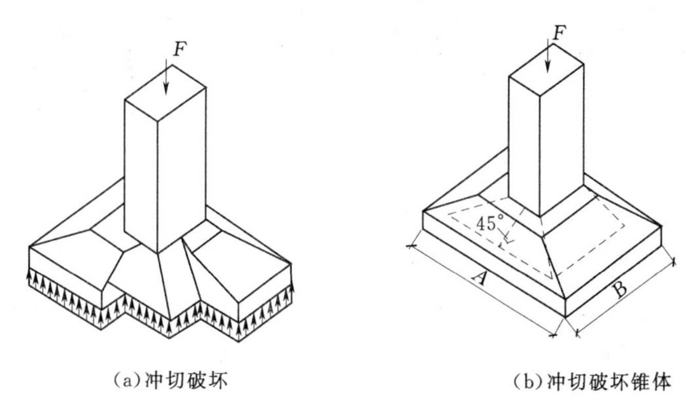

(a)冲切破坏　　(b)冲切破坏锥体

图3-26　冲切破坏示意图

由于抵抗冲切破坏的能力来源于冲切破坏锥面的混凝土抗拉强度，故基础高度越大，则破坏锥体的表面积越大，其可提供的抗冲切能力也越大，冲切破坏发生的可能性越小。因此，只要钢筋混凝土柱下单独基础的高度满足一定要求便可防止冲切破坏的发生。

冲切荷载即冲切力为基础底面上作用的破坏锥体以外面积上的基底净反力。满足抗冲切要求的基础高度应符合下式要求：

$$F_l \leqslant 0.7\beta_{hp} f_t a_m h_0 \tag{3-22a}$$

$$F_l = p_j A_l \tag{3-22b}$$

式中 F_l——相应于荷载效应基本组合时作用在 A_l 上地基土的净反力设计值；

β_{hp}——受冲切承载力截面高度影响系数，当 $h \leqslant 800$mm 时，$\beta_{hp}=1.0$，当 $h \geqslant 2000$mm 时，$\beta_{hp}=0.9$，其间按线性内插法取用；

f_t——混凝土轴心抗拉强度设计值；

a_m——冲切破坏锥体最不利一侧计算长度，$a_m=(a_t+a_b)/2$；

a_t——冲切破坏锥体最不利一侧斜截面的上边长，当计算柱与基础交接处的受冲切承载力时，取柱宽；当计算基础变阶处的受冲切承载力时，取上阶宽；

a_b——冲切破坏锥体最不利一侧斜截面在基础底面积范围内的下边长；

h_0——冲切破坏锥体的有效高度，有垫层时，$h_0=h-45$mm 无垫层时，$h_0=h-75$mm；

p_j——扣除基础自重及其上土重后相应于荷载效应基本组合时的基底净反力，对偏心受压基础可取基础边缘处最大地基土单位面积净反力；

A_l——冲切荷载作用面积。

根据式（3-22）进行抗冲切验算需区分两种情况，如图 3-27 所示。

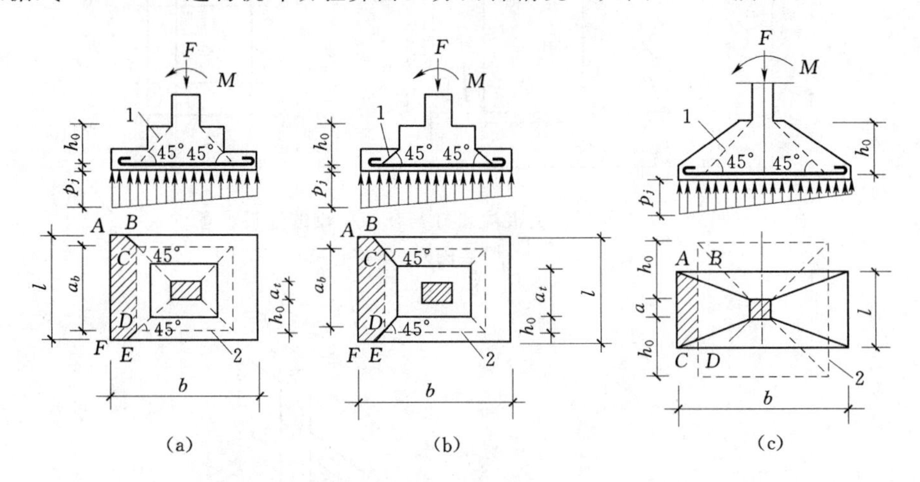

图 3-27　钢筋混凝土柱下单独基础抗冲切计算图式

1—冲切破坏锥体最不利一侧的斜截面；2—冲切破坏锥体的底面线

（1）当 $l>a_t+2h_0$，也即冲切破坏锥体的底面完全落在基础底面以内，如图 3-27（a）和图 3-27（b）所示。此时，冲切破坏锥体最不利一侧斜截面在基础底面范围内的下边长 $a_b<l$，而冲切荷载作用面积为两图中的阴影部分面积，其值应为：

$$A_l=(b/2-b_t/2-h_0)l-(l/2-a_t/2-h_0)^2 \quad (3-23)$$

式中　l、b——基础底面两个方向的边长；

a_t、b_t——冲切破坏锥体两个方向的上边长。若验算柱边冲切［图3-27（a)］，则 a_t、b_t 分别为柱截面两个方向的边长；若验算基础台阶处冲切［图3-27（b)］，则 a_t、b_t 分别为上阶两个方向的边长。

（2）当 $l\leqslant a_t+2h_0$，也即冲切破坏锥体的底面超出基础底面范围，如图3-27（c）所示。此时，冲切荷载作用面积应为图3-27（c）中阴影部分面积，可按下式计算：

$$A_l=(b/2-b_t/2-h_0)l \quad (3-24)$$

需要注意的是，此时冲切破坏锥体最不利一侧斜截面在基础底面积范围内的下边长 $a_b\geqslant l$，计算 a_m 时取 $a_b=l$。若验算变阶处的冲切，需将式（3-24）中的 b_t 修改为上一台阶的长边即可。

工程上，一般先根据荷载大小和构造初选基础高度和台阶高度，再按式（3-22）进行验算和校核。

3. 基础底板的抗弯和配筋计算

在基底反力作用下，钢筋混凝土柱下单独基础的扩展部分会产生向上的弯曲。当作用弯矩超过其抗弯强度时，基础底板将发生弯曲破坏。设计中，为防止单独基础底板发生弯曲破坏，将基础底板看作固定在柱四边挑出的悬臂板，基底按对角线分成4个区域，分别计算基础长、宽两个方向柱边缘截面和变阶处截面弯矩，如图3-28所示。

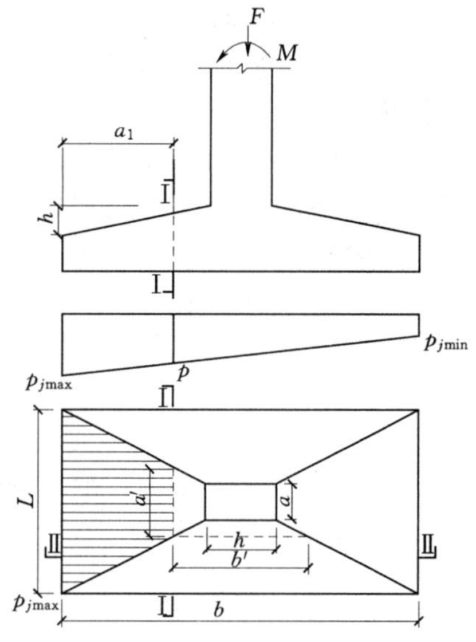

图3-28　底板弯矩计算示意图

当台阶的宽高比小于或等于2.5和偏心矩小于或等于1/6基础宽度时，柱下矩形单独基础长、宽两个方向任意截面Ⅰ—Ⅰ和Ⅱ—Ⅱ的弯矩可按下式计算：

$$M_{\text{I}}=\frac{1}{12}a_1^2[(2l+a')(p_{j\max}+p_{jl})+(p_{j\max}-p_{j\text{I}})l] \quad (3-25a)$$

$$M_{\text{II}}=\frac{1}{48}(l-a')^2(2b+b')(p_{j\max}+p_{j\min}) \quad (3-25b)$$

式中　M_{I}、M_{II}——相应于荷载效应基本组合时，计算截面处的弯矩值；

a_1——截面Ⅰ—Ⅰ至基底最大反力处的距离；

l、b——基础两个方向的边长；

a'、b'——截面Ⅰ—Ⅰ和截面Ⅱ—Ⅱ的上边长；

$p_{j\max}$、$p_{j\min}$ 和 $p_{j\text{I}}$——相应荷载效应基本组合时的基底边缘最大净反力、最小净反力、截面Ⅰ—Ⅰ对应基底处的净反力。

中心受压时，基底反力均匀分布，此时基础两个方向任意截面Ⅰ—Ⅰ和Ⅱ—Ⅱ的弯矩可按下式计算：

$$M_{\mathrm{I}}=\frac{1}{6}a_1^2(2l+a')p_j \tag{3-26a}$$

$$M_{\mathrm{II}}=\frac{1}{24}(l-a')^2(2b+b')p_j \tag{3-26b}$$

式中　p_j——相应荷载效应基本组合时的基底均布净反力。

式（3-25）和式（3-26）应用的前提中，台阶的宽高比小于或等于2.5是基于试验结果，为保证基底反力呈直线分布而提出。偏心矩小于或等于1/6基础宽度则是为了保证基底不出现零应力区。

在获得计算截面弯矩设计值后，基础底板配筋可按下式计算：

$$A_s=\frac{M}{0.9f_yh_0} \tag{3-27}$$

式中　M——计算截面弯矩设计值；

　　f_y——钢筋抗拉强度设计值。

【例题3-8】 某多层框架结构柱尺寸为500mm×500mm，配有8ϕ22纵向受力筋，相应于荷载效应标准组合时传至基础顶面处的荷载值$F_k=444.5$kN，$M_k=74.1$kN·m，基础埋深2m，采用C20混凝土和HPB235级钢筋。基底设置厚100mm的C10混凝土垫层，已知经深度修正后的地基承载力特征值$f_a=100$kPa，试设计该柱基础。

解： 1）确定基础底面积。

基础偏心受压，考虑力矩作用，确定基础底面积A

$$A=(1.1\sim1.4)\frac{F_k}{f_a-\gamma_G d}=(1.1\sim1.4)\frac{444.5}{100-20\times2}=8.14\sim10.17(\mathrm{m}^2)$$

取$A=9\mathrm{m}^2$，结构柱为方形，基础底面可取为方形，取$b=l=3$m。

2）验算持力层承载力。

$$p_k=\frac{F_k}{bl}+\gamma_G d=\frac{444.5}{3\times3}+20\times2=89.41(\mathrm{kPa})$$

$$p_{k\min}^{k\max}=p_k\pm\frac{M_k}{W}=89.4\pm\frac{74.1}{\frac{3\times3^2}{6}}=\frac{105.9}{72.9}(\mathrm{kPa})$$

$$p_k=89.4\mathrm{kPa}<f_a=100\mathrm{kPa}$$

$$p_{k\max}=105.9\mathrm{kPa}<1.2f_a=120\mathrm{kPa}$$

满足要求。

3）确定柱基础宽度。

考虑到柱锚基础的直线段长度，并考虑50mm厚的保护层，初步确定基础高度

$$h=30d+50=30\times22+50=710(\mathrm{mm})$$

其中，d为柱纵向受力钢筋直径，取基础高度$h=800$mm。初步拟定采用二级台阶基础，每级台阶高度为400mm，如图3-29（a）所示，$h_0=750$mm，上阶边长1700mm。

4）抗冲切承载力验算。

扣除基础自重及其上土重后相应于荷载效应基本组合时的基底净反力为：

$$p_{j\min}^{j\max}=\frac{F}{bl}\pm\frac{M}{W}=1.35\left(\frac{F_k}{bl}\pm\frac{M_k}{W}\right)=1.35\times\left(\frac{444.5}{3\times3}\pm\frac{74.1}{3\times3^2/6}\right)=\frac{88.9}{44.4}(\mathrm{kPa})$$

其中，1.35 为标准组合变成基本组合时的分项系数。

验算柱与基础交接处抗冲切承载力［图 3-29（b）］：

$$a_t+2h_0=0.5+2\times0.75=2(\mathrm{m})<l=3\mathrm{m}$$

所以

$$A=\left(\frac{b}{2}-\frac{b_t}{2}-h_0\right)l-\left(\frac{l}{2}-\frac{a_t}{2}-h_0\right)^2$$

$$=\left(\frac{3}{2}-\frac{0.5}{2}-0.75\right)\times3-\left(\frac{3}{2}-\frac{0.5}{2}-0.75\right)^2=1.25(\mathrm{m}^2)$$

冲切荷载：　$F_l=p_{j\max}A=88.9\times1.25=111.13\mathrm{kN}$

$$a_m=\frac{a_t+(a_t+2h_0)}{2}=a_t+h_0=0.5+0.75=1.25(\mathrm{m})$$

$h=800\mathrm{mm}$，则 $\beta_{hp}=1.0$，C20 混凝土轴心抗拉设计强度为 $1100\mathrm{kN/m^2}$，抗冲切承载力：

$$0.7\beta_{hp}f_t a_m h_0=0.7\times1.0\times1100\times1.25\times0.75=721.88(\mathrm{kN})>F_l=111.13\mathrm{kN}$$

因此，柱与基础交接处满足抗冲切承载力要求。

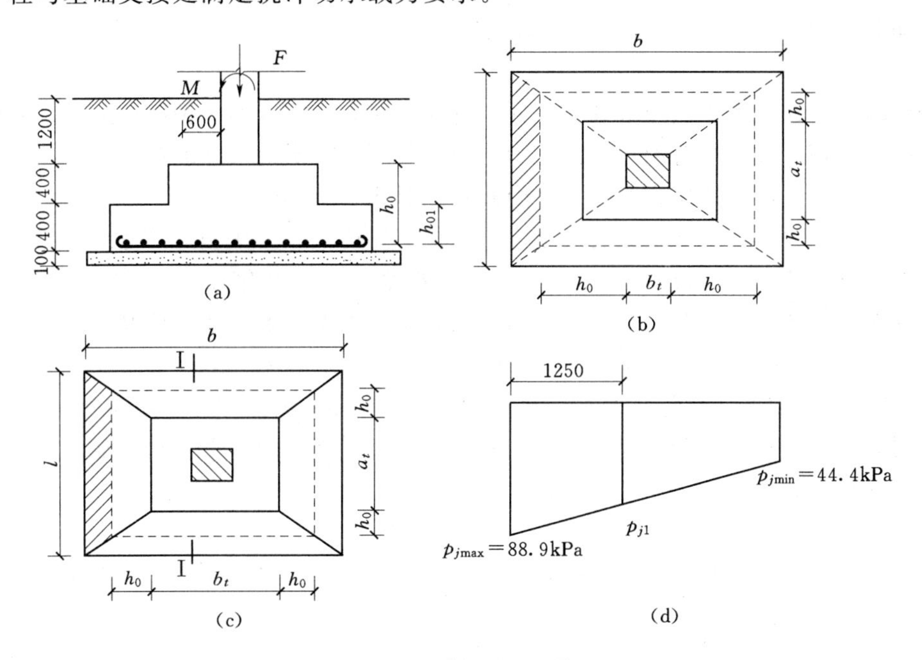

图 3-29　［例题 3-8］图

验算基础变阶处抗冲切承载力验算：

$$a_t=0.6+0.5+0.6=1.7(\mathrm{m})$$

$$a_t+2h_{01}=1.7+0.35\times2=2.4(\mathrm{m})<l=3\mathrm{m}$$

$$A=\left(\frac{b}{2}-\frac{b_t}{2}-h_{01}\right)l-\left(\frac{l}{2}-\frac{a_t}{2}-h_{01}\right)^2$$

$$=\left(\frac{3}{2}-\frac{1.7}{2}-0.35\right)\times3-\left(\frac{3}{2}-\frac{1.7}{2}-0.35\right)^2=0.9-0.09=0.81(\mathrm{m}^2)$$

$$F_l=p_{j\max}A=88.9\times0.81=72(\mathrm{kN})$$

$$a_m = a_t + h_{01} = 1.7 + 0.35 = 2.05(\text{m})$$

由于 $h=400\text{mm}$，则 $\beta_{hp}=1.0$，抗冲切承载力：

$$0.7\beta_{hp} f_t a_m h_{01} = 0.7\times1.0\times1100\times2.05\times0.35 = 552.5(\text{kN}) > F_l = 72\text{kN}$$

因此，基础变阶处满足抗冲切承载力要求。

5）基础底板配筋计算［图 3-29（c）］。

柱与基础交接处地基净反力［图 3-29（d）］：

$$p_{j\text{I}} = \frac{1.75\times(88.9-44.4)}{3} + 44.4 = 70.36(\text{kPa})$$

求柱与基础交接处弯矩：

$$M_{\text{I}} = \frac{p_{j\max} + p_{j\text{I}}}{48}(b-b_t)^2(2l+a_t) = \frac{88.9+70.36}{48}(3-0.5)^2(2\times3+0.5) = 134.88(\text{kN}\cdot\text{m})$$

配筋面积：

$$A_s = \frac{M}{0.9 f_y h_0} = \frac{134.88}{0.9\times210\times1000\times0.75} = 0.95\times10^{-3}\text{m}^2 = 950(\text{mm}^2)$$

配筋取为 13ϕ10，$A_s' = 1021\text{mm}^2$，可以满足。

4. 抗剪切验算

剪切破坏也是发生在柱与基础交接处或阶梯形基础变阶处的一种破坏形式。剪切破坏与冲切破坏机理类似，抗剪承载力同样为受剪斜截面混凝土抗拉强度控制。剪切破坏的破坏面接近于平面，这与冲切破坏的空间曲面破坏形式有所不同。

一般地，柱下单独基础底面的两个方向边长都保持在相同或相近的范围，此时基础底板处于双向受力状态，基础设计以抗冲切破坏来确定基础的有效高度。但是，实际工程中，也存在因场地或柱网布置限制而采用基础底面边长比值大于 2 的情况，此时基础底板近似于单向受力，必须进行基础的抗剪切验算。

《建筑地基基础设计规范》（GB 50007—2011）规定，对基础底面短边尺寸（垂直于力矩作用方向的边长）小于或等于柱宽加两倍基础有效高度的柱下单独基础，应按下式验算基础的受剪承载力：

$$V_s \leqslant 0.7\beta_{hs} f_t A_0 \tag{3-28}$$

式中 V_s——相应于荷载效应基本组合时，柱与基础交接处或基础变阶处的剪力设计值，$V_s = p_j A_f$；

p_j——相应荷载效应基本组合时的基底平均净反力；

A_f——计算剪力设计值的基底净反力作用面积，即图 3-30 中的阴影部分面积；

β_{hs}——受剪切承载力截面高度影响系数，$\beta_{hs}=(800/h_0)^{1/4}$。当 $h_0<800\text{mm}$ 时，取 $h_0=800\text{mm}$；当 $h_0>2000\text{mm}$ 时，取 $h_0=2000\text{mm}$；

h_0——验算斜截面的有效高度；

f_t——混凝土轴心抗拉强度设计值；

A_0——验算截面处基础的有效截面面积，$A_0=b_e h_0$；

b_e——验算截面折算成矩形截面后的截面折算宽度。

关于 A_0，当验算截面为阶梯形或锥形时，可将验算截面折算成矩形截面，截面的折算宽度 b_e 按以下方法确定（图 3-31）：

（1）对阶梯形基础，当验算变阶处 A_1-A_1 截面和 B_1-B_1 截面的抗剪承载力时，b_e 分别取为基础边长 b_{y1} 和 b_{x1}。

（2）对阶梯形基础，当验算柱与基础交接处的 A_2-A_2 和 B_2-B_2 截面抗剪承载力时，b_e 取各阶边长按截面有效高度的加权平均值。例如验算图 3-31（a）的 A_2-A_2 截面，则 b_e 应按下式计算：

$$b_e=\frac{b_{y1}h_{01}+b_{y2}h_{02}}{h_{01}+h_{02}} \tag{3-29}$$

（3）对锥形基础，如图 3-31（b）所示，若验算 $A-A$ 截面，则 b_e 按下式计算：

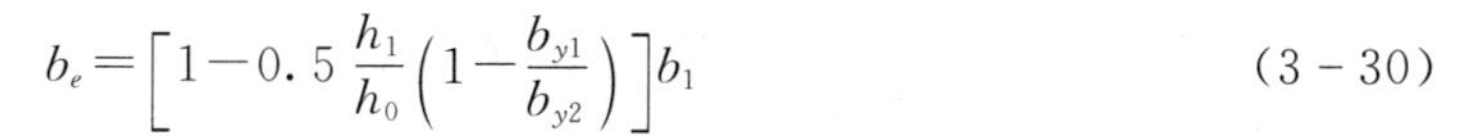

$$b_e=\left[1-0.5\frac{h_1}{h_0}\left(1-\frac{b_{y1}}{b_{y2}}\right)\right]b_1 \tag{3-30}$$

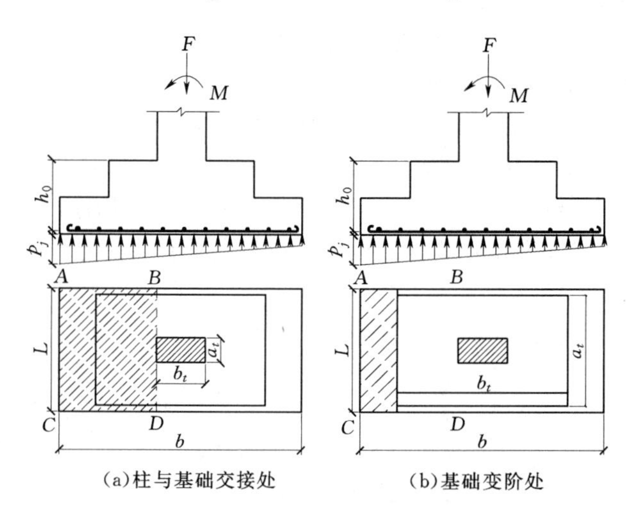

图 3-30　受剪承载力验算示意图

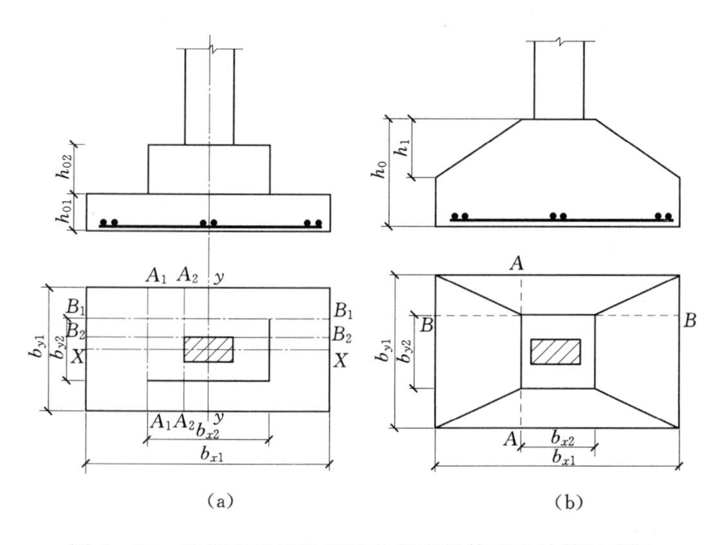

图 3-31　阶梯形和锥形基础的截面折算宽度计算示意图

3.7.3 钢筋混凝土墙下条形基础的设计

1. 构造要求

墙下钢筋混凝土条形基础的构造也应满足3.7.2节所述的钢筋混凝土柱下单独基础构造要求的（1）～（5）条。此外，墙下条形基础横向为受力筋，纵向为分布筋，受力筋常用$\phi8$～$\phi16$的HPB235级钢筋，间距不大于200mm；纵向分布筋直径不小于8mm，间距不应大于300mm。当地基不均匀或纵向荷载差异较大时，条形基础的横截面可设计为带肋形式，或在墙下板内配置纵向受力筋形成暗梁，以抵抗不均匀沉降引起的纵向弯矩。纵向受力筋的配置常按工程经验确定，也可结合圈梁配筋设置。

2. 基础底板厚度和配筋计算

当钢筋混凝土墙下条形基础底板配筋不足或基础底板厚度不够时，在基底净反力作用下，基础底板有可能因弯曲变形和剪切破坏而产生裂缝。设计中，墙下条形基础通常以平面应变问题处理。结构计算内容一般包括两方面，一是按剪切条件确定基础底板的厚度；二是通过受弯计算确定底板横向配筋。

（1）基础底板厚度的确定。根据工程经验，条形基础高度一般约为基础宽度的1/8。设计中，通常先根据经验初步拟定基础高度，而后按式（3－28）验算墙与基础底板交接处截面的受剪承载力。此时，V_s为墙与基础交接处由基底平均净反力产生的单位长度剪力设计值；A_0为柱与基础交接处基础底板的单位长度垂直截面有效面积。

（2）基础底板配筋计算。

计算截面处每延米宽度的弯矩设计值按下式计算：

$$M_I=\frac{1}{6}a_1^2(2p_{j\max}+p_{j\text{I}}) \tag{3-31}$$

条形基础底板横向受力筋可按式（3－27）进行计算。其中，设计弯矩值取最大弯矩。若为混凝土墙，最大弯矩截面应为墙与基础交接处；若为砖墙且放脚不大于1/4砖长时，则最大弯矩截面位置应自砖放脚边缘向墙内进1/4砖长处。

【例题3－9】 某多层住宅的承重砖墙厚240mm，作用于基础顶面的荷载$F_k=240\text{kN/m}$，基础埋深$d=0.8\text{m}$，经深度修正后的地基承载力特征值$f_a=150\text{kPa}$，试设计钢筋混凝土条形基础。

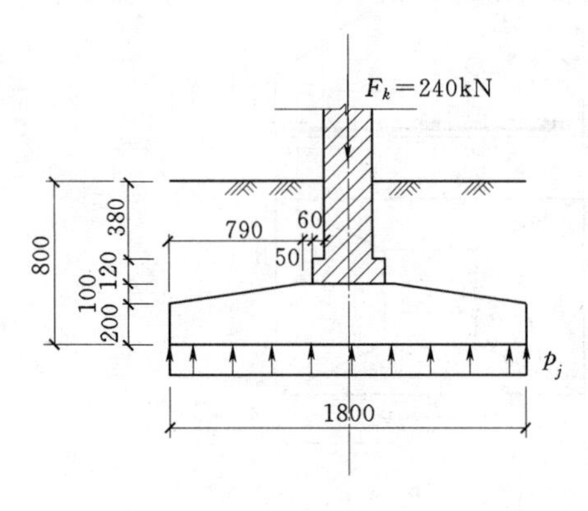

图3－32 ［例题3－9］图

解： 1）选择基础材料。

拟采用混凝土为C20，钢筋HPB235级，并设置C10厚100mm的混凝土垫层，设一个砖砌的台阶，如图3－32所示。

2）确定条形基础宽度。

$$b\geqslant\frac{F_k}{f_a-\gamma_G d}=\frac{240}{150-20\times0.8}=1.79(\text{m})$$

取$b=1.8\text{m}$

3）确定基础高度。

按经验$h=b/8=180/8=23$（cm），取$h=30\text{cm}$，$h_0=30-4=26$（cm）

基底净反力：

$$p_j=F/b=1.35\times240/1.8=180(\text{kN/m})$$

控制截面剪力：

$$V=P_j a_1=180\times(0.9-0.12)\times1=140.4(\text{kN})$$

混凝土抗剪强度：

$$0.7f_tA_0=0.7f_tlh_0=0.7\times1.1\times1.0\times260=200.2(\text{kN})>V_s=140.4\text{kN}$$

满足要求

4）计算底板配筋。

中心受压情况下，基底净反力均匀分布，按式（3－31）可得：

计算截面弯矩

$$M=1/2P_ja_1^2=1/2\times180\times(0.9-0.12)^2=54.8(\text{kN}\cdot\text{m})$$

$$A_s=\frac{M}{0.9h_0f_y}=\frac{54.8\times10^6}{0.9\times260\times210}=1115(\text{mm}^2)$$

横向受力筋：选Φ12@100，实配 $A_s=1131\text{mm}^2$；纵向分布筋Φ8@250。

3.8　减轻建筑物不均匀沉降危害的措施

在实际工程中，由于地基软弱，土层薄厚变化大，或在水平方向软硬不一，或建筑物荷载相差悬殊等原因，使地基产生过量的不均匀沉降，造成建筑物倾斜，墙体、楼地面开裂的事故屡见不鲜。因此，如何采取有效措施，防止或减轻不均匀沉降的危害，是一个需要认真对待的问题。设计中，可以考虑采取以下措施。

3.8.1　建筑措施

1. 建筑物体型应力求简单

建筑物体型包括其平面与立面形状及尺度。平面形状复杂的建筑物，如“L”、“┳”、“━”、“F”、“工”字形等，在纵横单元交接处的基础密集，地基中附加应力相互重叠，导致该部分的沉降往往大于其他部位。尤其当一些支撑的“翼缘”尺度大时，建筑物整体性差，很容易因不均匀沉降引起建筑物墙体的开裂。当建筑物的高度或荷载差异大时，也必然会加大地基的不均匀沉降。因此，在具备发生较大不均匀沉降条件时，建筑物的体型应力求简单。

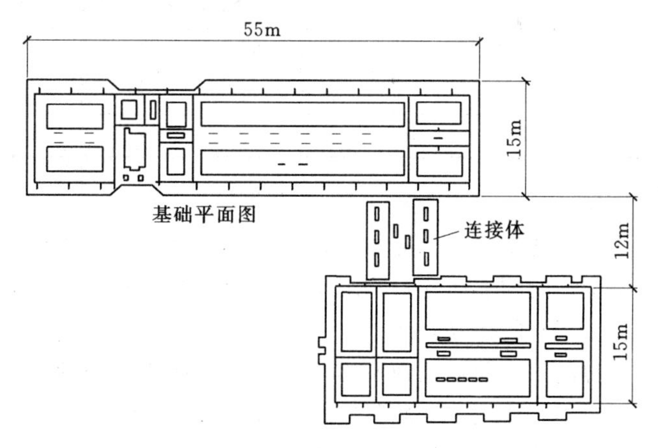

图3－33　建筑物之间设置的连接体

当需要将建筑物设计成体型较复杂时，宜根据其平面、立面形状、荷载差异等情况，在适当部位用沉降缝将其划分成若干刚度较好的独立单元；或者将两者隔开一定距离，两者之间采用能自由沉降的连接体或简支、悬挑结构相连接，如图 3-33 所示。

2. 控制建筑物的长高比及合理布置纵横墙

当建筑物的长度与高度之比越大，整体刚度越差，抵抗弯曲变形的能力弱，容易导致建筑物的开裂。相反，长高比小的建筑物，刚度大，调整不均匀变形的能力就强。根据工程经验，对于砌体承重的房屋，当预估沉降量大于 120mm 时，对于三层和三层以上的房屋，其长高比宜小于等于 2.5，当长高比控制在 2.5～3.0 范围内时，宜做到纵墙不转折或少转折，并应控制其内横墙间距或增强基础刚度和强度；当预估沉降量小于或等于 120mm 时，长高比可不受限制。

合理布置纵横墙，使内外墙贯通，减少墙体转折和中断的情况，是增强建筑物刚度的重要措施。另外，门窗洞口或管道洞口如开设过大，就会削弱墙体刚度，可在洞口周圈设置钢筋混凝土边框予以加强。

3. 设置沉降缝

用沉降缝将建筑物由基础到屋顶分割成若干个独立单元，使分割成的每单元体型简单，长高比减小，从而提高建筑物的抗裂能力。建筑物的下列部位宜设置沉降缝。

（1）建筑物平面的转折处。

（2）建筑物高度或荷载差异处。

（3）长高比过大的砌体承重结构或钢筋混凝土框架结构适当部位。

（4）地基土的压缩性有显著差异处。

（5）建筑结构或基础类型不同处。

（6）分期建造房屋的交界处。

沉降缝两侧的地基基础设计和处理是一个难点。如地基土的压缩性明显不同或土层变化处，单纯设缝难以达到预期效果，往往结合地基处理进行设缝。缝两侧基础常通过改变基础类型、交错布置或采取基础后退悬挑作法进行处理。另外，为避免沉降缝两侧单元相向倾斜挤压，要求沉降缝有足够的宽度，沉降缝宽度可按表 3-17 选用。

表 3-17　建筑物沉降缝宽度

建筑物层数	沉降缝宽度（mm）	建筑物层数	沉降缝宽度（mm）
2～3	50～80	5 层以上	≥120
4～5	80～120		

4. 控制相邻建筑物基础间的净距

由于地基中附加应力的扩散作用，使距离近的相邻建筑物间的沉降相互影响。一般既有建筑物受相邻新建筑物沉降的影响，对于同时建造的建筑物，则轻（低）建筑物受影响较重（高）的建筑物严重。

为避免引起地基的不均匀沉降造成建筑物的倾斜或裂缝，应控制相邻建筑物基础间的距离，相邻建筑物基础间净距可按表 3-1 确定。

对相邻高耸结构或对倾斜要求严格的构筑物外墙间隔距离，应根据倾斜允许值确定。

5. 调整建筑物的标高

建筑物的沉降过大时，将会引起管道破损、雨水倒漏、设备运行受阻等情况，影响建筑物的正常使用，根据具体情况，可采取如下措施。

（1）室内地坪和地下设施的标高，应根据预估沉降量适当提高；建筑物各部分或设备之间有联系时，可将沉降较大者的标高予以提高。

（2）建筑物与设备之间，应留有足够的净空。当建筑物有管道穿过时，应预留足够尺寸的孔洞，或采用柔性的管道接头等。

3.8.2 结构措施

1. 减轻建筑物自重

通常建筑物自重在总荷载中所占比例很大，民用建筑约占60%～70%，工业建筑约占40%～50%，为减轻建筑物自重，达到减小不均匀沉降的目的，在软弱地基上可采用下列一些措施。

（1）减少墙体重量。大力发展和应用轻质高强的墙体材料，严格控制使用自重大，又耗农田的黏土砖，已是形势所迫。

（2）选用轻型结构。如采用预应力钢筋混凝土结构、轻钢结构、轻型空间结构等，屋面板可采用具有防水、隔热保温一体的轻质复合板。

（3）减少基础和回填土的重量。如采用补偿性基础、可浅埋的配筋扩展基础，以及架空地板减少室内回填土厚度，都是有效措施。

2. 增强建筑物的整体刚度和强度

如前所述，对于砌体承重结构房屋，可采取控制长高比以及合理布置纵横墙的措施，除此之外，还可采取如下措施。

（1）设置圈梁。

当墙体挠曲时，布置在墙体中的圈梁犹如钢筋混凝土梁内的受拉钢筋，它主要承受拉应力，可有效地防止砌体的开裂。

圈梁截面、配筋以及平面布置等，可按建筑抗震设计规范要求进行。对于多层房屋的基础和顶层宜各设一道，其他可隔层设置；当地基软弱，或建筑体型较复杂，荷载差异较大时，可层层设置。对于单层工业厂房、仓库可结合基础梁、联系梁、过梁等酌情设置。

（2）加强基础刚度。

对于建筑体形复杂、荷载差异较大的框架结构，可采用加强基础整体刚度的方法，如采用箱基、桩基、厚度较大的筏基等，以抵抗地基的不均匀沉降。

3. 减小或调整基底附加压力

（1）设置地下室。采用补偿性基础设计方法，以挖除的土重抵消部分甚至全部的建筑物重量，达到减小沉降的目的。

（2）调整基底尺寸。按地基承载力确定出基础底面尺寸之后，应用沉降理论和必要的计算，并结合设计经验，调整基底尺寸，以控制不同荷载下的基础沉降量接近。

4. 选用非敏感性结构

排架结构或三铰拱等结构，地基发生一定的不均匀沉降时，不会引起很大的附加应力，因此可减轻不均匀沉降的危害。对于单层工业厂房、仓库和某些公共建筑，在情况许可时，可以选用对地基沉降不敏感的结构。

3.8.3 施工措施

在工程建设施工中，合理安排施工顺序，注意施工方法，可减小或调整部分不均匀沉降。

1. 合理安排施工顺序

当建筑物各部分高度或荷载差异大时，应按先高后低，先重后轻的顺序进行施工；并注意高低部分相连接的合适时间，一般可根据沉降观测资料确定。例如，北京五星级长城饭店，塔楼客房为18层，中心阁楼22层，采用两层箱形基础；共享大厅为7层，采用独立柱基。其施工顺序为：先盖高重的客房主楼与阁楼，使地基沉降大部分已产生；后盖轻低的大厅，有效地缩小了两者沉降差。

2. 注意施工方法

对于高灵敏度的软黏土，在基槽开挖施工中，需注意保护持力层不被扰动，通常可在基底标高以上，保留20cm厚的原土层，待基础施工时再予以挖除，可避免基底超挖现象，扰动土的原状结构。如发现坑底软土被扰动，可仔细挖除扰动部分，用砂、碎石压实处理。另外需注意控制加荷速率。

复习思考题

1. 已知矩形基础尺寸4m×2m，相应于荷载效应标准组合时上部结构传至基础顶面的竖向力为680kN，地基上层土为黏性土，$\gamma_1=18\text{kN/m}^3$，压缩模量$E_{s1}=8.5\text{MPa}$，基础埋深为2m，地下水位距地表面的距离为2m，水位以下黏性土的饱和重度$\gamma_{sat}=19\text{kN/m}^3$，修正后的地基承载力特征值$f_a=180\text{kPa}$，下层土为淤泥质土，淤泥质土层顶面距基础底面的距离为4m，压缩模量为$E_{s2}=1.7\text{MPa}$，承载力特征值$f_{ak2}=78\text{kPa}$，试验算地基持力层和软弱下卧层的承载力特征值。

表3-18 地质条件情况表

层次	土层定名	土层厚度（m）	γ（kN/m³）	w（%）	e	I_p	I_l	f_a（kPa）	E_s（MPa）	备注
Ⅰ	杂填土	1.00	16							假定地下水位在地表下1.25m
Ⅱ	粉质黏土	4.50	17.5	22.0	0.81	14	0.61	167	8.4	
Ⅲ	淤泥质土	2.50	16.2	36.0	1.18	15	1.24	85	1.7	

2. 地质条件如表3-18拟建五层住宅楼（砖混结构），其底层山墙厚370mm，相应于荷载效应标准组合时，上部结构传至墙底部的竖向力值$F_k=185\text{kN/m}$，室内外高差0.75m。试设计砖、砖—灰土、毛石刚性基础和墙下钢筋混凝土条形基础（要求画出基础详图）。

3. 某多层框架结构柱尺寸为400m×600m，配有8ϕ22纵向受力筋，相应于荷载效应标准组合时传至基础顶面处的竖向荷载$F_k=500\text{kN}$，弯矩$M_k=60\text{kN}\cdot\text{m}$，水平荷载$Q_k=50\text{kN}$，室内外高差为0.45m，室外地面距基础底面距离为2m，采用C20混凝土和HPB235级钢筋，设置厚100mm的C10混凝土垫层，已知经深度修正后的地基承载力特征值$f_a=120\text{kPa}$，试设计该柱基础。

第4章 连 续 基 础

4.1 概 述

连续基础是指在柱下连续设置的单向或双向条形基础，或底板连续成片的筏板基础和箱型基础。常用在以下情况中：①需要较大的底面积去满足地基承载力要求，此时可将扩展式基础的底板连接成条或片；②需要利用连续基础大大增强建筑物的刚度能调整地基的不均匀变形，或改善建筑物的抗震性能；③对于箱形基础和设置了地下室的筏板基础，可以有效地提高地基承载力，并能以挖去的土重补偿建筑物的部分或全部重量。

连续基础一般可以看成是地基上的受弯构件——梁和板。为了减少板厚，常在单向或双向设置肋梁，肋梁可以往上也可以往下设置。当底板、墙板和顶板连成整体时，便形成刚度很大的箱形基础。图 4-1 是常见的几种连续基础形式。由于连续基础高度方向的尺寸远小于其他两个方向的尺寸，可以把它们看成地基上的梁板结构。当上部结构的荷载通过基础传到地基上时，地基土对基础底面产生反力，在结构和地基反力的共同作用下，连续基础发生挠曲，并产生内力。连续基础的挠曲曲线特征、基底反力和基础内力的分布是上部结构、基础和地基相互作用的结果，应该按三者共同工作的分析方法求得。但这样的设计方法非常复杂。

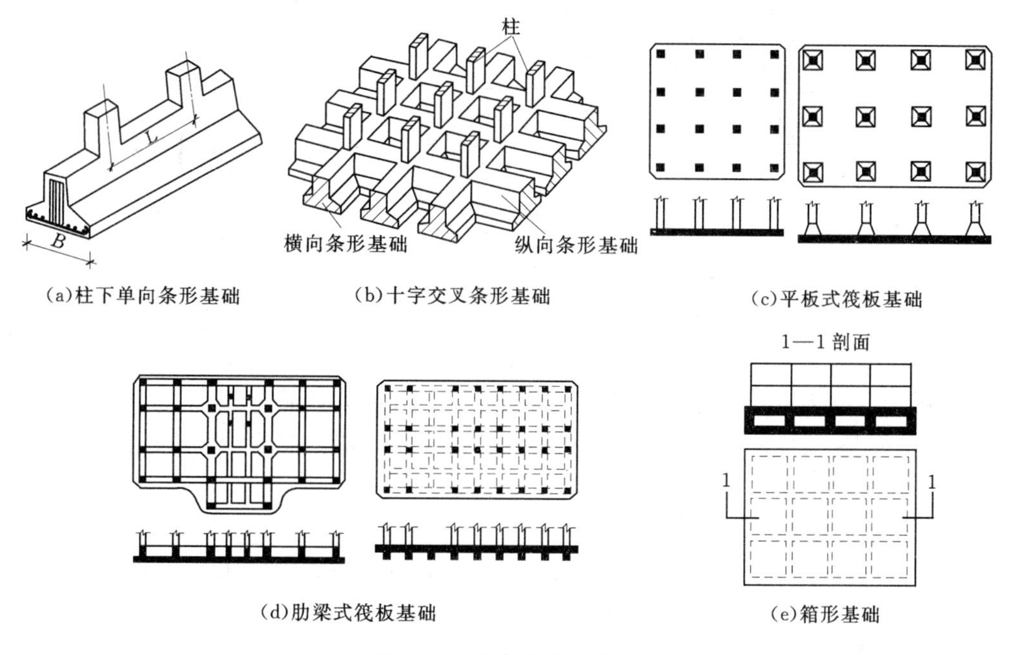

图 4-1　常见的连续基础

在实践中，当符合一定条件时常采用不考虑共同工作的简化计算方法，另一些情况则按地基上的梁板进行计算，后者仅考虑地基与基础的共同工作。这两种计算方法都未考虑上部结构、基础和地基三者的共同工作，所以应该根据共同工作的概念对计算结果加以修正或采取构造措施。

本章阐述共同工作的基本概念，介绍柱下条形基础、筏板基础、箱形基础的简化设计方法。并通过对地基计算模型和文克尔地基上梁的计算方法的介绍，了解地基上梁板设计的概念和方法。

4.2 地基、基础与上部结构共同工作的概念

4.2.1 基本概念

地基、基础和上部结构组成了一个完整的受力体系，三者的变形相互制约、相互协调，也就是共同工作的，其中任一部分的内力和变形都是三者共同工作的结果。但常规的简化设计方法未能充分考虑这一点。例如图 4-2 所示条形基础上多层平面框架的分析，常规设计的步骤是：①部结构计算简图为固接（或铰接）在不动支座上的平面框架，据此求得框架内力进行框架截面设计，支座反力则作为条形基础的荷载；②按直线分布假设计算在上述荷载下条形基础的基底反力，然后按倒置的梁板或静定分析方法计算基础内力，进行基础截面设计；③将基底反力反向作用在地基上计算地基变形，据此验算建筑物是否符合变形要求。

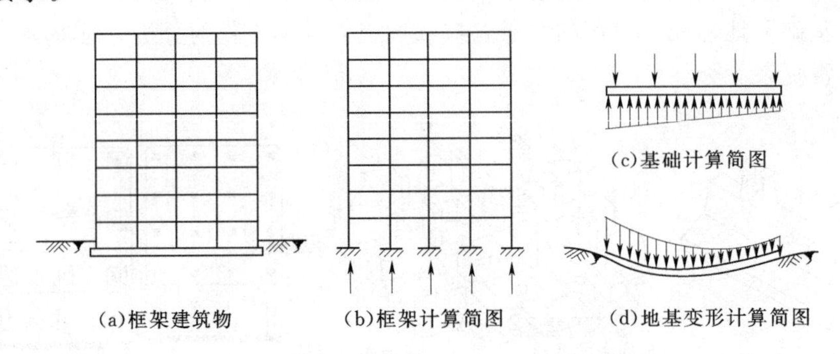

图 4-2 平面框架结构的常规设计方法

可以看出，上述方法虽满足了上部结构、基础与地基三者之间的静力平衡条件，但三者的变形是不连续、不协调的。在基础和地基各自的变形下，基础底面和地基表面不再紧密接触，框架底部为不动支座的假设也不复存在，从而按前述假定计算得到的框架、条形基础的内力和变形与实际情况差别很大。一般地，按不考虑共同作用的方法设计，对于上部结构偏于不安全，而对于连续基础则偏于不经济。

4.2.2 相互作用影响的定性分析

上部结构、基础与地基三者相互作用的结果受三者之间相对刚度大小的影响很大。可以分以下几种情况进行分析。

（1）上部结构和基础的刚度都很小，这时可把上部结构和基础一起看成是“绝对柔性基础”。绝对柔性基础不具备调整地基变形的能力，基底反力分布与上部结构和基础荷载的分布方式完全一致，地基变形按柔性荷载下的变形发生（图 4-3）。由于上部结构和基

础均缺乏刚度，因此不会因地基变形而产生内力。实际工程中，这种情况并不存在。

（2）当基础刚度很大时，可把基础看成是“绝对刚性基础”。绝对刚性基础具有很大的调整地基变形的能力，在荷载和地基都均匀的情况下发生均匀沉降，在偏心荷载、相邻荷载下或地基不均匀时发生倾斜，但不会发生基础的相对挠曲。

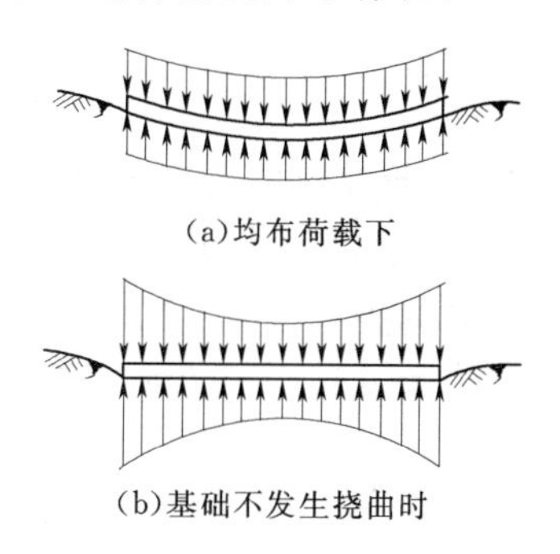

图4-3　柔性基础下的地基变形和基底压力分布

由于绝对刚性基础的拱作用，基底反力不再与荷载分布一致，而是向沉降较小部位转嫁，呈马鞍形分布［图4-4（a）］。当然，基底反力的分布还受其他因素的影响，例如在荷载较大时，基底边缘附近的土发生塑性破坏，基底压力就转由未破坏区域的土承担，形成抛物线形［图4-4（b）］或钟形的分布［图4-4（c）］。由于基础上的荷载和基底反力分布完全不同，基础产生内力。

（3）对于有限刚度的基础，则上部结构与基础相对刚度的大小起很大作用。有两种极端情况：①上部结构相对基础刚度很大时，建筑物整体只能均匀下沉，此时可将上部结构视为基础的不动支座，基础不产生整体弯曲，仅承受基底压力下的局部弯曲；②上部结构相对基础刚度很小时，无能力调整地基的变形，此时只能将上部结构看成是基础上的荷载，基础除在上部结构荷载和基底反力作用下产生局部弯曲外，还承受地基变形产生的整体弯曲。以上两种情况基础的内力可以相差很大，参见图4-5。实际的上部结构刚度应该在以上两者之间，基底压力的分布则与上部结构和基础的刚度有关。一般地，上部结构刚度越大，沉降较小部位的结构传至基础的荷载会增加，沉降大处则卸荷；基础刚度越大，基底反力分布范围越从荷载作用点向远处扩伸，分布也越趋均匀。对于上部结构，在调整地基变形的同时产附加（次）应力，因此情况②的上部结构不产生次应力。对于上部结构可能产生次应力的情况，设计中应保证有足够的结构强度使其不受损害。

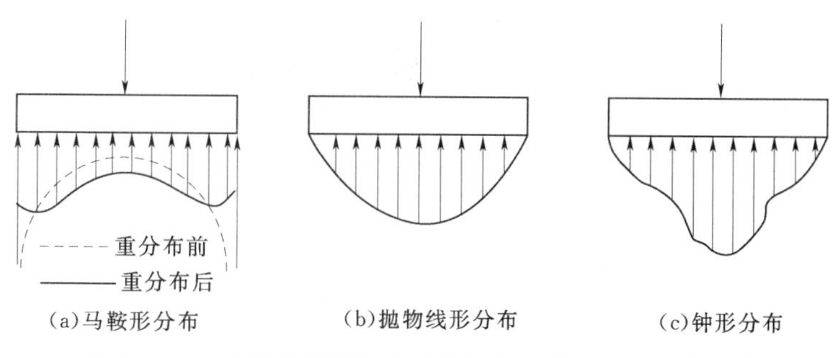

图4-4　中心荷载下刚性基础的地基变形与基底压力分布

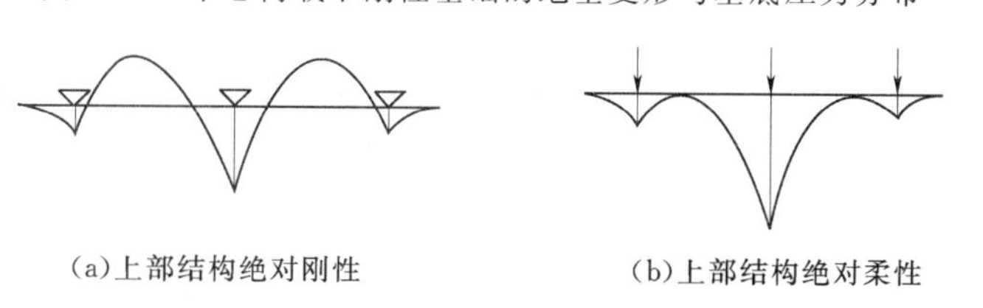

图4-5　上部结构刚度对基础弯矩的影响

4.3 地基计算模型

4.3.1 地基计算模型的概念

在上部结构、基础与地基的共同作用分析中，或者在地基上的梁板分析中，都要用到土与基础接触界面上的力与位移的关系，这种关系可以用连续的或离散化形式的特征函数表示，这就是所谓的地基计算模型。地基计算模型可以是线性或非线性的，且一般是三维的，但常予以简化。最简单的地基计算模型是线性弹性模型，并且只考虑竖向力和位移的关系，本节主要介绍常用的几种线弹性地基模型。

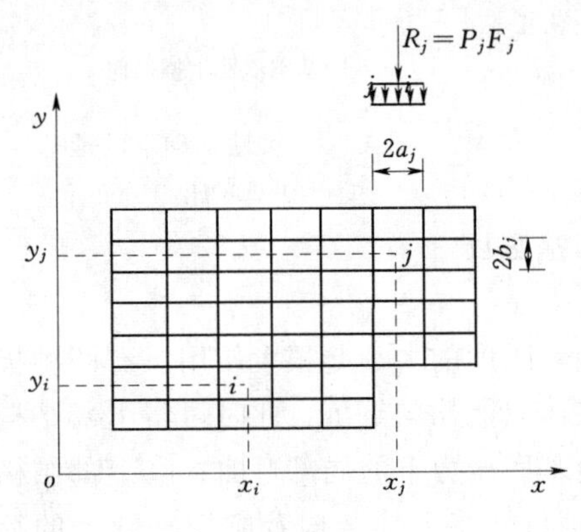

图 4-6　柔度矩阵的建立

在应用地基计算模型时，一般可采用离散形式的柔度矩阵或刚度矩阵将力与位移联系起来，其概念如图 4-6 所示。将基础底面分割成 n 个矩形网格，其中 j 网格的边长为 $2a_j \times 2b_j$，面积 F_j 为 $4a_jb_j$，分割时注意网格的面积不要相差太大。各矩形网格上的分布力可视为均布力 p_j，将其简化为作用在网格中心点上的集中力则为 $R_j=p_jF_j$，集中力向量 $\{R\}$ 和各网格中心点的竖向位移向量 $\{W\}$ 为：

$$\{R\}=\{R_1R_2\cdots R_j\cdots R_n\}^{\mathrm{T}}$$
$$\{W\}=\{W_1W_2\cdots W_j\cdots W_n\}^{\mathrm{T}}$$

则有

$$\{W\}=[\delta]\{R\} \tag{4-1}$$

式中　$[\delta]$——地基的柔度矩阵，可以展开为式 (4-2)，其中矩阵元素 δ_{ij} 表示在 j 网格上作用单位集中力（或分布力 $p_j=1/F_j$）时 i 节点处的竖向位移值，其值与网格的划分和所选择的地基计算模型有关。当地基均匀和网格尺寸相等时，$\delta_{ij}=\delta_{ji}$，$[\delta]$ 矩阵为一对称方阵。

$$[\delta]=\begin{vmatrix} \delta_{11} & \delta_{12} & \cdots & \cdots & \delta_{1n} \\ \vdots & \vdots & \vdots & \vdots & \vdots \\ \delta_{i1} & \delta_{i2} & \cdots & \cdots & \delta_{in} \\ \vdots & \vdots & \vdots & \vdots & \vdots \\ \delta_{n1} & \delta_{n2} & \cdots & \cdots & \delta_{nn} \end{vmatrix} \tag{4-2}$$

4.3.2 文克尔地基模型

该模型由捷克工程师文克尔（Winkler）提出，是最简单的线弹性模型，其假定是地基上任一点的压力 p 与该点的竖向位移（沉降）s 成正比（图 4-7），即

$$p=ks \tag{4-3}$$

式中　k——地基基床系数，kN/m³。

文克尔地基模型实质上是把连续的地基分割为侧面无摩擦联系的独立土柱，每一土柱

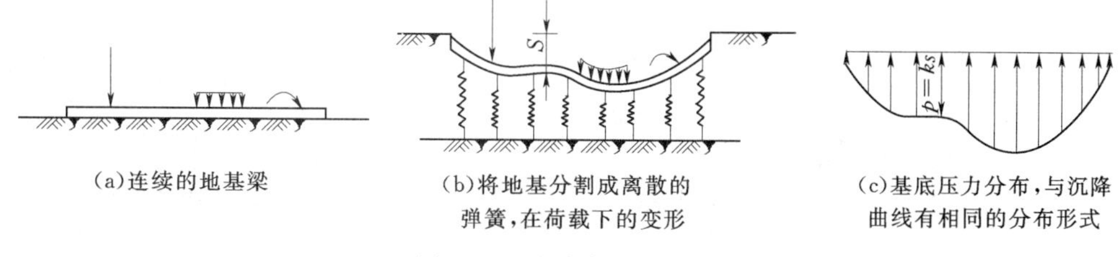

(a)连续的地基梁　(b)将地基分割成离散的弹簧，在荷载下的变形　(c)基底压力分布，与沉降曲线有相同的分布形式

图 4-7 文克尔地基模型

的变形仅与作用在土柱上的竖向荷载有关，并与之成正比，即相当于一个弹簧的受力变形。由此，文克尔地基上基底压力的分布与地基沉降具有相同的形式，地基中不存在应力的扩散。

文克尔假定的依据是材料不传递剪应力，水是最具有这种特征的材料。因此，当土的性质越接近于水，例如流态的软土，或在荷载作用下土中出现较大范围的塑性区时，越符合文克尔的假定。当土中剪应力很小时，例如较大基础下的薄压缩层（通常厚度不超过基础底面宽度一半）情况，也较符合文克尔假定。

不能传递剪应力、土中不存在应力扩散假定是文克尔模型的最大缺陷，这导致基础范围以外的地基不会产生沉降的结论，显然与实际情况不符。为此，一些学者提出考虑土柱之间联系的改进模型，例如某些“双参数模型”，但实际应用较少。

文克尔地基上的梁可以求得解析解。在文克尔模型的柔度矩阵中，只有对角元素是非零元素，其值为：

$$\delta_{jj}=\frac{1}{kF_j}\quad (j=1,2,\cdots,n) \tag{4-4}$$

4.3.3 弹性半空间地基模型

将地基看成是匀质的线性变形的半空间体，利用弹性力学中的弹性半空间体理论建立的地基计算模型称为弹性半空间地基模型。最常用的弹性半空间地基模型采用布辛奈斯克解，即当弹性半空间表面作用着集中力 P 时半空间体中任一点的应力和位移解。如果取集中力 P 作用点为坐标原点，则半空间表面上点（x，y，0）的沉降（竖向位移）s 为：

$$s=\frac{P(1-\mu^2)}{\pi Er}$$

式中　E、μ——地基土的变形模量和泊松比；

　　r——地基表面任意点至集中力作用点的距离。

如果在面积 Ω 上作用分布荷载 $p(\xi,\ \eta)$，可用 $p(\xi,\ \eta)\ \mathrm{d}\xi\mathrm{d}\eta$ 代替上式中的集中力 P，通过积分得到任一点 $M'(x,\ y,\ 0)$ 的沉降 $s(x,\ y)$ 为（图 4-8）：

$$s(x,y)=\frac{1-\mu^2}{\pi E}\iint_{\Omega}\frac{p(\xi,\eta)}{\sqrt{(x-\xi)^2+(y-\eta)^2}}\mathrm{d}\xi\mathrm{d}\eta$$

在一般情况下，该积分只能用数值方法求得近似解，对某些特殊情况可以有解析解。例如可求得矩形均布荷载 p 的角点或中点的沉降为：

$$s=\delta p \tag{4-5}$$

对角点　$\delta=\delta_c=\dfrac{(1-\mu^2)b}{\pi E}\left[m\ln\dfrac{1+\sqrt{m^2+1}}{m}+\ln\left(m+\sqrt{m^2+1}\right)\right]$

对中点　$\delta=\delta_0=4\delta_c$

式中 b——矩形基础的宽度；

m——矩形基础的长宽比，$m=l/b$。

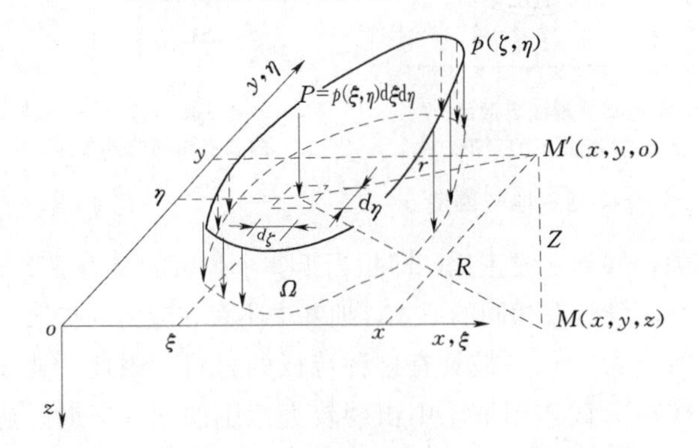

图 4-8 利用布辛奈斯克解积分求地表沉降

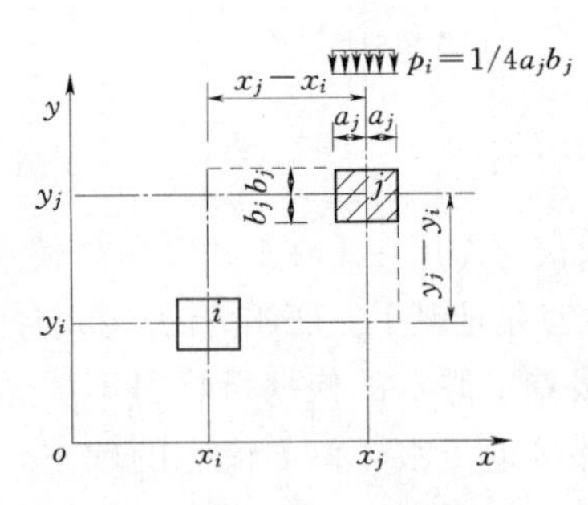

图 4-9 角点法计算柔度矩阵元素 δ_{ij} 值

弹性半空间模型的柔度矩阵［δ］中的元素 δ_{ij} 可利用角点法计算（图 4-9）：

$$\begin{aligned}\delta_{ij}=\frac{1}{F_j}[&\delta_c(x_j-x_i+a_j,y_j-y_i+b_j)\\&-\delta_c(x_j-x_i+a_j,y_j-y_i-b_j)\\&-\delta_c(x_j-x_i-a_j,y_j-y_i+b_j)\\&+\delta_c(x_j-x_i-a_j,y_j-y_i-b_j)]\end{aligned} \tag{4-6}$$

和

$$F_j=4a_jb_j \tag{4-7}$$

式中 δ_c——表示在 $A\times B$ 范围内分布均布荷载 $1/F_j$ 时在 i 点产生的沉降。当网格尺寸相等时 $\delta_{ij}=\delta_{ji}$，［δ］为一对称矩阵。

弹性半空间地基模型具有能够扩散应力和变形的优点，可以反映邻近荷载的影响，但它的扩散能力往往超过地基的实际情况，因此计算得的沉降量和地表的沉降范围，常较实测结果为大，同时该模型未能考虑到地基的成层性、非均质性以及土体应力应变关系的非线性等重要因素。因此对深度很大的均匀地基才较为适合。

4.3.4 有限压缩层地基模型

有限压缩层地基模型是把计算沉降的分层总和法应用于地基上梁和板的分析，地基沉降等于沉降计算深度范围内各计算分层在侧限条件下的压缩量之和。这种模型能够较好地反映地基土扩散应力和应变的能力，可以反映邻近荷载的影响，考虑到土层沿深度和水平方向的变化，但仍无法考虑土的非线性和基底反力的塑性重分布。

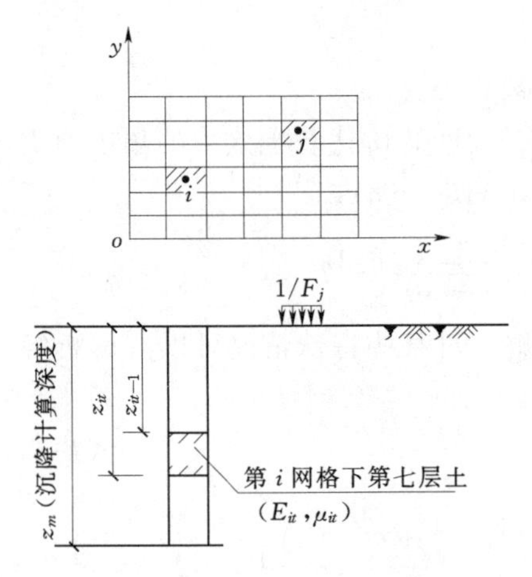

图 4-10 有限压缩层地基模型

有限压缩层地基模型的表达式与（4-1）相同，但式中的柔度矩阵［δ］需按分层总和法计算。如图 4-10 所示，将基底划分成 n 个矩形网格，并将其下面的地基分割成截面与网格相同的棱柱体，其下端到达硬层顶面或沉降计算深度。各棱柱体依照天然土层界面和计算精度要求分成若干计算层。于是沉降系数 δ_{ij} 的计算公式可以写成：

$$\delta_{ij} = \frac{1}{F_j}\sum_{t=1}^{m}\frac{1}{E_{sit}}(z_{it}\alpha_{it} - z_{it-1}\alpha_{it-1}) \tag{4-8}$$

式中　it——第 i 网格下的第 t 层土；

α_{it}——计算点至第 t 层土底面范围内的平均附加应力系数；

E_{sit}——第 t 层土在自重应力至自重应力加附加应力作用段的压缩模量；

z_{it}——计算点至第 t 层底面的距离。

4.4　柱下条形基础

柱下条形基础主要用于柱距较小的框架结构，也可用于排架结构，它可以是单向设置的，也可以是十字交叉形的。单向条形基础一般沿房屋的纵向柱列布置，这是因为房屋纵向柱列的跨数多、跨距小的缘故，也因为沉陷挠曲主要发生在纵向。当单向条形基础不能满足地基承载力的要求，或者由于调整地基变形的需要，可以采用十字交叉条形基础。柱下条形基础承受柱子传下的集中荷载，其基底反力的分布受基础和上部结构刚度的影响，是非线性的。柱下条形基础的内力应通过计算确定。当条形基础截面高度很大时，例如达到柱距的 1/3～1/2 时，具有极大的刚度和调整地基变形的能力。

4.4.1　柱下条形基础的构造

柱下条形基础的截面形状一般为倒 T 形，由翼板和肋梁组成（图 4-11）。其构造除应满足第 3 章扩展式基础的要求外，尚应符合下列要求：

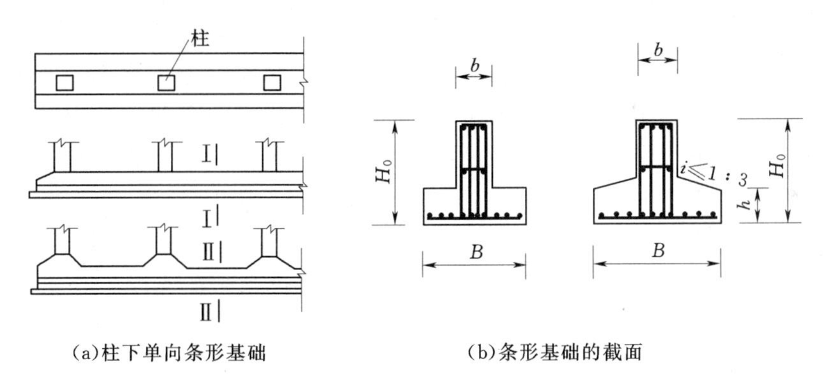

(a)柱下单向条形基础　　(b)条形基础的截面

图 4-11　柱下条形基础的截面形式

(1) 肋梁高度 H_0 一般取 1/8～1/4 的柱距，这样的高度一般能满足截面的抗剪要求。柱荷载较大时，可取 1/6～1/4 柱距；在建筑物次要部位和柱荷载较小时，可取不小于 1/8～1/7 柱距。现浇柱与肋梁的交接处，基础梁的平面尺寸应大于柱的平面尺寸，且柱的边缘至基础梁边缘的距离不得小于 50mm，如图 4-12 所示。

(2) 翼板厚度 h 不宜小于 200mm。当翼板厚度为 200～250mm 时，宜用等厚度翼板；当翼板厚度大于 250mm 时，宜用变厚度翼板，其坡度小于或等于 1：3。

(3) 端部宜向外伸出悬臂，悬臂长度一般为第一跨跨距的 1/4～1/3。悬臂的存在有

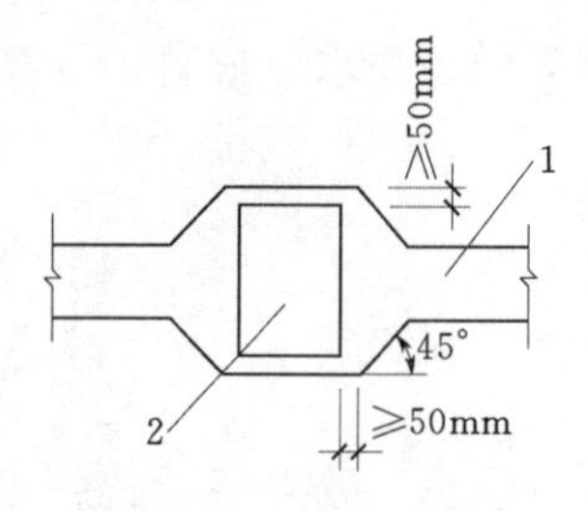

图 4-12　现浇柱与条形基础梁交接处平面尺寸
1—基础梁；2—柱

利于降低第一跨弯矩，减少配筋。也可以用悬臂调整基础形心。

（4）肋梁顶、底部纵向受力钢筋除满足计算要求外，顶部钢筋按计算配筋全部贯通，底部通长钢筋不少于底部受力钢筋纵截面总面积的 1/3。这是考虑使基础拉、压区的配筋量较为适中，并考虑了基础可能受到的整体弯曲影响。考虑柱下条形基础可能承受扭矩，肋梁内的箍筋应做成封闭式，直径不小于 8mm，当基础梁的腹板高度大于或等于 450mm 时，应在梁的两侧放置不小于 $\phi 10$ 的腰筋。

（5）混凝土强度等级不低于 C20。

4.4.2　柱下条形基础的内力计算方法

柱下条形基础的内力计算原则上应同时满足静力平衡和变形协调的共同作用条件。目前提出的计算方法主要有以下 3 种。

（1）简化计算方法。采用基底压力呈直线分布假设，用倒梁法或静定分析法计算。简化计算方法仅满足静力平衡条件，是最常用的设计方法。简化方法适用于柱荷载比较均匀、柱距相差不大，基础对地基的相对刚度较大，以致可忽略柱间不均匀沉降影响的情况。此时边跨跨中弯矩及第一内支座的弯矩值宜乘以 1.2 的系数。

（2）地基上梁的计算方法。将柱下条形基础看成是地基上的梁，采用合适的地基计算模型（如线性弹性地基模型，这时成为弹性地基上的梁），考虑地基与基础的共同作用，即满足地基与基础之间的静力平衡和变形协调条件，建立方程。可以用解析法、近似解析法和数值分析方法等直接或近似求解基础内力。这类方法适用于具有不同相对刚度的基础、不同的荷载分布形式和地基条件。由于没有考虑上部结构刚度的影响，计算结果一般偏于安全。

（3）考虑上部结构参与共同工作的方法。这种方法最符合条形基础的实际工作状态，但计算过程相当复杂，工作量很大，通常将上部结构适当予以简化以考虑其刚度的影响，例如等效刚度法、空间子结构法、弹性杆法、加权残数法等，目前在设计中应用尚不多。

4.4.3　简化计算方法

简化计算方法采用基底压力呈直线分布的假设，这要求基础相对于地基有很大的刚度，一种判断方法是当符合式（4-9）条件时，认为基础是刚性的：

$$\lambda l \leqslant 1.75 \tag{4-9}$$

式中　l——条形基础的柱距；

λ——文克尔地基上梁的弹性特征值，见 4.4.4 节。

1. 倒梁法

倒梁法假定上部结构是刚性的，柱子之间不存在差异沉降，柱脚可以作为基础的不动铰支座，因而可以用倒连续梁的方法分析基础内力。这种假定在地基和荷载都比较均匀、上部结构刚度较大时才能成立。此外，要求梁截面高度大于 1/6 柱距，以符合地基反力呈直线分布的刚度要求。

倒梁法的内力计算步骤如下。

（1）按柱的平面布置和构造要求确定条形基础长度 L，根据地基承载力特征值确定基

础底面积 A，以及基础宽度 $B=A/L$ 和截面抵抗矩 $W=BL^2/6$。

（2）按直线分布假设计算基底净反力 p_n：

$$\begin{matrix} p_{n\max} \\ p_{n\min} \end{matrix} = \frac{\sum F_i}{A} \pm \frac{\sum M_i}{W} \tag{4-10}$$

式中：$\sum F_i$、$\sum M_i$——相应于荷载效应标准组合时，上部结构作用在条形基础上的竖向力（不包括基础和回填土的重力）总和，以及对条形基础形心的力矩值总和。当为轴心荷载时，$p_{n\max}=p_{n\min}=p_n$。

（3）确定柱下条形基础的计算简图如图 4-13 所示，系为将柱脚作为不动铰支座的倒连续梁。基底净线反力 p_nB 和除掉柱轴力以外的其他外荷载（柱传下的力矩、柱间分布荷载等）是作用在梁上的荷载。

（4）进行连续梁分析，可用弯矩分配法、连续梁系数表等方法。

（5）按求得的内力进行梁截面设计。

（6）翼板的内力和截面设计与扩展式基础相同。

倒连续梁分析得到的支座反力与柱轴力一般并不相等，这可以理解为上部结构的刚度对基础整体挠曲的抑制和调整作用使柱荷载的分布均匀化，也反映了倒梁法计算得到的支座反力与基底压力不平衡的缺点。为此提出了"基底反力局部调整法"，即将不平衡力（柱轴力与支座反力的差值）均匀分布在支座附近的局部范围（一般取 1/3 的柱跨）上再进行连续梁分析，将结果叠加到原先的分析结果上，如此逐次调整直到不平衡力基本消除，从而得到梁的最终内力分布。由图 4-14，连续梁共有 n 个支座，第 i 支座的柱轴力为 F_i，支座反力为 R_i，左右柱跨分别为 l_{i-1} 和 l_i，则调整分析的连续梁局部分布荷载强度 q_i 为：

边支座（$i=1$ 或 $i=n$）
$$q_{1(n)}=\frac{F_{1(n)}-R_{1(n)}}{l_{0(n+1)}+l_{1(n)}/3} \tag{4-11a}$$

中间支座（$1<i<n$）
$$q_i=\frac{3(F_i-R_i)}{l_{i-1}+l_i} \tag{4-11b}$$

当 q_i 为负值时，表明该局部分布荷载应是拉荷载，例如图 4-14 中的 q_2 和 q_3。

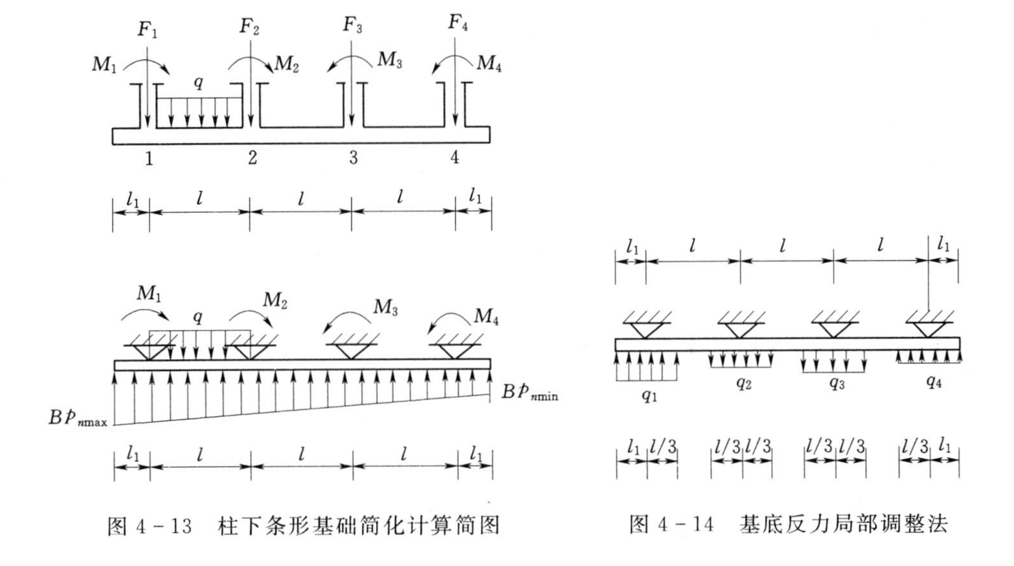

图 4-13 柱下条形基础简化计算简图　　图 4-14 基底反力局部调整法

倒梁法只进行了基础的局部弯曲计算，而未考虑基础的整体弯曲。实际上在荷载分布和地基都比较均匀的情况下，地基往往发生正向挠曲，在上部结构和基础刚度的作用下，边柱和角柱的荷载会增加，内柱则相应卸荷，于是条形基础端部的基底反力要大于按直线分布假设计算得到的基底反力值。为此，较简单的做法是将边跨的跨中和第一内支座的弯矩值按计算值再增加 20%。

当柱荷载分布和地基较不均匀时，支座会产生不等的沉陷，较难估计其影响趋势。此时可采用所谓“经验系数法”，即修正连续梁的弯矩系数，使跨中弯矩与支座弯矩之和大于 $ql^2/8$，从而保证了安全，但基础配筋量也相应增加。经验系数有不同的取值，一般支座采用 $(1/10\sim1/14)ql^2$，跨中则采用 $(1/10\sim1/16)ql^2$。表 4－1 是几种不同的经验系数取值对倒梁法截面弯矩计算结果的比较，在对总配筋量有较大影响的中间支座和中间跨，采用经验系数法比连续梁系数法增加配筋约 15～30%。

表 4－1　　**不同方法计算的截面弯矩比较**

序号	计算方法	跨中与支座弯矩之和	各方法的截面弯矩系数比值			
			第一内支座	中间支座	第一跨跨中	中间跨跨中
1	连续梁系数，悬臂弯矩不传递	1/8	1	1	1	1
2	$\frac{1}{12}$ $\frac{1}{12}$ $\frac{1}{12}$ $\frac{1}{10}$ $\frac{1}{10}$ $\frac{1}{10}$	1/5.45	0.95	1.27	1.06	1.80
3	$\frac{1}{12}$ $\frac{1}{16}$ $\frac{1}{16}$ $\frac{1}{11}$ $\frac{1}{11}$ $\frac{1}{11}$	1/6.5	0.87	1.15	1.06	1.36
4	$\frac{1}{10}$ $\frac{1}{10}$ $\frac{1}{10}$ $\frac{1}{10}$ $\frac{1}{10}$ $\frac{1}{10}$	1/5	0.95	1.27	1.28	2.17

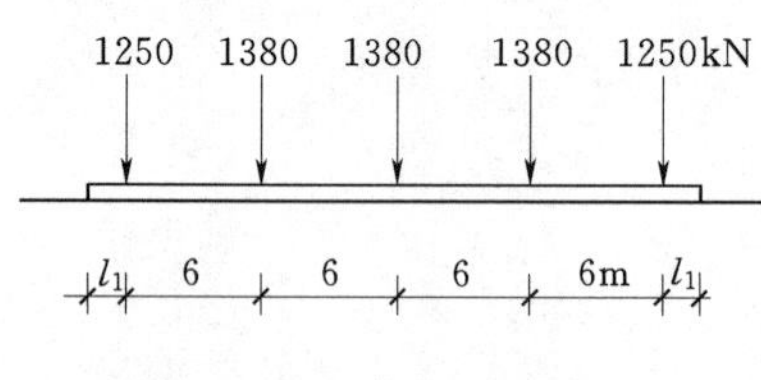

图 4－15　某柱列示意图

【例题 4－1】　某框架结构建筑物的某柱列如图 4－15 所示，欲设计单向条形基础，试用倒梁法计算基础内力。假定地基土为均匀黏土，承载力特征值为 110kPa，修正系数为 $\eta_b=0.3$、$\eta_d=1.6$，土的天然重度 $\gamma=18\text{kN/m}^3$。

解：(1) 确定条形基础尺寸。

竖向力合力

$$\sum F=2\times1250+3\times1380=6640(\text{kN})$$

选择基础埋深为 1.5m，则修正后的地基承载力特征值为：

$$f_a=110+1.6\times18\times(1.5-0.5)=138.8(\text{kPa})$$

由于荷载对称、地基均匀，两端伸出等长度悬臂，取悬臂长度 l_1 为柱跨的 1/4，为 1.5m，则条形基础长度为 27m。由地基承载力得到条形基础宽度 B 为：

$$B=\frac{6640}{27\times(138.8-20\times1.5)}=2.26(\text{m})$$

取 $B=2.4$m，由于 $B<3$m，不需要按基础宽度进行承载力修正。

（2）用倒梁法计算条形基础内力（图 4-16）。

1）净基底线反力为 $q_n=p_nB=6640/27=245.9$（kN/m）。

2）悬臂用弯矩分配法计算如图 4-16（a）所示，其中 $M_A=-245.9\times1.5^2/2=-276.6\text{kN}\cdot\text{m}$。

3）四跨连续梁用连续梁系数法计算如图 4-16（b）所示：

如
$$M_B=-0.107\times245.9\times6^2=-947.2\text{kN}\cdot\text{m}$$
$$V_{B左}=-0.607\times245.9\times6=-895.6\text{kN}$$

4）将 2）与 3）叠加得到条形基础的弯矩和剪力如图 4-16（c），此时假定跨中弯矩最大值在计算的 $V=0$ 处。

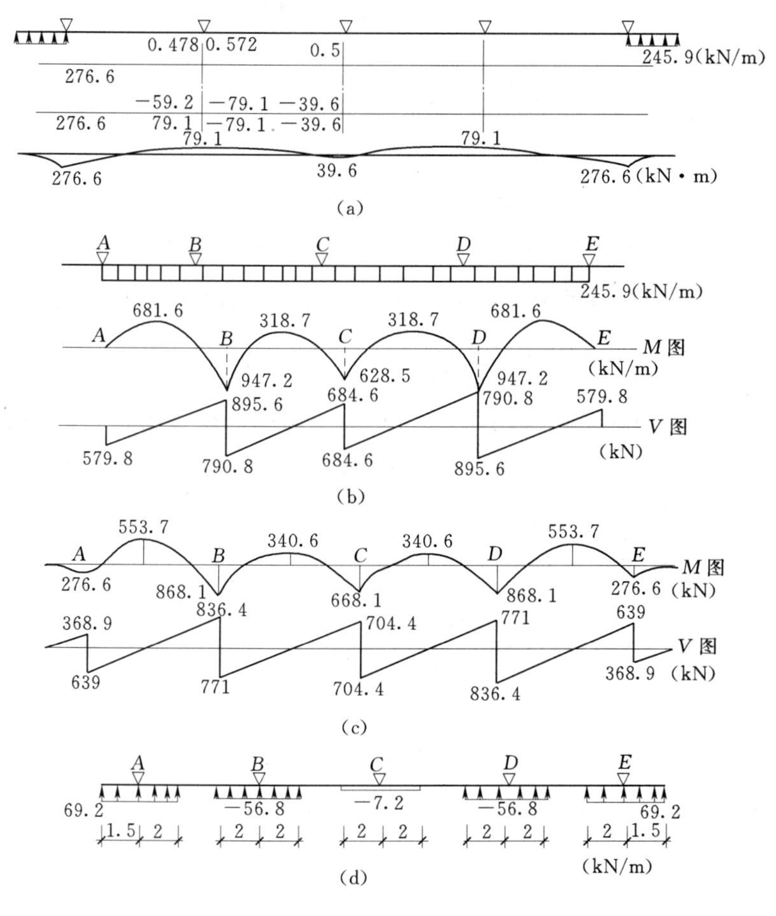

图 4-16　［例 4-1］计算过程和结果示意图

5）考虑不平衡力的调整。

以上分析得到支座反力为 $R_A=R_E=368.9+639=1007.9$kN，$R_B=R_D=1610.7$kN，$R_C=1402.2$kN，与相应的柱荷载不等，可以按计算简图再进行连续梁分析，在支座附近的局部范围内加上均布线荷载，其值为：

$$q_{nA}=q_{nE}=\frac{1250-1007.9}{1.5+2}=69.2(\text{kN/m})$$

$$q_{nB}=q_{nD}=\frac{1380-1607.4}{2+2}=-56.8(\text{kN/m})$$

$$q_{nC}=\frac{1380-1408.8}{4}=-7.2(\text{kN/m})$$

6）将5）的分析结果再叠加到4）上去得到调整后的条形基础内力图，如果还有较大的不平衡力，可以再按5）的方法调整。

（3）翼板内力分析。

取1m板段分析。考虑条形基础梁宽为500mm，则有：

基底净反力为

$$p_n=\frac{6640}{27\times2.4}=102.5(\text{kPa})$$

最大弯矩

$$M_{\max}=\frac{1}{2}\times102.5\times\left(\frac{2.4-0.5}{2}\right)^2=46.3(\text{kN}\cdot\text{m/m})$$

最大剪力

$$V_{\max}=102.5\times\left(\frac{2.4-0.5}{2}\right)=97.4(\text{kN/m})$$

（4）按第（2）、（3）步的分析结果，并考虑条形基础的构造要求进行基础截面设计（略）。

2. 静定分析法

与倒梁法一样求得基底净线反力后，按静力平衡的原则求得任一截面上的内力（图4-17）：任一截面弯矩为其一侧全部力（包括力矩）对该截面力矩的代数和，剪力为其一侧全部竖向力的代数和。

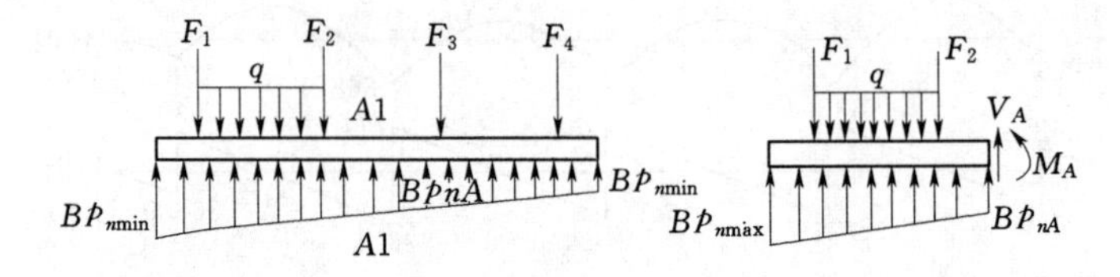

图4-17 静定分析法

【例4-2】 用静定分析法求例题4-1中的AB和BC跨的跨中最大弯矩和A、B、C支座的支座弯矩。

解： A、B、C支座的支座弯矩为

$$M_A=245.9\times1.5^2/2=276.6(\text{kN}\cdot\text{m})$$

$$M_B=245.9\times7.5^2/2-1250\times6=-584.1(\text{kN}\cdot\text{m})$$

$$M_C=245.9\times13.5^2/2-1250\times12-1380\times6=-872.4(\text{kN}\cdot\text{m})$$

AB跨最大弯矩作用在剪力$V_{AB}=0$处，即距A支座距离为1250/245.9－1.5＝3.58

(m)。

于是 $M_{AB}=245.9\times(1.5+3.58)^2/2-1250\times3.58=-1302.1(\text{kN}\cdot\text{m})$

BC跨最大弯矩作用在距B支座距离为$(1250+1380)/245.9-(1.5+6)=3.2$(m)处。

于是 $M_{BC}=245.9\times(7.5+3.2)^2/2-1250\times9.2-1380\times3.2=-1839.5(\text{kN}\cdot\text{m})$

与例题4-1比较可知，静定分析法由于不考虑上部结构的刚度作用，其不利截面上的弯矩值较用倒梁法计算的值大。

4.4.4 文克尔地基上梁的解析计算方法

1. 基础梁挠曲线微分方程的建立

设在文克尔地基上有一段等截面梁，在外荷载作用下梁的挠曲线如图4-18(a)所示，梁底面的反力为p，从宽度为B的梁上取出长为dx的一小段梁元素［图4-18(b)］，其上作用着分布荷载q和基底反力p以及载面上的弯矩M和剪力V，其正方向如图所示。

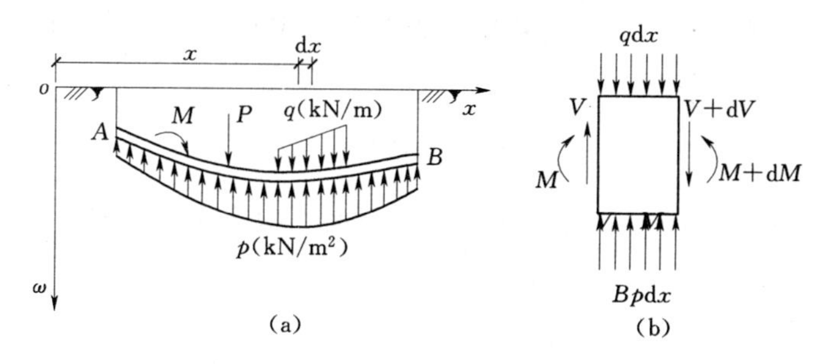

图4-18 弹簧地基上的梁及梁元素受力分析

由梁元素的静力平衡条件有：

$$V-(V+\mathrm{d}V)+Bp\mathrm{d}x-q\mathrm{d}x=0$$

由此得

$$\frac{\mathrm{d}V}{\mathrm{d}x}=Bp-q \tag{4-12}$$

根据材料力学，梁挠度w的微分方程为：

$$E_hJ\frac{\mathrm{d}^2w}{\mathrm{d}x^2}=-M \tag{4-13}$$

将式(4-13)连续对x取两次导数后，利用$V=\frac{\mathrm{d}M}{\mathrm{d}x}$可得：

$$E_hJ\frac{\mathrm{d}^4w}{\mathrm{d}x^4}=-\frac{\mathrm{d}^2M}{\mathrm{d}x^2}=-\frac{\mathrm{d}V}{\mathrm{d}x}=-Bp+q \tag{4-14}$$

根据接触条件，沿梁全长任一点地基变形应等于相应的挠度，即$s=w$，则$p=kw$

对于梁的无荷载段，式(4-14)变为

$$E_hJ\frac{\mathrm{d}^4w}{\mathrm{d}x^4}=-Bkw \tag{4-15}$$

式中 E_h、J——梁材料的弹性模量和截面惯性矩；

k——文克尔地基的基床系数，kN/m^3。

令 $\lambda=\sqrt[4]{\dfrac{kB}{4E_hJ}}$，则式（4-15）可写为：

$$\frac{d^4w}{dx^4}+4\lambda^4w=0 \tag{4-16}$$

式（4-16）即为文克尔地基上梁（或称弹性地基梁）的挠曲微分方程式，λ 为文克尔地基梁的弹性特征值，单位为（长度$^{-1}$），λ 值越大，说明梁相对地基的刚度越小。

梁微分方程的通解为：

$$w(x)=e^{\lambda x}(C_1\cos\lambda x+C_2\sin\lambda x)+e^{-\lambda x}(C_3\cos\lambda x+C_4\sin\lambda x) \tag{4-17a}$$

式中 C_1、C_2、C_3、C_4——待定常数，由边界条件确定。

2. 几种情况的特解

（1）集中力作用下的无限长梁。

如图 4-19（a）所示，坐标原点 o 取在集中力 P_0 作用点处。当 $x\to\infty$，有 $w\to0$，故式（4-17a）中 $C_1=C_2=0$。由于地基反力为对称，应有 $\theta_{x=0}=\left[\dfrac{dw}{dx}\right]_{x=0}=0$，故又得到 $C_3=C_4=C$，则

$$w=e^{-\lambda x}C(\cos\lambda x+\sin\lambda x) \tag{4-17b}$$

在 o 点右侧 $\chi=\varepsilon$（ε 为无穷小）处把梁切开，梁截面上剪力 $V=-E_hJ\left(\dfrac{d^3w}{dx^3}\right)\Bigg|_{x\to0}=-\dfrac{P_0}{2}$，

故得到 $C=\dfrac{P_0\lambda}{2kB}$，最终有：

$$\begin{cases} w=\dfrac{P_0\lambda}{2kB}A_x,\theta=\dfrac{dw}{dx}=-\dfrac{P_0\lambda^2}{kB}B_x \\ M=-EJ\dfrac{d^2w}{dx^2}=\dfrac{P_0}{4\lambda}C_x,V=-EJ\dfrac{d^3w}{dx^3}=-\dfrac{P_0}{2}D_x \end{cases} \tag{4-18}$$

$$A_x=e^{-\lambda x}(\cos\lambda x+\sin\lambda x),B_x=e^{-\lambda x}\sin\lambda x$$

$$C_x=e^{-\lambda x}(\cos\lambda x-\sin\lambda x),D_x=e^{-\lambda x}\cos\lambda x$$

式中 θ——梁截面转角。

函数 A_x、B_x、C_x、D_x 可查表 4-2。式（4-18）是对梁的右半部导出的。对 o 点的左侧的截面，w、M 的正负号与式（4-18）相同，θ、V 取相反符号，见图 4-19（a）。

表 4-2　A_x、B_x、C_x、D_x、E_x、F_x 函数表

λx	A_x	B_x	C_x	D_x	E_x	F_x
0	1	0	1	1	∞	−∞
0.02	0.99961	0.01960	0.96040	0.98000	382156	−382105
0.04	0.99844	0.03842	0.92160	0.96002	48802.6	−48776.6
0.06	0.99654	0.05647	0.88360	0.94007	14851.3	−14738.0
0.08	0.99393	0.07377	0.84639	0.92016	6354.30	−6340.76
0.10	0.99065	0.09033	0.90998	0.90032	3321.06	−3310.01
0.12	0.98672	0.10618	0.77437	0.88054	1962.18	−1952.78
0.14	0.98217	0.12131	0.73954	0.86085	1261.70	−1253.48

续表

λx	A_x	B_x	C_x	D_x	E_x	F_x
0.16	0.97702	0.13576	0.70550	0.84126	863.174	−855.840
0.18	0.97131	0.14954	0.67224	0.82178	619.176	−612.524
0.20	0.96507	0.16266	0.63975	0.80241	461.078	−454.971
0.22	0.95831	0.17513	0.60804	0.78318	353.904	−348.240
0.24	0.95106	0.18698	0.57710	0.76408	278.526	−273.229
0.26	0.94336	0.19822	0.54691	0.74514	223.862	−218.874
0.28	0.93522	0.20887	0.51748	0.72635	183.183	−178.457
0.30	0.92666	0.21893	0.48880	0.70773	152.233	−147.733
0.35	0.90360	0.24164	0.42033	0.66196	101.318	−97.2646
0.40	0.87844	0.26103	0.35637	0.91740	71.7915	−68.0628
0.45	0.85150	0.27735	0.29680	0.57415	53.3711	−49.8871
0.50	0.82307	0.29079	0.24149	0.53228	41.2142	−37.9185
0.55	0.7934	0.30156	0.19030	0.49186	32.2843	−29.6754
0.60	0.76284	0.30988	0.14307	0.45295	26.8201	−23.7685
0.65	0.73153	0.31594	0.09966	0.41559	22.3922	−19.4496
0.70	0.69972	0.31991	0.05990	0.37981	19.0435	−16.1724
0.75	0.66761	0.32198	0.02364	0.34563	16.4562	−13.6409
$\pi/4$	0.64479	0.33240	0	0.32240	14.9672	−12.1834
0.80	0.63538	0.32233	−0.00928	0.31305	14.4202	−11.6477
0.85	0.60320	0.32111	−0.03902	0.28209	12.7924	−10.0518
0.90	0.57120	0.31848	−0.06574	0.25273	11.4729	−8.75491
0.95	0.53954	0.31458	−0.8962	0.22496	10.3905	−7.68705
1.00	0.50833	0.30956	−0.11079	0.19877	9.49305	−6.79724
1.05	0.4766	0.30354	−0.12943	0.17412	8.74207	−6.04780
1.10	0.44765	0.29666	−0.14567	0.15099	8.10850	−5.41038
1.15	0.41836	0.28901	−0.15967	0.12934	7.57013	−4.86335
1.20	0.38986	0.28072	−0.17158	0.10914	7.10976	−4.39002
1.25	0.36223	0.27189	−0.18155	0.09034	6.71390	−3.97735
1.30	0.33550	0.26260	−0.18970	0.07290	6.37186	−3.61500
1.35	0.30972	0.25295	−0.19617	0.05678	6.07508	−3.29477
1.40	0.28492	0.24301	−0.20110	0.04191	5.81664	−3.01003
1.45	0.26113	0.23286	−0.20459	0.02827	5.59088	−2.75541
1.50	0.23835	0.22257	−0.20679	0.01578	5.39317	−2.52652
1.55	0.21622	0.21220	−0.20779	0.00441	5.21965	−2.31974
$\pi/2$	0.20788	0.20788	−0.20788	0	5.15382	−2.23953
1.60	0.19592	0.20181	−0.20771	−0.00590	5.06711	−2.13210
1.65	0.17625	0.19144	−0.20664	−0.01520	4.93283	−1.96109
1.70	0.15762	0.18116	−0.20470	−0.02354	4.81454	−1.80464
1.75	0.14002	0.17099	−0.20197	−0.03097	4.71026	−1.66098
1.80	0.12342	0.16098	−0.19853	−0.03756	4.61834	−1.52865

续表

λx	A_x	B_x	C_x	D_x	E_x	F_x
1.85	0.10782	0.15115	−0.19448	−0.04333	4.53732	−1.40638
1.90	0.09318	0.14154	−0.18989	−0.04825	4.46596	−1.29312
1.95	0.07950	0.13217	−0.18483	−0.05267	4.40314	−1.18795
2.00	0.06674	0.12306	−0.17938	−0.05632	4.34792	−1.09008
2.05	0.05488	0.11423	−0.17359	−0.05936	4.29946	−0.99885
2.10	0.04388	0.10571	−0.16753	−0.06182	4.25700	−0.91368
2.15	0.03373	0.09749	−0.16124	−0.06376	4.21988	−0.83407
2.20	0.02438	0.08958	−0.15479	0.06521	4.18751	−0.75959
2.25	0.01580	0.08200	−0.14821	−0.06621	4.15936	−0.68987
2.30	0.0796	0.07476	−0.14156	−0.06680	4.13495	−0.62457
2.35	0.00084	0.06785	−0.13487	−0.06702	4.11387	−0.56340
3π/4	0	0.06702	−0.13404	−0.06702	4.11147	−0.55610
2.40	−0.00562	0.06128	−0.12817	−0.06689	4.09573	−0.50611
2.45	−0.01143	0.05503	−0.12150	−0.06647	4.08019	−0.45248
2.50	−0.01663	0.04913	−0.11489	−0.06576	4.06692	−0.40229
2.55	−0.02127	0.04354	−0.10836	−0.06481	4.05568	−0.35537
2.60	−0.02536	0.03829	−0.10193	−0.06364	4.04618	−0.31156
2.65	−0.02894	0.03335	−0.09563	−0.06228	4.03821	−0.27070
2.70	−0.03204	0.02872	−0.08948	−0.06076	4.03157	−0.23264
2.75	−0.03469	0.02440	−0.08348	−0.05909	4.02608	−0.19727
2.80	−0.03693	0.02037	−0.07767	−0.05730	4.02157	−0.16445
2.80	−0.03877	0.01663	−0.07203	−0.05540	4.01790	−0.13408
2.90	−0.04026	0.01316	−0.06659	−0.05343	4.01495	−0.10603
2.95	−0.04142	0.00997	−0.06134	−0.05138	4.01259	−0.08020
3.00	−0.04226	0.00703	−0.05631	−0.05631	4.01074	−0.05650
3.10	−0.04314	0.00187	−0.04688	−0.04501	4.00819	−0.01505
π	−0.04321	0	−0.04321	−0.04321	4.00748	0
3.20	−0.04307	−0.002838	−0.03831	−0.04069	4.00675	0.01910
3.40	−0.04079	−0.00853	−002374	−0.03227	4.00563	0.06840
3.60	−0.03659	−0.01209	−.0.01241	−0.02450	4.00533	0.09693
3.80	−0.03138	−0.01369	−0.00400	−0.01769	4.00501	0.10969
4.00	−0.02583	−0.01386	−0.00189	−0.01197	4.00442	0.11105
4.20	−0.02042	−0.01307	0.00572	−0.00735	4.00364	0.10468
4.40	−0.01546	−0.01168	0.00791	−0.00377	4.00279	0.09354
4.60	−0.01112	−0.00999	0.00886	−0.00113	4.00200	0.07996
3π/2	−0.00898	−0.00898	0.00898	0	4.00161	0.07190
4.80	−0.00748	−0.00820	0.00892	−0.00072	4.00134	0.06561
5.0	−0.00455	−0.00646	0.00837	−0.00191	4.00085	0.05170
5.50	0.00001	−0.00288	0.00578	0.00290	4.00020	0.02307
6.00	0.00169	−0.00069	0.00307	0.00060	4.00003	0.00554
2π	0.00187	0	0.00187	0.00187	4.00001	0
6.50	0.00179	0.00032	0.00114	0.00147	4.00001	−0.00259
7.00	0.00129	0.00060	0.00009	0.00069	4.00001	−0.00479
9π/4	0.00120	0.00060	0	0.00060	4.00001	0.00482
7.50	0.00071	0.00052	−0.00033	0.00019	4.00001	−0.00415
5π/2	0.00039	0.00039	−0.00039	0	4.00000	−0.00311
8.00	0.00028	0.00033	−0.00038	−0.00005	4.00000	−0.00266

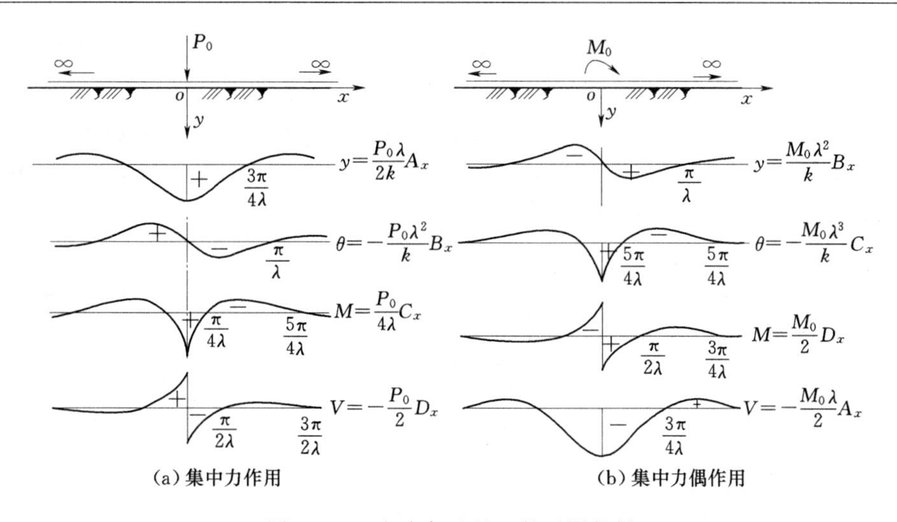

图 4-19 文克尔地基上的无限长梁

(2) 集中力偶作用下的无限长梁。

设顺时针方向的力偶 M_0 作用于原点 [图 4-19 (b)]。由 $x\to\infty$ 时 $w\to 0$，$C_1=C_2=0$；又由反对称性有 $C_3=0$。在 $x=\varepsilon$(ε 为无穷小) 处切开，由 $M=-E_hJ\frac{\mathrm{d}^2w}{\mathrm{d}x^2}=\frac{M_0}{2}$，有 $C_4=\frac{M_0\lambda^2}{kB}$，于是得到：

$$
\begin{cases}
w=\frac{M_0\lambda^2}{kB}B_x, \theta=\frac{M_0\lambda^3}{kB}C_x \\
M=\frac{M_0}{2}D_x, V=-\frac{M_0\lambda}{2}A_x
\end{cases}
\tag{4-19}
$$

集中力偶 M_0 作用下的 w、θ、M、V 见图 4-19 (b)。

(3) 梁端有集中荷载和弯矩作用的半无限长梁。

当梁的一端作用有荷载，另一端延伸很远时，此梁称为半无限长梁。设在梁的一端作用一集中荷载 P_0 和弯矩 M_0 (图 4-20)，坐标原点设于端点，则类似于无限长梁可导得：

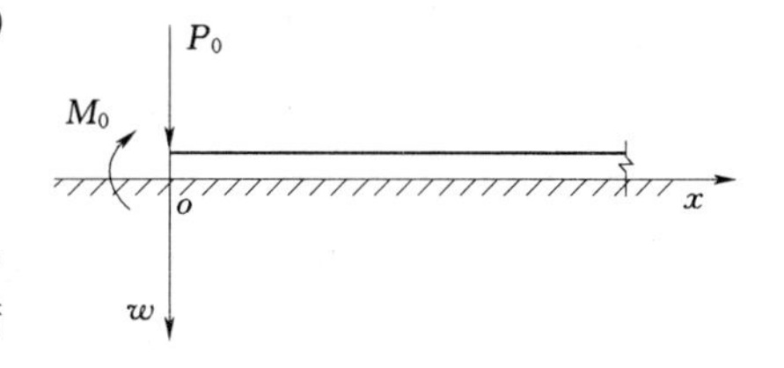

图 4-20 作用集中荷载和弯矩的半无限长梁

$$
\begin{cases}
w=\frac{2\lambda}{kB}(P_0D_x-M_0\lambda C_x) \\
\theta=-\frac{2\lambda^2}{kB}(P_0A_x-2M_0\lambda D_x) \\
M=-\frac{1}{\lambda}(P_0B_x-M_0\lambda A_x) \\
V=-(P_0C_x+2M_0\lambda B_x)
\end{cases}
\tag{4-20}
$$

(4) 有限长梁的计算。

真正的无限长梁或半无限长梁在工程实践中并不存在。由图4-19 可知，$x\geqslant\pi/\lambda$ 时，无论是挠度还是内力都已很小，所以当集中荷载距两端都有 $x\geqslant\pi/\lambda$ 时，可按无限长梁计算，此时梁长 L 显然应满足 $L\geqslant 2\pi/\lambda$。如果仅一端满足 $x\geqslant\pi/\lambda$ 时，则可视为半无限长梁。又当 $L<\pi/4\lambda$ 时梁的挠曲很小，称刚性梁，可视为绝对刚性，反力按直线分布来计算，如静定分析法和倒梁法所假定的那样。当 $L>\pi/4\lambda$，而荷载作用点距两端都有 $x<\pi/\lambda$，则为有限长梁。因此，当梁上作用有多个集中荷载时，对每一个集中荷载而言，梁按何种模式计算应据梁长和作用点位置，按表 4-3 逐个判定。

表 4-3　按梁长和集中荷载位置共同确定梁的计算模式

梁　长　L	集中荷载位置（距梁端为 x）	梁的计算模式
$L\geqslant\frac{2\pi}{\lambda}$	距两端都有 $x\geqslant\frac{\pi}{\lambda}$	无限长梁
$L\geqslant\frac{\pi}{\lambda}$	仅距一端满足 $x\geqslant\frac{\pi}{\lambda}$	半无限长梁
$\frac{\pi}{4\lambda}<L<\frac{2\pi}{\lambda}$	距两端都有 $x<\frac{\pi}{\lambda}$	有限长梁
$L\leqslant\frac{\pi}{4\lambda}$	无关	刚性梁

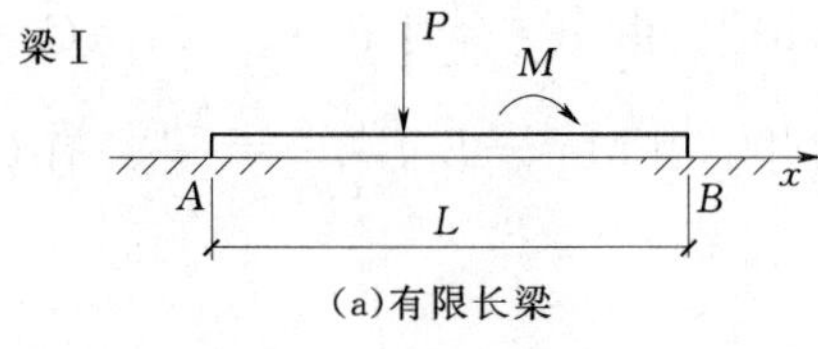

(a)有限长梁

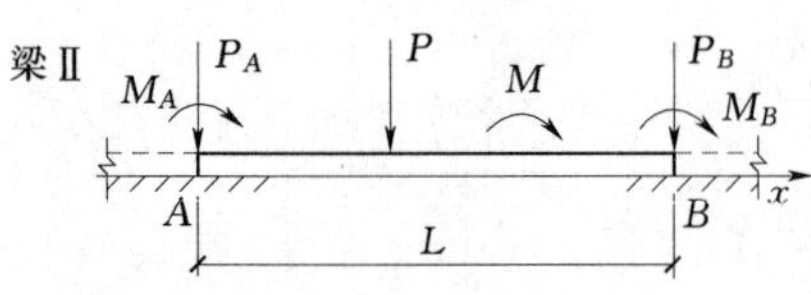

(b)扩展为无限长梁

图 4-21　有限长梁的计算

有限长梁的求解可采用叠加法。即以无限长梁的计算公式为基础，利用叠加原理求得满足有限长梁两自由端边界条件的解答。

图 4-21（a）为一长为 L 的梁 AB（简称梁Ⅰ），设想梁Ⅰ两端都无限延伸，成为无限长梁Ⅱ［图 4-21（b）］，则在原两端 A、B 处必然产生原来并不存在的内力 M_a、V_a 和 M_b、V_b。要使梁Ⅱ的 AB 等效于原来梁Ⅰ的状态，就必须在梁Ⅱ A、B 处施加未知力和弯矩 P_A、M_A 与 P_B、M_B，以满足原来 A、B 处无内力的边界条件。由式（4-18）及式（4-19）可建立方程组：

$$\left.\begin{aligned}
&A\text{端}\sum M=0 \qquad M_a+\frac{P_A}{4\lambda}+\frac{P_B}{4\lambda}C_L+\frac{M_A}{2}-\frac{M_B}{2}D_L=0\\
&A\text{端}\sum V=0 \qquad V_a-\frac{P_A}{2}+\frac{P_B}{2}D_L-\frac{\lambda M_A}{2}-\frac{\lambda M_B}{2}A_L=0\\
&B\text{端}\sum M=0 \qquad M_b+\frac{P_A}{4\lambda}C_L+\frac{P_B}{4\lambda}+\frac{M_A}{2}D_L-\frac{M_B}{2}=0\\
&B\text{端}\sum V=0 \qquad V_b-\frac{P_A}{2}D_L+\frac{P_B}{2}-\frac{\lambda M_A}{2}A_L-\frac{\lambda M_B}{2}=0
\end{aligned}\right\}\tag{4-21}$$

解方程组（4-21）得到：

$$\left.\begin{aligned}
P_A&=(E_L+F_LD_L)V_a+\lambda(E_L-F_LA_L)M_a-(F_L+E_LD_L)V_b+\lambda(F_L-E_LA_L)M_b\\
M_A&=-(E_L+F_LC_L)V_a/(2\lambda)-(E_L-F_LD_L)M_a+(F_L+E_LC_L)V_b/(2\lambda)-(E_L-F_LD_L)M_b\\
P_B&=(F_L+E_LD_L)V_a+\lambda(F_L-E_LA_L)M_a-(E_L+F_LD_L)V_b+\lambda(E_L-F_LA_L)M_b\\
M_B&=(F_L+E_LC_L)V_a/(2\lambda)+(F_L-E_LD_L)M_a-(E_L+F_LC_L)V_b/(2\lambda)+(E_L-F_LD_L)M_b
\end{aligned}\right\}\tag{4-22a}$$

式中

$$E_L=\frac{2e^{\lambda L}\,\mathrm{sh}\lambda L}{\mathrm{sh}^2\lambda L-\sin^2\lambda L},F_L=\frac{2e^{\lambda L}\sin\lambda L}{\sin^2\lambda L-\mathrm{sh}^2\lambda L} \tag{4-22b}$$

函数 E_L、F_L 可查表 4-2。

当有限长梁上的荷载对称时，由 $V_a=-V_b$，$M_a=M_b$，有

$$\left.\begin{aligned}P_A=P_B=(E_L+F_L)[(1+D_L)V_a+\lambda(1+A_L)M_a]\\M_A=-M_B=-(E_L+F_L)[(1+C_L)V_a/(2\lambda)+(1-D_L)M_a]\end{aligned}\right\} \tag{4-23}$$

求解 P_A、P_B、M_A、M_B、P、M 分别作用下的无限长梁Ⅱ并将结果叠加，就得到梁Ⅰ的结果。

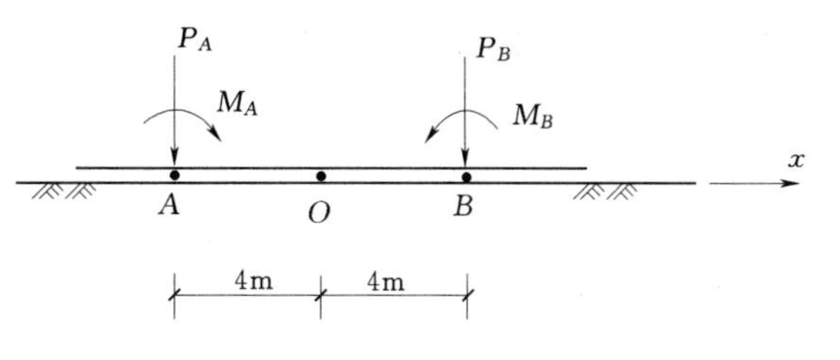

图 4-22 文克尔地基上无限长梁求解

【例 4-3】 如图 4-22 所示，在 A、B 两点分别作用着 $P_A=P_B=1000\text{kN}$，$M_A=60\text{kN}\cdot\text{m}$，$M_B=-60\text{kN}\cdot\text{m}$，求 AB 跨中点 O 的弯矩和剪力。已知梁的刚度 $E_cI=4.5\times10^3\text{MPa/m}^3$，梁宽 $B=3.0\text{m}$，地基基床系数 $k=3.8\text{MN/m}^3$。

解：(1) $\lambda=\sqrt[4]{\frac{kB}{4E_cI}}=\sqrt[4]{\frac{3.8\times3.0}{4\times4.5\times10^3}}=0.1586(\text{m}^{-1})$；

(2) 分别取 A、B 点为坐标原点，则有

$$x=\pm4(\text{m})\quad |x|=4(\text{m})$$

$$\lambda|x|=0.1586\times4=0.6344$$

查表 4-2 得： $A_x=0.7413\quad C_x=0.1132\quad D_x=0.4272$

(3) 求 M_O

由集中力产生

$$M_{OP}=\frac{P_A}{4\lambda}C_x+\frac{P_B}{4\lambda}C_x=2\times\frac{1000}{4\times0.1586}\times0.1132=356.9(\text{kN}\cdot\text{m})$$

由集中力偶产生

$$M_{OM}=-\frac{M_A}{2}D_x+\frac{M_B}{2}D_x=\left(-\frac{60}{2}-\frac{60}{2}\right)\times0.4272=-25.6(\text{kN}\cdot\text{m})$$

故 $$M_O=356.9-25.6=331.3(\text{kN}\cdot\text{m})$$

(4) 求 V_O

由集中力产生

$$V_{OP}=\frac{P_A}{2}D_x-\frac{P_B}{2}D_x=\left(\frac{1000}{2}-\frac{1000}{2}\right)\times0.4272=0$$

由集中力偶产生

$$V_{OM}=-\frac{\lambda M_A}{2}A_x-\frac{\lambda M_B}{2}A_x=-\frac{0.1586\times0.7413}{2}\times(60-60)=0$$

故 $$V_O=V_{OP}+V_{OM}=0$$

3. 基床系数 k 的确定

基床系数 k 是计算梁弹性特征 λ 的重要参数，但难以准确确定。从 k 的定义可知，在

一定的基底压力下某点的沉降越大，该点的 k 值就越小。所以影响沉降的诸多因素也影响 k 值的大小，例如地基土的性质、基础的面积、形状和埋深、荷载的类型和大小等，可以用这些因素对沉降的影响去分析它们对 k 值的影响。

原上海工业建筑设计院研究了 k 值对计算结果的影响：当 k 值在 1000～100000kN/m³ 范围内变化时，与 k 值为 5000kN/m³ 相比，计算弯矩的增减幅度一般不到 30%，但在某些工程条件下，尤其在跨中截面，可能大大超过这个值。

表 4-4　基床系数 k 值的范围

土的分类	土的状态	k 值（kN/m³）
淤泥质黏土、有机质土、新填土		1000～5000
淤泥质粉质黏土		5000～10000
黏土、粉质黏土	软塑	5000～20000
	可塑	20000～40000
	硬塑	40000～100000
砂土	松散	7000～15000
	中密	15000～25000
	密实	25000～40000
砾石土	松散	15000～25000
	中密	25000～40000
	密实	40000～100000

确定 k 值的主要方法有。

（1）经验系数法。

主要根据土的类别和状态提供经验系数，例如表 4-4 是当基础面积大于 10m² 时常用的 k 值范围。使用这类表格时应考虑影响 k 值的因素适当取值。

（2）载荷试验确定。

可在载荷试验的 $p\sim s$ 曲线上取基底自重压力 p_1、基底平均压力 p_2 及相应的沉降 s_1、s_2，则相应于载荷试验的地基基床系数为 $k_p=(p_2-p_1)/(s_2-s_1)$。

考虑实际基础宽度 b 比载荷板宽度 b_p 大得多，太沙基提出的修正方法（载荷板宽度为 1 英尺＝0.305m）为：

黏性土
$$k=\frac{0.305}{b}k_p \tag{4-24a}$$

砂土
$$k=\left(\frac{b+0.305}{2b}\right)^2 k_p \tag{4-24b}$$

当载荷板宽度较大时（圆板直径不小于 0.75m，方板边长不小于 0.707m），也可不进行修正。

（3）按计算平均沉降量 s_m 计算。

用分层总和法（或规范法）计算基础若干点的沉降，取其平均值 s_m，如果基底平均压力为 p，则

$$k=p/s_m \tag{4-25}$$

k 值的确定还有许多不同的方法，例如与压缩模量、变形模量、无侧限压缩强度、有

约束的极限承载力等建立计算关系，或者与弹性半空间模型的计算结果相比较确定。但一般并不多用。

4.5　十字交叉条形基础

十字交叉条形基础主要涉及两个方向上梁的荷载分配，荷载分配完成后，即可按单向条形基础方法计算。

4.5.1　基本概念

如图4-23所示为十字交叉条形基础，在 x、y 两个方向上都设有基础梁，柱荷载作用点是基础的节点。两个方向上的梁是浇筑在一起的，在节点上既应满足力的平衡条件，也应满足变形协调条件，这就是荷载分配应遵循的原则。此外，当考虑某一节点的荷载分配时，应顾及其他节点荷载的影响。

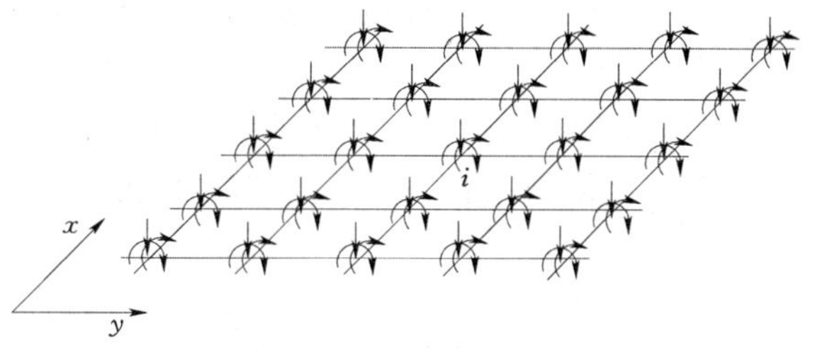

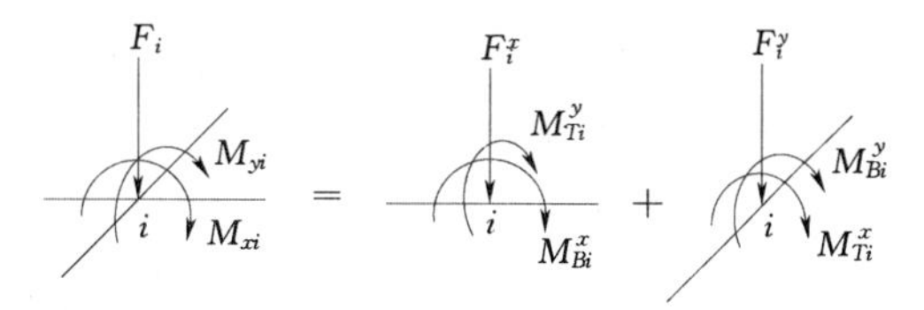

图4-23　十字交叉条形基础的荷载分配

对任一节点 i，根据以上原则可列出6个方程：

$$F_i = F_i^x + F_i^y \tag{4-26a}$$

$$M_{xi} = M_{Bi}^x + M_{Ti}^y \tag{4-26b}$$

$$M_{yi} = M_{Ti}^x + M_{Bi}^y \tag{4-26c}$$

$$y_i^x = y_i^y \tag{4-26d}$$

$$\theta_{Bi}^x = \theta_{Ti}^y \tag{4-26e}$$

$$\theta_{Ti}^x = \theta_{Bi}^y \tag{4-26f}$$

式中　F、M——作用在节点上的集中力和力矩；

y、θ——梁节点的挠度和转角，脚标中的 x、y 表示柱传下的力矩荷载方向，B、T 表示弯曲和扭转，上标中的 x、y 表示划分后的单向梁方向。

上述6个方程中有6个未知量：F_i^x、F_i^y、M_{Bi}^x、M_{Bi}^y、M_{Ti}^x、M_{Ti}^y，而挠度和转角不是独立的未知量，例如 x 方向梁节点的挠度 y_i^x 为：

$$y_i^x = \sum_{j=1}^{n} \delta_{ij}^x F_j^x + \sum_{j=1}^{n} \overline{\delta_{ij}^x} M_{Bj}^x + \sum_{j=1}^{n} \delta_{ij}^{x*} M_{Tj}^x$$

式中　δ_{ij}^x、$\overline{\delta_{ij}^x}$、δ_{ij}^{x*}——当 $F_j^x=1$、$M_{Bj}^x=1$、$M_{Tj}^x=1$ 时 x 方向梁 i 节点的挠度。

当十字交叉条形基础有 n 个节点时，共有 $6n$ 个未知量，也可列出 $6n$ 个方程，是可以求解的，但计算太繁杂。实用上常常作一些简化假定去减少计算工作量。

4.5.2　实用荷载分配方法

在实用荷载分配方法中，通常不考虑节点转角的协调变形，即节点的力矩荷载不分配，而由作用方向上的梁承担，这相当于把原浇筑在一起的两个方向上的梁看成是上下搁置的。此外，当梁相对较柔时（例如柱距 $l>\pi/\lambda$），在考虑竖向变形协调时不计及相邻节点荷载的影响。于是对于任一节点，只要按下列两个简单的方程分配竖向集中力即可：

$$F_i=F_i^x+F_i^y \tag{4-27a}$$

$$y_i^x=y_i^y \tag{4-27b}$$

其中挠度 y 仅是计算方向梁上该节点力矩荷载和分配到的集中荷载的函数，例如

$$y_i^x=\delta_{ii}^x F_i^x+\overline{\delta_{ii}^x}M_i$$

以上分配方法中不考虑条形基础承受扭矩，实际上扭矩还是存在的，因此在配筋构造上应满足抗扭要求。

对于文克尔地基上的十字交叉梁，有所谓“节点形状系数法”，即按上述原则并利用文克尔地基上梁的解得到不同形状节点的分配系数 K_{ix} 和 K_{iy}，然后有：

$$F_i^x=K_{ix}F_i \tag{4-28a}$$

$$F_i^y=K_{iy}F_i \tag{4-28b}$$

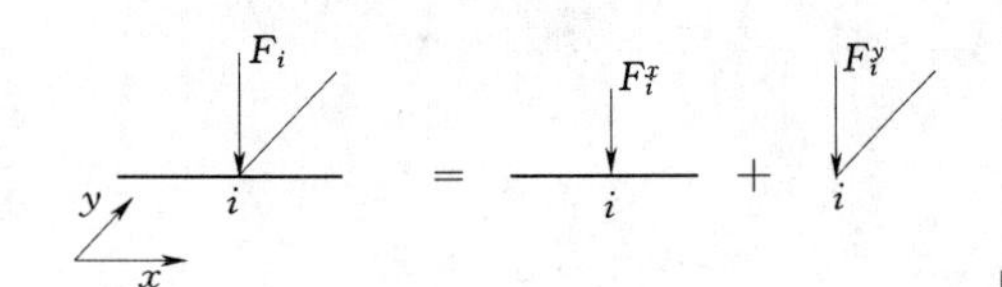

图 4-24 边节点的形状系数分配

例如图 4-24 所示形状的边节点，可把 x 方向梁视为无限长梁，而把 y 方向梁视为半无限长梁，则有：

$$y_i^x=\frac{F_i^x\lambda_x}{2kB_x}A_x=\frac{F_i^x}{2kB_xS_x}$$

$$y_i^y=\frac{2F_i^y\lambda_y}{kB_y}D_y=\frac{2F_i^y}{kB_yS_y}$$

上两式中，当 $\lambda x=0$ 时，$A_x=1$；$\lambda_y=0$ 时，$D_y=1$。

联立方程（4-28）成为：

$$F_i=F_i^x+F_i^y \tag{4-29a}$$

$$\frac{F_i^x}{2kB_xS_x}=\frac{2F_i^y}{kB_yS_y} \tag{4-29b}$$

解联立方程（4-29），得：

$$K_{ix}=\frac{4B_xS_x}{4B_xS_x+B_yS_y} \tag{4-30a}$$

$$K_{iy}=\frac{B_yS_y}{4B_xS_x+B_yS_y} \tag{4-30b}$$

式中 B、S——脚标方向梁的宽度和特征长度（$S=1/\lambda$）。

表 4-5 列出了十字交叉条形基础 3 种形状的节点形状系数计算式，边节点和角节点还常常会带上悬臂，此时的节点形状系数可参照有关文献。

实用上还有更粗略的分配方法，例如简单地按交汇于某节点的两个方向上梁的线刚度比来分配该节点的竖向荷载，这样的分配并未考虑两个方向上梁的变形协调。有时当一个方向上的梁的截面远小于另一个方向上的梁截面时，不再进行荷载分配，而将全部荷载作用在截面大的梁上进行单向条形基础计算，但另一方向的梁必须满足构造要求。

表 4-5　　节点形状系数计算式

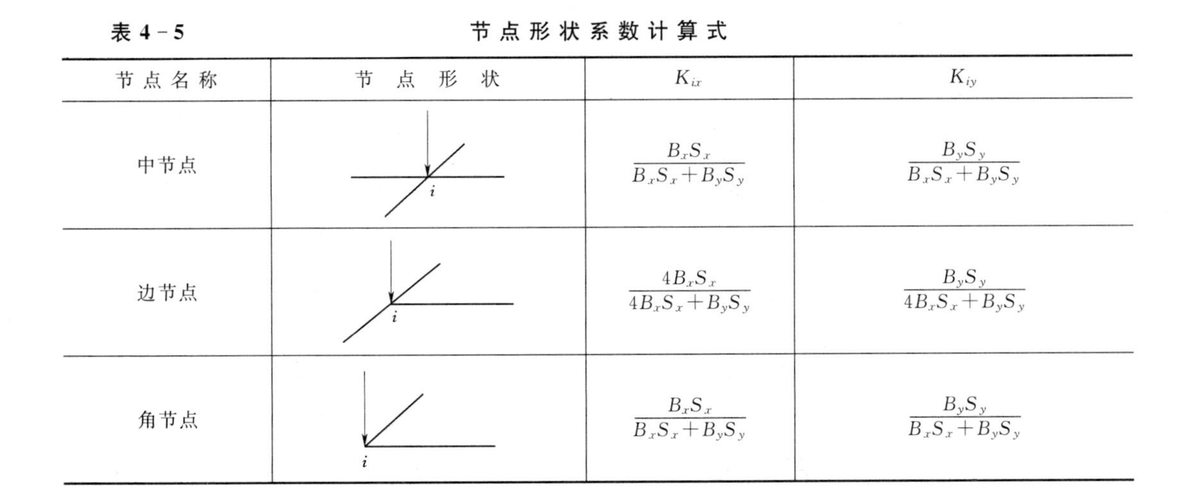

节点名称	节点形状	K_{ix}	K_{iy}
中节点	i	$\frac{B_xS_x}{B_xS_x+B_yS_y}$	$\frac{B_yS_y}{B_xS_x+B_yS_y}$
边节点	i	$\frac{4B_xS_x}{4B_xS_x+B_yS_y}$	$\frac{B_yS_y}{4B_xS_x+B_yS_y}$
角节点	i	$\frac{B_xS_x}{B_xS_x+B_yS_y}$	$\frac{B_yS_y}{B_xS_x+B_yS_y}$

4.6　筏板基础设计

筏板基础是底板连成整片形式的基础，可以分为梁板式和平板式两类。框架—核心筒结构和筒中筒结构采用平板式筏形基础。筏板基础的基底面积较十字交叉条形基础更大，能满足较软弱地基的承载力要求。由于基底面积的加大减少了地基附加压力，地基沉降和不均匀沉降也因而减少，但是由于筏板基础的宽度较大，从而压缩层厚度也较大，这在深厚软弱土地基上尤应注意。筏板基础还具有较大的整体刚度，在一定程度上能调整地基的不均匀沉降。筏板基础能提供宽敞的地下使用空间，当设置地下室时具有补偿功能。

筏板基础的设计方法也可分为三类。

（1）简化计算方法。假定基底压力呈直线分布，适用于筏板相对地基刚度较大的情况。当上部结构刚度很大时可用倒梁法或倒楼盖法，当上部结构为柔性结构时可用静定分析法。

（2）考虑地基与基础共同工作的方法。用地基上的梁板分析方法求解，一般用在地基比较复杂、上部结构刚度较差，或柱荷载及柱间距变化较大时。

（3）考虑地基、基础与上部结构三者共同作用的方法。

4.6.1　筏板基础的主要构造

（1）筏板基础的板厚由抗冲切、抗剪切计算确定。筏板的板厚不应小于 200mm，对于高层建筑梁板式不应小于 300mm，平板式不宜小于 400mm。梁板式筏板的板厚还不宜小于计算区段最小板跨的 1/20。对于 12 层以上的高层建筑的梁板式筏基，底板厚度不应小于最大双向板格短边的 1/4，且不应小于 400mm。地下室底层柱、剪力墙与梁板式筏基的基础梁连接的构造应符合图 4-25 要求。

（2）筏板基础一般宜设置悬臂，伸出长度应考虑以下作用：①增大基底面积，满足地基承载力要求，为此目的扩大部位宜设置在横向。②调整基础重心，尽量使其与上部结构合力作用点重合，减少基础可能发生的倾斜。对高层建筑筏基，其偏心距应满足（1）的构造要求。③减少端部较大的基底反力对基础弯矩的影响。但悬臂也不宜过大，一般不宜

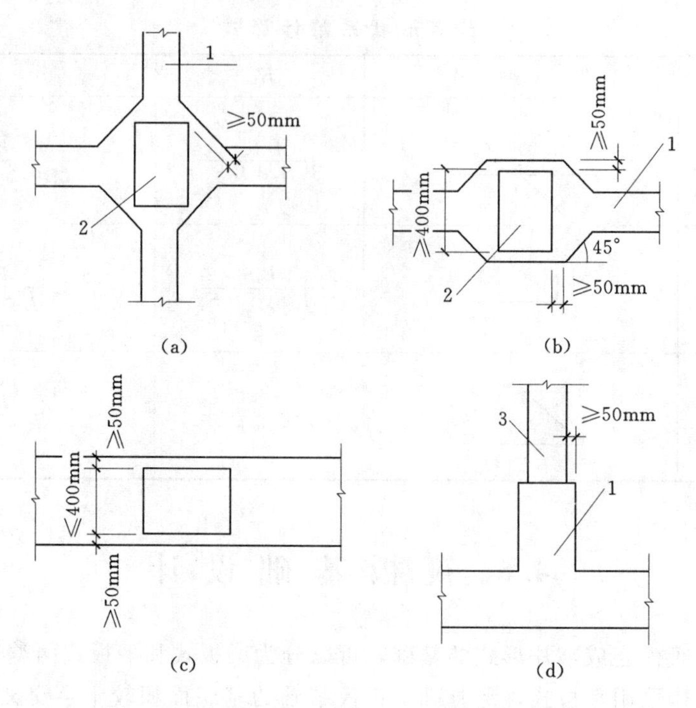

图 4-25　地下室底层柱和剪力墙与梁板筏基连接构造式

1—基础梁；2—柱；3—墙

大于伸出长度方向边跨柱距的 1/4。当仅板悬挑时，伸出长度不宜大于 1.5m，且板的四角应呈放射状布置 5～7 根角筋，直径与板边跨主筋相同。

（3）筏板基础的配筋除按计算要求外，应考虑整体弯曲的影响。梁板式筏板的底板和基础梁的纵、横向支座钢筋应有 1/2～1/3 贯通全跨，且配筋率不应小于 0.15%；跨中钢筋则按实际配筋率全部拉通。平板式筏板的柱下板带和跨中板带的底部钢筋应有 1/2～1/3 贯通全跨，且配筋率不应小于 0.15%；顶部钢筋则按实际配筋率全部拉通。当板厚≤250mm时，板分布筋为 $\phi8$@250，板厚大于 250mm 时为 $\phi10$@200。

（4）当采用防水混凝土时，防水混凝土的抗渗等级应按表 4-6 选用。对重要建筑，宜采用自防水并设置架空排水层。

表 4-6　　防水混凝土抗渗等级

埋置深度 d（m）	设计抗渗等级	埋置深度 d（m）	设计抗渗等级
$d<10$	P6	$20\leqslant d<30$	P10
$10\leqslant d<20$	P8	$30\leqslant d$	P12

4.6.2　简化计算方法

简化计算方法采用基底压力呈直线分布的假设，这要求筏板与地基相比是绝对刚性，筏板基础的挠曲不会改变基础的接触压力。当满足 $\lambda l_m\leqslant1.75$ 时（l_m 为平均柱距），可认为板是绝对刚性的。

筏板基础底面尺寸的确定和沉降计算与扩展式基础相同。对于高层建筑下的筏板基础，基底尺寸还应满足 $p_{\min} \geqslant 0$ 的要求，在沉降计算中应考虑地基土回弹再压缩的影响。

筏板基础的基底净反力分布为：

$$p_{n(x,y)} = \frac{\sum F}{A} \pm \frac{\sum F e_y}{I_x} y \pm \frac{\sum F e_x}{I_y} x \tag{4-31}$$

式中　e_x、e_y——荷载合力在 x、y 形心轴方向的偏心距；

I_x、I_y——对 x、y 轴的截面惯性矩。

1. 刚性板法（倒梁法）

该法把筏板划分为独立的条带，条带宽度为相邻柱列间跨中到跨中的距离，见图4-26。忽略条带间的剪力传递，则条带下的基底净线反力为：

$$\frac{q_{n\max}}{q_{n\min}} = \frac{\sum F}{L} \pm \frac{6\sum M}{L^2} \tag{4-32}$$

式中　$\sum F$——本条带节点分配的柱荷载之和；

$\sum M$——节点分配的柱荷载对条带中心的合力矩。

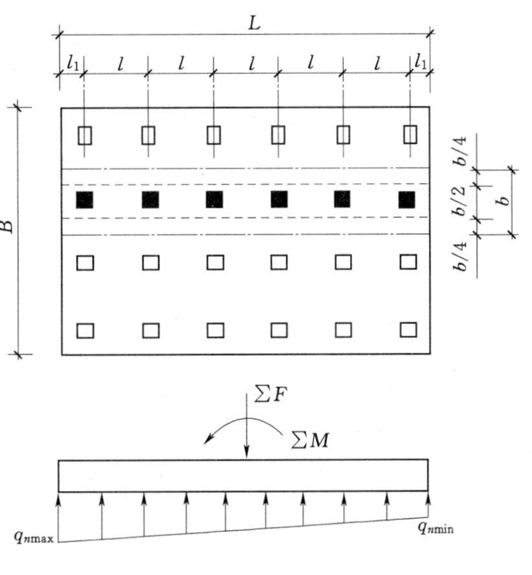

图4-26　倒梁法计算筏板基础

然后采用倒梁法或静定分析法计算。可以采用经验系数，例如对均布线荷载 q，支座弯矩取 $ql^2/10$，跨中弯矩取 $1/12 \sim 1/10ql^2$（l 为跨中取柱距，支座取相邻柱距平均值）。计算弯矩的2/3由中间 $b/2$ 宽度的板带承受，两边 $b/4$ 宽的板带则各承受1/6的计算弯矩，并按此分配的弯矩配筋。

2. 倒楼盖法

当地基比较均匀、上部结构刚度较好，梁板式筏基梁的高跨比或平板式筏基板的厚跨比不小于1/6，且柱荷载及柱间距的变化不超过20%时，可采用倒楼盖法计算。此时以柱脚为支座，荷载则为直线分布的地基净反力。此时，平板式筏板按倒无梁楼盖计算，可参照无梁楼盖方法截取柱下板带和跨中板带进行计算。柱下板带中在柱宽及其两侧各0.5倍板厚且不大于1/4板跨的有效宽度范围内的钢筋配置量不应小于柱下板带钢筋的一半，且应能承受作用在冲切临界截面重心上的部分不平衡弯矩 $\alpha_m M$ 的作用（图4-27），其中 M 是作用在冲切临界截面重心上的不平衡弯矩，α_m 是不平衡弯矩传至冲切临界截面周边的弯曲应力系数，均可按《高层建筑筏形与箱形基础技术规范》（JGJ 6—2011）的方法计算。梁板式筏板则根据肋梁布置的情况按倒双向板楼盖或倒单向板楼盖计算，其中底板分别按连续的双向板或单向板计算，肋梁均按多跨连续梁计算，但求得的连续梁边跨跨中弯矩以及第一内支座的弯矩宜乘以1.2的系数。

3. 静定分析法

当上部结构刚度很小时，可采用静定分析法。静定分析法同样按柱列布置划分板带，可以采用修正荷载的方法近似考虑板带间剪力传递的影响（图4-28）。例如图中第 j 条板

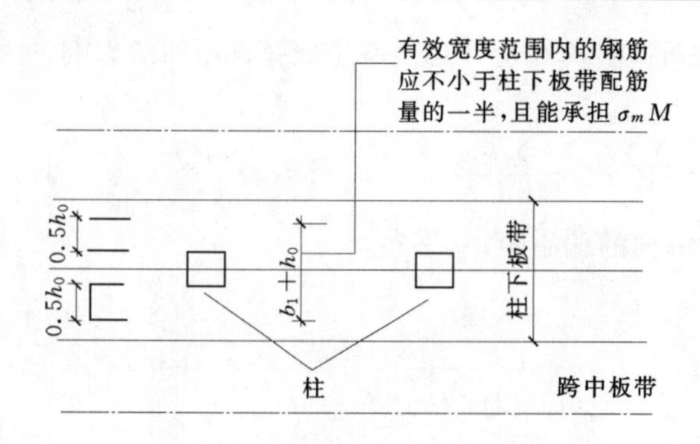

图 4-27　柱两侧有效宽度范围示意图

带的第 i 列柱的荷载由 $F_{i,j}$ 修正为 $F_{i、jm}$：

$$F_{i、jm}=\frac{F_{i,j-1}+2F_{i,j}+F_{i,j+1}}{4} \tag{4-33}$$

由 $F_{i,jm}$ 按式（4－34）计算基底净线压力，最后用静定分析法计算任一截面上的内力。

$$\left.\begin{matrix}q_{n\max}\\q_{n\min}\end{matrix}\right\}=\frac{\sum\limits_{i=1}^{l}F_{i、jm}}{L}\pm\frac{6\sum M}{L^2} \tag{4-34}$$

式中　$\sum M$——荷载对板带中心的合力矩。

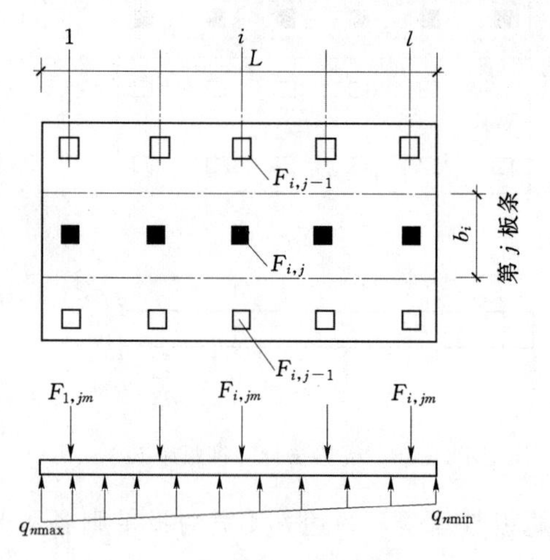

图 4-28　静定分析法计算筏板基础

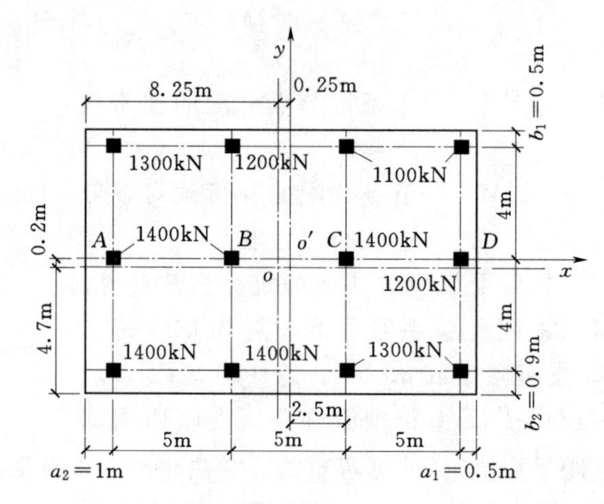

图 4-29　柱网尺寸及荷载示意图

【例 4-4】　运用刚性板法计算框架结构下的平板式筏板基础内力。已知基础埋深 1.4m，地基基床系数 $k=5000\text{kN/m}^3$，修正后的地基承载力特征值 $f_a=130\text{kN/m}^2$。基础混凝土弹性模量 $E_h=2.6\times10^7\text{kN/m}^2$，柱网尺寸及荷载如图 4-29。

解：(1) 确定筏板平面尺寸。

标准组合下的上部结构荷载合力对柱网中心 o' 的偏心距：

$$\sum P=1100\times2+1200\times2+1300\times3+1400\times5=15500\text{kN}$$

$$e_x=\frac{-1300\times7.5-1200\times2.5-1400\times2\times7.5-1400\times2.5\times2+1100\times(2.5+7.5)}{15500}$$

$$+\frac{1400\times2.5+1200\times7.5+1300\times(2.5+7.5)}{15500}=-0.274(\text{m})$$

$$e_y=\frac{-1300\times2\times4-1400\times2\times4+1100\times2\times4+1200\times4+1300\times4}{15500}=-0.18(\text{m})$$

先选定筏板外挑尺寸 $a_1=b_1=0.5$m，再按合力作用点尽量通过筏板形心，定出 $a_2=1$m，$b_2=0.9$m。筏板面积 A 为：

$$A=(1+5\times3+0.5)\times(4\times2+0.5+0.9)=155(\text{m}^2)$$

按地基承载力验算底板面积：

$$A=\frac{\sum P+G}{f_a}=\frac{15500+20\times1.4\times155}{130}=153(\mathrm{m}^2)<155(\mathrm{m}^2)$$

$\sum P+G$ 对柱网中心 o' 的偏心距为：

$$e_x'=\frac{-15500\times0.274-20\times1.4\times155\times0.25}{15500+20\times1.4\times155}=-0.269(\mathrm{m})$$

$$e_y'=\frac{-15500\times0.18-20\times1.4\times155\times0.2}{15500+20\times1.4\times155}=-0.184(\mathrm{m})$$

$\sum P+G$ 对筏基形心 o 点的偏心距为：

$$e_{ox}=0.25-0.269=-0.019(\mathrm{m})$$

$$e_{oy}=0.2-0.184=0.016(\mathrm{m})$$

$$p_{\min}^{\max}=\frac{\sum P+G}{A}\pm\frac{(\sum P+G)e_{ox}}{W_y}\pm\frac{(\sum P+G)e_{oy}}{W_x}$$

$$=\frac{19840}{155}\pm\frac{19840\times0.019}{\frac{1}{6}\times9.4\times16.5^2}\pm\frac{19840\times0.016}{\frac{1}{6}\times16.5\times9.4^2}$$

$$=128\pm0.88\pm1.31=\begin{matrix}130(\mathrm{kN/m^2})<1.2f_a\\126(\mathrm{kN/m^2})>0\end{matrix}$$

$$p=\frac{\sum P+G}{A}=128(\mathrm{kN/m^2})<f_a$$

沉降验算略。

(2) 确定板带计算简图。

按柱网中心划分板带（相邻柱荷载及相邻柱距之差小于 20%），例如对沿 x 轴的中间板带 $A—B—C—D$，板带宽 4m，参见图 4-30，筏基柱网和荷载均不大，取筏板厚 0.4m，此板带的截面惯性矩为：

$$J_x=\frac{1}{12}\times4\times0.4^3=0.0213(\mathrm{m}^4)$$

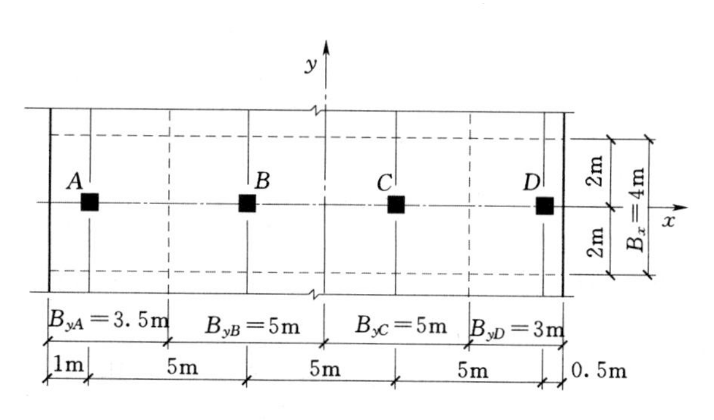

图 4-30 板带划分简

沿 y 轴方向板带：

板带 A

$$B_{yA}=3.5\mathrm{m}$$

$$J_{yA}=\frac{1}{12}\times3.5\times0.4^3=0.0187(\mathrm{m}^4)$$

板带 B $\quad B_{yB}=5\mathrm{m},J_{yB}=\frac{1}{12}\times5\times0.4^3=0.0267(\mathrm{m}^4)$

板带 C $\quad B_{yC}=B_{yB},J_{yC}=J_{yB}$

板带 D $\quad B_{yD}=3\mathrm{m},J_{yD}=\frac{1}{12}\times3\times0.4^3=0.016(\mathrm{m}^4)$

计算各板带的弹性特征系数 λ：

$$\lambda_x=\sqrt[4]{\frac{kB_x}{4E_hJ_x}}=\sqrt[4]{\frac{5000\times4}{4\times2.6\times10^7\times0.0213}}=0.308$$

$$\lambda_{yA}=\sqrt[4]{\frac{kB_{yA}}{4E_hJ_{yA}}}=\sqrt[4]{\frac{5000\times3.5}{4\times2.6\times10^7\times0.0187}}=0.308$$

$$\lambda_{yB}=\lambda_{yC}=\sqrt[4]{\frac{5000\times5}{4\times2.6\times10^7\times0.0267}}=0.308$$

$$\lambda_{yD}=\sqrt[4]{\frac{kB_{yD}}{4E_hJ_{yD}}}=\sqrt[4]{\frac{5000\times3}{4\times2.6\times10^7\times0.016}}=0.308$$

分配节点荷载：

节点 A：

$$P_x=\frac{B_x\lambda_{yA}}{B_x\lambda_{yA}+4B_{yA}\lambda_x}\times1400=\frac{4\times0.308}{4\times0.308+4\times3.5\times0.308}\times1400=311(\text{kN})$$

节点 B、C：

$$P_x=\frac{B_x\lambda_{yB}}{B_x\lambda_{yB}+B_{yB}\lambda_x}\times1400=\frac{4\times0.308}{4\times0.308+5\times0.308}\times1400=622(\text{kN})$$

节点 D：

$$P_x=\frac{B_x\lambda_{yD}}{B_x\lambda_{yD}+4B_{yD}\lambda_x}\times1200=\frac{4\times0.308}{4\times0.308+4\times3\times0.308}\times1200=300(\text{kN})$$

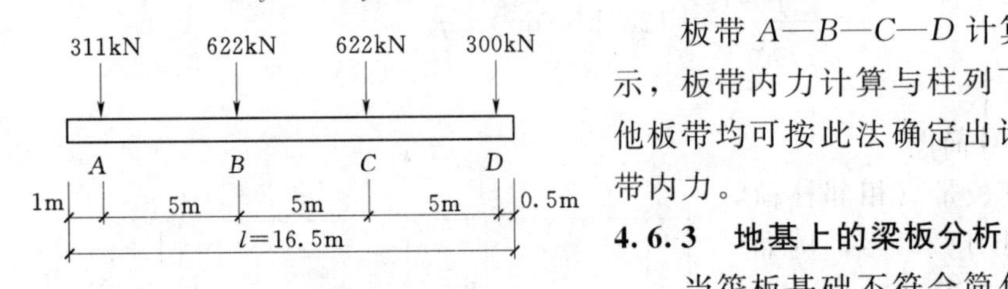

图 4-31 板带计算简图

板带 $A—B—C—D$ 计算简图如图 4-31 所示，板带内力计算与柱列下条形基础相同。其他板带均可按此法确定出计算简图并求出各板带内力。

4.6.3 地基上的梁板分析

当筏板基础不符合简化计算条件时，可按地基上的梁板方法计算。由于筏板的厚度通常远小于其他两个方向的尺寸，因此常采用薄板理论分析。

1. 有限差分法

根据弹性力学的薄板小挠度理论，地基上板的挠曲曲面微分方程为

$$\frac{\partial^4 w}{\partial x^4}+2\frac{\partial^4 w}{\partial x^2\partial y^2}+\frac{\partial^4 w}{\partial y^4}=\frac{q-p}{D} \tag{4-35}$$

式中 q、p——板上的分布荷载和基底反力；

w——板的挠度；

D——板的抗弯刚度，按下式计算：$D=\dfrac{E_ct}{12(1-\nu_c)}$；

E_c、ν_c——板的弹性模量和泊松比；

t——板的厚度。

相应的基础板垂直于 x 轴截面上单位长度所承受的弯矩 M_x、扭矩 M_{xy} 和剪力 V_x，垂直于 y 轴截面上单位长度所承受的弯矩 M_y、扭矩 M_{yx} 和剪力 V_y 也可用挠度表示

$$M_x=-D\left(\frac{\partial^2 w}{\partial x^2}+\nu_c\frac{\partial^2 w}{\partial y^2}\right) \tag{4-36a}$$

$$M_y = -D\left(\frac{\partial^2 w}{\partial y^2} + \nu_c \frac{\partial^2 w}{\partial x^2}\right) \tag{4-36b}$$

$$M_{xy} = M_{yx} = -D(1-\nu_c)\frac{\partial^2 w}{\partial x \partial y} \tag{4-36c}$$

$$V_x = -D\left[\frac{\partial^3 w}{\partial x^3} + (2-\nu_c)\frac{\partial^3 w}{\partial x \partial y^2}\right] \tag{4-36d}$$

$$V_y = -D\left[\frac{\partial^3 w}{\partial y^3} + (2-\nu_c)\frac{\partial^3 w}{\partial x^2 \partial y}\right] \tag{4-36e}$$

其中剪力计算式中已包括由扭矩产生的附加剪力。

解微分方程（4-35）时，应满足板的边界条件。例如当板四周为自由边时，边界条件为

周边的弯矩为零：

$$M_x|_{x=0} = M_x|_{x=l} = M_y|_{y=0} = M_y|_{y=b} = 0$$

周边的剪力为零：

$$V_x|_{x=0} = V_x|_{x=l} = V_y|_{y=0} = V_y|_{y=b} = 0$$

四个角点 $A(0,\ 0)$、$B(l,\ 0)$、$C(0,\ b)$、$D(\mathrm{l},\ \mathrm{b})$ 的弯矩、扭矩和剪力均为零：

$$M_{x(A,B,C,D)} = M_{y(A,B,C,D)} = 0$$

$$M_{xy(A,B,C,D)} = M_{yx(A,B,C,D)} = 0$$

$$V_{x(A,B,C,D)} = V_{y(A,B,C,D)} = 0$$

用有限差分法求解矩形筏板时，将以上各式中的微分用差分形式代替，如式（4-35）变为

$$\frac{\Delta_x^4 w}{\Delta x^4} + 2\frac{\Delta_{xy}^4 w}{\Delta x^2 \Delta y^2} + \frac{\Delta_y^4 w}{\Delta y^4} = \frac{q-p}{D} \tag{4-37}$$

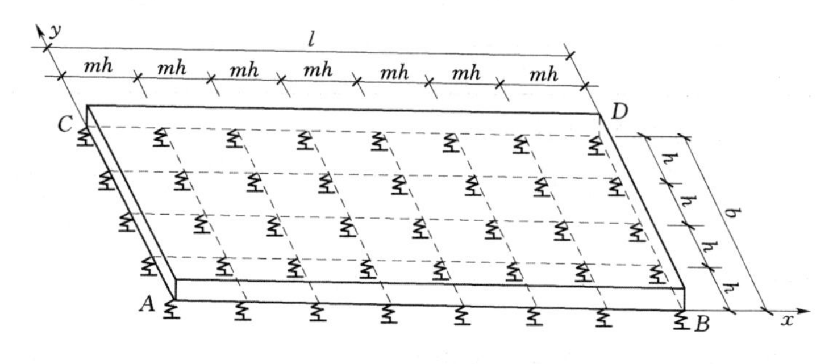

图 4-32 地基上板的差分法计算图式

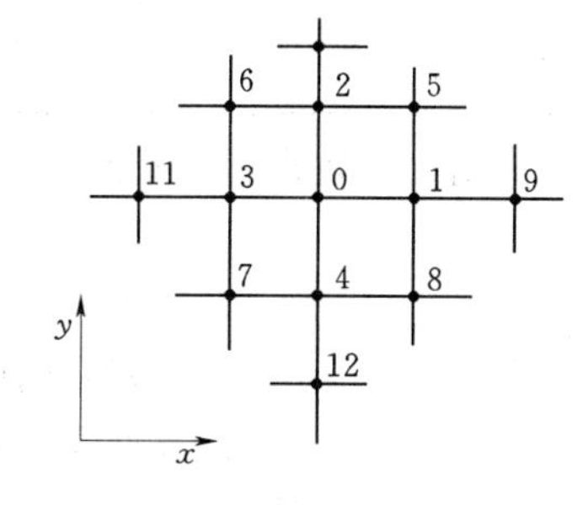

图 4-33 与节点“0”有关的相邻节点编号

如图 4-32，将筏板划分为尺寸为 $mh \times h$ 的矩形网格，令上式中的 $\Delta x = mh$、$\Delta y = h$，并用节点挠度表示以上各式中的中心偏差分，由于差分最高为四阶，可知任一节点的各阶差分最多与相邻的 12 个节点有关，见图 4-33。假定采用文克尔地基模型，经上述处理后，对任意节点“0”可得到用节点挠度表示的挠曲面差分方程：

$$c_9 w_0 + c_{17}(w_1 + w_3) + c_{16}(w_2 + w_4) + c_{23}(w_5 + w_6 + w_7 + w_8) + c_{22}(w_9 + w_{11}) + c_{24}(w_{10} + w_{12}) = \beta P_0 \tag{4-38a}$$

$$\beta = f/D \tag{4-38b}$$

式中　f——矩形网格面积，$f=mh^2$；

P_0——节点“0”上的结点荷载，$P_0=q_0f+P'_0$；

q_0——节点“0”处的分布荷载强度；

P'_0——由集中力和集中力偶产生，不位于节点上的集中荷载可以按比例分配到邻近的节点上，集中力偶则可分解成为邻近节点上的一组等效集中力；

c_i——是与矩形网格两边长度之比 m 有关的系数，可从表 4－7 查得。

假定筏板共有 n 个节点，逐一建立差分方程，组成一个以节点挠度 $\{w\}$ 为未知量的 n 元线性代数方程组（4－39）。注意当与某节点有关的相邻节点在筏板之外（虚节点）时，应利用边界条件将虚节点挠度转化为板内相应的实节点挠度，具体参见有关文献。

表 4－7　　地基上板的差分方程系数表

$c_1=0.5(m^2+m^{-2})(1-\nu_c^2)+2(1-\nu_c)+\beta K$	$c_{13}=-2m^2-2(2-\nu_c)$
$c_2=2.5m^2(1-\nu_c^2)+m^{-2}+4(1-\nu_c)+\beta K$	$c_14=-2m^2(1-\nu_c^2)-2(1-\nu_c)$
$c_3=m^2+2.5m^{-2}(1-\nu_c^2)+4(1-\nu_c)+\beta K$	$c_{15}=-2m^{-2}(1-\nu_c^2)-2(1-\nu_c)$
$c_4=3m^2(1-\nu_c^2)+m^{-2}+4(1-\nu_c)+\beta K$	$c_{16}=-4m^2-4$
$c_5=m^2+3m^{-2}(1-\nu_c^2)+4(1-\nu_c)+\beta K$	$c_{17}=-4m^{-2}-4$
$c_6=5m^2+5m^{-2}+8+\beta K$	$c_{18}=0.5m^2(1-\nu_c^2)$
$c_7=6m^2+5m^{-2}+8+\beta K$	$c_{19}=0.5m^{-2}(1-\nu_c^2)$
$c_8=5m^2+6m^{-2}+8+\beta K$	$c_{20}=2-\nu_c$
$c_9=6m^2+6m^{-2}+8+\beta K$	$c_{21}=2(1-\nu_c)$
$c_{10}=-m^2(1-\nu_c^2)-2(1-\nu_c)$	$c_{22}=m^{-2}$
$c_{11}=-m^{-2}(1-\nu_c^2)-2(1-\nu_c)$	$c_{23}=2$
$c_{12}=-2m^{-2}-2(2-\nu_c)$	$c_{24}=m^2$
$\Delta x=mh,\Delta y=h,\beta=f/D,K=kf,f=mh^2$	

用计算机求解方程组（4－39），得到各节点的挠度 $\{w\}$。

$$[c]\{w\}=\beta\{P\} \tag{4-39}$$

式中　$[c]$——系数矩阵；

$\{P\}$——节点荷载列向量；

$\{w\}$——各节点挠度，$\beta=f/D$。

求得挠度后，板任意结点“0”的内力可用差分表达式求得：

$$M_{x0}=-D\left(\frac{\Delta_x^2 w}{m^2h^2}+v_c\frac{\Delta_y^2 w}{h^2}\right)_0=-\frac{D}{mf}[w_1+w_3-2(1+m^2\nu_c)w_0+m^2\nu_c(w_2+w_4)] \tag{4-40a}$$

$$M_{y0}=-\frac{D}{mf}[\nu_c(w_1+w_3)-2(\nu_c+m^2)w_0+m^2(w_2+w_4)] \tag{4-40b}$$

$$M_{xy0}=M_{yx0}=-\frac{D}{4f}(1-\nu_c)(w_5-w_6+w_7-w_8) \tag{4-40c}$$

$$V_{x0}=-\frac{D}{2hf}[2(\nu_c-m^{-2}-2)(w_1-w_3)+(2-\nu_c)(w_5-w_6-w_7+w_8)+m^{-2}(w_9-w_{11})] \tag{4-40d}$$

$$V_{y0}=-\frac{D}{2mhf}[2(\nu_c-m^2-2)(w_2-w_4)+(2-\nu_c)(w_5+w_6-w_7-w_8)+m^2(w_{10}-w_{12})]$$

(4-40e)

2. 有限单元法

薄板单元一般采用低阶矩形单元或三角形单元。对规则筏板可用四节点矩形单元，取坐标原点为筏板形心，并假定板单元四个节点编号分别为 i、j、k、l。由于每一节点有3个自由度 $\{\delta\}_i=\{\theta_{xi},\ \theta_{yi},\ w_i\}^T$，$\theta_{xi}$、$\theta_{yi}$、$w$ 为节点 i 绕 x、y 轴的转角和竖向位移。故选择位移函数为：

$$w=a_1+a_2x+a_3y+a_4x^2+a_5xy+a_6y^2+a_7x^3+a_8x^2y+a_9xy^2+a_{10}y^3+a_{11}x^3y+a_{12}xy^3 \tag{4-41}$$

式中 a_i——位移系数。

地基上板的有限元方程为

$$[K]\{\delta\}=\{F\} \tag{4-42}$$

或

$$[K]\{\delta\}=\{P\}-\{R\} \tag{4-43}$$

式中 $\{F\}$——节点力列向量；

$\{P\}$——节点荷载列向量；任一单元的节点荷载列向量可表示为：$\{P\}_e=\{M_{xi}$、M_{yi}、P_i、M_{xj}、M_{yj}、P_j、M_{xk}、M_{yk}、P_k、M_{xl}、M_{yl}、$P_l\}$；

M_{xi}——节点 i 上 x 方向的等效力矩荷载；

M_{yi}——节点 i 上 y 方向的等效力矩荷载；

P_i——节点 i 上等效集中力荷载；

$[K]$——地基与筏板的总刚度矩阵，按式（4-44）计算

$$[K]=[K_p]+[K_s] \tag{4-44}$$

式中 $[K_p]$——板刚度矩阵；

$[K_s]$——地基刚度矩阵；

$\{R\}$——节点地基反力列向量，$\{R\}_e=\{0,\ 0,\ R_i,\ 0,\ 0,\ R_j,\ 0,\ 0,\ R_l,\ 0,\ 0,\ R_k\}^T$；

R_i——节点 i 上的竖向地基集中反力；

$\{\delta\}$——节点位移列向量，$\{\delta\}_e=\{\theta_{xi},\ \theta_{yi},\ w_i,\ \theta_{xj},\ \theta_{yj},\ w_j,\ \theta_{xl},\ \theta_{yl},\ w_l,\ \theta_{xk},\ \theta_{yk},\ w_k\}^T$。

地基刚度矩阵 $[K_s]$ 的元素与选择的地基计算模型有关，如采用文克尔地基模型，节点 i 的地基集中反力 $R_i=A_il_ib_ikw_i=A_iK_sw_i$，其中 k 和 K_s 分别为节点 i 处的基床系数和集中基床系数；l_i 和 b_i 分别是节点 i 控制面积的长度和宽度；A_i 是反映节点 i 控制面积的系数，当节点位于板角时为1/4，凹角为3/4，板边为1/2，中节点则取1（图4-34）。写成矩阵形式为

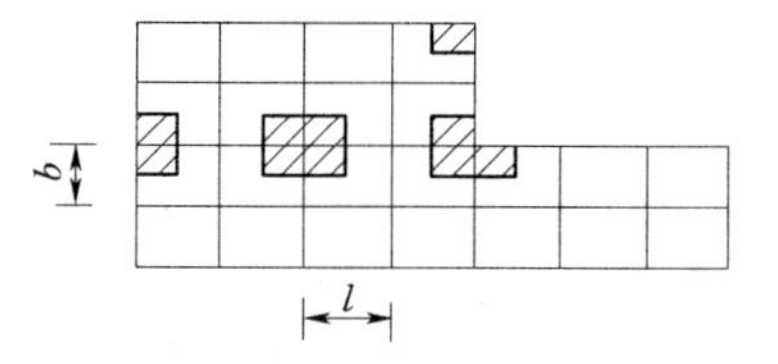

图4-34 矩形板单元节点反力计算范围

$$\{R\}=[K_s][A]\{w\} \tag{4-45}$$

式中 $[A]$——节点控制的筏板与地基接触面积系数矩阵。

方程式（4-45）中的 $\{R\}$ 是未知量，为解方程，将其表示为位移 $\{w\}$ 的函数。为此，将式（4-45）写成转角与竖向位移分开的形式

$$\begin{bmatrix} K_{aa}K_{ab} \\ \cdots \\ K_{ba}K_{bb} \end{bmatrix} \begin{Bmatrix} \theta \\ \cdots \\ w \end{Bmatrix} = \begin{Bmatrix} M \\ \cdots \\ P-R \end{Bmatrix} \tag{4-46}$$

式中 K_{aa}——仅与 θ 变位有关的子矩阵；

K_{bb}——仅与 w 变位有关的子矩阵；

K_{ab}、K_{ba}——与 θ、w 变位有关的耦合项子矩阵。

节点的地基竖向位移 $\{w\}$ 与节点附加压力 $\{R-P_0\}$ 有以下关系

$$\{w\}=[S][A]^{-1}\{R-P_0\}+\{w^*\} \tag{4-47}$$

式中 $[S]$ ——地基变形柔度矩阵；

$[A]$ ——节点控制的筏板与地基接触面积系数矩阵；

$\{w^*\}$ ——相邻荷载在计算基础下产生的地基竖向位移列向量；

$\{P_0\}$ ——节点集中基底自重压力列向量。

由此可得 $\{P\}-\{R\}=\{P\}-[A][S]^{-1}\{w\}+[A][S]^{-1}\{w^*\}-\{P_0\}$

或 $\{P\}-\{R\}=\{P\}-[A][K_s]\{w\}+[A][K_s]\{w^*\}-\{P_0\}$

将 $[A]$ $[K_s]$ $\{w\}$ 移至式（4-46）的左边，式（4-46）成为

$$\begin{bmatrix} K_{aa}K_{ab} \\ \cdots \\ K_{ba}K_{bb}+AK_s \end{bmatrix} \begin{Bmatrix} \theta \\ \cdots \\ w \end{Bmatrix} = \begin{Bmatrix} M \\ \cdots \\ P-P_0+AK_sw^* \end{Bmatrix} \tag{4-48}$$

解方程组（4-48），得到板节点位移 $\{\delta\}$，筏板内力则可用式（4-49）求得

$$\{F\}=[K_p]\{\delta\} \tag{4-49}$$

式中 $\{F\}$ ——筏板节点力列向量，其中单元节点力列向量为

$$\{F\}_e=\{m_{xi},m_{yi},V_i,m_{xj},m_{yj},V_j,m_{xl},m_{yl},V_l,m_{xk},m_{yk},V_k\}^{\mathrm{T}}$$

式中 m_x、m_y、V——表示各节点处 x、y 方向的弯矩和剪力。

节点集中基底反力由式（4-50）求得

$$\{R\}=[K_s]\{\delta_w\} \tag{4-50}$$

式中 $\{\delta_w\}$ ——只包括竖向位移的节点位移列向量。

i 节点的基底平均压力为

$$p_i=\frac{R_i}{b_il_i} \tag{4-51}$$

对于肋梁式筏板，需要分别建立肋梁单元和板单元刚度矩阵，利用节点处位移相同的条件将两类单元协调并组合到总刚度矩阵，一般忽略梁板中性轴不重合产生的附加力矩以简化计算。详情可参照有关文献。

4.7 箱形基础设计

箱形基础是由顶、底板和纵、横墙板组成的盒式结构，具有极大的刚度，能有效地扩

散上部结构传下的荷载，调整地基的不均匀沉降。箱形基础一般有较大的基础宽度和埋深，能提高地基承载力，增强地基的稳定性。箱形基础具有很大的地下空间，代替被挖除的土，因此具有补偿作用，对减少基础沉降和满足地基的承载力要求很有利。箱形基础设计中应考虑地下水的压力和浮力作用，在变形计算中应考虑深开挖后地基的回弹和再压缩过程。箱形基础施工中需解决基坑支护和施工降水等问题。

4.7.1 箱形基础的主要构造

（1）可以采用悬挑底板或全部箱基的办法去满足地基承载力、允许沉降量和倾斜的要求。当为满足地基承载力要求而扩大基础底面积时，宜在横向扩大，因为一般矩形箱基的纵向相对挠曲要比横向大得多，增加纵向尺寸会进一步加大纵向的挠曲。在确定箱基形心时应考虑各种因素对箱基倾斜的影响。对于均匀地基上的单幢建筑物，箱基形心宜与上部结构竖向荷载重心重合。当不能重合时，在永久荷载和楼（屋）面活荷载长期效应组合下，偏心距 e 宜符合下式的要求

$$e \leqslant 0.1W/A$$

式中 W——与偏心距方向一致的基础底面边缘抵抗矩；

A——基础底面积。

（2）箱基埋深应考虑抗倾覆和抗滑移的稳定性要求。对于抗震设防区的天然土质地基上的箱形基础，埋深不宜小于建筑物高度的1/15。

（3）为保证箱基有足够的整体刚度和纵横方向的受剪承载力，箱基应该具有足够的墙体面积。箱基的墙体应沿上部结构柱网和剪力墙纵横均匀布置，墙体水平截面总面积不宜小于箱基外墙外包尺寸的水平投影面积的1/10。对长宽比大于4的箱基，其纵墙截面积不得小于箱基外墙外包尺寸的水平投影面积的1/18。

（4）箱基的高度除满足建筑物功能要求外，不宜小于基础长度（不包括悬挑长度）的1/20，且不小于3m，以保证其具有足够刚度适应地基的不均匀沉降，减少上部结构由不均匀沉降引起的附加应力。

（5）箱基的底板和墙板的厚度应根据实际的受力情况和防渗要求确定。底板厚度不应小于300mm，外墙厚度不应小于250mm，内墙厚度不应小于200mm。

（6）箱基的混凝土强度等级不应低于C20。采用防水混凝土时，抗渗等级同筏基。

（7）箱基墙板应设置双面钢筋，竖向和水平钢筋的直径不应小于10mm，间距不应大于200mm。除上部为剪力墙外，内、外墙的墙顶处宜配置两根直径不小于20mm的通长构造钢筋。当箱基仅按局部弯曲计算时，顶、底板的配筋除满足计算要求外，纵横方向的支座钢筋尚应有1/2～1/3贯通全跨，且贯通钢筋的配筋率不应小于0.15%、0.10%；跨中钢筋应按实际配筋全部拉通。

箱形基础的其余构造要求可参见《高层建筑筏形与箱形基础技术规范》（JGJ 6—2011）。

4.7.2 箱形基础的地基计算

1. 地基承载力验算

箱基的地基承载力验算与其他浅基础相同，即在轴心荷载下满足 $p \leqslant f$ 以及在偏心荷载下满足 $p_{\max} \leqslant 1.2f$。但箱基常用于对倾斜控制较为严格的高层建筑，对于高层建筑下的

箱基，在偏心荷载下尚应满足 $p_{\min} \geqslant 0$ 的要求。对于抗震设防的建筑，应进行地基抗震承载力验算。当基础底面地震效应组合的边缘最小压力出现零应力时，零应力区的面积不应超过基础底面面积的15%。对高宽比大于4的高层建筑，则不宜出现零应力区。

箱基在地下水位以下部分的自重，在计算基底压力时，应扣除水的浮力。

2. 沉降计算

箱基一般有较大的埋深，深开挖引起的地基土回弹和随后的再压缩产生的沉降量往往在总沉降量中占重要地位，已不能忽略。即除了建筑物荷载产生的基底附加压力 p_0 引起的沉降外，土的自重 p_c 也会产生一定的沉降。但后者是一个再压缩过程，计算时应该采用土的再压缩参数。为此，在做室内压缩试验时，应进行回弹再压缩试验，其压力的施加应模拟实际加、卸荷的应力状态。

（1）用压缩模量计算箱基沉降量。

可按式（4-52）计算箱基的最终沉降量 s：

$$s = \sum_{i=1}^{n}\left(\psi' \frac{p_c}{E'_{si}} + \psi_s \frac{p_0}{E_{si}}\right)(z_i \overline{\alpha_i} - z_{i-1} \overline{\alpha_{i-1}}) \tag{4-52}$$

式中　ψ'——考虑回弹影响的沉降计算经验系数，无经验时可取 $\psi'=1$；

ψ_s——沉降计算经验系数，按地区经验采用；当缺乏地区经验时，可按《建筑地基基础设计规范》（GB 50007—2011）的规定采用；

p_0——相应于荷载效应准永久组合时基础底面处的附加压力值；

p_c——基础底面处地基土的自重压力标准值；

E'_{si}、E_{si}——基础底面下第 i 层土的回弹再压缩模量和压缩模量，应按该土层实际的应力变化范围取值；

z_i、z_{i-1}——基础底面至第 i 层、第 $i-1$ 层土底面的距离；

$\overline{\alpha_i}$、$\overline{\alpha_{i-1}}$——基础底面计算点至第 i 层、第 $i-1$ 层土底面范围内平均附加应力系数，可按《高层建筑筏形与箱形基础技术规范》（JGJ 6—2011）附录B采用；

n——沉降计算深度范围内所划分的地基土层数；沉降计算深度可按《建筑地基基础设计规范》（GB 50007—2011）的规定采用。

（2）用变形模量计算箱基沉降量。

用变形模量计算箱基沉降量是采用弹性理论公式，并考虑了地基中的三向应力作用、有效压缩层、基础刚度、形状及尺寸等因素对基础沉降变形的影响。变形模量用现场载荷试验确定。计算中采用基底压力代替基底附加压力，以近似解决深埋基础计算中的基坑回弹再压缩问题。沉降计算深度则采用经验的计算公式确定。计算公式如下：

$$s = p_k b \eta \sum_{i=1}^{n} \frac{\delta_i - \delta_{i-1}}{E_{0i}} \tag{4-53}$$

式中　p_k——相应于荷载效应准永久组合时基础底面处的平均压力值；

b——基础底面宽度；

δ_i、δ_{i-1}——与基础长宽比 L/b 及基础底面至第 i 层、第 $i-1$ 层土底面的距离 z 有关的无因次系数，可查表4-8；

E_{0i}——基础底面下第 i 层土的变形模量，通过试验或按地区经验确定；

η——修正系数，可按表4-9确定。

沉降计算深度 z_n 由式（4-54）计算：

$$z_n=(z_m+\xi b)\beta \tag{4-54}$$

式中 z_m——与基础长宽比有关的经验值，按表4-10确定；

ξ、β——折减系数和调整系数，分别按表4-10和表4-11确定。

表4-8　按 E_0 计算沉降时的 δ 系数

$m=2z/b$	$n=l/b$						$n\geqslant10$
	1	1.4	1.8	2.4	3.2	5	
0.0	0.00	0.000	0.000	0.000	0.000	0.000	0.000
0.4	0.100	0.100	0.100	0.100	0.100	0.100	0.104
0.8	0.200	0.200	0.200	0.200	0.200	0.200	0.208
1.2	0.299	0.300	0.300	0.300	0.300	0.300	0.311
1.6	0.38	0.394	0.397	0.397	0.397	0.397	0.412
2.0	0.446	0.472	0.482	0.486	0.486	0.486	0.511
2.4	0.499	0.538	0.556	0.565	0.567	0.567	0.605
2.8	0.542	0.592	0.618	0.635	0.640	0.640	0.687
3.2	0.577	0.637	0.671	0.696	0.707	0.709	0.763
3.6	0.606	0.676	0.717	0.750	0.768	0.772	0.831
4.0	0.630	0.708	0.756	0.796	0.820	0.830	0.892
4.4	0.650	0.735	0.789	0.837	0.867	0.883	0.949
4.8	0.668	0.759	0.819	0.873	0.908	0.932	1.001
5.2	0.683	0.780	0.834	0.904	0.948	0.977	1.050
5.6	0.697	0.798	0.867	0.933	0.981	1.018	1.096
6.0	0.708	0.814	0.887	0.958	1.011	1.056	1.138
6.4	0.719	0.828	0.904	0.980	1.031	1.090	1.178
6.8	0.728	0.841	0.920	1.000	1.065	1.122	1.215
7.2	0.736	0.852	0.935	1.019	1.088	1.152	1.251
7.6	0.744	0.863	0.948	1.036	1.109	1.180	1.285
8.0	0.751	0.872	0.960	1.051	1.128	1.205	1.316
8.4	0.757	0.881	0.970	1.065	1.146	1.229	1.347
8.8	0.762	0.888	0.980	1.078	1.162	1.251	1.376
9.2	0.768	0.896	0.989	1.089	1.178	1.272	1.404
9.6	0.772	0.902	0.998	1.100	1.192	1.291	1.431
10.0	0.777	0.908	1.005	1.110	1.205	1.309	1.456
11.0	0.786	0.922	1.022	1.132	1.238	1.349	1.506
12.0	0.794	0.933	1.037	1.151	1.257	1.384	1.550

注　l、b 为矩形基础的长度与宽度；z 为基础底面至该层土底面的距离值。

表 4-9　　修 正 系 数 η

$m=2z_n/b$	$0<m\leqslant 0.5$	$0.5<m\leqslant 1$	$1<m\leqslant 2$	$2<m\leqslant 3$	$3<m\leqslant 5$	$5<m\leqslant\infty$
η	1.00	0.95	0.90	0.80	0.75	0.70

表 4-10　　z_m 值和折减系数 ξ 值

L/b	$\leqslant 1$	2	3	4	$\geqslant 5$
z_m	11.6	12.4	12.5	12.7	13.2
ξ	0.42	0.49	0.53	0.60	1.00

表 4-11　　调 整 系 数 β 值

土　类	碎　石	砂　土	粉　土	黏性土	软　土
β	0.30	0.50	0.60	0.75	1.00

4.7.3　箱形基础的受力分析

建筑物的沉降观察资料和理论研究表明，均匀地基上平面规则的单幢建筑物箱基，如果上部结构布置也大体均匀，其挠曲曲线为正向挠曲的盆状形。但其纵向挠曲曲线的曲率并不随楼层的加高和荷载的增加而一直增加，最大曲率发生在施工到某临界楼层时。该临界楼层位置与上部结构形式、施工方式、结构构件的材性及就位时间有关。这是因为在施工初期，上部结构刚度尚未形成，随着荷载的增加，箱基挠曲曲线的曲率也不断增加。但随着混凝土的硬结，上部结构刚度逐渐形成并参与工作，在调整不均匀沉降的过程中，边（角）柱或端部墙段产生附加压力，中柱或中间墙段则产生附加拉力而卸荷，导致箱基整体挠曲及弯曲应力的减少。但上部结构刚度对基础的贡献也不是随层数的增加而始终增加的，研究表明，最下面几层楼层形成的刚度对减小基础内力有很大的贡献，随着上部结构刚度的不断增加，以后增加的刚度的贡献就越来越小（表 4-12）。

表 4-12　　楼层竖向刚度 K_V 对减小基础内力的贡献

层　次	1	2	3	4～6	7～9	10～12	13～15
K_V 的贡献（%）	17.0	16.0	14.3	9.6	4.6	2.2	1.2

对箱基顶、底板钢筋应力的大量测试表明，高层建筑箱基顶、底板的钢筋实测应力很小，一般仅 20～30N/mm^2，最大也只有 50N/mm^2，远小于钢筋的设计强度，也比考虑上部结构共同工作后计算的钢筋应力小很多。这是因为在设计中未考虑基底与土之间的摩擦力影响。研究发现，基底摩擦力的大小与土的性质、基底压力大小和分布情况有关，且由两端向中间逐渐增大。箱基顶、底板在基底摩擦力作用下分别呈拉、压状态，与箱基整体弯曲时的受力状态正好相反。对于底板，基底摩擦力的存在抵消了整体弯曲产生的全部拉应力，而在基底反力作用下处于压弯状态。顶板的受力与地基挠曲的大小有关。在硬土地区，箱基的整体弯曲小，顶板在竖向荷载下处于拉弯状态。在软土地区，箱基的整体弯曲较大，顶板则处于压弯状态。

综上所述，箱基顶、底板应力应该是局部弯曲应力、整体弯曲应力、由基底摩擦力产生的应力三者之和。上部结构参与工作对降低箱基的整体挠曲的曲率以及相应的应力有明显影响，而基底摩擦力则是降低顶、底板钢筋应力的主要因素。

4.7.4 箱形基础的结构设计

可按上部结构、箱形基础和地基共同作用的方法设计箱形基础，但这种计算很复杂，离普遍应用尚有距离。目前的实用设计方法是根据受整体弯曲影响的大小分为两种：

（1）当地基压缩层深度范围内的土层在竖向和水平方向较均匀、且上部结构是平立面布置较规则的剪力墙、框架、框架-剪力墙体系时，箱基的相对挠曲值很小。这时把上部结构看成绝对刚性，只按局部弯曲计算箱基顶、底板。

（2）当不符合只按局部弯曲计算箱基的条件时，箱基受整体弯曲的影响较大，顶、底板的计算应同时考虑局部弯曲和整体弯曲的作用。

1. 仅按局部弯曲计算

仅按局部弯曲计算时，顶板按周边固定的双向连续板计算，承受顶板自重和板上的活荷载作用。底板则为周边固定的倒双向连续板，荷载为基底净反力，即应扣除基础底板自重。最后按计算结果和4.7.1节的构造要求配筋。

2. 同时考虑局部弯曲和整体弯曲计算

计算整体弯曲时，将上部结构简化为等代梁，等代梁的等效刚度和箱形基础的刚度叠加得总刚度，按静定梁分析各截面的弯矩和剪力，并按刚度比将弯矩分配给箱基。

在按静定梁法计算总弯矩时，基底反力可按经验分布法取值，即把箱基底面（包括底板悬挑部分）划分成若干区格，并按下式计算各区格的基底反力：

$$\text{每区格基底反力}=\frac{\text{上部结构竖向荷载加箱形基础自重和挑出部分台阶上的土重}}{\text{基底面积}}\times\text{该区格的反力系数} \tag{4-55}$$

矩形平面的地基反力系数表，适用于上部结构与荷载比较匀称的单幢框架结构建筑物，并要求地基土比较均匀、底板悬挑部分不超过0.8m，不考虑相邻建筑物的影响以及满足规范规定的构造要求。当纵横方向荷载不很匀称时，应分别将不匀称荷载对纵横方向对称轴所产生的力矩值所引起的地基不均匀反力和按矩形平面地基反力系数表计算的反力叠加，力矩引起的地基不均匀反力按直线变化计算。地基反力系数可查《高层建筑筏形与箱形基础技术规范》（JGJ 6—2011）附录C。

计算净反力时，用台阶形的基底反力减去箱基自重压力，箱基自重压力按均布荷载处理。为简化计算，箱基整体弯曲常化为两个方向上的梁分别进行单向弯曲计算。此时，将箱基看成是计算方向的梁，地基线反力可用同一排（或列）区格反力系数的平均值。由于重复在两个方向计算，计算结果是偏大的，因此也有仅在纵向考虑整体弯曲计算的。箱基整体弯曲计算简图以及用静定法计算任一截面的整体弯矩 M 和剪力 V 见图4-35。

箱形基础所分配到的整体弯矩 M_F 可按式（4-56）计算：

$$M_F=M\frac{E_FI_F}{E_FI_F+E_BI_B} \tag{4-56}$$

其中，箱形基础的刚度 E_FI_F 可按工字形截面计算，工字形截面的上、下翼缘宽度分别为箱形基础顶、底板的全宽，腹板厚度为弯曲方向墙体厚度的总和。等代梁的等效刚度

$E_B I_B$ 可用式（4－57）计算，式中符号意义见图 4－36。

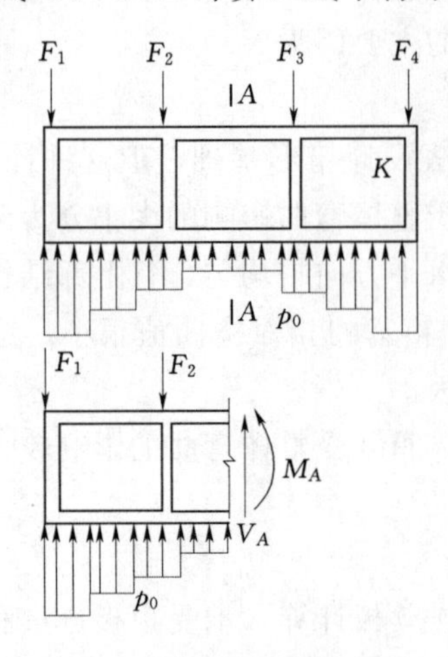

图 4－35 箱基整体弯曲计算简图

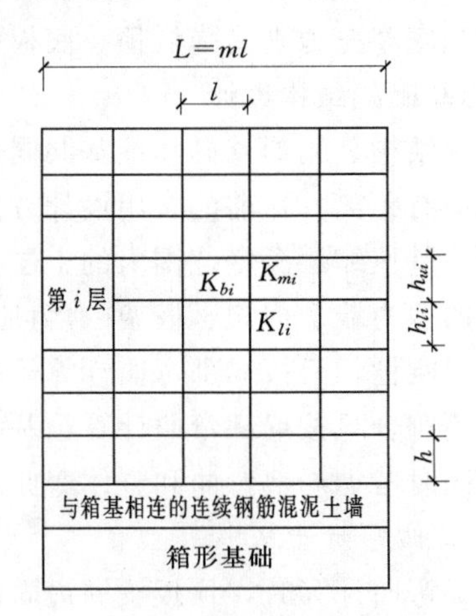

图 4－36 式（4－57）中各符号的意义

$$E_B I_B = \sum_{i=1}^{n} \left[E_b I_{bi} \left(1 + \frac{K_{ui} + K_{li}}{2K_{bi} + K_{ui} + K_{li}} m^2 \right) \right] + E_W I_W \tag{4-57}$$

式中 E_b——梁、柱的混凝土弹性模量；

K_{ui}、K_{li}、K_{bi}——第 i 层上柱、下柱和梁的线刚度，其值分别为 I_{ui}/h_{ui}、I_{li}/h_{li}、I_{bi}/l；

I_{ui}、I_{li}、I_{bi}——第 i 层上柱、下柱和梁的截面惯性矩；

h_{ui}、h_{li}——第 i 层上柱、下柱的高度；

l——上部结构弯曲方向的柱距；

L——上部结构弯曲方向的总长度；

E_W——在弯曲方向与箱形基础相连的连续钢筋混凝土墙的弹性模量；

I_W——在弯曲方向与箱基相连的连续钢筋混凝土墙的截面惯性矩，$I_w = th^3/12$；

t——在弯曲方向与箱形基础相连的连续钢筋混凝土墙体厚度的总和；

h——在弯曲方向与箱形基础相连的连续钢筋混凝土墙体的高度；

m——在弯曲方向的节间数；

n——建筑物层数。不大于 8 层时，n 取实际楼层数；大于 8 层时，n 取 8。

式（4－57）适用于柱距相等或相差不超过 20％的框架结构，当柱距不等时，l 应取平均值。

由于实测结果表明箱基的基底反力有从区格中间向墙下转移从而减少了板弯矩的情况，底板的局部计算弯矩应乘上折减系数 0.8。

在箱基顶、底板配筋时，应综合考虑承受整体弯曲的钢筋和承受局部弯曲的钢筋的配置部位，以充分发挥各截面钢筋的作用。其中整体弯矩 M_F 所需要的配筋量可近似按式（4－58）计算（图 4－37）。

$$M_F \leqslant A_s f_y Z \tag{4-58}$$

式中 A_s——底板受拉钢筋截面积；

f_y——受拉钢筋强度设计值；

Z——顶、底板中心线距离。

求出底板受拉钢筋面积 A_s 后，底板上、下层各布置 $A_s/2$，其中各有 $A_s/4$ 拉通配置，其余 $A_s/4$ 与局部弯曲的配筋叠加，可按需要切断。

3. 其他需要计算的内容

除上述箱基顶、底板的受弯计算外，尚需要计算的主要内容有：①底板的厚度应满足抗剪切和抗冲切的要求；②纵、横墙体抗剪切验算；③外墙和承受水平荷载的内墙的抗弯计算，可将墙身视为顶、底部固定的多跨连续板。外墙受土压力和水压力作用，一般可采用静止土压力；④洞口上、下过梁计算。以上内容可按《高层建筑筏形与箱形基础技术规范》（JGJ 6—2011）的规定进行计算。

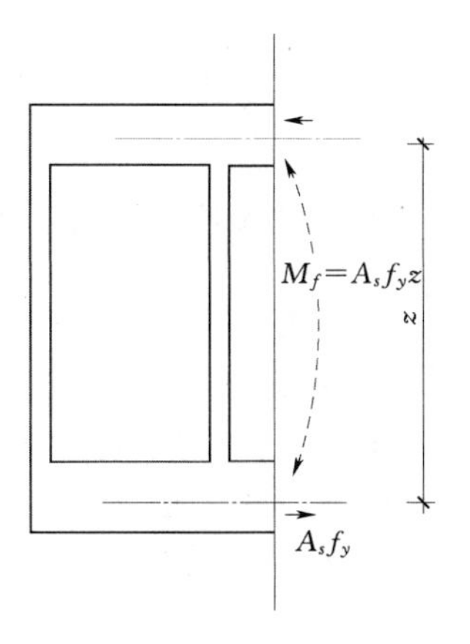

图4-37 整体弯矩配筋示意图

【例4-5】 已知：与箱形基础相连的设备层层高为2.2m，设备层外墙厚300mm。上部建筑为8层框架，层高为2.8m，框架柱截面500mm×500mm，框架纵梁截面300mm×500mm。框架梁、柱混凝土强度等级为C30，箱形基础混凝土强度等级为C20。上部结构作用于基础的荷载（对应于标准组合）情况如图4-38所示，横向荷载偏心距为0.1m，箱形基础自重18000kN。地基土第一层为粉质黏土，土层厚7.55m，$f_{ak}=130\text{kN/m}^2$，$\gamma=19.5\text{kN/m}^3$，$E_s=2790\text{kN/m}^2$，$E'_s=6100\text{kN/m}^2$；第二层为黏土，土层厚15.0m，$f_{ak}=200\text{kN/m}^2$，$\gamma=20\text{kN/m}^3$，$E_s=3180\text{kN/m}^2$，$E'_s=7200\text{kN/m}^2$，地下水位在基底以下1.0m。要求验算箱基沉降，沉降计算经验系数 $\psi_s=0.7$，考虑回弹影响的沉降计算经验系数 $\psi'=1.0$，并计算箱基整体弯矩。

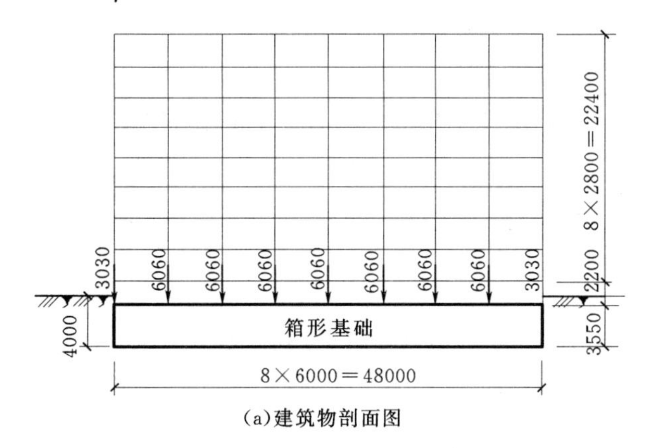

(a)建筑物剖面图

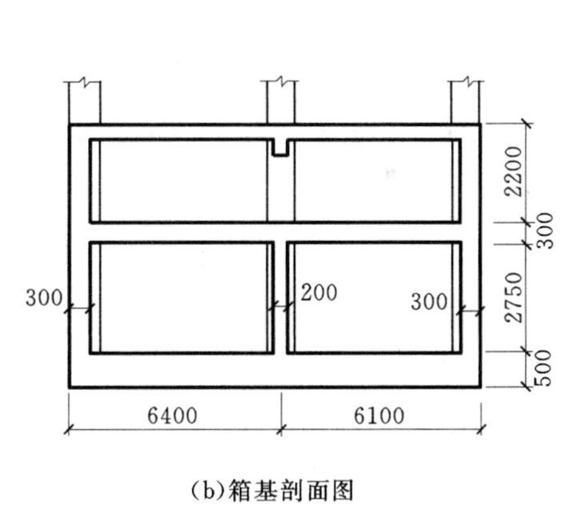

(b)箱基剖面图

图4-38 上部结构及箱基剖面示意图

（图中长度单位：mm，荷载单位：kN）

解：（1）地基承载力验算。

$$f_a=f_{ak}+\eta_b\gamma(b-3)+\eta_d\gamma_m(d-0.5)=130+0+1.0\times19.5(4-0.5)=198.25(\text{kPa})$$

$$1.2f_a=237.90(\text{kPa})$$

1）纵向地基反力。

上部总荷载：

$$N=3030\times 2+6060\times 7=48480(\text{kN})$$

由于荷载对称分布，M＝0。

基底平均反力：$p=\dfrac{48480+18000}{48\times 12.5}=110.80(\text{kPa})\leqslant f_a$

2）横向地基反力。

取一个开间作为计算单元。偏心距 $e=0.1\text{m}\leqslant b/60=12.5/60=0.208\text{m}$，满足要求。

上部荷载：$N=6060\text{kN}$。

荷载偏心产生的弯矩：

$$M=6060\times 0.1=606(\text{kN}\cdot\text{m})$$

基底平均反力：

$$p=\frac{6060+18000/8}{6\times 12.5}=110.80(\text{kPa})\leqslant f_a$$

基底反力最大值：

$$p_{\max}=110.80+\frac{606}{6\times 12.5^2/6}=114.70(\text{kPa})\leqslant 1.2f_a$$

基底反力最小值：

$$p_{\min}=110.80-\frac{606}{6\times 12.5^2/6}=106.90(\text{kPa})>0$$

上述计算表明，地基承载力满足要求。

（2）基础沉降计算。

地基附加压力 P_0 引起沉降 s_2 按下式计算：

$$s_2=\psi_s\sum_{i=1}^{n}\Delta s'_i=\psi_s\sum_{i=1}^{n}\frac{p_0}{E_{si}}(z_i\bar{\alpha}_i-z_{i-1}\bar{\alpha}_{i-1})$$

沉降计算要求采用荷载的准永久组合，在此近似采用标准组合。基底有效附加压力近似为：

$$p_0=p-\gamma d=110.80-19.5\times 3.55=41.575\text{kPa}\leqslant 0.75f_{ak}=97.5\text{kPa}$$

基础沉降计算深度：

$$z_n=b(2.5-0.4\ln b)=12.5\times(2.5-0.4\ln 12.5)=18.62\text{m}$$

取沉降计算深度为19m，列表计算如下［表4－13（a）］。

表4－13（a） 附加应力引起沉降计算

l/b			24/6.25＝3.84		
z_i（m）	0	4	9	14	19
z_i/b	0	0.64	1.44	2.24	3.04
$\bar{\alpha}_i$	4×0.25＝1	4×0.2401＝0.9604	4×0.2203＝0.8812	4×0.1933＝0.7732	4×0.1701＝0.6804

续表

$z_i\bar{\alpha}_i$	0	3.84	7.93	10.82	12.93
$z_i\bar{\alpha}_i - z_{i-1}\bar{\alpha}_{i-1}$		3.84	4.09	2.89	2.11
E_{si} (kPa)		2790	3180	3180	3180
p_0/E_{si}		0.0149	0.0131	0.0131	0.0131
Δs_i (m)		0.057	0.054	0.038	0.028

沉降计算经验系数 $\psi_s=0.7$，则地基附加压力 P_0 引起沉降为：

$$s=\psi_s\sum\Delta s_i=0.7\times(0.057+0.054+0.038+0.028)=0.1239(\text{m})$$

地基回弹再压缩引起沉降 s_1 按下式计算：

$$s_1=\psi_s\sum_{i=1}^{n}\Delta s'_i=\psi_s\sum_{i=1}^{n}\frac{p_0}{E_{si}}(z_i\bar{\alpha}_i-z_{i-1}\bar{\alpha}_{i-1})$$

基底自重应力：

$$P_C=19.5\times3.55=69.225(\text{kPa})$$

列表计算如下［表 4-13（b）］。

表 4-13（b）　回弹再压缩引起沉降计算

l/b			24/6.25=3.84		
z_i(m)	0	4	9	14	19
z_i/b	0	0.64	1.44	2.24	3.04
$\bar{\alpha}_i$	4×0.25 =1	4×0.2401 =0.9604	4×0.2203 =0.8812	4×0.1933 =0.7732	4×0.1701 =0.6804
$z_i\bar{\alpha}_i$	0	3.84	7.93	10.82	12.93
$z_i\bar{\alpha}_i - z_{i-1}\bar{\alpha}_{i-1}$		3.84	4.09	2.89	2.11
E'_s(kPa)		6190	7200	7200	7200
p_0/E'_s		0.0113	0.0096	0.0096	0.0096
Δs_i(m)		0.043	0.039	0.028	0.020

地基回弹再压缩引起沉降：

$$s_1=\psi'\sum\Delta s_i=1.0\times(0.043+0.039+0.028+0.020)=0.130(\text{m})$$

地基最终沉降为 $s=s_1+s_2=0.130+0.124=0.254\text{m}$

（3）箱形基础横向整体倾斜计算。

基底附加压力：

$$p_{0\min}=p_{\min}-\gamma d=106.9-19.5\times3.55=37.675(\text{kPa})$$

$$p_{0\max}=p_{\max}-\gamma d=114.7-19.5\times3.55=45.475(\text{kPa})$$

横向整体倾斜计算时，先计算箱基两纵向边缘中心点的沉降，然后计算两点沉降差，从而求出基础横向整体倾斜（图 4-39）。

沉降计算时，将基底附加应力分成矩形分布和三角形分布，分别求出相应的每点处的沉降，最后进行叠加求得横向整体倾斜值，其计算过程如

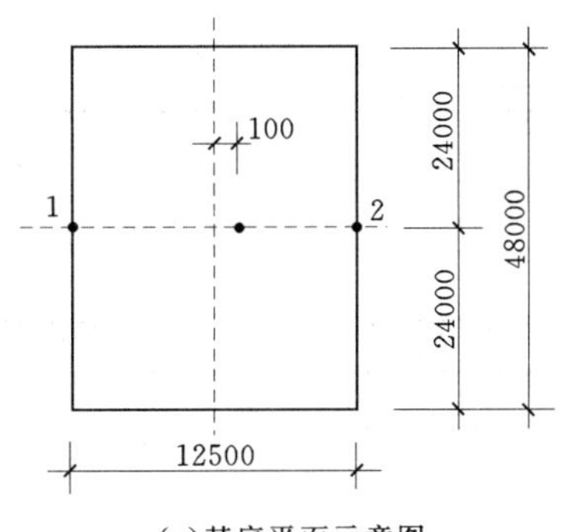

(a)基底平面示意图

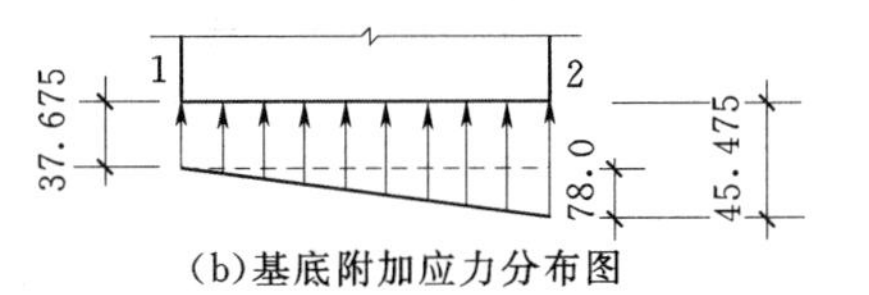

(b)基底附加应力分布图

图 4-39　横向整体倾斜计算简图

表 4-13（c）～（e）。

表 4-13（c） 矩形分布附加压力产生的第 1、2 点沉降计算

l/b			24/12.5=1.92		
z_i(m)	0	4	9	14	19
z_i/b	0	0.32	0.72	1.12	1.52
$\overline{\alpha}_i$	2×0.25 =0.5	2×0.2490 =0.4980	2×0.2422 =0.4844	2×0.2294 =0.4588	2×0.2141 =0.4282
$z_i\overline{\alpha}_i$	0	1.9920	4.3596	6.4232	8.1358
$z_i\overline{\alpha}_i-z_{i-1}\overline{\alpha}_{i-1}$		1.9920	2.3676	2.0636	1.7126
E_{si}(kPa)		2790	3180	3180	3180
p_0/E_{si}		0.014	0.012	0.012	0.012
Δs_i(m)		0.028	0.028	0.025	0.021

故矩形分布附加压力产生的 1、2 点地基沉降为：

$$s=\psi_s\sum\Delta s_i=0.7\times(0.028+0.028+0.025+0.021)=0.0714(\text{m})$$

表 4-13（d） 三角形分布附加压力产生的第 1 点沉降计算

l/b			24/12.5=1.92		
z_i(m)	0	4	9	14	19
z_i/b	0	0.32	0.72	1.12	1.52
$\overline{\alpha}_i$	0	0.0470	0.0900	0.1122	0.1206
$z_i\overline{\alpha}_i$	0	0.1880	0.8100	1.5708	2.2914
$z_i\overline{\alpha}_i-z_{i-1}\overline{\alpha}_{i-1}$	0	0.1880	0.6220	0.7608	0.7206
E_{si}(kPa)		2790	3180	3180	3180
p_0/E_{si}		2.796×10^{-3}		2.453×10^{-3}	
Δs_i(m)		0.526×10^{-3}	1.526×10^{-3}	1.866×10^{-3}	1.768×10^{-3}

故三角形分布附加压力产生的 1 点地基沉降为：

$$s=\psi_s\sum\Delta s_i=0.7\times(0.526+1.526+1.866+1.768)\times10^{-3}=0.00398(\text{m})$$

表 4-13（e） 三角形分布附加压力产生的第 2 点沉降计算

l/b			24/12.5=1.92		
z_i(m)	0	4	9	14	19
z_i/b	0	0.32	0.72	1.12	1.52
$\overline{\alpha}_i$	0	0.4504	0.3938	0.3462	0.3068
$z_i\overline{\alpha}_i$	0	1.8016	3.5442	4.8468	5.8292
$z_i\overline{\alpha}_i-z_{i-1}\overline{\alpha}_{i-1}$	0	1.8016	1.7426	1.3026	0.9824
E_{si}(kPa)		2790	3180	3180	3180
p_0/E_{si}		2.796×10^{-3}		2.453×10^{-3}	
Δs_i(m)		5.037×10^{-3}	4.275×10^{-3}	3.195×10^{-3}	2.410×10^{-3}

故三角形分布附加压力产生的2点地基沉降为：

$$s=\psi_s \sum \Delta s_i = 0.7\times(5.037+4.275+3.195+2.410)\times10^{-3}=0.01044(\mathrm{m})$$

第1点与第2点之间相对沉降差为：

$$\Delta s_{12}=(0.0714+0.01044)-(0.0714+0.00398)=0.00646(\mathrm{m})$$

横向倾斜值：$\alpha=\dfrac{0.00646}{12.5}=0.5168‰$

在非地震区，箱形基础横向倾斜允许值为：

$$[\alpha]=\frac{b}{100H}=\frac{12.5}{100\times24.6}=5.0813‰$$

故基础横向倾斜满足要求。

(4) 基底反力计算。

将基础底面划分为40个区格，其中沿纵向8个，横向5个（图4-40）。为简化计算，在计算纵向反力系数时，可假设沿横向各区格反力系数为均匀分布，大小取其平均值。则当$l/b=48/12.5=3.84$时，纵向各区格反力系数为［参见《高层建筑筏形与箱形基础技术规范》(JGJ 6—2011) 附录C］：

$$\alpha_1=(0.976+0.870+0.859+0.870+0.976)/5=0.910$$

$$\alpha_2=(0.987+0.881+0.869+0.881+0.987)/5=0.921$$

$$\alpha_3=(1.043+0.930+0.919+0.930+1.043)/5=0.973$$

$$\alpha_4=(1.282+1.143+1.129+1.143+1.282)/5=1.196$$

上部结构与箱基总重：

$$\sum P=3030\times2+6060\times7+18000=66480\mathrm{kN}$$

沿纵向各区段基底反力：

$$p_1=\frac{66480}{48}\times0.910=1260.35\mathrm{kN/m}$$

$$p_2=\frac{66480}{48}\times0.921=1275.59\mathrm{kN/m}$$

$$p_3=\frac{66480}{48}\times0.973=1347.61\mathrm{kN/m}$$

$$p_4=\frac{66480}{48}\times1.196=1656.46\mathrm{kN/m}$$

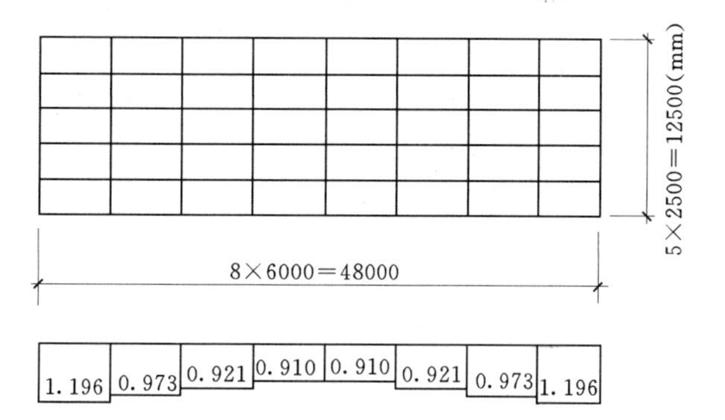

图4-40 基底区格划分及纵向各区格平均反力系数

扣除箱基自重后的基底反力：

$$p_1'=1260.35-\frac{18000}{48}=885.35\mathrm{kN/m}$$

$$p_2'=1275.59-\frac{18000}{48}=900.59\mathrm{kN/m}$$

$$p_3'=1347.61-\frac{18000}{48}=972.61\mathrm{kN/m}$$

$$p_4'=1656.46-\frac{18000}{48}=1281.46\mathrm{kN/m}$$

在上部结构荷载和基底净反力共同作用下，箱基整体弯曲计算简图如图 4-41 所示。

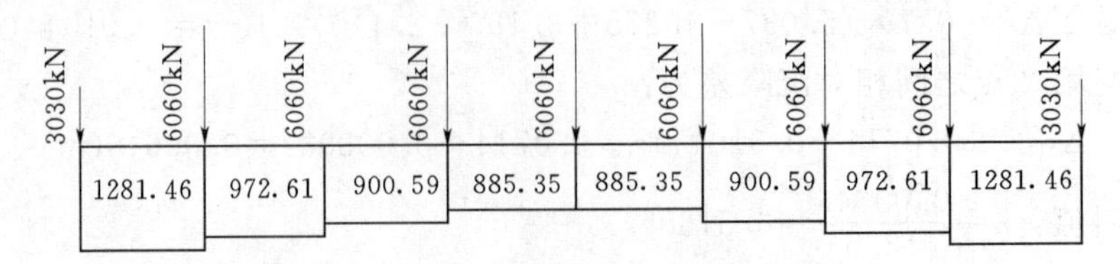

图 4-41　箱基纵向整体弯曲计算简图

纵向跨中总弯矩：

$$
\begin{aligned}
M =& 1281.46\times6\times(6/2+18)+972.61\times6\times(6/2+12)\\
&+900.59\times6\times(6/2+6)+885.35\times6\times6/2\\
&-3030\times24-6060\times18-6060\times12-6060\times6\\
=& 22687.02(\mathrm{kN\cdot m})
\end{aligned}
$$

（5）箱形基础内力分析。

1）箱基刚度 E_gJ_g 计算。

刚度计算时，箱形基础截面按工字形截面计算（图 4-42），惯性矩近似计算为：

$$J_g=\frac{1}{12}[12.5\times3.55^3-(12.5-0.8)\times2.75^3]=26.3260(\mathrm{m^4})$$

$$E_g=E_c=2.6\times10^7(\mathrm{kN/m^2})$$

$$E_gJ_g=26.3269\times2.6\times10^7=68.4476\times10^7(\mathrm{kN\cdot m^2})$$

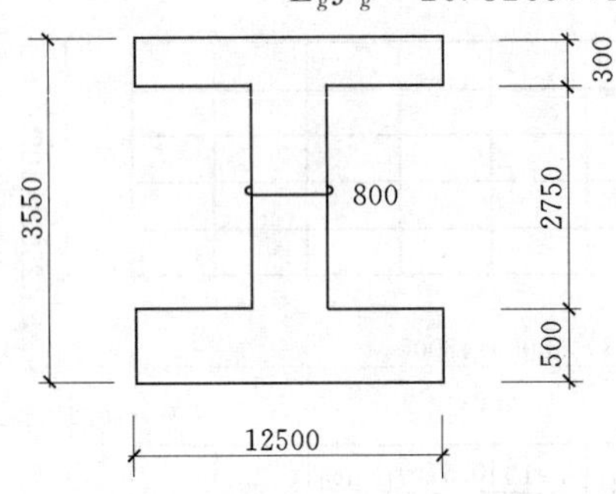

图 4-42　折算工字形截面

（单位：mm）

2）上部结构刚度 E_BJ_B 计算。

设各层连续钢筋混凝土墙的弹性模量：

$$E_W=2.6\times10^7(\mathrm{kN/m^2})$$

纵向连续钢筋混凝土墙的截面惯性矩：

$$J_W=2\times\frac{1}{12}\times0.3\times2.20^3=0.5324(\mathrm{m^4})$$

各层上、下柱截面惯性矩：

$$J_{ui}=J_{li}=3\times\frac{1}{12}\times0.50\times0.50^3=0.0156(\mathrm{m^4})$$

各层纵梁截面惯性矩：

$$J_{bi}=3\times\frac{1}{12}\times0.30\times0.50^3=0.0094(\mathrm{m^4})$$

各层上、下柱及纵梁的线刚度：

$$K_{ui}=K_{li}=\frac{0.0156}{2.8}=0.0056(\mathrm{m^3})$$

$$K_{bi}=\frac{0.0094}{6}=0.0016(\mathrm{m^3})$$

上部结构混凝土弹性模量：

$$E_B=3.0\times10^7(\mathrm{kN/m^2})$$

上部结构总折算刚度：

$$E_BJ_B = \sum_{i=1}^{n}\left[E_{bi}J_{bi}\left(1+\frac{K_{ui}+K_{li}}{2K_{bi}+K_{ui}+K_{li}}m^2\right)\right]+E_wJ_w$$

$$=7\times3.0\times10^7\times0.0094\times\left[1+\frac{0.0056+0.0056}{2\times0.0016+0.0056+0.0056}\times\left(\frac{48}{6}\right)^2\right]$$

$$+3.0\times10^7\times0.0094\times\left[1+\frac{0.0056}{2\times0.0016+0.0056}\times\left(\frac{48}{6}\right)^2\right]+2.6\times10^7\times0.5324$$

$$=125844820(\text{kN}\cdot\text{m}^2)$$

3）箱形基础整体弯矩。

$$M_g = M\frac{E_gJ_g}{E_gJ_g+E_BJ_B}$$

$$=22686.12\times\frac{684476000}{684476000+125844820}=19162.91(\text{kN}\cdot\text{m})$$

按箱形基础整体弯曲计算箱基底板配筋为：

$$A_s=\frac{1.2\times M_g}{0.9f_yh_0B}=\frac{1.2\times19162.91\times10^6}{0.9\times310\times3400\times12.5}=1939.3(\text{mm}^2/\text{m})$$

再与箱基局部弯曲配筋相叠加，通常将底板底面局部弯曲配筋与整体弯曲配筋叠加，底板顶面按局部弯曲计算配筋。

4.8 补偿性基础概要

在筏板基础和箱形基础两节中都提到基础的“补偿性”概念，这一概念可以用图4-43所示的基础施工过程说明。图4-43（a）是原有地基的情况，地下水位在地表下d_1处。图4-43（b）表示开挖基坑至d_2深处（$d_2>d_1$），挖去的土和水的总重量为G。图4-43（c）表示在开挖的基坑内建造建筑物，包括基础和上部结构的总重量为G，建筑物完工后的地下水位恢复到原来的d_1位置。

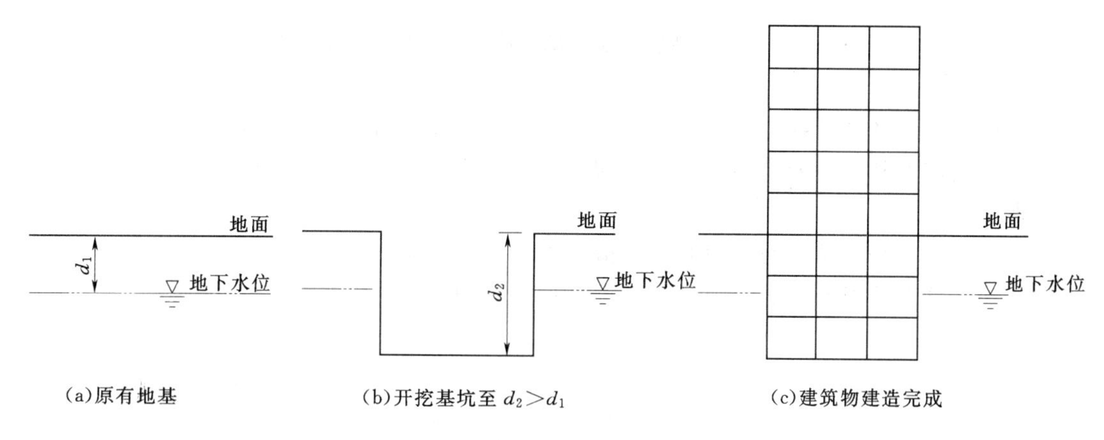

图4-43 补偿性基础的施工过程

由于d_2面以上的总压力和地下水位均无变化，所以基底以下土中的有效应力也无变化。因为沉降是由有效应力增量产生的，因此当直接从图4-43（a）情况转入图4-43（c）情况时，地基不发生沉降。同样的，由于地基中不产生附加应力，也不会发生剪切破坏。当施加的建筑物总荷载（扣除地下水浮力）等于挖除的有效土重时，建筑物的沉降为零，这就是补偿性基础的概念。在工程中为减少建筑物的沉降和不均匀沉降值，有时可采用补偿性基础。如果建筑物总荷载大于挖除的土重，建筑物还会产生一定的沉降，但该沉降仅由建筑物荷载与挖除土重的差值产生，小于一般实体基础的沉降量，则称为部分补偿性基础。当然，当建筑物荷载小于挖除的土重时便成为超补偿基础了。

但实际上要从图 4－43（a）转入图 4－43（c），必须先经过图 4－43（b）阶段。在图 4－43（b）阶段，由于基坑土的重量被卸除而引起坑底土隆起，因此，即使建筑物重量不超过被卸除土的重量，仍会产生沉降，不过这是一个回弹再压缩过程，压缩量小于正常压缩值，可以用土的再压缩模量计算。在估计这类建筑物沉降时应考虑这部分沉降值。

补偿性基础一般都有较大的埋深，因此在基坑施工时会遇到一系列问题，例如施工降水、开挖对周围环境的影响等。以下仅对减少坑底隆起的施工方法作一介绍。

工程中基坑土隆起的原因有 3 个：①移去上覆土荷载后的弹性回弹；②基坑暴露一段时间后，由于压力减小，水楔入坑底土造成土的含水量增加，土体膨胀；③基坑开挖接近临界深度时，其周围土体向坑内的塑性位移。加快施工速度，即开挖后立即加荷可以消除大部分由于第②条原因引起的隆起量。对第③条原因，应采用足够的抗隆起安全系数。

为减少基坑应力解除产生的坑底隆起量，可采用分阶段开挖并及时用建筑物荷载替代的方法。较浅开挖的坑底回弹量远比深开挖小。为此，可先开挖至基坑的一半深度，此时坑底回弹很小。余下的土方采用“重量逐步置换法”，按箱基隔墙的位置逐个开挖基槽，至基底标高后，在槽内浇筑钢筋混凝土隔墙，以墙的重量代替挖除的土重。当全部墙板完成后，有条件的还可以建造部分上部结构。然后依次挖去墙间土并浇筑底板，形成封闭空格后立即充水加压。由于第二阶段的卸荷范围小、时间短，从而大大减少了坑底隆起量。

降水可减少坑底隆起量，因为降水使土中有效应力增加、坑底土压缩并得到改善，而在建筑物荷载施加时，地下水位又逐渐恢复到原有位置。但应注意降水引起的环境问题。

复习思考题

1. 柱下条形基础的内力有哪些计算方法？适用条件和精度有何差异？

2. 文克尔地基梁中如何划分无限长梁、半无限长梁、有限长梁和刚性梁？如何计算各类梁的内力？

3. 如何计算筏板基础的内力？什么情况下可采用倒梁法计算？

4. 如何计算箱形基础的内力和地基沉降量？其构造上有哪些要求？

第5章 桩 基 础

5.1 概 述

5.1.1 桩基础的历史回顾

桩基础是最古老的基础形式之一。有关文献资料表明，在人类有历史记载以前，就已经在地基土条件不良的河谷及洪积地区采用桩基础来建造房屋；在许多不同文化时期的初期，都可以找到桩基础的房屋。1981年在智利发掘的文化遗址所见到的桩，距今大约有12000～14000年。根据我国历史文物遗址的发掘揭示，在浙江宁波余姚市的河姆渡村发掘的新石器时代文化遗址，出土了占地约4万m^2的木桩和木结构遗存，这是太平洋西岸迄今发现的时间最早的一处文化遗址，也是环太平洋地区迄今发现的规模最大、最具有典型意义的一处文化遗址和木桩遗存。经测定，其浅层第二、第三文化层大约距今6000年，深层第四文化层大约距今7000年。作为古代干阑式木结构建筑的基础是由圆木桩、方木桩和板桩组成的桩基础。圆木桩直径在6～8cm之间，板桩厚2.4～4.0cm，宽10～50cm，木桩均系下部削尖，入土深度最深达115cm，这是最早的桩的雏形。桩基础用于桥梁，历史也极为悠久。据《水经注》记载，公元前532年在今山西汾水上建成的三十墩柱木柱梁桥，即为桩柱式桥墩。桩基经久耐用，我国秦代的渭桥、隋朝的郑州超化寺、五代的杭州湾大海堤、南京的石头城和上海的龙华塔等，都是我国古代桩基础的典范。

表5-1给出了桩基技术发展历史的简要概括。不过，桩基技术的内涵是如此的丰富，读者显然不能期望能从一本书了解到桩基技术发展历史的全貌。但关于桩基技术发展的历史过程中，下述几点情况应予以特别的注意：

(1) 桩基技术的发展受工业化的影响巨大，如水泥工业的问世，现代钢铁工业的高速发展，以及化学工业的崛起，都使桩基技术及其应用形成了一个独特的时期或阶段。而且，由于某一地区或国家的历史及环境背景，往往出现最古老的桩型和现代化的桩型同时共存，例如，至今在我国某些地区和工程中木桩仍有应用。

(2) 由于桩型及施工工艺的不断推陈出新，无论是在桩基的设计理论和概念上，还是在桩的效用上，都产生了许多实质性的变化，桩的应用及成桩工艺比过去更为多样化和复杂化。特别是在桩基的设计和施工领域中提出了许多新的甚至是“离经叛道”的概念，例如，塑性支承桩概念、复合桩基理论、桩基逆作法，热加固成桩……在桩的应用上，除了承受竖向荷载外，还用以承受斜向的甚至是水平向的荷载，而且在有些情况下，桩仅用于改善桩周围土的承载力，而不是由桩直接承担结构物的荷载。

(3) 随着桩基技术的改良和发展，桩已不只是单独地被应用，在许多情况下，它与其他的基础形式或工艺联合应用，例如，化学灌浆排桩联合护壁等，以适应上部建筑的超重荷载、深基坑开挖等的需要。此外，桩的发展趋势表明，桩身的超高强度、大直径、超长度、无公害沉桩工艺，以及完美的施工控制技术等已经成为未来桩基改良和发展的重要内容。

表 5-1 桩基技术的发展历史阶段

阶段	年代	主要桩型	特 点
初期阶段	人类有历史记载以前（我国 7000 多年前）到 19 世纪（部分国家和地区至 20 世纪中期）	木桩 石桩	1. 有天然材料制作而成，桩身较短，桩径小； 2. 桩竖直设置，主要用于传递竖向荷载； 3. 多设置于地基条件不良的河谷及洪积地区； 4. 采用简单人工锤打沉桩
发展阶段	19 世纪中叶到 20 世纪 20 年代	除天然材料做成的桩外，主要是混凝土桩和钢筋混凝土桩	1. 受水泥工业出现及其发展的影响； 2. 桩型不多，开始使用打桩机械沉桩； 3. 桩基设计理论和施工技术比较简单，处于“萌芽”阶段； 4. 桩身尺寸有所扩大，桩径约 30cm，桩长 9～15m； 5. 土力学的建立为桩基技术的发展提供了理论基础
现代化阶段	第二次世界大战后到现在	除钢筋混凝土桩外，发展了一系列的桩系，如钢桩系列、水泥土桩系列、特种桩（超高强度、超大直径、变截面等）系列，以及天然材料的砂桩、灰土桩和石灰桩等	1. 发展了众多的桩型和工法，形成现代桩基的各种不同体系； 2. 桩基技术和理论引进了其他学科的先进的研究成果，大大地拓宽了它的研究领域和深度，桩的应用范围大大扩展； 3. 人工沉桩被复杂的机械和专门化的工艺代替

（4）桩基的施工监测和检测，因工程的需要，已形成一项相当丰富有效的技术。近年来，桩基检测领域取得了长足的发展，检测技术更加趋于成熟和先进，有关桩基检测的标准、规范相继发布、施行，使桩基检测工作进一步规范化，对保证工程质量起到了良好的作用。但在实际工程中采用哪种检测理论和方法对桩基工程施工质量的检测结果评定是最合理的，有待于进一步探讨和总结。

5.1.2 桩基础的适用性

桩基础通常作为荷载较大的结构（建筑）物的基础，具有承载力高、稳定性好、沉降量小而均匀、便于机械化施工、适应性强等特点。对下述情况，一般可考虑选用桩基础方案：

（1）地基上层土的土质太差而下层土的土质较好；或地基土软硬不均；或荷载不均，不能满足上部结构对不均匀变形限制的要求。

（2）地基软弱或地基土性特殊，如存在较深厚的软土、可液化土层、自重湿陷性黄土、膨胀土及季节性冻土等，采用地基改良和加固措施不合适。

（3）除承受较大竖向荷载外，尚有较大的偏心荷载、水平荷载、动力或周期性荷载作用。

（4）上部结构对基础的不均匀沉降相当敏感，不允许有过大的沉降或差异沉降；或建筑物受到大面积地面超载的影响。

（5）地下水位很高，采用其他基础形式施工困难；或位于水中的构筑物基础，如桥梁、码头、采油平台等。

（6）需要长期保存、具有重要历史意义的建筑物。

5.1.3 高层建筑桩基础

随着我国改革开放的深入，城市建设也随之迅速发展。作为现代城市重要特征之一的高层建筑如雨后春笋拔地而起，使城市面貌大为改观。仅以上海为例，截至2011年，上海共有24m以上的高层建筑14000余幢，其中100m以上的超高层建筑达400多幢。高层建筑的特点是高，由此导致一方面竖直荷载大而集中；另一方面重心高，对倾斜十分敏感，且在风和地震水平荷载作用下会产生巨大的倾覆力矩，故其对基础的承载力、稳定性和差异沉降要求很高。因此，在松软深厚地基上建造高层建筑时，若采用天然地基上的浅基础，即使整板基础亦往往不能满足上述要求，而桩基础则以其巨大的承载潜力和抵御复杂荷载特殊能力以及对各种地质条件的良好适应性，而成为高层建筑的理想基础形式。上海浦东金贸大厦，88层、高420.5m，采用桩筏基础，筏厚4.0m、埋深18.45m，桩长83m、桩径700mm的钢管桩429根；上海浦东环球金融中心，地上101层、地下3层、高492m，采用桩筏基础，筏厚4.5m、埋深19.65m，桩长79 m、桩径700mm的钢管桩1177根。2008年11月开工、预计2014年竣工的上海中心大厦，地上121层、地下5层、高632m（主楼建筑结构高度580m），采用桩筏基础，筏厚6.0m、埋深30.0m，桩径1000mm、主楼核心筒内桩长86m、核心筒外桩长82m及裙房桩长64m的后注浆钻孔灌注桩955根。事实上，桩基础已经成为松软深厚地基上高层建筑的主要基础形式。桩基工程是否能实现其预定功能，并达到技术先进、经济合理，完全取决于设计与施工质量。

高层建筑对桩基础的基本要求是：超常的竖向与水平向承载力和刚度，以及良好的整体性。考虑到高层建筑桩基础比一般建筑桩基础要复杂得多，因此，本章从高层建筑桩基础的特点与要求出发，阐述桩型选择、桩基的结构型式、工作性状、设计原理与计算方法。

1. 高层建筑桩基础的作用特点

（1）桩支承于坚硬的（基岩、密实的卵砾石层）或较硬的（硬塑黏性土、中密砂等）持力层，具有很高的竖向单桩承载力或群桩承载力，足以承担高层建筑的全部竖向荷载（包括偏心荷载）。如深圳国际贸易中心大厦，筒中筒结构，地上50层、地下3层，高160.5m，折算基底压力达752.5kPa，只用了58根人工挖孔桩，桩长20.0～28.0m，桩径3100mm（4根）、2600mm（8根）、2200mm（46根）3种，桩底嵌固于凝灰质微风化砂岩，其允许抗压强度为7500kPa，因而单桩允许承载力极高，桩径3100mm的桩为40205kN，桩径2600mm的桩为27457kN，桩径2200mm的桩为18632kN。上海中心大厦对桩径1000mm、桩长为52m的4根桩端后注浆灌注桩做过静载试验，考虑安全系数后单桩承载力可达12000kN。上海金贸大厦桩的平均荷载7000kN，施工前在现场对6根桩径914mm的钢管桩进行静载试验，单桩容许承载力为7500kN。上海环球金融中心桩的平均荷载3221kN，在施工前在现场对15根桩径700mm的钢管桩进行静载试验，其中，深度80m的7根、深度79m的1根、深度60m的4根、深度48m的3根，桩长79m、60m、80m和60m的4根典型桩的极限承载力分别为11000kN、9600kN、10960kN和7520kN。

（2）桩基具有很大的竖向单桩刚度（端承型桩）或群桩刚度（摩擦型桩），在建筑物自重或相邻荷载影响下，不会产生过大的不均匀沉降，并能确保建筑物的倾斜不超过允许范围。

（3）凭借巨大的单桩侧向刚度（大直径桩）或群桩基础的侧向刚度及其整体抗倾覆能力，能抵御风和地震引起的水平荷载与力矩荷载，保证高层建筑的抗倾覆稳定性。

（4）箱、筏承台底土分担上部结构荷载。如德国法兰克福展览会大楼，筒中筒结构，桩筏基础，56层，高256m，仅用64根桩径1300mm钻孔桩，长度26.9～34.9m，建筑物总重1880MN，筏底土分担25%的荷载。上海某高层住宅，框架剪力墙结构，16层，高56.5m，桩箱基础，箱基底板尺寸为49.95m×14.2m，钢筋混凝土预制方桩500mm×500mm，桩长26m，桩距1.65～3.3 m，共布桩209根，箱基底土分担建筑物荷载大约17.5%。2002年建成的陕西省邮政电信网管中心大楼，主楼采用剪力墙薄壁内筒和密排柱外框筒组成的筒中筒结构，39层，总高度为143.3m，整体桩筏基础，厚度为2.5m，钢筋混凝土灌注桩，直径为0.8m，长为60m，桩尖落在中砂层，共271根，单桩极限承载力为13100kN。实测桩承担86%建筑物荷载，而筏基承担14%荷载。表5-2给出国内外17幢建筑物的桩筏（箱）荷载分担的现场实测资料。

（5）桩身穿过可液化土层而支承于稳定的坚实土层或嵌固于基岩，在地震引起浅层土液化与震陷的情况下，桩基凭靠深部稳固土层仍具有足够的抗压与抗拔承载力，从而确保高层建筑的稳定，且不产生过大的沉陷与倾斜。

2. 高层建筑桩基础的基本形式

由于高层建筑结构体系多种多样，地基条件千变万化，桩工技术不断进步，从而使得高层建筑桩基础的结构型式也灵活多样。归纳起来，主要有以下几种：桩柱基础、桩梁基础、桩墙基础、桩筏基础和桩箱基础。下面分别说明它们的特点和适用条件。

（1）桩柱基础。桩柱基础即柱下独立桩基础，可采用一柱一桩或一柱数桩基础。为了加强基础结构的整体性，特别是提高桩基抵御水平荷载的能力，在各个桩柱基础之间通常设置拉梁，或将地下室底板适当加强。

桩柱基础是框架结构或框剪、框支剪、框筒等结构的高层建筑的一种造价较低的基础形式。

单桩柱基一般只适用于端承桩。因为各个基础之间只有拉梁相连，几乎没有调整差异沉降的能力，而框架结构又对差异沉降很敏感。如深圳蛇口金融中心，框架结构，21层，高76.6m，由12根大柱和10根小柱支撑在22根人工挖孔桩基础上，桩径1200～2800mm，桩端嵌入硬质基岩微风化层，十分稳固。

群桩桩基主要用于摩擦型桩的情况，且须谨慎。一般仅当持力层比较坚硬且无软弱下卧层的地质条件下采用，以免产生过大的沉降与差异沉降。如深圳科技园宿舍楼，17层，高53.5m，除电梯井和楼梯井为井筒剪力墙，以及沿建筑物四角布置局部剪力墙外，全部为框架结构，共有24根柱，均采用钢筋混凝土预制方桩450mm×450mm的小群桩基础支承，桩数3～7根不等，视柱荷载大小而定。各承台之间以拉梁连接。该工程选用摩擦型小群桩的理由是：①建筑物荷载适中，用所选摩擦型桩基本可满足承载力要求；②持力层为低压缩性土，且不存在可压缩性下卧层（持力层为砾质粉质黏土，以下为强风化花岗岩），故沉降与差异沉降均很小；③比采用穿过强风化岩的大直径挖孔桩基础方案施工速度快、造价低。

表 5-2 国内外 17 幢桩箱和桩筏基础实测概况

序号	地点	上部结构	层数	基础型式	总压力（kN·m^{-2}）	基础尺寸（m）	基础埋深（m）	桩长（m）	桩径×宽（mm×mm）	桩数	桩距（m）	实测沉降（cm）	计算沉降（cm）	荷载分担比例(%)	
														筏或箱	桩
1	中国上海	剪力墙	18～20	桩箱	250	29.7×16.7	2.0	7.5	400×400	183	1.20～1.35	39.0	30.0	15	85
2	中国上海	剪力墙	12	桩箱	228	25.2×12.9	4.5	25.5	450×450	82	1.80～2.10	7.1	7.9	28	72
3	中国上海	框剪	16	桩箱	240	44.2×12.3	4.5	27.0	450×450	203	1.65～3.30	2.0	5.6	17	83
4	中国上海	剪力墙	32	桩箱	500	27.5×24.5	4.5	54.0	500×500	108	1.60～2.25	2.4	3.5	10	90
5	中国上海	框筒	26	桩筏	320	38.7×36.4	7.6	53.0	ϕ609	200	1.90～1.95	3.6	5.3	25	75
6	中国上海	筒仓		桩筏	288	69.4×35.2	1.0	30.7	450×450	604	1.9	5.2	14.5	10～0	90～100
7	中国上海	剪力墙	35	桩筏			5.0	28.0	450×450		1.5～1.7	10.0		15	85
8	中国武汉	框墙	22	桩箱	310	42.7×24.7	5.0	28.0	ϕ550	344	1.7～2.0	2.5		20	80
9	中国西安	框筒	39	桩筏			13.0	60.0	ϕ800	271		1.7		14	86
10	英国	剪力墙	22	桩筏	270	47.5×25.0	2.0	17.0	450×450	222	1.6	3.2		15～10	85～90
11	英国	剪力墙	16	桩筏	190	43.3×19.2	2.5	13.0	ϕ450	351	1.6	1.6		25～45	55～75
12	英国	框筒	31	桩筏	368	25×25	9.0	25.0	ϕ900	51	1.9	2.2		40	60
13	英国	框筒	30	桩筏	625	2(22×15)	2.5	20.0	ϕ900	2×42	2.70～3.15	>4.5		25	75
14	英国	框架	11	桩筏	235	56×31	13.65	16.75	ϕ1800	29	6.90～10.0	2.0		70	30
15	德国	框筒	57	桩筏	526	3800	21.00	20.30	ϕ1500	112	3.0～6D	2.5		15	85
16	德国	框筒	64	桩筏	543	3457	14.00	20～35	ϕ1300	64	3.5～6D	14.4		45	55
17	德国	框筒	53	桩筏	483	2940	13.00	30.00	ϕ1300	40	3.8～6D	11.0		50	50

（2）桩梁基础。桩梁基础系指框架柱荷载通过基础梁（或称承台梁）传递给桩的基础形式。沿柱网轴线布置一排或多排桩，桩顶用刚度大的基础梁相连，以便将柱网荷载较均匀地分配给每根桩。它比桩柱基础具有较高的整体刚度和稳定性，在一定程度上具有调整不均匀沉降的能力。桩—梁基础因其经济性和工作性能较好，被广泛应用于多层砖混结构、框架及框架剪力墙结构的房屋建筑。

一般地，桩梁基础主要适用于端承型桩的情况。这是因为，一方面端承型桩承载力高，桩数可以较少，承台梁不必过宽，否则就失去了经济性；另一方面若用摩擦型桩，为调整不均匀沉降而加大基础梁断面也是不经济的。

（3）桩墙基础。桩墙基础系指剪力墙或实腹筒壁下的单排或多排桩基础。剪力墙可视为深梁，以其巨大的刚度足以把荷载较均匀地传给各支承桩，无需再设置基础梁；但因剪力墙厚度较小（一般为200～800mm），筒壁厚度也不大（一般为500～1000mm），而桩径则一般大于1000mm，甚至大于3000mm，为了保证桩与墙体或筒体很好地共同工作，通常需在桩顶做一条形承台，其尺寸按构造要求确定。

桩墙基础亦常用于筒体结构。一般做法是沿筒壁轴线布桩，桩顶不设承台梁，而是通过整块筏板与筒壁相连；或在桩顶之间设拉梁，并与地下室底板及筒壁浇成整体。

（4）桩筏基础。当受地质条件限制，单桩承载力不很高，而不得不满堂布桩或局部满堂布桩才足以支承建筑荷载时，常通过整块钢筋混凝土板把柱、墙（筒）集中荷载分配给桩。习惯上将这块板称为筏，故称这类基础为桩筏基础。筏可做成梁板式或平板式。

桩筏基础主要适用于软土地基上的筒体结构、框剪结构和剪力墙结构，以便借助于高层建筑的巨大刚度来弥补基础刚度的不足。不过，若为端承桩基，则可用于框架结构。

从设计观点看，应注意鉴别某种形似桩筏而实为桩柱或桩墙的基础形式。例如，有时将柱下或墙下端承桩顶承台之间的拉梁省去，而代之以整块现浇板，这种板实际上仅能传递水平荷载，起着增强建筑物基础横向整体稳定性的作用，并不传递竖向荷载。因此，这类板的设计不同于桩筏基础的板。

（5）桩箱基础。桩箱基础系由具有底板、顶板、外墙和若干纵横内隔墙构成的箱型结构把上部荷载传递给桩的基础形式。由于其刚度很大，具有调整各桩受力和沉降的良好性能，因此，在软弱地基上建造高层建筑时较多地采用桩箱基础。它适用于包括框架在内的任何结构形式。采用桩箱基础的框剪结构高层建筑的高度可达100m以上。桩箱基础是一种可以在任何适合于桩基的地质条件下建造任何结构形式的高层建筑的“万能式桩基”。这并不是说它在任何情况下都“合适”，关键是造价。桩箱基础是各种桩基中最贵的，因此，必须在全面的技术经济分析的基础上作出选择。

应注意形似桩箱实为桩筏的基础形式。主要区别在于是否按箱基要求设置纵横贯通的内隔墙，桩箱结构能否形成整体刚度。

5.2 桩基的基本要求与桩的分类

5.2.1 桩的分类

桩是设置于土中的柱状构件。桩的作用是将上部结构的荷载通过桩身传递到深部较坚硬的、压缩性较小的土层或岩层上。基于高层建筑、大跨桥梁基础的承载力需要，桩径不断增大，桩长越来越长。如：高 323m 的温州世贸中心，桩基础为桩长 80～120m、桩径 1100mm 的钻孔灌注桩；苏通大桥主桥墩桩基础为直径 2800～2500mm 的变截面钻孔灌注桩基础，共 131 根，设计桩长 114m；浙江嘉绍大桥南岸水中区引桥主墩基础为桩径 3800mm、桩长 103～105m 的单桩独柱式钻孔灌注桩基础。从名词定义上，目前很难对桩（Pile）和墩（Pier）之间给出明确的界限。通常，将直径较大而桩长较短的桩称之为墩，它多见于承载力很大的端承桩。但有的文献中提到的大直径桩，其桩径达 5.0m。因而，这里对桩的分类不考虑桩几何尺寸的影响。

桩的分类，根据不同目的可以有不同的分类法。桩的分类主要从成桩对地基土的影响、桩身材料、桩的承载性状、桩的使用功能、桩径、桩的几何特征、成桩方法等方面划分。

1. 按成桩方法对土层的影响分类

不同成桩方法对桩周围土层的扰动程度不同。成桩过程中有无挤土效应，涉及桩基设计选型、布桩和成桩过程质量控制。按成桩挤土效应分类，经大量工程实践证明是必要的，一般可分为挤土桩、部分挤土桩和非挤土桩 3 类。

（1）挤土桩。在饱和黏性土中的成桩过程中挤土效应是负面效应，桩周土被压密或挤开，使周围土层受到严重扰动，土的原始结构遭到破坏，会引发灌注桩断桩、缩颈等质量事故；对预制桩和钢桩，会导致桩体上浮，降低承载力，增大沉降；也会造成周边房屋、市政设施受损。但在松散土和非饱和填土中的成桩过程中，挤土效应是正面效应，会起到加密、提高承载力的作用。这类桩包括：打入或静压预制桩、闭口预应力混凝土空心桩、闭口钢管桩、沉管灌注桩、沉管夯或挤扩灌注桩。

（2）部分挤土桩。在成桩过程中，桩周围的土受到相对较少的扰动，土的原状结构和工程性质的变化不明显。这类桩包括：冲孔灌注桩、钻孔挤扩灌注桩、搅拌劲芯桩、预钻孔打入或静压预制桩、打入/静压式敞口钢管桩、敞口预应力混凝土空心桩和 H 型钢桩。

（3）非挤土桩。在成桩过程中，将与桩体积相同的土挖出，桩周围的土受到较轻的扰动，但有应力松弛现象。由于非挤土桩不存在挤土负面效应，且具有穿越各种硬夹层、嵌岩和进入各类硬持力层的能力，桩的几何尺寸和单桩的承载力可调空间大，其使用范围大。这类桩包括：干作业钻或挖孔灌注桩、泥浆护壁法钻或挖孔灌注桩、套管护壁法钻或挖孔灌注桩。

2. 按桩的材料分类

根据桩的材料，可分为天然材料桩、混凝土桩、钢桩、钢管混凝土管桩、钢筋混凝土或预应力混凝土管桩、水泥土桩、砂浆桩、特种（改良）型桩。

通常，天然材料桩、水泥土桩称为柔性桩，一般用于地基处理；混凝土桩、钢桩称为刚性桩。桩基础中的桩一般采用刚性桩。

（1）天然材料桩。按桩的制作方式，天然材料桩可分为预制桩和现场灌注桩，包括石桩、砂桩、石灰桩、木桩、竹桩和碎石桩。这类桩大多用于地基处理，形成复合地基。

（2）混凝土桩。混凝土桩是当前使用最广泛的桩，可分为预制混凝土桩和现场灌注混凝土桩、预制—灌注组合混凝土桩三大类。为减少钢筋混凝土桩的钢筋用量和桩身裂缝，又发展了预应力钢筋混凝土桩。

桩的横截面形状有圆形、管形、正方形、矩形、十字形、三角形、多角形，以及T形、H形、X形等异形截面。

根据混凝土桩的纵向截面形状，有柱状桩、板桩、锥形桩；柱状桩又有直身桩、扩底桩、多节桩、竹节桩、多支盘挤扩桩、DX桩等。

预制混凝土桩的端部形状有尖底、平底之分；沉管灌注桩有采用预制圆锥形桩尖或平底桩靴之分；人工挖孔和机械成孔灌注桩均有平底或锅底之分。

（3）钢桩。钢桩一般为预制桩，包括型钢和钢管两大类，主要有钢管桩、钢板桩和H形钢桩。

（4）水泥土桩。水泥土桩采用现场搅拌成桩，用于地基处理，形成复合地基，包括深层粉体喷射搅拌桩、深层水泥搅拌桩、旋喷桩和加筋水泥搅拌桩。

3. 按桩的承载性状分类

根据桩的荷载传递机理及其在极限承载力状态下总侧阻力和总端阻力所占比例的大小，可划分为摩擦型桩和端承型桩两类。

摩擦型桩是指在极限承载能力状态下桩顶竖向荷载全部或主要由桩侧阻力承担的桩。根据桩侧阻力分担荷载的比例，摩擦型桩又可分为摩擦桩和端承摩擦桩两个亚类。摩擦桩是指桩顶竖向荷载由桩侧阻力承担、桩端阻力小到可忽略不计的桩。端承摩擦桩是指桩顶竖向荷载主要由桩侧阻力承受的桩。

端承型桩是指在极限承载能力状态下桩顶竖向荷载全部或主要由桩端阻力承担的桩。根据桩端阻力分担荷载的比例，端承型桩又可分为端承桩和摩擦端承桩两个亚类。端承桩指桩顶竖向荷载由桩端阻力承担、桩侧阻力小到可忽略不计的桩。摩擦端承桩是指桩顶竖向荷载主要由桩端阻力承担的桩。

桩承载性状的变化不仅与桩端持力层性质有关，还与桩的长径比、桩周土层性质、成桩工艺等有关。

4. 按桩径的大小分类

根据桩径（设计直径d）的大小，可划分为3类：

（1）小直径桩：$d \leqslant 250\text{mm}$。

（2）中等直径桩：$250\text{mm} < d < 800\text{mm}$。

（3）大直径桩：$d \geqslant 800\text{mm}$。

5. 按桩的使用功能分类

可从不同角度来考察桩的使用功能。按桩的用途可分为基础桩、围护桩；按桩的设置状态可分为直桩和斜桩；按桩的受荷条件可分为竖向抗压桩、竖向抗拔桩、侧向受荷桩和复合受荷桩。

（1）竖向抗压桩。一般的工程桩基，在正常工作条件下，主要承受从上部结构传下来的竖向荷载。

（2）竖向抗拔桩。抗拔桩是指主要抵抗拉拔荷载的桩，如抗浮桩、板桩墙后的锚桩等。拉拔荷载依靠桩侧阻力来承担。

（3）侧向受荷桩。港口码头工程中的桩、基坑工程中的桩等，主要承受作用在桩上的侧向荷载。

按桩的侧向受荷条件，又可分为主动桩和被动桩两类。主动桩指桩顶受水平荷载或力矩作用，桩身轴线偏离初始位置，桩身所受土压力是由于桩主动变位而引起的情况。被动桩是指沿桩身一定范围内承受侧向土压力，桩身轴线由于该土压力作用而偏离初始位置的情况。

(4) 复合受荷桩。在桥梁工程中，桩除了要承担较大的竖向荷载外，由于波浪、风、地震、船舶撞击以及车辆制动等使桩承受较大的侧向荷载，从而导致桩的受力条件更为复杂，尤其是大跨径桥梁更是如此。这类桩基是典型的复合受荷桩。

5.2.2 桩基的基本要求

桩基的设计与施工要实现安全适用、技术先进、经济合理、确保质量、保护环境的目标，应综合考虑诸因素的影响。

通常，依据桩基设计的承载能力极限状态验算桩基的承载力和稳定性，依据桩基设计的正常使用极限状态验算桩基的沉降和水平变形。

1. 桩基形式的合理选择

桩基形式选择合理与否，对高层建筑的安全、功能与造价影响很大。建设场地的工程地质与水文地质条件，是选择桩型、成桩工艺、桩端持力层及抗浮设计等的关键因素。当有条件做成大直径端承桩时（基岩或密实的卵石层埋藏较浅时），采用单桩支承的柱基和单排桩支承的墙基是经济合理的；当端承桩的直径和承载力受到限制时，采用多桩支承的柱基和多排桩支承的墙基亦经济合理。在深厚软土地区只能采用各种摩擦型桩基础，宜选择中、低压缩性土层作为桩端持力层。岩溶地区的桩基，当岩溶上覆土层的稳定性有保证，且桩端持力层承载力及厚度满足要求时，可利用上覆土层作为桩端持力层，宜采用钻、冲孔桩；当单桩荷载较大、岩层埋深较浅时，宜采用嵌岩桩，但应对岩溶进行施工勘察；当基岩面起伏很大且埋深较大时，宜采用摩擦型灌注桩。桩基形式选择还应考虑桩基施工中的挤土效应对桩基及周边环境的影响，坡地、岸边桩基不宜采用挤土桩，深厚饱和软土中也不宜采用大片密集有挤土效应的桩基。季节性冻土和膨胀土桩基，为了减小和消除冻融或膨胀对桩基的作用，宜采用钻、挖孔灌注桩。

可作为持力层的土层，通常不止一层土。对一栋建筑的桩基础，有时既可用长桩，也可用短桩；既可用端承型桩，也可用摩擦型桩；但同一结构单元内桩基，不宜选用压缩性差异较大的土层作桩端持力层，不宜采用部分摩擦型桩、部分端承型桩。持力层的选择应考虑下列因素：一是能提供足够大的单桩承载力。所选持力层一般应选承载力高、稳定的坚实土层，如中密以上的非液化砂层、比较坚硬的黏土层或卵、砾石层，以至基岩。二是保证建筑物不产生过大的沉降与差异沉降，并往往成为控制因素。因此，要求持力层必须具有足够的厚度、压缩性较低，或其下不存在软弱下卧层；或者虽然持力层下存在软弱下卧层，但分布比较均匀，除满足强度验算要求外，沉降和差异沉降计算的结果都在允许的范围以内。三是考虑单方混凝土所提供的承载力。单方混凝土提供的承载力越大，桩基造价越低。由于桩侧表面积为桩径的一次函数，桩体积（混凝土用量）为桩径的二次函数。因此，在提供同样大小承载力的情况下，摩擦型桩宜用细长桩，即桩径小、持力层深为宜。

2. 上部结构类型、使用功能与荷载特征

不同的上部结构类型对于抵抗或适应桩基础差异沉降的性能不同，如剪力墙结构抵抗差异沉降的能力优于框架、框架—剪力墙、框架—核心筒结构；排架结构适应差异沉降的性能优于框架、框架—剪力墙、框架—核心筒结构。体型较规则且高度不很高（如 30 层以下住宅）的高层建筑，可考虑采用小群桩的桩柱基础和桩梁基础；当体型复杂而又地基条件不好时，可考虑采用桩筏或桩箱基础。建筑物使用功能的特殊性和重要性是决定桩基设计等级的依据之一，且建筑物使用功能对地下空间利用的方式，对桩基类型的选择也是一个重要的、有时甚至是一个不可更改的限制条件，如地下停车场和金融中心的地下室库房，则决定了承台结构必须分别采用筏基和箱基形式。

荷载大小与分布是确定桩型、桩的几何参数与布桩所应考虑的主要因素。在桩数相同的情况下，在不同布桩方式下，桩基的承载力与所发挥的作用是不一样的。天然地基上箱基的变形特征呈明显的碟型沉降，这说明加大基础的抗弯刚度对于减小差异沉降的效果并不突出，但耗材相当可观。均匀布桩的桩筏基础的变形特征与天然地基上箱基类似，也呈明显的碟型。均匀布桩的桩顶反力随荷载和上部结构刚度增大，中、边桩反力差增大，最终呈马鞍形分布。约束状态下的非均匀变形与荷载一样，也是一种作用，受作用体将产生附加的应力。箱、筏基础或桩承台的碟型沉降将引起自身和上部结构的附加弯矩、剪力，天然地基上箱、筏基础土反力的马鞍形分布将导致基础的整体弯矩增大。鉴于此，为了避免碟型沉降、马鞍形反力分布的负面效应，宜通过调整地基或桩基的竖向支承刚度，以使差异沉降减到最小，基础或承台内力和上部结构附加应力显著降低，也即所谓变刚度调平概念设计，其基本措施包括：

（1）局部增强变刚度。对荷载集度高的区域实施局部增强处理，如：桩箱基础，宜将桩布置于墙下；带梁（肋）桩筏基础，宜将桩布置于梁（肋）下；核心筒结构，宜采用局部桩基与局部刚性桩复合地基。这对底板的计算十分有利，大大减小箱基或筏板的底板厚度。

（2）桩基变刚度。对于荷载分布较均匀的大型油罐等构筑物，宜按变桩距、变桩长布桩。对于框架—核心筒和框架—剪力墙结构，宜将桩相对集中布置于核心筒和柱下，并采用适当增加桩长、桩径、桩数、后注浆等措施，以强化桩基刚度；对外围框架区应适当弱化桩基刚度，如采用复合桩基，视土层条件减小桩长。对于满堂布桩的桩箱、桩筏基础，可采用“内疏外密”布桩，即中间少布桩、布小桩，周边多布桩、布大桩。采用“内疏外密”布桩主要是基于基础及上部结构具有较大的刚度，基础底面仍保持平面状态，上部结构的荷载传至地基时周边大中间小，从而角桩、边桩荷载大，中央桩荷载小的考虑。然而，采用“外疏内密”，可能更为经济，即减小外围桩的数量（桩距大），减小外围桩的桩径和桩长；中间部分桩间距相对较小，桩长较长。从而减小了外围桩的刚度，加大了中间桩的刚度，使得内外桩分担荷载趋于均衡，箱、筏底板各点沉降趋于一致，降低底板的内力，减小底板厚度和用钢量。因此，从桩的受力特性看，宜采用“外疏内密”布桩。

（3）主裙连体变刚度。对于主裙连体建筑基础，宜按增强高层主体（桩基）、弱化裙房地基或桩基（天然地基、疏短桩、复合地基等）的原则设计。

地震作用在一定条件下制约桩的设计。高层建筑基底水平剪力和倾覆力矩，主要由地震和风所引起，一般地，地震作用为控制因素。因高层建筑上部结构的重心远高于基础底面，会引起很大的倾覆力矩，在高烈度地震区，这些作用必须加以考虑。但在沿海地区，由于海洋风暴的侵扰，风的影响可能甚于地震。对超高层建筑，风引起的基底水平剪力和倾覆力矩可能接近甚至远超过地震引起的结果，成为设计中的控制因素。因此，高层建筑桩基础，必须有足够的抵御水平荷载和倾覆力矩的能力。

3. 施工技术条件与环境

桩型与成桩工艺的优选，在综合考虑地质条件、单桩承载力要求前提下，尚应考虑成桩设备与技术的既有条件，力求既先进且实际可行、质量可靠；成桩过程产生的噪音、振动、泥浆、挤土效应等对于环境的影响，应作为选择成桩工艺的重要因素。建筑桩基的施工和使用不能对周围环境造成不良的影响。高层建筑多建在建筑物密集、交通繁忙、地下管线交错的繁华城区，一般不宜采用挤土桩。

桩基的设计应注重地区经验，因地制宜，综合考虑桩、土、承台的共同工作。桩基础的选型及其技术经济比较至关重要，桩基方案设计比施工图设计更重要。为取得良好的技术经济效果，多方案比较和经多次循环修改设计是完全必要的。

4. 建筑桩基安全等级

根据建筑规模、功能特征、对差异变形的适应性、场地地基和建筑物体型的复杂性，以及由于桩基问题可能造成建筑物破坏或影响正常使用的程度，《建筑桩基技术规范》(JGJ 94—2008) 将桩基设计分为表 5-3 所列的 3 个设计等级。

表 5-3　　建筑桩基设计等级

设计等级	建筑物类型
甲级	(1) 重要的建筑； (2) 30 层以上或高度超过 100m 的高层建筑； (3) 体型复杂且层数超过 10 层的高低层（含纯地下室）连体建筑； (4) 20 层以上框架—核心筒结构及其他对差异沉降有特殊要求的建筑； (5) 场地和地基条件复杂的 7 层以上的一般建筑及坡地、岸边建筑； (6) 对相邻既有工程影响较大的建筑
乙级	除甲级、丙级以外的建筑
丙级	场地和地基条件简单、荷载分布均匀的 7 层及 7 层以下的一般建筑

5. 桩基设计验算的基本要求

(1) 桩基承载力与稳定性验算。所有桩基均应进行承载力和桩身强度计算。对预制桩，尚应进行运输、吊装和锤击等过程中的强度和抗裂验算。根据桩基的使用功能和受力特征，分别进行桩基的竖向承载力或水平承载力验算及稳定性验算。对于桩侧土不排水抗剪强度小于 10kPa，且长径比大于 50 的桩，应进行桩身压屈验算；对于钢管桩，应进行局部压屈验算；对于抗浮、抗拔桩基，应进行桩基抗拔承载力验算；对于位于岸边、坡地的桩基，应进行桩基整体稳定性验算；对于抗震设防区的桩基，应按《建筑抗震设计规范》(GB 50011—2010) 和《构筑物抗震设计规范》(GB 50191—2012) 的有关规定，进行桩基抗震承载力验算。

(2) 桩基沉降与水平位移验算。设计等级为甲级的建筑物桩基，设计等级为乙级的体型复杂、荷载分布显著不均匀或桩端平面以下存在软弱土层的建筑物桩基，摩擦型桩基，软土地基多层建筑减沉复合疏桩基础，应进行桩基沉降计算。

嵌岩桩、设计等级为丙级的建筑物桩基，对沉降无特殊要求的条形基础下不超过两排桩的桩基，吊车工作级别 A5 及 A5 以下的单层工业厂房且桩端下为密实土层的桩基，可不进行桩基沉降验算。当有可靠地区经验时，对地质条件不复杂、荷载均匀、对沉降无特殊要求的端承型桩基，也可不进行桩基沉降验算。

对受水平荷载较大，或对水平位移有严格限制的建筑桩基，应进行桩基水平位移计算。

（3）桩基验算的桩顶作用效应。确定桩数和布桩时，应采用传至承台底面的荷载效应标准组合；相应的抗力应采用单桩（基桩）或复合基桩承载力特征值。在《建筑桩基技术规范》（JGJ 94—2008）中，桩基础中的单桩称为基桩，单桩及其对应面积的承台下地基土组成的复合承载基桩称为复合基桩；在软土天然地基承载力基本满足要求的情况下，为减小沉降采用疏布摩擦型桩的复合桩基称为减沉复合疏桩基础。

计算荷载作用下的桩基沉降和水平位移时，应采用荷载效应准永久组合；计算水平地震作用、风载作用下的桩基水平位移时，应采用水平地震作用、风载效应标准组合；验算岸边、坡地建筑桩基的整体稳定性时，应采用荷载效应标准组合；抗震设防区，应采用地震作用效应和荷载效应的标准组合；在计算桩基结构承载力、确定尺寸和配筋时，应采用传至承台顶面的荷载效应基本组合；当进行承台和桩身裂缝控制验算时，应分别采用荷载效应标准组合和荷载效应准永久组合。

5.3　竖向荷载作用下的单桩工作性状

5.3.1　竖向荷载下单桩的荷载传递

桩的荷载传递机理研究揭示的是桩—土之间力的传递与变形协调的规律，因而它是桩的承载力机理和桩—土共同作用分析的重要理论依据。

桩侧阻力与桩端阻力的发挥过程就是桩—土体系荷载的传递过程。桩顶受竖向荷载后，桩身压缩而向下位移，桩侧表面受到土的向上摩阻力，桩侧土体产生剪切变形，并使桩身荷载传递到桩周土层中去，从而使桩身荷载与桩身压缩变形随深度递减。随着荷载增加，桩端出现竖向位移和桩端反力。桩端位移加大了桩身各截面的位移，并促使桩侧阻力进一步发挥。一般说来，靠近桩身上部土层的侧阻力先于下部土层发挥，而侧阻力先于端阻力发挥出来。

由图 5－1 看出，任一深度 z 桩身截面的荷载 $Q(z)$ 为：

$$Q(z) = Q_o - u\int_o^z q_s(z)\mathrm{d}z \tag{5-1}$$

竖向位移为：

$$S(z) = S_o - \frac{1}{E_o A}\int_o^z Q(z)\mathrm{d}z \tag{5-2}$$

由微分段 $\mathrm{d}z$ 的竖向平衡可求得 $q_S(z)$ 为：

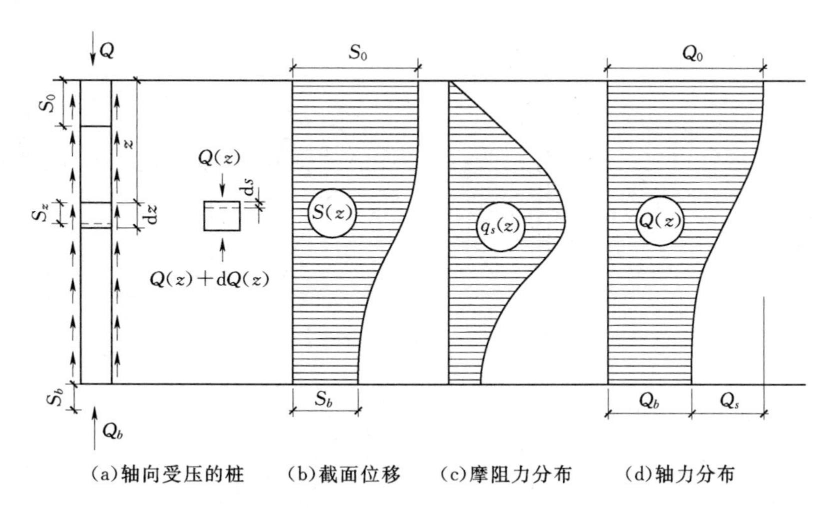

图5-1　桩—土体系荷载传递分析

$$q_S(z)=-\frac{1}{u}\frac{\mathrm{d}Q(z)}{\mathrm{d}z} \tag{5-3}$$

微分段 dz 的压缩量为：

$$\mathrm{d}S(z)=\frac{Q(z)}{E_PA}\mathrm{d}z \tag{5-4}$$

由式（5-3）和式（5-4）得：

$$q_S(z)=-\frac{E_PA}{u}\frac{\mathrm{d}^2S(z)}{\mathrm{d}z^2} \tag{5-5}$$

式中　u、A——桩身周长、桩身截面积；

E_P——桩身弹性模量。

式（5-5）就是桩—土体系荷载传递分析计算的基本微分方程。通过在桩身埋设应力或位移测试元件，即可求得轴力和侧阻力沿桩身的变化曲线。

根据力的竖向平衡，有：

$$Q=Q_s+Q_p \tag{5-6}$$

式中　Q_s、Q_p——桩的总侧阻力、总端阻力。

根据 Q_s/Q 和 Q_p/Q 的大小，定性地将桩分为摩擦桩（Q_s/Q 大致在 0.8 以上）、端承摩擦桩（Q_s/Q 大致在 0.6～0.75）、端承桩（Q_p/Q 大致在 0.8 以上）和摩擦端承桩（Q_p/Q 大致在 0.6～0.75）。桩侧阻力与桩端阻力相对大小与桩径、桩长、桩身的压缩性、桩间距，以及桩侧土体性状、桩端土体性状、成桩方式、荷载水平等因素有关，其中任何一个因素的变化都将影响 Q_s/Q 和 Q_p/Q 的大小，进而会影响桩类型的判断，如图 5-2 所示。

试验研究与理论分析表明，桩的荷载传递的一般规律如下。

（1）桩端土与桩侧土的模量比 E_b/E_s 越小，桩身轴力沿深度衰减越快，即传递到桩端的荷载越小，如图 5-3 所示。

（2）随桩土刚度比 E_p/E_s（桩身刚度与桩侧土刚度之比）的增大，传递到桩端的荷载

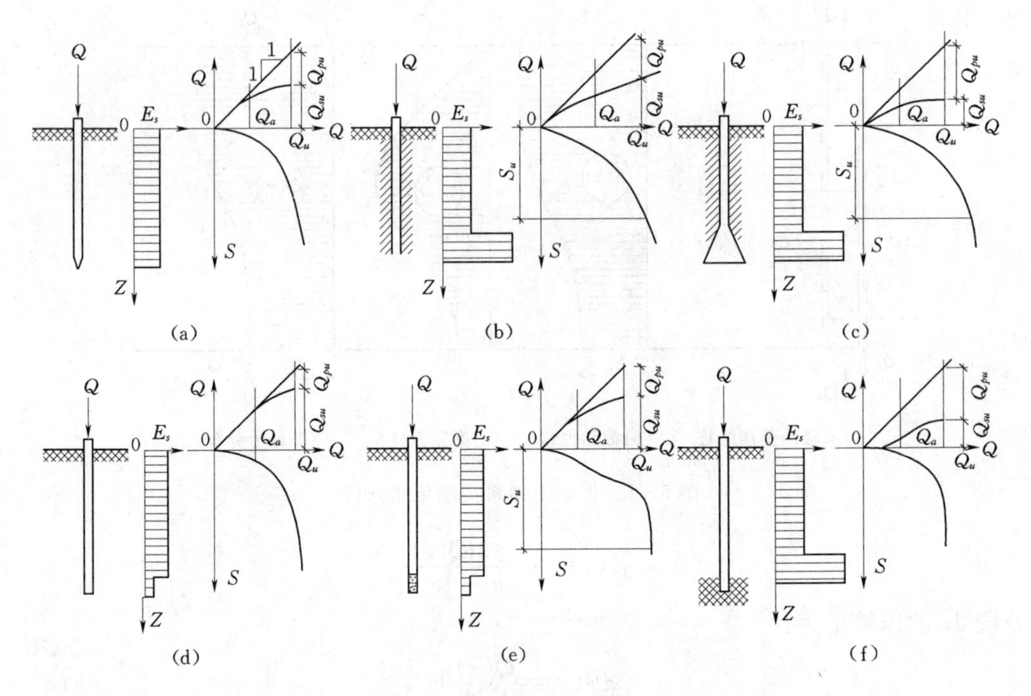

图 5-2　单桩 Q—S 及侧阻 Q_S、端阻 Q_p 发挥性状

增加；但当 $E_p/E_s\geqslant1000$ 后，Q_p/Q 的变化不明显。

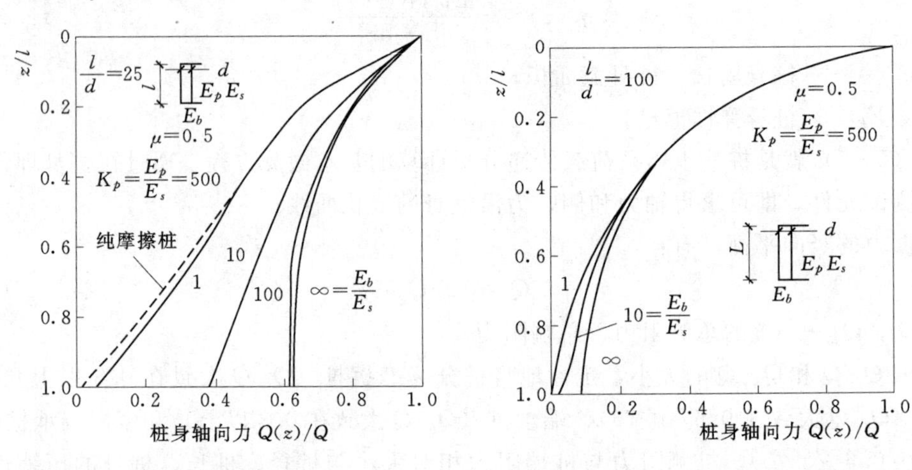

图 5-3　桩端土性对荷载传递的影响　　图 5-4　超长桩荷载传递特性

（3）随桩的长径比 l/d（l 为桩长，d 为桩径）增大，传递到桩端的荷载减小，桩身下部侧阻发挥值相应降低；当 $l/d\geqslant40$ 时，在均匀土层中，Q_p/Q 趋于零；当 $l/d\geqslant100$ 时，不论桩端土刚度多大，其 Q_p/Q 值小到可忽略不计，如图 5-4 和 5-5 所示。

（4）图 5-6 是桩径 1m、嵌入风化泥质砂岩 3.7m 和新鲜泥质砂岩 2.0m 的灌注桩的实测荷载传递曲线。可见，即使对于长径比 $l/d>20$ 的嵌岩桩，也属于摩擦型桩，其桩端总阻力也较小。

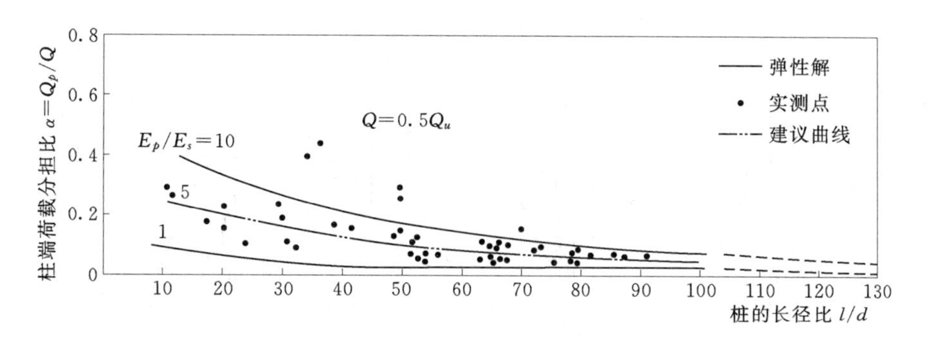

图 5-5 工作荷载下的 α 与 l/d 的关系

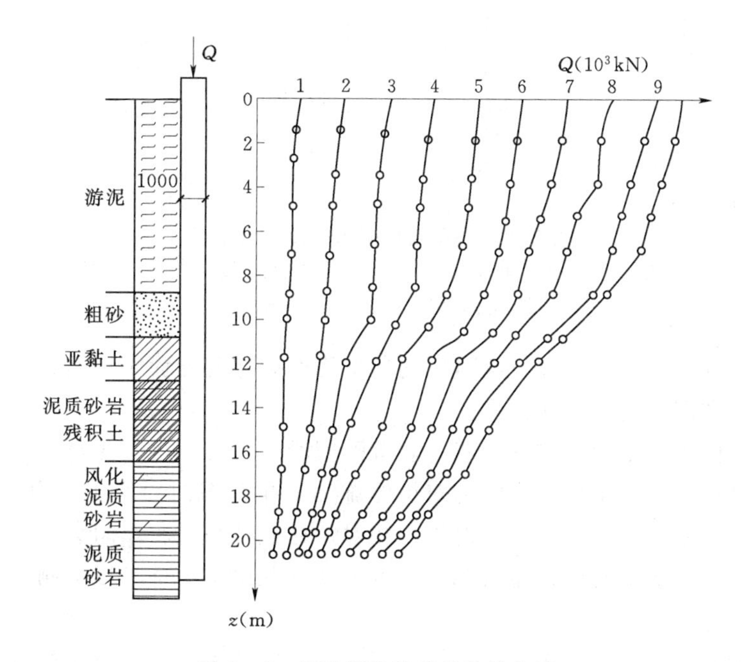

图 5-6 嵌岩灌注桩荷载传递曲线

（5）扩大桩端面积，桩端传递荷载的比率 Q_p/Q 增大。

5.3.2 桩侧负摩阻力问题

（1）产生桩侧负摩阻力的条件。

当土体相对于桩身向下位移时，土体不仅不能起扩散桩身轴向力的作用，反而会产生下拉的摩阻力，使桩身的轴力增大，如图 5-7 所示。该下拉的摩阻力称为负摩阻力。负摩阻力的存在，增大了桩身荷载和桩基的沉降。

以下 4 种情况引起的桩周土的沉降大于桩的沉降时，应考虑桩侧负摩阻力对桩基承载力和沉降的影响：一是较厚的松散填土、自重湿陷性黄土、新近沉积的欠固结软土、围海造地吹填土的固结；二是桩周存在软弱土层，邻近桩侧地面承受局部较大的长期荷载或大面积地面堆载；三是邻近场地降水导致桩周土中的有效应力增大而固结；四是大面积挤土沉桩引起超孔隙水压和土体隆起和随后的再固结。

负摩阻力对于桩基承载力和沉降的影响随桩侧阻力与桩端阻力分担荷载比、建筑物各

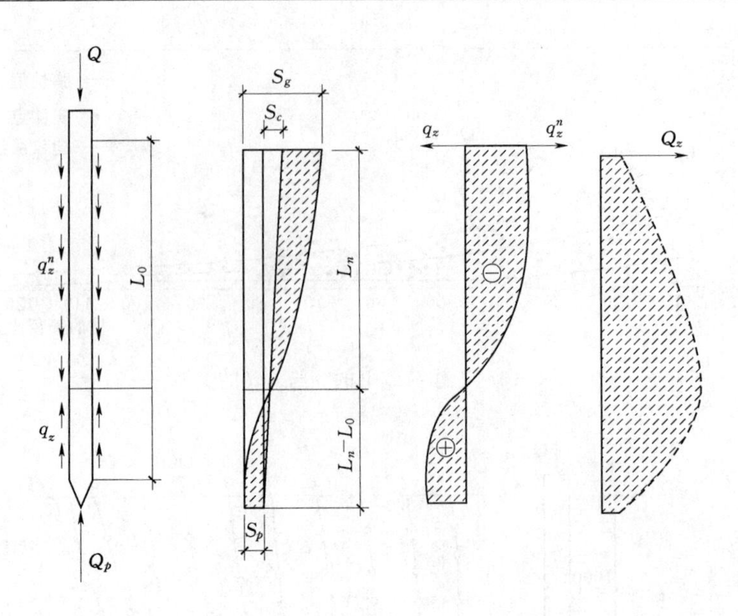

图 5-7　桩的负摩阻力中性点示意图

S_g—地表沉降量；S_p—桩端沉降量；L_0—压缩土层厚度；L_n—中性点深度；S_c—桩顶沉降量；$Q(z)$—桩身轴向力

桩基周围土层沉降的均匀性、建筑物对不均匀沉降的敏感程度而定，因此，对于考虑负摩阻力验算承载力和沉降也应有所区别。

（2）考虑桩侧负摩阻力的桩基承载力和沉降问题。

对于摩擦型桩基，当出现负摩阻力对桩体施加下拉荷载时，由于持力层压缩性较大，随之引起沉降。桩基沉降一出现，土对桩的相对位移便减小，负摩阻力便降低，直至转化为零。因此，一般情况下对摩擦型桩基，可近似视（理论）中性点以上侧阻力为零计算桩基承载力。

对于端承型桩基，由于其桩端持力层较坚硬，受负摩阻力引起下拉荷载后不致产生沉降或沉降较小，此时负摩阻力将长期作用于桩身中性点以上侧表面。因此，应计算中性点以上负摩阻力形成的下拉荷载 Q_n，并以下拉荷载作为外荷载的一部分验算其承载力。

5.4　竖向荷载下单桩承载力的确定方法

5.4.1　单桩竖向承载力的概念和确定原则

单桩竖向承载力以单桩竖向承载力特征值表征。单桩静载试验方法是确定单桩竖向承载力的可靠方法，但由于单桩静载试验的费用、时间、人力消耗都较高，应根据建筑物的重要性选择确定单桩竖向承载力的适宜方法。虽然单桩静载试验就评价试验桩的承载力而言是一种可靠性较高的方法，但因试桩数量很少，评价整栋建筑物桩基的承载力仍带有某种局限性；而且在很多情况下，如地下室土方尚未开挖，设计前进行完全与实际条件相符的单桩静载试验是不可能的。因此，对各类建筑物，宜采用多种方法综合分析确定单桩竖向承载力，以提高确定结果的可靠性。

《建筑地基基础设计规范》(GB 50007—2011) 规定，单桩竖向承载力特征值 R_a 的确定应符合下列规定：

(1) 单桩竖向承载力特征值应通过单桩竖向静载荷试验确定，且单桩竖向极限承载力 Q_u 除以安全系数 2 为单桩竖向承载力特征值 R_a。在同一条件下的试桩数量，不宜小于总桩数的 1%，且不应小于 3 根。

(2) 当桩端持力层为密实砂卵石或其他承载力类似的土层时，对单桩承载力很高的大直径端承型桩，可采用深层平板载荷试验确定桩端土的承载力特征值。

(3) 地基基础设计等级为丙级的建筑物，可采用静力触探及标贯试验参数结合工程经验确定单桩竖向承载力特征值 R_a。

(4) 初步设计时单桩竖向承载力特征值 R_a 可按下式估算：

$$R_a = q_{pa} A_p + u_p \sum q_{sia} l_i \tag{5-7}$$

式中 q_{pa}、q_{sia}——桩端端阻力特征值、桩侧阻力特征值（kPa），由当地静载荷试验结果统计分析算得；

A_p——桩底端横截面面积；

u_p——桩身周边长度；

l_i——第 i 层岩土的厚度。

(5) 当桩端嵌入完整及较完整的硬质岩中，当桩长较短且入岩较浅时，可按下式估算单桩竖向承载力特征值 R_a：

$$R_a = q_{pa} A_p \tag{5-8}$$

式中 q_{pa}——桩端岩石承载力特征值。

(6) 嵌岩灌注桩桩端以下 3 倍桩径且不小于 5m 范围内应无软弱夹层、断裂破碎带和洞穴分布，且在桩底应力扩散范围内应无岩体临空面。当桩端无沉渣时，桩端岩石承载力特征值应根据室内岩石饱和单轴抗压强度标准值或岩石地基载荷试验确定。

同时，《建筑地基基础设计规范》(GB 50007—2011) 还规定：

(1) 当桩基承受拔力时，应对桩基进行抗拔验算。单桩抗拔承载力特征值应通过单桩竖向抗拔载荷试验确定，并加载至破坏。

(2) 桩身混凝土强度应满足桩的承载力设计要求。

应注意，为了保证桩基设计的可靠性，《建筑地基基础设计规范》(GB 50007—2011) 明确规定：除设计等级为丙级的建筑物外，单桩竖向承载力特征值应采用竖向静载荷试验确定。试桩前的初步设计，规范注明侧阻、端阻特征值应由当地载荷试验结果统计分析求得，目的是减少全国采用同一表格所带来的误差；简化计算公式 (5-8) 只计入了端阻力，其意义在于硬质岩强度超过桩身混凝土强度，其设计以桩身强度控制，桩长较小时再计入侧阻力、嵌岩阻力等已无工程意义；对于嵌入破碎岩和软质岩石中的桩，单桩竖向承载力特征值则按公式 (5-7) 进行估算。此外，在桩底应力扩散范围内可能存在相对软弱的夹层，甚至存在洞隙，应引起足够重视。岩层表面往往起伏不平，有隐伏槽存在，特别是在碳酸盐类岩石地区，岩面石芽、溶槽密布，桩端有可能落于岩面隆起或倾斜面处，有导致桩滑移的可能，因此，规范明确注明在桩端应力扩散范围内应无岩体临空面存在，以确保基底岩体的稳定性。实践证明，作为基础施工图设计依据的详细勘察阶段的工作精度，满足不了这类桩基设计施工的要求，当桩基方案选定之后，还应根据桩位及要求进行专门的桩基勘察，以便针对各个桩的持力层选择入岩深度、确定桩基承载力，并为施工处理等提供可靠依据。

在《建筑桩基技术规范》(JGJ 94—2008) 中，单桩竖向承载力特征值取为单桩竖向极限承载力标准值除以安全系数后的承载力值：

$$R_a = Q_{uk}/K \tag{5-9}$$

式中 R_a——单桩竖向承载力特征值；

Q_{uk}——单桩竖向极限承载力标准值；

K——安全系数，取 $K=2$。

从上述对单桩竖向承载力特征值的定义可知：《建筑桩基技术规范》(JGJ 94—2008) 中的单桩竖向极限承载力标准值 Q_{uk} 即为《建筑地基基础设计规范》(GB 50007—2011) 中的单桩竖向极限承载力 Q_u，两者采用了不同的表述方式。

在《建筑桩基技术规范》(JGJ 94—2008) 中，对基桩或复合基桩竖向承载力特征值的确定规定如下：

(1) 对于端承型桩基、桩数少于 4 根的摩擦型柱下独立桩基，或由于地层土性、使用条件等因素不宜考虑承台效应时，基桩竖向承载力特征值应取单桩竖向承载力特征值表征。

(2) 对于符合下列条件之一的摩擦型桩基，宜考虑承台效应确定其复合基桩的竖向承载力特征值：

1) 上部结构整体刚度较好、体型简单的建（构）筑物。

2) 对差异沉降适应性较强的排架结构和柔性构筑物。

3) 按变刚度调平原则设计的桩基刚度相对弱化区。

4) 软土地基的减沉复合疏桩基础。

(3) 考虑承台效应的复合基桩竖向承载力特征值，可按下列公式确定：

不考虑地震作用时：

$$R = R_a + \eta_c f_{ak} A_c \tag{5-10}$$

考虑地震作用时：

$$R = R_a + \frac{\zeta_a}{1.25}\eta_c f_{ak} A_c \tag{5-11a}$$

$$A_c = (A - nA_{ps})/n \tag{5-12a}$$

式中 η_c——承台效应系数，可按表 5-4 取值；

f_{ak}——承台下 1/2 承台宽度且不超过 5m 深度范围内各层土的地基承载力特征值按厚度加权的平均值；

A_c——计算基桩所对应的承台底净面积；

A_{ps}——桩身截面面积；

A——承台计算域面积；对于柱下独立桩基，A 为承台总面积；对于桩筏基础，A 为柱、墙筏板的 1/2 跨距和悬臂边 2.5 筏板厚度所围成的面积；桩集中布置于单片墙下的桩筏基础，取墙两边各 1/2 跨距围成的面积，并按条形承台计算 η_c；

ζ_a——地基抗震承载力调整系数，按现行《建筑抗震设计规范》(GB 50011—2010) 取值。

表5-4 承台效应系数 η_c

B_c/l	s_a/d				
	3	4	5	6	>6
≤0.4	0.06～0.08	0.14～0.17	0.22～0.26	0.32～0.38	0.50～0.80
0.4～0.8	0.08～0.10	0.17～0.20	0.26～0.30	0.38～0.44	
>0.8	0.10～0.12	0.20～0.22	0.30～0.34	0.44～0.50	
单排桩条形承台	0.15～0.18	0.25～0.30	0.38～0.45	0.50～0.60	

注 1. 表中 s_a/d 为桩中心距与桩径之比；B_c/l 为承台宽度与桩长之比。当计算基桩为非正方形排列时，$s_a=\sqrt{A/n}$，A 为承台计算域面积，n 为桩数。
2. 对于布置于墙下的箱、筏承台，η_c 按单排桩条形承台取值。
3. 对于单排桩条形承台，当承台宽度小于1.5d 时，η_c 按非条形承台取值。
4. 对于采用后注浆灌注桩的承台，η_c 宜取低值。
5. 对于饱和黏性土中的挤土桩基、软土地基上的桩基承台，η_c 宜取低值的0.8倍。

当承台底为可液化土、湿陷性土、高灵敏度软土、欠固结土、新填土时，成桩引起超孔隙水压力和土体隆起时，承台土抗力随时可能消失，不考虑承台效应，取 $\eta_c=0$。

5.4.2 单桩竖向极限承载力的确定方法

1. 单桩竖向极限承载力确定的一般原则

(1)《建筑地基基础设计规范》(GB 50007—2011) 具体规定了单桩竖向静载荷试验要点，且规定单桩竖向极限承载力 Q_u 应按下列方法确定。

1) 作荷载—沉降 (Q—s) 曲线和其他辅助分析所需的曲线。

2) 当陡降段明显时，取相应于陡降段起点的荷载值。

3) 当 $\Delta S_{n+1}/\Delta S_n \geqslant 2$，且经24h尚未达到稳定时，取前一级荷载值，其中，ΔS_n 为第 n 级荷载的沉降量。

4) Q—s 曲线呈缓变型时，取桩顶总沉降量 $s=40$mm 所对应的荷载值，当桩长大于40m时，宜考虑桩身的弹性压缩。

5) 按上述方法有困难时，可结合其他辅助分析方法综合判定。对桩基沉降有特殊要求者，应根据具体情况选取。

6) 参加统计的试桩，当满足其极差不超过平均值的30%时，可取其平均值为单桩竖向极限承载力；极差超过平均值的30%时，宜增加试桩数量并分析极差过大的原因，结合工程具体情况确定单桩竖向极限承载力；对桩数为3根及3根以下的柱下桩台，取最小值。

(2)《建筑桩基技术规范》(JGJ 94—2008) 规定，设计采用的单桩竖向极限承载力标准值 Q_{uk} 应符合下列规定。

1) 设计等级为甲级的建筑桩基，应采用单桩静载试验确定。

2) 设计等级为乙级的建筑桩基，当地质条件简单时，可参照地质条件相同的试桩资料，结合静力触探等原位测试和经验参数综合确定；其余均应通过单桩静载试验确定。

3) 设计等级为丙级的建筑桩基，可根据原位测试和经验参数确定。

(3) 单桩竖向极限承载力标准值 Q_{uk}、极限侧阻力标准值 Q_{sk} 和极限端阻力标准值 Q_{pk}

应按下列规定确定。

1）单桩静载试验应按现行行业标准《建筑基桩检测技术规范》（JGJ 106—2003）执行。

2）对于大直径端承型桩，也可通过深层平板（平板直径应与孔径一致）载荷试验确定极限端阻力。

3）对于嵌岩桩，可通过直径为0.3m岩基平板载荷试验确定极限端阻力标准值，也可通过直径为0.3m嵌岩短墩载荷试验确定极限侧阻力标准值和极限端阻力标准值。

4）桩的极限侧阻力标准值和极限端阻力标准值宜通过埋设桩身轴力测试元件由静载试验确定，并通过测试结果建立极限侧阻力标准值和极限端阻力标准值与土层物理指标、岩石饱和单轴抗压强度以及与静力触探等土的原位测试指标间的经验关系，以经验参数法确定单桩竖向极限承载力。

2. 单桩竖向极限承载力标准值确定的原位测试法

（1）按单桥探头静力触探法确定单桩竖向极限承载力标准值。

根据单桥探头静力触探资料确定混凝土预制桩单桩竖向极限承载力标准值 Q_{uk}，如无当地经验时，可按下式计算：

$$Q_{uk}=Q_{sk}+Q_{pk}=u\sum q_{sik}l_i+\alpha p_{sk}A_P \quad (5-11b)$$

当 $p_{sk1}\leqslant p_{sk2}$ 时

$$p_{sk}=\frac{1}{2}(p_{sk1}+\beta p_{sk2}) \quad (5-12b)$$

当 $p_{sk1}>p_{sk2}$ 时

$$p_{sk}=p_{sk2} \quad (5-13)$$

式中 Q_{sk}——总极限侧阻力标准值；

Q_{pk}——总极限端阻力标准值；

u——桩身周长；

q_{sik}——用静力触探比贯入阻力估算的桩周第 i 层土的极限侧阻力；

l_i——桩周第 i 层土的厚度；

p_{sk}——桩端附近的静力触探比贯入阻力标准值（平均值）；

A_P——桩端面积；

p_{sk1}——桩端全截面以上8倍桩径范围内的比贯入阻力平均值；

p_{sk2}——桩端全截面以下4倍桩径范围内的比贯入阻力平均值；

α——桩端阻力修正系数，可按表5-5取值；

β——折减系数，按表5-6取值。

确定 q_{sik} 值时应结合土工试验资料，依据土的类别、埋深、排列次序和桩端土性质取值；依据 q_{sk} 值确定 p_{sk} 的方法，详见《建筑桩基技术规范》（JGJ 94—2008）。

表5-5 桩端阻力修正系数 α 值

桩长（m）	$l<15$	$15\leqslant l\leqslant 30$	$30<l\leqslant 60$
α	0.75	0.75～0.90	0.90

注 桩长 $15m\leqslant l\leqslant 30m$，$\alpha$ 值按 l 值直线内插；桩长 l 不包括桩尖高度。

表5-6 折减系数 β 值

p_{sk2}/p_{sk1}	≤5	7.5	12.5	≥15
β	1	5/6	2/3	1/2

(2) 按双桥探头静力触探法确定单桩竖向极限承载力标准。

根据双桥探头静力触探资料确定混凝土预制单桩竖向极限承载力标准值 Q_{uk} 时，对于黏性土、粉土和砂土，如无当地经验时，可按下式计算：

$$Q_{uk}=u\sum\beta_i f_{si}l_i+\alpha q_c A_p \tag{5-14}$$

式中 u、l_i、A_P——含义同式 (5-11)；

f_{si}——第 i 层土的探头平均侧阻力；

q_c——桩端平面上、下探头阻力，取桩端平面以上 $4d$（d 为桩的直径或边长）范围内按土层厚度的探头阻力加权平均值，再和桩端平面以下 $1d$ 范围内的探头阻力进行平均；

α——桩端阻力修正系数，对黏性土、粉土取 2/3，对饱和砂土取 1/2；

β_i——第 i 层土桩侧阻力综合修正系数，按下式计算：

黏性土、粉土：
$$\beta_i=10.04(f_{si})^{-0.55} \tag{5-15}$$

砂土：
$$\beta_i=5.05(f_{si})^{-0.45} \tag{5-16}$$

3. 单桩竖向极限承载力标准值确定的经验参数法

(1) 一般钢筋混凝土桩的单桩竖向极限承载力标准值。

对于混凝土预制桩、泥浆护壁钻（冲）孔桩、干作业钻孔桩，根据土的物理指标与承载力参数之间的经验关系确定单桩竖向极限承载力标准值 Q_{uk} 时，宜按下式计算：

$$Q_{uk}=Q_{sk}+Q_{pk}=u\sum q_{sik}l_i+q_{pk}A_P \tag{5-17}$$

式中 q_{sik}——桩侧第 i 层土的极限侧阻力标准值；

q_{pk}——极限端阻力标准值；

其他符号的含义同式 (5-11)。

如无当地经验时，q_{sik} 和 q_{pk} 值可取《建筑桩基技术规范》(JGJ 94—2008) 的推荐值。《建筑桩基技术规范》(JGJ 94—2008) 推荐的 q_{sik} 和 q_{pk} 值，是依据全国各地的 645 根试桩资料，其中，预制桩 317 根、水下钻（冲）孔灌注桩 184 根、干作业钻孔灌注桩 144 根，并参考上海、天津、浙江、福建、深圳等省市的地方标准给出的经验值。

(2) 大直径桩的单桩竖向极限承载力标准值。通常大直径桩（$d\geqslant 800$mm）置于较好持力层，又常用扩底，单桩静载荷试验的 Q—S 曲线一般呈缓变型，反映出其端阻力以压剪变形为主的渐进破坏。G. G. Meyerhof (1988) 指出，砂土中大直径桩的极限端阻力随桩径增大而呈双曲线减小。桩成孔后产生应力释放，孔壁出现松弛变形，导致侧阻力随桩径增大而呈双曲线减小。为此，《建筑桩基技术规范》(JGJ 94—2008) 规定，大直径桩单桩竖向极限承载力标准值 Q_{uk} 按下式计算：

$$Q_{uk}=Q_{sk}+Q_{pk}=u\sum\psi_{si}q_{sik}l_i+\psi_p q_{pk}A_p \tag{5-18}$$

式中 q_{sik}——桩侧第 i 层土的极限侧阻力标准值；对于扩底桩变截面以上 $2d$ 长度范围不计侧阻力，d 为桩身直径；

q_{pk}——桩径800mm的极限端阻力标准值，对于干作业（清底干净）桩，可采用深层载荷板试验确定；

ψ_{si}、ψ_p——大直径桩侧阻力、端阻力尺寸效应系数，按表5-7取值。

其他符号的含义同式（5-11）。

当q_{sik}值无当地经验值、q_{pk}值不能通过深层载荷板试验确定时，可取《建筑桩基技术规范》（JGJ 94—2008）的推荐值。

表5-7　大直径桩侧阻力、端阻力尺寸效应系数ψ_{si}和ψ_p

土类型	黏性土、粉土	砂土、碎石类土
ψ_{si}	$(0.8/d)^{1/5}$	$(0.8/d)^{1/3}$
ψ_p	$(0.8/D)^{1/4}$	$(0.8/D)^{1/3}$

注　d为桩身直径，D为桩端直径；当为等直径桩时，$D=d$。

（3）嵌岩灌注桩的单桩竖向极限承载力标准值。

桩端置于完整、较完整基岩的嵌岩桩单桩竖向极限承载力，由桩周土总极限侧阻力、嵌岩段总极限侧阻力和总极限端阻力3部分组成。

嵌岩段桩岩之间的剪切模式即其剪切面可分为3种：对于软质岩（$f_{rk}\leqslant 15$MPa），剪切面发生于岩体一侧；对于硬质岩（$f_{rk}>30$MPa），剪切面发生于桩体一侧；对于泥浆护壁成桩，剪切面一般发生于桩岩界面，当清孔好，泥浆相对密度小，与上述规律一致。这里，f_{rk}为岩石饱和单轴抗压强度标准值。嵌岩段的极限侧阻力大小与岩性、桩体材料和成桩清孔情况有关。根据有限元分析，硬质岩嵌岩段侧阻力呈单驼峰型分布，软质岩嵌岩段侧阻力呈双驼峰型分布。

对于不同桩、岩刚度比E_p/E_r（桩的弹性模量E_p与岩石的弹性模量E_r之比值）干作业条件下，桩端总阻力随E_p/E_r增大而增大，随嵌岩深径比h_r/d（桩身嵌岩深度h_r与桩径d之比值）增大而减小。

基于对嵌岩桩承载机理的上述认识，《建筑桩基技术规范》（JGJ 94—2008）规定，当根据岩石单轴抗压强度确定单桩竖向极限承载力标准值Q_{uk}时，可按下式计算：

$$Q_{uk}=Q_{sk}+Q_{rk} \tag{5-19a}$$

$$Q_{sk}=u\sum q_{sik}l_i \tag{5-19b}$$

$$Q_{rk}=\zeta_r f_{rk}A_p \tag{5-19c}$$

式中　Q_{sk}、Q_{rk}——桩周土的总极限侧阻力标准值、桩嵌岩段总极限阻力标准值；

q_{sik}——桩侧第i层土的极限侧阻力标准值，无当地经验时，可取《建筑桩基技术规范》（JGJ 94—2008）推荐值；

f_{rk}——岩石饱和单轴抗压强度标准值，黏土岩取天然湿度单轴抗压强度标准值；

ζ_r——桩嵌岩段侧阻和端阻力综合系数，与嵌岩深径比h_r/d、岩石软硬程度和成桩工艺有关，可按表5-8采用；表中数值适用于泥浆护壁成桩，对于干作业成桩（清底干净）和泥浆护壁成桩后注浆，ζ_r应取表5-8数值的1.2倍。

表 5-8　嵌岩段侧和端阻综合系数 ζ_r

嵌岩深径比 h_r/d	0	0.5	1.0	2.0	3.0	4.0	5.0	6.0	7.0	8.0
极软岩、软岩	0.60	0.80	0.95	1.18	1.35	1.48	1.57	1.63	1.66	1.70
较硬岩、坚硬岩	0.45	0.65	0.81	0.90	1.00	1.04	—	—	—	—

注　1. 极软岩、软岩指 $f_{rk} \leqslant 15$MPa；较硬岩、坚硬岩指 $f_{rk} > 30$MPa，介于两者之间可内插。
2. h_r 为桩身嵌岩深度，当岩层表面倾斜时，以坡下方的嵌岩深度为准，当 h_r/d 为非表中列值时，ζ_r 值可内插取值。

试验结果表明，传递到桩端的应力随嵌岩深度增大而减小，一般地，当 $h_r/d>5$ 时，传递到桩端的应力接近于零；但对泥质软岩嵌岩桩（南京），$h_r/d=5\sim7$ 时，桩端阻力仍可占总荷载的 5～16%。

应指出，由于嵌岩灌注桩的嵌岩部分具有较高的侧阻力和端阻力，其单桩承载力往往超过相同截面的土中摩擦桩，桩身压应力值很高。因此，桩身强度同桩侧土、桩端土层强度一样，也是控制单桩承载力的重要因素。

（4）后注浆灌注桩的单桩竖向极限承载力标准值。

后注浆灌注桩的单桩竖向极限承载力，应通过静载荷试验确定。在符合《建筑桩基技术规范》（JGJ 94—2008）中后注浆技术实施规定的条件下，其后注浆单桩竖向极限承载力标准值 Q_{uk} 可按下式估算：

$$Q_{uk}=Q_{sk}+Q_{gsk}+Q_{gpk}=u\sum q_{sjk}l_j+u\sum\beta_{si}q_{sik}l_{gi}+\beta_p q_{pk}A_p \tag{5-20}$$

式中　Q_{sk}——后注浆非竖向增强段的总极限侧阻力标准值；

Q_{gsk}——后注浆竖向增强段的总极限侧阻力标准值；

Q_{gpk}——后注浆总极限端阻力标准值；

l_j——后注浆非竖向增强段第 j 层土厚度；

l_{gi}——后注浆竖向增强段第 i 层土厚度：对于泥浆护壁成孔灌注桩，当为单一桩端后注浆时，竖向增强段为桩端以上 12m；当为桩端、桩侧复式注浆时，竖向增强段为桩端以上 12m 及各桩侧注浆断面以上 12m，重叠部分扣除；对于干作业灌注桩，竖向增强段为桩端以上、桩侧注浆断面上下各 6m；

q_{sjk}、q_{sik}、q_{pk}——后注浆非竖向增强段第 j 层初始极限侧阻力标准值、竖向增强段第 i 层初始极限侧阻力标准值、初始极限端阻力标准值，如无当地经验时，可取《建筑桩基技术规范》（JGJ 94—2008）推荐值；

β_{si}、β_p——后注浆侧阻力、端阻力增强系数，无当地经验时，可按表 5-9 采用；对于桩径大于 800mm 的桩，应按表 5-7 进行大直径桩侧阻力、端阻力尺寸效应的修正；

u、A_p——含义同式（5-11）。

表 5-9　后注浆侧阻力、端阻力增强系数 β_{si} 和 β_p

土层名称	淤泥 淤泥质土	黏性土 粉土	粉砂 细砂	中砂	粗砂 砾砂	砾石 卵石	全风化岩 强风化岩
β_{si}	1.2～1.3	1.4～1.8	1.6～2.0	1.7～2.1	2.0～2.5	2.4～3.0	1.4～1.8
β_p	—	2.2～2.5	2.4～2.8	2.6～3.0	3.0～3.5	3.2～4.0	2.0～2.4

注　干作业钻、挖孔桩，β_p 按表列值乘以小于 1.0 的折减系数，当桩端持力层为黏性土或粉土时，折减系数取 0.6；当为砂土或碎石土时，折减系数取 0.8。

比较式（5－17）与式（5－12）可知，后注浆灌注桩单桩计算模式与普通灌注桩的相同，区别在于后注浆灌注桩的侧阻力和端阻力乘以相应的增强系数 β_{si} 和 β_p。浆液在不同桩端和桩侧土层中的扩散与加固机理不尽相同，因此侧阻力和端阻力的增强系数 β_{si} 和 β_p 也不同，且变化幅度很大。总的变化规律是：端阻力的增幅大于侧阻力的增幅；粗粒土的增幅高于细粒土的增幅；桩端、桩侧复式注浆的增幅大于桩端、桩侧单一注浆的增幅。

（5）混凝土空心桩的单桩竖向极限承载力标准值。

据土的物理指标与承载力参数之间的经验关系确定敞口预应力混凝土空心桩的单桩竖向极限承载力标准值 Q_{uk} 时，可按下式计算：

$$Q_{uk}=Q_{sk}+Q_{pk}=u\sum q_{sik}l_i+q_{pk}(A_j+\lambda_p A_{p1}) \tag{5-21}$$

$$\text{当 } h_b/d<5 \text{ 时}, \lambda_p=0.16h_b/d \tag{5-22a}$$

$$\text{当 } h_b/d\geqslant 5 \text{ 时}, \lambda_p=0.8 \tag{5-22b}$$

式中 q_{sik}、q_{pk}——桩侧第 i 层土的极限侧阻力标准值、极限端阻力标准值，取与混凝土预制桩相同的值，如无当地经验时，q_{sik} 和 q_{pk} 值可取《建筑桩基技术规范》（JGJ 94—2008）的推荐值；

A_j——空心桩桩端净面积：

管桩：
$$A_j=\frac{\pi}{4}(d^2-d_1^2)$$

空心方桩：
$$A_j=b^2-\frac{\pi}{4}d_1^2$$

式中 A_{p1}——空心桩敞口面积；

λ_p——桩端土塞效应系数；

h_b——桩端进入持力层深度；

d、d_1、b——空心桩外径、内径、边长；

其他符号的含义同前。

（6）钢管桩的单桩竖向极限承载力标准值。

据土的物理指标与承载力参数之间的经验关系确定钢管桩的单桩竖向极限承载力标准值 Q_{uk} 时，可按下式计算：

$$Q_{uk}=Q_{sk}+Q_{pk}=u\sum q_{sik}l_i+\lambda_p q_{pk}A_p \tag{5-23}$$

式中 q_{sik}、q_{pk}——桩侧第 i 层土的极限侧阻力标准值、极限端阻力标准值，取与混凝土预制桩相同的值，如无当地经验时，q_{sik} 和 q_{pk} 值可取《建筑桩基技术规范》（JGJ 94—2008）的推荐值；

λ_p——桩端土塞效应系数，对于闭口桩，取 $\lambda_p=1$；对于敞口钢管桩，λ_p 值按式（5－22a）和式（5－22b）确定；

d——钢管桩外径；

其他符号的含义同前。

对于带隔板的半敞口钢管桩，应以等效直径 d_e 代替 d 确定 λ_p 值。

【例 5－1】 某预制桩截面尺寸为 450mm×450mm，桩长 16m，依次穿越：厚度 $h_1=$ 4m、液性指数 $I_L=0.75$ 的黏土层；厚度 $h_2=5$m、孔隙比 $e=0.805$ 的粉土层和厚度 $h_3=$

4m、中密的粉细砂层，进入密实的中砂层3m，假定承台埋深1.5m。试确定该预制桩的竖向极限承载力标准值。

解： 由《建筑桩基技术规范》(JGJ 94—2008) 中表5.3.5-1查得桩的极限侧阻力标准值 q_{sik} 为

黏土层：$q_{sik}=55.0\text{kPa}$

粉土层：$q_{sik}=46.0\sim66.0\text{kPa}$，取 $q_{sik}=53.3\text{kPa}$

粉细砂层：$q_{sik}=48.0\sim66.0\text{kPa}$，取 $q_{sik}=57.0\text{kPa}$

中砂层：$q_{sik}=74.0\sim95.0\text{kPa}$，取 $q_{sik}=85.0\text{kPa}$

由《建筑桩基技术规范》(JGJ 94—2008) 中表5.3.5-2查得桩的极限端阻力标准值 q_{sik} 为

$q_{pk}=5500.0\sim7000.0\text{kPa}$，取 $q_{pk}=6200.0\text{kPa}$

故由式 (5-17) 可得，单桩竖向极限承载力标准值为：

$$
\begin{aligned}
Q_{uk}&=Q_{sk}+Q_{pk}=u\sum q_{sik}l_i+q_{pk}A_P\\
&=4\times0.45\times(55.0\times2.5+53.3\times5.0+57.0\times4.0+85.0\times3)+0.45\times0.45\times6200.0\\
&=1596.6+1255.5=2852.1\text{kN}
\end{aligned}
$$

5.5　竖向荷载作用下单桩沉降计算

有多方面原因使人们关心单桩沉降问题。第一，过去的研究已经建立了群桩与单桩沉降之间的一些关系。利用这些关系及单桩沉降，在某些特定的土质与地层剖面条件下可以估计群桩基础的沉降。第二，在进行群桩基础内力分析时，需提供单桩轴向刚度的数据，而单桩轴向刚度的确定往往依赖于单桩沉降分析。第三，近年来大直径桩和高承载力打入桩的使用日益广泛，工程中采用单桩结构的情况日益增多，这时单桩沉降计算是一个实际工程问题。

单桩受到荷载作用后，其沉降量由下述3个部分组成：①桩本身的弹性压缩量；②由于桩侧摩阻力向下传递，引起桩端下土体压缩所产生的桩端沉降；③由于桩端荷载引起桩端下土体压缩所产生的桩端沉降。

单桩沉降组成不仅同桩的长度、桩与土的相对压缩性、土层剖面及性质有关，还与荷载水平、荷载持续时间有关。目前，单桩沉降计算方法主要有：①荷载传递分析法；②弹性理论法；③剪切变形传递法；④有限单元分析法；⑤各种简化分析法。这里仅介绍简化方法。

5.5.1　单桩沉降的经验统计关系

Frank(1985)总结了单桩的工程实践经验，统计出在特定地质条件和设计荷载下单桩沉降 S 的典型数值与桩径 d 的经验关系：

对于打入桩：

平均：
$$S=0.9\%d \tag{5-24}$$

变化范围：
$$S=(0.8\%\sim1.2\%)d \tag{5-25}$$

对于钻孔桩：

平均：
$$S=0.6\%d \tag{5-26}$$

变化范围：
$$S=(0.3\%\sim1.0\%)d \tag{5-27}$$

Briaud 和 Tuchekr（1988）对 98 根单桩试验资料进行了统计分析，其中 64 根混凝土方桩，27 根 H 形钢桩和 7 根钻孔灌注桩，桩长平均 12.2m，桩径平均为 38.1 cm；土质条件为硬黏土，中—密砂土层，黏土不排水剪强度平均值 $c_u=144\text{kPa}$。砂土的标准贯入击数平均值为43击，由此提出沉降量小于式（5－28）的概率等于95%时相应于0.5倍极限荷载的桩顶沉降为：

$$S=1.25\%d \tag{5-28}$$

5.5.2 常规桩沉降计算的经验方法

在竖向荷载 Q 作用下，单桩桩顶沉降 S 由桩身压缩 S_s 和桩端沉降 S_b 组成：

$$S=S_s+S_b \tag{5-29}$$

$$S_s=[\Delta+\alpha(1-\Delta)]\frac{Ql}{E_pA_p}=\zeta\frac{Ql}{E_pA_p} \tag{5-30}$$

$$S_b=\frac{(1-v_s^2)}{E_s}\left[\frac{\alpha I_b}{A_p}+\frac{1-\alpha}{ul}I_s\right]Qd \tag{5-31}$$

式中 α——桩端荷载与桩顶荷载之比；

Δ——桩侧摩阻分布系数，均匀分布取 $\Delta=1/2$，三角形分布取 $\Delta=2/3$；在工作荷载下 α、Δ、ζ 与桩长径比 l/d 的经验关系如表 5－10 所示；

E_s、v_s——桩端土的弹性模量和泊松比；

E_p、A_p——桩的弹性模量和横截面面积；

u、l——桩身周长、桩长；

I_b、I_s——沉降影响系数，取 $I_b=0.88$，$I_s=2+0.35\sqrt{l/d}$，其中，d 为桩径。

表 5－10 沉降计算系数 α、Δ、ζ 与 l/d 的关系

桩的长径比 l/d		10	20	30	40	50	60	70	80	100
Δ	钢筋混凝土预制桩	0.72	0.72	0.72	0.647	0.573	0.50	0.50	0.50	0.50
	钢管桩	0.60	0.60	0.60	0.567	0.533	0.50	0.50	0.50	0.50
	钻孔灌注桩	0.52	0.52	0.52	0.487	0.453	0.42	0.42	0.42	0.42
α		0.27	0.18	0.13	0.10	0.07	0.06	0.045	0.04	0.025
ζ	钢筋混凝土预制桩	0.80	0.77	0.76	0.68	0.60	0.53	0.53	0.52	0.51
	钢管桩	0.71	0.67	0.65	0.61	0.57	0.53	0.53	0.52	0.51
	钻孔灌注桩	0.65	0.61	0.58	0.54	0.49	0.46	0.45	0.44	0.43

5.5.3 单桩沉降计算的 Randolph 弹性理论法

Randolph 等（1977）将地基土简化为剪切模量随深度的变化如图 5－8 所示的简单地基，将桩端视为刚性墩，按弹性力学理论分别考虑桩身和桩端土的压缩，提出桩顶沉降 s 与桩顶荷载 P 的关系如下。

$$s=\frac{1+\dfrac{4\eta}{\pi\lambda(1-v_s)\xi}\dfrac{\tanh(\mu l)}{\mu l}\dfrac{l}{r_0}}{\dfrac{4\eta}{(1-v_s)\xi}+\dfrac{2\pi\rho}{\zeta}\dfrac{\tanh(\mu l)}{\mu l}\dfrac{l}{r_0}}\frac{P}{G_l r_0} \tag{5-32}$$

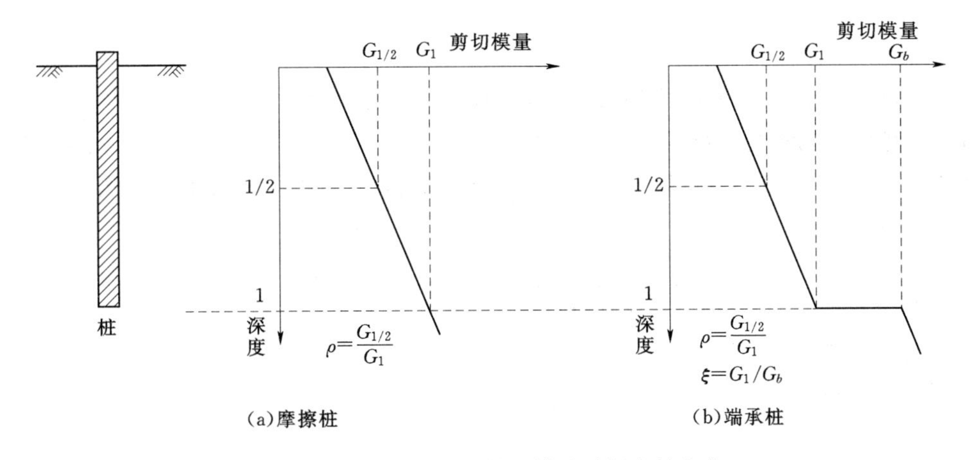

图 5-8　假设的土的剪切模量随深度的变化

式中　v_s——土的泊松比；

η——扩径桩的桩端扩大头半径 r_b 与桩身半径 r_0 之比，$\eta=r_b/r_0$；

ξ——桩入土深度处土的剪切模量 G_l 与桩端持力层土的剪切模量 G_b 之比，$\xi=G_l/G_b$；

ρ——桩入土深度范围内土的平均剪切模量$\overline{G}$和桩入土深度处土的剪切模量 G_l 之比，$\rho=\overline{G}/G_l$；

λ——桩—土刚度比，$\lambda=E_p/G_l$；

ζ——桩影响半径的大小的量度，$\zeta=\ln\{[0.25+(2.5\rho(1-v_s)-0.25)\xi]l/r_0\}$；

μl——桩压缩性大小的量度，$\mu l=\sqrt{2/(\zeta\lambda)}l/r_0$。

当 $\xi=1$ 和 $\eta=1$ 时，考虑到式（5-32）分子中的第二项常小于 0.1，Lee（1993）将式（5-32）简化为：

$$s=\frac{1}{\frac{4}{(1-v_s)}+\frac{2\pi\rho}{\zeta}\frac{\tanh(1.15\mu l)}{1.15\mu l}\frac{l}{r_0}}\frac{P}{G_l r_0} \tag{5-33}$$

当桩的长细比 $l/r_0>3\sqrt{E_p/G_l}$时，桩相当地柔软，$\tanh(\mu l)\approx 1$，式（5-32）可近似简化为（当 $\rho=1$ 时精确成立）：

$$s=\frac{1}{\pi\rho\sqrt{2\lambda/\zeta}}\frac{P}{G_l r_0} \tag{5-34}$$

注意，此时式中的剪切模量 G_l 应是相应于深度 $z/r_0=3\sqrt{E_p/G_z}$处的值，而不是相应于深度 $z=l$ 处的值。

当桩的长细比 $l/r_0<0.5\sqrt{E_p/G_l}$时，桩可看成是刚性桩，式（5-32）可简化为：

$$s=\frac{1}{\frac{4r_bG_b}{(1-v_s)r_0G_l}+\frac{2\pi\overline{G}}{G_l}\frac{l}{r_0}}\frac{P}{G_l r_0} \tag{5-35}$$

对于非圆形截面桩，可以通过抗压刚度相等的原则，将非圆形截面桩等效为圆形截面桩，该等效圆形截面桩的弹性模量 E_p 和半径 r_0 之间的关系可按下式确定：

$$E_p=\frac{(EA)_p}{\pi r_0} \tag{5-36}$$

式中 $(EA)_p$——按实际桩的原始截面计算的抗压刚度。

5.5.4 大直径桩沉降的估算

根据大直径桩荷载 Q（kN）—沉降 s（mm）试验，大直径桩沉降计算实用表达式可表示为：

$$S=\frac{4Q}{\pi D^2}\left[\frac{l}{E_p}(D/d)^2+D/C\right]-\frac{q_s}{C} \tag{5-37}$$

式中：D——桩端直径，m；

l——桩长，m；

d——桩身直径，m；

E_p——桩的弹性模量，MPa；

C、q_s——经验统计参数，可按表 5-11 取值。

表 5-11 大直径桩沉降计算参数 C 和 q_s 值

土层	土的密实状态							
	稍密		中密		密实		很密	
	C（MPa）	q_s（kN/m）	C（MPa）	q_s（kN/m）	C（MPa）	q_s（kN/m）	C（MPa）	q_s（kN/m）
卵石	43	760	82	880	420	1480	(600)	(2550)
圆砾	39	640	77	750	340	850	490	1860
砾砂	34	480	72	680	180	830	(260)	(1700)
粗砂	(30)	(450)	68	620	(170)	(760)	(200)	(1530)
中砂	(20)	(350)	40	600	(100)	(680)	(120)	(1270)

注 表中括号内数值为估计值。

【例 5-2】 某钻孔灌注桩，直径 460mm，入土深度 16m，设置在坚硬黏土层中，其中，浅部 2m 为人工填土，假设不传递侧阻力。假设黏土的不排水强度 c_u 从人工填土层底面的 70kPa 线性地增加到 200kPa，取土的剪切模量 $G=150c_u$，泊松比 $\nu_s=0.2$；桩的设计荷载 $P=800$kN，桩的弹性模量 $E_p=25000$MPa。试用 Randolph 弹性理论法求桩顶沉降量。

解： $G_l=150\times200=30000(\text{kPa})=30(\text{MPa})$

$\overline{G}=150\times135=20250(\text{kPa})=20.25(\text{MPa})$

$\rho=\overline{G}/G_l=20.25/30=0.675$

$\lambda=E_p/G_l=25000/30=833.33$

桩的计算长度 $l=16-2=14(\text{m})$

$l/r_0=14/0.23=60.87 \quad \xi=1$

$\zeta=\ln\{[0.25+(2.5\rho(1-\nu_s)-0.25)\xi]l/r_0\}=4.409 \quad \eta=1$

$$\mu l=\left(\frac{2}{\zeta\lambda}\right)^{0.5}\frac{l}{r_0}=\left(\frac{2}{4.409\times833.33}\right)^{0.5}\times60.87=1.420$$

$$\frac{\tanh(1.15\mu l)}{1.15\mu l}\frac{l}{r_0}=34.535$$

$$\frac{4}{1-v_s}=5.0$$

$$s=\frac{1}{\dfrac{4}{1-v_s}+\dfrac{2\pi\rho}{\zeta}\dfrac{\tanh(1.15\mu l)}{1.15\mu l}\dfrac{l}{r_0}}\frac{P}{G_l r_0}=\frac{1}{5.0+\dfrac{2\times\pi\times0.675}{4.409}\times34.535}\times\frac{800}{30\times0.23}=3.03(\text{mm})$$

另外，桩顶部2m所产生的弹性压缩为：

$$\Delta s=\frac{Pl_0}{E_pA_p}=\frac{800\times2}{25000\times\pi\times0.23^2}=0.385(\text{mm})$$

因此，桩顶总的沉降量为3.033+0.385=3.418(mm)

5.6　竖向荷载下群桩的工作性状

5.6.1　群桩的荷载传递特征

高层建筑桩基通常为低承台式，群桩基础受竖向荷载后，承台、桩群与土形成一个相互作用、共同工作体系，其变形和承载力均受相互作用的影响。

1. 端承型群桩

由端承桩组成的群桩基础，通过承台传递到各桩顶的竖向荷载，其大部分由桩身直接传递到桩端。因此，端承型群桩中基桩（桩群中的单桩）与（独立）单桩相近，桩与桩的相互作用、承台与土的相互作用，都小到可忽略不计，端承型群桩的承载力可近似取为各单桩承载力之和。由于端承型群桩的桩端持力层比较刚硬，因此其沉降也不致因桩端应力的重叠效应而显著增大，一般无需计算沉降。

2. 摩擦型群桩

由摩擦型桩组成的群桩，在竖向荷载作用下，其桩顶荷载的大部分通过桩侧阻力传递到桩侧和桩端土层中，其余部分由桩端承受。由于桩端的贯入变形和桩身弹性压缩，对于低承台群桩，承台底土也产生一定反力，使得承台底土、桩间土、桩端土都参与工作，形成承台、桩、土共同工作，群桩中基桩的工作性状明显不同于（独立）单桩，群桩承载力不等于各单桩承载力之和，群桩的沉降也明显地超过单桩，这称之为群桩效应。

影响群桩效应的主要因素有两组。一组是群桩自身的几何特征：承台的设置方式（高、低承台）、桩间距S_a、桩长l及桩长与承台宽度比l/B_c、桩的排列形式、桩数；另一组是桩侧及桩端的土性及其分布、成桩工艺。群桩效应具体反映在以下几个方面：群桩的侧阻力、群桩的端阻力、承台土反力、桩顶荷载分布、群桩的破坏模式、群桩的沉降及其随荷载的变化。现就其一般规律分述如下。

（1）桩侧阻力的群桩效应及群桩侧阻的破坏。桩间土竖向位移受相邻桩影响而增大，桩土相对位移随之减小，这使得在相同沉降条件下，群桩侧阻力发挥值小于单桩。在桩距很小时，即使发生很大沉降，群桩中各基桩的侧阻力也不能充分发挥。因此，桩距的大小不仅制约桩土相对位移，影响发挥侧阻所需群桩沉降量，而且影响侧阻的破坏性状与破坏值。

因群桩效应而使黏性土中的桩侧阻力降低，也即在常用桩距下非挤土桩侧阻力的群桩效应系数小于1；但在非密实的粉土、砂土中因群桩效应产生沉降硬化而增强，也即在常用桩距下桩侧阻力的群桩效应系数大于1。

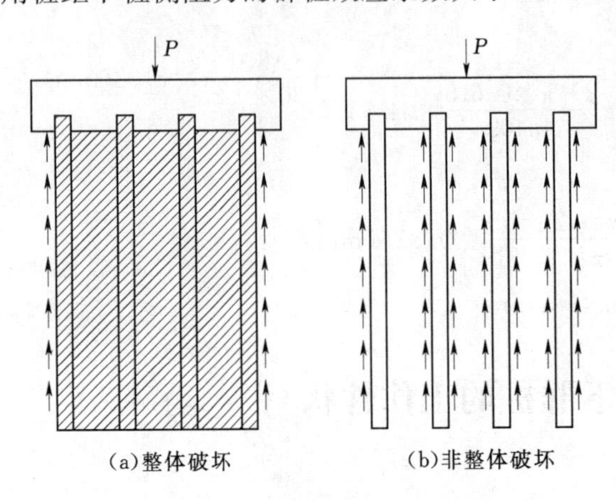

图5-9 群桩侧阻力破坏模式

对于砂土、粉土、非饱和松散黏性土中的挤土型群桩，在较小桩距（$S_a \leqslant 3d$）条件下，群桩侧阻一般呈整体破坏，即桩、土形成整体，桩侧阻力的破坏面发生于桩群外围［图5-9（a）］；当桩距较大时，则一般呈非整体破坏，即各桩的桩、土间产生相对位移，各桩的侧阻力剪切破坏发生于各桩桩周土体中或桩土界面［图5-9（b）］。

（2）桩端阻力的群桩效应及桩端阻的破坏。由于邻桩的桩侧剪应力在桩端平面上重叠，导致桩端平面的主应力差减小，以及桩端土的侧向变形受到邻桩逆向变形的制约而减小，使得桩端阻力随桩距减小而增大。也即，对黏性土和非黏性土，桩端阻力均因相邻桩桩端土互逆的侧向变形而增大，在常用桩距下桩端阻力的群桩效应系数大于1。

桩距对端阻力的影响程度与持力层土层的性质和成桩工艺有关。在相同成桩工艺下，群桩端阻力受桩距的影响，黏性土较非黏性土大、密实土较非密实土大。就成桩工艺而言，非饱和土与非黏性土中的挤土桩，其群桩端阻力因挤土效应而提高，提高幅度随桩距增大而减小。

群桩端阻的破坏与侧阻的破坏模式有关。在群桩侧阻呈整体破坏的情况下，群桩演变为底面积与桩群投影面积相等的单独实体墩基［图5-10（a）］。由于基底面积大，埋深大，一般不发生整体剪切破坏。当桩很短且持力层为密实土层时才可能出现整体剪切破坏。当存在软弱下卧层时，有可能由于软卧层产生侧向挤出而引起群桩整体失稳。当群桩侧阻呈单独破坏时，各桩端阻的破坏与单桩相似，但因桩侧剪应力的重叠效应、相邻桩桩端土逆向变形的制约效应和承台的增强效应而使破坏承载力提高［图5-10（b）］。

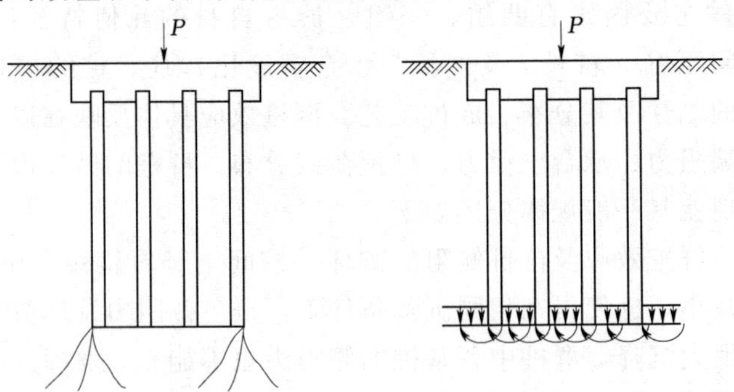

图5-10 群桩端阻的破坏模式

美国、英国规范规定，当桩距 S_a 不小于 $3d$ 时不考虑群桩效应。我国《建筑地基基础设计规范》（GB 50007—2011）和《建筑桩基技术规范》（JGJ 94—2008）规定，最小桩距一般不小于3倍桩径，即 S_a 不小于 $3d$，因此，桩基设计中不考虑群桩侧阻力、端阻力的群桩效应对群桩承载力的影响。多数情况下，这样处理既方便设计，也留给工程更多的安全储备。

（3）承台效应。摩擦型群桩在竖向荷载作用下，由于桩土相对位移，桩间土对承台产生一定的竖向抗力，成为桩基竖向承载力的一部分而分担荷载，这种效应称为承台效应。承台底土承载力特征值发挥率称为承台效应系数。

桩距越大，承台底土抗力越大。承台底土抗力随承台宽度与桩长之比 B_c/l 减小而减小现场原型试验表明，在相同桩数、桩距条件下，承台分担荷载比率随 B_c/l 增大而增大。承台底土抗力随承台区位和桩的排列而变化，承台内区（桩群包络线以内）土反力明显小于承台外区（悬挑部分）的土反力，即呈马鞍形分布；承台内、外区面积比随桩数增多而增大导致承台底土抗力随之降低；对于单排桩条基，由于承台外区面积比大，其承台底土抗力明显大于多排桩桩基。

5.6.2　群桩的沉降特性

由摩擦桩与承台组成的群桩，在竖向荷载作用下，其沉降的形态及其性状是桩、承台、地基土之间相互影响的综合结果，群桩沉降及其性状同孤立单桩有明显不同。

在高承台群桩条件下，群桩中各桩顶荷载通过侧摩阻力与端部阻力传递给地基土和邻近桩，由此产生应力重叠，且改变了土和桩的受力状态，这种状态影响群桩侧摩阻力和端阻力的大小与发展过程；在此情况下，虽然高承台群桩侧摩阻力的荷载传递过程仍与单桩相近，随着荷载增大，侧摩阻力从桩顶开始逐渐向下发挥，但桩基的沉降量一般要比单桩的大得多，尤其是大群桩，其长期沉降量甚至可达单桩的几十倍。

在低承台群桩条件下，除群桩产生的应力重叠影响侧阻力和端阻力外，由于承台与地基土接触应力的存在，承台不仅限制了桩上部的桩土相对位移，使桩上部的侧阻力减小，且改变了荷载传递过程，随着荷载的增大，侧阻力从桩中、下部开始逐渐向上和向下发挥。同时，承台底面接触应力也改变地基土和桩的受力状态，进而影响桩的侧阻力和端阻力。因此，低承台群桩效应改变了单桩侧阻力从桩上部逐步向下发挥的荷载传递过程，也改变了桩侧阻力和端阻力的大小、分布和发展过程，同时使地基土的应力状态发生变化。

群桩沉降由桩间土压缩和桩端以下土压缩变形所组成。对于超大群桩基础的总沉降，桩身弹性压缩变形量不容忽略，且超长大直径群桩自重引起的弹性变形量也应考虑。

从现有试验研究结果看，这两种变形占群桩沉降的比例同土质条件、桩距大小、荷载水平、成桩工艺（挤土桩和非挤土桩）以及承台设置方式（高、低承台）等因素有密切关系。鉴于打入桩（挤土桩）与钻孔桩的群桩沉降性状受上述因素影响的变化规律有明显的差异，现分述如下。

（1）打入群桩。对于土质剖面较均匀的黏性土（包括桩间土和桩端以下土）中的桩，桩端地基整体压缩变形占群桩沉降的比率随土性质变硬而增大；反之，桩间土压缩变形比率则随土性质变硬而减小。随着黏性土性质变软，地基整体压缩变形和桩间土压缩变形中由于土侧向位移引起的比率逐渐增大，因此，在软黏土中群桩沉降有一定比例是土侧向挤出的结果。

对于砂土中的桩，在同样桩间距的情况下，其地基整体压缩变形比率应大于硬黏土中群桩的相应比率。尽管目前还没有大比例打入群桩模型试验的桩—土位移实测资料来证明这一判断，但是下列几点可支持该判断的可靠性：①在松砂中沉桩过程的挤实效应比黏土中明显得多；②砂土中群桩的侧阻力要远大于单桩的侧阻力，而硬黏土中群桩的侧阻力与单桩相差不多；③砂土的压缩性和强度的变化受挤实效应的影响要比黏土显著；④桩土整体破坏的概念主要来源于砂土中打入群桩室内试验的结果，至今这个概念在小桩距条件下仍为各国学者所公认，尽管在非砂性土或非挤土桩的情况下人们已对此概念提出异议。

随着桩间距的增加，地基整体压缩变形占群桩沉降的比率趋于减小。当桩距较小（如 $S_a=3d$）时，地基整体压缩变形比率随荷载水平（即 Q/Q_{uk}）和土性有较大幅度的变化；当桩距达到 $6d$ 时，不论荷载水平、土性的情况如何，群桩的沉降均以桩间土的压缩变形为主。

随着荷载水平 Q/Q_{uk} 的增大，地基整体压缩变形占群桩沉降的比率趋于减小。对于桩间距 $S_a=3d$ 的群桩，如桩间土为硬黏土，荷载 Q/Q_{uk} 远小于 50%时群桩沉降完全由桩端以下地基土体压缩变形引起（≈100%）；Q/Q_{uk} 接近于 50%时群桩沉降仍以地基整体压缩变形为主（80%）；Q/Q_{uk} 达到 100%时群桩沉降则主要由桩间土压缩变形引起，这时地基整体压缩变形比率只有 20%左右。

从现有的黏性土中群桩的试验资料看，在桩距较小（如 $S_a=3d$ ）的情况下，承台设置方式对于打入群桩的沉降性状随荷载变化的下列特点并无明显的变化：①在荷载较小时，群桩沉降以地基整体压缩变形为主；②在荷载接近于极限承载力时，群桩沉降以桩间土压缩变形为主；③地基整体压缩变形比率随荷载的增加而减小。

（2）钻孔群桩与打入群桩的沉降特性对比。从现有的打入桩与钻孔桩的群桩试验资料对比可以看出，两类不同成桩工艺的群桩沉降性状，除了随桩距的变化有相似的规律之外，即整体压缩变形占群桩沉降的比率都随桩间距的增加而减小，以及在大桩距的情况下群桩沉降都以桩间土的压缩变形为主，而随其他因素的变化则有明显的不同，主要表现在如下几方面。

1）在小荷载情况下群桩沉降变形性状不同。打入群桩的沉降以地基整体压缩变形为主，而钻孔群桩的沉降则以桩间土压缩变形为主。

2）在大荷载（Q/Q_{uk} 接近 100%）情况下群桩沉降变形性状不同。打入群桩以桩间土压缩变形为主，而钻孔群桩则以地基整体压缩变形为主。

3）在低承台条件下地基整体压缩变形比率随荷载变化的总趋势不同。打入群桩的地基整体压缩变形比率随荷载的增加而减小；对钻孔群桩，该比率则随荷载的增加而增大。

4）在高承台条件下地基整体压缩变形比率随荷载变化的趋势有所不同。对打入群桩，遵循地基整体压缩变形比率随荷载增加而减小的总趋势；对钻孔群桩，在 $Q/Q_{uk}\leqslant 50\%$ 的范围内，该比率随荷载增加呈现增大的趋势，而 $Q/Q_{uk}>50\%$ 之后，该比率随荷载增加呈现减小的趋势。

挤土桩与非挤土桩的群桩沉降性状有明显差异，但人们还不能合理地解释引起这些差异的机理，仍有待于探讨和研究。

5.7 群桩的竖向承载力计算

群桩基础受竖向荷载后，承台、桩群、土形成一个相互作用、共同工作的体系，其变形和承载力均受相互作用的影响和制约。群桩的工作性状取决于承台和群桩的几何尺寸与材料性质，以及一定范围内土介质（桩间土与桩底土）的分布与性质。因此，群桩的竖向承载力这一概念实际上有两种含意。首先，是指将群桩和一定范围内的土视为整体时所能承受的竖向总荷载；当桩下一定深度内存在软弱土层时应校核其强度；群桩中各桩应正常工作，即对单桩承载力进行校核。其次，是指所产生沉降小于允许沉降量的竖向荷载，即沉降要求不仅是校核条件，而且也是确定承载力的依据。

5.7.1 群桩的整体竖向承载力计算

1. 单桩承载力的简单累加法

假定群桩的竖向极限承载力为 P_u，单桩的竖向极限承载力为 Q_u，则

$$P_u = nQ_u \tag{5-38}$$

式中 n——桩数。

式（5－38）仅适用于端承桩群桩基础，以及桩数少于4根的摩擦型柱下独立桩基础，或由于地层土性、使用条件等因素不宜考虑承台效应，基桩竖向承载力特征值应取单桩竖向承载力特征值的群桩基础。

2. 以土强度为参数的极限平衡理论法

前面提及群桩侧阻力破坏分为桩、土整体破坏模式和非整体破坏模式；群桩端阻力的破坏可能呈整体剪切、局部剪切和冲剪（刺入剪切）破坏。下面根据桩侧阻、端阻的破坏模式分述群桩极限承载力的计算方法。

（1）侧阻呈桩、土整体破坏模式。对于小桩距（$S_a \leqslant 3d$）挤土型低承台群桩，其侧阻力一般呈桩土整体破坏，即阻力的剪切破坏发生于桩群、土形成的实体基础的外侧表面（图5－11），因此，群桩的竖向极限承载力计算可视群桩为实体深基础，取下面两种计算模式之较小值。一是群桩竖向极限承载力 P_u 为实体深基础总侧阻力 P_{su} 与总端阻力 P_{pu} 之和［图5－11（a）］：

$$P_u = P_{su} + P_{pu} = 2(A+B)\sum q_{sui} l_i + ABq_{pu} \tag{5-39}$$

二是假定实体深基础外围侧阻传递的荷载呈 $\overline{\varphi}/4$ 扩散分布于基底［图5－11（b）］：

$$P_u = A_b B_b q_{pu} \tag{5-40}$$

式中 $\overline{\varphi}$——桩侧各土层内摩擦角的加权平均值；

q_{sui}——桩侧第 i 层土的极限侧阻力；

q_{pu}——实体深基础底面土的极限承载力。

对于桩端持力层较密实、桩长不大（实体深基础埋深相对较小），或密实持力层上覆软土层的情况，可按整体剪切破坏模式计算：

$$q_{pu} = cN_c + qN_q + 1/2\gamma BN_\gamma \tag{5-41}$$

式中 c——桩端土层的凝聚力；

q——超载，$q=\gamma_1 h$，γ_1 和 h 为桩端以上土的加权平均有效重度和桩端入土

深度；

γ——桩端土的有效重度；

B——实体深基础的宽度；

N_c、N_q、N_γ——地基承载力系数，N_c 和 N_q 可按 Prandtl 理论公式计算：

$$N_q = \exp(\pi\tan\varphi)\tan^2(45° + \varphi/2) \tag{5-42}$$

$$N_c = (N_q - 1)/\tan\varphi \tag{5-43}$$

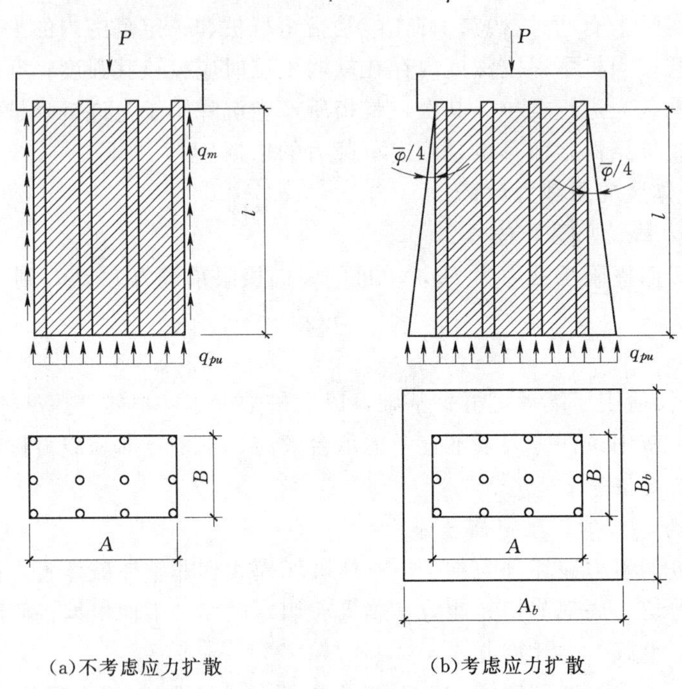

(a)不考虑应力扩散　　(b)考虑应力扩散

图 5-11　侧阻呈桩、土整体破坏的计算模式

N_γ 的计算公式，如 1993 年欧洲规范公式（Muhs，1971），1981 年波兰规范公式（Hansen，1968），1984 年美国石油协会（API）指南公式（Vesic，1970），Meyerhof 公式（1963），Terzaghi 公式（1943，粗糙）等，当 $\varphi < 20°$ 时不同公式计算结果对 q_{pu} 的影响不太大，但当 φ 值较大时，对 q_{pu} 的影响就不可忽视了。肖大平（1998）根据数值分析结果提出下述公式：

$$N_\gamma = 1.25(N_q + 0.28)\tan\varphi[1 + (1 + 0.8\tan\varphi + \lambda\tan\varphi)^{-1/2}] \tag{5-44}$$

其中

$$\lambda = \gamma B/(c + q\tan\varphi) \tag{5-45}$$

并指出：承载力系数 N_γ 在 φ 一定时仅与无量纲系数 λ 有关，而与 γ、B、$c + q\tan\varphi$ 的具体变化无关。朱大勇（1999）则对这一结论作出了理论上的证明。前述 N_γ 公式的计算值基本上在 $\lambda = 0.5$ 和 $\lambda = 100$ 的肖大平公式计算值范围内。

对于持力层为非密实土层的小桩距挤土型群桩，虽然侧阻力呈桩、土整体破坏而类似于墩基础，但墩底地基由于土的体积压缩影响，一般不至于出现整体剪切破坏，而是呈现局部剪切破坏和刺入剪切破坏，尤以后者居多。但关于局部剪切破坏的理论计算公式迄今尚未建立起来，作为一种近似，太沙基建议对土的强度参数 c、φ 值进行折减，以计算非整体剪切破坏条件下的地基土承载力，计算公式与整体剪切破坏的相同。折减的 c'、φ' 值取为：

$$c'=\frac{2}{3}c$$

$$\varphi'=\tan^{-1}\left(\frac{2}{3}\tan\varphi\right) \tag{5-46}$$

通常，按实体深基础法计算的群桩极限承载力值偏高，因此，安全系数 K 取2.5～3。

（2）侧阻呈桩土非整体破坏模式。

对于非挤土型群桩，其侧阻多呈各桩单独破坏，即侧阻力的剪切破坏面发生于各基桩的桩、土界面或近桩表面的土体中。对于这种模式，若忽略群桩效应，包括忽略承台分担荷载的作用，则类似单桩的公式，只需在单桩的极限侧阻力和端阻力两项分量中乘以桩数 n。

5.7.2 群桩软弱下卧层的承载力验算

在土层竖向分布不均匀的情况下，为减小桩长、节约投资，或由于沉桩（管）穿透硬层的困难，可将桩端设置于存在软弱下卧层的有限厚度硬层上。该有限厚度硬层是否可作为群桩的可靠持力层，是设计中要考虑的重要问题。设计不当，可能招致两种后果，一是较薄的持力层因冲剪破坏而使桩基整体失稳（图5-12）；二是因软弱下卧层的变形而使桩基沉降过大。

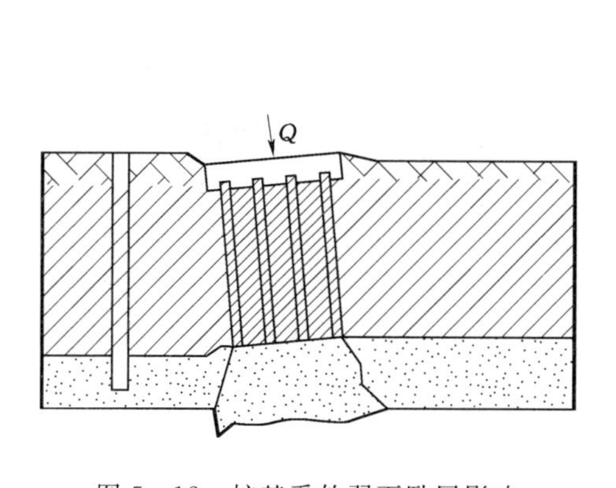

图5-12　桩基受软弱下卧层影响发生冲剪破坏

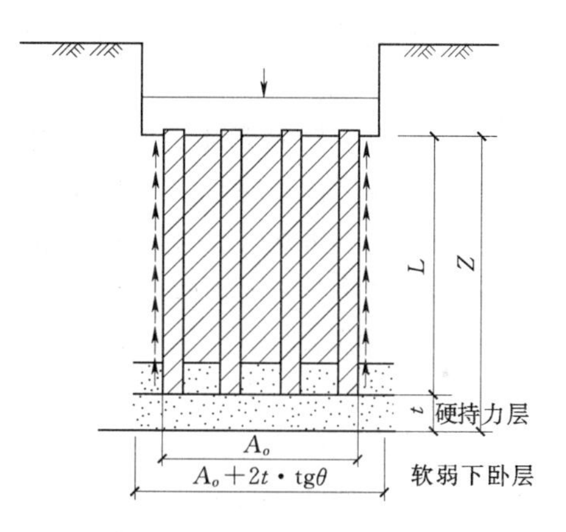

图5-13　软弱下卧层承载力验算

上述现象的出现与下列因素有关：①软弱下卧层的强度和压缩性；②硬持力层的强度、压缩性和厚度；③群桩的桩距、桩数；④承台的设置方式（高、低承台）及低承台底面下土的性质；⑤桩基的荷载水平。

整体冲剪表现为桩群、桩间土形成如同实体深基础对硬持力层发生冲剪破坏。产生整体冲剪破坏的具体情况为：①桩距较小（$S_a\leqslant 6d$）；②桩端硬持力层与软弱下卧层的压缩性相差较大（$E_{s1}/E_{s2}\geqslant 3$）；各基桩桩端冲剪锥体扩散线在硬持力层中相交重迭；③桩端持力层为砂、砾层的挤土型低承台群桩，桩距虽较大（$S_a>6d$），由于成桩挤密效应和承台效应，导致桩端持力层的刚度提高和桩土整体性加强，也可能发生整体冲剪破坏。整体冲剪破坏计算模式如图 5-13 所示，硬持力层呈锥台形整体冲剪，其锥面与竖直线成 θ 角，压力扩散角 θ 随硬持力层与下卧层的压缩模量比 E_{s1}/E_{s2} 及桩端下硬持力层的相对厚度 t/B_o 而变，可取《建筑桩基技术规范》（JGJ 94—2008）的推荐值，见表 5-12。

表 5-12 桩端硬持力层压力扩散角 θ

E_{s1}/E_{s2}	$t/B_o=0.25$	$t/B_0\geqslant 0.50$
1	4°	12°
3	6°	23°
5	10°	25°
10	20°	30°

注 当 $t/B_o<0.25$ 时取 $\theta=0°$，必要时通过试验确定；当 $0.25\leqslant t/B_o<0.5$ 时可内插取值。

《建筑桩基技术规范》（JGJ 94—2008）规定：对于桩距不超过 $6d$ 的群桩基础，桩端持力层下存在承载力低于桩端持力层承载力 1/3 的软弱下卧层时，可按下列公式验算软弱下卧层的承载力：

$$\sigma_z+\gamma_m z\leqslant f_{az} \tag{5-47}$$

$$\sigma_z=\frac{(F_k+G_k)-3/2(A_o+B_o)\cdot\sum q_{sik}l_i}{(A_o+2t\cdot\tan\theta)(B_o+2t\cdot\tan\theta)} \tag{5-48}$$

式中 F_k——按荷载效应标准组合下，作用于承台顶面的竖向力；

G_k——桩基承台及承台上土自重标准值，对稳定的地下水位以下部分应扣除水的浮力；

σ_z——作用于软弱下卧层顶面的附加应力；

γ_m——软弱层顶面以上各土层重度（地下水位以下取浮重度）按厚度加权平均值；

f_{az}——软弱下卧层经深度 z 修正的地基承载力特征值；

t——桩端至软弱小卧层顶面的硬持力层厚度；

l_i——桩周第 i 层土的厚度；

q_{sik}——桩周第 i 层土的极限侧阻力标准值，如无当地经验时，q_{sik} 可取《建筑桩基技术规范》（JGJ 94—2008）的推荐值；

A_o、B_o——桩群外缘矩形底面的长、短边边长；

θ——桩端硬持层压力扩散角，按表 5-12 取值。

5.7.3 单（基）桩竖向承载力验算

（1）桩顶作用效应。

群桩中单桩或基桩、复合基桩桩顶竖向力应按下列公式计算：

轴心竖向作用力：

$$Q_k=\frac{F_k+G_k}{n} \tag{5-49}$$

偏心竖向作用力：

$$Q_{ik}=\frac{F_k+G_k}{n}\pm\frac{M_{xk}y_i}{\sum y_j^2}\pm\frac{M_{yk}x_i}{\sum x_j^2} \tag{5-50}$$

水平作用力：

$$H_{ik}=\frac{H_k}{n} \tag{5-51}$$

以上各式中 Q_k——相应于荷载作用的标准组合时，轴心竖向力作用下任一单（基）桩的竖向力；

Q_{ik}——相应于荷载作用的标准组合时，偏心竖向力作用下第 i 根桩的竖向力；

M_{xk}、M_{yk}——相应于荷载作用的标准组合时，作用于承台底面通过桩群形心的 x、y 轴的力矩；

x_i、y_i——第 i 根桩至桩群形心的 x、y 轴的距离；

H_k——相应于荷载作用的标准组合时，作用于承台底面的水平力；

H_{ik}——相应于荷载作用的标准组合时，作用于第 i 根桩的水平力；

F_k、G_k——含义同前；

n——桩数。

（2）桩顶竖向承载力验算。

轴心竖向力作用下：

$$Q_k \leqslant R_a \tag{5-52}$$

偏心竖向力作用下，除满足式（5－52）外，尚应满足下式：

$$Q_{ik\max} \leqslant 1.2R_a \tag{5-53}$$

式中 $Q_{ik\max}$——相应于荷载作用的标准组合时，偏心竖向力作用下桩顶的最大竖向力；

R_a——单桩或基桩、复合基桩的竖向承载力特征值。

（3）非液化地基上桩基抗震竖向承载力验算。

《建筑抗震设计规范》（GB 50011—2010）规定，对于非液化土中的低承台桩基，单桩的竖向和水平向抗震承载力特征值，均可比非抗震设计时提高25%。因此，考虑地震作用效应组合时，群桩中单桩或基桩、复合基桩应按下列要求进行校核：

对于轴心竖向力作用下：

$$Q_{Ek} \leqslant 1.25R_a \tag{5-54}$$

对于偏心竖向力作用，除满足式（5－54）外，尚应满足下式：

$$Q_{Eik\max} \leqslant 1.5R_a \tag{5-55}$$

式中 Q_{Ek}——相应于地震作用效应和荷载效应的标准组合时，轴心竖向力作用下任一单桩的竖向力；

$Q_{Eik\max}$——相应于地震作用效应和荷载效应的标准组合时，偏心竖向力作用下桩顶的最大竖向力。

（4）液化地基上桩基抗震竖向承载力验算。

《建筑抗震设计规范》（GB 50011—2010）规定，存在液化土中的低承台桩基，当承台底面上、下分别有厚度不小于1.5m、1.0m的非液化土层或非软弱土层时，可按下列两种情况进行桩的抗震验算，并按不利情况设计：

1）桩承受全部地震作用，单桩承载力按非液化土层确定，但液化土层的桩周摩阻力应乘以表 5－13 的土层液化影响折减系数 ψ_L。

表 5－13 土层液化影响的折减系数 ψ_L

$\lambda_N=\frac{N_i}{N_{cri}}$	$\lambda_N\leqslant 0.6$		$0.6<\lambda_N\leqslant 0.8$		$0.8<\lambda_N\leqslant 1.0$	
土层深度 d_s（m）	$d_s\leqslant 10$	$10<d_s\leqslant 20$	$d_s\leqslant 10$	$10<d_s\leqslant 20$	$d_s\leqslant 10$	$10<d_s\leqslant 20$
折减系数 ψ_L	0	1/3	1/3	2/3	2/3	1

注 N_i 和 N_{cri} 分别为第 i 层土标准贯入锤击数实测值和液化判别的临界值。

2）地震作用按水平地震影响系数最大值的 10% 采用，单桩承载力按非液化土层确定，但应扣除液化土层的全部摩阻力和桩承台下 2m 深度范围内非液化土层的桩周摩阻力。

（5）桩身混凝土强度验算。

《建筑地基基础设计规范》（GB 50007—2011）规定，按桩身混凝土强度计算桩的承载力时，应按桩的类型和成桩工艺的不同，将混凝土的轴心抗压强度设计值乘以工作条件系数 ψ_c，桩轴心受压时桩身强度应符合式（5－56）的规定。当桩顶以下 5 倍桩身直径范围内螺旋式箍筋间距不大于 100mm 且钢筋耐久性得到保证的灌注桩，可适当计入桩身纵向钢筋的抗压作用。

$$Q\leqslant A_p f_c \psi_c \tag{5-56}$$

式中 f_c——混凝土轴心抗压强度设计值，按《混凝土结构设计规范》（GB 50010—2010）取值；

Q——相应于荷载作用的基本组合时的单桩竖向力设计值；

A_p——桩身横截面积；

ψ_c——工作条件系数，非预应力预制桩取 0.75，预应力桩取 0.55～0.65，灌注桩取 0.6～0.8（水下灌注桩、长桩或混凝土强度等级高于 C35 时用低值）。

为了避免桩在受力过程中发生桩身强度破坏，桩基设计时必须进行桩身强度验算，确保桩身混凝土强度满足桩的承载力要求。

5.7.4 考虑负摩阻力影响的单桩竖向承载力验算

1. 负摩阻力及其引起的下拉荷载

影响负摩阻力的因素很多，诸如桩侧与桩端土的变形与强度性质、土层的应力历史、地面堆载的大小与范围、降低地下水的范围与深度、桩顶荷载施加时间与发生负摩阻力时间之间的关系、桩的类型与成桩工艺等。因此，精确计算负摩阻力是复杂而困难的。多数学者认为，桩侧负摩阻力的大小与桩侧土的有效应力有关。大量试验与工程实测结果表明，以负摩阻力有效应力法计算较接近实际。为此，《建筑桩基技术规范》（JGJ 94—2008）规定，当无实测资料时，可按下列规定计算：

（1）桩周负摩阻力计算。

中性点以上单桩桩周第 i 层土桩侧负摩阻力标准值 q_{si}^n，可按下列公式计算：

$$q_{si}^n=\zeta_{ni}\sigma_i' \tag{5-57}$$

当填土、自重湿陷性黄土湿陷、欠固结土层产生固结和地下水降低时：

$$\sigma'_i = \sigma'_{\gamma i} \quad (5-58)$$

当地面分布大面积荷载时：

$$\sigma'_i = p + \sigma'_{\gamma i} \quad (5-59)$$

$$\sigma'_{\gamma i} = \sum_{e=1}^{i-1} \gamma_e \Delta z_e + \frac{1}{2}\gamma_i \Delta z_i \quad (5-60)$$

以上各式中 q^n_{si}——第 i 层土桩侧负摩阻力标准值；当式（5－57）的计算值大于正摩阻力标准值时，取正摩阻力标准值；

ζ_{ni}——桩周第 i 层土的负摩阻力系数，按表 5－14 取值；

$\sigma'_{\gamma i}$——由土自重引起的桩周第 i 层土平均竖向有效应力；桩群外围桩自地面算起，桩群内部桩自承台底面算起；

σ'_i——桩周第 i 层土平均竖向有效应力；

γ_i、γ_e——第 i 计算土层和其上第 e 土层的重度，地下水位以下取浮重度；

Δz_i、Δz_e——第 i 层土、第 e 层土的厚度；

p——地面均布荷载。

表 5－14　负摩阻力系数 ζ_n

土类	饱和软土	黏性土、粉土	砂土	自重湿陷性黄土
ζ_n	0.15～0.25	0.25～0.40	0.35～0.50	0.20～0.35

注 1. 在同一类土中，对于挤土桩取表中较大值，对于非挤土桩取表中较小值。
2. 填土按其组成取表中同类土的较大值。

（2）中性点深度。

当桩穿越厚度为 l_o 的可压缩土层，桩端设置于较坚硬的持力层时，在桩的某一深度 l_n 以上，土的沉降大于桩的沉降，该段长度内，桩侧产生负摩阻力；l_n 深度以下的可压缩层内，土的沉降小于桩的沉降，土对桩侧产生正摩阻力；在 l_n 深度处，桩土相对位移为零，既没有负摩阻力，也没有正摩阻力，称该点为中性点。因此，中性点深度 l_n 应按桩周土层沉降与桩沉降相等的条件计算确定，且中性点截面的桩身轴力最大。中性点的稳定深度 l_n 是随桩端持力土层的强度和刚度的增大而增加的。也可按《建筑桩基技术规范》（JGJ 94—2008）推荐的深度比 l_n/l_o 经验值确定，见表 5－15。

表 5－15　中性点深度 l_n

持力层性质	黏性土、粉土	中密以上砂	砾石、卵石	基岩
中性点深度比 l_n/l_o	0.5～0.6	0.7～0.8	0.9	1.0

注 1. l_n、l_o 分别为自桩顶算起的中性点深度和桩周沉降变形土层下限深度。
2. 桩穿越自重湿陷性黄土层时，l_n 按表列值增大 10%（持力层为基岩除外）。
3. 当桩周土层固结与桩基固结沉降同时完成时，取 $l_n=0$。
4. 当桩周土层计算沉降量小于 20mm 时，l_n 应按表列值乘以 0.4～0.8 折减。

（3）考虑群桩效应的基桩下拉荷载。

对于单桩基础，桩侧负摩阻力的总和即为下拉荷载。对于桩距较小的群桩，其基桩的负摩阻力因群桩效应而降低，即计算群桩中基桩的下拉荷载时，应乘以负摩阻力群桩效应系数 η_n，且 $\eta_n<1$，《建筑桩基技术规范》（JGJ 94—2008）推荐按等效圆法计算其群桩效应，并规定考虑群桩效应的基桩下拉荷载可按下式计算：

$$Q_g^n = \eta_n u \sum_{i=1}^{n} q_{si}^n l_i \tag{5-61}$$

$$\eta_n = \frac{s_{ax} s_{ay}}{\left[\pi d\left(\frac{q_s^n}{\gamma_m}+\frac{d}{4}\right)\right]} \tag{5-62}$$

上二式中 Q_g^n——考虑群桩效应的基桩下拉荷载；

n——中性点以上土层数；

l_i——中性点以上各土层的厚度；

η_n——负摩阻力群桩效应系数；

s_{ax}、s_{ay}——纵、横向桩的中性距；

q_{si}^n——中性点以上桩周土层厚度加权平均负摩阻力标准值；

γ_m——中性点以上桩周土厚度加权平均重度（地下水位以下取浮重度）。

2. 考虑负摩阻力影响的单桩承载力校核

桩周负摩阻力对基桩承载力和沉降的影响，取决于桩周负摩阻力强度、桩的竖向承载类型。《建筑桩基技术规范》（JGJ 94—2008）分 3 种情况验算。

（1）对于摩擦型群桩，由于受负摩阻力沉降增大，中性点随之上移，即负摩阻力、中性点与桩顶荷载处于动态平衡。作为一种简化，取桩身假想中性点以上侧阻力为零，按下式验算基桩承载力：

$$Q_k \leqslant R_a \tag{5-63}$$

（2）对于端承型桩基，由于桩受负摩阻力后桩不发生沉降或沉降量很小，桩、土无相对位移，中性点无变化，负摩阻力引起的下拉荷载应作为附加荷载考虑。因此，除满足式（5-63）的要求外，尚应按下式验算基桩承载力：

$$Q_k + Q_g^n \leqslant R_a \tag{5-64}$$

应注意，式（5-63）和式（5-64）中，基桩的竖向承载力特征值 R_a，只计中性点以下部分侧阻力及端阻力。

（3）当土层分布不均匀或建筑物对不均匀沉降较敏感时，由于下拉荷载是附加荷载的一部分，故应将下拉荷载计入附加荷载验算桩基沉降。

5.7.5 桩基抗拔承载力验算

桩基的抗拔承载力破坏可能呈单桩拔出或群桩整体拔出，即呈非整体破坏或整体破坏。因此，应按下列公式同时验算群桩基础非整体破坏或整体破坏时基桩的抗拔承载力：

$$Q_k \leqslant T_{uk}/2 + G_p = R_{ua} + G_p \tag{5-65}$$

$$Q_k \leqslant T_{gk}/2 + G_{gp} = R_{ga} + G_{gp} \tag{5-66}$$

上二式中 Q_k——按荷载效应标准组合计算的基桩拔力；

T_{uk}、R_{ua}——群桩基础呈非整体破坏时基桩的抗拔极限承载力标准值、特征值；

T_{gk}、R_{ga}——群桩基础呈整体破坏时基桩的抗拔极限承载力标准值、特征值；

G_p——基桩自重，地下水位以下取浮重度，对扩底桩，按表5-16确定桩、土柱体周长，计算桩、土自重；

G_{gp}——群桩基础所包围体积的桩土总自重除以总桩数，地下水位以下取浮重度。

表5-16　扩底桩破坏表面周长 u

自桩底起算的长度 l	$\leqslant(4\sim10)d$	$>(4\sim10)d$
桩、土柱体周长 u	πD	πd

注　D 为桩端扩底设计直径，d 为桩身设计直径；l 对软土取低值，对卵石、砾石取高值，其取值按内摩擦角增大而增加。

5.8　群桩基础的沉降计算

软土中摩擦桩的桩基沉降计算是一个非常复杂的问题。土体中桩基沉降由桩身压缩、桩端刺入变形和桩端平面以下土层受群桩荷载共同作用产生的整体压缩变形等主要分量组成。摩擦桩基础的沉降是历时数年、甚至更长时间才能完成的过程，加荷瞬间完成的沉降只占总沉降中的一小部分。大部分沉降都是与时间发展有关的沉降，也就是由于固结或流变产生的沉降。因此，摩擦桩基础的沉降不是用简单的弹性理论就能描述的问题。这是依据弹性理论公式的各种桩基沉降计算方法在实际工程中的应用往往都与实测结果存在较大误差的原因所在，即使经过修正，两者也只能在一定范围内比较接近。

近年来越来越多的研究人员和设计人员认为，目前借用弹性理论的公式计算桩基沉降，其实质是一种经验拟合方法。从经验拟合这一观点出发，《建筑地基基础设计规范》(GB 50007—2011）推荐考虑应力扩散及不考虑应力扩散的实体深基础方法和Mindlin方法计算桩基沉降量。考虑应力扩散及不考虑应力扩散的实体深基础方法计算桩基沉降量和沉降计算深度都有差异，从统计意义上沉降量计算的经验修正系数差异不大。规范修订组将大量实际工程的长期观测资料与各种计算方法的计算值比较，经过统计分析，推荐了桩基础最终沉降量计算的经验修正系数。

计算桩基沉降的实体深基础方法采用Boussinesq应力解计算附加应力，采用单向压缩分层总和法计算沉降。计算桩基沉降的Mindlin方法是以半无限弹性体内部集中力作用下的Mindlin解为基础计算沉降，Geddes对Mindlin公式积分而导出集中力作用于弹性半空间内部的应力解，按叠加原理，求得群桩桩端平面以下各单桩附加应力之和，按单向压缩分层总和法计算沉降。上述方法存在以下缺陷：对于实体深基础法，其附加应力按Boussinesq应力解计算，计算应力偏大，且实体深基础模型不能反映桩的长径比、距径比等的影响；Geddes应力叠加—分层总和法对于大群桩不能手算，且要求假定桩侧阻力分布模式，并给出桩端荷载比。

针对以上问题，《建筑桩基技术规范》(JGJ 94—2008）给出了计算桩基沉降的等效作用分层总和法。

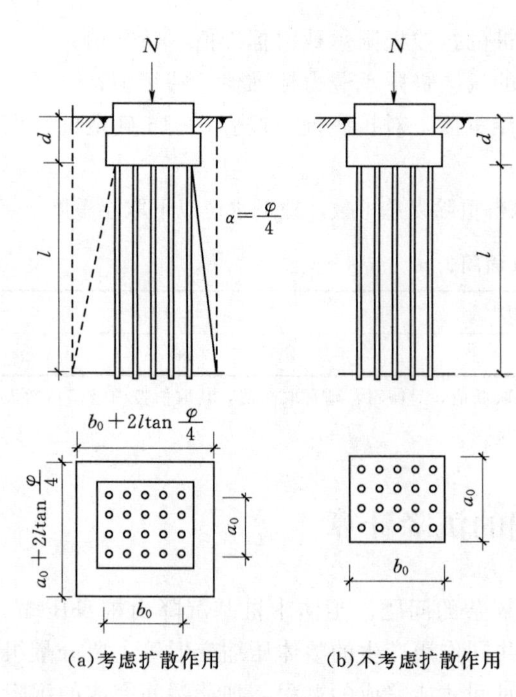

图 5-14　假想实体深基础的计算图式

5.8.1　按实体深基础方法计算群桩沉降量

图 5-14 给出工程中常用的两种实体深基础法的计算图式。这两种图式均假想实体深基础底面都与桩端齐平，其差别在于考虑或不考虑群桩外围侧面剪应力的扩散作用；但两者的共同特点是都不考虑桩间土压缩变形对沉降的影响。沉降计算的准确程度在于选择与应力水平相适应的计算参数和地区经验的积累。

根据 J. Boussinesq 解答，在半无限体表面作用垂直集中力 R 时，半无限体内任意点 $M(x,\ y,\ z)$ 的竖向应力 σ_z 为：

$$\sigma_z=\frac{3Rz^3}{2\pi D^5} \tag{5-67}$$

这里，设集中力 R 作用点的坐标为（0，0，0），$D=\sqrt{x^2+y^2+z^2}$。利用这一结果，A. Love 求出矩形（$2a\times 2b$）土表面上作用均匀荷载 q 时，土中任一点 $M(x,\ y,\ z)$ 的竖向应力为：

$$\begin{aligned}\sigma_z&=\int_{-a}^{a}\int_{-b}^{b}\frac{3z^3}{2\pi D^5}\mathrm{d}p=\frac{3qz^3}{2\pi}\int_{-a}^{a}\int_{-b}^{b}\left[(x-\zeta)^2+(y-\eta)^2+z^5\right]^{-\frac{5}{2}}\mathrm{d}\zeta\mathrm{d}\eta\\&=\frac{q}{2\pi}\sum_{i=o}^{3}(-1)^{i+j}\left[\arctan\frac{X_iY_j}{z\sqrt{X_i^2+Y_i^2+z^2}}+\frac{zX_iY_j(X_i^2+Y_j^2+2z^2)}{(X_i^2+z^2)(Y_j^2+z^2)\sqrt{X_i^2+Y_j^2+z^2}}\right]\end{aligned} \tag{5-68}$$

此处，设矩形形心坐标为（0，0，0），并假设式（5-68）中：

$j=\mathrm{int}[i/2]$（表示取 $i/2$ 的整数部分）

$$X_i=x+(-1)^ia;\quad Y_j=y+(-1)^jb \tag{5-69}$$

设由土表面至 z 深度范围内土的压缩模量为 E_s，则土表面（x，y，0）处的沉降 s 为：

$$s=\int_{o}^{z}\frac{\sigma_z}{E_s}\mathrm{d}z=\frac{q}{E_s}\bar{\alpha}z \tag{5-70}$$

式中　$\bar{\alpha}$——由土表面至深度 z 范围内平均附加应力系数。

陆培俊（1997）给出其解析解如下：

$$\begin{aligned}\bar{\alpha}=\frac{1}{2\pi z}\sum_{i=0}^{3}(-1)^{i+j}\Bigg[&z\arctan\frac{X_iY_j}{z\sqrt{X_i^2+Y_j^2+z^2}}\\&+X_i\ln\frac{(\sqrt{X_i^2+Y_j^2+z^2}-Y_j)(\sqrt{X_i^2+Y_j^2}+Y_j)}{(\sqrt{X_i^2+Y_j^2+z^2}+Y_j)(\sqrt{X_i^2+Y_j^2}-Y_j)}\\&+Y_j\ln\frac{(\sqrt{X_i^2+Y_j^2+z^2}-X_i)(\sqrt{X_i^2+Y_j^2}+X_i)}{(\sqrt{X_i^2+Y_j^2+z^2}+X_i)(\sqrt{X_i^2+Y_j^2}-X_i)}\Bigg]\end{aligned} \tag{5-71}$$

因此，式（5－70）可以表示为：

$$s=\sum_{k=0}^{n}\frac{q}{E_{sk}}(\bar{\alpha}_k z_k-\bar{\alpha}_{k-1}z_{k-1}) \tag{5-72}$$

《建筑地基基础设计规范》（GB 50007—2011）给出的单向压缩分层总和法计算桩基沉降量 s 的公式：

$$s=\psi_p\sum_{j=1}^{m}\sum_{i=1}^{n_j}\frac{\sigma_{ji}\Delta h_{ji}}{E_{sji}} \tag{5-73a}$$

根据平均附加应力系数 $\bar{\alpha}$ 的物理意义，式（5－73a）可以改写为：

$$s=\psi_p\sum_{k=0}^{m}\frac{p_0}{E_{sk}}(\bar{\alpha}_k z_k-\bar{\alpha}_{k-1}z_{k-1}) \tag{5-73b}$$

上二式中　s——桩基最终计算沉降量；

m——桩端平面以下压缩层范围内土层总数；

n_j——桩端平面以下第 j 层土的计算分层数；

σ_{ji}——桩端平面以下第 j 层土第 i 分层的竖向附加应力；

Δh_{ji}——桩端平面以下第 j 层土第 i 分层的厚度；

E_{sji}——桩端平面以下第 j 层土第 i 分层的在自重应力至自重应力加附加应力作用段的压缩模量；

E_{sk}——桩端平面以下第 k 层土在自重应力至自重应力加附加应力作用段的压缩模量；

z_k、z_{k-1}——假想实体深基础底面至第 k 层土、第 $k-1$ 层土底面的距离；

α_k、α_{k-1}——假想实体深基础底面的计算点至第 k 层土、第 $k-1$ 层土底面范围内的平均附加应力系数，按式（5－71）计算或查表确定；

p_0——相应于荷载作用的准永久组合时桩底平面处的附加压应力；

ψ_p——桩基沉降计算经验系数，各地区应根据当地的工程实测资料及经验统计对比确定；在不具备条件时，可按表 5－17 取值。

表 5－17　实体深基础计算桩基沉降经验系数 ψ_p

$\bar{E}_s$（MPa）	≤15	25	35	≥45
ψ_p	0.5	0.4	0.35	0.25

注　1. $\bar{E}_s$ 为变形计算深度范围内压缩模量的当量值。
2. 表内数值可内插。

5.8.2　基于 Mindlin 解的 Geddes 应力叠加-分层总和法计算群桩沉降

Geddes（1966）研究了下列 3 种情况下土中竖向应力的表达式：①桩端阻力简化为一集中荷载或均布力；②桩侧摩阻力沿深度呈矩形分布；③桩侧摩阻力沿深度呈正三角形分布，如图 5－15 所示。

采用 Mindlin 解计算地基中某点的竖向附加应力值时，可将各根桩在该点所产生的附加应力进行叠加：

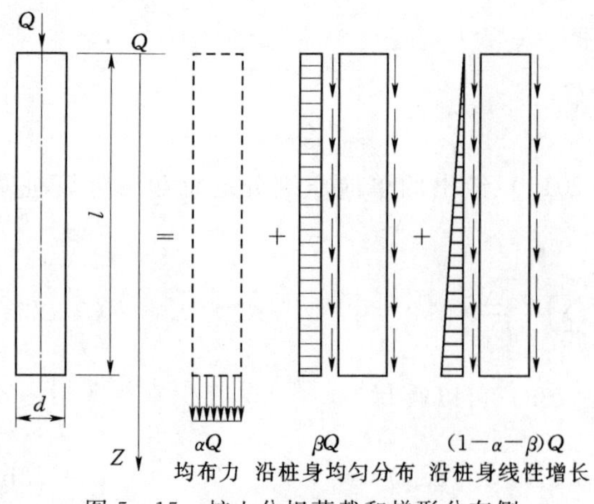

图 5-15　桩土分担荷载和梯形分布侧阻力的叠加计算

$$\sigma_{ji}=\sum_{k=1}^{n}(\sigma_{zp,k}+\sigma_{zs,k}) \quad (5-74)$$

式中　σ_{ji}——桩端平面以下第 j 层土第 i 分层的竖向附加应力；

$\sigma_{zp,k}$——第 k 根桩的端阻力在深度 z 处产生的竖向附加应力；

$\sigma_{zs,k}$——第 k 根桩的侧阻力在深度 z 处产生的竖向附加应力；

n——群桩中总的桩数。

第 k 根桩在土体中离桩轴线水平距离为 r、离土表面距离为 z 的任意点（r，z）的竖向附加应力 $\sigma_{z,k}$ 可表示为：

$$\sigma_{z,k}=\sigma_{zp,k}+\sigma_{zs1,k}+\sigma_{zs2,k}=\frac{Q}{l^2}[\alpha I_{zp,k}+\beta I_{zs1,k}+(1-\alpha-\beta)I_{zs2,k}] \quad (5-75)$$

式中　α——桩端阻力占桩顶荷载 Q 的比率（相应地，桩侧阻力占桩顶荷载的比率为 $1-\alpha$）；

β——桩侧矩形分布摩阻力占桩顶荷载 Q 的比率（相应地，桩侧三角形分布摩阻力占桩顶荷载 Q 的比率为 $1-\alpha-\beta$）；

l——桩长；

I_{zp}、I_{zs1}、I_{zs2}——桩端集中力、桩侧阻力矩形分布和桩侧阻力三角形分布情况的竖向附加应力系数。

对于一般摩擦型桩，可假定桩侧阻力全部是沿桩身三角形（线性）分布的，即 $\beta=0$，则式（5-75）可以简化为：

$$\sigma_{z,k}=\frac{Q}{l^2}[\alpha I_{zp,k}+(1-\alpha)I_{zs2,k}] \quad (5-76)$$

对于桩顶的集中力：

$$I_{zp}=\frac{1}{8\pi(1-\mu)}\left\{-\frac{(1-2\mu)(m-1)}{A^3}+\frac{(1-2\mu)(m-1)}{B^3}-\frac{3(m-1)^3}{A^5}-\frac{3(3-4\mu)m(m+1)^2-3(m+1)(5m-1)}{B^5}-\frac{30m(m+1)^3}{B^7}\right\} \quad (5-77)$$

对于桩侧阻力沿桩身均匀（矩形）分布的情况：

$$I_{zs1}=\frac{1}{8\pi(1-\mu)}\left\{-\frac{2(2-\mu)}{A}+\frac{2(2-\mu)+2(1-2\mu)(m/n)(m/n+1/n)}{B}-\frac{2(1-2\mu)(m/n)^2}{F}+\frac{n^2}{A^3}+\frac{4m^2-4(1+\mu)(m/n)^2m^2}{F^3}+\frac{4m(1+\mu)(m+1)(m/n+1/n)^2-(4m^2+n^2)}{B^3}+\frac{6m^2(m^4-n^4)n^{-2}}{F^5}+\frac{6m[mn^2-(m+1)^5/n^2]}{B^5}\right\} \quad (5-78)$$

对于桩侧阻力沿桩身线性增长（三角形）分布的情况：

$$I_{zs2}=\frac{1}{4\pi(1-\mu)}\left\{-\frac{2(2-\mu)}{A}+\frac{2(2-\mu)(4m+1)-2(1-2\mu)(m/n)^2(m+1)}{B}\right.$$
$$+\frac{2(1-2\mu)m^3/n^2-8(2-\mu)m}{F}+\frac{mn^2+(m-1)^3}{A^3}+\frac{4\mu mn^2+4m^3-15mn^2+(m+1)^3}{B^3}$$
$$-\frac{2(5+2\mu)(m/n)^2(m+1)^3}{B^3}+\frac{2(7-2\mu)mn^2-6m^3+2(5+2\mu)(m/n)^2m^3}{F^3}$$
$$+\frac{6mn^2(n^2-m^2)+12(m/n)^2(m+1)^5}{B^5}-\frac{12(m/n)^2m^5+6mn^2(n^2-m^2)}{F^5}$$
$$\left.-2(2-\mu)\ln\left(\frac{A+m-1}{F+m}\cdot\frac{B+m+1}{F+m}\right)\right\} \tag{5-79}$$

式中 μ——土的泊松比，$A^2=n^2+(m-1)^2$，$B^2=n^2+(m+1)^2$，$F^2=n^2+m^2$，$m=z/l$，$n=r/l$。

当 $n=0$ 时即计算桩轴线位置的土中竖向应力时，I_{zp}、I_{zs2} 出现奇异点；当 $n=0$ 和 $m=1$ 时即桩尖位置，I_{zp}、I_{zs1}、I_{zs2} 均出现奇异点。为避免这一现象，当 $n=0$、$m>1$ 时，I_{zp}、I_{zs1}、I_{zs2} 可用下式代替：

$$I_{zp}=-\frac{1}{8\pi(1-\mu)}\left\{\frac{2(2-\mu)}{(m-1)^2}+\frac{(1-2\mu)(5m+1)+3m}{(m+1)^3}+\frac{3(5m+1)}{(m+1)^4}\right\} \tag{5-80}$$

$$I_{zs1}=-\frac{1}{8\pi(1-\mu)}\left\{\frac{4(1-\mu)}{m}+\frac{2(2-\mu)}{(m-1)}-\frac{2(2-\mu)}{(m+1)}-\frac{4m(2-\mu)}{(m+1)^2}+\frac{4m^2}{(m+1)^3}\right\} \tag{5-81}$$

$$I_{zs2}=\frac{1}{4\pi(1-\mu)}\left\{2-\frac{2(2-\mu)m}{(m-1)}+\frac{6(2-\mu)m}{(m+1)}-\frac{2(7-2\mu)m^2}{(m+1)^2}+\frac{4m^3}{(m+1)^3}-2(2-\mu)\ln\left(\frac{m^2-1}{m^2}\right)\right\} \tag{5-82}$$

根据上述 Geddes 解，《建筑地基基础设计规范》(GB 50007—2011) 假定一般摩擦型桩的桩侧摩阻力为三角形分布，且不考虑桩身的压缩，给出单向压缩分层总和法计算桩基沉降量 s 的公式：

$$s=\psi_p\frac{Q}{l^2}\sum_{j=1}^{m}\sum_{i=1}^{n_j}\frac{\Delta h_{ji}}{E_{sji}}\sum_{k=1}^{n}[\alpha I_{zp,k}+(1-\alpha)I_{zs2,k}] \tag{5-83}$$

式中 m——桩端平面以下压缩层范围内桩基沉降计算时土层分层总数；

n_j——桩端平面以下第 j 层土的计算分层数；

Δh_{ji}——桩端平面以下第 j 层土第 i 分层的厚度；

E_{sji}——桩端平面以下第 j 层土第 i 分层在自重应力至自重应力加附加应力作用段的压缩模量；

l——桩长（假定桩长相同）；

Q——在竖向荷载的准永久组合作用下单桩桩顶的附加荷载，由桩端阻力 αQ 和桩侧阻力 $(1-\alpha)Q$ 共同承担；

ψ_p——桩基沉降计算经验系数。

相应于荷载作用的准永久组合时，轴心竖向力作用下单桩桩顶附加荷载的桩端阻力比 α 和桩基沉降计算经验系数 ψ_p 的取值，应根据当地工程的实测资料统计确定。无地区经验时，ψ_p 值可按表 5-18 选用。

表 5-18 Mindlin 方法计算桩基沉降经验系数 ψ_p

$\overline{E}_s$（MPa）	≤15	25	35	≥40
ψ_p	1.0	0.8	0.6	0.3

注 1. $\overline{E}_s$ 为变形计算深度范围内压缩模量的当量值。
2. 表内数字可内插。

5.8.3 按等效作用分层总和法计算群桩沉降

相同基础平面尺寸条件下，对于按不同几何参数刚性承台群桩 Mindlin 解沉降计算值 S_M 与不考虑群桩侧面剪应力和应力扩散的实体深基础 Boussinesq 解沉降计算 S_B 值之比为等效沉降系数 ψ_e。按实体深基础 Boussinesq 解分层总和法计算沉降 S_B，乘以等效沉降系数 ψ_e，实质上纳入了按 Mindlin 解计算桩基础沉降时附加应力及桩群几何参数的影响，称此为等效作用分层总和法。

《建筑桩基技术规范》（JGJ 94—2008）推荐的等效作用分层总和法以图 5-14 为基本计算模式，只是"等效作用面积"采用桩基承台投影面积，基于基桩自重所产生的附加应力较小可以忽略，桩端平面的等效作用附加压力 p_0 可近似取承台底平均附加压力。等效作用面（等代实体深基础底面）以下的应力分布按弹性半空间 Boussinesq 解确定。对于桩中心距不大于 6 倍桩径的桩基，桩基中任一点最终沉降量可按下式计算（图 5-16）：

$$S = \psi_e \psi_p \sum_{j=1}^{n} p_{0j} \sum_{k=1}^{m} \frac{[\overline{\alpha}_{kj} z_{kj} - \overline{\alpha}_{(k-1)j} z_{(k-1)j}]}{E_{sk}} \tag{5-84}$$

式中 n——矩形荷载分块数；

m——桩端平面以下压缩层范围内土层分层总数；

p_{0j}——相应于荷载作用的准永久组合时桩端平面第 j 块矩形处的附加压力；

E_{sk}——桩端平面以下第 k 层土在自重应力至自重应力加附加应力作用段的压缩模量；

z_{kj}、$z_{(k-1)j}$——桩端平面的第 j 块荷载作用面至第 k 层土、第 $k-1$ 层土底面的距离；

$\overline{\alpha}_{kj}$、$\overline{\alpha}_{(k-1)j}$——桩端平面第 j 块荷载计算点至第 k 层土、第 $k-1$ 层土底面范围内的平均附加应力系数，按式（5-71）计算或查表确定；

ψ_p——桩基沉降计算经验系数，各地区应根据当地的工程实测资料及经验统计对比确定；在不具备条件时，可按表 5-19 取值；

ψ_e——桩基等效沉降系数，按式（5-85）计算确定。

表 5-19 桩基沉降计算经验系数 ψ_p

$\overline{E}_s$（MPa）	≤10	15	20	35	≥50
ψ_p	1.2	0.90	0.65	0.50	0.40

注 1. $\overline{E}_s$ 为变形计算深度范围内压缩模量的当量值。
2. 表内数值可内插。

桩基等效沉降系数 ψ_e 可按下式计算：

$$\psi_e = C_0 + \frac{n_b - 1}{C_1(n_b - 1) + C_2} \tag{5-85}$$

式中 n_b——矩形布桩时的短边布桩数，当布桩不规则时可按式（5-87）近似计算：

$$n_b = \sqrt{nB_c/L_c} \tag{5-86}$$

B_c、L_c——基础宽度和长度；

C_0、C_1 和 C_2——回归系数，见《建筑桩基技术规范》(JGJ 94—2008) 附录 E。

计算矩形桩基中点沉降时，桩基沉降量可按下式简化计算：

$$S = 4\psi_e\psi_p p_0 \sum_{k=0}^{m} \frac{\overline{\alpha}_k z_k - \overline{\alpha}_{k-1} z_{k-1}}{E_{sk}} \tag{5-87}$$

式中 m——桩端平面以下压缩层范围内土层分层总数；

z_k、z_{k-1}——桩端平面至第 k 层土、第 $k-1$ 层土底面的距离，m；

α_k、α_{k-1}——桩端平面的计算点至第 k 层土、第 $k-1$ 层土底面范围内的平均附加应力系数，按式 (5-71) 计算或查表确定；

p_0——相应于荷载作用的准永久组合时桩端平面处的平均附加压应力。

计算桩基沉降时，压缩层厚度取至附加应力为 20%土自重应力深度处。

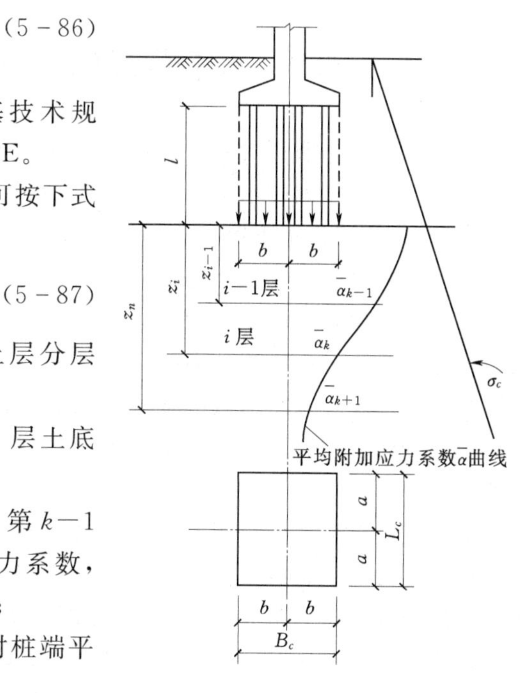

图 5-16 等效作用分层总和法桩基沉降计算示意图

5.8.4 疏桩基础的沉降计算方法

对于单桩、单排桩、疏桩基础（桩中心距大于 6 倍桩径），《建筑桩基技术规范》(JGJ 94—2008) 推荐按下述方法计算桩基沉降量。

(1) 承台底地基土不分担荷载的桩基。桩端平面以下地基中由基桩引起的附加应力，按考虑桩径影响的 Mindlin 应力解计算。将沉降计算点水平面影响范围内各基桩对应力计算点产生的附加应力叠加，采用单向压缩分层总和法计算土层沉降量，并计入桩身压缩量。

(2) 承台底地基土分担荷载的复合桩基。将承台底土压力对地基中某点产生的附加应力按 Boussinesq 应力解计算，并与按计入桩径影响的 Mindlin 应力解计算的附加应力叠加，再采用单向压缩分层总和法计算土层沉降量，并计入桩身压缩量。

单桩、单排桩、疏桩基础沉降计算深度相对于常规群桩基础要小得多，而由 Mindlin 解导出的 Geddes 应力计算公式，桩的集中力作用于桩轴线的，因而其桩端平面以下一定范围内应力集中现象显著，与一定直径桩的实际性状相差甚大，远远超过土的强度，用土计算压缩层厚度很小的桩基沉降显然不妥。Geddes 应力系数与计入桩径影响的 Mindlin 应力系数相比，其差异变化的特点是：愈近桩端差异愈大，桩的长径比愈小差异愈大。而单桩、单排桩、疏桩的桩端以下压缩层比较小，由此带来的误差过大。因此，《建筑桩基技术规范》(JGJ 94—2008) 规定，对单桩、单排桩、疏桩基础沉降的沉降计算，Mindlin 应力解应计入桩径的影响，并给出了这类桩基沉降计算的具体公式。

5.9 水平荷载作用下桩基的承载力与变位

单桩或群桩一般都受有竖向荷载、水平荷载和力矩的共同作用。与一般建筑物的基础相比，高层建筑基础的水平荷载验算十分重要。

5.9.1 水平荷载作用下单桩的工作性状

水平承载桩的工作性能是桩—土共同工作的问题。桩在水平荷载的作用下发生变位，迫使桩周土发生相应的变形而产生抗力，从而阻止了桩变形的进一步发展。当水平荷载较低时，这一抗力是由靠近地面的土提供的，而且土的变形主要为弹性的，即桩周土处于弹性压缩阶段。随着水平荷载的加大，表层土将逐渐发生塑性屈服，从而使水平荷载向更深处的土层传递。当变形增大到桩所不能允许的程度或桩周土失去稳定时，桩—土体系便趋于破坏。

高层建筑桩基一般可视为弹性长桩（其定义见后），桩、土相对刚度较低，故在水平荷载作用下会发生桩身挠曲变形（水平位移和转角），且由于桩是无限长的（超过一定入土长度的弹性长桩可视为无限长），亦即桩下段可视为嵌固于土中而不能转动，由逐渐发展的桩截面抗矩和土抗力来承担逐渐增大的水平荷载。当桩中弯矩超过其截面抗矩或土失去稳定时，弹性长桩便趋于破坏。桩顶嵌固于承台底板的弹性长桩，其极限抗矩可能在嵌固处和土中两处出现。

就弹性长桩而言，钢筋混凝土桩和钢管桩的性状略有不同。因混凝土的抗拉强度低于其轴心抗压强度，所以，钢筋混凝土桩挠曲时将首先在截面受拉侧开裂而逐渐趋于破坏，特别是抗弯刚度EI值较大的大直径桩，因为它在较小的变形时将产生较大的应力，故可能在较小位移和转角的变位下发生截面受拉破坏。钢筋混凝土桩的位移极限值既要考虑桩的上部构造要求，还要同桩截面抗拉强度相适应。故钢筋混凝土桩用作弹性长桩时，应控制其截面开裂问题并限制其相应的位移。钢管桩的抗拉强度与抗压强度基本相同，且其抗弯刚度小于同直径的钢筋混凝土实心桩，因此，在水平荷载作用下钢管桩能忍受较大的挠曲变形而不致于产生截面受拉破坏。这表明，钢管桩用作弹性长桩时，所应控制的是其位移值并且不应发生水平失稳。H型钢桩虽比钢管桩有较大的刚度，但因H型钢桩被打入时的两翼圆之间的土受到较大的扰动，故在相同的水平荷载作用下，H型钢桩的水平位移一般大于钢管桩的水平位移。

当假定地基土水平抗力系数（或称地基反力模量）随深度线性增大时（即m法），可用下式表示桩的相对刚度：

$$T=\sqrt[5]{\frac{EI}{mb_0}} \tag{5-88}$$

相对刚度系数T亦称弹性长度，其量纲为长度（M），称T的倒数为桩的水平变形系数α，其量纲为长度的倒数（M^{-1}），则有

$$\alpha=\sqrt[5]{\frac{mb_0}{EI}} \tag{5-89}$$

式中 EI——桩身抗弯刚度，对于钢筋混凝土桩，$EI=0.85E_cI_0$，其中，E_c 为混凝土弹性模量，I_0 为桩身换算截面惯性矩：圆形截面为 $I_0=W_0d_0/2$；矩形截面为 $I_0=W_0b_0/2$；

b_0——桩身的计算宽度；按下述方法计算：

m——桩侧土水平抗力系数的比例系数；当无静载荷试验资料时，可按表5－20取值。

圆形桩： 当直径 $d\leqslant 1\text{m}$ 时，$b_0=0.9(1.5d+0.5)$ (5－90a)

当直径 $d>1\text{m}$ 时，$b_0=0.9(d+1)$ (5－90b)

方形桩： 当边宽 $b\leqslant 1\text{m}$ 时，$b_0=1.5b+0.5$ (5－90c)

当边宽 $b>1\text{m}$ 时，$b_0=b+1$ (5－90d)

图5－17给出了桩的相对刚度对均质土中水平承载桩的计算参数的影响。当桩头仅受力矩 M_o 作用且 $l/T<3$ 时（l 为桩长），不论是位移系数 Y_{1M} 还是弯矩系数 M_{1M}，都表现出桩的刚体转动的性状；当 $l/T>3$ 时，桩的挠曲性状就有所表现，且随着 l/T 增大，挠曲性状的表现更趋明显；当 $l/T>5$ 时，桩的下段表现出完全嵌固于土中而无位移和转动的特点。桩头仅受水平力 H_o 作用时的情况也类似。因此，国内外称 $l/T<2.5$（或 $al<2.5$）的桩为刚性短桩，$l/T>4$（或 $al>4$）的桩为弹性长桩，$2.5<l/T<4$ 的桩为有限长度的弹性中长桩。

表5－20　地基水平抗力系数的比例系数 m 值

序号	地基土类别	预制桩、钢桩		灌注桩	
		m 值（MN/m^4）	相应单桩在地面处水平位移(mm)	m 值（MN/m^4）	相应单桩在地面处水平位移(mm)
1	淤泥，淤泥质土，饱和湿陷性黄土	2～4.5	10	2.5～6	6～12
2	流塑($I_L>1$)、软塑($0.75<I_L\leqslant 1$)状黏性土，$e>0.9$ 粉土，松散粉细砂，松散、稍密填土	4.5～6.0	10	6～14	4～8
3	可塑($0.25<I_L\leqslant 0.75$)状黏性土，$e=0.75\sim 0.9$ 粉土，湿陷性黄土，中密填土、稍密细砂	6.0～10	10	14～35	3～6
4	硬塑($0<I_L\leqslant 0.25$)坚硬($I_L\leqslant 0$)状黏性土，湿陷性黄土，$e<0.75$ 粉土，中密的中粗砂，密实老填土	10～22	10	35～100	2～5
5	中密、密实的砾砂、碎石类土	—	—	100～300	1.5～3

注 1. 当桩顶水平位移大于表列数值或灌注桩配筋率较高（≥0.65%）时，m 值应适当降低；当预制桩的水平向位移小于10mm时，m 值可适当提高。

2. 当水平荷载为长期或经常出现的荷载时，应将表列数值乘以0.4降低采用。

3. 当地基为可液化土层时，应将表列数值乘以《建筑抗震设计规范》(GB 50011—2010) 规定的土层液化折减系数 ψ_L。

理论上讲，分布于全桩长的地基反力系数对桩的计算分析都有影响；实际上，对水平承载力计算最具影响的是地面以下3～4倍桩径的深度范围内的土。

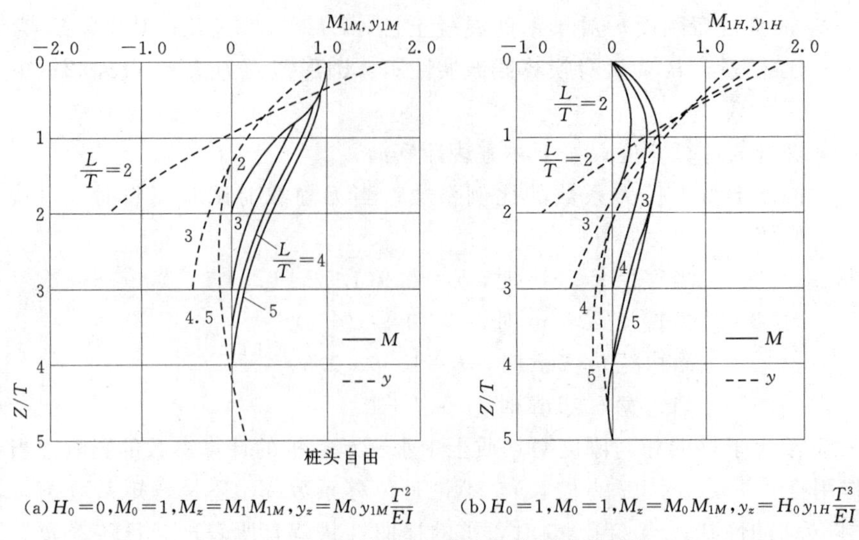

(a) $H_0=0, M_0=1, M_z=M_1M_{1M}, y_z=M_0y_{1M}\frac{T^2}{EI}$ (b) $H_0=1, M_0=1, M_z=M_0M_{1M}, y_z=H_0y_{1H}\frac{T^3}{EI}$

图 5-17 刚性短桩向弹性长桩渐变的情况

5.9.2 水平荷载作用下单桩的内力与位移

1. 地基土水平抗力系数

将桩视为置于弹性土介质中的梁，在水平荷载作用下梁产生挠曲变形，使土体产生一定抗力。地基土水平变形与抗力的关系用地基土水平抗力系数表示，可由单桩水平静载试验的桩顶水平力 H 与桩顶水平位移 y 的关系曲线反算确定。假设地基土水平抗力系数随深度线性增长，其比例系数用 m 表示，也即采用"m 法"假设时，可采用表 5-21 的 ν_y 值，按下式计算 m 值：

$$m=\frac{(H_{cr}\nu_y/y_{cr})^{5/3}}{b_o(EI)^{2/3}} \tag{5-91}$$

式中 m——地基土水平抗力系数的比例系数；

H_{cr}、y_{cr}——对于低配筋率的桩，应取单桩水平临界荷载及对应的桩顶位移；对于配筋率高的预制桩和钢桩，应取桩顶的允许位移及对应的荷载；

ν_y——桩顶水平位移系数（先假定 m 值，试算 α）；

EI——桩身抗弯刚度；

b_o——桩身的计算宽度，按式（5-90）确定。

表 5-21 桩顶水平位移系数 ν_y 和桩顶（身）最大弯矩系数 ν_m

桩的换算深度 αl	桩顶水平位移系数 ν_y		桩顶（身）最大弯矩系数 ν_m	
	桩顶铰接（自由）	桩顶固接	桩顶铰接（自由）	桩顶固结
4.0	2.441	0.940	0.768	0.926
3.5	2.502	0.970	0.750	0.934
3.0	2.727	1.028	0.703	0.967
2.8	2.905	1.055	0.675	0.990
2.6	3.163	1.079	0.639	1.018
2.4	3.526	1.095	0.601	1.045

注 1. 当 $\alpha l>4.0$ 取 $\alpha l=4.0$。

2. 桩顶铰接时，ν_m 系桩身的最大弯矩系数；桩顶固接时，ν_m 系桩顶的最大弯矩系数。

m 值并非定值，与荷载呈非线性关系，低荷载水平下 m 值较高；随着荷载增加，桩侧土的塑性区逐渐扩展而降低。因此，m 取值必须与实际荷载、允许位移相适应。

2. 桩的挠曲微分方程及其解答

将桩视为置于弹性土介质中的竖向地基梁，其基本挠曲微分方程可表示为：

$$EI\frac{d^4y}{dz^4}+b_ok(z)y=0 \tag{5-92}$$

式中 $k(z)$——地基土水平抗力系数，按 m 法假定：

$$k(z)=mz \tag{5-93}$$

z——深度；

y——桩身的水平位移。

将 $k(z)=mz$ 及式（5-93）代入式（5-92）可得：

$$\frac{\mathrm{d}^4y}{\mathrm{d}z^4}+\alpha^5zy=0 \tag{5-94}$$

式（5-94）的解可用幂级数表示为：

$$y=\sum_{n=0}^{\infty}a_nz^n \tag{5-95}$$

用待定系数法求出系数 a_n，经整理后，桩身水平位移 $y(z)$、转角 $\varphi(z)$、弯矩 $M(z)$和剪力 $Q(z)$可表示为：

$$y(z)=y_oA_1+\frac{\varphi_o}{\alpha}B_1+\frac{M_0}{\alpha^2EI}C_1+\frac{H_0}{\alpha^3EI}D_1 \tag{5-96}$$

$$\varphi(z)=\alpha\left(y_oA_2+\frac{\varphi_o}{\alpha}B_2+\frac{M_0}{\alpha^2EI}C_2+\frac{H_0}{\alpha^3EI}D_2\right) \tag{5-97}$$

$$M(z)=\alpha^2EI\left(y_oA_3+\frac{\varphi_o}{\alpha}B_3+\frac{M_0}{\alpha^2EI}C_3+\frac{H_0}{\alpha^3EI}D_3\right) \tag{5-98}$$

$$Q(z)=\alpha^3EI\left(y_oA_4+\frac{\varphi_o}{\alpha}B_4+\frac{M_0}{\alpha^2EI}C_4+\frac{H_0}{\alpha^3EI}D_4\right) \tag{5-99}$$

上各式中 y_o、φ_o、M_o、H_o——桩在地面处的水平位移、转角、弯矩和水平力；

A_j、B_j、C_j、$D_j(j=1、2、3、4)$——无量纲系数。

用 $i=1$，2，3 和 4 分别代表字母 A、B、C 和 D，这 16 个系数可用通式 e_{ij} 表示为：

$$e_{ij}=f_{ij}+\sum_{k=1}^{\infty}(-1)^k\frac{(5k+i-5)!!}{(5k+i-j)!}(\alpha z)^{(5k+i-j)} \tag{5-100}$$

$$f_{ij}=\begin{cases}(\alpha z)^{(i-j)}/(i-j)!; & 当\ i\geqslant j\\ 0; & 当\ i<j\end{cases} \tag{5-101}$$

式中 !! ——双阶乘符号，如$(2n)!!=2n\cdot(2n-2)\cdots6\cdot4\cdot2$，$(2n-1)!!=(2n-1)\cdot(2n-3)\cdots5\cdot3\cdot1$。

据此，可求得 A_j、B_j、C_j 和 D_j 如表 5-22 所示，以及桩的内力和变形随深度的变化如图 5-18 所示，其中规定位移 y、剪力 Q 的方向与 y 轴正方向一致时为正，M 使桩身右侧受拉时为正，φ 逆时针方向为正，反之为负。

3. 单桩柔度系数与桩身内力及变位

为确定桩顶变位 y_o、φ_o，需求出单桩的柔度系数。水平荷载作用下单桩的柔度系数

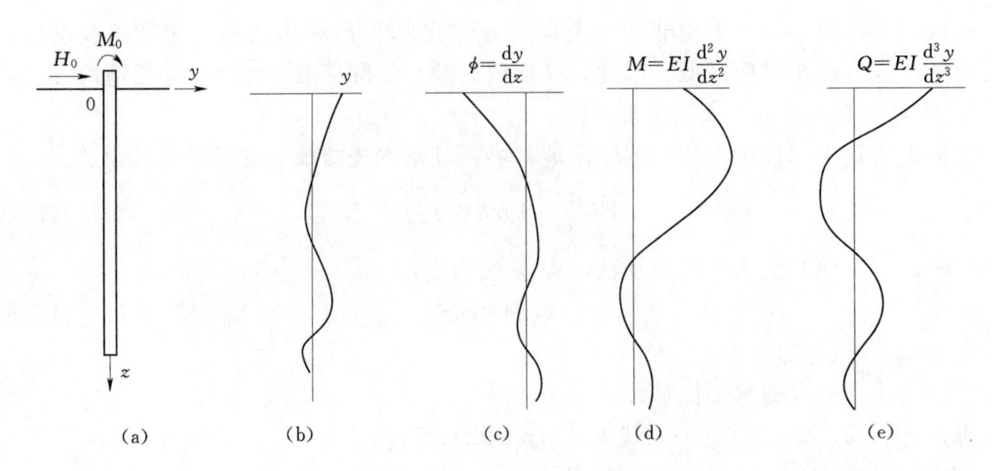

图 5-18 水平承载桩的内力和变形随深度的变化

δ_{AB}定义为：作用于地面处桩上 B 方向的单位荷载在 A 方向产生的变位，如图 5-19 所示，由桩底出发，利用其边界条件和式（5-91）～式（5-93）可求得在 $H_0=1$ 和 $M_0=0$ 作用下桩身地面处的位移 $y_o=\delta_{HH}$ 和转角 $\varphi_o=-\delta_{MH}$，其量纲分别为 m/kN 和 kN^{-1}，δ_{HH}、δ_{MH} 即为水平力 $H_0=1$ 作用下桩的柔度系数。

表 5-22　　无量纲系数 A_j、B_j、C_j、D_j

换算深度 $\overline{Z}=\alpha Z$	A_1	B_1	C_1	D_1	A_2	B_2	C_2	D_2
0.0	1.0000	0.0000	0.0000	0.0000	0.0000	1.0000	0.0000	0.0000
0.1	1.0000	0.1000	0.0050	0.0002	0.0000	1.0000	0.1000	0.0050
0.2	1.0000	0.2000	0.0200	0.0013	−0.0001	1.0000	0.2000	0.0200
0.3	0.9999	0.3000	0.0450	0.0045	−0.0003	0.9999	0.3000	0.0450
0.4	0.9999	0.3999	0.0800	0.0107	−0.0011	0.9998	0.3999	0.0800
0.5	0.9997	0.4999	0.1250	0.0208	−0.0026	0.9995	0.4999	0.1249
0.6	0.9994	0.5999	0.1799	0.0360	−0.0054	0.9987	0.5998	0.1799
0.7	0.9986	0.6997	0.2449	0.0572	−0.1000	0.9972	0.6995	0.2449
0.8	0.9973	0.7993	0.3199	0.0853	−0.0171	0.9945	0.7989	0.3198
0.9	0.9951	0.8985	0.4047	0.1214	−0.0273	0.9902	0.8978	0.4046
1.0	0.9917	0.9972	0.4994	0.1666	−0.0417	0.9833	0.9958	0.4992
1.1	0.9866	1.0951	0.6038	0.2216	−0.0610	0.9732	1.0926	0.6035
1.2	0.9793	1.1917	0.7179	0.2876	−0.0863	0.9586	1.1876	0.7172
1.3	0.9691	1.2866	0.8413	0.3654	−0.1188	0.9382	1.2799	0.8400
1.4	0.9552	1.3791	0.9737	0.4559	−0.1597	0.9105	1.3687	0.9716
1.5	0.9368	1.4684	1.1148	0.5599	−0.2103	0.8737	1.4526	1.1115
1.6	0.9128	1.5535	1.2640	0.6784	−0.2719	0.8257	1.5302	1.2587
1.7	0.8820	1.6331	1.4206	0.8119	−0.3460	0.7641	1.5996	1.4125
1.8	0.8437	1.7058	1.5836	0.9611	−0.4341	0.6865	1.6587	1.5715
1.9	0.7947	1.7697	1.7519	1.1264	−0.5377	0.5897	1.7047	1.7342
2.0	0.7350	1.8882	1.9240	1.3080	−0.6582	0.4706	1.7346	1.8987
2.2	0.5749	1.8871	2.2722	1.7204	−0.9562	0.1513	1.7311	2.2229
2.4	0.3469	1.8745	2.6088	2.1954	−1.3389	−0.3027	1.6129	2.5187
2.6	0.0331	1.7547	2.9067	2.7237	−1.8148	−0.9260	1.3349	2.7497
2.8	−0.3855	1.4904	3.1284	3.2877	−2.3876	−0.7548	0.8418	2.8665
3.0	−0.9281	1.0368	3.2247	3.8584	−3.0532	−2.8241	0.0684	2.8041
3.5	−2.9279	−1.2717	2.4630	4.9798	−4.9806	−6.7081	−3.5865	1.2702
4.0	−5.8533	−5.9409	−0.9268	4.5478	−6.5332	−12.1581	−10.6084	−3.7665

续表

换算深度 $\overline{Z}=\alpha Z$	A_3	B_3	C_3	D_3	A_4	B_4	C_4	D_4
0.0	0.0000	0.0000	1.0000	0.0000	0.0000	0.0000	0.0000	1.0000
0.1	−0.0001	0.0000	1.0000	0.1000	−0.0050	−0.0003	0.0000	1.0000
0.2	−0.0013	−0.0001	0.9999	0.2000	−0.0200	−0.0027	−0.0002	0.9999
0.3	−0.0045	−0.0007	0.9999	0.3000	−0.0450	−0.0090	−0.0010	0.9999
0.4	−0.0107	−0.0021	0.9997	0.3599	−0.0800	−0.0213	−0.0032	0.9996
0.5	−0.0208	0.0052	0.9992	0.4999	−0.1249	−0.0417	−0.0078	0.9989
0.6	−0.0360	−0.0108	0.9981	0.5997	−0.1799	−0.0719	−0.0162	0.9974
0.7	−0.0572	−0.0200	0.9958	0.4994	−0.2449	−0.1143	−0.0300	0.9944
0.8	−0.0853	−0.0341	0.9918	0.7985	−0.3198	−0.1706	−0.0512	0.9891
0.9	−0.1214	−0.0547	0.9852	0.8971	−0.4044	−0.2428	−0.0819	0.9803
1.0	−0.1665	−0.0833	0.9750	0.9945	−0.4988	−0.3329	−0.1249	0.9667
1.1	−0.1225	−0.1219	0.9598	1.0902	−0.6027	−0.4429	−0.1829	0.9463
1.2	−0.2874	−0.1726	0.9378	1.1834	−0.7257	−0.5745	−0.2589	0.9172
1.3	−0.3649	−0.2376	0.9073	1.2732	−0.8375	−0.7295	−0.3563	0.8764
1.4	−0.4552	−0.3196	0.8657	1.3582	−0.9675	−0.9075	−0.4788	0.8210
1.5	−0.5587	−0.4204	0.8105	1.4368	−1.1047	−1.1161	−0.6303	0.7475
1.6	−0.6763	−0.5435	0.7386	1.5069	−1.2481	−1.3504	−0.8147	0.6516
1.7	−0.8085	−0.6914	0.6464	1.5662	−0.3962	1.6134	−1.0362	0.5287
1.8	−0.9556	−0.8672	0.5299	1.6116	−1.5473	−1.9058	−1.2991	0.3737
1.9	−1.1179	−1.0736	0.3850	1.6397	−1.6988	−2.2275	−1.6077	0.1807
2.0	−1.2954	−1.3136	0.2068	1.6463	−1.8482	−2.5779	−1.9662	−0.0565
2.2	−1.6933	−1.9057	−0.2709	1.5754	−2.1248	−3.3595	−2.8486	−0.6976
2.4	−2.1412	−2.6633	−0.9489	1.3520	−2.3390	−4.2281	−3.9732	−1.5915
2.6	−2.6213	−3.5999	−1.8773	0.9168	−2.4369	−5.1402	−5.3554	−2.8211
2.8	−3.1034	−4.7175	−3.1079	0.1973	−2.3456	−6.0229	−6.9901	−4.4449
3.0	−3.5406	−5.9998	−4.6879	−0.8913	−1.9693	−6.7646	−8.8403	−6.5197
3.5	−3.9192	−9.5437	−10.3404	−5.8540	+1.0741	−6.7889	−13.6924	−13.8261
4.0	−1.6143	−11.7307	−17.9186	−15.0755	9.2437	−0.3576	−15.6105	−23.1404

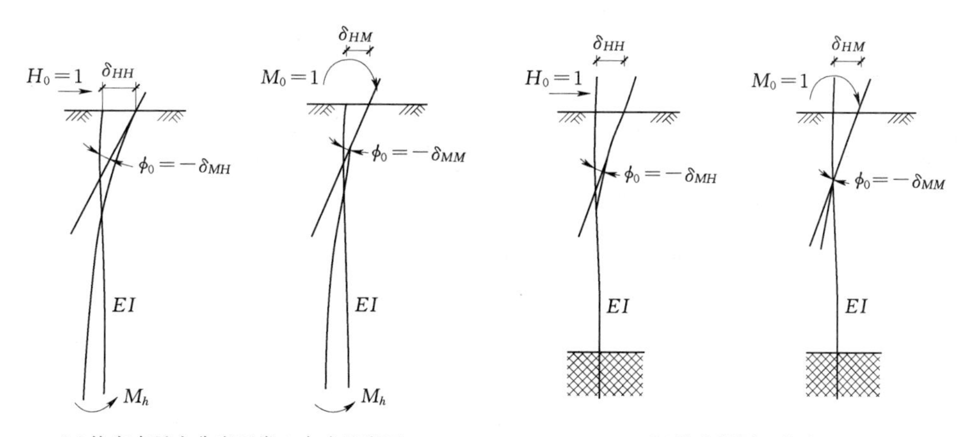

图 5-19　柔度系数图示

$$\delta_{HH}=\frac{1}{\alpha^3 EI}\cdot\frac{(B_3D_4-B_4D_3)+K_h(B_2D_4-B_4D_2)}{(A_3B_4-A_4B_3)+K_h(A_2B_4-A_4B_2)} \tag{5-102}$$

$$\delta_{MH}=\frac{1}{\alpha^2 EI}\cdot\frac{(A_3D_4-A_4D_3)+K_h(A_2D_4-A_4D_2)}{(A_3B_4-A_4B_3)+K_h(A_2B_4-A_4B_2)} \tag{5-103}$$

在 $H_0=0$ 和 $M_0=1$ 作用下桩身地面处的位移 $y_0=\delta_{HM}$ 和 转角 $\varphi_o=-\delta_{MM}$，其量纲分别为 1/kN 和 1/(kN·m)。δ_{HM} 和 δ_{MM} 即为弯矩 M 作用下桩的柔度系数：

$$\delta_{HM}=\frac{1}{\alpha^2 EI}\cdot\frac{(B_3C_4-B_4C_3)+K_h(B_2C_4-B_4C_2)}{(A_3B_4-A_4B_3)+K_h(A_2B_4-A_4B_2)} \tag{5-104}$$

$$\delta_{MM}=\frac{1}{\alpha EI}\cdot\frac{(A_3C_4-A_4C_3)+K_h(A_2C_4-A_4C_2)}{(A_3B_4-A_4B_3)+K_h(A_2B_4-A_4B_2)} \tag{5-105}$$

式中 K_h——桩底特征系数，按下式计算：

$$K_h=\frac{C_{os}I_o}{\alpha EI} \tag{5-106a}$$

$$C_{os}=m_o l \tag{5-106b}$$

式中 C_{os}——桩底面地基土竖向抗力系数；

m_o——桩底面地基土竖向抗力系数的比例系数，近似取 $m_o=m$，可按表 5-20 取值；

l——桩入土深度，当 $l<10$m 时，按 $l=10$m 计算 C_{0s}；

I_o——桩底截面惯性矩，对于非扩底桩，取 $I_o=I$，其中 I 为桩截面惯性矩；

EI——桩身抗弯刚度，其取值方法同式（5-89）的规定。

对于岩石地基，其竖向抗力系数 C_R 不随岩层埋深而增加，其值按表 5-23 取值。

表 5-23　　岩石地基竖向抗力系数 C_R

岩石饱和单轴抗压强度标准值 f_{rk}（kPa）	C_R（MN/m³）
1000	300
≥25000	15000

注　f_{rk} 为表列数值中间值时，C_R 值采用插值法确定。

根据位移互等原理，有：

$$\delta_{MH}=\delta_{HM} \tag{5-107}$$

当桩底支承于非岩石类土中且 $\alpha l\geqslant 2.5$，或当桩底支承于基岩且 $\alpha l\geqslant 3.5$ 时，均可令 $K_h=0$，故式（5-102）～式（5-105）可简化为：

$$\delta_{HH}=\frac{1}{\alpha^3 EI}\cdot\frac{B_3D_4-B_4D_3}{A_3B_4-A_4B_3}=\frac{1}{\alpha^3 EI}A_o \tag{5-108}$$

$$\delta_{HM}=\delta_{MH}=\frac{1}{\alpha^2 EI}\cdot\frac{A_3D_4-A_4D_3}{A_3B_4-A_4B_3}=\frac{1}{\alpha^2 EI}B_o \tag{5-109}$$

$$\delta_{MM}=\frac{1}{\alpha EI}\cdot\frac{A_3C_4-A_4C_3}{A_3B_4-A_4B_3}=\frac{1}{\alpha EI}C_o \tag{5-110}$$

以上柔度系数公式适用于桩顶自由、桩底支承于非岩石类土或桩底支承于基岩的情况[图 5-19（a)、(b)]。对于桩顶自由、桩底嵌固于基岩的情况 [图 5-19（c)、(d)]，其柔度系数可表示为：

$$\delta_{HH}=\frac{1}{\alpha^3 EI}\cdot\frac{B_2D_1-B_1D_2}{A_2B_1-A_1B_2}=\frac{1}{\alpha^3 EI}A_o \tag{5-111}$$

$$\delta_{HM}=\delta_{MH}=\frac{1}{\alpha^2 EI}\cdot\frac{A_2D_1-A_1D_2}{A_2B_1-A_1B_2}=\frac{1}{\alpha^2 EI}B_o \tag{5-112}$$

$$\delta_{MM}=\frac{1}{\alpha EI}\cdot\frac{A_2C_1-A_1C_2}{A_2B_1-A_1B_2}=\frac{1}{\alpha EI}C_o \tag{5-113}$$

为便于应用，将无量纲系数 A_o、B_o 和 C_o 列于表 5-24。

表 5-24　　无量纲系数 A_o、B_o 和 C_o

αl	桩底支承于普通土中			桩底嵌固于基岩		
	A_o	B_o	C_o	A_o	B_o	C_o
4.0	2.441	1.625	1.751	2.401	1.599	1.732
3.5	2.502	1.641	1.757	2.389	1.584	1.711
3.0	2.727	1.758	1.818	2.385	1.586	1.691
2.8	2.905	1.869	1.889	2.371	1.593	1.687
2.6	3.161	2.048	2.013	2.329	1.596	1.687
2.4	3.526	2.327	2.227	2.239	1.586	1.685

这样，当在地面处桩上作用 H_o、M_o 时，地面处的水平位移 y_o 和转角 φ_o（rad）为：

$$y_o=H_o\delta_{HH}+M_o\delta_{HM} \tag{5-114}$$

$$\varphi_o=-(H_o\delta_{MH}+M_o\delta_{MM}) \tag{5-115}$$

地面以下任一深度处的桩身变位和内力为：

$$y(z)=\frac{H_o}{\alpha^3 EI}A_y+\frac{M_o}{\alpha^2 EI}B_y \tag{5-116}$$

$$\varphi(z)=\frac{H_o}{\alpha^2 EI}A_\varphi+\frac{M_o}{\alpha EI}B_\varphi \tag{5-117}$$

$$M(z)=\frac{H_o}{\alpha}A_M+M_oB_M \tag{5-118}$$

$$Q(z)=H_oA_Q+\alpha M_oB_Q \tag{5-119}$$

式中

$$A_y=A_1A_o-B_1B_o+D_1 \tag{5-120}$$

$$B_y=A_1B_o-B_1C_o+C_1 \tag{5-121}$$

$$A_\varphi=A_2A_o-B_2B_o+D_2 \tag{5-122}$$

$$B_\varphi=A_2B_o-B_2C_o+C_2 \tag{5-123}$$

$$A_M=A_3A_o-B_3B_o+D_3 \tag{5-124}$$

$$B_M=A_3B_o-B_3C_o+C_3 \tag{5-125}$$

$$A_Q=A_4A_o-B_4B_o+D_4 \tag{5-126}$$

$$B_Q=A_4B_o-B_4C_o+C_4 \tag{5-127}$$

当桩顶嵌固时，令式（5-117）中 $\varphi(z=0)=0$ 可得：

$$M_o=-\frac{H_o}{\alpha}\cdot\frac{A_\varphi^o}{B_\varphi^o} \tag{5-128}$$

$$y(z)=\frac{H_o}{\alpha^3 EI}\left(A_y-\frac{A_\varphi^o}{B_\varphi^o}B_y\right)=\frac{H_o}{\alpha^3 EI}A_{yF} \quad (5-129)$$

$$M(z)=\frac{H_o}{\alpha}\left(A_M-\frac{A_\varphi^o}{B_\varphi^o}B_M\right)=\frac{H_o}{\alpha}A_{MF} \quad (5-130)$$

$$Q(z)=H_o\left(A_Q-\frac{A_\varphi^o}{B_\varphi^o}B_Q\right)=H_oQ_{MF} \quad (5-131)$$

式中 A_φ^o 和 B_φ^o——当 $\alpha z=0$ 时的 A_φ 和 B_φ 值。

从上述推导可知，在表 5-21 中，桩顶铰接时桩顶水平位移系数 ν_y 即为桩底支承于普通土中的 A_o；桩顶固接时桩顶水平位移系数 ν_y 即为桩底支承于普通土中、$\alpha z=0$ 时的 A_{yF}；桩顶铰接时的桩身最大弯矩系数 ν_m 即为桩底支承于普通土中的 A_M 最大值；桩顶固结时桩顶弯矩系数 ν_m 即为桩底支承于普通土中、$\alpha z=0$ 时的 A_{MF}。

4. 桩身最大弯矩及位置

由材料力学可知，桩身最大弯矩的截面位于剪力为零处，由式（5-119），令 $Q(z)=0$ 得：

$$C_I=\frac{\alpha M_o}{H_0}=-\frac{A_Q}{B_Q} \quad (5-132)$$

根据 αl 和 C_I 值查表 5-25 得相应的 αz，此 z 即为桩身最大弯矩的位置 $z_{\max}$：

$$z_{\max}=(\alpha z)/\alpha \quad (5-133)$$

由与 C_I 值对应的 αz 值查表 5-25 得 C_{II} 值，可由式（5-134）得桩身最大弯矩 $M_{\max}$：

$$M_{\max}=M_oC_{II} \quad (5-134)$$

【例 5-3】 某工程单桩，桩径 $d=1.0$m，桩入土深度 $l=10$ m，作用于桩顶的水平力 $H_o=80$kN，弯矩 $M_o=150$kN·m；桩侧土水平抗力系数的比例系数 $m=2\times10^4$kN/m^4；桩身混凝土为 C20，配筋率 $\rho_g=0.40\%$；试计算桩顶位移 y_o、转角 φ_o 及桩身最大弯矩。

解：（1）求桩的水平变形系数 α。

桩身截面抵抗矩 W_o：

表 5-25 桩身最大弯矩截面系数 C_I 和最大弯矩系数 C_{II}

换算深度 αz	C_I						C_{II}					
	$al=4.0$	$al=3.5$	$al=3.0$	$al=2.8$	$al=2.6$	$al=2.4$	$al=4.0$	$al=3.5$	$al=3.0$	$al=2.8$	$al=2.6$	$al=2.4$
0.0	∞	∞	∞	∞	∞	∞	1	1	1	1	1	1
0.1	131.252	129.489	120.507	112.954	102.805	90.196	1.001	1.001	1.001	1.001	1.001	1.001
0.2	34.186	33.699	31.158	29.090	36.326	22.939	1.004	1.004	1.004	1.005	1.005	1.005
0.3	15.544	15.282	14.013	13.003	11.671	10.064	1.012	1.013	1.014	1.015	1.017	1.019
0.4	8.781	8.605	7.799	7.716	6.368	5.409	1.029	1.030	1.033	1.036	1.040	1.047
0.5	5.539	5.403	4.821	4.385	3.829	3.183	1.057	1.059	1.066	1.073	1.083	1.100
0.6	3.710	3.597	3.141	2.811	2.400	1.931	1.101	1.105	1.120	1.134	1.158	1.196
0.7	2.566	2.465	2.089	1.826	1.506	1.150	1.169	1.176	1.209	1.239	1.291	1.380

续表

换算深度 αz	C_I						C_{II}					
	$\alpha l=4.0$	$\alpha l=3.5$	$\alpha l=3.0$	$\alpha l=2.8$	$\alpha l=2.6$	$\alpha l=2.4$	$\alpha l=4.0$	$\alpha l=3.5$	$\alpha l=3.0$	$\alpha l=2.8$	$\alpha l=2.6$	$\alpha l=2.4$
0.8	1.791	1.699	1.377	1.160	0.902	0.623	1.274	1.289	1.358	1.426	1.549	1.795
0.9	1.238	1.151	0.867	0.683	0.471	0.248	1.441	1.475	1.635	1.807	2.173	3.230
1.0	0.824	0.740	0.484	0.327	0.149	−0.032	1.728	1.814	2.252	2.861	5.076	−18.277
1.1	0.503	0.420	0.187	0.049	−0.100	−0.247	2.299	2.562	4.543	14.411	−5.649	−1.684
1.2	0.246	0.163	−0.052	−0.172	−0.299	−0.418	3.876	5.349	−12.716	−3.165	−1.406	−0.714
1.3	0.034	−0.049	−0.249	−0.355	−0.465	−0.557	23.408	−14.587	−2.093	−1.178	−0.675	−0.381
1.4	−0.145	−0.229	−0.416	−0.508	−0.597	−0.672	−4.596	−2.572	−0.936	−0.628	−0.383	−0.220
1.5	−0.299	−0.384	−0.559	−0.639	−0.712	−0.769	−1.876	−1.265	−0.574	−0.378	−0.233	−0.131
1.6	−0.434	−0.521	−0.634	−0.753	−0.812	−0.853	−1.128	−0.772	−0.365	−0.240	−0.146	−0.078
1.7	−0.555	−0.645	−0.796	−0.854	−0.898	−0.025	−0.740	−0.597	−0.242	−0.157	−0.091	−0.046
1.8	−0.665	−0.756	−0.896	−0.943	−0.975	−0.987	−0.530	−0.366	−0.164	−0.103	−0.057	−0.026
1.9	−0.768	−0.862	−0.988	−1.024	−1.043	−1.043	−0.396	−0.263	−0.112	−0.067	−0.034	−0.014
2.0	−0.865	−0.961	−1.073	−1.098	−1.105	−1.092	−0.304	−0.194	−0.076	−0.042	−0.020	−0.006
2.2	−1.048	−1.148	−1.225	−1.227	−1.210	−1.176	−0.187	−0.106	−0.033	−0.015	−0.005	−0.001
2.4	−1.230	−1.328	−1.360	−1.338	−1.299	0	−0.118	−0.057	−0.012	−0.004	−0.001	0
2.6	−1.420	−1.507	−1.482	−1.434	0.333		−0.074	−0.028	−0.003	−0.001	0	
2.8	−1.635	−1.692	−1.593	0.056			−0.045	−0.003	−0.001	0		
3.0	−1.893	−1.886	0				−0.026	−0.011	0			
3.5	−2.994	1.000					−0.003	0				
4.0	−0.045						−0.011					

$$W_o=\frac{\pi d}{32}[d^2+2(\alpha_E-1)\rho_g d_o^2]=\frac{3.14159\times1.0}{32}[1.0^2+2(8-1)\times0.004\times0.9^2]=0.1026(\mathrm{m}^3)$$

桩截面惯性矩：

$$I=W_o\cdot\frac{d}{2}=0.1026\times1.0/2=0.0513(\mathrm{m}^4)$$

也可近似取：

$$I=\frac{\pi}{64}d^4=\frac{3.14159}{64}\times1.0^4=0.0491(\mathrm{m}^4)$$

桩身抗弯刚度：

$$EI=0.85E_oI=0.85\times2.55\times10^7\times0.0513=1.112\times10^6(\mathrm{kN\cdot m^2})$$

桩身计算宽度：

$$b_o=0.9(1.5\times1.0+0.5)=1.8(\mathrm{m})$$

$$\alpha=\left(\frac{mb_o}{EI}\right)^{1/5}=\left(\frac{2\times10^4\times1.8}{1.112\times10^6}\right)^{1/5}=0.5035(\mathrm{m}^{-1})$$

注：d_o 为扣除保护层后的桩直径；α_E 为钢筋弹性模量与混凝土弹性模量的比值。对

受压混凝土灌注桩，混凝土强度等级在C20～C40之间，对不同等级的钢筋配筋和混凝土强度等级，当配筋率取最大值0.65%时，按 $\alpha_E=8$ 计算得到的 W_o 的最大误差约为2%，因此可取 $\alpha_E=8$ 来简化计算 W_o 值。系数0.85是考虑混凝土可能开裂对桩身抗弯刚度的降低。

（2）求桩的柔度系数。

因 $\alpha l=0.5035\times10=5.035>4.0$，属弹性长桩，故可取 $K_h=0$，由表5-25查得：

$$A_o=2.441;\quad B_o=1.625;\quad C_o=1.751$$

$$\delta_{HH}=\frac{1}{\alpha^3EI}A_o=\frac{2.441}{0.5035^3\times1.112\times10^6}=1.7197\times10^{-5}(\text{m/kN})$$

$$\delta_{MH}=\delta_{HM}=\frac{1}{\alpha^2EI}B_o=\frac{1.625}{0.5035^2\times1.112\times10^6}=5.7643\times10^{-6}(\text{kN}^{-1})$$

$$\delta_{MM}=\frac{1}{\alpha EI}C_o=\frac{1.751}{0.5035\times1.112\times10^6}=3.1274\times10^{-6}(\text{kN}\cdot\text{m})^{-1}$$

（3）求地面处桩的变位。

桩的水平位移：

$$y_o=H_o\delta_{HH}+M_o\delta_{HM}=80\times1.7197\times10^{-5}+150\times5.7643\times10^{-6}$$
$$=224.04\times10^{-5}(\text{m})=2.24(\text{mm})$$

转角

$$\varphi_o=-(H_o\delta_{MH}+M_o\delta_{MM})=-(80\times5.7643\times10^{-6}+150\times3.1274\times10^{-6})$$
$$=-930.25\times10^{-6}(\text{rad})=-0.930(\text{mrad})$$

（4）求桩身最大弯矩。

由式（5-132）：

$$C_I=\alpha M_o/H_o=0.5035\times\frac{150}{80}=0.944$$

由 $\alpha l>4.0$，$C_I=0.944$，查表5-25得：$\alpha z=0.971$。

由式（5-134），最大弯矩截面位置为：

$$Z_{\max}=\alpha z/\alpha=0.971/0.5035=1.93(\text{m})$$

由 $\alpha z_{\max}=0.971$，$\alpha l>4.0$，查表5-25得：$C_{II}=1.645$。

故最大弯矩为：

$$M_{\max}=M_oC_{II}=150\times1.645=246.7(\text{kN}\cdot\text{m})$$

5.9.3 水平荷载作用下低承台群桩的内力与位移

承受水平荷载较大的低承台高层建筑桩基础，应考虑承台和桩群与土的共同作用，采用弹性抗力法（m 法）计算群桩在竖向、水平向和弯矩荷载共同作用下桩的内力与变位。

1. 基本假定

（1）将土体视为弹性介质，其水平抗力系数随深度增加（m 法），地面处为零。

（2）在水平力、竖向力作用下，基桩、承台和地下墙体表面任一点的接触应力（法向弹性抗力）与该点的法向位移成正比。

（3）忽略桩身、承台、地下墙体侧面与土之间的摩擦力和黏着力对抵抗水平力的作用。

（4）承台与地基土之间的摩擦力同法向压力成正比，与承台横向位移无关。

（5）桩顶与承台刚性连接（固接），承台的刚度视为无穷大。

（6）按复合桩基设计时，可考虑承台底土的竖向抗力和水平摩阻力。

因此，只有当承台的刚度较大，或由于上部结构与承台的协调作用使承台的刚度得到增强的情况下，才适用此种方法计算。

2. 单（基）桩刚度系数

图5-20所示为任一单（基）桩刚度系数计算图式。桩顶发生单位竖向位移时，在桩顶引起的轴力为：

$$\rho_{NN}=\left(\frac{\zeta_N l}{EA_p}+\frac{1.0}{C_{os}A_{op}}\right)^{-1} \tag{5-135}$$

式中 ζ_N——轴向力传递系数，$\zeta_N=0.5\sim1.0$，摩擦型桩取小值，端承型桩取大值；

E、A_p——桩身弹性模量和截面积；

A_{op}——桩侧阻力扩散至桩底平面处所围成的圆面积，取：

$$A_{0p}=\min(A_{01},A_{02}),A_{01}=\pi\left(\frac{d}{2}+l\cdot\tan\frac{\varphi}{4}\right)^2,A_{02}=\frac{\pi}{4}S_a^2$$

S_a——相邻桩底中心距；

φ——桩周各土层内摩擦角的加权平均值。

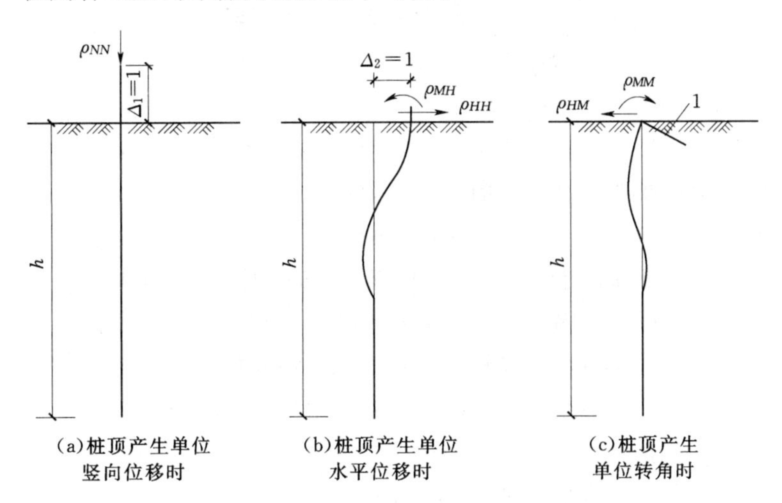

图5-20 单（基）桩刚度系数计算图式

桩顶发生单位水平位移时，在桩顶引起的水平力 ρ_{HH} 和弯矩 ρ_{MH} 为：

$$\rho_{HH}=\frac{\delta_{MM}}{\delta_{HH}\delta_{MM}-\delta_{MH}^2}=\frac{C_o}{A_oC_o-B_o^2}\cdot\alpha^3EI \tag{5-136}$$

$$\rho_{MH}=\frac{\delta_{MH}}{\delta_{HH}\delta_{MM}-\delta_{MH}^2}=\frac{B_o}{A_oC_o-B_o^2}\cdot\alpha^2EI \tag{5-137}$$

桩顶发生单位转角时，在桩顶引起的水平力 ρ_{HM} 和弯矩 ρ_{MM} 为：

$$\rho_{HM}=\rho_{MH} \tag{5-138}$$

$$\rho_{MM}=\frac{\delta_{HH}}{\delta_{HH}\delta_{MM}-\delta_{MH}^2}=\frac{A_o}{A_oC_o-B_o^2}\cdot\alpha EI \tag{5-139}$$

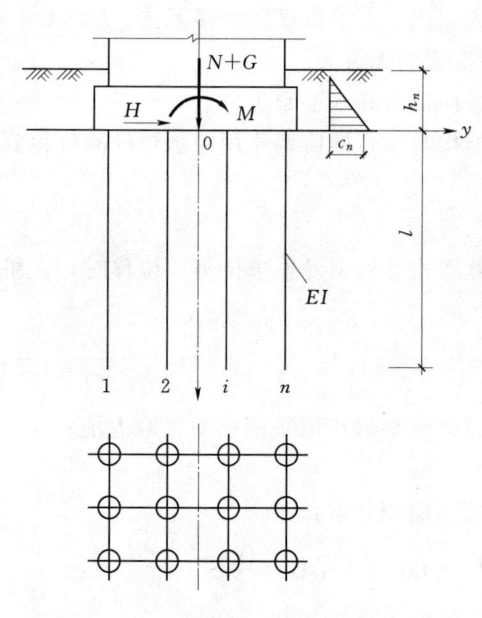

图 5-21 单排或多排桩低承台群桩

应注意式（5-136）～式（5-139）中第二个等号的成立条件，即计算无量纲系数 A_o、B_o、C_o 值的前提条件，其值列于表 5-24。

3. 群桩刚度系数

单排或多排桩低承台桩基位于外力作用平面，如图 5-21 所示。

承台发生单位竖向位移时，所有桩顶、承台和侧墙引起的抗力之和为：

竖向抗力 $\gamma_{VV}=n\rho_{NN}+C_bA_b$ (5-140a)

水平抗力 $\gamma_{UV}=\mu C_bA_b$ (5-140b)

反弯矩 $\gamma_{\beta V}=0$ (5-140c)

承台发生单位水平位移时，所有桩顶、承台和侧墙引起的抗力之和为：

竖向抗力 $\gamma_{VU}=0$ (5-141a)

水平抗力 $\gamma_{UU}=n\rho_{HH}+B^0F^c$ (5-141b)

反弯矩 $\gamma_{\beta U}=-n\rho_{MH}+B^0S^c$ (5-141c)

承台发生单位转角时，所有桩顶、承台和侧墙引起的抗力之和为：

竖向抗力 $\gamma_{V\beta}=0$ (5-142a)

水平抗力 $\gamma_{U\beta}=\gamma_{\beta U}$ (5-142b)

反弯矩 $\gamma_{\beta\beta}=n\rho_{MM}+\rho_{NN}\cdot\sum K_iy_i^2+B^0I^c+C_bI^c$ (5-142c)

以上式中 C_b——承台底地基土的竖向抗力系数：

$$C_b=m_0h_n$$

h_n——承台埋深，当 $h_n<1$m 时取 $h_n=1$m 计算，近似取 $m_0=m$；

m——承台埋深范围内地基土的水平抗力系数的比例系数；

A_b——承台底与地基土接触的净总面积、惯性矩：

$$A_b=A-nA_p,\ I_b=I_F-\sum A_pK_iy_i^2$$

A——承台底面积；

I_b——承台底与地基土接触的惯性矩。

I_F——基础底面的惯性矩；

A_p——桩身截面积；

n——基桩数；

K_i——第 i 排桩的桩数；

y_i——坐标原点到第 i 排桩中心的距离，坐标原点应选在群桩对称点上或重心上；

μ——承台底面与土的摩擦系数；

F^c、S^c、I^c——承台底面以上侧向水平抗力系数 C 图形的面积、对底面的面积矩和惯性矩：

$$F^c=\frac{1}{2}C_nh_n,\ S^c=\frac{1}{6}C_n h_n^2,\ I^c=\frac{1}{12}C_nh_n^3$$

C_n——承台侧面地基土水平抗力系数：$C_n=mh_n$；

B——承台宽度：$B^0=B+1m$。

4. 承台的变位

取承台（包括地下室）隔离体的平衡，图5-21所示的荷载$N+G$、H、M均为正值，可写出关于水平位移u、竖向位移v和转角β的三个平衡方程：

水平向
$$u\gamma_{UU}+v\gamma_{UV}+\beta\gamma_{U\beta}=H \tag{5-143a}$$

竖向
$$u\gamma_{VU}+v\gamma_{VV}+\beta\gamma_{V\beta}=N+G \tag{5-143b}$$

转动方向
$$u\gamma_{\beta U}+v\gamma_{\beta V}+\beta\gamma_{\beta\beta}=M \tag{5-143c}$$

解式（5-143），并将$\gamma_{VU}=\gamma_{\beta V}=\gamma_{V\beta}=0$代入，得：

$$v=\frac{N+G}{\gamma_{VV}} \tag{5-144}$$

$$u=\frac{\gamma_{\beta\beta}H-\gamma_{U\beta}M}{\gamma_{UU}\gamma_{\beta\beta}-\gamma_{U\beta}^2}-\frac{(N+G)\gamma_{UV}\gamma_{\beta\beta}}{\gamma_{VV}(\gamma_{UU}\gamma_{\beta\beta}-\gamma_{U\beta}^2)} \tag{5-145}$$

$$\beta=\frac{\gamma_{UU}M-\gamma_{U\beta}H}{\gamma_{UU}\gamma_{\beta\beta}-\gamma_{U\beta}^2}+\frac{(N+G)\gamma_{UV}\gamma_{U\beta}}{\gamma_{VV}(\gamma_{UU}\gamma_{\beta\beta}-\gamma_{U\beta}^2)} \tag{5-146}$$

5. 单（基）桩与承台受力计算

（1）任一单（基）桩桩顶内力。

轴向力
$$N_{0i}=(v+\beta y_i)\rho_{NN} \tag{5-147}$$

水平力
$$H_0=u\rho_{HH}-\beta\rho_{HM} \tag{5-148}$$

弯矩
$$M_0=\beta\rho_{MM}-u\rho_{MH} \tag{5-149}$$

（2）任一深度的单（基）桩桩身内力和变形。

以桩顶内力H_0、M_0为外荷载作用于桩顶，可利用式（5-116）～式（5-119）或式（5-129）～式（5-131）求得任一深度的桩身内力与变形。一般只需按式（5-132）～式（5-134）确定桩身最大弯矩位置即可。

（3）承台和侧墙的弹性抗力。

为了检验桩基各部分的承载作用，以便调整设计和采用相应的技术措施，可按下式检验承台和侧墙的抵抗水平荷载的作用：

水平抗力
$$H_E=uB^0F^c+\beta B^0S^c \tag{5-150a}$$

反弯矩
$$M_c=uB^0S^c+\beta B^0I^c \tag{5-150b}$$

（4）承台底地基土的弹性抗力和摩阻力。

竖向抗力
$$N_b=vC_bA_b \tag{5-151a}$$

水平抗力
$$H_b=\mu N_b=\mu vC_bA_b \tag{5-151b}$$

反弯矩
$$M_b=\beta C_bI_b \tag{5-151c}$$

（5）水平力的计算结果校核。

按下式校核水平力计算结果：

$$\sum H_{0i}+H_E+H_b=H \tag{5-152}$$

式中 $\sum H_{0i}$——各基桩水平力之和。

若式（5－152）成立，说明计算结果无误。

【例 5－4】 某高层住宅，结构为钢筋混凝土现浇地下室墙体和全部横墙，预制楼板，基础采用桩径 400mm、桩长 9m 的干作业钻孔灌注桩，平面、竖向剖面和土层柱状图见图 5－22；基础下布桩 219 根，上部结构荷载设计值（$N+G$）为 86500kN，基础底部水平荷载设计值 H 为 4814kN，弯矩设计值为 124520kN·m，试计算基础的变形及桩身内力。

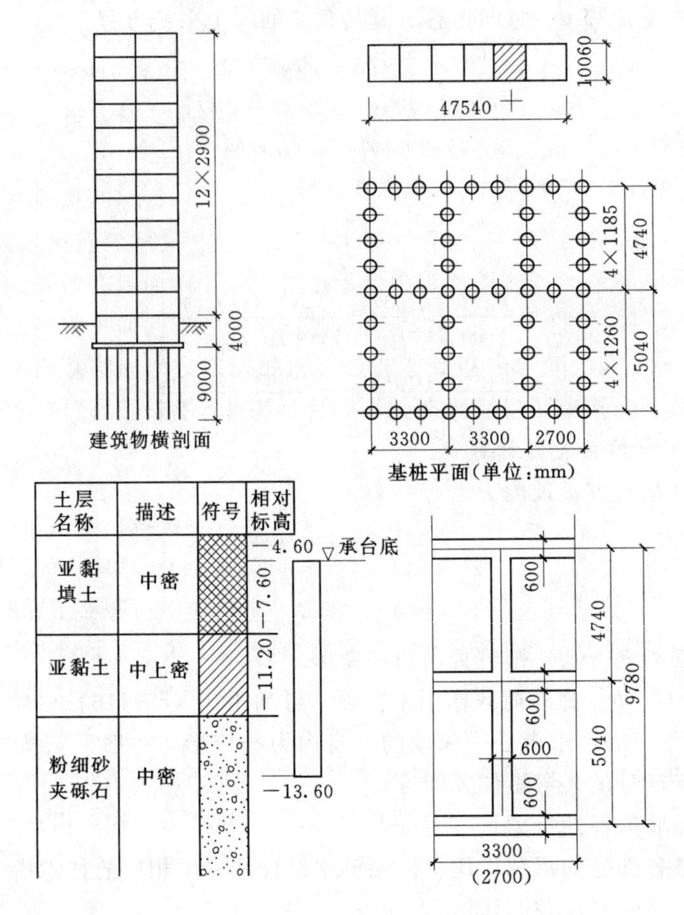

图 5－22　桩基算例示意图

解：（1）确定基本参数。

1）地基土水平抗力系数的比例系数 m。

桩周中密填土 $m=20\text{MN/m}^4$；地下室侧墙和承台侧面填土 $m=10\text{MN/m}^4$；承台底中密填土 $m=20\text{MN/m}^4$；桩底中密粉细砂夹砾石 $m=m_o=80\text{MN/m}^4$。

2）桩的抗弯刚度 EI。

桩身混凝土采用 C15

$$EI=0.85E_oI=0.85\times22\times10^6\times3.14159/64\times0.4^4=23499.1(\text{kN/m}^4)$$

3）桩的水平变形系数 α。

桩的计算宽度

$$b_o = 0.9(1.5d + 0.5) = 0.9(1.5 \times 0.4 + 0.5) = 0.99(\text{m})$$

桩的水平变形系数

$$\alpha = \sqrt[5]{mb_o/EI} = \sqrt[5]{20000 \times 0.99/23499.1} = 0.9663(\text{m}^{-1})$$

4）桩底地基土竖向抗力系数 C_{os}。

$$C_{os} = m_o l, l = 9m, 取 C_{os} = 10m_o = 800(\text{MN/m}^3)$$

5）单桩桩端承压面积 A_{op}。

$$A_{o1} = \pi(d/2 + l \cdot \tan\varphi/4)^2 = 3.14159 \times (0.40/2 + 9\tan 20°/4)^2 = 3.063(\text{m}^2)$$

$$A_{o2} = \pi S_a^2/4 = 3.14159 \times 1.185^2/4 = 1.103(\text{m}^2)$$

取 $$A_{op} = \min(A_{o1}, A_{o2}) = 1.103(\text{m}^2)$$

6）桩身轴力传递系数 ζ_N。

取 $$\zeta_N = 0.75$$

7）承台底地基土竖向抗力系数 C_b。

由于地下室墙基条形承台埋深 $h_n' < 1\text{m}$，故取

$$C_b = m_0 \times 1 = 20000 \times 1 = 20000(\text{kN/m}^3)$$

8）承台底地基土的摩擦系数 μ。

按《建筑桩基技术规范》（JGJ 94—2008）表 5.7.3～2 硬塑亚黏土，取 $\mu = 0.30$。

（2）计算单桩刚度系数。

$$\rho_{NN} = \left(\frac{\zeta_N l}{EA_p} + \frac{1.0}{C_{os}A_{op}}\right)^{-1} = \left(\frac{0.75 \times 9.0}{22 \times 10^6 \times \frac{1}{4}\pi \times 0.4^2} + \frac{1.0}{8.0 \times 10^5 \times 1.103}\right)^{-1}$$

$$= 2.7973 \times 10^5(\text{kN/m})$$

由于 $\alpha l = 0.9663 \times 9.0 = 8.70 > 2.5$，故取 $K_h = 0$，又 $\alpha l > 4.0$，按 $\alpha l = 4.0$ 计算，桩底支承于普通土中，查表 5－24 得，$A_o = 2.441$，$B_o = 1.625$，$C_o = 1.751$。因此

$$\rho_{HH} = \frac{C_o}{A_oC_o - B_o^2} \cdot \alpha^3 EI = \frac{1.751}{2.441 \times 1.751 - 1.625^2} \times 0.9663^3 \times 23499.1$$

$$= 22726.7(\text{kN/m})$$

$$\rho_{MH} = \frac{B_o}{A_oC_o - B_o^2} \cdot \alpha^2 EI = \frac{1.625}{2.441 \times 1.751 - 1.625^2} \times 0.9663^2 \times 23499.1$$

$$= 21826.9(\text{kN})$$

$$\rho_{MM} = \frac{A_o}{A_oC_o - B_o^2} \cdot \alpha EI = \frac{2.441}{2.441 \times 1.751 - 1.625^2} \times 0.9663 \times 23499.1$$

$$= 33930.8(\text{kN} \cdot \text{m})$$

$$\rho_{HM} = \rho_{MH} = 21826.9(\text{kN})$$

（3）计算群桩刚度系数。

$$A_b = A - nA_p = 0.6 \times [10.38 \times 16 + (47.54 - 0.6 \times 16) \times 3] - 219 \times 3.14159/4 \times 0.4^2$$

$$= 167.94 - 27.52 = 140.42(\text{m}^2)$$

$$F^c = C_n h_n/2 = 10000 \times 2.0^2/2 = 20000(\text{kN/m}^2)$$

（地下室外纵墙有沿墙坡道和窗井，故侧墙有效高度 h_n 取 2m，$C_n = mh_n$）

$$S^c = C_n h_n^2/6 = 10000 \times 2.0^3/6 = 1.333 \times 10^4(\text{kN/m})$$

$$I^c = C_n h_n^3/12 = 10000 \times 2.0^4/12 = 1.333 \times 10^4 (\text{kN})$$

$$I_b = I_F - \sum A_p K_i y_i^2$$

为简化计算，桩群形心位置近似看成与中间纵墙轴线重合，则

$$\begin{aligned}\sum k_i y_i^2 &= (16 \times 1.26)^2 + (2 \times 1.26)^2 + (3 \times 1.26)^2 + (4 \times 1.26)^2 + 1.185^2 \\ &\quad + (2 \times 1.185)^2 + (3 \times 1.185)^2 + (4 \times 1.185)^2) + 25 \times [(4 \times 1.26)^2 + (4 \times 1.185)^2] \\ &= 1436.076 + 1196.73 = 2632.806 (\text{m}^2)\end{aligned}$$

$$\begin{aligned}I_F &= 16 \times 0.6 \times 10.38^3/12 \\ &\quad + 10 \times [2.7 \times (5.04^3 - 4.44^3)/3 + 2.7 \times (5.34^3 - 4.74^3)/3 + 2.7 \times 0.6^3/12] \\ &\quad + 5 \times [2.1 \times (5.04^3 - 4.44^3)/3 + 2.1 \times (5.34^3 - 4.74^3)/3 + 2.1 \times 0.63/12] \\ &= 894.71 + 776.94 + 302.51 = 1974.16 (\text{m}^4)\end{aligned}$$

$$I_b = 1974.16 - 3.14159/4 \times 0.4^2 \times 2632.806 = 1643.31 (\text{m}^4)$$

$$\gamma_{VV} = n\rho_{NN} + C_b A_b = 219 \times 2.7973 \times 10^5 + 20000 \times 140.42 = 6.4069 \times 10^7 (\text{kN/m})$$

$$\gamma_{UV} = \mu C_b A_b = 0.30 \times 20000 \times 140.42 = 8.4252 \times 10^5 (\text{kN/m})$$

$$\gamma_{UU} = n\rho_{HH} + B^0 F^c = 219 \times 22726.7 + (47.54 + 1) \times 20000 = 5.9479 \times 10^6 (\text{kN/m})$$

$$\gamma_{\beta U} = -n\rho_{MH} + B^0 S^c = -219 \times 21826.9 + (47.54 + 1) \times 1.333 \times 10^4 = -4.1330 \times 10^6 (\text{kN})$$

$$\gamma_{U\beta} = \gamma_{\beta U} = -4.1330 \times 10^6 (\text{kN})$$

$$\begin{aligned}\gamma_{\beta\beta} &= n\rho_{MM} + \rho_{NN} \sum K_i y_i^2 + B^0 I^c + C_b I^c \\ &= 219 \times 33930.8 + 2.7973 \times 10^5 \times 2632.806 + 48.54 \times 1.333 \times 10^4 + 20000 \times 1643.31 \\ &= 7.7742 \times 10^8 (\text{kN} \cdot \text{m})\end{aligned}$$

（4）计算承台变位。

竖向
$$v = \frac{N+G}{\gamma_{VV}} = \frac{86500}{6.4069 \times 10^7} = 1.350 \times 10^{-3} (\text{m}) = 1.350 (\text{mm})$$

水平向
$$\begin{aligned}u &= \frac{\gamma_{\beta\beta} H - \gamma_{U\beta} M}{\gamma_{UU}\gamma_{\beta\beta} - \gamma_{U\beta}^2} - \frac{\gamma_{UV}\gamma_{\beta\beta}(N+G)}{\gamma_{VV}(\gamma_{UU}\gamma_{\beta\beta} - \gamma_{U\beta}^2)} \\ &= \frac{7.7742 \times 10^8 \times 4814 + 4.1330 \times 10^6 \times 124520}{5.9479 \times 10^6 \times 7.7742 \times 10^8 - (-4.1330 \times 10^6)^2} \\ &\quad - \frac{8.4252 \times 10^5 \times 7.7742 \times 10^8 \times 86500}{6.4069 \times 10^7 \times [5.9479 \times 10^6 \times 7.7742 \times 10^8 - (-4.1330 \times 10^6)^2]} \\ &= \frac{4.2571 \times 10^{12}}{4.6069 \times 10^{15}} - \frac{5.6657 \times 10^{19}}{2.9516 \times 10^{23}} = 0.731 \times 10^{-3} (\text{m}) = 0.731 (\text{mm})\end{aligned}$$

转角
$$\begin{aligned}\beta &= \frac{\gamma_{UU} M - \gamma_{U\beta} H}{\gamma_{UU}\gamma_{\beta\beta} - \gamma_{U\beta}^2} + \frac{\gamma_{UV}\gamma_{U\beta}(N+G)}{\gamma_{VV}(\gamma_{UU}\gamma_{\beta\beta} - \gamma_{U\beta}^2)} \\ &= \frac{5.9479 \times 10^6 \times 124520 + 4.1330 \times 10^6 \times 4814}{4.6069 \times 10^{15}} + \frac{8.4252 \times 10^5 \times (-4.1330 \times 10^6) \times 86500}{2.9516 \times 10^{23}} \\ &= 1.640 \times 10^{-4} \text{rad} = 0.164 (\text{mrad})\end{aligned}$$

（5）计算任一基桩桩顶内力。

轴向力 $N_i = (v \pm \beta y_i)\rho_{NN}$

$$N_{i\max} = (1.350 \times 10^{-3} + 1.640 \times 10^{-4} \times 5.04) \times 2.7973 \times 10^5 = 608.8 (\text{kN})$$

$$N_{i\min} = (1.350 \times 10^{-3} - 1.640 \times 10^{-4} \times 5.04) \times 2.7973 \times 10^5 = 146.4 (\text{kN})$$

水平力　$H_i = u\rho_{HH} - \beta\rho_{HM}$

$= 0.731 \times 10^{-3} \times 22726.7 - 1.640 \times 10^{-4} \times 21826.9 = 13.0(\text{kN} \cdot \text{m})$

弯矩　$M_i = \beta\rho_{MM} - u\rho_{MH}$

$= 1.640 \times 10^{-4} \times 33930.8 - 0.731 \times 10^{-3} \times 21826.9 = -10.4(\text{kN} \cdot \text{m})$

（6）计算承台和地下室纵侧墙的弹性抗力。

水平抗力　$H_E = uB^oF^c + \beta B^oS^c$

$= 0.731 \times 10^{-3} \times 48.54 \times 20000 + 1.64 \times 10^{-4} \times 48.54 \times 1.333 \times 10^4$

$= 815.7(\text{kN})$

反弯矩　$M_E = uB^oS^c + \beta B^oI^c$

$= 0.731 \times 10^{-3} \times 48.54 \times 1.333 \times 10^4 + 1.64 \times 10^{-4} \times 48.54 \times 1.333 \times 10^4$
$= 579.1(\text{kN} \cdot \text{m})$

（7）计算承台底地基土的弹性抗力的摩阻力。

竖向抗力　$N_b = vC_bA_b = 1.350 \times 10^{-3} \times 20000 \times 140.42 = 3791.3(\text{kN})$

水平摩阻力　$H_b = \mu N_b = 0.30 \times 3791.3 = 1137.4(\text{kN})$

反弯矩　$M_b = \beta C_bI_b = 1.64 \times 10^{-4} \times 20000 \times 1643.31 = 5390.0(\text{kN} \cdot \text{m})$

（8）校核水平力计算结果。

$H_E + H_b + \sum H_i = 815.7 + 1137.4 + 219 \times 13.0 = 4800.1(\text{kN}) \approx H = 4814(\text{kN})$计算正确

（9）计算桩身最大正弯矩。

$$C_I = \frac{\alpha M_i}{H_i} = \frac{0.9663 \times (-10.4)}{13.0} = -0.773$$

根据 C_I 值，$\alpha l > 4$ 查表 5-25 得：$\alpha z = 1.905$，$C_{II} = -0.391$。

最大正弯矩位置：$$Z_{\max} = \frac{(\alpha z)}{\alpha} = \frac{1.905}{0.9663} = 1.97(\text{m})$$

最大正弯矩：　$M_{\max} = C_{II}M_i = -0.391 \times (-10.4) = 4.07(\text{kN} \cdot \text{m})$

5.9.4　单（基）桩水平承载力校核

群桩基础的基桩、复合基桩水平承载力校核应考虑由承台、桩群、土相互作用产生的群桩效应。

1.《建筑地基基础设计规范》(GB 50007—2011) 规定

（1）当作用于桩基上的外力主要为水平力或高层建筑承台下为软弱土层、液化土层时，应根据使用要求对桩顶变位的限制和桩基的水平承载力进行验算。当外力作用面的桩距较大时，桩基的水平承载力可视为各单桩的水平承载力的总和。当承台侧面的土未经扰动或回填密实时，可计算土抗力的作用。

（2）单桩的水平承载力特征值应通过现场水平静载荷试验确定，必要时可进行带承台桩的水平静载荷试验。

（3）单桩水平静载荷试验宜采用多循环加卸载试验法，当需要测量桩身应力或应变时宜采用慢速维持荷载法。

同时，《建筑地基基础设计规范》(GB 50007—2011) 还给出了单桩水平静载荷试验要点。

桩基抵抗水平力很大程度上依赖于承台侧面抗力，带承台桩基的水平静载荷试验能反映桩基在水平力作用下的实际工作状况，因此，规范特别写入了带承台桩的水平静载荷试验，并规定带承台桩基水平静载荷试验采用慢速维持荷载法，用以确定长期荷载下的桩基水平承载力和地基土水平反力系数。

水平荷载作用下桩基内各单桩的抗力分配与桩数、桩距、桩身刚度、土质性状、承台形式等诸多因素有关。水平力作用下的群桩效应的研究工作不深入，规范规定了水平力作用面的桩距较大时，桩基的水平承载力可视为各单桩的水平承载力的总和，实际上对低承台桩基，应注重采取措施充分发挥承台底面及侧面土的抗力作用，加强承台间的联系等。当承台周围土的质量有保证时，应考虑土的抗力作用按弹性抗力法进行计算。

2.《建筑桩基技术规范》(JGJ 94—2008) 规定

(1) 对于受水平荷载较大的设计等级为甲级、乙级的建筑桩基，单桩水平承载力特征值应通过现场水平静载荷试验确定。

(2) 对于预制桩、钢桩、桩身配筋率 $\rho_g \geqslant 0.65\%$ 的灌注桩，可根据静载荷试验结果取地面处水平位移为 10mm（对于水平位移敏感的建筑物取 6mm）对应的荷载的 75%为单桩水平承载力特征值；对于桩身配筋率 $\rho_g < 0.65\%$ 的灌注桩，取单桩水平水平静载荷试验的临界荷载的 75%为单桩水平承载力特征值。

(3) 当缺少单桩水平静载荷试验资料时，可按下式估算桩身配筋率 $\rho_g < 0.65\%$ 的灌注桩的单桩水平承载力特征值：

$$R_{Ha} = \frac{0.75\alpha\gamma_m f_t W_0}{\nu_m}(1.25 + 22\rho_g)\left(1 \pm \frac{\zeta_N N_k}{\gamma_m f_t A_n}\right) \tag{5-153}$$

(4) 当桩的水平承载力由水平位移控制，且缺少单桩水平静载荷试验资料时，可按下式估算预制桩、钢桩、桩身配筋率 $\rho_g \geqslant 0.65\%$ 的灌注桩的单桩水平承载力特征值：

$$R_{Ha} = \frac{0.75\alpha^3 EI}{\nu_y} y_{oa} \tag{5-154}$$

上二式中 R_{Ha}——单桩水平承载力特征值；± 号根据桩顶竖向力性质确定，压力取“+”，拉力取“−”；

α——桩的水平变形系数；

γ_m——桩截面模量塑性系数，圆形截面 $\gamma_m = 2$，矩形截面 $\gamma_m = 1.75$；

f_t——桩身混凝土抗拉强度设计值；

W_0——桩身换算截面受拉边缘的截面模量：

圆形截面：
$$W_0 = \frac{\pi d}{32}[d^2 + 2(\alpha_E - 1)\rho_g d_0^2]$$

方形截面：
$$W_0 = \frac{b}{6}[b^2 + 2(\alpha_E - 1)\rho_g b_0^2]$$

A_n——桩身换算截面面积：

圆形截面：
$$A_n = \frac{\pi d^2}{4} \cdot [1 + (\alpha_E - 1)\rho_g]$$

方形截面：
$$A_n = b^2[1 + (\alpha_E - 1)\rho_g]$$

d、d_0——桩身直径、扣除保护层后的桩身直径；

b、b_0——方形桩截面边长、扣除保护层后的桩截面边长；

α_E——钢筋弹性模量与混凝土弹性模量的比值；

N_k——在荷载效应标准组合下桩顶的竖向力；

ζ_N——桩顶竖向力影响系数，竖向压力取0.5，竖向拉力取1.0；

EI——桩身抗弯刚度；

y_{oa}——桩顶允许水平位移；

ν_m——桩身最大弯矩系数，按表5-21取值；

ν_y——桩顶水平位移系数，按表5-21取值。

(5) 验算永久荷载控制的桩基水平承载力时，应将第(2)、(3)和(4)方法确定的单桩水平承载力特征值乘以调整系数0.80。

应注意，式(5-154)中的ν_m即为式(5-118)中的A_M的最大值。由于B_M是从桩顶取1.0到桩底取0.0的单调减函数，A_M是在桩顶和桩底取0.0、桩身某一部位取最大值的凸函数，因此，$|A_M+C_IB_M|_{max}$可能比$(A_M)_{max}$大，也可能比$(A_M)_{max}$小。因此，从理论上讲，确定R_{Ha}时应取$\nu_m=|A_M+C_IB_M|_{max}$，这需要迭代计算才能确定。

在水平荷载作用下，单桩或基桩承载力计算应符合下列规定：

$$H_{ik}\leqslant R_{Ha} \tag{5-155}$$

式中 H_{ik}——相应于荷载效应标准组合时，作用于任一单桩桩顶的水平力，按式(5-51)计算；

R_{Ha}——单桩或基桩的水平承载力特征值。

非液化土中低承台桩基的单桩水平向承载力抗震验算，应符合下列规定：

$$H_E\leqslant R_{EHa} \tag{5-156}$$

式中 H_E——地震作用效应标准组合的单桩桩顶水平力的平均值；

R_{EHa}——单桩水平向抗震承载力特征值。

单桩水平向抗震承载力特征值按下式确定：

$$R_{EHa}=1.25R_{Ha} \tag{5-157}$$

式中 R_{Ha}——单桩非抗震水平向承载力特征值。

3.《建筑抗震设计规范》(GB 50011—2010)规定

(1) 非液化土中低承台桩基的抗震验算，单桩的水平向抗震承载力特征值，可比非抗震设计时提高25%。

(2) 当承台周围的回填土夯实至干密度不小于《建筑地基基础设计规范》(GB 50007—2011)对填土的要求时，可由承台正面填土与桩共同承担水平地震作用；但不应计入承台底面与土间的摩擦阻力。

(3) 液化土的低承台桩基，承台较浅时，不宜计入承台周围土的抗力或刚性地坪对水平地震作用的分担作用。

(4) 液化土中桩的水平抗力应乘以表5-13的土层液化影响折减系数。

(5) 在有液化侧向扩展的地段，尚应考虑土流动时的侧向作用力，且承受侧向推力的面积应按边桩外缘间的宽度计算。

关于不计桩基承台底面与土的摩阻力为抗地震水平力的组成部分，主要是因为这部分摩阻力不可靠：软弱黏性土有震陷问题，一般黏性土也可能因桩身摩擦力产生的桩间土在附加应力的压缩使土与承台脱空；欠固结土有固结沉降问题；非液化的砂砾土则有震密问题。地震时震后桩台与土脱空的报道也屡见不鲜。为安全计，规范不考虑承台底面与土间的摩擦阻力。

不计承台周围的土抗力或刚性地坪的分担作用时出于安全考虑，拟将此作为安全储备，主要是由于目前对液化土中桩的地震作用于土中液化进程的关系尚未清楚。

5.10 桩基础设计

桩基础的设计应力求选型恰当、经济合理、安全适用，桩和承台应有足够的强度、刚度和耐久性，地基则应有足够的承载力和不产生过大的变形。在充分掌握必要的设计资料后，低成承台桩基的设计和计算可按下列步骤进行。

（1）基础性资料收集：应收集岩土工程勘察、建筑场地与环境条件、建筑物设计、施工条件等方面的相关资料。

（2）选择桩的持力层、桩的类型和几何尺寸，初拟承台底面标高。

（3）确定单桩或基桩承载力特征值。

（4）确定桩的数量及其平面布置。

（5）验算桩基承载力和沉降量。

（6）必要时，验算桩基水平承载力和变形。

（7）桩身结构设计。

（8）承台设计与计算。

（9）绘制桩基施工图。

5.10.1 桩的选型与布置

在设计桩基时，首先应根据结构物的类型、荷载性质、桩的使用功能、穿越土层、桩端持力层、地下水位、施工设备、施工环境、施工经验、制桩材料供应条件等，按安全适用、经济合理的原则选择桩型与成桩工艺。《建筑桩基技术规范》（JGJ 94—2008）附录 A 可供参考。

桩的长度主要取决于桩端持力层的选择。桩端宜进入坚硬土层或岩层，采用端承型桩或嵌岩桩；当坚硬土层的埋深很深时，则宜采用摩擦型桩，桩端应尽量进入低压缩性、中等强度的土层上。桩端全断面进入持力层的深度，对黏性土、粉土不宜小于 $2d$（d 为桩身直径），对砂土不宜小于 $1.5d$，对碎石类土不宜小于 $1d$。当存在软弱下卧层时，桩端以下硬持力层厚度不宜小于 $3d$。对于嵌入倾斜的完整和较完整岩的桩端全断面深度不宜小于 $0.4d$ 且不小于 0.5m，倾斜度大于 30%的中风化岩，宜根据倾斜度及岩石完整度适当加大嵌岩深度；对于嵌入平整、完整的坚硬岩和较坚硬岩的深度不宜小于 $0.2d$，且不应小于 0.2m。

桩型及桩长初步确定以后，根据单桩或基桩承载力大小的要求，定出桩的截面尺寸，并初步确定承台底面标高。一般情况下，承台埋深的选择主要从结构要求和方便施工的角度来考虑，并且不得小于 600mm。季节性冻土上的承台埋深，应根据地基土的冻胀性确定，并应考虑是否需要采取相应的防冻害措施。膨胀土上的承台，其埋深选择也应考虑土的膨胀性影响。

5.10.2 桩数及桩位布置

1. 桩的数量

在初步确定桩数时，可暂不考虑群桩效应和承台底面处地基土的承载力。当桩基为轴心受压时，桩数 n 可按下式估算：

$$n \geqslant \frac{F_k + G_k}{R_a} \tag{5-158}$$

式中 F_k——按荷载效应标准组合下，作用于承台顶面的竖向力；

G_k——桩基承台及承台上土自重标准值，对稳定的地下水位以下部分应扣除水的浮力；

R_a——单桩或基桩竖向承载力特征值。

偏心受压时，对于偏心距固定的桩基，如果桩的布置使得群桩横截面的形心与上部结构荷载合力作用点重合，桩数仍可按上式确定。否则，应将上式确定的桩数增加10%～20%。所选的桩数是否合适，尚需通过桩基承载力验算后确定。

承受水平荷载的桩基，桩数的确定还应满足对桩的水平承载力的要求。

2. 桩的间距

桩最小中心距的确定基于两个因素：有效发挥桩的承载力，成桩工艺。群桩试验表明，对于非挤土桩，桩距3～4d（d 为桩径）时，侧阻力和端阻力的群桩效应系数接近或略大于1。对于挤土桩，为减小挤土的负面效应，桩距应适当加大。因此，《建筑桩基技术规范》（JGJ 94—2008）规定，一般桩的最小中心距应满足表5-26的要求。当施工中采用减小挤土效应的可靠措施时，可根据当地经验适当减小。

表5-26 桩的最小中心距

土类与成桩工艺		桩排数≥3且桩根数≥9的摩擦型桩桩基础	其他情况
非挤土灌注桩		$3.0d$	$3.0d$
部分挤土桩	非饱和土、饱和非黏性土	$3.5d$	$3.0d$
	饱和黏性土	$4.0d$	$3.5d$
挤土桩	非饱和土、饱和非黏性土	$4.0d$	$3.5d$
	饱和黏性土	$4.5d$	$4.0d$
钻、挖孔扩底桩		$2D$ 或 $>D+2.0$m（当 $D>2$m）	$1.5D$ 或 $D+1.5$m（当 $D>2$m）
沉管夯扩、钻孔挤扩桩	非饱和土、饱和非黏性土	$2.2D$ 且 $4.0d$	$2.0D$ 且 $3.5d$
	饱和黏性土	$2.2D$ 且 $4.5d$	$2.2D>$且 $4.0d$

注 1. D 为桩扩大端的设计直径，d 为圆桩设计直径或方桩设计边长。
2. 当纵横向桩距不等时，其最小桩距应满足"其他情况"一栏的规定。
3. 当为端承桩时，非挤土灌注桩的"其他情况"一栏可减小至 $2.5d$。

3. 桩位的布置

桩的布置应考虑力系的最优平衡状态。桩群承载力合力点宜与竖向永久荷载合力作用点重合，以减小荷载偏心的负面效应。当桩基承受水平力时，应使基桩受水平力和力矩方向有较大的抗弯截面模量，以增强桩基的水平承载力。

对于桩箱、桩筏基础，为改善承台的受力状态，尤其是降低承台的整体弯矩、冲切力和剪切力，宜将桩布置在墙下和梁下，并对外围的桩基适当弱化。对于框架—核心筒结构，为减小差异沉降、优化反力分布、降低承台内力，应按变刚度调平原则布桩，宜将桩相对集中布置在核心筒和柱下，外围框架柱宜采用复合桩基，有合适的持力层时，宜适当减小桩长。

桩在平面内可布置成方形或矩形、三角形和梅花形，条形基础下的桩，可采用单排或双排布置，也可采用不等距布置。

5.10.3　桩身结构设计

1. 桩身耐久性

桩基结构的耐久性应根据设计使用年限、《混凝土结构设计规范》(GB 50010—2010)的环境类别规定以及水、土对钢、混凝土腐蚀性的评价进行设计。对混凝土桩应采取相应的耐久性技术措施。

《建筑地基基础设计规范》(GB 50007—2011)规定：设计使用年限不少于50年时，非腐蚀性环境中预制桩的混凝土强度等级不应低于C30，预应力桩不应低于C40，灌注桩的混凝土强度等级不应低C25；二b类环境、三类及四类、五类微腐蚀环境中混凝土强度等级不应低于C30；腐蚀环境中的桩，桩身混凝土的强度等级应符合《混凝土结构设计规范》(GB 50010—2010)的有关规定。设计使用年限不少于100年时，桩身的混凝土强度等级宜适当提高。水下灌注混凝土的桩身混凝土强度等级不宜高于C40。桩身混凝土的材料、最小水泥用量、水灰比、抗渗等级等应符合《混凝土结构设计规范》(GB 50010—2010)、《工业建筑防腐蚀设计规范》(GB 50046—2008)、《混凝土结构耐久性设计规范》(GB/T 50476—2008)的有关规定。

《建筑桩基技术规范》(JGJ 94—2008)规定：二类和三类环境中设计使用年限50年的桩基结构混凝土耐久性，应符合表5-27的规定；四类、五类环境中的桩基结构混凝土耐久性设计，可按《港口工程混凝土结构设计规范》(JTJ—98)和《工业建筑防腐蚀设计规范》(GB 50046—2008)的有关规定执行。

表5-27　　二类和三类环境桩基结构混凝土耐久性的基本要求

环境类别		最大水灰比	最小水泥用量 (kg/m^3)	混凝土最低强度等级	最大氯离子含量 (%)	最大碱含量 (kg/m^3)
二	a	0.60	250	C25	0.3	3.0
	b	0.55	275	C30	0.2	3.0
三		0.50	300	C30	0.1	3.0

注　1. 氯离子含量系指其与水泥用量的百分率。
2. 预应力构件混凝土中最大氯离子含量0.06%，最小水泥用量为300kg/m^3；混凝土最低强度等级应按表中规定提高两个等级。
3. 当混凝土中加入活性掺合料或能提高耐久性的外加剂时，可适当降低最小水泥用量。
4. 当使用非碱活性骨料时，对混凝土中碱含量不作限制。
5. 当有可靠工程经验时，表中混凝土最低强度等级可降低一个等级。

非腐蚀环境中的抗拔桩，应根据环境类别控制裂缝宽度满足设计要求；预应力混凝土管桩因增加钢筋直径困难，考虑其钢筋直径较小，耐久性差，裂缝控制等级应为二级，即桩身混凝土拉应力不应超过混凝土抗拉强度设计值。腐蚀环境中的抗拔桩和受水平力或弯矩较大的桩，应进行桩身混凝土抗裂验算，裂缝控制等级应为二级；预应力混凝土管桩裂缝控制等级应为一级，即桩身混凝土不出现拉应力。

2. 桩身混凝土强度设计

灌注桩的桩身混凝土强度等级应不低于C25，混凝土预制桩尖混凝土强度等级应不低于C30；预制桩的混凝土强度等级应不低于C30；预应力混凝土实心桩的混凝土强度等级应不低于C40。

按桩身混凝土强度计算桩的承载力时，应按桩的类型和成桩工艺的不同，将混凝土的轴心抗压强度设计值乘以工作条件系数φ_c，轴心受压时桩身强度应符合式（5－159）的规定。当桩顶以下5d（d为桩径）范围内钢筋螺旋式箍筋间距不大于100mm且钢筋耐久性得到保证的灌注桩，可适当计入桩身纵向钢筋的抗压作用。

$$Q \leqslant A_p f_c \varphi_c \tag{5-159}$$

式中　Q——相应于荷载作用基本组合时的单桩竖向承载力设计值；

A_p——桩身横截面积；

f_c——混凝土轴心抗压强度设计值；

φ_c——工作条件系数，《建筑地基基础设计规范》（GB 50007—2011）规定：非预应力预制桩取0.75，预应力桩取0.55～0.65，灌注桩取0.6～0.80（水下灌注桩、长桩或混凝土强度等级高于C35时取低值）。

混凝土抗拔桩的正截面受拉承载力验算应符合下式规定：

$$Q \leqslant A_s f_s + A_{pys} f_{pys} \tag{5-160}$$

式中　Q——相应于荷载作用基本组合时的单桩竖向拉力设计值；

A_s、A_{pys}——普通钢筋、预应力钢筋的横截面积；

f_s、f_{pys}——普通钢筋、预应力钢筋的抗拉强度设计值。

在吊运和吊立时，混凝土桩在自重作用下产生的弯曲应力与吊点的数量和位置有关。桩长在18m以下者，起吊时一般用双点吊或单点吊；在打桩架龙门吊立时，采用单点吊。吊点位置应按吊点跨间的正弯矩和吊点处的负弯矩相等的原则进行布置。考虑到预制桩吊运过程中可能受到冲击和振动的影响，计算吊运弯矩和吊运拉力时，可将桩身重力乘以1.5的动力系数。

锤击法沉桩时，冲击产生的应力以应力波的形式传到桩端，然后又反射回来。在周期性的拉、压应力作用下，桩身上端常出现环向裂缝。设计时，最大锤击压应力和拉应力不应超过混凝土的轴心抗压和抗拉强度设计值。

3. 桩身配筋

（1）灌注桩。

当桩身直径为300～2000mm时，正截面配筋率可取0.2%～0.65%（小直径桩取高值）；对受荷载特别大的桩、抗拔桩和嵌岩端承桩，应根据计算确定配筋率，并应不小于上述规定值。

端承型桩和位于坡地、岸边的基桩，应沿桩身等截面或变截面通长配筋；摩擦型灌注桩配筋长度不应小于2/3桩长；当受水平荷载时，配筋长度尚不应小于反弯点下限$4.0/\alpha$，这里，α为桩的水平变形系数；受地震作用的基桩，桩身配筋长度应穿过可液化土层和软弱土层，进入稳定土层的深度应按计算确定；受负摩阻力的桩、因先成桩后开挖基坑而随地基土回弹的桩，其配筋长度应穿过软弱土层并进入稳定土层，进入的土层深度应不小于$(2\sim3)d$（d为桩径）；抗拔桩及因地震作用、冻胀或膨胀力作用而受拔的桩，应等截面或变截面通长配筋。

对于受水平荷载的桩，主筋应不少于$8\phi12$，以保证受拉区主筋不小于$3\phi12$；对于抗拔桩和抗压桩，主筋应不少于$6\phi10$；纵向主筋应沿桩身周边均匀布置，其净距不应小于60mm。

箍筋应采用螺旋式，直径不应小于6mm，间距200～300mm；受水平荷载较大的桩基、承受水平地震作用的桩及考虑主筋作用计算桩身受压承载力时，桩顶以下$5d$（d为桩径）范围内的箍筋应加密，间距不应大于100mm；当桩身位于液化土层范围内时箍筋应加密；当钢筋笼长度超过4m时，应每隔2m设一道直径不小于12mm的焊接加劲箍筋。根据桩身直径大小，箍筋直径一般为$\phi6\sim\phi12$，加劲箍为$\phi12\sim\phi18$。主筋的混凝土保护层不应小于35mm，水下浇灌混凝土时不得小于50mm。

（2）预制桩。

预制桩的桩身配筋应按吊运、打桩及桩在使用中的受力等条件计算确定。采用锤击法沉桩时，预制桩的最小配筋率不宜小于0.8%。采用静压法沉桩时，其最小配筋率不宜小于0.6%。主筋直径不宜小于14mm，打入桩桩顶以下$(4\sim5)d$（d为桩径）长度范围内的箍筋应加密，并设置钢筋网片。主筋的混凝土保护层不宜小于30mm。预制桩的配筋通常由起吊和吊立的强度计算控制。

桩在运输或堆放时的支点应放在起吊吊点处。预制桩的混凝土强度必须达到设计强度的70%时才可起吊，达到100%时才可搬运。

5.10.4 桩基承台设计

桩基承台可分为柱下独立承台、柱下或墙下条形承台（梁式承台），以及筏板承台和箱形承台等。承台的作用是将桩联结成一个整体，并把建筑物的荷载传到桩上，因而承台应有足够的强度和刚度。承台设计包括确定承台的材料、形状、高度、底面标高、平面尺寸，以及局部受压、抗冲切、抗剪切及抗弯承载力计算，并应符合构造要求。

对于柱下桩基，当承台混凝土强度等级低于柱或桩的混凝土强度等级时，应验算柱下或桩上承台的局部受压承载力。

当进行承台的抗震验算时，应根据《建筑抗震设计规范》（GB 50011—2010）的规定对承台顶面的地震作用效应和承台的受弯、受冲切、受剪承载力进行抗震调整。

1. 承台的外形尺寸及构造要求

承台的平面尺寸一般由上部结构、桩数及布桩形式决定。通常，墙下桩基做成条形承台即梁式承台；柱下桩基宜做成板式承台（矩形或三角形），其剖面形状可做成锥形、台阶形或平板形。

条形承台和柱下独立承台的最小厚度不应小于300mm，高层建筑平板式筏形承台的最小厚度不应小于400mm，以满足承台基本刚度、桩与承台的连接等构造需要。承台的最小宽度不应小于500mm承台边缘至边桩中心距离不宜小于桩的直径或边长，且边缘挑出部分不应小于150mm，以满足嵌固及斜截面承载力（抗冲切、抗剪切的要求），对于条形承台梁边缘挑出部分不应小于75mm，以确保墙体与承台梁共同工作，增强承台梁的整体刚度。承台梁的混凝土强度等级应满足混凝土耐久性要求，对于设计使用年限50年的承台，当环境类别为二a类别时不应低于C25，二b类别时不应低于C30，有抗渗要求时，其混凝土的抗渗等级应符合有关标准的要求。

承台的配筋除应满足计算要求外，尚需满足构造要求：柱下独立承台的受力钢筋应通长配筋，以保证桩基承台的受力性能良好。对于三桩的三角形承台应按三向板带均匀布置，最里面的三根钢筋相交围成的三角形应位于柱截面范围以内。承台梁的纵向主筋不应小于$\phi12$，间距应满足100～200mm。柱下独立承台的最小配筋率不应小于0.15%。条形承台梁纵向主筋最小配筋率不应小于0.2%，以保证具有最小的抗弯能力。筏板承台板或箱型承台板在计算中当仅考虑局部弯矩作用时，考虑到整体弯曲的影响，在纵横两个方向的下层钢筋最小配筋率不应小于0.15%，上层钢筋全部连通。当筏板厚度不大于2000mm时，在筏板中部设置不小于$\phi12$、间距不大于300mm的双向钢筋网，以减小大体积混凝土温度收缩的影响，并提高筏板的抗剪承载力。承台底面钢筋的混凝土保护层厚度，当有混凝土垫层时不应小于50mm，否则不应小于70mm；此外，尚不应小于桩头嵌入承台的长度。

为了保证群桩与承台之间连接的整体性，桩顶应嵌入承台一定长度，对大直径桩不宜小于100mm；对中等直径桩不宜小于50mm。混凝土桩的桩顶主筋应伸入承台内，其锚固长度不宜小于35倍主筋直径。

两桩桩基的承台，应在其短向设置连系梁。连系梁顶面宜与承台顶位于同一标高，连系梁宽度不宜小于250mm，其高度可取承台中心距的1/10～1/15，且不宜小于400mm；连系梁配筋应根据计算确定，梁上下部配筋不宜小于$2\phi12$。

2. 承台的内力计算

大量模型试验表明，柱下多桩矩形承台呈“梁式破坏”，即弯曲裂缝在平行于柱边两个方向交替出现，承台在两个方向交替呈梁式承担荷载，见图5-23（a）。柱下三桩三角形承台，其破坏模式也为“梁式破坏”。由于三桩承台的钢筋一般均平行于承台边呈三角形布置，因而等边三桩承台具有代表性的破坏模式见图5-23（b）。鉴于图5-23（b）的屈服线产生在柱边，过于理想化，因而图5-23（c）的屈服线未考虑柱的约束作用，其弯矩偏于安全。对等腰三桩承台，其典型的屈服线基本上都垂直于等腰三角形的两个腰，通常在长跨发生弯曲破坏，其屈服线见图5-23（d）。

（1）受弯计算。

1）柱下独立桩基承台。两柱条形承台和多桩矩形承台弯矩计算截面取在柱边和承台高度变化处，见图5-24（a），按下列公式计算：

$$M_x=\sum N_i y_i \tag{5-161}$$

$$M_y=\sum N_i x_i \tag{5-162}$$

式中　M_x、M_y——绕x、y轴方向计算截面处的弯矩设计值；

x_i、y_i——垂直 y 轴和 x 轴方向自桩轴线到相应计算截面的距离；

N_i——扣除承台和其上土自重，在荷载作用基本组合下第 i 基桩或复合基桩竖向反力设计值。

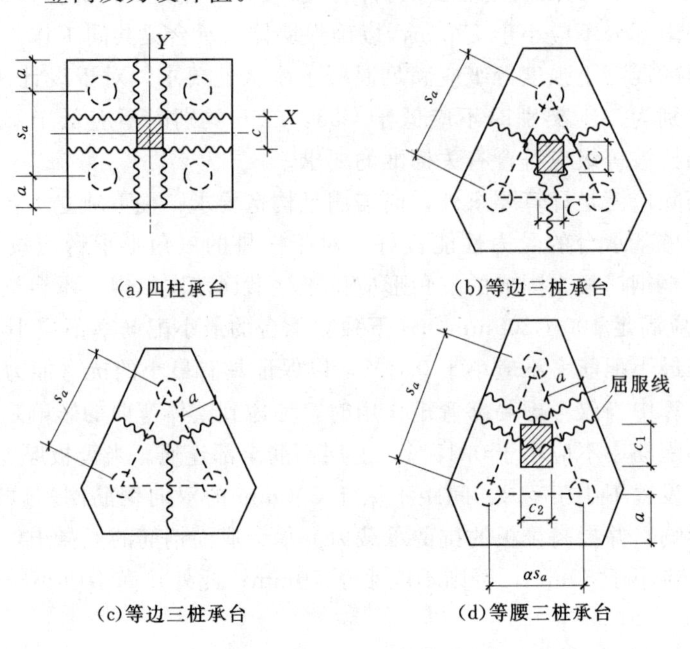

(a)四柱承台 (b)等边三桩承台

(c)等边三桩承台 (d)等腰三桩承台

图 5-23 承台破坏模式

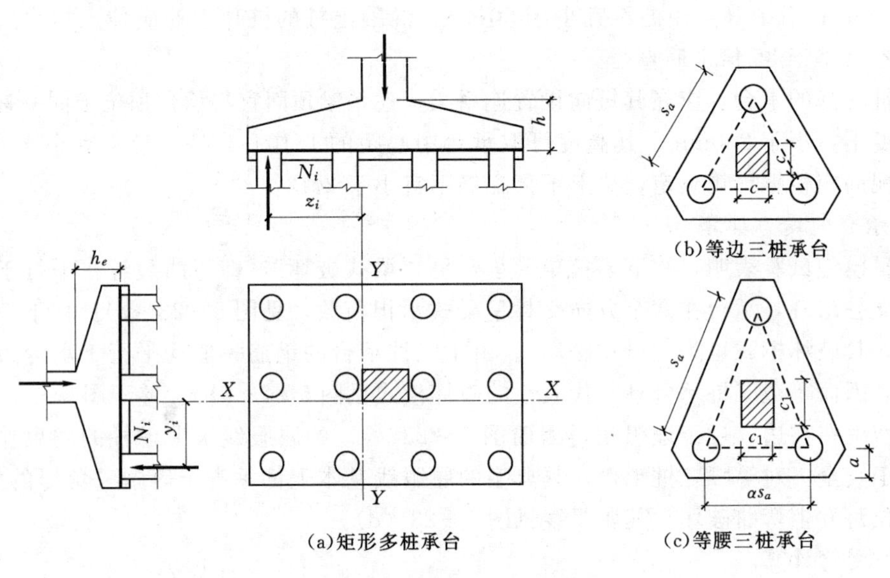

(a)矩形多桩承台 (b)等边三桩承台 (c)等腰三桩承台

图 5-24 承台弯矩计算示意图

2）柱下三桩三角形承台。

对于等边三桩三角形承台［图 5-24（b）］：

$$M=\frac{N_{\max}}{3}\left(s_a-\frac{\sqrt{3}}{4}c\right) \tag{5-163}$$

式中 M——通过承台形心至各边边缘正交截面范围内板带的弯矩设计值；

N_{max}——扣除承台和其上土自重，在荷载作用基本组合下三桩中最大基桩或复合基桩竖向反力设计值；

s_a——桩中心距；

c——方柱边长，圆柱时 $c=0.8d$，d 为圆柱直径。

对于等腰三桩三角形承台［图 5-24（c）］：

$$M_1=\frac{N_{max}}{3}\left(s_a-\frac{0.75}{\sqrt{4-\alpha^2}}c_1\right) \tag{5-164}$$

$$M_2=\frac{N_{max}}{3}\left(\alpha s_a-\frac{0.75}{\sqrt{4-\alpha^2}}c_2\right) \tag{5-165}$$

上二式中 M_1、M_2——通过承台形心至两腰边缘和底边边缘正交截面范围内板带的弯矩设计值；

s_a——长向桩中心距；

α——短向桩中心距与长向桩中心距之比；

c_1、c_2——垂直于、平行于承台底边的柱截面边长。

3）箱形承台和筏形承台。箱形承台和筏形承台的弯矩宜考虑地基土层性质、基桩分布、承台和上部结构类型和刚度，按地基、桩、承台、上部结构共同作用原理分析计算。对于箱形承台，当桩端持力层为基岩、密实的碎石类土、砂土且深厚均匀时，或当上部结构为剪力墙，或当上部结构为框架—核心筒结构且按变刚度调平原则布桩时，箱形承台底板可仅按局部弯矩作用进行计算。

对于筏形承台，当桩端持力层深厚坚硬、上部结构刚度较好，且柱荷载及柱间距的变化不超过20%时，或当上部结构为框架—核心筒结构且按变刚度调平原则布桩时，可仅按局部弯矩作用进行计算。

4）柱下和砌体墙下条形承台。柱下条形承台的正截面弯矩设计值一般可按弹性地基梁进行分析，地基的计算模型应根据地基土层的特性选取。

当桩端持力层较硬且桩柱轴线不重合时，可视桩为不动铰支座，按连续梁计算。

砌体墙下条形承台梁可按倒置的弹性地基梁计算弯矩和剪力。对于承台上的砌体墙，尚应验算桩顶部位砌体的局部承压强度。

（2）受冲切计算。

桩基承台厚度应满足柱（墙）对承台的冲切和基桩对承台的冲切承载力要求。一般可先按经验估计承台厚度，然后再校核冲切强度，并进行调整。

承台如有效高度不足，将产生冲切破坏，其破坏方式可分为沿柱（墙）边的冲切和单一基桩对承台的冲切两类。

1）轴心竖向力作用下桩基承台受柱（墙）的冲切计算。根据冲切破坏的试验结果，取冲切破坏锥体为自柱（墙）边或承台变阶处至相应桩顶边缘连线所构成的锥体。锥体斜面与承台底面之夹角不小于45°（图 5-25）。

a. 受柱（墙）冲切承载力可按下列公式计算：

$$F_l\leqslant\beta_{hp}\beta f_t u_m h_0 \tag{5-166}$$

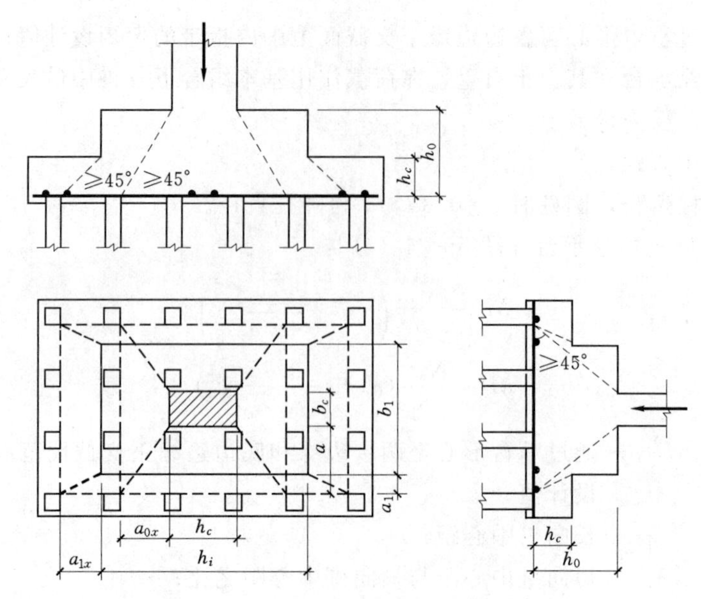

图 5-25　柱对承台的冲切计算示意图

$$F_l = F - \sum Q_i \tag{5-167}$$

$$\beta = \frac{0.84}{\lambda + 0.2} \tag{5-168}$$

上各式中　F_l——扣除承台和其上土自重，在荷载作用基本组合下作用于冲切破坏锥体上的冲切力设计值；

f_t——承台混凝土抗拉强度设计值；

β_{hp}——承台冲切承载力截面高度影响系数，当 $h \leqslant 800$mm 时，取 $\beta_{hp}=1.0$，当 $h \geqslant 200$mm 时，$\beta_{hp}=0.9$，其间按线性内插法取值；

u_m——冲切破坏锥体一半有效高度处的周长；

h_0——承台冲切破坏锥体的有效高度；

β——柱（墙）冲切系数；

λ——冲垮比，$\lambda = a_0/h_0$，a_0 为柱（墙）边或承台变阶处到桩边的水平距离；当 $\lambda < 0.25$ 时，取 $\lambda = 0.25$；当 $\lambda > 1.0$ 时，取 $\lambda = 1.0$；

F——扣除承台和其上土自重，在荷载作用基本组合下作用于柱（墙）底的竖向荷载设计值；

$\sum Q_i$——扣除承台和其上土自重，在荷载作用基本组合下冲切破坏锥体范围内各基桩的反力设计值之和。

b. 柱下矩形独立承台受柱冲切的承载力可按下列公式计算（图 5-25）：

$$F_l \leqslant 2[\beta_{0x}(b_c + a_{0y}) + \beta_{0y}(h_c + a_{0x})]\beta_{hp} f_t h_0 \tag{5-169}$$

式中　β_{0x}、β_{0y}——冲切系数，由式（5-168）计算时，应满足 $0.25 \leqslant \lambda_{0x} = a_{0x}/h_0 \leqslant 1.0$，$0.25 \leqslant \lambda_{0y} = a_{0y}/h_0 \leqslant 1.0$ 的要求；

h_c、b_c——柱截面长（x 方向）、短边（y 方向）尺寸；

a_{0x}、a_{0y}——柱长边（x 方向）、短边（y 方向）到最近桩边的水平距离。

c. 柱下矩形独立阶形承台受上阶冲切的承载力可按下列公式计算（图5-25）：

$$F_l \leqslant 2[\beta_{1x}(b_1+a_{1y})+\beta_{1y}(h_1+a_{1x})]\beta_{hp}f_t h_{10} \tag{5-170}$$

式中：β_{1x}、β_{1y}——冲切系数，由式（5-168）计算时，应满足 $0.25\leqslant\lambda_{1x}=a_{1x}/h_{10}\leqslant1.0$，$0.25\leqslant\lambda_{1y}=a_{1y}/h_{10}\leqslant1.0$ 的要求；

h_1、b_1——承台上阶长（x 方向）、短边（y 方向）尺寸；

a_{1x}、a_{1y}——承台上阶长边（x 方向）、短边（y 方向）到最近桩边的水平距离。

对圆柱及圆桩，计算时应将截面换算成方柱或方桩，取换算柱或桩截面边宽 $b=0.8d$，d 为圆柱或圆桩直径。

对于柱下两桩承台，宜按深受弯构件（$l_0/h<5$，$l_0=1.15l_n$，l_n 为两桩净距）计算受弯、受剪承载力，不需进行冲切承载力计算。

2）承台受位于柱（墙）冲切破坏锥体以外的基桩的冲切计算。

a. 对四桩以上（含四桩）承台受角桩冲切的承载力按下列公式计算（图5-26）：

$$N_l \leqslant [\beta_{1x}(c_2+a_{1y}/2)+\beta_{1y}(c_1+a_{1x}/2)]\beta_{hp}f_t h_0 \tag{5-171}$$

$$\beta_{1x}=\frac{0.56}{\lambda_{1x}+0.2} \tag{5-172}$$

$$\beta_{1y}=\frac{0.56}{\lambda_{1y}+0.2} \tag{5-173}$$

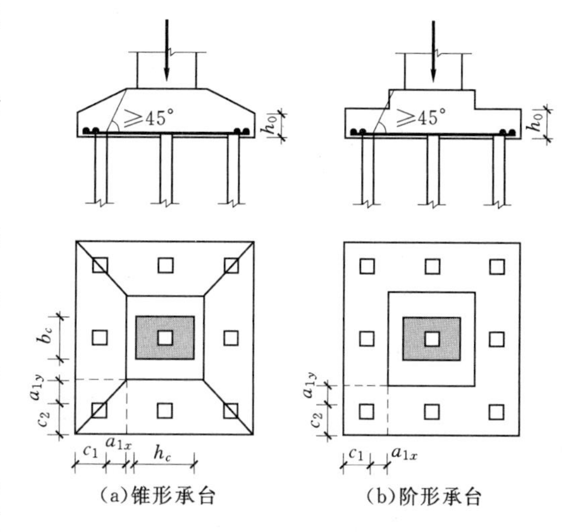

图5-26 四桩以上角桩冲切验算

上各式中 β_{1x}、β_{1y}——角桩冲切系数；

λ_{1x}、λ_{1y}——角桩冲垮比，应满足 $0.25\leqslant\lambda_{1x}=a_{1x}/h_0\leqslant1$，$0.25\leqslant\lambda_{1y}=a_{1y}/h_0\leqslant1$ 的要求；

c_1、c_2——角桩内边缘至承台外边缘的距离；

N_l——扣除承台和其上土自重，在荷载作用基本组合下角桩顶竖向反力设计值；

h_0——承台外边缘的有效高度；

a_{1x}、a_{1y}——从承台底角桩内边缘引45°冲切线与承台顶面相交点至角桩内边缘的水平距离；当柱（墙）边或承台变阶处位于该45°线以内时，则取由柱（墙）边或变阶处与桩内边缘连线为冲切锥体的锥线（图5-26）。

b. 对于三桩三角形承台，可按下列公式计算受角桩冲切的承载力（图5-27）：

底部角桩：

$$N_l \leqslant \beta_{11}(2c_1+a_{11})\tan(\theta_1/2)\beta_{hp}f_t h_0 \tag{5-174}$$

$$\beta_{11}=\frac{0.56}{\lambda_{11}+0.2} \tag{5-175}$$

顶部角桩：

$$N_l \leqslant \beta_{12}(2c_2 + a_{12})\tan(\theta_2/2)\beta_{hp} f_t h_0 \tag{5-176}$$

$$\beta_{12} = \frac{0.56}{\lambda_{12} + 0.2} \tag{5-177}$$

上各式中　β_{11}、β_{12}——角桩冲切系数；

a_{11}、a_{12}——从承台底角桩内边缘向相邻承台边引45°冲切线与承台顶面相交点至角桩内边缘的水平距离；当柱（墙）边或承台变截面处位于该45°线以内时，则取由柱（墙）边或承台变截面处与桩内边缘连线为冲切锥体的锥线（图5-27）；

λ_{11}、λ_{12}——角桩冲垮比，应满足 $0.25 \leqslant \lambda_{11} = a_{11}/h_0 \leqslant 1$，$0.25 \leqslant \lambda_{12} = a_{12}/h_0 \leqslant 1.0$ 的要求。

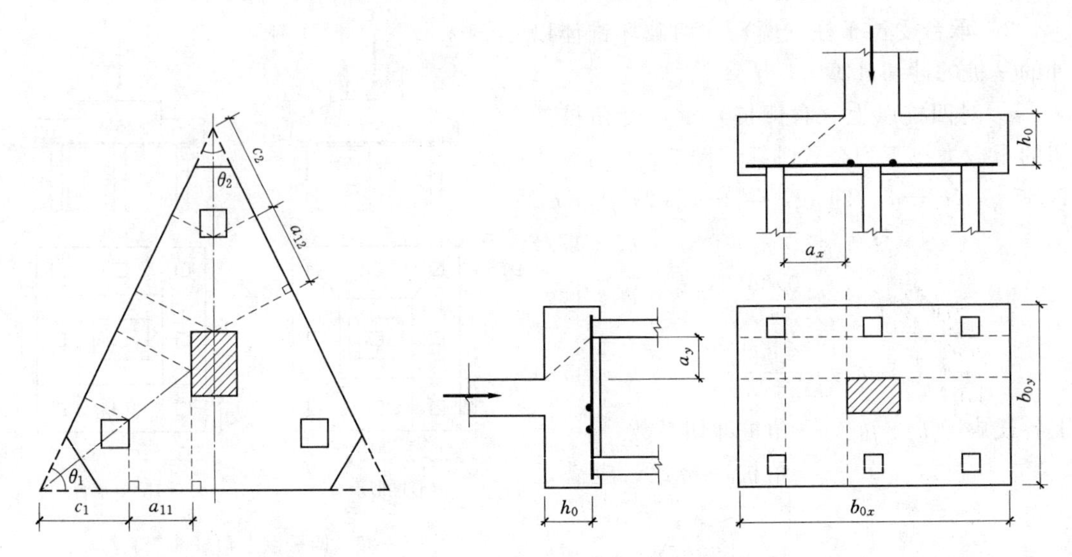

图5-27　三桩三角形承台角桩冲切计算示意图

图5-28　承台斜截面受剪计算示意图

（3）受剪切计算。

柱（墙）下桩基承台，应分别对柱（墙）边、变阶处和桩边连线形成的贯通承台的斜截面的受剪承载力进行验算。当承台悬挑边有多排基桩形成多个斜截面时，应对每个斜截面的受剪承载力进行验算。

1）阶梯形承台斜截面受剪承载力计算。

2）柱下独立桩基承台斜截面受剪承载力计算。

承台斜截面受剪承载力可按下列公式计算（图5-28）：

$$V \leqslant \beta_{hs} \alpha f_t b_0 h_0 \tag{5-178}$$

$$\alpha = \frac{1.75}{1 + \lambda} \tag{5-179}$$

$$\beta_{hs} = \left(\frac{800}{h_0}\right)^{1/4} \tag{5-180}$$

上各式中　V——扣除承台和其上土自重，在荷载作用基本组合下斜截面的最大剪力设计值；

β_{hs}——受剪切承载力截面高度影响系数；当 $h_0<800$mm 时，取 $h_0=800$mm，当 $h_0>2000$mm 时，取 $h_0=2000$mm，其间按线性内插法取值；

f_t——混凝土轴心抗拉强度设计值；

b_0——承台计算截面处的计算宽度；

h_0——承台计算截面处的有效高度；

α——承台剪切系数；

λ——计算截面的剪跨比，$\lambda_x=a_x/h_0$，$\lambda_y=a_y/h_0$，其中，a_x、a_y 为柱（墙）边或承台变阶处至 y、x 方向计算一排桩的桩边水平距离，当 $\lambda<0.25$ 时取 $\lambda=0.25$；当 $\lambda>3$ 时取 $\lambda=3$。

对于阶梯形承台应分别在变阶处（$A_1—A_1$，$B_1—B_1$）及柱边处（$A_2—A_2$，$B_2—B_2$）进行斜截面受剪承载力计算（图 5-29）。

计算变阶处截面（$A_1—A_1$，$B_1—B_1$）的斜截面受剪承载力时，其截面有效高度均为 h_{10}，截面计算宽度分别为 b_{y1} 和 b_{x1}。

计算柱边截面（$A_2—A_2$，$B_2—B_2$）的斜截面受剪承载力时，其截面有效高度均为 $h_{10}+h_{20}$，截面计算宽度分别为：

对 $A_2—A_2$：

$$b_{y0}=\frac{b_{y1}h_{10}+b_{y2}h_{20}}{h_{10}+h_{20}} \tag{5-181}$$

对 $B_2—B_2$：

$$b_{x0}=\frac{b_{x1}h_{10}+b_{x2}h_{20}}{h_{10}+h_{20}} \tag{5-182}$$

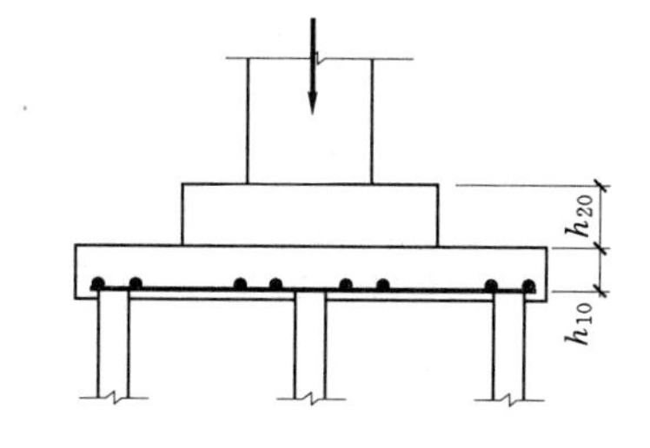

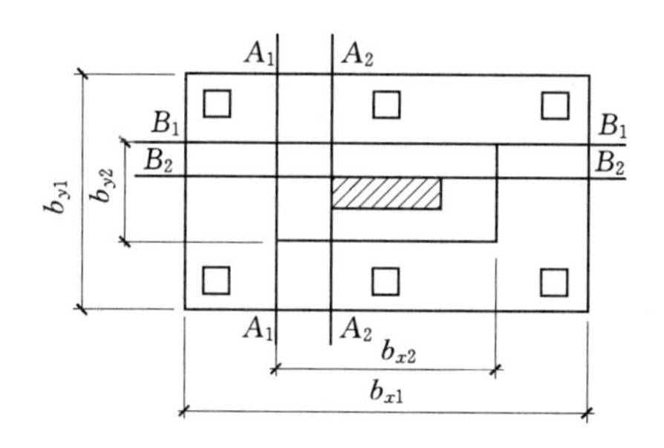

图 5-29　阶梯形承台斜截面受剪计算示意图

图 5-30　锥形承台斜截面受剪计算示意图

3）锥形承台斜截面受剪承载力计算。

对于锥形承台应对变阶处及柱边处（A—A 及 B—B）两个截面进行受剪承载力计算（图 5-30），截面有效高度均为 h_0，截面的计算宽度分别为：

对 A—A：

$$b_{y0}=\left[1-0.5\frac{h_{20}}{h_0}\left(1-\frac{b_{y2}}{b_{y1}}\right)\right]b_{y1} \tag{5-183}$$

对 B—B：

$$b_{x0}=\left[1-0.5\frac{h_{20}}{h_0}\left(1-\frac{b_{x2}}{b_{x1}}\right)\right]b_{x1} \tag{5-184}$$

4）砌体墙下条形承台梁斜截面受剪承载力计算。

砌体墙下条形承台梁配有箍筋，但未配弯起钢筋时，斜截面的受剪承载力可按下式计算：

$$V\leqslant 0.7f_tbh_0+1.25f_{yv}\frac{A_{sv}}{s}h_0 \tag{5-185}$$

式中 V——扣除承台和其上土自重，在荷载作用基本组合下计算截面处的剪力设计值；

A_{sv}——配置在同一截面内箍筋各肢的全部截面面积；

s——沿计算斜截面方向箍筋的间距；

f_{yv}——箍筋抗拉强度设计值；

b——承台梁计算截面处的计算宽度；

h_0——承台梁计算截面处的有效高度。

砌体墙下承台梁配有箍筋和弯起钢筋时，斜截面的受剪承载力可按下式计算：

$$V\leqslant 0.7f_tbh_0+1.25f_{yv}\frac{A_{sv}}{s}h_0+0.8f_yA_{sb}\sin\alpha_s \tag{5-186}$$

式中 A_{sb}——同一截面弯起钢筋的截面面积；

f_y——弯起钢筋的抗拉强度设计值；

α_s——斜截面上弯起钢筋与承台底面的夹角。

5）柱下条形承台梁斜截面受剪承载力计算。

柱下条形承台梁，当配有箍筋但未配弯起钢筋时，其斜截面的受剪承载力可按下式计算：

$$V\leqslant\frac{1.75}{1+\lambda}f_tbh_0+f_y\frac{A_{sv}}{s}h_0 \tag{5-187}$$

式中 λ——计算截面的剪跨比，$\lambda=a/h_0$，a 为柱边至桩边的水平距离；当 $\lambda<1.5$ 时，取 $\lambda=1.5$；当 $\lambda>3$ 时，取 $\lambda=3$。

梁板式筏形承台的梁的受剪承载力可按现行国家标准《混凝土结构设计规范》（GB 50010—2010）计算。

复习思考题

1. 高层建筑桩基础的特点、基本形式及应用范围如何？
2. 如何确定单桩极限承载力特征值？

3. 单桩和群桩的工作性状有何差异?
4. 如何确定群桩承载力?
5. 群桩沉降计算有哪些方法?各方法的基本假定是什么?有何特点?
6. 如何计算单桩水平承载力和变位?其基本思想是什么?
7. 如何计算群桩水平承载力?其基本思想是什么?

第6章 沉 井 工 程

6.1 概　　述

6.1.1 沉井的基本概念

沉井基础是一种历史悠久的基础型式之一，适用于地基表层较差而深部较好的地层，既可以用在陆地上，也可以用在较深的水中。最早有详细记载的沉井为约5m高的木沉井(1738)，但受当时施工技术的限制，沉井无法深入土层足够的深度以抵抗冲刷，因此在很长一段时间没有得到应用，取而代之的是气压沉箱基础。直至20世纪初，沉井技术才得以较大规模地运用，尤其是在深水基础中，如美国奥克兰海湾桥（1936年），水深32m，覆盖层厚54.7m，采用浮式沉井，定位吸泥下沉，基础深度达到了73.28m。

所谓沉井基础，就是用一个事先筑好的以后能充当桥梁墩台或结构物基础的井筒状结构物，一边井内挖土，一边靠它的自重克服井壁摩阻力后不断下沉到设计标高，经过混凝土封底并填塞井孔，浇筑沉井顶盖，沉井基础便告完成。然后即可在其上修建墩身，沉井基础的施工步骤如6-1所示。

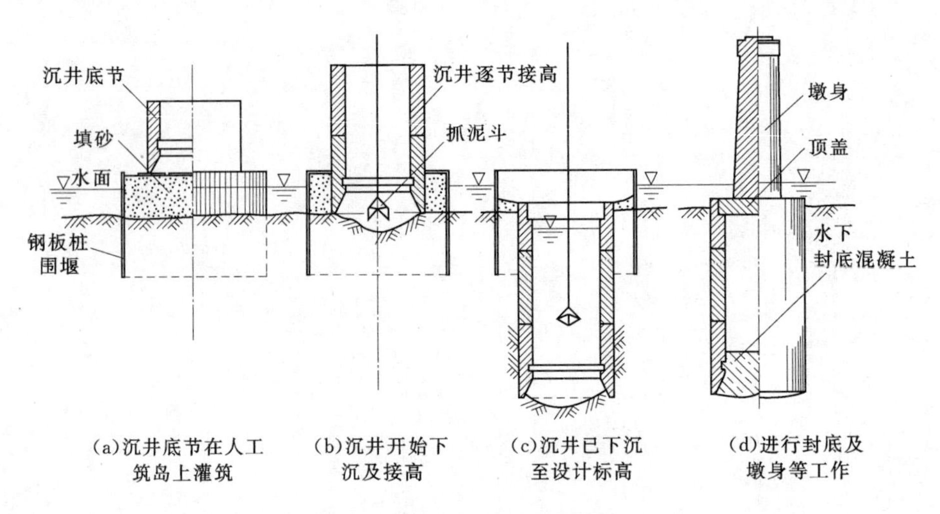

图6-1 沉井基础施工步骤图

沉井是在桥梁工程上较常采用的一种基础型式。我国南京长江大桥正桥1号墩基础就是采用普通钢筋混凝土沉井基础。它是从长江北岸算起的第一个桥墩。那里水很浅，但地质钻探结果表明在地面以下100m以内尚未发现岩面，地面以下50m处有较厚的砾石层，所以采用了面积为20.2m×24.9m的长方形多井式沉井。沉井在土层中下沉了53.5m，在当时来说，是一项非常艰巨的工程（图6-2）。而1999年建成通车的江阴长江大桥的北桥塔侧的锚锭，即为一个空气幕沉井基础（图6-3），平面尺寸为69m×51m，高58m，是当时世界上最大的沉井基础。

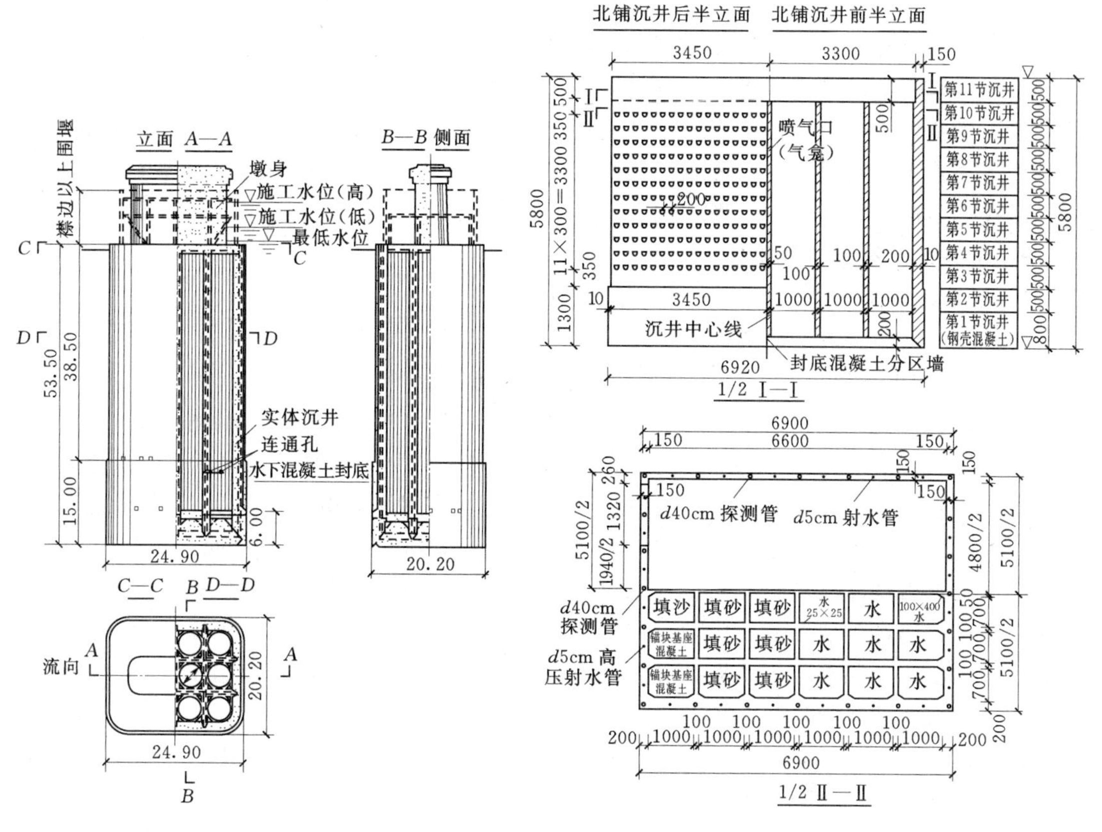

图6-2　南京长江大桥正桥1号桥墩的混凝土沉井基础（单位：m）

图6-3　江阴长江大桥北锚空气幕沉井基础结构图（单位：cm）

沉井基础的特点是其入土深度可以很大，且刚度大、整体性强、稳定性好，有较大的承载面积，能承受较大的垂直力、水平力及挠曲力矩；沉井既是基础，又是施工时的挡土和挡水围堰结构物，施工工艺也不复杂。缺点是施工周期较长；如遇到饱和粉细砂层时，排水开挖会出现翻砂现象，往往会造成沉井歪斜；下沉过程中，如遇到孤石、树干、溶洞及坚硬的障碍物及井底岩层表面倾斜过大时，施工有一定的困难，需做特殊处理。

遵循经济上合理、施工上可行的原则，通常在下列情况下，可优先考虑采用沉井基础。

（1）在修建负荷较大的建筑物时，其基础要坐落在坚固、有足够承载能力的土层上，而表面地基土的允许承载力不足，但在距地表面一定深度（地表下8～30m）有好的持力层，做扩大基础开挖工作量大，以及支撑困难，与其他深基础相比较，经济上较为合理时。

（2）在山区河流中，浅层地基土虽然较好，但冲刷大，或河中有较大卵石不便桩基础施工时。

（3）倾斜不大的岩面，在掌握岩面高差变化的情况下，可通过高低刃脚与岩面倾斜相适应或岩面平坦且覆盖薄，但河水较深采用扩大基础施工围堰有困难时。

（4）在水深、浪高、潮急的跨海桥梁工程中作为预制安装的设置基础。

沉井基础有着广泛的工程应用范围，不仅大量用于铁路、公路及城市桥梁中的基础工程；市政工程中给、排水泵房，地下电厂，矿用竖井，地下贮水、贮油设施；而且建筑工程中也用于基础或开挖防护工程，尤其适用于软土中地下建筑物的基础。目前，配合大型起吊、运输施工机具设备，以及海底钻孔及清底整平工艺，预制安装沉井作为主要的深水基础形式已多次运用于跨海工程实例中。

6.1.2　沉井的类型及一般构造

1. 沉井的分类

（1）按沉井施工方法分类。

1）就地制作下沉沉井。即底节沉井一般是在河床或滩地筑岛在墩（台）位置上直接建造的，在其强度达到设计要求后，抽除刃脚垫木，对称、均匀地挖去井内土下沉。

2）浮运沉井。多为钢壳井壁，亦有空腔钢丝网水泥薄壁沉井。在深水条件下修建沉井基础时，筑岛有困难或不经济，或有碍通航，可以采用浮运沉井下沉就位的方法施工。即在岸边先用钢料做成可以漂浮在水上的底节，拖运到桥位后在它的上面逐节接高钢壁，并灌水下沉，直到沉井稳定地落在河床上为止。然后在井内一边用各种机械的方法排除底部的土壤，一边在钢壁的隔舱中填充混凝土，使沉井刃脚沉至设计标高。最后灌筑水下封底混凝土，抽水，用混凝土填充井腔，在沉井顶面灌筑承台及将墩身筑出水面。

（2）按沉井的外观形状分类。

1）按沉井的横截面形状可分为：圆形、圆端形和矩形等。根据井孔的布置方式，又有单孔、双孔及多孔之分，见图6-4。

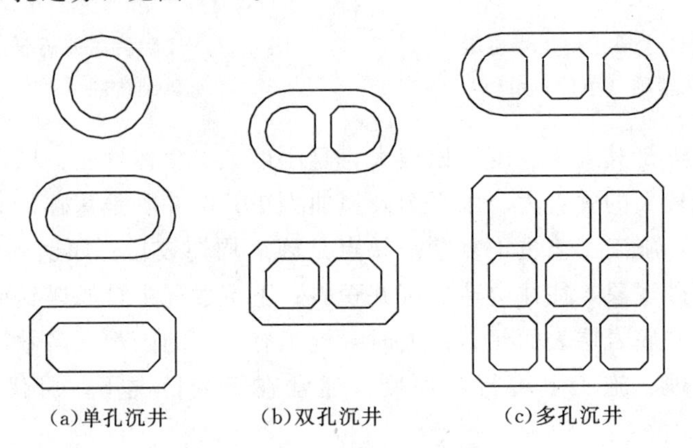

图6-4　沉井平面形式

a. 圆形沉井：在下沉过程中垂直度和中线较易控制，较其他形状沉井更能保证刃脚均匀作用在支承的土层上。在土压力作用下，井壁只受轴向压力，便于机械取土作业，但它只适用于圆形或接近正方形截面的墩（台）。

b. 矩形沉井：具有制造简单、基础受力有利、较能节省圬工数量的优点，并符合大多数墩（台）的平面形状，能更好地利用地基承载力，但四角处有较集中的应力存在，且四角处土体不易被挖除，井角不能均匀的接触承载土层，因此四角一般应做成圆角或钝角。矩形沉井在侧压力作用下，井壁受较大的挠曲力矩，长宽比愈大其挠曲应力亦愈大，通常要在沉井内设隔墙支撑，以增加刚度，改善受力条件；另在流水中阻水系数较大，导致过大的冲刷。

c. 圆端形沉井：控制下沉、受力条件、阻水冲刷均较矩形者有利，但沉井制造较复杂。对平面尺寸较大的沉井，可在沉井中设隔墙，使沉井由单孔变成双孔。双孔或多孔沉井受力有利，亦便在井孔内均衡挖土使沉井均匀下沉以及下沉过程中纠偏。

d. 其他异型沉井：如椭圆形、菱形等，应根据生产工艺和施工条件而定。

2）按其竖向剖面形状可分为：a. 柱形；b. 锥形；c. 阶梯形，见图6-5。

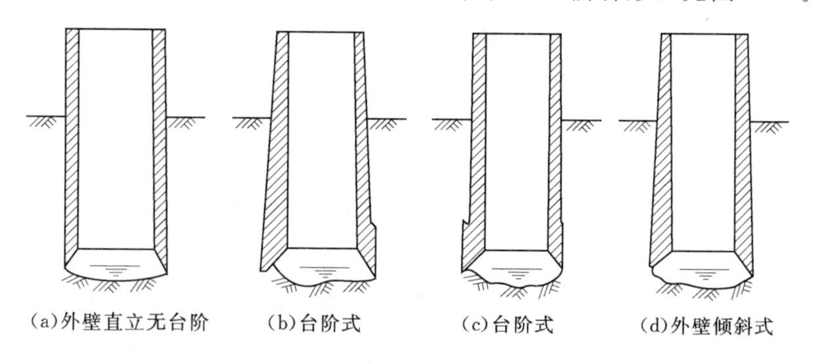

图6-5 沉井竖直剖面形式

柱形的沉井在下沉过程中不易倾斜，井壁接长较简单，模板可重复使用。因此当土质较松软，沉井下沉深度不大时，可以采用这种形式。而锥形及阶梯形井壁可以减小土与井壁的摩阻力，其缺点是施工及模板制造较复杂，耗材多，同是沉井在下沉过程中容易发生倾斜。因此在土质较密实，沉井下沉深度大，要求在不太增加沉井本身重量的情况下沉至设计标高，可采用此类沉井。椎形的沉井井壁坡度一般为1/20～1/50，阶梯型井壁的台阶宽度约为100～200cm。

（3）按沉井的建筑材料分类。

1）混凝土沉井。这种沉井多做成圆形，当井壁足够厚时，也可做成圆端形和矩形，适用于下沉深度不大（4～7m）的松软土层中。

2）钢筋混凝土沉井。这种沉井不仅抗压强度高，抗拉能力也够好，下沉深度可以很大（达数十米以上）。当下沉深度不很大时，井壁上部可用混凝土、下部（刃脚）用钢筋混凝土制造的沉井，在桥梁工程中得到较广泛的应用。当沉井平面尺寸较大时，可做成薄壁结构，沉井外壁采用泥浆润滑套、壁后压气等施工辅助措施就地下沉或浮运下沉。此外，这种沉井井壁、隔墙可分段预制，工地拼接，做成装配式。

3）竹筋混凝土沉井。沉井在下沉过程中受力较大因而需配置钢筋，一旦完工后，它就不承受多大的拉力，因此，在南方产竹地区，可以采用耐久性差但抗拉力好的竹筋代替部分钢筋，我国南昌赣江大桥曾用这种沉井。在沉井分节接头处及刃脚内仍用钢筋。

4）钢沉井。用钢材制造沉井井壁外壳，井壁内挖土，填充混凝土。此种沉井强度高，刚度大，重量较轻，易于拼装，常用于做浮运沉井，修建深水基础，但用钢量较大，成本较高。

2. 沉井基础的一般构造与要求

（1）沉井材料要求。

沉井材料可用混凝土、钢筋混凝土（配筋率不应小于 0.15）和钢材等。

沉井填料可采用混凝土、片石混凝土或浆砌片石；在无冰冻地区亦可采用粗砂和砂砾填料。

沉井各部分混凝土强度等级：井身不应低于 C20，刃脚不应低于 C25；当为薄壁浮运沉井时，井壁和隔板不应低于 C25，腹腔内填料不应低于 C15。

封底混凝土强度等级：对岩石地基不应低于 C20；非岩石地基不应低于 C25。

（2）沉井的一般构造。

沉井基础的形式虽有所不同，但在构造上主要有由外井壁、刃脚、隔板、井孔、凹槽、射水管、封底及盖板等组成，一般构造如图 6-6 所示。

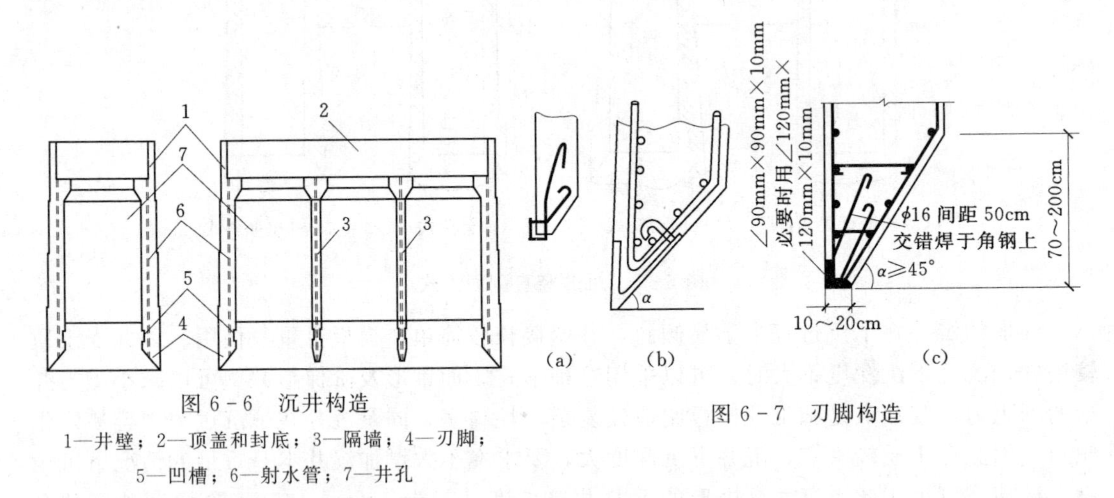

图 6-6　沉井构造

1—井壁；2—顶盖和封底；3—隔墙；4—刃脚；5—凹槽；6—射水管；7—井孔

图 6-7　刃脚构造

1）外井壁。井壁是沉井的主体部分，在沉井下沉过程中起挡土、挡水及利用本身重量克服土与井壁之间的摩阻力的作用。当沉井施工完毕后，它就成为基础或基础的一部分而将上部荷载传到地基。因此，井壁必须具有足够的强度和一定的厚度。根据井壁在施工中的受力情况，可以在井壁内配置竖向及水平向钢筋，以增加井壁强度。井壁厚度应根据结构强度、施工下沉需要的重力、便于取土和清基等因素而定，可采用 0.8～1.5m；但钢筋混凝土薄壁浮运沉井及钢模薄壁浮运沉井的壁厚可不受此限制；另为减少沉井下井时的摩阻力，沉井壁外侧也可做成斜面（斜面坡度为竖/横：20/1～50/1）。为了方便沉井接高，多数沉井都做成阶梯形，台阶设在每节沉井的接缝处，错台的宽度约为 5～20cm，井壁厚度多为 0.8～1.5m。

2）刃脚。井壁下端形如楔状的部分称为刃脚。其作用是在沉井自重作用下易于切土下沉。刃脚是根据所穿过土层的密实程度和单位长度上土作用反力的大小，以切入土中而不受损坏来选择，可采用尖刃脚或带踏板刃脚。刃脚踏面宽度一般采用 10～20cm，如为软土地基可适当放宽。刃脚的斜面与水平面交角不宜小于 45°；刃脚的高度为 0.7～2.0m，视其井壁厚度而定。沉井下沉深度较深，需要穿过坚硬土层或到岩层时，可用型钢制成的钢刃尖刃脚，如图 6-图 6-7（b）所示，或底节外壳采用钢结构；沉井通过紧密土层时可采用钢筋加固并包以角钢的刃脚，如图 6-7（c）所示；地质构造清楚，下沉过程中不会遇到障碍时可采用普通刃脚如图 6-7（a）所示；当沉井需要下沉至稍有倾斜的岩面上时，在掌握岩层高低差变化的情况下，可将刃脚做成与岩面倾斜相适应的高低刃脚。

3）隔墙。沉井隔墙系大尺寸沉井的分隔墙，是沉井外壁的支撑．其厚度多为0.8～1.2m，底面要高出刃脚50cm以上，避免妨碍沉井下沉。

4）井孔。井孔是挖土排土的工作场所和通道。其大小视取土方法而定，宽度（直径）最小不小于2.5m。平面布局是以中心线为对称轴，便于对称挖土使沉井均匀下沉。

5）射水管。射水管同空气幕一样是用来助沉的，多设在井壁内或外侧处，并应均匀布置。在下沉深度较大、沉井重力小于土的摩阻力时，或所穿过的土层较坚硬时采用。射水压力视土质而定，一般水压不小于600kPa。射水管口径为10～12mm，每管的排水量不小于0.2m^3/min。

6）顶盖板。顶盖板是传递沉井襟边以上荷载的构件。粗砂、砂砾填芯沉井和空心沉井的顶面均须设置钢筋混凝土盖板，盖板厚度通过计算确定。

7）凹槽。凹槽是为增加封底混凝土和沉井壁更好地联结而设立的。如井孔为全部填实的实心沉井也可不设凹槽。凹槽深度约为0.15～0.25m，高约为1.0m。

8）封底。沉井下沉至设计标高后，一般可采用导管法水下灌筑混凝土，对排水下沉的沉井，在抽干水后，采用封底的办法。封底需承受地基土和水的反力，其混凝土厚度依据承受压力的设计要求由计算确定，但其顶面应高出刃脚根部（即刃脚斜面的顶点处）不小于0.5m，并浇灌到凹槽上端。封底混凝土必须与基底及井壁都有紧密的结合。

（3）浮运沉井的构造。

浮运沉井有不带气筒的浮运沉井和带气筒的浮运沉井两种。

1）不带气筒的浮运沉井。这种沉井适应于水不太深、流速不大、河床较平、冲刷较小的自然条件。一般在岸边制造，通过滑道拖拉下水，浮运至墩位，再接高下沉河床。这种沉井可用钢、木、钢筋混凝土、钢丝网及水泥等材料制造。图6－8为钢丝网水泥薄壁浮式沉井。

另一种形式是带临时底板的浮运沉井。底板一般是在底节的井孔下端刃脚处设置的不透水质板及其支撑，能承受水压并便于拆除。带底板的浮运沉井就位后，即可接高井壁使其逐渐下沉，沉到河床后向井孔充水到与外面水面齐平，即可拆除临时底板。

2）带气筒的浮运沉井。带气筒的浮运沉井（图6－9）适用于水深流急的沉井。它主要有双壁（图6－10）的沉井底节、单壁钢壳，钢壳沿高度可分为几节，在接高时拼焊，单壁钢壳既是防水结构，又是接高时灌注沉井外圈混凝土的模板。钢气筒是沉井内部的防水结构，它依靠压缩空气排开气筒内的水，提供浮力。当沉井下沉偏位较大时，通过气筒气量以调节使沉井上浮、下沉及控制沉井水平，纠正倾斜。另外，可重新打气，使沉井浮起，重新定位下沉。

（4）组合式沉井。

当采用低桩承台而围水挖基浇筑承台有困难时，或当沉井刃脚遇到倾斜较大的岩层或在沉井范围内地基土软硬不均而水深较大时，可采用上面是沉井下面是桩基的混合式基础，或称组合式沉井。施工时按设计尺寸做成沉井下沉到预定高程后，浇筑封底混凝土和承台，在井内其上预留孔位钻孔灌注桩。这种组合式沉井既有围水挡土作用，又作为钻孔

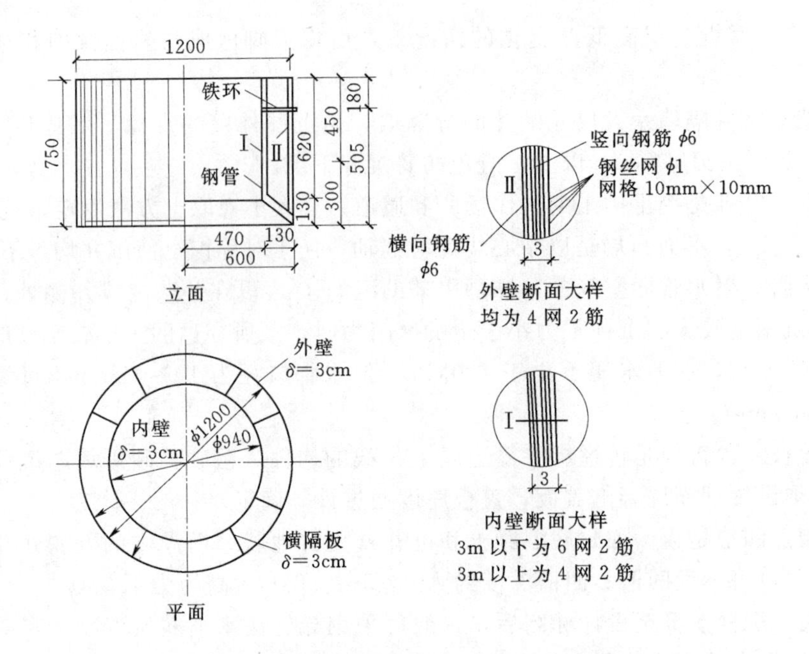

图 6-8　钢丝网水泥薄壁浮式沉井

（图中除钢筋直径尺寸单位以 mm 计外，其他均以 cm 计）

桩的护筒，还作为桩基的承台。

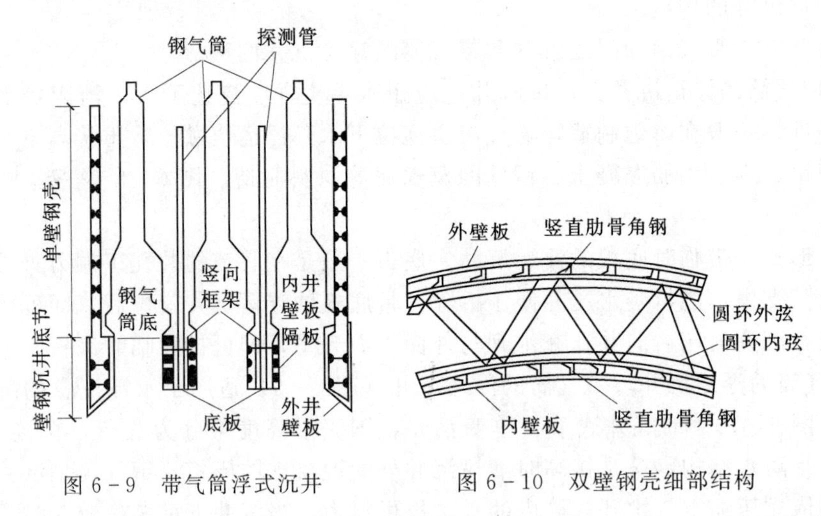

图 6-9　带气筒浮式沉井　　　图 6-10　双壁钢壳细部结构

6.2 沉井的设计与计算

沉井的设计与计算包括沉井尺寸拟定及验算；沉井在施工完毕后，由于它本身就是结构物的基础，应按整体基础进行各项计算；而在施工过程中，沉井又是挡土、挡水的结构物，因而还要对沉井本身按施工要求进行结构计算分析。

一般沉井设计计算时，应掌握的主要资料如下。

（1）设计水位和施工水位以及冲刷线标高等水文资料。

（2）河床标高和地质情况，土的重度、内摩擦角、承载力和对井壁的摩阻力，沉井通过土层中的障碍物等地质情况。

（3）上部结构和墩台的构造布置，沉井一般基础的设计荷载等。

（4）拟采用的施工方法，如排水或不排水下沉，筑岛或防水围堰的标高等。

沉井的设计首先应根据水文、地质资料及墩台或上部结构尺寸、作用，结合沉井的构造要求和施工方法，拟定出沉井的平面尺寸、高度、分节、井孔布置、刃脚形式和尺寸、封底、盖板的厚度等，然后进行沉井基础的计算与分析。

6.2.1 沉井各部分尺寸的选定

1. 沉井高度

沉井顶面和底面两个标高之差即为沉井的高度。沉井高度应根据上部结构型式和跨度大小、水文地质条件、施工方法及各土层的承载力等，定出墩底标高和沉井基础底面的埋置深度后确定。较高的沉井应分节制作和下沉。每节高度不宜大于5m，对底节沉井若是在松软土层中下沉，还不应大于沉井高度的0.8倍。因底节沉井高度过高，沉井过重，会给制模、筑岛时岛面处理、抽除垫木下沉等带来困难。

2. 确定沉井平面形状及尺寸

沉井平面形状及尺寸应当根据其上部建筑物或墩台底部的平面形状与尺寸、地基土的承载力及施工要求确定。对矩形或圆端形墩，可采用相应形状的沉井。采用矩形沉井时，为保证下沉的稳定性，沉井的长边与短边之比不宜大于3。当墩的长宽较为接近时，可采用方形或圆形沉井。沉井顶面尺寸一般为墩（台）身底部尺寸加襟边宽度。襟边宽度应根据沉井施工允许偏差而定，不应小于0.2m，也不应小于沉井全高的1/50，浮运沉井另加0.2m。如沉井顶面需设置围堰，其襟边宽度应满足安装墩台身模板的需要。墩（台）身边缘应尽可能支承于井壁上或盖板支承面上，对井孔内不以混凝土填实的空心沉井不允许墩（台）身边缘全部置于井孔位置上。

井孔的布置和大小应满足取土机具操作的需要，对顶部设置围堰的沉井，宜结合井顶围堰统一考虑，一般不宜小于2.5m。

3. 沉井尺寸示例

沉井尺寸示例见图6-11。

6.2.2 一般沉井基础的设计与计算

根据所拟定的沉井基础的尺寸及其他技术数据，按各种最不利作用效应组合，分别验算基底应力、横向抗力、墩台顶面水平位移、稳定等。

在计算基底应力中，对基底设于岩面上的沉井，水下清基时应考虑刃脚下不可能完全清干净的宽度。对一般岩面有风化层，刃脚能部分嵌入岩层时，基底面积应扣除沉井底面周围0.2～0.5m宽度的清基不可能完全清干净的面积。如果岩面坚硬无风化层，高差起伏较大，而覆盖层为砂类土时，刃脚清理就更困难，不可能完全清干净的宽度应结合施工措施另行考虑。

沉井基础根据其埋置深度不同有两种计算方法。当沉井埋置深度在最大冲刷线以下较浅仅数米时，可不考虑基础侧面土的横向抗力影响，同浅基础设计、计算与验算的规定，

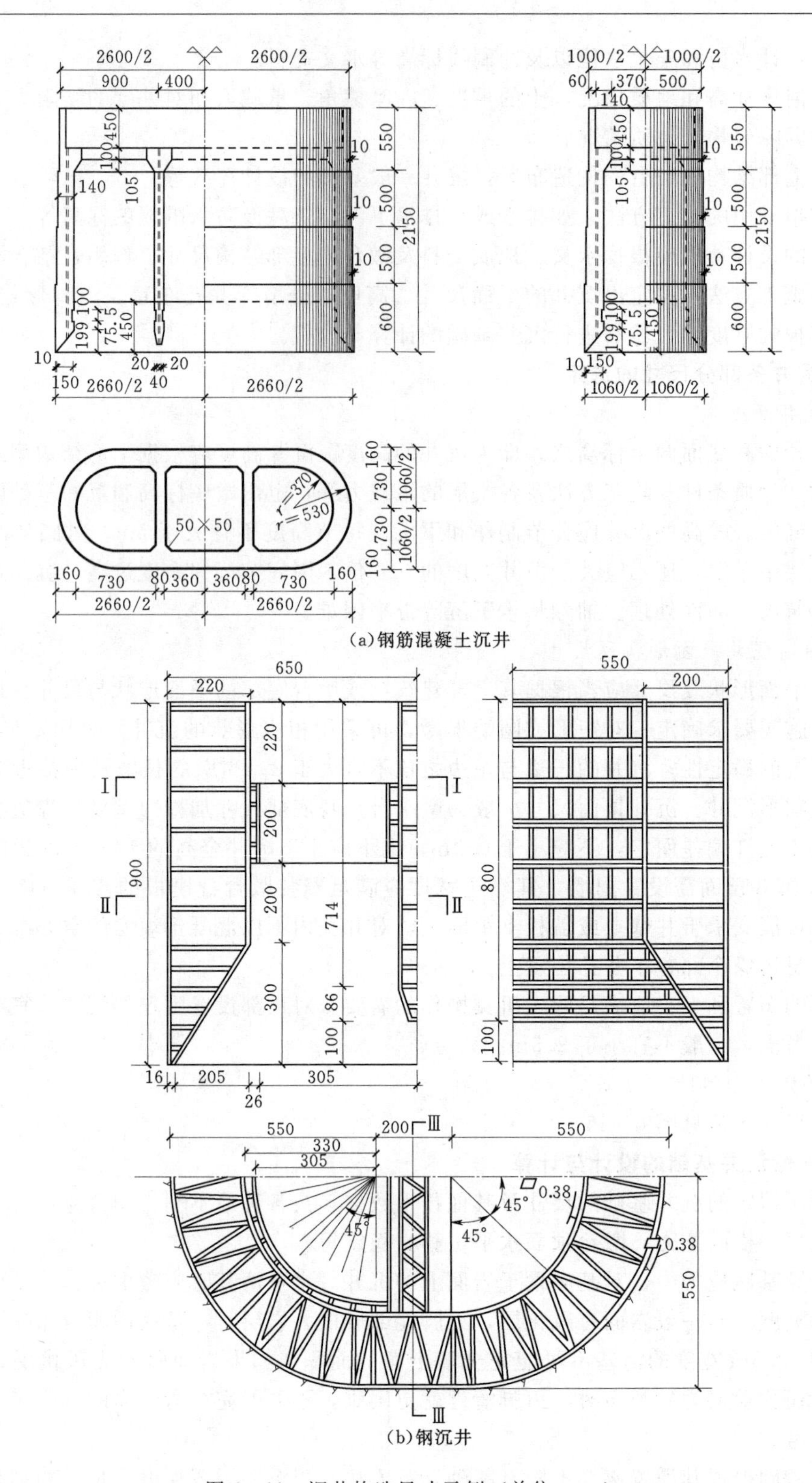

图 6-11　沉井构造尺寸示例（单位：cm）

验算地基的强度、稳定性和沉降量，使其符合各项要求；当沉井基础埋置深度较大且计算深度 $\alpha h\leqslant 2.5$ 时，不可忽略沉井周围土体对沉井的约束作用，因此在验算地基应力、变形及沉井的稳定性时，需要考虑基础侧面土体弹性抗力的影响。本章主要介绍后者。其计算的基本假定是。

1）地基土作为弹性变形介质，地基系数随深度成正比例增加，即 $C=mz$。

2）不考虑基础与土之间的黏着力和摩阻力。

3）沉井基础的刚度与土的刚度之比可认为是无限大。

符合上述假定时，可将沉井视为刚性桩来计算内力和土抗力，即相当于弹性地基梁的"m"法中 $\alpha l\leqslant 2.5$ 的情况。以下主要讨论这种计算方法。

（1）非岩石地基上沉井基础的计算方法。

沉井基础受到水平力 H 及偏心竖向力 N 作用时［图 6－12（a）］，为简化计算，可把这些外力简化为只受中心荷载和水平力的作用，其简化后的水平力 H 作用的高度 λ［图 6－12（b）］为

$$\lambda=\frac{Ne+Hl}{H}=\frac{\sum M}{H} \tag{6-1}$$

先讨论沉井在水平力 H 作用下的情况。由于水平力的作用，沉井将围绕位于地面下 z_0 深度处截面转动一 ω 角（图 6－12），在地面或最大冲刷线以下深度 z 处的水平位移 Δx 和基础侧面水平压力 p_Z 分别为

$$\Delta x=(z_0-z)\tan\omega \tag{6-2}$$

$$p_z=\Delta x C_z=C_z(z_0-z)\tan\omega \tag{6-3}$$

上二式中　z_0——转动中心离地面的距离；

C_z——深度 z 处水平向的地基系数，$C_z=mz$（kN/m^3），m 为地基比例系数，kN/m^4。

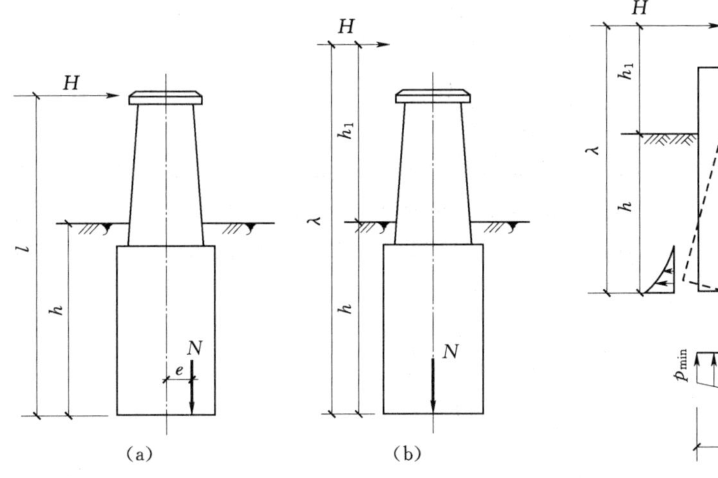

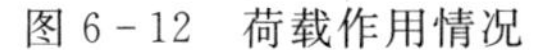
图 6－12　荷载作用情况

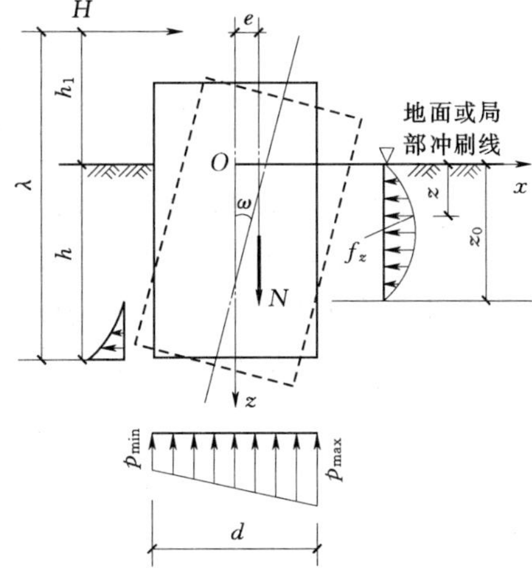

图 6－13　水平及竖直荷载作用下的应力分布

将 C_z 代入式（6－3）得

$$p_z=mz(z_0-z)\tan\omega \tag{6-4}$$

从式（6-4）可见，土的横向抗力沿深度呈二次抛物线变化。

基础底面处的压应力，考虑到该水平面上的竖向地基系数 C_0 不变，其压应力图形与基础竖向位移图相似，由图 6-13 知

$$p_{\frac{d}{2}}=C_0\delta_1=C_0\frac{d}{2}\tan\omega \tag{6-5}$$

式中 C_0——竖向地基系数；$C_0=m_0h$，且不得小于 $10m_0$；

m_0——沉井底面地基上竖向抗力系数的比例系数，kN/m^4 或 MN/m^4，近似取 $m_0=m$；

d——基底宽度或直径。

在上述三式中，有两个未知数 z_0 和 ω，要求得其值，需建立两个平衡方程，即：

由 $\sum x=0$ 可得：

$$H=\int_0^h p_z b_1\mathrm{d}z=H-b_1 m\tan\omega\int_0^h z(z_0-z)\mathrm{d}z=0 \tag{6-6}$$

由 $\sum M=0$ 可得：

$$Hh_1-\int_0^h p_z b_1 z\mathrm{d}z-p_{\frac{d}{2}}W_0=0 \tag{6-7}$$

式中 b_1——基础计算宽度，计算方法同"m"法桩基计算中的桩的计算宽度；

W_0——基础底面的边缘弹性抵抗矩。

联立求解式（6-6）、式（6-7）可得：

$$Z_0=\frac{\beta b_1 h^2(4\lambda-h)+6dW_0}{2\beta b_1 h(3\lambda-h)} \tag{6-8}$$

$$\omega\approx\tan\omega=\frac{12\beta H(2h+3h_1)}{mh(\beta b_1 h^3+18W_0 d)}=\frac{6H}{Amh} \tag{6-9}$$

其中

$$\beta=\frac{C_h}{C_0}=\frac{mh}{C_0}$$

$$A=\frac{\beta b_1 h^3+18W_0 d}{2\beta(3\lambda-h)}$$

这里，β 为深度 h 处基础侧面的地基系数与基础底面的地基系数之比，当基础底面置于非岩石类土上时，m、m_0 按《公路桥涵地基与基础设计规范》（JTG D63—2007）查取；当置于岩石上时，C_0 按《公路桥涵地基与基础设计规范》（JTG D63—2007）查取。

将式（6-8）、式（6-9）代入式（6-4）及式（6-5）得

$$p_z=\frac{6H}{Ah}z(z-z_0) \tag{6-10}$$

$$p_{\frac{d}{2}}=\frac{3dH}{A\beta} \tag{6-11}$$

当有竖向荷载 N 及水平力 H 同时作用时（图 6-13），则基底边缘处的压应力为：

$$p_{\min}^{\max}=\frac{N}{A_0}\pm\frac{3Hd}{A\beta} \tag{6-12}$$

式中 A_0——基础底面积。

离地面或最大冲刷线以下 z 深度处基础截面上的弯矩（图 6－12）为：

$$M_z = H(\lambda - h + z) - \int_0^Z p_z b_1 (z - z_1) \mathrm{d}z_1 = H(\lambda - h + Z) - \frac{Hb_1 z^3}{2hA}(2z_0 - z) \tag{6-13}$$

（2）支承在岩石上沉井基础的计算方法。

支承在岩石上沉井基础，在水平力和竖向偏心荷载作用下，可认为基底不产生水平位移，且基础的旋转中心 A 与基底中心相吻合。即 $z_0=h$ 为已知值（图 6－14）。同时在基底嵌固处便存在一水平力 H_1，由于 H_1 力对基底中心轴的力臂小，一般可忽略不计。当基础在水平力 H 作用时，地面下 z 深度处产生的水平位移 Δx 和水平抗力 p_z 分别为：

$$\Delta x=(h-z)\tan\omega \tag{6-14}$$

$$p_z=mz\Delta x=mz(h-z)\tan\omega \tag{6-15}$$

基底边缘的竖向应力为：

$$p_{\frac{d}{2}}=C_0\ \frac{d}{2}\tan\omega=\frac{mhd}{2\beta}\tan\omega \tag{6-16}$$

式中 C_0——岩石的地基系数。

由 A 点的弯矩平衡方程得：

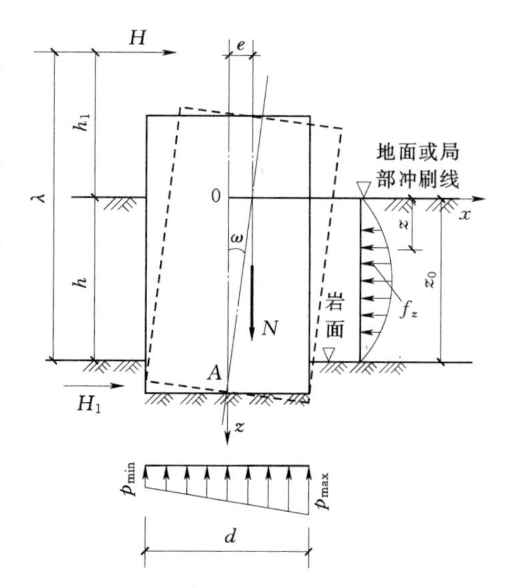

图 6－14 水平及竖直荷载作用下的应力分布

$$\omega\approx\tan\omega=\frac{H}{mhD_0} \tag{6-17}$$

其中

$$D_0=\frac{b_1\beta h^2+6W_0 d}{12\lambda\beta} \tag{6-18}$$

将式（6－17）代入式（6－15）可得：

横向抗力：

$$p_z=(h-z)z\frac{H}{D_0 h} \tag{6-19}$$

基底边缘处的应力：

$$p_{\min}^{\max}=\frac{N}{A_0}\pm\frac{dH}{2\beta D_0} \tag{6-20}$$

基础嵌固处水平力 H_1 为：

$$H_1 = \int_0^h b_1 p_z dz - H = H\left(\frac{b_1 h^2}{6D_0} - 1\right) \tag{6-21}$$

地面以下 z 深度处基础截面上的弯矩为：

$$M=H(\lambda-h+z)-\frac{b_1 Hz^3}{12D_0 h}(2h-z) \tag{6-22}$$

上述各式中符号的意义除注明者外，余均与前同。

（3）墩台顶面的水平位移。

基础在水平力和力矩作用下，墩台顶面会产生水平位移 Δ，它由地面处的水平位移 $z_0\tan\omega$、地面或局部冲刷线到墩台顶范围 l_0 内的水平位移 $l_0\tan\omega$、在 l_0 范围内墩台身弹性挠曲变形引起的墩台顶水平位移 δ_0 三部分组成，即：

$$\Delta=(z_0+l_0)\tan\omega+\delta_0 \tag{6-23}$$

考虑到转角一般均很小，可令 $\tan\omega\approx\omega$。另一方面，由于基础的实际刚度并非无穷大，而刚度对墩台顶的水平位移是有影响的。因此需要考虑实际刚度对 $z_0\omega$ 及 $l_0\omega$ 的影响，用系数 k_1 及 k_2 表示。k_1、k_2 是 αh、$\frac{\lambda}{h}$ 的函数，其值可按表 6-1 查用。因此，式（6-23）可写成：

$$\Delta=(k_1 z_0+k_2 l_0)\tan\omega+\delta_0 \tag{6-24}$$

或对支承在岩石地基上的墩台顶面水平位移为：

$$\Delta=(k_1 h+k_2 l_0)\tan\omega+\delta_0 \tag{6-25}$$

表 6-1　　系数 k_1、k_2 值

系数	αh	λ/h				
		1	2	3	5	∞
k_1	1.6	1.0	1.0	1.0	1.0	1.0
k_2		1.0	1.1	1.1	1.1	1.1
k_1	1.8	1.0	1.1	1.1	1.1	1.1
k_2		1.1	1.2	1.2	1.2	1.3
k_1	2.0	1.1	1.1	1.1	1.1	1.2
k_2		1.2	1.3	1.4	1.4	1.4
k_1	2.2	1.1	1.2	1.2	1.2	1.4
k_2		1.2	1.5	1.6	1.6	1.7
k_1	2.4	1.1	1.2	1.3	1.3	1.3
k_2		1.3	1.8	1.9	1.9	2.0
k_1	2.6	1.2	1.3	1.4	1.4	1.4
k_2		1.4	1.9	2.1	2.2	2.3

注　1. 当 $\alpha h<1.6$ 时，$k_1=k_2=1.0$，$\alpha=\sqrt[5]{\frac{mb_1}{EI}}$。

2. 当仅有偏心竖向力作用时，$\lambda/h\to\infty$。

（4）验算。

1）基底应力。计算所得的最大压应力不应超过沉井底面处土的允许压应力 $[f_a]$，即正常使用极限状态的短期效应组合：

$$p_{\max}\leqslant\gamma_R[f_a] \tag{6-26}$$

地震效应与永久作用效应组合：

$$p_{\max}\leqslant[f_{aE}]=K[f_a] \tag{6-27}$$

上二式中　$[f_a]$——深度修正后的地基承载力允许值，按《公路桥涵地基与基础设计规范》(JTG D63—2007) 采用；

$[f_{aE}]$——调整后的地基抗震承载力允许值；

γ_R——抗力系数，应按现行《公路桥涵地基与基础设计规范》(JTG D63—2007) 第 3.3.6 条取用；

K——地基抗震允许承载力调整系数，按《公路桥梁抗震设计细则》(JTG/T B02—01—2008) 第 4.2.3 条取用。

2）侧面水平压应力。

计算所得的 p_z 值应小于沉井周围土的极限抗力值，否则不能考虑基础侧向土的弹性抗力，其计算方法如下。

当基础在外力作用下产生位移时，在深度 z 处基础一侧产生主动土压力强度 p_a，而被挤压一侧土就受到被动土压力强度 p_p，所以其极限压强抗力以土压力表达为：

$$p_z \leqslant p_p - p_a \tag{6-28}$$

由朗肯土压力理论可知：

$$p_p = \gamma z \tan^2\left(45° + \frac{\varphi}{2}\right) + 2c\tan\left(45° + \frac{\varphi}{2}\right) \tag{6-29}$$

$$p_a = \gamma z \tan^2\left(45° - \frac{\varphi}{2}\right) - 2c\tan\left(45° - \frac{\varphi}{2}\right) \tag{6-30}$$

将式（6-29）和式（6-30）代入式（6-28）整理后得：

$$p_z \leqslant \frac{4}{\cos\phi}(\gamma z \tan\phi + c) \tag{6-31}$$

式中 γ——土的重度；

φ 和 c——土的内摩擦角和凝聚力。

考虑到桥梁结构性质和荷载情况，并根据试验知道出现最大的横向抗力大致在 $z=h/3$ 和 $z=h$ 处，将考虑的这些值代入式（6-31）便有下列不等式：

$$\begin{cases} p_{\frac{h}{3}} \leqslant \dfrac{4}{\cos\varphi}\left(\dfrac{\gamma}{3}h\tan\varphi + c\right)\eta_1\eta_2 \\ p_h \leqslant \dfrac{4}{\cos\varphi}(\gamma h\tan\varphi + c)\eta_1\eta_2 \end{cases} \tag{6-32}$$

式中 $p_{\frac{h}{3}}$、p_h——相应于 $z=h/3$ 和 $z=h$ 深度处的水平压力；

φ、γ、c——土的内摩擦角、重度、凝聚力；对于透水性土，γ 取浮重度，在验算深度范围有数层土时，取各层土的加权平均值；

η_1——系数，对于外超静定推力拱桥的墩台 $\eta_1=0.7$，其他结构体系的墩台 $\eta_1=1.0$；

η_2——考虑结构体重力在总荷载中所占百分比的系数，$\eta_2=1-0.8\dfrac{M_g}{M}$；

M_g——结构自重对基础底面重心产生的弯矩；

M——全部荷载对基础底面重心产生的总弯矩。

6.2.3 一般沉井施工过程中的结构强度计算

由于沉井在从底节沉井拆除垫木，至上部结构修筑完成开始使用过程中以及营运过程中，沉井均受到不同外力的作用，因此，沉井的结构强度必须满足各阶段最不利受力情况的要求。针对沉井各部分在施工过程中的最不利受力情况，首先拟出相应的计算图式，然后计算截面应力，进行必要的配筋，以保证井体结构在施工各阶段中的强度和稳定。

对沉井结构在施工过程中主要进行下列验算。

1. 沉井自重下沉验算

为保证沉井施工时能顺利下沉到达设计标高，需验算沉井自重是否满足下沉的要求，

这可用下沉系数 K 表示：

$$K=\frac{G}{T}>1 \tag{6-33}$$

式中 K——下沉系数；

G——沉井自重，不排水下沉者扣除浮力；

T——对井壁的总摩阻力：

$$T=\sum f_i h_i u_i$$

h_i、u_i——穿过第 i 层土的厚度和该段沉井的周长；

f_i——第 i 层土对井壁单位面积的摩阻力，其值应根据试验确定，如缺乏资料，可按表 6－2 的数据采用。

表 6－2　土与井壁的摩阻力

土的名称	土与井壁的摩阻力（kPa）	土的名称	土与井壁的摩阻力（kPa）
黏性土	25～50	砾石	15～20
砂性土	12～25	软土	10～12
卵石	15～30	泥浆套	3～5

注　泥浆套为灌注在井壁外侧的浊变泥浆，是一种助沉材料。

当不能满足以上要求时，可选择下列措施：①加大井壁厚度或调整取土井尺寸；②如为不排水下沉者，则下沉到一定深度后可采用排水下沉；③井顶上压重或射水助沉；④采用泥浆润滑或壁后压气法等措施。

2. 第一节（底节）沉井验算

（1）底节沉井竖向挠曲验算。

1）矩形和圆端形沉井。

a. 沉井抽除支承垫木时，最后支承于长边四个固定支点上，支点可控制在最有利的位置，使支点处截面上混凝土的拉应力与跨中截面上混凝土的拉应力相等或很接近，来验算沉井纵向混凝土的抗拉强度，如图 6－15（a）所示。当沉井两边长宽比 $L/B>1.5$ 时，两支点间距可按 $(0.6\sim0.8)L$ 计算。

b. 沉井排水下沉时，可按施工中可能的支承情况进行验算。在一般情况下，刃脚下挖土的位置完全可以控制，使刃脚下的最后四个支点的位置和沉井抽垫时最后的四个支点位置一致。

c. 沉井不排水下沉时，刃脚下土的支承情况很难控制，可按下列最不利支承情况验算沉井纵向混凝土的抗拉强度，即：

支承于短边的两端点，如图 6－15（b）所示；

支承于长边的中点，如图 6－15（c）所示。

2）圆形沉井。圆形沉井一般按支承于相互垂直的直径方向的四个支点验算，如图 6－16（a）所示。在有孤石、漂石或其他障碍物的土层中，不排水下沉时，可按支承于直径上的两个支点［图 6－16（b）］验算。

圆形沉井支承于 n 个支点上，在自重作用下的内力值，可按连续水平环梁进行计算，

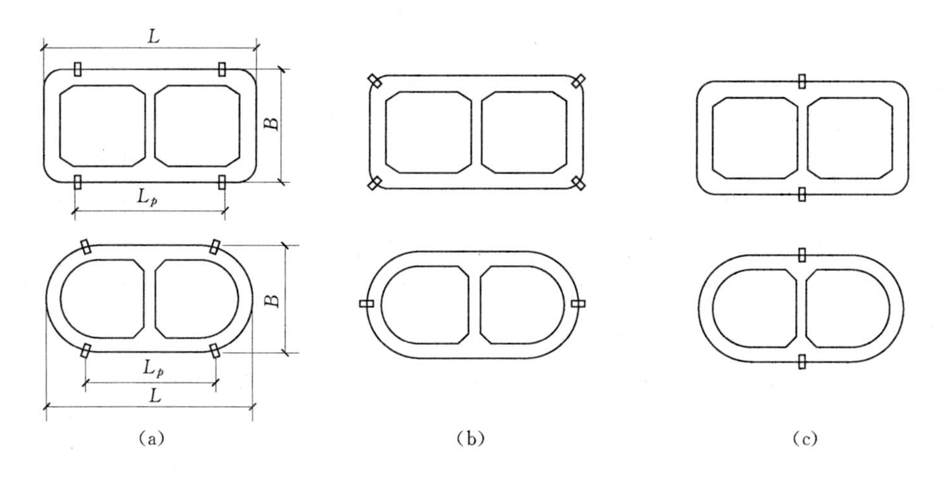

图6-15　矩形及圆端形第一节沉井支承点布置示意

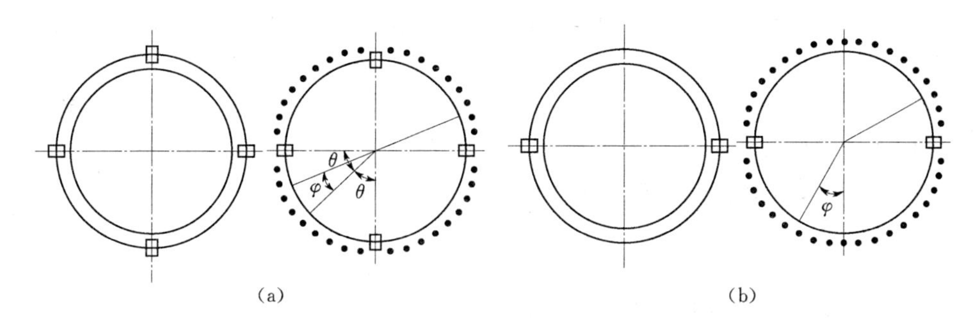

图6-16　圆形第一节沉井支承点布置示意

其计算公式为：

支点反力：
$$R=\frac{2\pi rq}{n} \tag{6-34}$$

支点处截面剪力：
$$Q=\frac{2\pi rq}{n} \tag{6-35}$$

跨中弯矩：
$$M_{中}=\left(\frac{\pi}{n}\frac{1}{\sin\theta}-1\right)qr^2 \tag{6-36}$$

任意点弯矩：
$$M=\left(\frac{\pi}{n}\frac{\cos\varphi}{\sin\theta}-1\right)qr^2 \tag{6-37}$$

支点弯矩：
$$M_{支}=\left(\frac{\pi}{n}\cot\theta-1\right)qr^2 \tag{6-38}$$

式中　q——底节沉井单位周长的自重；

n——支点数目；

r——底节沉井计算半径；

φ——任意截面与跨中截面所夹的圆心角；

θ——两支点间所夹圆心角之半。

圆形沉井支承于二或四个支点上，在自重作用下的内力计算见表6-3。

底节沉井竖向挠曲验算结果，若混凝土的拉应力超过其允许值，则应加大底节沉井高度或按需要增设水平钢筋。

表 6-3　水平圆环梁内力计算

环梁支点数	支点截面剪力	弯矩		最大扭矩	支点轴线与最大扭矩截面间的中心角
		二点间的跨中	支点上		
2	$1.571qr$	$0.5708qr^2$	$-1.0000qr^2$	$0.3306qr^2$	39°32′
4	$0.7854qr$	$0.1107qr^2$	$-0.2146qr^2$	$0.0331qr^2$	19°12′

(2) 底节沉井内隔墙计算。

底节沉井内隔墙跨度较大时，应按灌注第二节沉井混凝土内隔墙的荷载，验算底节沉井内隔墙混凝土的抗拉强度。

计算的最不利情况为：内隔墙下的土已挖空，隔墙按由井壁简支支承的梁来计算。作用的荷载除一、二节内隔墙自重外，尚应计入第二节隔墙模板等施工荷载。若底节隔墙的强度不足，为节省钢材，可在底节沉井下沉后，于隔墙下夯填粗砂，使第二节隔墙荷载直接传至粗砂层上。

3. 沉井刃脚受力计算

(1) 作用于刃脚和井壁四周的水平力。

1) 土压力 e_i：作用于井壁单位面积上的土压力。

$$e_i=\gamma_i h_i \tan^2\left(45°-\frac{\varphi}{2}\right) \tag{6-39}$$

式中　h_i——计算位置至地面的距离；

γ_i——h_i 高度范围内土的平均重度，水位以下采用浮重度；

φ——土的内摩擦角。

2) 水压力 ω_i：作用于井壁单位面积上的水压力按 $\omega_i=\gamma_w h_{wi}$ 计算，其中 γ_w 为水的重度，h_{wi} 为计算位置至水面的距离。具体计算时还应考虑以下情况：

a. 不排水下沉时，井壁外侧水压力值按 100%静水压计算，内侧水压力值一般按 50%计算，见图 6-17 (a)，但也可按施工中可能出现的水头差计算，如图 6-17 (b) 所示。

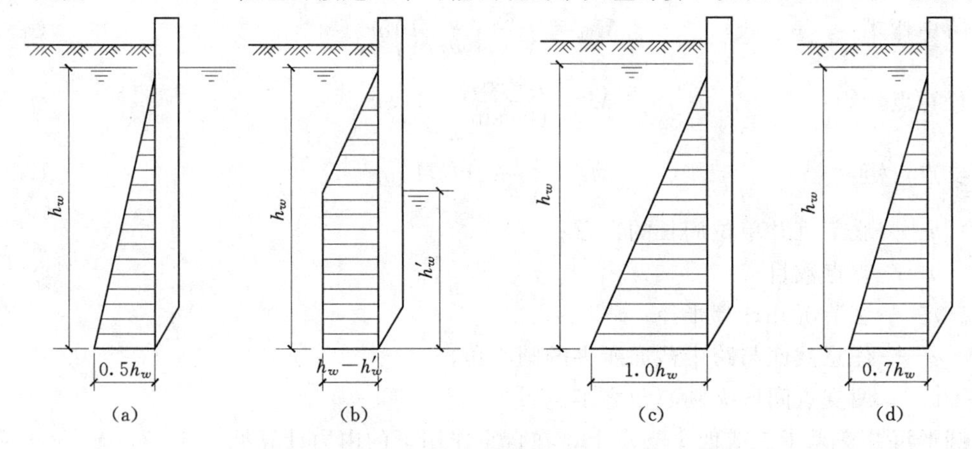

图 6-17　水压力计算示意图

b. 排水下沉时，在透水土中，井壁外侧水压力值按 100%计算，见图 6-17（c），在不透水土中，按静水压的 70%计算，见图 6-17（d）。

（2）刃脚竖向受力分析。

1）刃脚向外挠曲的内力计算。

沉井下沉过程中，在岛面以上已接高一节沉井（4～6m），刃脚切入土中 1m。此时，刃脚根部断面上产生向外挠曲的最大弯矩。荷载图形如图 6-18 所示。

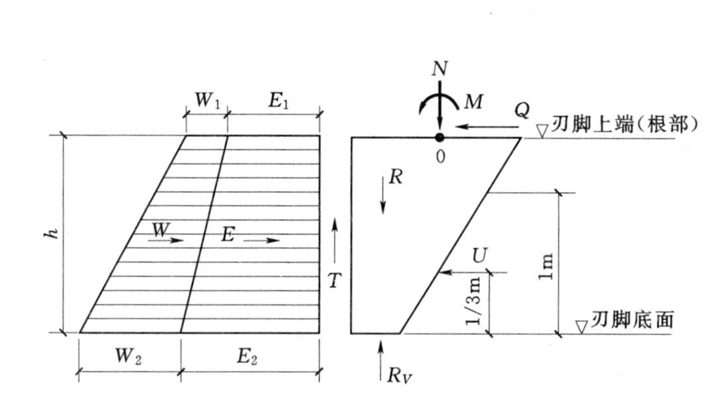

图 6-18　刃脚向外挠曲受力情况

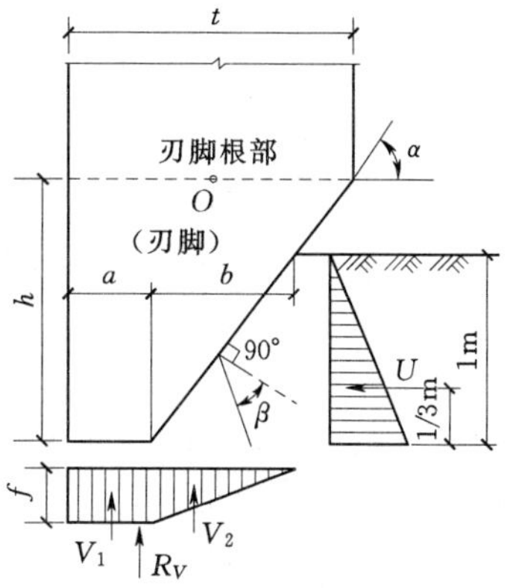

图 6-19　刃脚下 R_V 的作用点计算

a. 刃脚底单位周长上土的竖向反力：

$$R_V=G-T \tag{6-40}$$

式中　G——沿沉井外壁单位周长上的沉井重力，其值等于该高度沉井的总重除以沉井的周长；在不排水挖土下沉时，应在沉井总重中扣去淹没水中部分的浮力；

T——沿井壁单位周长上沉井侧面总摩阻力，其值按下列两式计算，取小者：

$$T_{\min}\begin{cases}T=0.5E\\T=qA\end{cases} \tag{6-41}$$

作用在刃脚外侧的摩阻力按式 $T=0.5E$ 和 $T=qA$ 计算，但取大值。刃脚踏面及斜面部分土的竖向反力 V_1、V_2，其压力分布如图 6-19 所示，而：

$$R_V=V_1+V_2 \tag{6-42}$$

$$\frac{V_1}{V_2}=\frac{fa}{\frac{1}{2}fb}=\frac{2a}{b} \tag{6-43}$$

式中　a_1——刃脚踏面底度；

b——刃脚入土斜面的水平投影。

b. 刃脚斜面部分土的水平反力，按三角形分布，其合力为：

$$U=V_2\tan(\alpha-\beta) \tag{6-44}$$

式中　α——刃脚斜面与水平面所成的夹角；

β——土与刃脚斜面间的外摩擦角，一般为 30°。

c. 刃脚外侧土压、水压、摩擦力，按前述方法计算。

d. 刃脚重力 g 为：

$$g=\frac{t+a}{2}h\gamma_h \tag{6-45}$$

式中 h——刃脚斜面的高度；

γ_h——混凝土重度，kN/m³，若不排水下沉，应扣除水的浮力。

刃脚自重 g 的作用点至刃脚根部中心轴的距离为：

$$\begin{cases} x_1=\dfrac{2t^2+2at-a^2}{6(t+a)} & \text{作用点在 } O \text{ 点以左时} \\ x_1=\dfrac{2a^2-at-t^2}{6(t+a)} & \text{作用点在 } O \text{ 点以右时} \end{cases} \tag{6-46}$$

求出以上各力的数值、方向及作用点后，再算出各力对刃脚根部中心轴的弯矩总和值 M、竖向力 N 及剪力 Q，其算式为：

$$\begin{cases} M=M_{R_v}+M_U+M_{E+W}+M_T+M_g \\ N=R_V+T+g \\ Q=W+E+U \end{cases} \tag{6-47}$$

式中 M_{R_V}、M_U、M_{E+W}、M_T、M_g——反力 R_V、横向力 U、土压力及水压力 $E+W$、刃脚底部的外侧摩阻力 T 以及刃脚自重 g 对刃脚根部中心轴的弯矩，其中作用在刃脚部分的各水平力均应按规定考虑分配系数 α（见后述）。

上述各式数值的正负号视具体情况而定。

根据 M、N 及 Q 值就可验算刃脚根部应力并计算出刃脚内侧所需的竖向钢筋用量。一般刃脚钢筋截面积不宜少于刃脚根部总截面积的 0.1%。刃脚的竖直钢筋应伸入根部以上 $0.5l_1$（l_1 为支承于隔墙间的井壁最大计算跨度）。

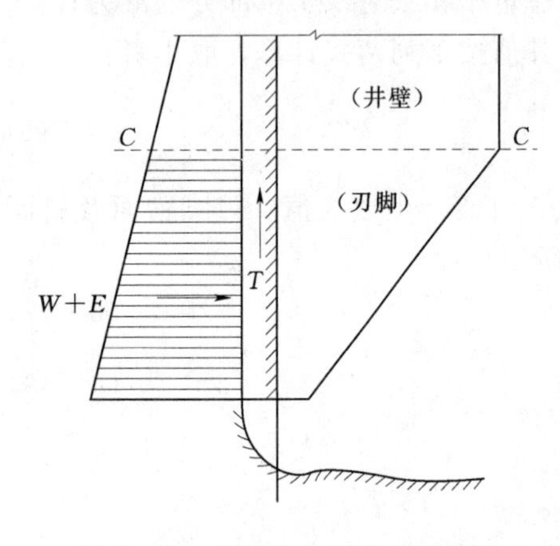

图 6-20 刃脚向内挠曲受力情况

2）刃脚向内挠曲的内力计算。

计算刃脚向内挠曲的最不利情况是沉井已下沉至设计标高，刃脚下的土已挖空而尚未浇筑封底混凝土（图 6-20），将刃脚作为根部固定在井壁的悬臂梁，计算最大的向内弯矩。

作用在刃脚上的力有刃脚外侧的土压力、水压力、摩阻力及刃脚本身的重力。以上各力的计算方法同前。计算所得各水平外力同样均应按规定考虑分配系数 α。根据外力值计算出对刃脚根部中心轴的弯矩、竖向力及剪力后，并以此求出刃脚外壁的钢筋用量。配筋构造要求同向外挠曲时的要求。

3）关于刃脚受力计算中的水平力分配。

a. 刃脚沿竖向可视为悬臂梁，其悬臂长度等于斜面部分的高度，当内隔墙底面距刃脚底面为 0.5m 或大于 0.5m 而采用竖向承托加强时，作用于悬臂部分的水平力可乘以分配系数 α：

$$\alpha=\frac{0.1l_1^4}{h^4+0.05l_1^4} \quad (\alpha\leqslant 1.0) \tag{6-48}$$

式中 l_1——支承于隔墙间的井臂最大计算跨度；

h——刃脚斜面部分的高度。

b. 刃脚水平方向可视为闭合框架。当刃脚悬臂的水平力乘以分配系数 α 时，作用于框架的水平力应乘以分配系数 β：

$$\beta=\frac{h^4}{h^4+0.05l_2^4} \tag{6-49}$$

式中　l_2——支承于隔墙间的井壁最小计算跨度；

h——意义同前。

α、β 根据悬臂及水平框架两者的变位关系及其他一些假定得到的。

（3）刃脚水平钢筋计算。沉井沉至设计标高，刃脚下的土已挖空，此时刃脚受到最大的水平压力。作用于刃脚上的外力与计算刃脚向内挠曲时一样，且所有水平力应乘以分配系数 β，由此可求算水平框架中控制断面上的内力，然后设置水平钢筋。

对不同形式框架的内力可按一般结构力学方法计算。现以双孔圆端形沉井为例（图6-21）列出其内力计算式，其余形式的可查阅《混凝土结构静力计算手册》。

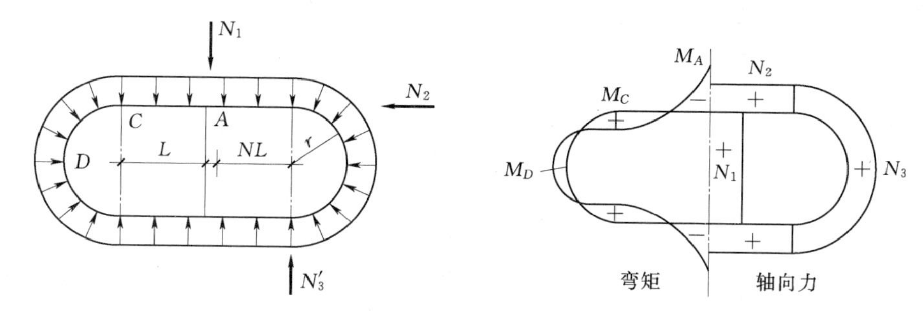

图6-21　双孔圆端形框架受力

A点处的弯矩：

$$M_A=\frac{\zeta\delta_1-\rho\eta}{\delta_1-\eta}\times p \tag{6-50}$$

C点处的弯矩：

$$M_C=M_A+NL-p\frac{L^2}{2} \tag{6-51}$$

D点处的弯矩：

$$M_D=M_A+N(L+r)-pL\left(\frac{L}{2}+r\right) \tag{6-52}$$

$$N=\frac{\zeta-\rho}{\eta-\delta_1}\times p \tag{6-53}$$

$$N_1=2N \tag{6-54}$$

$$N_2=pr \tag{6-55}$$

$$N_3=p(L+r)-\frac{N_1}{2} \tag{6-56}$$

其中

$$\zeta=L\frac{\left(0.25L^3+\frac{\pi}{2}rL^2+3r^2L+\frac{\pi}{2}r^2\right)}{L^2+\pi rL+2r^2}$$

$$\eta=\frac{\frac{2}{3}L^3+\pi rL^2+4r^2L+\frac{\pi}{2}r^2}{L^2+\pi rL+2r^2}$$

$$\rho=\frac{\frac{1}{3}L^3+\frac{\pi}{2}rL^2+2r^2\ L}{2L+\pi r}$$

$$\delta_1=\frac{L^2+\pi rL+2r^2}{2L+\pi r} \tag{6-57}$$

（4）井壁受力计算。

1）井壁竖向拉应力验算。沉井在下沉过程中，刃脚下的土已挖空，但沉井上部被摩擦力较大的土体夹住（这一般在下部土层比上部土层软的情况下出现），这时下部沉井呈悬挂状态，井壁就有在自重作用下被拉断的可能，因而应验算井壁的竖向拉应力。

a. 等截面井壁。在井壁内由沉井自重产生竖向拉应力。作用于井壁上的摩擦力，假定按倒三角形分布（图 6-22），距刃脚底面 x 高度处断面上的拉力：

$$P_x=\frac{G_kx}{h}-\frac{G_kx^2}{h^2} \tag{6-58}$$

式中　G_k——沉井重力，不排水下沉应扣除水的浮力；

h——沉井入土深度。

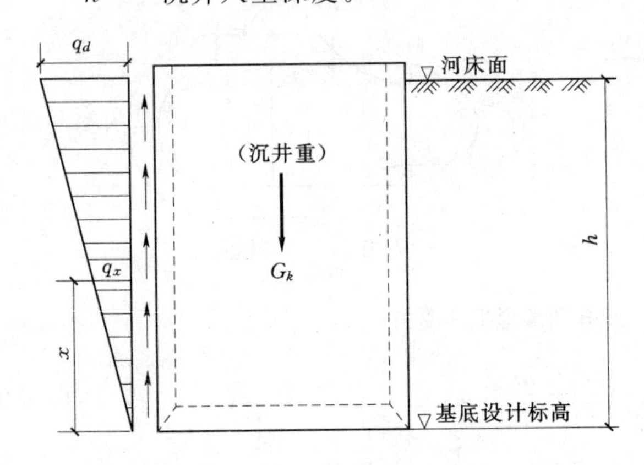

图 6-22　等截面沉井井壁竖向受拉计算图

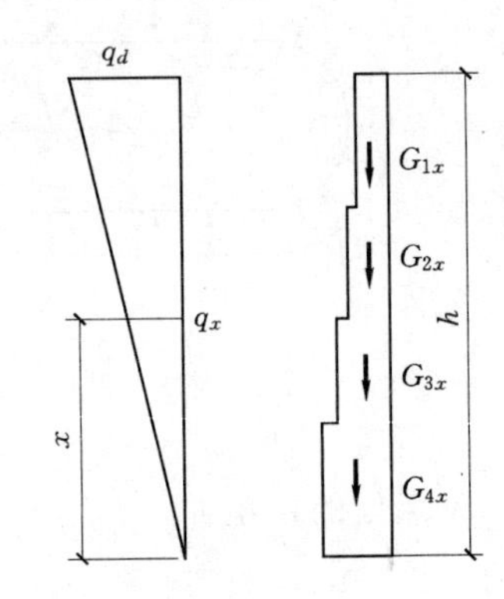

图 6-23　台阶形沉井井壁竖向受拉计算图

井壁内的最大拉力为：

$$P_{\max}=\frac{G_k}{4} \tag{6-59}$$

其位置发生在 $x=h/2$ 的断面上。按井壁最大拉应力 $P_{\max}$ 设计井壁竖向受力钢筋。

b. 台阶形井壁。距刃脚底面 x 高度处断面上的拉力等于 x 范围内自重减去 x 范围内的摩阻力（图 6-23），即：

$$P_X=G_x-\frac{1}{2}uq_xx \tag{6-60}$$

式中　G_x——x 范围内沉井重力，不排水下沉应扣除水的浮力；

u——井壁周长；

q_x——作用在距刃脚底面高度处井壁上的单位摩阻力。

图 6-22q_d 为作用于河床表面处井壁上的单位摩阻力。

对台阶井壁，每段井壁都应进行拉力计算，然后取最大值。

若沉井很高，各节沉井的接缝钢筋可按接缝所在位置发生的拉应力设置，由接缝钢筋承受沉井混凝土接缝处的拉应力。钢筋的拉应力应小于0.75倍钢筋标准强度，并须验算钢筋的锚固长度。对采用泥浆润滑套下沉的沉井，沉井在泥浆套内不会出现“箍住”的现象，井壁不会因自重而产生拉应力。

2）井壁横向受力计算。当沉井沉至设计标高，刃脚下的土已挖空，井壁承受最大的土压力和水压力，此时按水平框架来验算。这种水平弯曲验算分为两部分：

a. 刃脚斜面以上高度等于井壁厚度 t 的一段井壁（图6-24）的水平钢筋计算：因这段井壁 t 又是刃脚悬臂梁的固定端，施工阶段作用于该段的水平荷载，除本身所受的土压力和水压力外，还承受由刃脚传来的水平剪力 Q。

b. 其余各段井壁水平钢筋计算：选断面变化处的各段井壁（位于每节沉井最下端的单位高度），进行水平钢筋设计，然后布置在全段上。作用于各段井壁框架上的水平外力，仅为土压力和水压力。

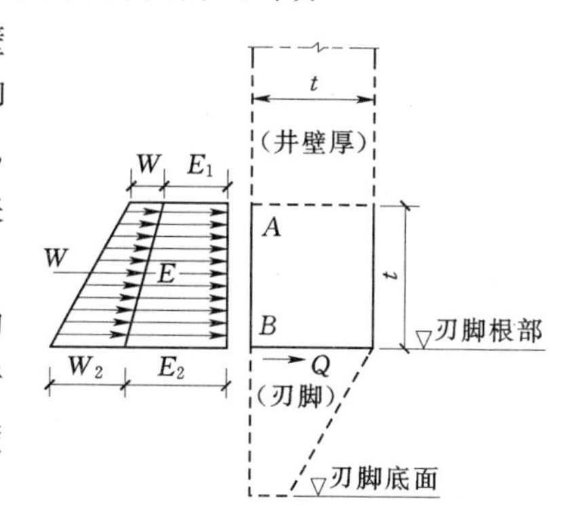

图6-24　刃脚根部以上高度等于井壁厚度的一段井壁框架荷载分布图

对采用泥浆滑套下沉的沉井，泥浆压力（按100%计算）应大于上述水平荷载，井壁压力应按泥浆压力（即泥浆相对密度乘泥浆高度）计算。沉井台阶以下的部分，仍按土压力和水压力计算。

采用空气幕沉井，在下沉过程中受到土侧压力，根据试验沉井测量结果，压气时气压对井壁的作用不明显，可以略去不计，但仍按普通沉井的有关规定计算。

在计算空气幕沉井下沉过程中结构强度时，由于井壁的摩擦力在开气时减小，不开气时仍与普通沉井相同。因此，须视计算内容，按最不利情况采用。

（5）混凝土封底及顶盖的计算。

1）封底混凝土计算。

沉井封底混凝土的厚度应根据基底承受的反力情况而定。作用于封底混凝土的竖向反力可分为两种情况：一种是沉井水下封底后，在施工抽水时封底混凝土需承受基底水和地基土的向上反力，此时如因混凝土的龄期不足，应考虑降低混凝土强度；另一种是空心沉井，井孔用混凝土或石砌圬工填实时，封底混凝土应承受基础设计的最大基底反力，并计入井孔内填充物的重力。

封底混凝土厚度，一般不宜小于1.5倍井孔直径或短边边长。

2）钢筋混凝土盖板的计算。

对于空心沉井或井孔填以砾砂石的沉井，必须在井顶浇筑钢筋混凝土盖板，用以支承墩台的全部荷载。盖板厚度一般是预先拟定的，只需进行配筋计算，计算时考虑盖板作为承受最不利组合传来均布荷载的双向板，然后以此结果来进行配筋计算。

如墩身全部位于井孔内，还应验算盖板的剪应力和井壁支承压力。如墩身较大，部分支承在井壁上，则不需进行盖板的剪力验算，只进行井壁压应力的验算。

6.2.4 浮式沉井施工过程中的计算

浮式沉井施工应计算各施工阶段的沉井重力、入土深度、浮体稳定性、井壁水头差、井壁出水高度及受力部位混凝土龄期强度，计算各种可能水位和河床标高时沉井就位的相应内力，以及落地后所控制的沉井浮重和刃脚可能达到的标高。通过每一施工阶段的计算，可能得到井壁各部位可能承受的内力并作为设计的依据。

保证浮式沉井的稳定性，沉井倾斜角不得大于6°，不致产生施工不安全。浮式沉井的稳定性验算，可参考《公路桥涵施工技术规范》（JTG/T F50—2011）有关章节规定执行。

6.3 沉井的施工

6.3.1 沉井施工的一般规定

（1）掌握地质及水文资料。

沉井施工前，应详细了解场地的地质和水文等条件，并据以进行分析研究，确定切实可行的下沉方案。

（2）注意附近地区构造物或建造物影响。

沉井下沉前，须对附近地区构造物或建筑物和施工设备采取有效的防护措施，并在下沉过程中，经常进行沉降观测。出现不正常变化或危险情况，应立即进行加固支撑等，确保安全，避免事故。

（3）针对施工季节、航行等制定措施。

沉井施工前，应对洪汛、凌汛、河床冲刷、通航及漂流物等作好调查研究，需要在施工中渡汛、渡凌的沉井，应制定必要的措施，确保安全。

（4）沉井制作场地与方法的选择。

沉井位于浅水或可能被水淹没的岸滩上时，宜就地筑岛制作沉井；在制作及下沉过程中无被水淹没可能的岸滩上时，可就地整平夯实制作沉井；在地下水位较低的岸滩，若土质较好时，可开挖基坑制作沉井。

位于深水中的沉井，可采用浮运沉井。根据河岸地形、设备条件，进行技术经济比较，确保沉井结构、制作场地及下水方案。

6.3.2 沉井施工一般工艺流程

沉井施工的一般工艺流程如图6-25所示。

6.3.3 沉井的施工

沉井施工前，应该详细了解场地的地质和水文等条件，以便选择合适的施工方法。现以就地灌注式钢筋混凝土沉井和预制结构件浮运安装沉井的施工为例，介绍沉井的施工工艺以及下沉过程中常遇到的问题和处理措施。

1. 就地灌注式钢筋混凝土沉井的施工

如图6-26所示，沉井可就地制造、挖土下沉、接高、封底、充填井孔以及浇筑盖板。现详细介绍其施工程序。

（1）准备场地。若旱地上天然地面土质较好，只需清除杂物并平整，再铺上0.3～

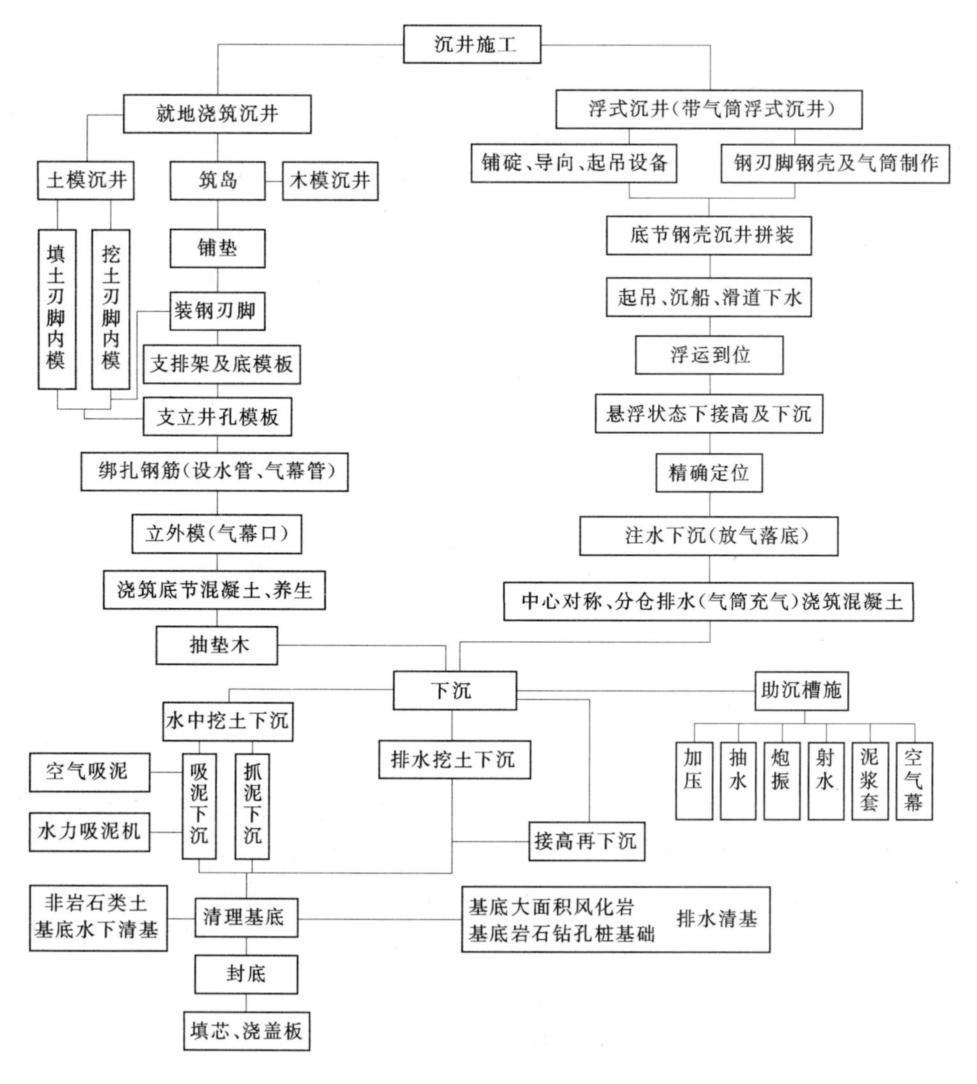

图 6-25 沉井施工一般工艺流程图

0.5m 厚的砂垫层即可；若旱地上天然地面土质松软，则应平整夯实或换土夯实，然后再铺 0.3～0.5m 的砂垫层。

若场地位于中等水深或浅水区，常需修筑人工岛。在筑岛之前，应挖除表层松土，以免在施工中产生较大的下沉或地基失稳，然后根据水深和流速的大小来选择采用土岛或围堰筑岛。

1）土岛（图 6-27)。当水深在 2m 以内且流速不大于 0.5m/s 时，可用不设防护的砂岛，如图 6-27（a）所示；当水深超过 2～3m 且流速大于 0.5m/s 但小于 1m/s 时，可用柴排或砂袋等将坡面加以围护，如图 6-27（b）所示。筑岛用土应是易于压实且透水性强的土料，如砂土或砾石等，不得用黏土、淤泥、泥炭或黄土类。土岛的承载力一般不得小于 10kPa，或按设计要求确定。岛顶一般应高出施工最高水位（加浪高）0.5m 以上，有流水时还应适当加高；岛面护道宽度应大于 2.0m；临水面坡度一般可采用 1：1.75 至

1∶3。

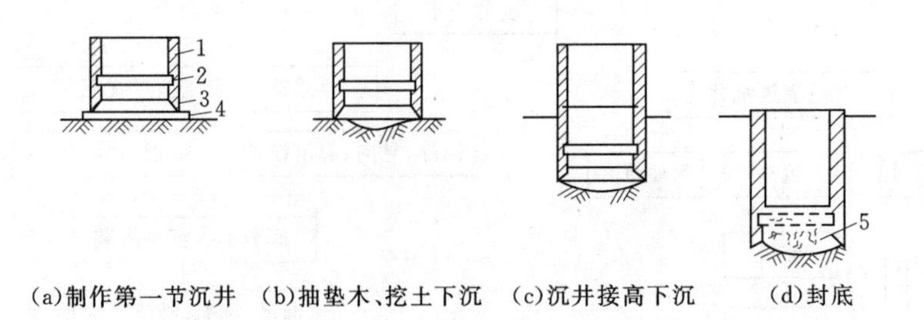

图 6-26　沉井施工顺序

1—井壁；2—凹槽；3—刃脚；4—承垫木；5—素混凝土封底

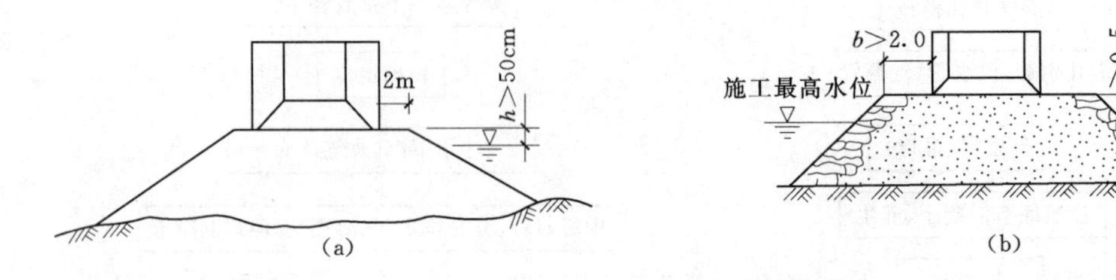

图 6-27　筑土岛沉井

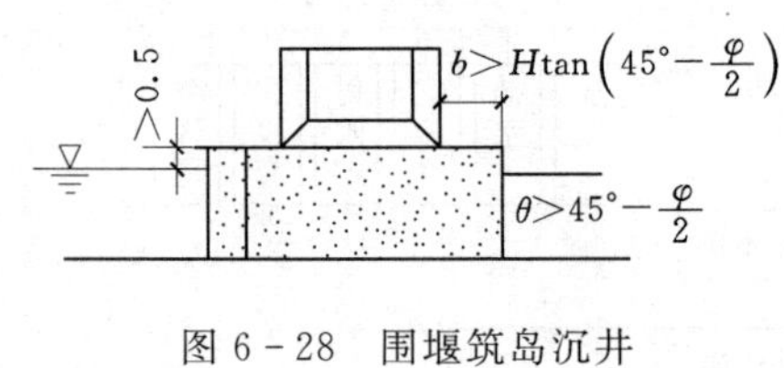

图 6-28　围堰筑岛沉井

2）围堰筑岛（图 6-28）。当水深大于 2m 但不大于 5m 时，可用围堰筑岛制造沉井下沉，以减少挡水面积和水流对坡面的冲刷。围堰筑岛所用材料与土岛一样，应用透水性好且易于压实的砂土或粒径较小的卵石等。用砂筑岛时，要设反滤层，围堰四周应留护道，承载力应符合设计要求，宽度可按下式计算：

$$b \geqslant H\tan\left(45° - \frac{\varphi}{2}\right) \tag{6-61}$$

式中　H——筑岛高度；

　　　φ——筑岛土在饱水时的内摩擦角。

护道宽度在任何情况下不应小于 1.5m，如实际采用护道宽度小于计算值，则应考虑沉井重力对围堰所产生的侧压力影响。筑岛围堰与隔水围堰不同，前者是外胀型，墙身受拉；而后者是内挤型，墙身受压，应当根据受拉或受压合理选择墙身材料，一般在筑岛围堰外侧另加设外箍或外围囹。若堰为圆形，外箍可用钢丝绳或圆钢加护；若用型钢或钢轨弯制，可兼作打桩时的导框。

（2）制造第一节沉井。由于沉井自重较大，刃脚踏面尺寸较小，应力集中，场地上往往承受不了这样大的压力，所以在已整平且铺砂垫层的场地上应在刃脚踏面位置处对称地铺设一层垫木（可用 200mm×200mm 的方木）以加大支承面积，使沉井重量在垫木下产生的压应力不大于 100kPa。为了便于抽除，垫木应按“内外对称，间隔伸出”的原则布置，如图 6-29 所示，垫木之间的空隙也应以砂填满捣实。然后在刃脚位置处放上刃脚角钢，竖立内模，绑扎钢筋，立外模，最后浇灌第一节沉井混凝土，如图6-30所示。模板和支撑应有较大的刚度，以免发生挠曲变形。外模板应平滑以利下沉。钢模较木模刚度大，周转次数多，也易于安装。

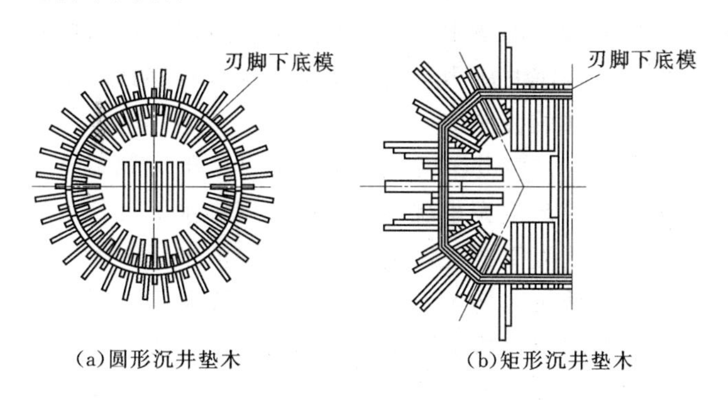

(a)圆形沉井垫木　(b)矩形沉井垫木

图6-29　沉井垫木

若木材缺乏，也可用无承垫木方法制作第一节沉井。如在均匀土层上，可先铺上5～15cm厚的砂找平，在其上浇筑15cm厚的混凝土，或采用土模等，但应通过计算确定。土模如图6-31所示。一般用黏性土填筑。当土质良好、地下水位较低时，亦可开挖而成。土模表面及刃脚底面的地面上，均应铺筑一层2～3cm水泥砂浆，砂垫层表面涂隔离剂。

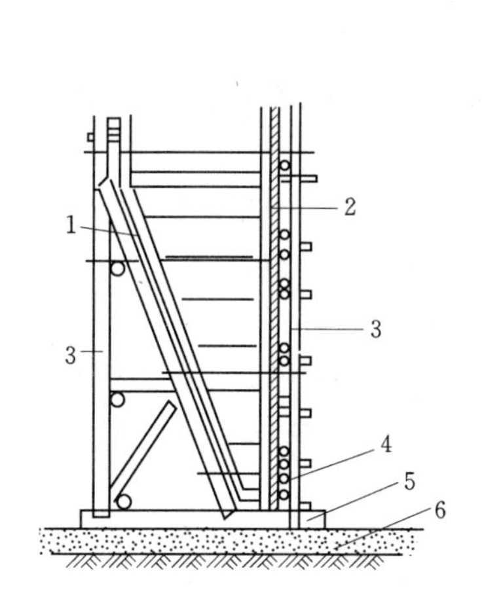

图6-30　沉井刃脚立模

1—内模；2—外模；3—立柱；4—角钢；5—垫木；6—砂垫层

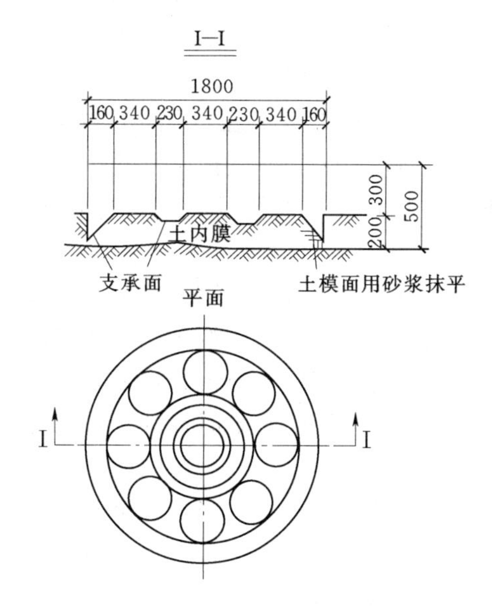

图6-31　用土模代替垫木制造第一节沉井示意

(3) 拆模、抽垫。不承受重量的侧模拆除工作，可与一般混凝土结构一样，但刃脚斜面和隔墙的底模则至少要等强度达到70%时才可拆除。

抽垫是一项非常重要的工作，事先必须制定出详细的操作工艺流程和严密的组织措施。因为伴随垫木的不断拆除，沉井由自重产生的弯矩也将逐渐加大，如最后撤除的几个垫木位置定得不好或操作不当，则有可能引起沉井开裂、移动或倾斜。垫木应分区、依次、对称、同步地向沉井外抽出，抽垫的顺序是：拆内模、拆外模、拆隔墙下支撑和底模、拆隔墙下的垫木、拆井壁下的垫木，最后拆除定位垫木。在抽垫木时，应边抽边在刃脚和隔墙下回填砂并捣实，使沉井压力从支承垫木上逐步转移到砂土上，这样既可使下一步抽垫容易，还可以减少沉井的挠曲应力。

（4）挖土下沉第一节沉井。沉井下沉施工可分为排水下沉和不排水下沉。当沉井穿过的土层较稳定，不会因排水而产生大量流砂时，可采用排水下沉。土的挖除可采用人工挖土或机械除土，排水下沉常用人工挖土，它适用于土层渗水量不大且排水时不会产生涌土或流砂的情况。人工挖土可使沉井均匀下沉和清除井下障碍物，但应采取措施，确实保证施工安全。排水下沉时，有时也用机械除土。不排水下沉一般都采用机械除土，挖土工具可采用抓土斗或水力吸泥机，如土质较硬，水力吸泥机需配以水枪射水将土冲松。由于吸泥机是将水和土一起吸出井外，需经常向井内加水维持井内水位高出进外水位1～2m，以免发生涌土或流砂现象。抓斗抓泥可以避免吸泥机吸砂时的翻砂现象，但抓斗无法达到刃脚下和隔墙下的死角，其施工效率也会随深度的增加而降低。

正常下沉时，应从中间向刃脚处均匀对称除土。对于排水除土下沉的底节沉井，设计支承位置处的土，应在分层除土后最后同时挖除。由数个井室组成的沉井，应控制各井室之间除土面的高差，并避免内隔墙底部在下沉时受到下面土层的顶托，以减少倾斜。

（5）接高第二节沉井。第一节沉井下沉至顶面距地面还剩1～2m时，应停止挖土，保持第一节沉井位置竖直。第二节沉井的竖向中轴线应与第一节的重合，凿毛顶面，然后立模均匀对称地浇筑混凝土。接高沉井的模板，不得直接支承在地面上，而应固定在已浇筑好的前一节沉井上，并应预防沉井接高后使模板及支撑与地面接触，以免沉井因自重增加而下沉，造成新浇筑的混凝土产生拉力而出现裂缝。待混凝土强度达到设计要求后拆模。

（6）逐节下沉及接高。第二节沉井拆模后，即可按本节第（4）、（5）的方法继续挖土下沉，接高沉井。随着多次挖土下沉与接高，沉井入土深度越来越大。

（7）加设井顶围堰。当沉井顶需要下沉至水面或岛面下一定深度时，需在井顶加筑围堰挡水挡土。井顶围堰是临时性的，可用各种材料建成，与沉井的联接应采用合理的结构型式，如图6-32所示，以避免围堰因变形不易协调或突变而造成严重漏水现象。

（8）地基检验和处理。当沉井沉至离规定标高尚差2m左右时，须用调平与下沉同时进行的方法使沉井下沉到位，然后进行基底检验。检验内容是地基土质是否和设计相符，是否平整，并对地基进行必要的处理。如果是排水下沉的沉井，可以直接进行检查，不排水下沉的沉井由潜水工进行检查或钻取土样鉴定。地基若为砂土或黏性土，可在其上铺一层砾石或碎石至刃脚底面以上200mm。地基差为风化岩石，应将风化岩层凿掉，岩层倾斜时，应凿成阶梯形。若岩层与刃脚间局部有不大的孔洞，应由潜水员清除软层并用水泥砂浆封堵，待砂浆有一定强度后再抽水清基。不排水情况下，可由潜水员清基或用水枪及吸泥机清基。总之，要保证井底地基尽量平整，浮土及软土清除干净，以保证封底混凝土、沉井及地基底紧密连接。

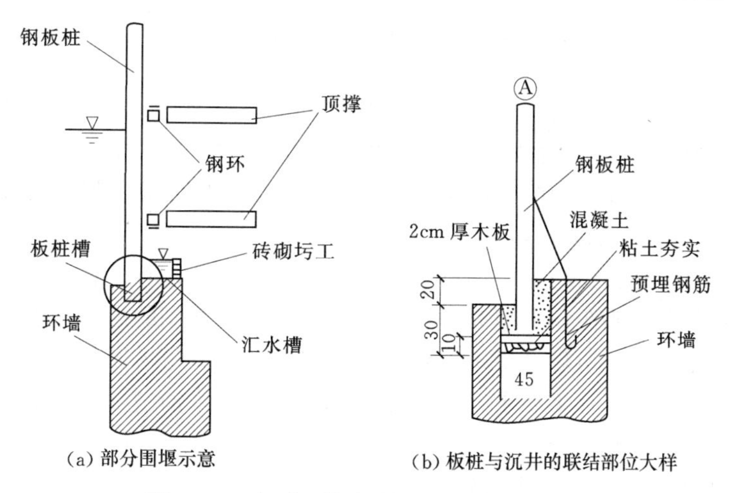

图 6-32　沉井顶钢板桩围堰（单位：cm）

（9）封底。地基经检验及处理符合要求后，应立即进行封底。对于排水下沉的沉井，当沉井穿越的土层透水性低，井底涌水量小，且无流砂现象时，沉井应力争干封底，即按普通混凝土浇筑方法进行封底，因为干封底能节约混凝土等大量材料，确保封底混凝土的强度和密实性，并能加快工程进度。当沉井采用不排水下沉，或虽采用排水下沉，但干封底有困难时，则可用导管法灌注水下混凝土（参见钻孔灌注桩施工）。若灌注面积大，可用多根导管，以先周围后中间、先低后高的顺序进行灌注（图 6-33），使混凝土保持大致相同的标高。各根导管的有效扩散半径应互相搭接，并能盖满井底全部范围。为使混凝土能顺利从导管底端流出并摊开，导管底部管内混凝土柱的压力应超过管外水柱的压力，超过的压力值（称作超压力）取决于导管的扩散半径。导管扩散半径随导管下口超压力大小而异，其关系见表 6-4。

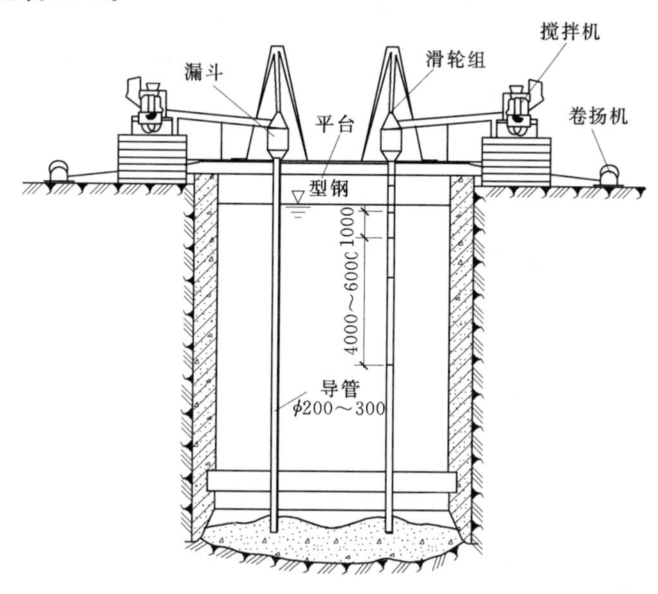

图 6-33　沉井水下封底设备机具（单位：mm）

表 6-4 导管作用半径与超压力的关系

超压力（kPa）	75	100	150	250
导管作用半径（m）	<2.5	3.0	3.5	4.0

在灌注过程中，应注意混凝土的堆高和扩展情况，正确地调整坍落度和导管埋深，使流动坡度不陡于 1∶5。混凝土面的最终灌注高度，应比设计提高不小于 15cm。

（10）充填井孔及浇筑顶盖。沉井封底后，井孔内可以填充，也可以不填充。填充可以减小混凝土的合力偏心距，不填充可以节省材料和减小基底的压力。因此井孔是否需要填充，须根据具体情况，由设计确定。若设计要求井孔用砂等填充料填满，则应抽水填好填充料后浇筑顶板；若设计不要求井孔填充，则不需要将水抽空，直接浇筑顶盖，以免封底混凝土承受不平衡的水压力。

2. 预制结构件浮运安装沉井的施工

水深较大，如超过 10m 时，筑岛法很不经济，且施工也困难，可改用浮运法施工。

浮式沉井类型较多，如空腹式钢丝网水泥薄壁沉井、钢筋混凝土薄壁沉井、双壁钢壳沉井（可作双壁钢围堰）、装配式钢筋混凝土薄壁沉井以及带临时井底沉井和带钢气筒沉井等，其下水浮运的方法因施工条件各不相同，但下沉的工艺流程基本相同。

（1）底节沉井制作与下水。底节沉井的制作工艺基本上与造船相同，然后因地制宜，采用合适的下水方法。底节沉井下水常用 5 种方法。

1）滑道法。如图 6-34 所示，滑道纵坡大小应以沉井自重产生的下滑力与摩阻力大致相等为宜，一般滑道的纵坡可采用 15%。用钢丝绳牵引沉井下滑时，应设后梢绳，防止沉井倾倒或偏斜。使用此法时，底节沉井的重量将受限于滑道的荷载能力与入水长度，因此沉井重量宜尽量减轻。

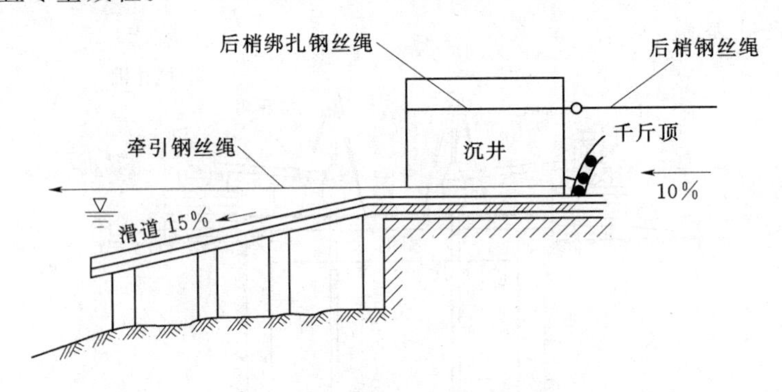

图 6-34 沉井滑道法下水

2）沉船法。如图 6-35 所示，将装载沉井的浮船组或浮船坞暂时沉没，待沉井入水后再将其打捞。采用沉船方法应事先采取措施，保证下沉平衡。

3）吊装方法。用固定式吊机、自升式平台、水上吊船或导向船上的固定起重架将沉井吊入水中。沉井的重量受到吊装设备能力的限制。

4）涨水自浮法。利用干船坞或岸边围堰筑成的临时干船坞等底节沉井制好后，再破堰进水使沉井漂起自浮。

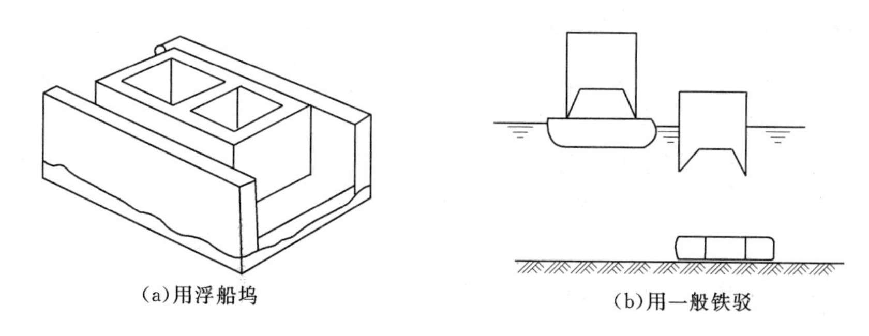

图6-35 用沉船法使底节沉井下水

5）除土法。在岸边适当水深处筑岛制作沉井，然后挖除土岛使沉井自浮。

（2）拖曳浮运与锚碇定位。

浮运与抛锚定位施工方法的选择与水文和气象等条件密切相关，现按内河与海洋两种情况来讨论。

1）在内河中进行浮运就位工作。

内河航道较窄，浮运所占航道不能太宽，浮运距离也不宜太长。所以，拖曳用的主拖船最好只用一艘，帮拖船不超出两艘，而航运距离以半日航程为限，并应选择风平浪静、流速较为正常时进行。在任何时间内，露出水面的高度均不应小于1m。

沉井在漂浮状态下进行接高下沉的位置一般应设在基础设计位置的上游10～30m处，具体尺寸要考虑锚绳逐渐拉直而使沉井下游移位的因素和河床因沉井入水深度逐渐增大所引起的冲刷因素，尤以后者最重要，一旦位置选择不当，便有可能对以后的工作带来麻烦。

2）在海洋中进行浮运就位工作。

沉井制造地点一般离基础位置甚远，浮运所需时间较长，因而要求用较快的航速拖曳。另外，浮运的沉井高度就是沉井的全高。因此，拖曳功率非常大。就位时，不允许在基础设计位置长期设置定位船和用为数很多的锚。就位后，进行一次性灌水压重迅速将全高沉井下沉落底。

（3）沉井在自浮状态下接高下沉。为使沉井能落底而不没顶，必须在自浮状态下边接高边下沉（海洋沉井例外）。随着井壁的接高，重心上移而降低稳定性，吃水深度增大而使井壁和井底的强度不足，必须在接高前后验算沉井的稳定性和各部件的强度，以便选择适当的时机在沉井内部由底层起逐层填充混凝土。接高时，为降低劳动强度，并考虑到起吊设备的能力，对大型沉井，可以将单节沉井设计成多块，以站立式竖向焊接加工成型，起吊拼装。

（4）精确定位与落底。沉井落底时的位置，既可定在建筑物基础的设计位置上（落底后不需再在土中下沉时）或上游（流速大，主锚拉力小，沉井后土面不高时），也可定在设计位置的下游（主锚拉力大，沉井后土面较高时），上、下游可偏移的距离通常为在土中下沉深度的1%。

沉进落底前，一般要求对河床进行平整和铺设抗冲刷层（柴排、粗粒垫层等）。当采用带气筒的沉井时，可用“半悬浮（常为上游部分）半支承（常为下游部分）下沉法”来解决河床不平问题，因此对河床可以不加处理。

当沉井接高到足够高度（即冲刷深＋刃脚入土深＋水深＋沉井露出水面高度）时，即可进行沉井落底工作。落底所需压重措施可根据沉井的不同类型采用内部灌水、打穿假底和气筒放气等办法使沉井迅速落在河床上。

沉井落底以后，再根据设计要求进行接高、下沉、筑井顶围堰、地基检验和处理、封底、填充及浇筑顶盖等一系列工作，沉井施工完毕。

3. 沉井下沉过程中遇到的问题及其处理

沉井在利用自身重力下沉过程中，常遇到的主要有下列问题。

（1）偏斜。

导致偏斜的主要原因有：①制作场地高低不平，软硬不匀；②刃脚制作质量差，不平，不垂直，井壁与刃脚中线不在同一直线上；③抽垫方法不妥，回填不及时；④河底高低不平，软硬不匀；⑤开挖除土不对称和不均匀，下沉时有突沉和停沉现象；⑥沉井正面和侧面的受力不对称。

沉井如发生倾斜可采用下述方法纠正：①在沉井高的一侧集中挖土；②在低的一侧回填砂石；③在沉井高的一侧加重物或用高压射水冲松土层；④必要时可在沉井顶面施加水平力扶正。

纠正沉井中心位置发生偏移的方法是先使沉井倾斜，然后均匀除土，使沉井底中心线下沉至设计中心线后，再进行纠偏。

在刃脚遇到障碍物的情况下，必须予以清除后再下沉。清除方法可以是人工排除，如遇树根或钢材可锯断或烧断，遇大弧石宜用少许炸药炸碎，以免损坏刃脚。在不能排水的情况下，由潜水员进行水下切割或水下爆破。

（2）停沉。

导致停沉的原因主要有：①开挖面深度不够，正面阻力大；②偏斜；③遇到障碍物或坚硬岩层和土层；④井壁无减阻措施或泥浆套、空气幕等遭到破坏。

解决停沉的方法是从增加沉井自重和减少阻力两个方面来考虑的：①增加沉井自重。可提前浇筑上一节沉井，以增加沉井自重，或在沉井顶上压重物（如钢轨、铁块或砂袋等）迫使沉井下沉。对不排水下沉的沉井，可以抽出井内的水以增加沉井自重。使用这种方法要保证土不会产生流砂现象。②减少阻力。首先应纠斜，修复泥浆套或空气幕等减阻措施或辅以射水、射风下沉，增大开挖范围及深度，必要时用爆破排除岩石或其他障碍物，但应严格控制药量。

（3）突沉。

产生突沉的主要原因有：①塑流出现；②挖土太深；③排水迫沉。

当漏砂或严重塑流险情出现时，可改为不排水开挖，并保持井内外的水位相平或井内水位略高于井外。在其他情况下，主要是控制挖土深度，或增设提高底面支承力的装置。

4. 采用空气幕下沉沉井

为预防沉井停沉，在设计时已经考虑了一些措施，如将沉井设计成阶梯形、钟形，或在井壁内埋设高压射水管组等。近年来，对下沉较深的沉井，为减少井壁摩阻力，常采用泥浆润滑套或空气幕，后者的优点是：井壁摩阻力较泥浆润滑套容易恢复；下沉容易控制；不受水深限制；施工设备简单，经济效果较好。

用空气幕下沉沉井的原理是从预先埋设在井壁四周的气管中压入高压空气，此高压空气由设在井壁的喷气孔喷出，如同幕帐一般围绕沉井。其设备主要有井壁中的风管、外侧的气龛和压力设备，见图 6-36。

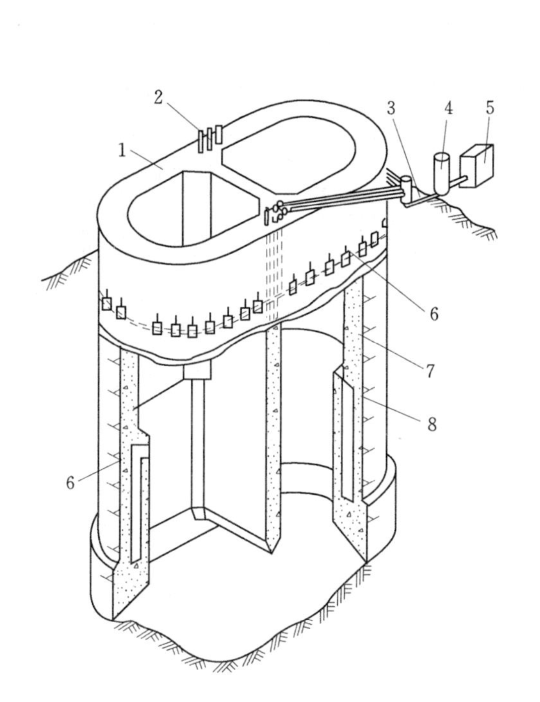

图 6-36　沉井压气系统构造示意

1—沉井；2—井壁预埋竖管；3—底面风管路；4—风包；5—压风机；6—井壁预埋环形管；7—气龛；8—气龛中的喷气孔

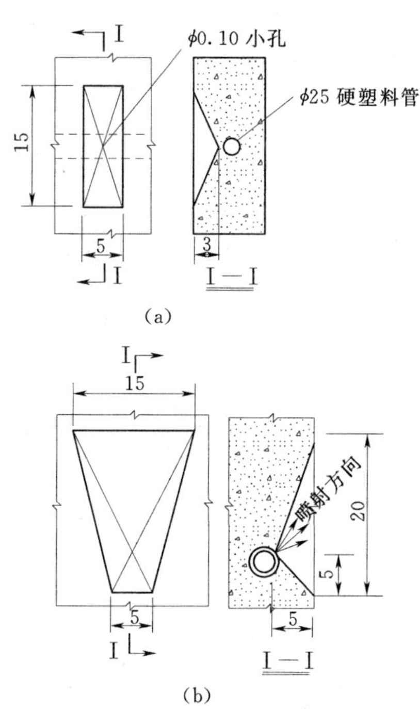

图 6-37　气龛形状（单位：cm）

图中风管是分层分布设置的，竖管可用塑料管或钢管，水平环管采用直径 ϕ25mm 的硬质聚氯乙烯管，沿井壁外缘埋设。每层水平环管可按四角分为四个区，以便分别压气调整沉井倾斜。气龛凹槽的形状多为棱锥形（图 6-37），喷气孔均为直径 ϕ1mm 的圆孔，其数量以每个气龛分担或作用的有效面积计算求得，其布置应上下层交错排列。

空气幕的作用方式与泥浆套不同，它只在送气阶段才起作用，因此只有当井内土挖空后沉井仍不下沉的情况下才压气促沉。压气时间不宜过长，一般不超过 5min/次。压气顺序应先上后下逐层送风，以形成沿着沉井外壁往上喷的气流，否则可能造成气流向下经刃脚从井孔内逸出，出现翻砂现象。而停气时应先下后上逐层停风。

最近国外尚有帷幕法下沉沉井的，其方法是在沉井外壁预先埋设成卷的高分子强化薄膜，利用沉井的下沉力拉起展开薄膜，从而形成一贴紧井壁的帷幕。

6.4　沉 井 计 算 实 例

某城市独塔斜拉桥桥塔基础，基础平、立、剖面尺寸见图 6-38，采用挖土下沉施工。

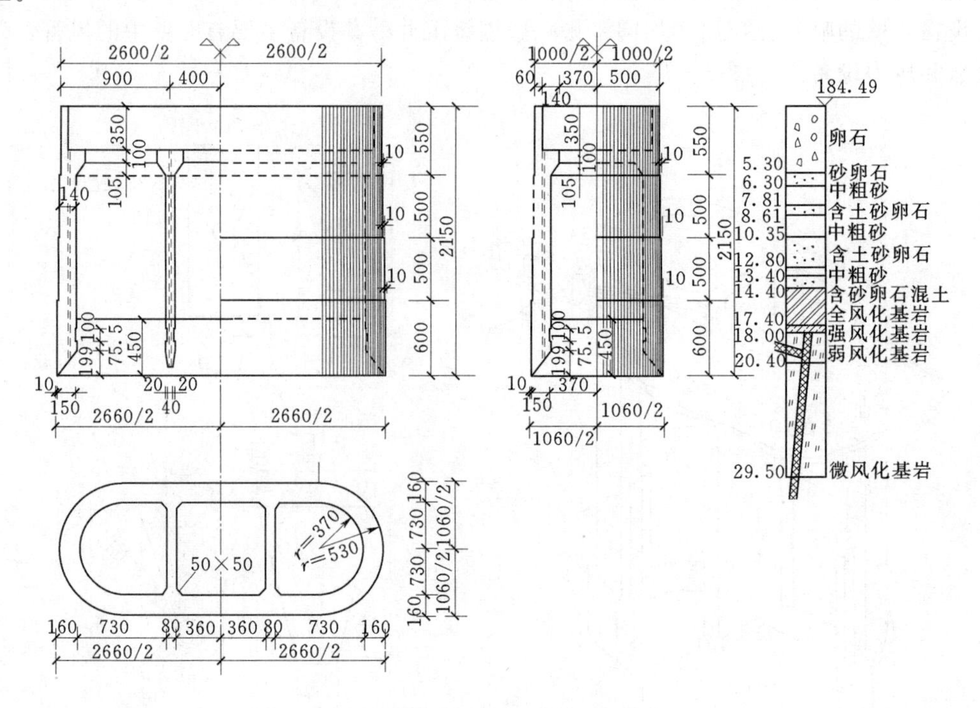

图 6-38　沉井外形图及地质剖面（单位：cm）

6.4.1　设计资料

（1）混凝土强度等级。

底节沉井采用 C25；其他各节采用 C20；封底采用 C25；盖板采用 C25。

（2）混凝土强度设计值及弹性模量比，见表 6-5。

表 6-5　　　混凝土强度设计值及弹性模量比

种　类	符　号	混凝土强度等级	
		C20	C25
轴心抗压强度设计值（MPa）	f_{cd}	9.2	11.5
轴心抗拉强度设计值（MPa）	f_{td}	1.06	1.23
弯曲抗拉（MPa）	f_{tmd}	0.80	0.92
直接抗剪（MPa）	f_{vd}	1.59	1.85
弹性模量比	n	10	10

（3）钢筋。

HPB235：f_{sk}＝235MPa；HRB335：f_{sk}＝335MPa；

（4）规范及参考资料。

1）交通运输部行业标准《公路钢筋混凝土及预应力混凝土桥涵设计规范》（JTG D62—2004）。

2）交通运输部行业标准《公路桥涵地基与基础设计规范》（JTG D63—2007）。

3）中国建筑工业出版社《建筑结构静力手册》（第二版）。

4）铁路工程设计技术手册《桥梁地基与基础》。

5）公路桥涵设计手册《墩台与基础》。

6）张树仁等编著《钢筋混凝土及预应力混凝土桥梁结构设计原理》。

6.4.2　确定沉井高度及各部分尺寸

（1）沉井总高度及分节高。根据冲刷计算和最低水位要求，以及按地基土质条件、地基承载力要求沉井底面位于弱风化基岩层一定深度为宜，故定出沉井顶面标高为183.7m，沉井底面标高为162.2m，亦即沉井所需的高度 $H=183.7-162.2=21.5$m。

考虑到施工期间的水位情况，底节沉井高度不宜太小，所以底节沉井高取为6.0m，第一节顶节高度取决于上部结构的重量，与顶盖高度及牛腿受力要求有关，所以顶节沉井高取为5.5m；其余两节均分剩下的高度，即每节高为5.0m。

（2）沉井平面尺寸。考虑到桥塔墩形式，采用两端半圆形中间为矩形的沉井，圆端的外半径为5.2m，矩形长度为16.0m，宽度为10.0m。井壁厚度顶节取0.6m，第二节厚度为1.4m，第三节厚度为1.5m，底节厚度为1.6m，其他尺寸详见图6-39。

刃脚踏面宽度采用0.1m，刃脚高度为1.99m，刃脚内侧倾角为

$$\tan\theta=\frac{1.99}{1.6-0.1}=1.32667,\theta=52°59'13.74''>45°$$

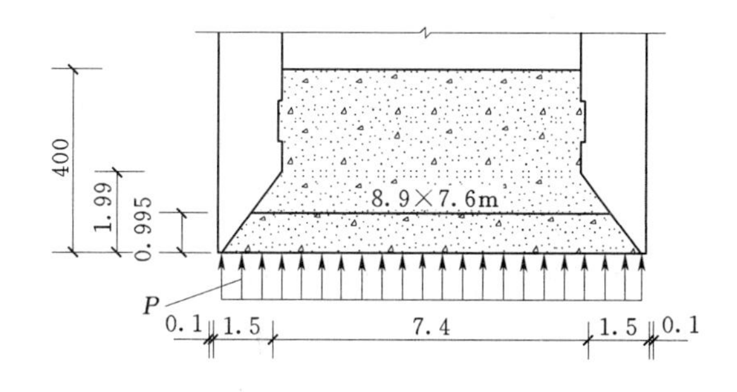

图6-39　按周边简支双向板计算图（单位：m）

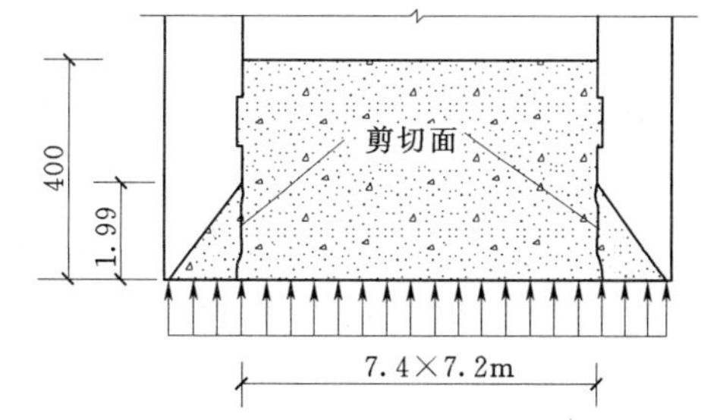

图6-40　按受剪计算图（单位：m）

6.4.3　沉降系数计算

（1）沉井自重计算。

1）第一节沉井自重。

混凝土重度：$\gamma_1=25\text{kN/m}^3$

体积：$V_1=[(5^2-4.4^2)\pi+(16\times10-16\times8.8)]\times3.5+[(1+1.5)/2\times0.7+1.3\times2.0]\times(16\times2+2\times3.7\times\pi)+2\times0.8\times7.4\times2+0.5^2/2\times8\times2$
$=129.2+192.0+25.68=346.9(\text{m}^3)$

自重：$G_1=346.9\times25=8673(\text{kN})$

2）第二节沉井自重。

混凝土重度：$\gamma_2=25(\text{kN/m}^3)$

体积：$V_2=\{(5.1^2-3.7^2)\pi+[16\times10.2-(3.6\times2+7.2)\times7.4+\frac{0.5^2}{2}\times8]\}\times5.0=(38.7+57.6)\times5.0=481.5(\text{m}^3)$

自重：$G_2=481.5\times25=12037.5(\mathrm{kN})$

3）第三节沉井自重。

混凝土重度：$\gamma_3=25(\mathrm{kN/m^3})$

体积：$V_3=\{(5.2^2-3.7^2)\pi+[(16\times10.4)-(3.6\times2+7.2)\times7.4+0.5^2/2\times8]\}\times5.0=\{41.9+60.8\}\times5.0=513.5(\mathrm{m^3})$

自重：$G_3=513.5\times25=12837.5(\mathrm{kN})$

4）底节沉井自重。

混凝土重度：$\gamma_4=25(\mathrm{kN/m^3})$

体积：$V_4=\{(5.3^2-3.7^2)\pi+[(16\times10.6)-(3.6\times2+7.2)\times7.4+0.5^2/2\times8]\}\times6.0=\{45.2+64.04\}\times6.0=655.4(\mathrm{m^3})$

自重：$G_4=655.4\times25=16385.0(\mathrm{kN})$

沉井自重：$\sum G=8673+12037.5+12837.5+16385=49933(\mathrm{kN})$

5）盖板。

混凝土重度：$\gamma_5=25(\mathrm{kN/m^3})$

体积：$V_5=[(5-0.6)^2\pi+16\times(10-1.2)]\times3.5=705.7(\mathrm{m^3})$

自重：$G_5=705.7\times25=17642.5(\mathrm{kN})$

6）封底。

混凝土重度：$\gamma_6=24(\mathrm{kN/m^3})$

体积：$V_6=[3.7^2\pi+(3.6\times2+7.2)\times7.4-0.5^2/2\times8]\times4.5=148.6\times4.5=668.6(\mathrm{m^3})$

自重：$G_6=668.6\times24=16046.4(\mathrm{kN})$

$$\sum G=G_1+G_2+G_3+G_4+G_5+G_6=8673+12037.5+12837.5+16385.0+17642.5+16046.4=83621.9(\mathrm{kN})$$

（2）浮力计算（按一半计算）。

$$G'=(346.9+481.5+513.5+655.4)/2\times10=9986.5(\mathrm{kN})$$

（3）沉降系数计算。

$$K=\frac{G-G'}{T},\ T=\sum f_i h_i u_i$$

式中　根据地质情况设计取 $f_i=22.5\mathrm{kPa}$；$h_i=21.5\mathrm{m}$；$u_i=2\pi r+16\times2=64.7\mathrm{m}$，则：

$T=22.5\times21.5\times64.7=31299.0\mathrm{kN}$

$K=\dfrac{49933-9986.5}{31299.0}=1.276>1$，满足。

6.4.4　地基应力计算

（1）垂直力。

1）沉井重（包括封底、盖板）：$\sum G=83621.9(\mathrm{kN})$

2）井内填充。

井内填料重度取 $\gamma=20(\mathrm{kN/m^3})$，则

$G_7=[3.7^2\pi+(3.6\times2+7.2)\times7.4]\times12.5\times20=1869.6\mathrm{m^3}\times20=37392(\mathrm{kN})$

3）墩身：$G_8=16905(\text{kN})$

4）上部结构：$N=155608.01(\text{kN})$（地震作用效应与永久作用效应组合控制设计）

5）沉井底总垂直力：$N=155608.01+16905+37392+83621.9=293526.9(\text{kN})$

（2）沉井底总弯矩及水平力。

地震作用效应与永久作用效应组合为：$M=227271.8\text{kN}\cdot\text{m}$，$H=19070.7(\text{kN})$

（3）地基应力。

$$A_0=5.3^2\pi+16\times10.6=257.8(\text{m}^2)$$

$$W_0=0.098d^3+\frac{bh^2}{6}=0.098\times10.6^3+\frac{16\times10.6^2}{6}=416.3(\text{m}^3)$$

$$\lambda=\frac{M}{H}=\frac{227271.8}{19070.7}=11.92(\text{m})$$

$$\beta=\frac{mh}{C_0}=\frac{55000\times19.7}{12795000}=0.085(\text{按地质查得 } m=55000\text{kN/m}^4, C_0=12795000\text{kN/m}^3)$$

$$b_1=kk_f(d+1)=1.0\times\left(1-0.1\frac{10.6}{26.6}\right)(26.6+1)=26.5(\text{m})$$

$$D_0=\frac{\beta b_1h^3+6dW_0}{12\lambda\beta}=\frac{0.085\times26.5\times19.7^3+6\times26.6\times416.3}{12\times11.92\times0.085}=6881.1(\text{m}^3)$$

$$p=\frac{N}{A_0}\pm\frac{dH}{2\beta D_0}=\frac{293526.9}{257.8}\pm\frac{26.6\times19070.7}{2\times0.085\times6881.1}=1138.6\pm433.7$$

$$p_{\max}=1572.3\text{kN/m}^2<K[f_a]=1.5\times3200=4800(\text{kPa})$$

$$p_{\min}=704.9\text{kN/m}^2<K[f_a]=1.5\times3200=4800(\text{kPa})$$

6.4.5 封底混凝土计算

（1）基底应力作为作用封底混凝土上的竖向反力：

$$P_1=1363.6\text{kN/m}^2$$

（2）孔内填充物的重量（包括封底混凝土重）：

孔内填充物重度：$\gamma\approx20(\text{kN/m}^3)$

$$P_2=14\times20+4.5\times24=280+108=388(\text{kN/m}^2)$$

（3）封底混凝土底面所受净竖向反力：

$$P=P_1-P_2=975.6(\text{kN/m}^2)$$

（4）按周边简支双向板计算：计算跨径 $l_y\times l_x$，即 8.9×7.6m（图 6－38）

$\frac{l_x}{l_y}\approx0.85$，当 $\mu=0$ 时查“建筑结构静力手册（第二版）”P216 表 4－16 得

$$M_x=0.0506\times975.6\times7.6^2=2851.3(\text{kN}\cdot\text{m})$$

$$M_y=0.0348\times975.6\times7.6^2=1961.0(\text{kN}\cdot\text{m})$$

当混凝土泊松比 $\mu=\frac{1}{6}$ 时

$$M_x(\mu)=M_x+\mu M_y=2851.3+\frac{1}{6}\times1961.0=3178.2(\text{kN}\cdot\text{m})$$

$$M_y(\mu)=M_y+\mu M_x=1961.0+\frac{1}{6}\times2851.3=2436.2(\text{kN}\cdot\text{m})$$

（5）封底混凝土顶面的拉应力。

$$\sigma_{wlx}=\frac{M_x(\mu)}{W_0}=\frac{3178.2}{10.7}=297.0\text{kN/m}^2=0.297(\text{MPa})<f_{tmd}=0.92(\text{MPa})$$

$$\sigma_{wly}=\frac{M_y(\mu)}{W_0}=\frac{2436.2}{10.7}=227.7(\text{kN/m}^2)=0.228(\text{MPa})<f_{tmd}=0.92(\text{MPa})$$

（6）封底混凝土按受剪计算（图 6－40）。

由地基应力计算知：

$p_{\max}=1363.6(\text{kN/m}^2)$

$p_{\min}=913.6(\text{kN/m}^2)$

$$p_1=\frac{p_{\max}+p_{\min}}{2}=\frac{1363.6+913.6}{2}=1138.6(\text{kN/m}^2)$$

由前计算可知：$p_2=388.0(\text{kN/m}^2)$

作用在井孔范围内的封底混凝土的竖向反力：$P=p_1-p_2=1138.6-388.0=750.6(\text{kN/m}^2)$

井孔范围内封底混凝土底面积：$A=7.4\times7.2=53.28(\text{m}^2)$

井孔内 1.99m 范围内封底混凝土剪切面积：$A'=[(7.4+7.2)\times2]\times1.99=58.108(\text{m}^2)$

剪应力：$\tau=\dfrac{P\cdot A}{A'}=\dfrac{750.6\times53.28}{58.108}=688.2(\text{kN/m}^2)=0.688(\text{MPa})<f_{vd}=1.85(\text{MPa})$

6.4.6 沉井盖板计算

1. 顶盖板内力计算

（1）计算图式。

按单向连续板计算，计算图式如图 6－41 所示。

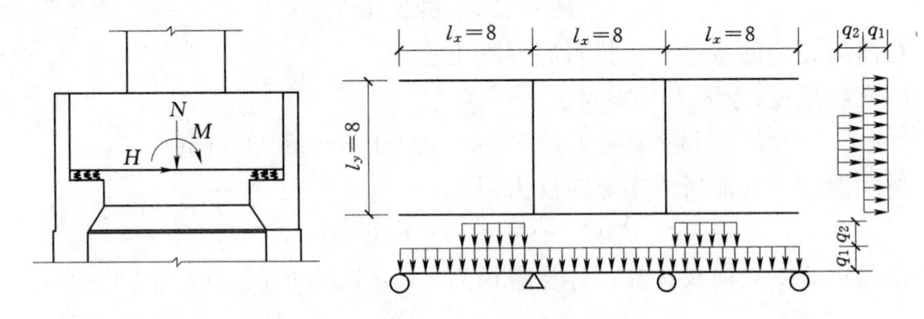

图 6－41 顶盖按连续板计算图式

（2）荷载集度计算。

顶盖的重力：$G_{盖板}=17642.5\text{kN}$，则

$$q_1=\frac{17642.5}{(8.0+8.0+8.0)\times8.0}=92(\text{kN/m}^2)$$

上部结构反力及墩身自重：$N_{上部}=155608.01(\text{kN})$，$N_{墩身}=16905.0(\text{kN})$，则

$$q_2=\frac{(155608.01+16905.0)\times\frac{1}{2}}{7.0\times7.0}=1760.3(\text{kN/m}^2)$$

(3) 板内弯矩计算与应力验算。

1) 在 q_1 作用下。

a. 边跨中($l_x/l_y=1.0$)。

当 $\mu=0$ 时,$\alpha_x=0.0340$,$\alpha_y=0.0249$,$\alpha_x^0=-0.0839$

$$M_{x\max}=0.0340\times92\times8.0^2=200.2(\text{kN}\cdot\text{m})$$

$$M_{y\max}=0.0249\times92\times8.0^2=146.6(\text{kN}\cdot\text{m})$$

$$M_{x\max}^0=-0.0839\times92\times8.0^2=-494.0(\text{kN}\cdot\text{m})$$

当 $\mu=\frac{1}{6}$ 时

$$M_x(\mu)=200.2+\frac{1}{6}\times146.6=225.0(\text{kN}\cdot\text{m})$$

$$M_y(\mu)=146.6+200.2\times\frac{1}{6}=180(\text{kN}\cdot\text{m})$$

b. 中间跨($l_x/l_y=1.0$)。

当 $\mu=0$ 时,$\alpha_x=0.0285$,$\alpha_y=0.0158$,$\alpha_x^0=-0.0698$

$$M_{x\max}=0.0285\times92\times8^2=168.0(\text{kN}\cdot\text{m})$$

$$M_{y\max}=0.0158\times92\times8^2=93.0(\text{kN}\cdot\text{m})$$

$$M_{x\max}^0=-0.0698\times92\times8^2=-411.0(\text{kN}\cdot\text{m})$$

当 $\mu=\frac{1}{6}$ 时

$$M_x(\mu)=168+\frac{1}{6}\times93=184.0(\text{kN}\cdot\text{m})$$

$$M_y(\mu)=93+\frac{1}{6}\times168=121.0(\text{kN}\cdot\text{m})$$

支点力矩:

$$M_a=\frac{1}{2}(-494.0-411.0)=-453.0(\text{kN}\cdot\text{m})$$

板内拉应力:

$$\sigma_{板中}=\frac{M_{\max}(\mu)}{W_0}=\frac{225}{\frac{1}{6}\times3.5^2}=110.2(\text{kN/m}^2)=0.11(\text{MPa})<f_{tmd}=0.92(\text{MPa})$$

$$\sigma_{支点}=\frac{M_{\max}(\mu)}{W_0}=\frac{453}{\frac{1}{6}\times3.5^2}=222.0(\text{kN/m}^2)=0.222(\text{MPa})<f_{tmd}=0.92(\text{MPa})$$

2) 在 q_2 局部荷载作用下。

a. 边跨中。

$$l_y/l_x=1.0,a_y/l_y=4.0/8.0=0.4,a_x/l_x=6.3/8=0.8$$

当 $\mu=0$ 时,$\alpha_x=0.0644$,$\alpha_y=0.0748$

$$M_{x\max}=0.0644\times1760.3\times6.3\times4.0=2856.8(\text{kN}\cdot\text{m})$$

$$M_{y\max}=0.0748\times1760.3\times6.3\times4.0=3318.1(\text{kN}\cdot\text{m})$$

当 $\mu=\frac{1}{6}$ 时

$$M_{x\max}(\mu)=2856.8+\frac{1}{6}\times 3318.1=3409.8(\text{kN}\cdot\text{m})$$

$$M_{y\max}(\mu)=3318.1+\frac{1}{6}\times 2856.8=3794.2(\text{kN}\cdot\text{m})$$

q_1+q_2 作用下板内弯矩效应组合：

$$\sum M_x=225+3409.8=3634.8(\text{kN}\cdot\text{m})$$

$$\sum M_y=180+3794.2=3974.2(\text{kN}\cdot\text{m})$$

板内应力：

$$\sigma_x=\frac{\sum M_x}{W_0}=\frac{3634.8}{\frac{1}{6}\times 3.5^2}=1780.3(\text{kN/m}^2)=1.78(\text{MPa})>f_{tmd}=0.92(\text{MPa})$$

$$\sigma_y=\frac{\sum M_y}{W_0}=\frac{3974.2}{\frac{1}{6}\times 3.5^2}=1946.5(\text{kN/m}^2)=1.96(\text{MPa})>f_{tmd}=0.92(\text{MPa})$$

由上计算可知：两个方向的拉应力均大于混凝土的弯曲抗拉强度，必须配筋。

b. 支点截面。

支点弯矩和剪力：

$$M_{支x}=\frac{3634.8}{0.5}\times 0.7=5088.7(\text{kN/m})$$

$$M_{支y}=\frac{3974.2}{0.5}\times 0.7=5563.9(\text{kN}\cdot\text{m})$$

$$Q_{\max}=\frac{q_1 l}{2}+\frac{q_2 l'}{2}=\frac{92.0\times 8.0}{2}+\frac{1760.3\times 4.0}{2}=368.0+3520.6=3888.6(\text{kN})$$

板内应力：

$$\sigma_{支x}=\frac{M_{支x}}{W_0}=\frac{5088.7}{\frac{1}{6}\times 3.5^2}=2492.4(\text{kN/m}^2)=2.49(\text{MPa})>f_{tmd}=0.92(\text{MPa})$$

$$\sigma_{支y}=\frac{M_{支y}}{W_0}=\frac{5563.9}{\frac{1}{6}\times 3.5^2}=2725.2(\text{kN/m}^2)=2.73(\text{MPa})>f_{tmd}=0.92(\text{MPa})$$

由上计算可知：两个方向的拉应力均大于混凝土的弯曲抗拉强度，必须配筋。

2. 配筋计算及各种验算

沉井盖板跨高比小于 5，其配筋可按《公路钢筋混凝土及预应力混凝土桥涵设计规范》（JTG D62—2004）第 8.2.4 条墩台盖梁中的深受弯梁来计算，并按第 8.2.5、8.2.6 和 8.2.8 条进行抗剪截面、斜截面抗剪承载力和裂缝宽度验算。

6.4.7 底节沉井纵向破裂计算

1. 截面特性计算（图 6-42）

截面积：$F=0.1\times 1.99+1.5\times 1.99\times 0.5+1.6\times 4.01=0.199+1.493+6.416=8.108(\text{m}^2)$

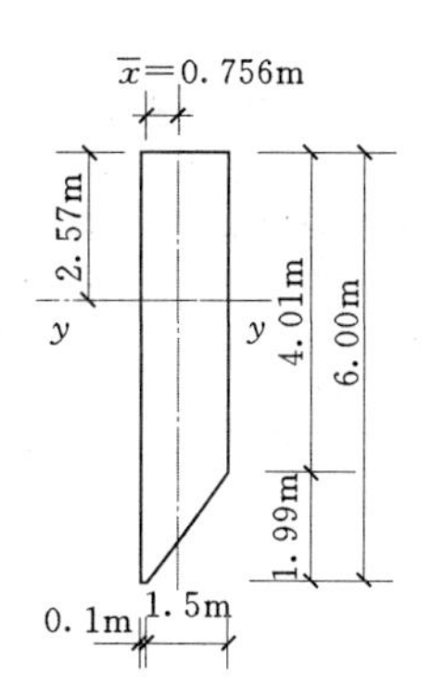

图 6-42　底节井壁截面（单位：cm）

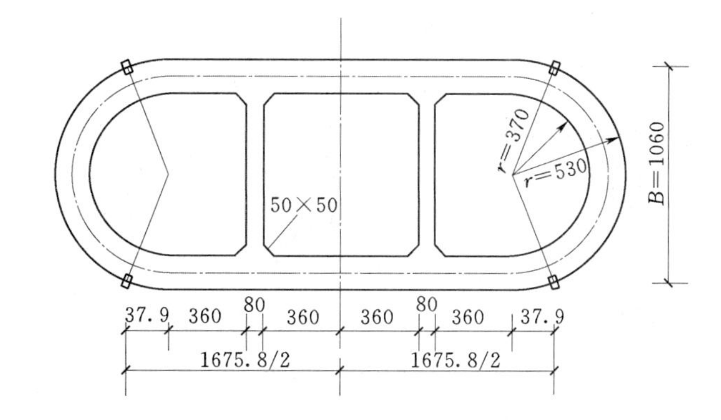

图 6-43　底节沉井支承平面图（单位：cm）

截面重心轴 $\overline{x}$、$\overline{y}$及截面惯性矩 I 计算如下：

$$\overline{x}=\frac{0.1\times1.99\times0.5+1.493\times\left(0.1+\frac{1}{3}\times1.5\right)+6.416\times1.6\times0.5}{8.108}$$

$$=\frac{0.0995+0.8959+5.1328}{8.108}=0.756(\text{m})$$

$$\overline{y}=\frac{0.1\times1.99\times(1.99\times0.5+4.01)+1.493\times\left(\frac{1}{3}\times1.99+4.01\right)+6.416\times4.01\times0.5}{8.108}$$

$$=\frac{0.996+6.977+12.864}{8.108}=2.57(\text{m})$$

$$I_{y-y}=\frac{1}{12}\times1.6\times6^3+1.6\times6\times(3-2.57)^2-\frac{1}{36}\times1.5\times1.99^3-\frac{1}{2}\times1.5\times1.99$$

$$\times\left(6-2.57-\frac{1}{3}\times1.99\right)^2=28.8+1.78-0.33-11.42=18.83(\text{m}^4)$$

2. 底节沉井井壁沿周长每米宽荷载

$$q=Fr=8.108\times25=202.7(\text{kN/m})$$

3. 底节沉井抽除支承垫木或按排水下沉时的计算（图 6-43）

$$\frac{L}{B}=\frac{26.60}{10.60}=2.509>1.5$$

所以，两支点间距可按 0.63L 取值，即为 0.63×26.6=16.758(m)

(1) 每对支点反力 R。

$$R=\frac{1}{2}(n_1+n_2+n_3)$$

其中　n_1 为刃脚部分自重；n_2 为底节井壁自重；n_3 为底节隔墙重。

1) 脚部分。

$$A_1=0.1\times1.99+\frac{1}{2}\times1.5\times1.99=1.692(\text{m}^2)$$

截面重心至外壁的距离：

$$x=\frac{0.1\times1.99\times0.1/2+\frac{1.5}{2}\times1.99\times(0.1+1.5/3)}{1.692}=0.535(\mathrm{m})$$

$$n_1=[2\pi(1.6+3.7-0.535)+16\times2]\times1.692\times25=61.94\times1.692\times25=2620.1(\mathrm{kN})$$

2）井壁。

$$A_2=1.6\times4.01=6.416\mathrm{m}^2$$

$$n_2=[2\pi(3.7+0.8)+16\times2]\times6.416\times25=60.27\times6.416\times25=9667.3(\mathrm{kN})$$

3）隔墙。

$$A_3=\left(0.8\times7.4+0.4^2\times\frac{1}{2}\times4\right)\times2=12.48(\mathrm{m}^2)$$

$$n_3=12.48\times(6.0-0.5)\times25=1716.0(\mathrm{kN})$$

$$R=\frac{1}{2}\times(262.01+9667.3+1716)=7001.7(\mathrm{kN})$$

（2）每对支点截面上的力矩 M_0。

$$\alpha'=\sum{}^{-1}\frac{0.379}{5.3}=4.10$$

$\alpha=90°-4.1°=85.9°$或 $\alpha=1.499$ 弧度

圆弧重心至支承点连线的垂直距离：

$$y_1=\alpha\left(\frac{\sum\alpha}{\alpha}-\cos\alpha\right)=4.544\times\left(\frac{\sum85.9°}{1.499}-\cos85.9°\right)=4.544\times0.594=2.699(\mathrm{m})$$

$$M_0=2\alpha rqy_1=2\times1.499\times4.544\times202.7\times2.699=7453.0(\mathrm{kN\cdot m})$$

支点截面混凝土的拉应力：

$$\sigma=\frac{M_0\,\overline{y}}{2I_{y-y}}=\frac{7453.0\times2.57}{2\times18.83}=509.0\mathrm{kN/m^2}=0.51\mathrm{MPa}<f_{tmd}=0.92(\mathrm{MPa})$$

（3）跨中力矩 M。

$$\begin{aligned}M&=R\cdot16.758/2-4.544\pi\times q\left[\frac{2\times(D^3-d^3)}{3\pi(D^2-d^2)}+(3.6+0.8+3.6)\right]\\&\quad-q\cdot(3.6+0.8+3.6)^2-0.8\times7.4\times5.5\times25\times(7.2/2+0.4)\\&=7001.7\times12.579-4.544\pi\times202.7\times\left[\frac{2\times(5.3^3-3.7^3)}{3\pi(5.3^2-3.7^2)}+8\right]-202.7\times8^2-814\times4\\&=88074-27337-12973-3256=44508.0(\mathrm{kN\cdot m})\end{aligned}$$

跨中截面混凝土的拉应力：

$$\sigma=\frac{M(5-\overline{y})}{2I_{y-y}}=\frac{44508\times(5-2.57)}{2\times18.83}=2871.9(\mathrm{kN/m^2})=2.87(\mathrm{MPa})>f_{tmd}=0.92(\mathrm{MPa})$$

从以上计算看需要配筋。

（4）支点截面剪应力。

$$\begin{aligned}\tau&=1.5\times\frac{R-2\alpha rq}{2F}=1.5\times\frac{7001.7-2\times1.499\times4.544\times202.7}{2\times8.108}=1.5\times261.5\\&=392(\mathrm{kN/m^2})=0.39(\mathrm{MPa})<f_{vd}=1.85(\mathrm{MPa})\end{aligned}$$

4．如按不排水下沉验算

（1）支承于短边的两端点（图 6-44）

支点反力：　　$R=7001.7(\mathrm{kN})$

跨中弯矩：

$$M=7001.7\times26.60/2-4.544\bar{\lambda}\times202.7\times\left[\frac{2\times(10.6^3-7.4^3)}{3\bar{\lambda}(10.6^2-7.4^2)}+8\right]-202.7\times82$$

$$-0.8\times7.4\times5.5\times25\times(7.2/2+0.4)$$

$$=93123-31526-12973-3256=45368(\mathrm{kN\cdot m})$$

跨中截面混凝土拉应力：

$$\sigma=\frac{M(5-\bar{y})}{2I_{g-g}}=\frac{45368\times(5-2.57)}{2\times18.83}=2927(\mathrm{kN/m^2})=2.93(\mathrm{MPa})>f_{tmd}=0.92(\mathrm{MPa})$$

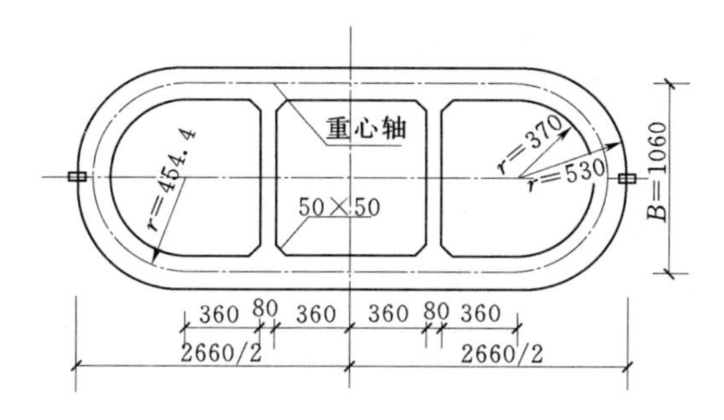

图6-44　底节沉井不排水下沉时支承于短边的两端点（单位：cm）

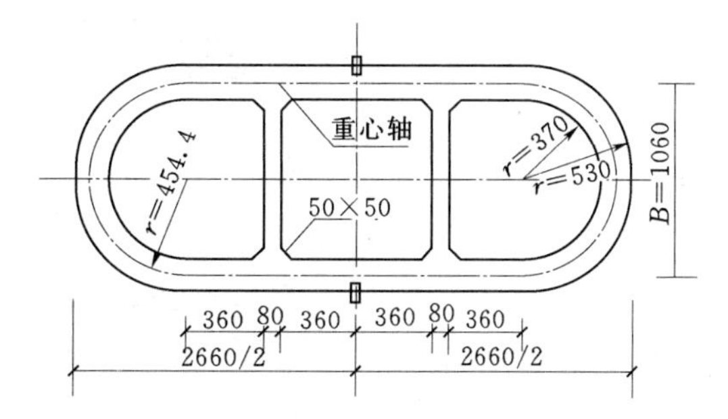

图6-45　底节沉井不排水下沉时支承于长边的中点（单位：cm）

（2）支承于长边的中点（图6-45）。

支点截面混凝土力矩：

$$M_0=4.544\bar{\lambda}\times202.7\times\left[\frac{2\times(10.6^3-7.4^3)}{3\bar{\lambda}(10.6^2-7.4^2)}+8\right]+202.7\times8^2$$

$$+0.8\times7.4\times5.5\times25\times4.0=31526+1297.3+3256=47755(\mathrm{kN\cdot m})$$

支点截面混凝土的拉应力：

$$\sigma_w=\frac{47755\times\bar{g}}{2I_{g-g}}=\frac{47755\times2.57}{2\times18.83}=3259(\mathrm{kN/m^2})=3.26(\mathrm{MPa})>f_{tmd}=0.92(\mathrm{MPa})$$

从以上计算看需要配筋。

6.4.8　沉井各部分内力计算

1. 沉井外力计算（图6-46）

（1）沉井沉至中途计算（排水）。

土深：$h_E=13\mathrm{m}$

水深：$h_W=11.4\mathrm{m}$

水面上土厚：$h_E^0=1.6\mathrm{m}$

刃脚入土深：$h_1=1.0\mathrm{m}$

沉井总高度：21.5m

土压力、水压力计算：

$$p_E^0=\gamma_a h_E^0\tan^2(45^\circ-\varphi/2)=19\times1.6\times\tan^2(45^\circ-34.5^\circ/2)=8.4(\mathrm{kPa})$$

$$p_E=p_E^0+\gamma h_w\tan^2(45^\circ-\varphi/2)=8.4+20\times11.4\times\tan^2(45^\circ-32.3^\circ/2)=77.6(\mathrm{kPa})$$

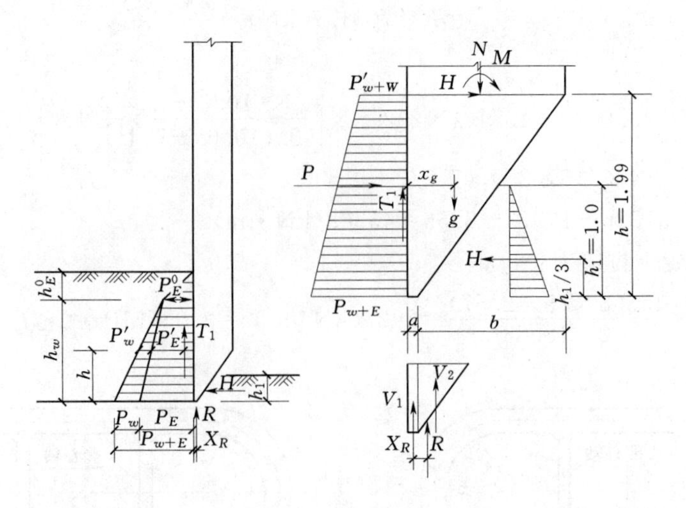

图 6-46 沉井外力计算

$$p_w=0.5h_w\gamma_{水}=0.5\times11.4\times10=57(\text{kPa})$$

$$p'_E=p_E^0+\gamma(h_w-h)\tan^2(45°-\varphi/2)=8.4+20\times(11.4-1.99)\times\tan^2(45°-32.3°/2)$$
$$=65.5(\text{kPa})$$

$$p'_w=0.5(h_w-h)\gamma_{水}=0.5\times(11.4-1.99)\times10=47.1(\text{kPa})$$

$$p_{E+W}=77.6+57=134.6(\text{kPa})$$

$$p'_{E+W}=65.5+47.1=112.6(\text{kPa})$$

$$0.7(h_w-h)=0.7\times(11.4-1.99)=6.59(\text{m})$$

$$0.7h_w=0.7\times11.4=7.98(\text{m})$$

（2）每米宽沉井自重。

沉井自重　　　$Q=16385+12837.5+12037.5=4126(\text{kN})$

$$G=\frac{Q}{u}=\frac{4126}{2\pi(3.7+0.8)+16\times2}=684.5(\text{kN/m})$$

（3）单位周长内井壁平均土压力。

$$E_0=\frac{\rho_E^0h_E^0}{2}+\frac{\rho_E^0+\rho_E}{2}\times h_w=\frac{8.4\times1.6}{2}+\frac{8.4+77.6}{2}\times11.4=6.72+490.2=496.9(\text{kN/m})$$

（4）井壁摩阻力计算。

$$T_{0\min}\begin{cases}T_0=0.5E\\T_0=qA\end{cases}$$

$$0.5E=0.5\times496.9=248.5(\text{kN/m})$$

$$q=(18+30)/2=24(\text{kN/m}^2)$$

$$qA=24\times[2\pi\times(3.7+0.8)+16\times2]=24\times60.27=1446.5(\text{kN/m})$$

故 $T_0=0.5E=248.5(\text{kN/m})$

（5）刃脚部分土压力及水压力计算。

$$P_{E+W}=(p_{E+W}+p'_{E+W})h/2=(79.8+65.9)\times1.99/2=145(\text{kN/m})$$

（6）P_{E+W}作用点距刃脚踏面距离。

$$y=\frac{h}{3}\left(\frac{\rho_{E+W}+2p'_{E+W}}{\rho l_{E+W}+\rho'_{E+W}}\right)=\frac{1.99}{3}\times\left(\frac{79.8+2\times65.9}{79.8+65.9}\right)=0.66\times1.45=0.959(\mathrm{m})$$

(7) 刃脚部分摩阻力计算。

$$T_1=\begin{matrix}0.5E\\qA\end{matrix}\ \text{取最小值}$$

$$0.5E=h/2\times(P'_E+P_E)\times0.5=1.99/2\times(77.6+65.5)\times0.5=71.2(\mathrm{kN/m})$$

$$qA=24\times1.99=47.8(\mathrm{kN/m})$$

故取 $$T_1=qA=47.8(\mathrm{kN/m})$$

(8) 水平力分配系数。

$$\alpha=\frac{0.1l_1^4}{h^4+0.05l_1^4}=\frac{0.1\times(7.2+0.8)^4}{1.99^4+0.05\times(7.2+0.8)^4}=\frac{409.6}{220.5}=1.86>1.0 \quad \text{取}\ \alpha=1.0$$

$$\alpha P_{E+W}=1.0\times145.0=145.0(\mathrm{kN/m})$$

(9) 浮力 Q' 计算。

$$Q'=[1.6\times6.0+1.5\times(13-6.0-0.5)-1/2\times1.5\times2]\times10$$

$$=96+97.5-15=178.5(\mathrm{kN/m})$$

取 $H/2$ 的浮力（考虑井内水位为井深的一半计）即：

$$Q'/2=178.5/2=89.25(\mathrm{kN/m})$$

(10) 刃脚下土的竖向反力。

$$R=G-Q'/2-T_0=684.5-89.25-248.5=346.75(\mathrm{kN/m})$$

$$b=\frac{1.0}{1.99}\times(1.6-0.1)=0.754(\mathrm{m})$$

$$V_2=\frac{Rb}{2a+b}=\frac{346.75}{2\times0.1+0.754}=274.1(\mathrm{kN/m})$$

$$V_1=R-V_2=346.75-274.1=72.7(\mathrm{kN/m})$$

(11) R 的作用点距井壁外侧距离。

$$x_R=\frac{1}{R}\left[V_1\frac{a}{2}+V_2\left(a+\frac{b}{3}\right)\right]=\frac{1}{346.75}\times\left[72.7\times\frac{0.1}{2}+274.1\times\left(0.1+\frac{0.754}{3}\right)\right]$$
$$=(3.635+96.3)/346.75=0.288(\mathrm{m})$$

(12) 土的水平反力。

$$\alpha=\tan^{-1}\left(\frac{1.99}{1.6-0.1}\right)=\tan^{-1}1.327=53^\circ \qquad \beta=32.3^\circ$$

$$H=V_2\tan(\alpha-\beta)=274.1\times\tan(53^\circ-32.3^\circ)=103.6(\mathrm{kN/m})$$

(13) 刃脚自重。

$$G=(0.1\times1.99+1.5\times1.99/2)\times25=42.3(\mathrm{kN/m})$$

扣除浮力后 $G=42.3-(0.1\times1.99+1.5\times1.99/2)\times10=25.4(\mathrm{kN/m})$

(14) 刃脚根部断面内力计算（表6-6）。

表 6-6 刃脚根部断面内力计算表

项目 / 类别	水平力 (kN/m)	垂直力 (kN/m)	力臂 (m)	力矩 (kN·m)
土与水压力 αP_{E+W}	145		$h-y=1.99-0.959=1.031$	149.5
土的水平反力 H	103.6		$h-1/3=1.99-1/3=1.657$	171.7
土的竖向反力 R		346.75	$1.6/2-x_R=0.512$	177.5
刃脚部分摩擦力 T_1		47.8	$1.6/2=0.8$	38.24
刃脚部分自重 g		−25.4	$1.6/2-x_g=0.265$	−6.73
合计	248.6	369.15		530.17

注 $x_g=\dfrac{0.1\times1.99\times0.1/2+1/2\times1.5\times1.99\times(0.1+1/3\times1.5)}{0.1\times1.99+1/2\times1.5\times1.99}=0.535\text{m}$

符号说明：	水平力	垂直力	力矩
+	←	↑	↘（内壁受拉）
−	→	↓	↙（外壁受拉）

2. 沉井沉至设计标高（排水）

土深 $h_E=26\text{m}$；水深 $h_w=24.4\text{m}$；水面上土厚 $h_E^0=1.5\text{m}$；

刃脚入土深 $h_1=0$（刃脚已挖空）；沉井总高度：21.5m。

（1）土压力、水压力计算。

$$p_E^0=\gamma h_E^0\tan^2(45°-\varphi/2)=19\times1.6\times\tan^2(45°-34.5°/2)=8.4(\text{kPa})$$

$$p=p_E^0+\gamma h_w\tan^2(45°-\varphi/2)=8.4+20\times24.4\times\tan^2(45°-30.5°/2)=167.8(\text{kPa})$$

$$p_W=0.5h_W\gamma_水=0.5\times24.4\times10=122.0(\text{kPa})$$

$$p'_E=p_E^0+\gamma(h_W-h)\tan^2(45°-\varphi/2)=8.4+20\times(24.4-1.99)\times\tan^2(45°-30.5°/2)=154.8(\text{kPa})$$

$$P'_W=0.5\times(h_W-h)\gamma_水=0.5\times(24.4-1.99)\times10=112.1(\text{kPa})$$

$$P_{E+W}=167.8+122=289.8(\text{kPa})$$

$$0.7H_W=0.7\times24.4=17.08(\text{m})$$

$$p'_{E+W}=154.8+112.1=266.9(\text{kPa})$$

$$0.7(h_w-h)=0.7\times(24.4-1.99)=15.69(\text{m})$$

（2）每米宽沉井自重。

$$G=\frac{Q}{U}=\frac{4993.3}{2\pi(3.7+0.8)+16\times2}=828(\text{kN/m})$$

（3）单位周长井壁平均土压力。

$$E_o=\frac{P_E^0h_E^0}{2}+\frac{P_E^0+P_E}{2}\times h_W=\frac{8.4\times1.6}{2}+\frac{8.4+167.8}{2}\times24.4=2156.4(\text{kN/m})$$

（4）刃脚部分土压力及水压力计算。

$$P_{E+W}=h/2\times(P_{E+W}+P'_{E+W})=1.99/2\times(170.8+156.9)=326.1(\text{kN/m})$$

（5）p_{E+W}作用点距刃脚踏面距离。

$$Y=\frac{h}{3}\left(\frac{P_{E+W}+2P'_{E+W}}{P_{E+W}+P'_{E+W}}\right)=\frac{1.99}{3}\times\left(\frac{170.8+2\times156.9}{170.8+156.9}\right)=0.981(\text{m})$$

（6）刃脚部分摩擦力计算。

$$T_1 = \frac{0.5E}{qA} \text{取最小值}$$

$$0.5E = 0.5 \times h/2 \times (P'_E + P_E) = 160.5(\text{kPa})$$

$$qA = 4 \times 1.99 = 47.8(\text{kN/m})$$

（7）水平力分配系数。

$$\alpha = \frac{0.15l^4}{h^4 + 0.05l^4} = \frac{0.1 \times (7.2+0.8)^4}{1.99^4 + 0.05(7.2+0.8)^4} = 1.86 > 1.0 \quad \text{取} 1.0$$

$$\alpha p_{E+W} = 1.0 \times 326.1 = 326.1(\text{kN/m})$$

（8）刃脚自重。

$$G = 42.3(\text{kN/m})$$

（9）刃脚根部内力计算（表 6-7）。

表 6-7　　刃脚根部断面内力计算表

项目 / 类别	水平力 (kN/m)	垂直力 (kN/m)	力臂（m）	力矩（kN·m）
土与水压力 P_{E+W}	−326.1		$h-y=1.009$	329.0
刃脚部分摩擦力 T_1		47.8	$1.6/2=0.8$	38.24
刃脚自重 G		−42.3	$1.6/2-x_g=0.265$	−11.21
合计	−326.1	5.5		356.03

注　符号说明同前。

3. 沉井各部分水平内力计算（沉井沉至设计标高，刃脚下土已挖空）（略）

4. 沉井各部分配筋计算（略）

6.4.9 沉井嵌固效应及水平位移计算（图 6-47）

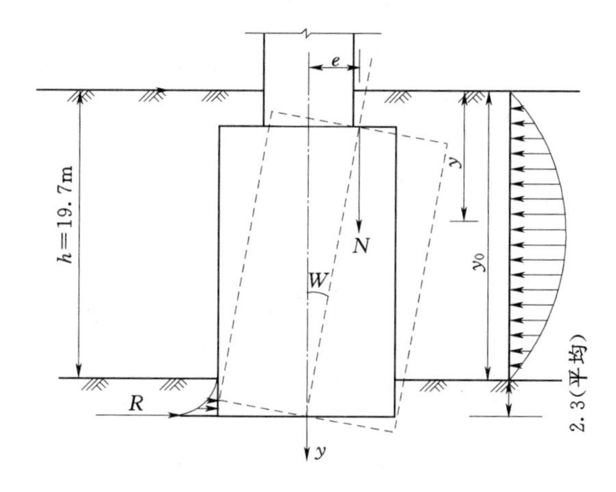

图 6-47　沉井嵌固效应验算

（1）基础转角。

$$\omega = \frac{H}{mhD_o} = \frac{19070.7}{55000 \times 19.7 \times 6881.1} = 2.558 \times 10^{-6} \text{rad}$$

（2）y 处基础截面上的弯矩。

$$z = y = h/3 = 6.57(\text{m})$$

$$M_y = H(\lambda - h + z) - \frac{z^3 b_1 H}{12D_o h} \times (2h - z)$$

$$= 19070.7 \times (11.92 - 19.7 + 6.57) - \frac{6.57^3 \times 26.5 \times 19070.7}{12 \times 6881.1 \times 19.7} \times (2 \times 19.7 - 6.57)$$

$$= -25968.1(\text{kN} \cdot \text{m})$$

$$z = y = h = 19.7\text{m}$$

$$M_y = 19070.7 \times (11.92 - 19.7 + 19.7) - \frac{19.7^3 \times 26.5 \times 19070.7}{12 \times 6881.1 \times 19.7} \times (2 \times 19.7 - 19.7)$$

$$= 180530.7(\text{kN})$$

（3）y 处基础侧面水平压应力。

$$p_{z=h/3} = (h - 6.57) \times 6.57 \times \frac{H}{D_o h} = (19.7 - 6.57) \times 6.57 \times \frac{19070.7}{6881.1 \times 19.7} = 12.1(\text{kPa})$$

（4）基础嵌固处水平力。

$$R = H_1 = H\left(\frac{b_1 h^2}{6D_o} - 1\right) = 19070.7 \times \left(\frac{26.5 \times 19.7^2}{6 \times 6881.1} - 1\right) = -14320.2(\text{kN})$$

（5）基础侧面水平压力验算。

$$\varphi = 30.5° \quad \gamma = 19(\text{kN/m}^3)$$

$$c = 1100(\text{kPa}) \quad \eta_1 = 1.0 \quad \eta_2 = 1 - 0.8 \times \frac{M_g}{M}$$

$$M_g = 13791.9(\text{kN} \cdot \text{m}) \quad M = 227271.8(\text{kN} \cdot \text{m})$$

$$\eta_2 = 1 - 0.8 \times \frac{13791.9}{227271.8} = 0.951$$

$$p_{h/3} = 12.1(\text{kPa}) \leqslant \frac{4}{\cos\varphi}\left(\frac{\gamma}{3} h \tan\varphi + c\right)\eta_1 \eta_2$$

$$= \frac{4}{\cos 30.5°} \times \left(\frac{19}{3} \times 19.7 \times \tan 30.5° + 1100\right) \times 1.0 \times 0.951 = 4.64 \times 1173.5 \times 0.951$$

$$= 5178.2(\text{kPa})$$

满足规范要求。

（6）沉井顶面水平位移计算。

$$\delta_o = 0 \qquad E_c = 2.55 \times 10^7(\text{kPa})$$

$$\alpha = \sqrt[5]{\frac{55000 \times 26.5}{0.8 \times 2.55 \times 10^7 \times 2207.7}} = 0.1265$$

$$I = \frac{\pi \times 10.6^4}{64} + \frac{16 \times 10.6^3}{12} = 2207.7(\text{m}^4)$$

当 $\lambda/h = 1.0$，$\alpha h = 2.49 > 1.6$ 时，$k_1 = 1.19$，$k_2 = 1.39$，$z_0 = y_0$，$\delta_0 = 10\text{mm}$

$$\Delta = k_1 \omega z_0 + k_2 \omega l_o + \delta_o$$

$$= 1.19 \times 2.558 \times 10^{-6} \times 19.7 + 1.39 \times 2.558 \times 10^{-6} \times 12.838 + 0.01 = 0.0101(\text{m})$$

复习思考题

1. 什么是沉井？沉井的特点和适用条件是什么？

2. 沉井是如何分类的？
3. 沉井一般有哪几部分组成的？各部分作用如何？
4. 沉井计算时主要应具备哪些资料？
5. 沉井的设计与计算的主要内容是什么？
6. 沉井基础根据其埋置深度不同有哪几种计算方法？各自的基本假定是什么？
7. 封底混凝土厚度取决于什么因素？其厚度是如何计算的？
8. 什么叫下沉系数？如果计算值小于允许值，该如何处置？
9. 就地灌注式钢筋混凝土沉井施工顺序是什么？
10. 浮运沉井底节沉井下水常用的方法有哪几种？
11. 地基检验的时间、检验的内容是什么？
12. 浮运沉井常用的有哪几类？
13. 导致沉井倾斜的主要原因是什么？该用何方法纠偏？
14. 产生突沉的原因是什么？
15. 空气幕下沉沉井的有哪些优点？

第7章　地　基　处　理

7.1　概　　述

7.1.1　地基处理及复合地基概念

1. 地基处理

地基是指直接承受建筑物荷载的那一部分地层。对地质条件良好的地基，可直接在其上修筑建筑物而无需事先对其进行加固处理，此种地基称为天然地基。在工程建设中，有时会不可避免地遇到地质条件不良或软弱地基，若在这样的地基上修筑建筑物，则不能满足其设计和正常使用的要求；同时随着科学技术的不断发展，建筑物的荷载日益增大，对地基变形的要求也越来越严，因而，即使原来一般可被评价为良好的地基，也可能在特定的条件下必须进行地基加固。这些需经人工加固后才可在其上修筑建筑物的地基称为人工地基。地基处理就是指对不能满足承载力和变形要求的软弱地基进行人工处理，亦称之为地基加固。

地基处理的对象，主要是软弱地基和特殊土地基。软弱地基是指主要由淤泥、淤泥质土、冲填土、杂填土和其他高压缩性土层构成的地基；而特殊土地基则主要由包括湿陷性黄土、膨胀土、红黏土和冻土等特殊（或区域）性土所构成的地基。

2. 复合地基

复合地基是指天然地基在地基处理过程中部分土体得到增强，或被置换，或在天然地基中设置加筋材料，加固区由天然地基土体和增强体两部分组成的人工地基。在荷载作用下，天然地基土体与增强体通过变形协调共同承担荷载作用是复合地基形成的基本条件。

增强体根据其在地基中的设置方向，可分为水平向增强体和竖直向增强体，相应地构成水平向增强体复合地基和竖直向增强体复合地基，如图7-1所示。

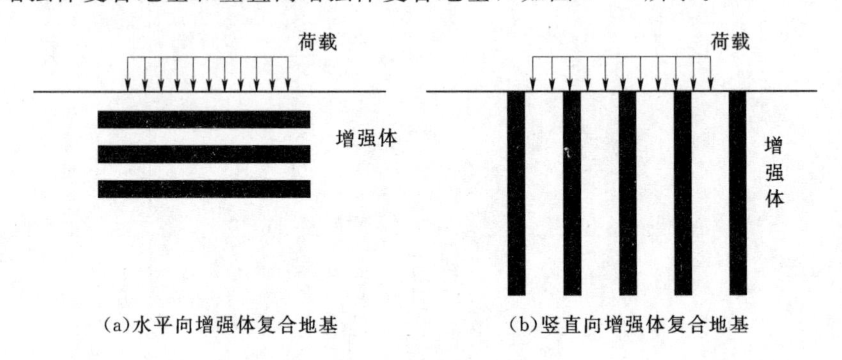

图7-1　增强体复合地基

水平向增强体有土工网、土工格栅等。竖直向增强体习惯上称为桩，根据其性质可分为散体材料桩（如砂桩、碎石桩等）、柔性桩（如水泥土桩、石灰桩、灰土桩等）和刚性桩（如CFG桩、钢筋混凝土桩等）。

3．地基处理的目的

地基处理的目的就是通过采用各种地基处理方法，改善地基土的下述工程性质，以期其满足工程设计的要求。

（1）提高地基土的抗剪强度。地基承载力、土压力及人工和自然边坡的稳定性，均主要取决于土的抗剪强度。因此，为了防止土体剪切破坏，就需要采取一定加固措施，提高和增加地基土的抗剪强度。

（2）改善地基土的压缩性。建筑物超过允许值的倾斜、差异沉降将影响建筑物的正常使用甚至危及建筑物的安全性。地基土的压缩模量等指标是反映其压缩性的重要指标，通过地基处理，可改善地基土的压缩模量等压缩性指标，减少建筑物沉降和不均匀沉降。

（3）改善地基土的渗透特性。地下水在地基土中运动时，将引起堤坝等地基的渗漏现象；基坑开挖过程中，因土层夹有薄层粉砂或粉土而产生流砂和管涌；这些都会造成地基承载力下降、沉降加大和边坡失稳，而渗漏、流砂和管涌等现象均与土的渗透特性密切相关。为此，可采用某种（些）地基处理措施，以减小地基中渗透压力或使其变成不透水土。

（4）改善地基土的动力特性。在地震运动、交通荷载以及打桩和机器振动等动力荷载作用下，将会使饱和松散的砂土和粉土产生液化，或使邻近地基产生振动下沉，造成地基土承载力丧失，或影响邻近建筑物的正常使用甚至破坏。因此，工程中有时需采取一定的措施，防止地基土液化，并改善其动力特性，提高地基的抗震（振）性能。

（5）改善特殊土地基的不良特性。特殊土地基有特殊的不良特性，如黄土的湿陷性、膨胀土的胀缩性和冻土的冻胀性等。因此，在这些特殊土地基上修筑建筑物时，需要采取一定的措施，以减小或消除上述不良特性对工程的影响。

7.1.2　地基处理方法的分类及适用条件

地基处理方法的分类，根据处理时间，可分为临时处理和永久处理；根据处理深度，可分为浅层处理和深层处理；根据被处理土的特性，可分为砂性土处理和黏性土处理，饱和土处理和非饱和土处理。根据地基处理的原理进行分类，能充分体现各种处理方法自身的特点，较为恰当、合理，因此，目前一般按地基处理的作用机理对地基处理方法进行分类。表7-1给出了按地基处理作用机理分类的主要地基处理方法及其适用条件。

需要注意的是，表7-1给出的各种处理方法，有时也可能具有多种处理的效果，如碎石桩具有置换、挤密、排水和加筋等多重作用；石灰桩又挤密又吸水，吸水后进一步挤密。因此，严格按照地基处理的作用机理进行分类，实际也是很困难的。

7.1.3　地基处理方案的选择

地基处理方法众多，每种处理方法都有其各自的适用条件、局限性和优缺点，每种处理方法的作用通常又具有多重性，加之地基土成因复杂，性质多变，具体工程对地基的要求又不尽相同，施工机械、技术力量、施工条件和环境等千差万别，这使得在选择地基处理方案时，应从实际出发，对具体的地基条件、处理要求（包括处理前后地基应达到的各项指标、处理范围、工程进度等）、工程费用以及施工机械、技术力量和材料等因素进行综合分析比较，优化、比选处理方案。在选择处理方案时还应提高环保意识，注意节约能源和保护环境，尽量避免地基处理时对地面和地下水产生污染、振动和噪音对周围环境造成不良影响等。

（1）选择地基处理方案前，应进行深入调查，充分收集资料。在调查、收集资料时，应考虑以下5个方面的内容。

1）上部结构和基础设计情况。

2）建筑场地的工程地质条件。

3）施工用地、施工工期、工程用料来源等。

4）施工时对周围环境的影响。

5）施工单位技术力量、机具设备、施工管理水平及施工经验等。

表7-1　地基处理方法分类表

分类	处理方法	原理及作用	适用条件
碾压、夯实法	机械碾压法、重锤夯实法、平板振动法	利用压实原理，把浅层地基土压实、夯实或振实。属于浅层处理	碎石、砂土、粉土、低饱和度的粉土与黏性土、湿陷性黄土、素填土、杂填土等地基
换土垫层法	砂（石）垫层、碎石垫层、粉煤灰垫层、干渣垫层、土或灰土垫层	挖除浅层软弱土或不良土，回填砂石、粉煤灰、干渣、粗颗土或灰土等强度较高的材料，并分层碾压或夯实土，提高承载力和减小变形，改善特殊土的不良特性（如湿陷、冻胀、胀缩性等）。属浅层处理	淤泥、淤泥质土、湿陷性黄土、素填土、杂填土地基及暗沟、暗塘等的浅层处理
排水固结法	天然地基和砂井及塑料排水板地基的堆载预压、降水预压、电渗预压	通过在地基中设置竖向排水通道并对地基施以预压荷载，加速地基土的排水固结和强度增长，提高地基稳定性，提前完成基础沉降。属深层处理	深厚饱和软土和冲填土地基，对渗透性极低的泥炭土应慎用
深层密实法	碎石桩、砂桩、砂石桩、石灰桩、土桩、灰土桩、二灰桩、强夯（置换）法，爆破挤密法	采用一定技术方法，通过振动和挤密，使土体孔隙减小，强度提高，在振动挤密过程中，回填砂、碎石、灰土、素土等，形成相应的砂桩、碎石桩、灰土桩、土桩等，并与地基土组成复合地基，从而提高强度，减小变形；强夯（置换）即利用强大的夯实功能，在地基中产生强烈的冲击波和动应力，迫使土体动力固结密实（在强夯过程中，同时可填入碎石，置换地基土）；爆破则为引爆预先埋入地基中的炸药，通过爆破震动使土体液化和变形，从而获得较大的密实度，提高地基承载力，减小地基变形。属深层处理	松砂、粉土、杂填土、素填土、低饱和度黏性土及湿陷性黄土 强夯置换适用于软黏土
胶结法	注浆、深层搅拌、高压旋喷	采用专门技术，在地基中注入水泥浆液或化学浆液，使土粒胶结，提高地基承载力、减小沉降量、防止渗漏等；或在部分软土地基中掺入水泥、石灰等形成加固体，与地基土组成复合地基，提高地基承载力、减小变形、防止渗漏；或高压冲切土体，在喷射浆液的同时旋转、提升喷浆管，形成水泥圆柱体（若注浆管不旋转，也可形成墙状加固体），与地基土组成复合地基，提高地基承载力、减小沉降量、防止砂土液化、管涌和基坑隆起等	淤泥、淤泥质土、黏性土、粉土、黄土、砂土、人工填土地基；注浆法还可适用于岩石地基

续表

分类	处理方法	原理及作用	适用条件
加筋法	土工膜、土工织物、土工格栅、土工合成物、土锚、土钉、树根桩、碎石桩、砂桩等	土工聚合物铺设在人工填筑的堤坝或挡土墙内，起到排水、隔离、加固补强、反滤等作用；土锚、土钉等置于人工填筑的堤坝或挡土墙内，可提高土体自身的强度和自稳能力；在软弱土层上设置树根桩、碎石桩、砂桩等，形成人工复合土体，用以提高地基承载力、减小沉降量和增加地基的稳定性	软黏土、砂土地基、人工填土及陡坡填土
其他	热加固、冻结、托换技术、纠偏技术	通过独特的技术措施处理软弱地基	根据建筑物和地基基础情况确定

（2）在充分调查研究、收集资料的基础上，确定地基处理方案。方案确定的步骤如下。

1）据收集的资料，初步选定可供考虑的几种地基处理方案。

2）初步选定的几种处理方案，分别对预期处理效果、材料来源和消耗、施工机具和进度、对周围环境的影响等各种因素，进行技术经济分析和对比，从中选择最优的地基处理方案。

3）对已选定的地基处理方案，根据建筑物的安全等级、施工场地的复杂程度，可在有代表性的场地上进行相应的现场实体试验，以验证各项设计参数，选择合理的施工方法（其目的是为了调试机具设备、确定施工工艺、用料及配比等各项施工参数）和确定处理效果。

7.1.4 地基处理设计原则

地基处理方案，应针对具体工程的具体处理要求，本着技术上安全可靠，达到处理目的；经济上节约、合理，节省处理费用的原则，精心设计。方案设计时，还应充分考虑环保问题，减小或避免对周围空气、地面和地下水的污染以及对周围的振动、噪音等影响。

《建筑地基基础设计规范》（GB 50007—2011）规定：复合地基设计应满足建筑物承载力和变形要求。当地基土为欠固结土、膨胀土、湿陷性黄土、可液化土等特殊土时，设计采用的增强体和施工工艺应满足处理后地基土和增强体共同承担荷载的技术要求。

7.2 浅层地基处理

7.2.1 换土垫层法

换土垫层法是将基础下一定深度范围内的软弱土层全部或部分挖除，然后分层回填并夯实砂、碎石、粉质黏土、灰土、粉煤灰、矿渣等强度较大、性能稳定和无侵蚀性的材料。换土垫层法适用于浅层软弱地基及不均匀地基的处理。

当软弱地基的承载力和变形不能满足建筑物要求，且软弱土层的厚度又不很大时，换土垫层法是一种较为经济、简单的软土地基浅层处理方法。不同的回填材料形成不同的垫层，如砂垫层、碎石垫层、素土或灰土垫层、粉煤灰垫层及煤渣垫层等。

换土深度较大时，经常出现开挖过程中因地下水位高而不得不采用降水措施；坑壁放坡占地面积大或需要基坑支护；施工土方量大，弃方多等问题，从而使处理费用增加、工期延长，因此换土垫层法的处理深度不宜大于 3m。当然，若换土垫层太薄，则其作用不甚明显。因此，《建筑地基处理技术规范》（JGJ 79—2002）规定：换填垫层厚度不宜大于 3m，也不宜小于 0.5m。

换土垫层处理软土地基，其作用主要体现在以下几个方面：①提高浅层地基承载力；②减小地基沉降量；③加速软弱土层的排水固结，即垫层起排水作用；④防止土的冻胀，即粗粒垫层材料起隔水作用；⑤减少或消除土的胀缩性。换土垫层法在处理一般软弱地基时，其可起的主要作用为前三种，在某些工程中可能几种作用同时发挥（如既起提高地基承载力、减小沉降量的作用，也起排水作用）。

限于篇幅，本节仅介绍砂（石）垫层的设计与施工。

1. 砂（石）垫层设计

砂（石）垫层的设计内容主要包括垫层厚度和宽度两方面，要求有足够的厚度以置换可能被剪切破坏的软弱土层，有足够的宽度防止砂垫层向两侧挤出。主要起排水作用的砂（石）垫层，一般厚度要求 30cm，并需在基底下形成一个排水面，以保证地基土排水路径的畅通，促进软弱土层的固结，从而提高地基强度。

（1）填层厚度的确定。如图 7-2 所示，垫层厚度应根据需置换软弱土的深度或下卧土层的承载力确定，并符合下式要求：

$$p_z + p_{cz} \leqslant f_{az} \tag{7-1}$$

式中 p_z——相应于荷载效应标准组合时垫层底面处的附加压力值；

p_{cz}——软弱下卧层顶面处土的自重压力值；

f_{az}——垫层底面处经深度修正后软弱下卧层的地基承载力特征值。

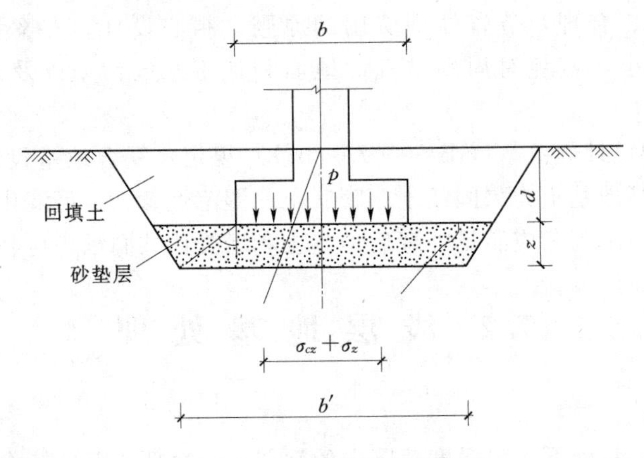

图 7-2 垫层内应力分布

垫层底面处的附加压力 p_z，可按如下简化方法计算：

条形基础
$$p_z = \frac{(p_k - p_c)b}{(b + 2z\tan\theta)} \tag{7-2}$$

矩形基础
$$p_z = \frac{(p_k - p_c)bl}{(b + 2z\tan\theta)(l + 2z\tan\theta)} \tag{7-3}$$

式中 p_k——相应于荷载效应标准组合时基础底面处的平均压力值；

p_c——基础底面处土的自重压力值；

b——矩形基础或条形基础底面的宽度；

l——矩形基础底面的长度；

z——基础底面下垫层厚度；

θ——垫层的压力扩散角，宜通过试验确定，当无试验资料时，可按表7-2选用。

表7-2 **垫层压力扩散角 θ (°)**

z/b ＼ 换填材料	中砂、粗砂、砾砂、圆砾、角砾、石屑、卵石、碎石、矿渣	粉质黏土、粉煤灰	灰 土
0.25	20	6	28
≥0.5	30	23	

注 1. 当 $z/b<0.5$ 时，除灰土仍取 $\theta=28°$ 外，其余材料均取 $\theta=0°$，必要时，宜由试验确定。
2. 当 $0.25<z/b<0.5$ 时，θ 值可用内插法求得。

垫层厚度的计算方法、步骤为：先假设一个厚度，然后按式（7-1）进行验算，若不符合要求，重新假设厚度后再验算，直至满足要求为止。

（2）垫层底面宽度的确定。垫层底面的宽度应满足基础底面应力扩散的要求，可按下式计算或根据当地经验确定。

$$b' \geqslant b + 2z\tan\theta \tag{7-4}$$

式中 b'——垫层底面宽度；

θ——垫层的压力扩散角，可按表7-2选用。

整片垫层的宽度可根据施工的要求适当加宽。

垫层顶面宽度可从垫层底面两侧向上，按基坑开挖开挖期间保持边坡稳定的当地经验放坡确定。垫层顶面每边超出基础底边不宜小于300mm。

垫层材料应分层夯实并达到一定的密实度，以保证其自身的承载力满足设计要求。垫层压实标准可按表7-3选用。

表7-3 **各种垫层的压实标准**

施工方法	换填材料类别	压实系数 λ_c
碾压、振密或夯实	碎石、卵石	0.94～0.97
	砂夹石（其中碎石、卵石占全重的30%～50%）	
	土夹石（其中碎石、卵石占全重的30%～50%）	
	中砂、粗砂、砾砂、角砾、圆砾、石屑	
	粉质黏土	
	灰土	0.95
	粉煤灰	0.90～0.95

注 1. 压实系数 λ_c 为土的控制干密度 ρ_d 与最大干密度 ρ_{dmax} 的比值；土的最大干密度宜采用击实试验确定，碎石或卵石的最大干密度可取2.0～2.2t/m^3。
2. 当采用轻型击实试验时，压实系数 λ_c 宜取较高值，采用重型击实试验时，压实系数 λ_c 可取较低值。
3. 矿渣垫层的压实指标为最后两遍压实的压陷差小于2mm。

【例 7-1】 某建筑物承重墙下为条形基础，基础宽度 1.5m，埋深 1m，相应于荷载效应标准组合时上部结构传至条形基础顶面的荷载 $F_k=247.5\text{kN/m}$；地面下存在 5.0m 厚的淤泥层，$\gamma=18.0\text{kN/m}^3$，$\gamma_{sat}=19.0\text{kN/m}^3$，淤泥层地基的承载力特征值 $f_{ak}=70\text{kPa}$；地下水位距地面深 1m。试设计砂垫层。

解：（1）垫层材料选用中砂，设垫层厚度 $z=2.0\text{m}$，则垫层的压力扩散角 $\theta=30°$。

（2）垫层厚度验算。

相应于荷载效应标准组合时基础底面平均压力值为：

$$p_k=\frac{F_k+G}{b}=\frac{247.5+1.5\times1\times20}{1.5}=185(\text{kPa})$$

基础底面处土的自重压力　$p_c=18.0\times1=18(\text{kPa})$

垫层底面处的附加压力值由式（7-2）计算得：

$$p_z=\frac{(p_k-p_c)b}{(b+2z\tan\theta)}=\frac{(185-18.0)\times1.5}{1.5+2\times2.0\tan30°}=65.8(\text{kPa})$$

垫层底面处土的自重应力：$p_{cz}=18.0\times1+(19-10)\times2.0=36.0(\text{kPa})$

淤泥层地基经深度修正后的地基承载力特征值为：

$$f_a=f_{ak}+\eta_d\gamma_0(d-0.5)=70+1.1\times12.6\times(2.5-0.5)=101.5(\text{kPa})$$

$$p_{cz}+p_z=36.0+65.8=101.8(\text{kPa})\approx f_a=101.5(\text{kPa})$$　满足强度要求

垫层厚度选定为 2.0m 是合适的。

（3）确定垫层宽度 b'。

$$b'=b+2z\tan\theta=1.5+2\times2.0\times\tan30°=3.81(\text{m})$$

取 $b'=3.85\text{m}$，按 1∶1.5 边坡开挖。

2. 垫层施工及其质量检验要点

垫层施工应严格控制垫层材料的颗粒成分和质量。对于作为换土垫层材料的砂石，宜选用碎石、卵石、角砾、圆砾、砾砂、粗砂、中砂或石屑（粒径小于 2mm 的部分不应超过总重的 45%），应级配良好，不含植物残体、垃圾等杂质；当使用粉细砂或石粉（粒径小于 0.075mm 的部分不超过总重的 9%）时，应掺入不少于总重 30%的碎石或卵石；砂石的最大粒径不宜大于 50mm；对湿陷性黄土地基，不得选用砂石等透水材料。

垫层的施工方法、分层铺筑厚度、每层压实遍数等宜通过试验确定。垫层材料应保证达到设计要求的密实度，应分层铺填，逐层碾压、夯实，碾压时需控制一定的含水量。除接触下卧软土层的垫层底部应根据施工机具设备及下卧层土质条件确定厚度外，一般情况下，垫层的分层铺填厚度可取 200～300mm，每层铺填必须对前一分层填土的施工质量（压实系数）进行检验并满足设计要求后方可开始。在碎石或卵石垫层底部宜设置 150～300mm 厚的砂垫层或铺一层土工植物，以防止软弱土层表面的局部破坏，同时必须防止基坑边坡坍土混入垫层。砂石垫层施工机械宜用振动碾。开挖基坑铺设垫层时，还需注意避免扰动坑底土层的结构，可保留约 200mm 后的土层暂不挖去，待铺填垫层前再挖至设计标高；基坑开挖后应及时回填，不应暴露过久或浸水，并防止践踏坑底。

对于粉质黏土、灰土、粉煤灰和砂石垫层的施工质量，可采用环刀法、贯入仪、静力触探、轻型动力触探或标准贯入试验检验；对砂石、矿渣垫层，其施工质量可用重型动力触探检验。并均应通过现场试验以设计压实系数所对应的贯入度为标准检验垫层的施工质量。压实系数也可采用环刀法、灌砂法、灌水法或其他方法检验。

垫层的施工质量检验必须分层进行。采用环刀法检验垫层的施工质量时，取样点应位于每层厚度的2/3深度处。检验点数量，对于大基坑每50～100m^{2}不应少于1个检验点；对于基槽每10～20m不应少于1个点；每个独立基础不应少于1个点。采用贯入仪或动力触探检验垫层的施工质量时，每分层检验点间距应小于4m。竣工验收采用载荷试验检验垫层承载力时，每个单体工程不宜少于3点；对于大型工程则应按单体工程的数量或工程的面积确定检验点数。

7.2.2 重锤夯击法

重锤夯实法即用起重机械将夯锤提升到一定高度，然后使锤自由下落并重复夯击，使浅层土体变得密实，地基得以加固。重锤夯实法既是一种独立的地基浅层处理方法，也是换土垫层法压实的一种手段。

重锤夯实法适用于地下水位距地表0.8m以上稍湿的黏性土、砂土、湿陷性黄土、杂填土及分层填土等。但在有效夯实深度内夹有软黏土层时不宜采用。

重锤夯实的影响深度和效果与锤重、锤底直径、落距以及土质条件等因素有关。一般夯锤采用圆台形，如图7-3所示，锤重宜大于20kN，锤底直径宜根据锤的单位静压力为15～20kPa确定，夯锤落距一般大于4m。

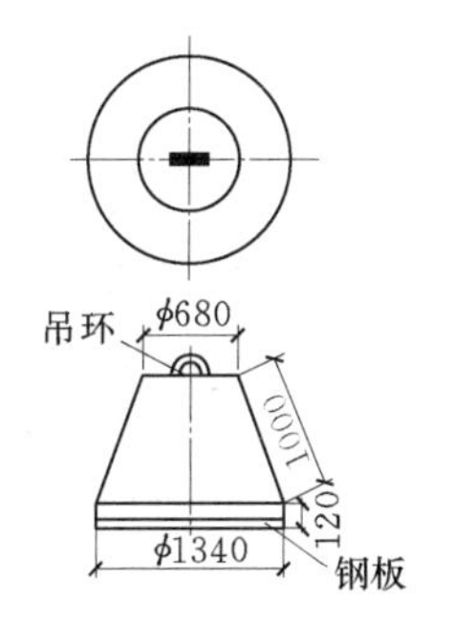

图7-3 夯锤

重锤夯击宜一夯换一夯顺序进行。在独立基础基坑内，宜先外后内进行夯击。同一基坑底面标高不同时，应按先深后浅的顺序进行夯实。一般当最后两遍的平均夯沉量达到：黏性土及湿陷性黄土1.0～2.0cm，砂土0.5～1.0cm时，可停止夯击。

对某个具体工程，为确定最少的夯击遍数、最后两遍平均夯沉量和有效夯实深度等，需事先进行现场试验。对于稍湿—湿、稍密—中密的建筑垃圾杂填土，如采用重15kN、锤底直径1.15m的重锤夯击，且落高为3～4m，则其有效夯实深度约为1.1～1.2m（相当于锤底直径），夯击后地基承载力特征值一般可达到100～150kPa。通常重锤夯击的有效夯实深度一般可达到1m左右，并可消除1.0～1.5m厚湿陷性黄土的湿陷性。

7.2.3 土工织物

土工织物由高分子聚合物通过纺丝制成纤维而合成，是各种聚合材料的总称，也称之为土工合成材料。土工织物有多种形式，如以聚合物材料丝编而成的“土工网”；以聚合物体冲孔并拉伸制成的“土工格栅”；以及工程上要求不透水的“土工膜”等。根据制造工艺的不同，又可分为“有纺织物”、“无纺织物”和“编织物”等。

土工织物在工程中的应用始于20世纪50年代末，随着土工合成材料研究的不断深入，其物理、力学性能不断得到改善，应用于工程中可以产生多种作用（效果），因此已在我国的水利、铁路、公路、港口、建筑、矿冶和电力等领域中逐步推广应用。

1. 土工织物的作用

（1）反滤作用。将土工织物置于上游面的块石护坡下面，土工织物将与其相邻接触部分土层共同形成一个反滤系统，起到反滤、隔离和防冲刷的作用，也可铺放在下游排水体（褥垫排水或棱体排水）周围起反滤作用，防止管涌。

（2）排水作用。土工织物除了可作透水反滤外，由于其具有良好的三维透水性，还可使水经过土工织物的平面沿水平向（水平铺设）或竖向（竖直铺设）排出，起到加速填筑土体排水固结过程的作用。

（3）隔离作用。土工织物可设置在两种不同的材料之间，既使不同材料不相互混杂，又能保持整个构筑体统一。在道路工程中，可防止因软弱土层浸入路基碎石中而引起的翻浆冒泥现象，避免道路破坏；在堆放材料和储存时，可防止材料损失和劣化、废料的扩散污染；但用作隔离废料扩散污染的土工织物，其渗透性应远小于被隔离废料土的渗透性；承受动力荷载时，也可用不透水的土工膜。

（4）加筋作用。当土工织物设置在基础与地基之间、设置在路基或坝体与地基之间，以及设置在填料内部时，由于它与土界面上的摩擦力和咬合力，可减小竖向应力并限制土体的侧向位移，从而提高土体的强度与稳定性，减小土体的侧向与竖向位移。

用于加固土坡和堤坝时，使用土工织物可使边坡变陡，节省占地面积，防止滑动圆弧通过路堤和地基土；防止因堤下地基土或堤坝本身强度不足而造成的堤坝破坏；还可跨越可能的沉陷区等。

用于加固地基时，土工织物所具有的较高抗拉强度和韧性，使上部结构传至地基的荷载能均匀地分布到土层中去，阻止地基破坏面的出现，提高地基承载力；可以阻止土体的侧向挤出，从而减小地基变形、增加地基稳定性。

用于挡土墙工程时，在墙后填土中每隔一定垂直距离铺设土工织物，使其与墙体牢固联结，土工织物与土界面的摩擦力部分抵消了作用在墙上的土压力，使得墙体的厚度大为减小，减轻了墙体重量，增加挡土墙在软土地基上的适用性，并提高挡土墙自身的抗倾覆稳定性。

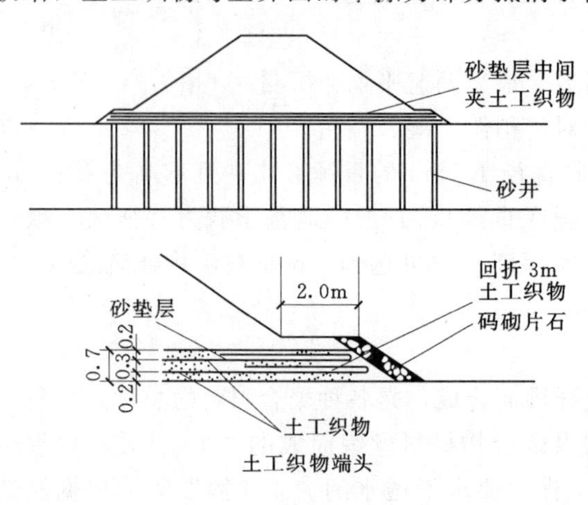

图 7-4 土工织物加固软土路堤

工程实践表明，土工织物无论是独立使用，还是与其他方法一起对软土地基进行加固处理，都有显著的效果。现举一工程实例说明之。

某铁路路基工程，路堤高 9.2m，路堤下地质条件为：黏砂土硬壳层厚 1～3m，泥炭、软黏土类夹植物根叶和树干，厚 5～7m。地基采用土工织物与砂井共同处理，如图 7-4 所示。砂井直径 0.3m，间距 4m，穿透软土层；在路堤底部分两层铺设土工织物，两层土工织物间垫 0.3m 厚的砂，土工织物上、下各铺设 0.2m 厚的砂，砂层共厚 0.7m，既是土工织物的保护层，又是与砂井连通的砂垫层。土工织物力学性能为：经向抗拉强度 2500N/5cm，纬向抗拉强度 1800N/5cm，延伸率 20%。地基处理完毕后，仅 43 天就填到设计高度 9.2m，路堤稳定，经过两年多通车运行后再测量，路堤仅下降0.07～0.36m。

上述工程实例说明，土工织物（或与其他方法联合）处理软土地基，不仅可提高地基承载力（处理后达到了路堤填筑高度），而且对地基的沉降也有改善作用，减小了路堤中心的沉降量。

2. 土工织物的特点与性能

土工织物纤维品种多样，有聚酰胺纤维（如尼龙、锦纶）、聚酯纤维（如涤纶）、聚丙烯纤维（如腈纶）、聚乙烯纤维（如维纶）和聚氯乙烯纤维（如氯纶）等；产品形式多样，有土工网、土工格栅和土工膜，可适用不同工程的需要；质地柔软、重量轻、厚度薄、可连续施工，原材料的相对密度为：丙烯0.91，聚乙烯0.92～0.95，聚酯1.22～1.28，聚乙烯醇1.26～1.32，尼龙1.05～1.14，常用的单位面积质量100～1200g/m^2，厚度一般为0.1～5mm，最厚也仅十几毫米；施工方便、抗拉强度高，没有显著的方向性，各向强度基本一致，常用的无纺型土工织物抗拉强度一般为10～30kN/m，高强度的为30～100kN/m，常用的有纺型土工织物为20～50kN/m，高强度的为50～100kN/m，特高强度的编织物（包括带状织物）为100～1000kN/m，一般土工格栅为30～200kN/m，高强度的为200～400kN/m；弹性、耐磨性、耐久性和抗微生物侵蚀性好，不易霉变和虫蚀，由聚乙烯、聚丙烯原材料制成的土工织物，在受保护的条件下，其老化时间可达50～100年；渗透性和疏导性好，水可竖向、横向排出，土工织物水平向渗透系数为$1\times10^{-1}\sim1\times10^{-3}$cm/s；产品为工厂制造，材质易保证，施工快捷，造价低廉，与砂垫层相比可节省大量砂、石材料，节省费用1/3左右；适应性强，可用于加固软弱地基或边坡，作为土中的加筋与地基土构成复合地基后，承载力可提高3～4倍，显著减小地基沉降量，提高地基稳定性。

7.3 强夯法与强夯置换法

7.3.1 概述

强夯法加固地基，是指通过用专门的起重设备和方法，将重锤（一般为100～400kN）从高处（一般为10～20m）自由下落，通过对地基土施加很大的冲击能（一般能量为500～8000kN·m），从而使地基土强度提高、压缩性降低，提高砂土的抗液化强度，消除湿陷性黄土的湿陷性，以达到地基加固的目的。强夯法也称为动力固结法。强夯法适用于处理碎石土、砂土、低饱和度的粉土和黏性土、湿陷性黄土、素填土和杂填土等地基。

对某些软土地基，可在夯坑中回填块石、碎石或其他粗颗材料，然后再将其强行夯入并排开软土，最终形成置换墩与软土构成的复合地基，此时则称之为强夯置换法（或动力置换）。强夯置换法适用于高饱和度的粉土和软塑—流塑的黏性土。

强夯法于20世纪60年代末，由法国Menard技术公司首创，对Riviera滨海填土进行夯实。该场地地质条件为新近填筑的、厚约9m的碎石填土，其下是厚12m疏松的砂质粉土，场地上要求建造20幢8层的住宅。由于碎石填土完全是新近填筑的，需要对地基进行加固处理，如图7-5所示。经3个月预压（荷载100kPa），沉降值达200mm，后又重新综合分析，认为该地基土质较差，最终决定采用强夯法处理。选用重约 100kN 的夯锤，落距 13m，对地基进行夯击后，量测整个场地的平均沉降量约为 500mm，经对夯后的土层勘探取样并做土工试验，结果表明土的各项物理、力学性质指标得到了较大的改善，基底压力采用 300kPa 是有保证的。建造的 8 层住宅竣工后，其平均沉降量仅为 13mm，而差异沉降则可忽略不计，应用获得了成功。

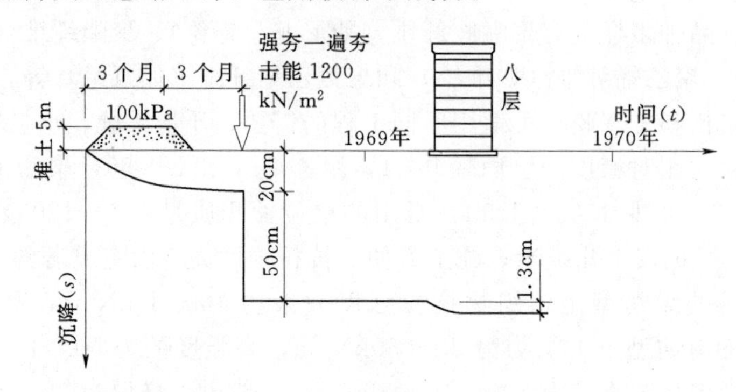

图 7-5　堆载预压与强夯的对比

随着 Menard 技术公司强夯法应用于地基处理获得成功，经过多年的继续发展和应用，人们对该法的认识不断深入，应用的工程范围也日趋广泛。目前强夯法已在工业与民用建筑、仓库、油罐、储仓、公路和铁路路基、飞机场跑道及码头等工程的软土地基中得到了广泛的应用，也是我国目前较为经济的一种地基处理方法。

7.3.2　加固机理

土的类型不同，强夯加固的机理亦有所不同。对于碎石土、砂土、低饱和度的粉土和黏性土、湿陷性黄土、素填土和杂填土，通过强夯法，给土体施加动力荷载，夯击能使土的骨架变形，土体孔隙减小变得密实，非饱和土的夯实过程，就是土中的空气被挤出的过程。由于提高了土的密实度，使土体抗剪强度提高，压缩性减小。因此强夯法加固处理多孔隙、粗颗粒、非饱和土体，其机理实质是动力密实。

对于高饱和度的粉土和软塑～流塑的黏性土，在强夯的同时，夯坑中可置入碎石等粗颗粒材料，强行挤走软土，即强夯置换。强夯置换可分为整式置换和桩式置换，如图 7-6 所示。整式置换是通过强夯把碎石整体挤入淤泥中，其作用机理类似于换土垫层；桩式置换是通过强夯将粗颗粒材料挤入土体中，并形成碎石桩（墩），形成的碎石桩（墩）与桩（墩）间土一起构成复合地基，共同承受外荷载，抵抗变形。

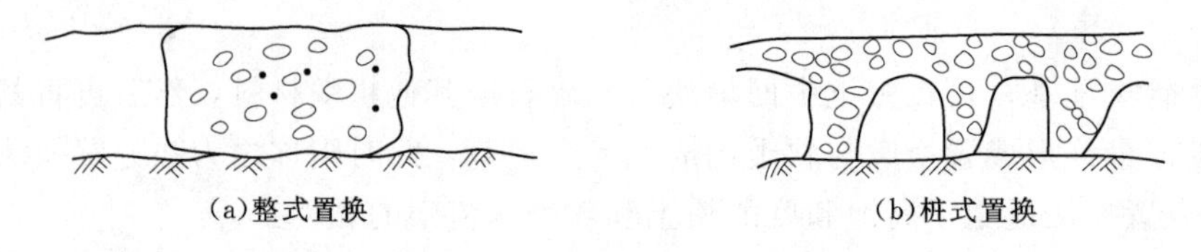

图 7-6　动力置换类型

强夯法刚问世时，主要用于加固砂土和碎石土等粗颗粒地基；随着强夯法试验研究工作的逐步深入，在碎石土、砂土、低饱和度的粉土与黏性土、湿陷性黄土、杂填土和素填土等地基中得到了广泛的应用。对于高饱和度的粉土和黏性土，当采用在夯坑内回填块石、碎石或其他粗颗粒材料进行强夯置换时，应通过现场试验确定其适用性。

强夯法在建筑物密集地区严禁使用，以防止强夯时对邻近建筑物产生破坏。

7.3.3 施工技术参数

1. 强夯法

(1) 夯击次数。单点夯击击数是指单个夯点一次连续夯击的次数。夯点的夯击次数，应按现场得到的夯击次数和夯沉两关系曲线确定，并应同时满足下列条件：

1) 最后两击的平均夯沉量不宜大于下列数值：当单击夯击能小于 4000kN·m 时为 50mm；当单击夯击能为 4000～6000kN·m 时为 100mm；当单击夯击能大于 6000kN·m 时为 200mm。

2) 夯坑周围地面不应发生过大的隆起。

3) 不因夯坑过深而发生提锤困难。

(2) 夯击遍数。整个场地完成全部夯击点称为一遍，单点的夯击遍数加满夯的夯击遍数为整个场地的夯击遍数。夯击遍数应根据地基土的性质确定，可采用点夯 2～3 遍，对于渗透性较差的细颗粒土，必要时夯击遍数可适当增加。最后应以低能量满夯 2 遍，满夯可采用轻锤或低落距多次夯击，锤印搭接。

(3) 间歇时间。为有利于土中超静水压力的消散，当工程需要分两遍或多遍夯击时，两遍夯击间应有一定的时间间歇，间歇时间取决于孔隙水压力的消散时间。当缺少实测资料时，可根据地基土的渗透性确定，对渗透性较差的黏性土地基的间歇时间，应不小于 4 周；对渗透性强的地基，可连续夯击。

(4) 夯击点布置及间距。夯击点布置应根据具体建筑物的结构类型而定。对于基底面积较大的建筑物或构筑物，夯击点一般按等边三角形或正方形布置；对办公楼和住宅建筑等，按承重墙位置，一般采用等腰三角形布点。对独立柱基，可按柱网单点或成组布置，在基础下面必须布置夯点。第一遍夯击点间距可取夯锤直径的 2.5～3.5 倍，第二遍夯击点位于第一遍夯击点之间，以后各遍夯击点间距可适当减小。对于处理深度较深或单击夯击能较大的工程，第一遍夯击点间距宜适当增大。

强夯点在平面上的布置范围应大于建筑物基础范围，每边超出基础外缘的宽度宜为基底下设计处理深度的 1/2 至 1/3，并不宜小于 3m。

(5) 单击夯击能和加固影响深度。单击夯击能应根据地基土类别、结构类型、荷载大小和要求处理的深度等综合考虑，并通过现场试夯确定。一般情况下，对粗颗粒土可取 1000～3000kN·m/m^2，对细颗粒土可取 1500～4000kN·m/m^2。

强夯法有效的加固深度，可用如下经验公式估算：

$$H=\alpha\sqrt{Mh/10} \tag{7-5}$$

式中 H——强夯的有效加固深度；

M——夯锤重；

h——落距；

α——折减系数，对软黏土取 0.5，砂土取 0.7，黄土取 0.34～0.5。

有效加固深度也可根据现场试夯和当地经验确定，当缺乏经验或无实测资料时，可根据表 7-4 预估。

表 7-4 强夯有效加固深度经验值

单击夯击能（kN·m）	碎石土、砂土等	粉土、黏性土、湿陷性黄土等	单击夯击能（kN·m）	碎石土、砂土等	粉土、黏性土、湿陷性黄土等
1000	5.0～6.0	4.5～5.0	4000	8.0～9.0	7.0～8.0
2000	6.0～7.0	5.0～6.0	5000	9.0～9.5	8.0～8.5
3000	7.0～8.0	7.0～8.0	6000	9.5～10.0	8.5～9.5

注 强夯的有效加固深度应从起夯面算起。

（6）强夯地基承载力及变形。强夯地基承载力特征值应通过现场载荷试验确定。强夯地基变形计算应符合国家标准《建筑地基基础设计规范》（GB 50007—2011）的有关规定。

2. 强夯置换法

（1）墩体深度与材料。强夯置换墩的深度由土质条件决定，除厚层饱和粉土外，应穿透软土层，到达较硬土层上。深度不宜超过 7m。

墩体材料可采用级配良好的块石、碎石、矿渣、建筑垃圾等坚硬粗颗粒材料，粒径大于 300mm 的颗粒不宜超过全重的 30%。

（2）夯击次数。夯点的单击夯击能和夯击次数均应通过现场试夯确定。夯击次数并应同时满足下列条件。

1）墩底穿透软弱土层，且达到设计墩长。

2）累计夯沉量为设计墩长的 1.5～2.0 倍。

3）最后两击的平均夯沉量不宜大于下列数值：当单击夯击能小于 4000kN·m 时为 50mm。当单击夯击能为 4000～6000kN·m 时为 100mm；当单击夯击能大于 6000kN·m 时为 200mm。

（3）夯墩布置及间距。夯墩布置宜采用等边三角形或正方形；对独立柱基或条形基础可根据基础形状与宽度相应布置。

墩间距应根据荷载大小和原土的承载力选定，当满堂布置时可取夯锤直径的 2～3 倍；对独立基础或条形基础可取夯锤直径的 1.5～2 倍。

墩的计算直径可取夯锤直径的 1.1～1.2 倍。

强夯置换处理平面范围应大于建筑物基础范围，每边超出基础外缘的宽度宜为基底下设计处理深度的 1/2 至 1/3，并不宜小于 3m。

（4）强夯置换墩地基承载力及变形。确定软黏土中强夯置换墩地基承载力特征值时，可只考虑墩体，不考虑墩间土的作用，其承载力应通过现场单墩载荷试验确定；对饱和粉土地基可按复合地基考虑，通过现场单墩复合地基载荷试验确定。强夯地基变形计算应符合国家标准《建筑地基基础设计规范》（GB 50007—2011）的有关规定。

7.3.4 施工的基本步骤

强夯法、强夯置换法施工时，应合理选择夯锤及其起吊设备。强夯锤质量可取 10～40t，其底面形状常为圆形或多边形，锤底面积宜按土的性质确定，要求锤底静接地压力值 25～40kPa 为宜；锤的底面宜对称设置若干个与其顶贯通的排气孔，孔径可取 250～

300mm。实践证明，圆形和带气孔的锤较好，可克服多边形锤夯击时因上下两击着地不完全重合，而造成的夯击能量损失和着地时倾斜的缺点，减小起吊夯锤时的吸力和夯锤着地前瞬时气垫的上托力，防止能量损失。强夯置换锤底静接地压力值宜为100～200kPa。

起吊设备宜采用带有自动脱钩装置的履带式起重机或其他专用设备。

当场地表土软弱或地下水位较高，夯坑底积水影响施工时，宜采用人工降低地下水位或铺填一定厚度的松散性材料，使地下水位降低至坑底面以下2m。坑内或场地积水应及时排除。

施工前应查明场地范围内的地下构筑物和各种地下管线的位置及标高，并应采取必要措施，以免因施工而造成损坏。

1. 强夯法的基本施工步骤

(1) 清理、平整场地，在平整后的场地上铺设垫层，用以支承起重设备，同时增大地下水位和表层面的距离，提高强夯效率。

(2) 测量场地高程，定出第一遍夯击点的位置。

(3) 起重机就位并使夯锤对准夯点位置，同时测定夯前锤顶标高。

(4) 起吊夯锤至预定高度，让夯锤自由下落，并测量下落锤顶高程。若发现下落的夯锤倾斜时，应及时将坑底整平。

(5) 重复步骤(4)，按设计要求，完成一个夯点的夯击。

(6) 重复步骤(3)～(5)，完成第一遍全部夯点的夯击。

(7) 用推土机填平夯坑，测量场地的高程。

(8) 根据规定的时间间歇，按上述步骤逐次完成全部夯击遍数，最后以低能量满夯，并将场地表面推平、夯实，测量夯后场地高程。

2. 强夯置换法基本施工步骤

(1) 清理并平整场地，当表土松软时可铺设一层1～2m的砂石施工垫层。

(2) 测量场地高程，定出夯点的位置。

(3) 起重机就位，夯锤置于夯点位置，同时测定夯前锤顶标高。

(4) 夯击并逐级记录夯坑深度。当夯坑过深而发生起锤困难时停夯，向坑内填料直至与坑顶平，记录填料数量，如此重复直至满足规定的夯击次数及控制标准完成一个墩体的夯击。当夯击点周围软土挤出影响施工时，可随时清理并在夯点周围铺垫碎石，继续施工。

(5) 按由内向外、隔行跳打原则完成全部夯点的施工。

(6) 推平场地，用低能量满夯，将场地表层松土夯实，并测量夯后场地高程。

7.3.5 质量检验要点

强夯处理后的地基竣工验收承载力检验，应在施工结束后间隔一定时间方能进行，对于碎石土和砂土地基，其时间间隔可取7～14d；粉土和黏性土地基可取14～28d。强夯置换地基间隔时间可取28d。强夯置换后的地基承载力，除应采用单墩载荷试验检验外，尚应采用动力触探等有效手段查明置换墩着底情况及承载力与密度随深度的变化，对饱和粉土地基允许采用单墩复合地基载荷试验代替单墩载荷试验。

竣工验收承载力检验的数量，应根据场地复杂程度和建筑物的重要性确定，对于简单场地上的一般建筑物，每个建筑地基的载荷试验检验点不应少于 3 点；对于复杂场地或重要建筑地基应增加检验点数。强夯置换地基载荷试验检验和置换墩底情况检验数量均不应少于墩点数的 1%，且不应少于 3 点。

7.4 排水固结法

7.4.1 概述

排水固结法即指给地基预先施加荷载，为加速地基中水分的排出速率，同时在地基中设置竖向和横向的排水通道，使得土体中的水分排出，逐步固结，以达到提高地基承载力和稳定性、减小沉降量目的的一种地基处理方法。

排水固结法由排水系统和加压系统两部分组成。设置排水系统（图 7 - 7）的目的，主要在于改变地基原有的排水边界条件，缩短孔隙水排出的路径，加快排水固结时间。

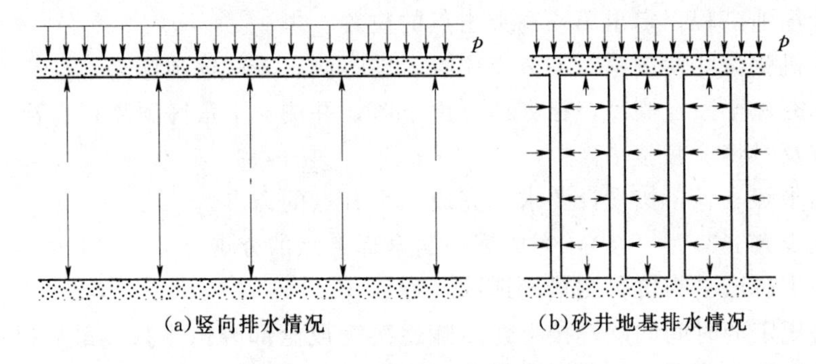

图 7 - 7　竖向排水体设置原理

排水系统由竖向排水体和水平向排水体构成，竖向排水体有普通砂井、袋装砂井和塑料排水板，水平排水体为砂垫层。加压系统主要作用是给地基土增加固结压力，使其产生固结。加压的方式通常可利用建筑物（如房屋）或构筑物（如路堤、堤坝等）自重、专门堆筑固体材料（如砂和石料、钢材等）、充水（如油罐充水）及抽真空施加负压力荷载等。

排水固结法主要适用于处理淤泥、淤泥质土和冲填土等饱和黏性土地基。对于含水平砂层的黏性土，因其具有较好的横向排水性能，所以处理时土体中不设竖向排水体（如砂井等），也能获得良好的固结效果。

排水固结法加固软土地基的基本原理，可用图 7 - 8 来说明。土样在天然固结压力 p_0 下的天然孔隙比为 e_0，在 $e\sim p$ 坐标上其相应的点为 a 点，当土样上增加压力 $\Delta p'$后，a 点移至 c 点，同时孔隙比减小 Δe，土样得到压缩，曲线 abc 称为压缩曲线。如在加荷 $\Delta p'$ 后再进行卸荷，将荷载退至 p_0，则 c 点又移至 f 点，孔隙比增加 $\Delta e'$，之后如再进行加载，则可给出另一条压缩曲线。在上述加荷—卸荷—再加荷过程中，土样的抗剪强度也在随之发生着变化，第一次加载后，抗剪强度点从 a 点上升到 c 点，卸荷后又从 c 点退至 f 点，之后第二次加载，再从 f 点上升到 c 点，显然在相同的固结压力下，加荷时的抗剪强度要比未预先加荷时的抗剪强度大［如图 7 - 8（b）的 f 点、e 点分别要比 a 点和 b 点高，即抗剪强度值要大］。图 7 - 8 清楚地表明，当给土样预先施加一个荷载后，再给土样施加荷载，则土样的密实度和抗剪强度提高，变形减小。利用这个原理，如果在建筑场地上预先施加一个与上部结构荷载相同甚至大于它的荷载进行预压，使土层得以排水固结，然后卸除荷载再在其上修建建筑物或构筑物，则由建筑物引起的沉降可大大减小。若预压荷载等于建筑物荷载，则称之为等载预压，若预压荷载大于建筑物荷载时，即为超载预压。

7.4.2 砂井预压

砂井预压系指在软弱地基中用钢管打孔、灌砂、设置砂井（包括袋装砂井）作为竖向排水通道，并在砂井顶部设置砂垫层作水平排水通道，同时在砂垫层上部堆载，使土体中孔隙水较快地排出，从而达到加速土体固结、提高地基土强度的目的。

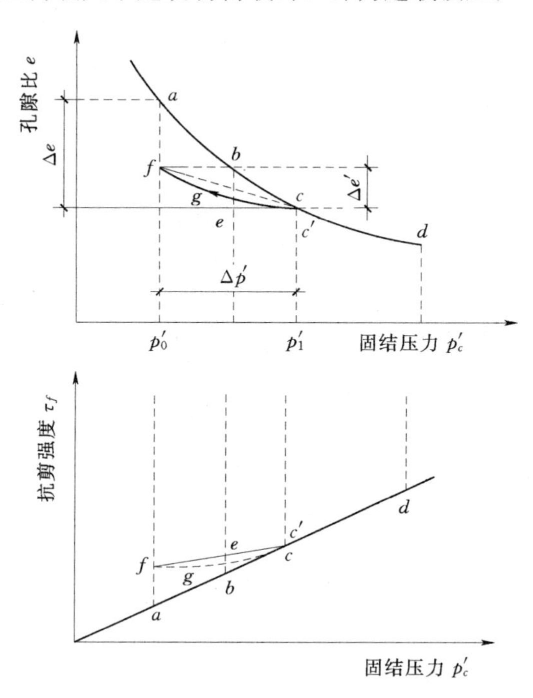

图 7-8 排水固结法原理

砂井堆载预压法由美国加州公路局于1934年首次应用于路基下软土地基的处理，并取得了满意的效果，其后在世界各地工程中得到了广泛的应用。软弱地基中设置砂井，主要目的在于大大缩短排水路径，加速地基的排水固结。设有一固结系数 $C_v=1.0\times10^{-1}\text{cm}^2/\text{s}$ 的软黏土层，厚 20m，双面排水，若土层固结度达到 80%，则需固结时间 $t=10$ 年。如果采用排水砂井，假定排水距离缩短为 2m，则地基土达到相同的固结度（$U=80\%$），仅需固结时间 $t=5$ 个月。由此可见设置砂井后，固结时间大为缩短。

1. 地基固结度计算

如图 7-9（a）所示，地基中设置砂井后，土体孔隙水既可沿竖向排出，也可沿径向排出，竖向和径向的排水均可引起地基的固结。

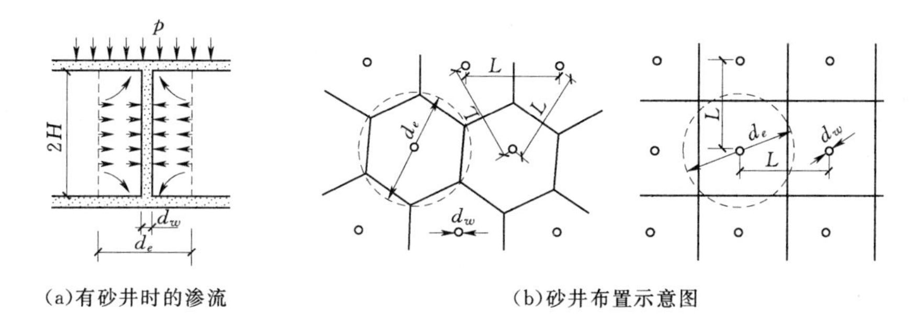

（a）有砂井时的渗流　（b）砂井布置示意图

图 7-9 砂井地基排水

固结度计算时，作如下假设：①地基土是完全饱和的，排出的孔隙水体积等于土体的压缩体积；②预压荷载均布、连续，地基仅产生竖向的压密变形，不考虑侧向变形的影响；③预压荷载是一次、瞬时加上的，加荷瞬时，外荷载全部由孔隙水压力承担；④地基土在压密过程中，保持渗透系数不变，同时不计施工时产生的、可影响砂井渗透性的井壁涂抹作用。

（1）排水固结度计算。采用一维固结理论计算竖向排水固结度：

$$U_z = 1 - \frac{8}{\pi^2}\exp\left(-\frac{\pi^2}{4}T_v\right) \tag{7-6}$$

$$T_v = \frac{C_v t}{H^2}$$

$$C_v = \frac{k_v(1+e)}{\alpha\gamma_w}$$

式中 U_z——竖向排水固结度；

T_v——竖向固结的时间因素；

C_v——竖向固结系数；

H——土层竖向最大排水距离，双面排水时取土层厚度之半，单面排水时取土层厚度；

t——固结时间，如逐级加荷，则从加荷历时的一半起算；

k_v——竖向渗透系数；

α——土的压缩系数；

γ_w——水的重度。

（2）径向排水固结度计算。*Barron* 导得的径向排水固结度解答如下：

$$U_r = 1 - \exp\left(-\frac{8}{F}T_h\right) \tag{7-7}$$

$$T_h = \frac{C_h t}{d_e^2}，无量纲$$

$$F = \frac{n^2}{n^2-1}\ln(n) - \frac{3n^2-1}{4n^2}，无量纲$$

$$C_h = \frac{k_h(1+e)}{\alpha\gamma_w}$$

式中 U_r——径向排水固结度；

T_h——径向固结的时间因素；

F——与 n 有关的系数；

C_n——径向固结系数；

d_e——根砂井有效影响范围的半径，见图 7-9（b）；

n——井径比，即 $n=d_e/d_w$；

k_h——径向固结系数；

d_w——砂井直径；

其余符号意义同上。

（3）砂井地基的平均固结度计算。

根据式（7-6）和式（7-7）分别求出竖向和径向排水固结度后，可按下式求砂井地基的平均固结度：

$$U_{rz} = 1 - (1-U_z)(1-U_r) \tag{7-8}$$

式中　U_{rz}——砂井地基平均固结度。

在砂井地基固结度计算中需要注意：

1）实际工程中，有时软弱土层很厚，砂井未能打穿整个软土层，如图7-10所示，此时地基的固结度应由两部分构成，即有砂井部分的砂井地基平均固结度和砂井以下部分天然土层的固结度。整个软土层在压缩层范围内的固结度应按下式计算：

$$U=\xi U_{rz}+(1-\xi)U_z \tag{7-9}$$

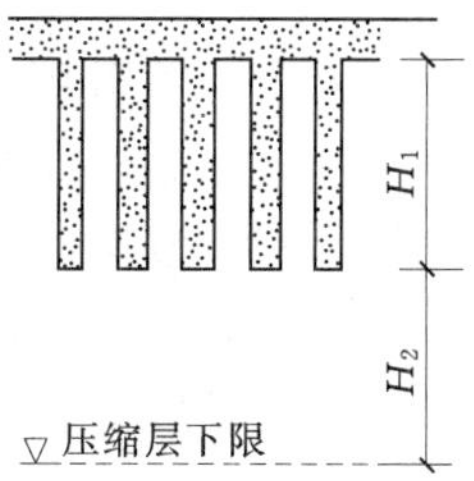

图7-10　砂井未打穿整个受压土层情况

式中　U——软土层固结度；

U_{rz}——砂井地基平均固结度；

U_z——砂井以下部分天然土层固结度，按一维固结理论进行计算，计算时可将砂井底面视做透水层；

ξ——砂井长度与地基压缩层厚度之比值，即$\xi=H_1/(H_1+H_2)$；

H_1、H_2——砂井长度和砂井以下压缩层范围内土层的厚度。

2）实际工程中，预压荷载通常均是逐级施加的，上述固结度计算时的假设与实际是不符的，因此需对固结理论作修正，对于分级荷载下的地基固结度计算，目前一般按太沙基的修正方法进行计算，可参考有关书籍，此处不作叙述。

2. 砂井预压设计中的几个问题

（1）砂井间距和平面布置。根据砂井固结理论可知，缩小砂井间距比增大砂井直径具有更好的排水效果，因此，为加快土体中的孔隙水的排出速度，减少地基排水固结时间，宜采用“细而密”的原则选择砂井间距和直径。但是在具体施工时，砂井直径太细，则难以保证其施工质量，砂井间距太密，会对周围的土体产生较大扰动，降低土的强度和渗透性，影响加固效果。所以，实际工程中砂井间距不宜小于1.5m。

砂井在平面上的布置形式通常为等边三角形或正方形［图7-9（b）］。一根砂井的有效排水圆柱体的直径d_e和砂井间距L的关系可按下式计算：

等边三角形布置
$$d_e=\sqrt{\frac{2\sqrt{3}}{\pi}}L=1.050L \tag{7-10}$$

正方形布置
$$d_e=\sqrt{\frac{4}{\pi}}L=1.128L \tag{7-11}$$

砂井的平面布设范围应稍大于建筑物基础范围，通常由基础的轮廓线向外增大约2～4m，为使沿砂井排至地面的水能迅速、顺利地排离到场地以外，在砂井顶部应设置排水垫层或纵横连通砂井的排水砂沟，砂垫层及砂沟的厚度一般为0.5～1.0m，砂沟的宽度可取砂井直径的2倍。

（2）砂井的直径和长度。砂井直径的确定，需考虑能否保证顺利排水、实际施工时砂井质量等问题，对于普通砂井直径为30～50cm，袋装砂井直径为7～12cm，塑料排水带的当量换算直径可按式（7-12）计算。排水竖井的间距可按井径比$n=d_e/d_w$（d_w砂井直径）确定。普通砂井的间距可按$n=6$～8选用；袋装砂井或塑料排水带的间距可按$n=15$～20选用。

$$d_p=\frac{2(b+\delta)}{\pi} \tag{7-12}$$

式中 d_p——塑料排水带当量换算直径；

b——塑料排水带宽度；

δ——塑料排水带厚度。

土层分布情况、地基中附加压力的大小、压缩层厚度以及地基可能发生滑动面的深度等都是砂井长度的影响因素。如软土层厚度不大，则砂井宜穿透软弱土层。反之，则可根据建筑物对地基的稳定性和沉降量要求决定砂井长度，此时砂井长度应考虑穿越地基的可能滑动面或穿越压缩层。

（3）分级加荷大小及某一级荷载作用下的停歇时间。砂井地基在预压过程中，实际的预压荷载往往是分级施加的。因此，需要确定每级荷载的大小和该级荷载作用下的停歇时间，即制定加荷计划。加荷计划的制定依据地基土的排水固结程度和地基抗剪强度的增长情况。关于具体的加荷计划的计算确定方法，详见有关书籍。

【例 7-2】 某饱和软黏土地基，厚 10m，其下为不透水的硬黏土层，软土竖向固结系数 $C_v=9.05\times10^{-4}\text{cm}^2/\text{s}$，径向固结系数 $C_h=2C_v$。软土地基采用砂井堆载预压处理，砂井设计长度 $H=12\text{m}$，间距 $s=1.6\text{m}$，直径 $d_w=30\text{cm}$，平面呈等边三角形布置。求一次加荷 2 个月时砂井地基的平均固结度。

解： 1）竖向排水固结度。

$$T_v=\frac{C_v t}{H^2}=\frac{9.05\times10^{-4}\times2\times30\times86400}{(10\times100)^2}=4.7\times10^{-3}$$

$$U_z=1-\frac{8}{\pi^2}\exp\left(-\frac{\pi^2}{4}T_v\right)=1-\frac{8}{\pi^2}\exp\left(-\frac{\pi^2}{4}\times4.7\times10^{-3}\right)=0.198$$

2）径向排水固结度。

$$d_e=1.050\text{s}=1.05\times160=168(\text{cm})$$

$$n=d_e/d_w=168/30=5.6$$

$$F=\frac{n^2}{n^2-1}\ln(n)-\frac{3n^2-1}{4n^2}=\frac{5.6^2}{5.6^2-1}\ln(5.6)-\frac{3\times5.6^2-1}{4\times5.6^2}=1.04$$

$$T_h=C_h t/d_e^2=2\times9.05\times10^{-4}\times2\times30\times86400/168^2=0.332$$

$$U_r=1-\exp\left(-\frac{8}{F}T_h\right)=1-\exp\left(-\frac{8}{1.04}\times0.332\right)=0.922$$

3）砂井地基平均固结度。

$$U_{rz}=1-(1-U_z)(1-U_r)=1-(1-0.198)(1-0.922)=0.937$$

由例题可以看出，U_{rz} 与 U_r 相差很小，说明砂井地基固结主要由径向排水引起，在 C_v 很小、软土层又很厚的情况下，竖向排水引起的固结常可忽略不计，即径向的固结度基本代表了砂井地基的固结度。

7.4.3 真空预压

真空预压是指在加固土体范围内先进行抽气形成真空，然后利用加固土体内外的压力差（大气压力）作为预压荷载的方法。真空预压处理地基必须设置排水竖井。如图 7-11 所示，为保证加固土体内通过抽气，具有较高的真空度，抽真空时需在加固的软土地基表面先铺设砂垫层，再在其上覆盖一层不透气的塑料薄膜或橡胶布，四周密封，与大气隔绝，用真空泵连接埋设在垫层内的渗水管道并进行抽气，使其形成真空，在土的孔隙水中产生负的孔隙水压力，将土中孔隙水和空气沿排水竖井逐渐吸出，从而使土体固结。

真空预压法由瑞典皇家地质学院 W·Kjellman 教授于 1952 年首先提出，随后有关国家相继进行了试验研究。1958 年美国费城国际机场跑道扩建工程中首先进行了工程应用。我国在 20 世纪 50 年代末和 60 年代初对该法也进行了研究，80 年代国内多家科研、教学和生产单位在天津新港地区又重新开始了试验研究，并初步制造出一套大面积现场施工的工艺设备，取得了一定的成效，目前真空预压法在工程中正得到越来越广泛的应用。

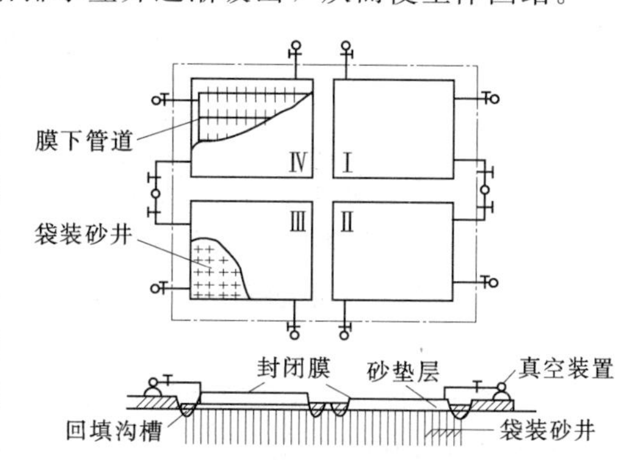

图 7-11 真空预压工艺设备平面和剖面图

(1) 真空预压设计参数简介。

1) 真空度。真空度的大小决定了预压荷载的大小，将直接影响真空预压的处理效果，是真空预压能否取得满意效果的关键因素。我国目前在采用合理施工工艺和设备的条件下，膜下真空度可达 610～730mmHg，相当于 80～95kPa 的等效荷载。

2) 加固区可达到的固结度。加固区可达到的固结度目前一般 80%左右，抽真空的单块薄膜面积可达到 3000m^2，通过真空预压，地基承载力可提高 3 倍左右。

3) 竖向排水体要求。真空预压时，在地基中的设置竖向排水体，可以起到传递真空度和排水的作用。理论计算表明，当砂的渗透系数 $k=1\times10^{-2}$cm/s 时，10m 长的袋装砂井真空度降低 10%，而当 $k=5\times10^{-2}$cm/s 时，几乎没有降低。故为了取得较高的真空度，普通砂井或袋装砂井应选用渗透系数大的中粗砂，其渗透系数应大于 $k=1\times10^{-2}$cm/s。竖向排水体的有效深度，应以传递到其底部的真空度对土体的加固效果能满足工程要求为宜。竖向排水体可采用普通砂井、袋装砂井或塑料排水板，其间距同堆载预压的排水竖井间距要求。

(2) 真空预压的特点。与其他预压方法相比，真空预压法有如下特点。

1) 不需要大量的人工堆载，可避免因堆载而需要的一些堆、卸荷和运输材料等工序，节省工时，缩短预压时间。

2) 真空法所产生的负压使地基土的孔隙水加速排出，可缩短固结时间；同时由于孔隙水排出，渗流速度增大，地下水位下降，使得地基的附加压力增加，又促使地基加固效果进一步提高。

3) 孔隙渗流水的流向及渗流力引起的附加压力，均指向被加固土体，土体在加固过程中的侧向变形很小，真空度可一次抽足，地基不会因产生剪切破坏而引起地基失稳，可有效缩短总的排水固结时间。

4) 适用于极软的黏性土及边坡、码头等地基稳定性要求较高的工程的地基加固，土愈软，地基加固效果愈明显。

5）真空预压设备和施工工艺比较简单，无需大型的机具设备，便于大面积使用；同时真空预压施工时，无噪音、无振动，可做到文明施工。

7.5 注浆加固法

7.5.1 概述

注浆加固法是利用压力或电化学原理将浆液通过注浆管均匀地注入地层中，以浆液挤压土粒孔隙或岩石裂隙中的水分和气体，经过一定时间后，浆液将松散的土体或有缝隙的岩石胶结成整体，形成强度高、防水性能高和化学稳定性好的人工地基的处理方法。注浆加固法适用于处理砂土、粉土、黏性土和人工填土等地基。

注浆法又称灌浆法，起始于1802年，法国工程师Charles Berignty在Dieppe采用了灌注黏土和石灰浆的方法修复了一座受冲刷的水闸。此后，注浆法在地基加固中逐步得到了广泛应用。到目前为止，注浆法加固地基在我国煤炭、冶金、水利水电、建筑、交通和铁道等部门的有关工程中都得到了广泛应用。

注浆加固地基，施工方法灵活，机具设备简单，对场地要求低，可在比较狭小的场地条件下进行施工作业。在工程中，注浆加固具有如下几方面作用：

（1）降低地基土的透水性，防止流砂、钢板桩渗水、坝基漏水、隧道开挖时涌水，改善地下工程的开挖条件。

（2）防止桥墩和边坡护岸的冲刷。

（3）提高地基承载力，减少地基沉降和不均匀沉降。

（4）适用于对原有建筑物的地基处理，特别是古建筑的地基加固处理。

7.5.2 注浆材料

注浆法所用的浆液是由主剂（原材料）、溶剂（水或其他溶剂）及各种外加剂混合而成。浆材品种和性能的好坏，直接关系到注浆加固处理地基的效果。因而工程应用中对它的试验研究一直受到人们的重视，可用的浆材越来越多，浆材分类的方法也有多种。实际工程中，常用的浆液材料主要有水泥浆液和化学浆液两大类。

水泥浆液采用的水泥一般为P.O 42.5以上的普通硅酸盐水泥。水泥浆液具有取材容易、价格便宜、操作方便、没有污染等优点，是国内外最常用的注浆材料，但由于其含有较大颗粒（属粒状浆液），在处理孔隙较小的软黏土层时，往往在有一定压力下也难以将水泥浆液压入土中，应用受到一定的限制。所以水泥浆液一般只适用于粗砂、砾砂和大裂隙岩石等孔隙直径大于0.2mm的地基加固。为克服普通水泥浆液的上述缺陷，改进其工程性能，增加适用性，国内外都对超细水泥开展了广泛、深入的研究，取得了一定进展。如日本先后用干磨法和湿磨法制成d_{50}为4μm和3μm的超细水泥，可注入渗透系数为10^{-3}cm/s的中细砂层。我国水利科学研究院和浙江大学等单位也先后研制出与日本水平相当的超细水泥，并在工程应用中获得成功。

常用的化学浆液是以水玻璃（$Na_2O \cdot nSiO_2$）为主剂的浆液，由于它具有无毒、价廉、流动性好等特点，是化学浆材中应用最多的一种浆材，它约占目前使用的化学浆液的90%以上。除了水玻璃以外，还有以丙烯酸胺为主剂和以纸浆废液木质素为主剂的化学浆液，它们性能较好，黏滞度低，能注入细砂等土中。但有的价格较高，有的含有有毒成分，因此用于地基加固受到一定的限制，还有待于研究改进。

7.5.3　注浆法分类

1. 渗透注浆

当浆液在压力作用下充填土的孔隙和岩石的裂隙，排挤出土体孔隙中的液体（水）和气体，浆液仅起填充土的孔隙而使土的密实度提高和胶结松散土体和裂隙岩石成一整体的作用时，称为渗透注浆。渗透注浆的特点是注浆压力一般较小，浆液注入土层后基本不改变原状土的结构和体积，这类注浆一般仅适用于中砂以上的砂性土和有裂隙的岩石。

2. 挤密注浆

挤密注浆是指用较高的压力将浓度较大的浆液注入土层，在注浆管底部附近形成"浆泡"，使注浆点附近的土体挤密，硬化的浆泡是一个坚固的压缩性很小的球体或圆柱体。挤密注浆可用于调整不均匀沉降，用于托换技术以及在大开挖或隧道开挖时对邻近土体的加固处理。适用于非饱和的土体。

3. 劈裂注浆

劈裂注浆是指在压力作用下，浆液克服地层的初始应力，使地层中原有的裂隙或孔隙张开，形成新的裂隙和孔隙，促使浆液注入并增加其可注性和扩散距离。劈裂注浆的特点是注浆过程中将引起岩石和土体结构的扰动和破坏，注浆压力相对较高。

4. 电动化学注浆

当地基的渗透系数较小时（$k<10^{-4}$ cm/s），由于土体孔隙很小，单靠静压力常很难把浆液注入地层，此时需借助电渗的作用原理使浆液注入土中。电动化学法是在电渗排水和灌浆法的基础上发展起来的一种加固方法，即指在施工时，将带孔的注浆管作为阳极，用滤水管作为阴极，将溶液由阳极压入土中，通以直流电，在电渗作用下使孔隙水由阳极流向阴极，促使通电区域中土的含水量降低，形成渗浆通路，使浆液得以顺利流入土中，达到加固地基之目的。

7.6　散体材料桩复合地基

散体材料桩复合地基是指在软弱地基中用振动或冲击的方法挤土成孔，然后在孔中充填砂石、炉渣等材料，分别形成所谓的砂石桩、炉渣桩等，这些散体材料桩与地基土一起形成复合地基（砂石桩复合地基、炉渣桩复合地基等），共同承受外荷、抵抗变形，达到加固软弱地基之目的，兼有加速排水固结作用。

7.6.1　砂石桩

1. 概述

在软弱地基中采用一定方式成孔，并往孔中填充砂石料，在地基中形成一根砂石柱体，即为砂石桩。砂石桩于19世纪30年代起源于欧洲，随着施工方法与施工机具的不断改进与完善，施工质量和效率不断提高，工程中应用的范围日益扩大。挤密砂石桩目前常用于路堤、原料堆场、堤防码头、油罐及厂房等地基的加固。

砂石桩适用于挤密松散砂土、粉土、黏性土、素填土、杂填土等地基。对饱和黏土地基上对变形控制要求不严的工程也可采用砂石桩置换处理。砂石桩也可用于处理可液化地基。

2. 加固机理

（1）加固松散砂土地基。加固松散砂土地基时，由于砂石桩施工时采用振动或冲击的方式往土中下沉桩管，桩管将地基中等于桩管体积的砂石土挤向桩管周围的土层，使其孔隙比减小，密度增加，起到对松散砂土的挤密作用，一般这种有效挤密范围可达3～4倍的桩径。通过挤密松散砂土，可以防止地基土的振动液化，提高地基土的抗剪强度，减少沉降和不均匀沉降。

（2）加固软弱黏性土地基。在软弱黏性土地基中设置砂石桩，其作用为：①密实的砂石桩取代了与其同体积的软弱黏性土，起到了置换作用；同时砂石桩与地基土一起构成了复合地基；②软弱黏性土中的砂石桩起到砂井的排水作用，缩短孔隙水的排出路径，加快地基土的固结沉降。

3. 砂石桩技术参数

（1）材料。桩体材料可用碎石、卵石、角砾、圆砾、砾砂、粗砂、中砂或石屑等硬质材料，含泥量不大于5%，并不宜含有大于50mm的颗粒。

（2）桩位平面布置形式及其范围。砂石桩的平面布置形式常为等边三角形和正方形。等边三角形布置一般适用于大面积处理，而正方形布置一般适用于独立基础和条形基础下的地基处理。

砂石桩处理范围应大于基底范围，处理宽度宜在基础外缘扩大1～3排；对可液化地基，在基础外缘扩大宽度不应小于可液化土层厚度的1/2，并不应小于5m。

（3）砂石桩直径。砂石桩直径应根据土质情况和成桩设备等因素确定，一般砂石桩直径可采用300～800mm，对于饱和黏性土地基宜选用较大的直径。

（4）砂石桩间距。砂石桩间距应通过现场试验确定。对粉土和砂土地基，不宜大于砂石桩直径的4.5倍；对黏性土地基，不宜大于砂石桩直径的3倍。初步设计时，砂石桩间距也可按下述计算方法确定。

1）松散砂土地基。

如图7-12所示，砂石桩在平面上呈等边三角形布置，设砂石桩直径为d，间距为l，在松散的砂土中打入砂石桩后，能起到100%的挤密效果，即成桩过程中地面没有隆起或下沉现象，被加固的砂土没有流失。图7-12中$\triangle abc$为挤密前松砂面积，其值设为A'，被砂石桩挤密后该面积内的松砂被挤压到阴影所示的面积中，其值为A_2'，在面积A'范围内的砂石桩面积为A_1'。根据图7-12和图7-13可知，平面$\triangle a'b'c'$和单位深度范围内，处理前地基土的体积为$V_0=A'\times1=V_s(1+e_0)$，处理后则为$V_1=V_s(1+e_1)=V_0-A_1'\times1$，因此可得：

$$\frac{V_1}{V_0}=\frac{1+e_1}{1+e_0}=\frac{V_0-A_1'\times1}{V_0} \tag{7-13}$$

故

$$A_1'=\frac{e_0-e_1}{1+e_0}V_0=\frac{e_0-e_1}{1+e_0}A'=\frac{e_0-e_1}{1+e_0}\left(\frac{\sqrt{3}}{4}L^2\right) \tag{7-14}$$

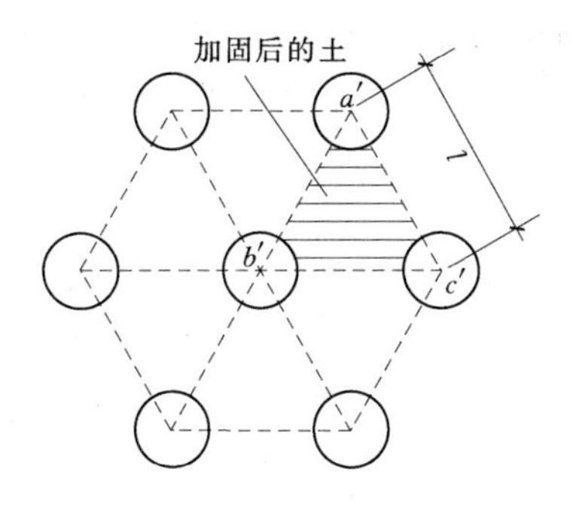

图 7-12 按梅花形布置砂桩

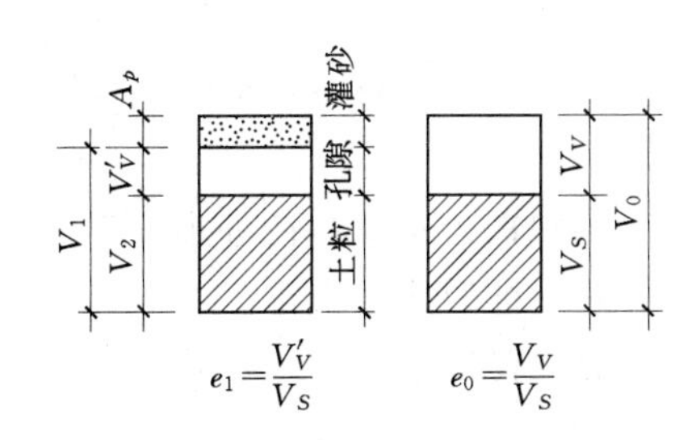

图 7-13 孔隙比 e 变化图

设桩体直径为 d，由于 $A'_1=3\times\frac{1}{6}\times\frac{\pi d^2}{4}=\frac{\pi d^2}{8}$，因此：

$$l=0.952\xi d\sqrt{(1+e_0)/(e_0-e_1)} \tag{7-15}$$

同理，可得正方形布置时砂桩的间距为：

$$l=0.886\xi d\sqrt{(1+e_0)/(e_0-e_1)} \tag{7-16}$$

式中 s——砂石桩间距；

ξ——修正系数，当考虑振动下沉密实作用时，可取 1.1～1.2；不考虑振动下沉密实作用时，可取 1.0；

e_0——地基处理前砂土的孔隙比；

e_1——地基挤密后要求达到的孔隙比；

d——砂桩直径。

地基挤密后要求达到的孔隙比 e_1，可按工程对地基承载力的要求或按下式求得：

$$e_1=e_{max}-D_r(e_{max}-e_{min}) \tag{7-17}$$

式中 e_{max}、e_{min}——砂土的最大和最小孔隙比，可按国家标准《土工试验方法标准》(GB/T 50123—1999) 的有关规定确定；

D_r——地基挤密后要求砂土达到的相对密度，可取 0.70～0.85。

式 (7-15) 和式 (7-16) 也可用加固前后地基土的干重度来表示。

等边三角形布置时

$$l=0.952\xi d\sqrt{\gamma_{d_1}/(\gamma_{d_1}-\gamma_{d_0})} \tag{7-18}$$

正方形布置时

$$l=0.886\xi d\sqrt{\gamma_{d_1}/(\gamma_{d_1}-\gamma_{d_0})} \tag{7-19}$$

式中 γ_{d_1}——加固后地基土的干重度；

γ_{d_0}——加固前地基土的干重度。

加固后要求的地基土干重度，可按下式计算：

$$\gamma_{d1}=\frac{d_s}{1+e_1}\left(1+\frac{e_1}{d_s}\right) \tag{7-20}$$

式中 d_s——土粒相对密度；

e_1——加固后地基土孔隙比。

2）黏性土地基。当砂石桩为等边三角形布置时，可按下式计算：

$$l=1.08\sqrt{A_c} \tag{7-21}$$

当砂石桩为正方形布置时，可按下式计算：

$$l=\sqrt{A_c} \tag{7-22}$$

式中 A_c——一根砂石桩承担的处理面积，$A_c=A_p/m$；

A_p——砂石桩的截面积；

m——面积置换率。

4. 填砂量

砂石桩桩孔内的填料量应通过现场试验确定，估算时可按设计体积乘以充盈系数 $\beta=1.2\sim1.4$ 确定。如施工中地面有下沉或隆起现象，则填料数量应根据现场具体情况予以增减。

5. 砂石桩的长度

砂石桩的长度应根据软弱土层的性能、厚度及工程要求确定。当地基中的松软土层厚度不大时，砂石桩宜穿过松软土层；当松软土层厚度较大时，对按稳定性控制的工程，砂石桩长度应不小于最危险滑动面以下 2m 的深度；对按变形控制的工程，砂石桩长度应满足处理后地基变形量不超过建筑物的地基变形允许值并满足软弱下卧层承载力的要求；对可液化的地基，应按相关规范的有关规定采用。一般来讲，砂石桩长度不宜短于 4m。

6. 垫层

砂石桩施工完毕后，在其上应铺设 30～50cm 厚的砂石垫层，垫层应分层铺设，用平板振动器振实。在不能保证施工机械正常行驶和操作的软弱土层上，应铺设施工用的临时性垫层。

7.6.2 振冲桩

1. 概述

在软弱地基中采用一定的方式成孔并向孔中填入碎石（也可填入卵石、矿渣），并在地基中形成一根碎石柱体，成为振冲桩。振冲桩施工时，以起重机吊起振冲器，启动潜水电机后带动偏心块，使振冲器产生高频振动，同时开动水泵，使高压水通过喷嘴喷射高压水流，在振动力和高压水流的作用下，在土层中形成孔洞，直至设计标高。然后经过清孔，用循环水带出孔中稠泥浆后，向桩孔逐段填入碎石，每段填料均在振冲器振动作用下振挤密实，达到要求的密实度后就可以上提，重复上述操作步骤直至地面，从而在地基中形成一根具有相应直径的密实碎石柱体，即振冲桩。由于上述施工方法为边振边冲，既在土中成孔，同时振冲过程中也使得土体得以振动密实，故也称之为振动水冲法，由振动水冲方法在软弱土层中形成的碎石桩，又称之为振冲桩，振动水冲法也可不加填料，仅对地基（如黏粒含量不大于10%的中砂、粗砂地基）进行挤密处理。

振动水冲法（简称振冲法）由德国人 S. Stewerman 于 1936 年提出，早期用于加固松砂地基。20 世纪五十年代后开始用于黏性土地基的加固。我国于 1977 年开始用振冲法加固软弱地基，目前该法在我国已全面推广。

振冲桩一般适用于处理砂土、粉土、粉质黏土、素填土和杂填土地基。对于处理不排水抗剪强度不小于 20kPa 的饱和黏性土和饱和黄土地基，应在施工前通过试验确定其适用性。

2. 加固机理

(1) 松散砂土地基。振冲桩加固砂土地基，除振冲成孔将砂土挤压密实外，桩体因孔隙大、排水性能好，在地基中起到排水减压作用，可加快地基土的排水固结；另外，施工时振冲产生的振动力，使砂土地基产生预震的效应。上述作用使加固后的地基承载力提高，沉降量减小，可有效防止砂土的振动液化。

(2) 黏性土地基。由于软黏土的渗透性差，振冲不能使饱和土中的孔隙水迅速排除而减小孔隙比，振冲时振动力主要是把添加料碎石等振密并挤压到周围软土中，形成粗大密实的碎石桩等，桩体置换部分软黏土并与软黏土一起组成非均匀的复合地基。由于地基土和桩体材料的变形模量不同，故土中应力会向桩体集中，于是在没有提高软黏土承载力的情况下，整个地基的承载力得以提高，沉降量得以减小。

一般认为，无论对松散砂性土还是软黏土，振冲桩加固地基的作用概括起来有四种，即挤密、置换、排水和加筋。

3. 主要技术参数

桩体材料可用含泥量不大于5%的碎石或卵石、矿渣及其他性能稳定的硬质材料，不宜使用风化易碎的石料。常用的填料粒径为：30kW 振冲器 20～80mm；55kW 振冲器 30～100mm；75kW 振冲器 40～150mm。

振冲桩的平均直径可按每根桩所用填料量计算。

振冲桩处理范围应根据建筑物的重要性和场地条件确定，当用于多层建筑和高层建筑时，宜在基础外缘扩大 1～2 排桩。当要求消除地基液化时，在基础外缘扩大宽度不应小于基底下可液化土层厚度的 1/2。

振冲桩的平面布置，对大面积满堂处理，宜用等边三角形布置；对单独基础或条形基础，宜用正方形、矩形或等腰三角形布置。

振冲桩的间距应根据上部结构荷载大小和场地土层情况，并结合所采用的振冲器功率大小综合考虑。30kW 振冲器布桩间距可采用 1.3～2.0m；55kW 振冲器布桩间距可采用 1.4～2.5m；75kW 振冲器布桩间距可采用 1.5～3.0m。荷载大或对黏性土宜采用较小的间距，荷载小或对砂土宜采用较大的间距。

振冲桩的长度，当相对硬层埋深不大时，应按相对硬层埋深确定；当相对硬层埋深较大时，应按建筑物地基变形允许值确定；在可液化地基中，桩长应按要求的抗震处理深度确定。通常振冲桩长度不宜短于 4m。

在桩顶和基础之间宜铺设 30～50cm 厚的碎石垫层。

7.6.3 散体材料桩复合地基承载力

经散体材料桩加固处理后的复合地基，其承载力应根据现场复合地基载荷试验确定，或采用增强体的载荷试验结果和其周边土的承载力结果经验确定。下面主要讨论散体材料桩复合地基承载力的计算。

设桩体承载力特征值为 f_{pk}；处理后桩间土承载力特征值为 f_{sk}，则初步设计时，散体材料桩复合地基承载力特征值 f_{spk} 可用下式计算：

$$f_{spk}=mf_{pk}+(1-m)f_{sk} \tag{7-23}$$

式中　m——面积置换率。

关于面积置换率，即指一根散体材料桩的有效加固面积（可用等效圆面积表示）与散体材料桩截面积的比值，可用下式计算：

$$m=d^2/d_e^2 \tag{7-24}$$

式中　d——散体材料桩直径；

d_e——有效影响圆柱体的直径。

等边三角形布桩　$d_e=1.05s$

正方形布桩　$d_e=1.13s$

矩形布桩　$d_e=1.13\sqrt{s_1 s_2}$

式中　s、s_1、s_2——桩间距、纵向间距和横向间距。

对于小型工程的黏土地基如无现场载荷试验资料，初步设计时复合地基的承载力特征值 f_{spk} 也可按下式计算确定：

$$f_{spk}=[1+m(n-1)]f_{sk} \tag{7-25}$$

式中　n——桩土应力分担比，无实测资料时可取 2～4，原土强度低时取大值，反之取小值。

7.6.4　散体材料桩复合地基沉降计算

散体材料桩复合地基的沉降计算应按《建筑地基基础设计规范》（GB 50007—2011）的有关规定执行。

对沉降计算所需的土层复合模量 E_{sp} 可按下式确定：

$$E_{sp}=[1+m(n-1)]E_s \tag{7-26}$$

式中　E_{sp}——散体材料桩复合地基压缩模量；

E_s——桩间土压缩模量。

对于复合地基沉降计算经验系数，《建筑地基基础设计规范》（GB 50007—2011）规定，复合地基沉降计算经验系数 ψ_s，根据地区沉降观测资料经验确定，无地区经验时可根据变形计算深度范围内压缩模量的当量值（$\overline{E}_{sp}$）按表 7-5 取值。

表 7-5　　复合地基沉降计算经验系数 ψ_s

$\overline{E}_{sp}$(MPa)	4.0	7.0	15.0	20.0	35.0
ψ_s	1.0	0.7	0.4	0.25	0.2

7.7　柔性材料桩复合地基

通过一定的施工方法，将某些固化材料（如水泥、石灰等）以浆液或粉体状喷入软土地基中，并强行与原地基土进行就地搅拌，形成加固土桩体，这些加固土桩体与地基土一起构成复合地基，两者共同承受荷载，从而使地基承载力提高、沉降量减小，达到软弱地基加固的目的。由于这些加固土桩体材料性质既不像砂、碎石那样呈散体状，也不像混凝土那样具有较高的强度和刚度，通常把它们称之为柔性材料桩。

根据施工方法和加固土桩体固化剂材料的不同，柔性材料桩有多种形式。下面主要介绍水泥搅拌桩和高压旋喷桩及其柔性材料桩复合地基的设计计算。

7.7.1 水泥搅拌桩

1. 概述

水泥搅拌（桩）法是通过特殊的机械设备，将水泥浆或粉喷入土中并强行与土体就地搅拌，从而在软弱土层中形成水泥土桩体，即为水泥搅拌桩。通过在软弱土层中设置水泥土桩，与地基土一起构成复合地基，达到提高地基承载力、减小沉降量和增加地基稳定性，最终达到加固软弱地基之目的。

当往土中喷射的材料为水泥浆时，该法常称为深层搅拌法（或湿喷法），所形成的水泥土桩随之被称为深层搅拌桩；若喷入土中的材料为水泥粉时，该法常称为粉体喷射搅拌法，所形成的桩称为水泥粉喷桩。

深层搅拌（桩）法在20世纪中后期首先在美国开始研究，并在工程应用中获得成功，随后日本在施工机械、施工方法等方面进行了广泛、深入的研究，使该方法在工程应用中范围更加广泛，效率更高。自20世纪70年代后期以来，我国对深层搅拌（桩）法也进行了试验研究，并于1980年在上海宝山钢铁厂设备基础下的软弱地基处理应用中获得成功。20世纪60年代后期，在深层搅拌（桩）法的基础上，瑞典又提出了粉体喷射搅拌法（当时粉体材料采用的是石灰粉），后来又进一步对此法深入研究，同时在土体中喷入水泥粉，使得粉体喷射搅拌桩日趋成熟。我国于20世纪80年代开始对粉体喷射搅拌法进行实验研究，并于1984年首次在工程应用中获得成功。

与其他地基加固方法相比，水泥搅拌（桩）法具有如下特点：施工时无噪音、无振动、无污染；成桩过程中水泥固化剂与地基软土就地搅拌，最大限度地利用了原土，同时没有挤土效应，不会使地基侧向挤出，对周围既有建筑物的影响很小；水泥土重度基本和原状土重度相接近，故基本不会对软弱下卧层产生附加沉降；施工方法、机具较为简单，施工速度较为简洁、施工成本不高。

水泥搅拌（桩）法适用于处理正常固结的淤泥与淤泥质土、粉土、饱和黄土、素填土、黏性土以及无流动地下水的饱和松散砂等地基。当地基土的天然含水量小于3%（黄土含水量小于25%）、大于70%或地下水的pH值小于4时不宜采用此法。冬期施工时，应注意负温对处理效果的影响。水泥搅拌（桩）法用于处理泥炭土、有机质土、塑性指数I_p大于25的黏土地下水有腐蚀性时以及无工程经验的地区，必须通过现场试验确定其运用性能。

水泥搅拌（桩）法形成的水泥土加固体，可作为：①竖向承载的复合地基，加固房屋建筑和高填方路堤下软弱地基，提高地基承载力、减小沉降量和不均匀沉降；②基坑工程围护档墙、被动区加固、防渗帷幕，以减小侧向土压力、提高边坡稳定性、防止地下水渗流；大体积水泥稳定土等。加固体形状可分为柱状、壁状、格栅状或块状等。

应特别注意的是，由于水泥搅拌桩施工工艺特殊，加之土层性质复杂，在工程应用中应不断改进施工机具，完善施工方法、加强施工质量管理和检测，以更好地保证施工质量。

2. 加固机理

水泥搅拌加固软黏土的机理是：将水泥与地基土一起搅拌后，发生水泥的水解和水化反应，水泥颗粒表面的矿物与软土中的水发生水解和水化反应，生成氢氧化钙、含水硅酸钙等化合物，而这些化合物能迅速溶解于水，使得水泥颗粒表面又重新暴露出来并重复上述作用，直至周围溶液逐步达到饱和后，水继续深入水泥颗粒内部后所生成的化合物不再溶解，而是以细小的分散状态的胶体析出，悬浮在溶液中，形成胶体，胶结分散的土体；离子交换和团粒化作用，水泥水化生成的钙离子与土颗粒表面带有的钾离子和钠离子进行当量吸附交换，使得土颗粒的结合水膜变薄，土粒相互间吸引力增大，从而使小土粒逐渐形成较大的土团，使土体的强度增加；硬凝反应，随着水泥水化反应的深入，溶液中不断析出大量的钙离子，当其超过需要的离子交换量后，在碱性环境中，它将与部分组成黏土矿物的化合物发生反应，生成不溶于水的稳定结晶化合物，使水泥土的强度增加；碳酸化作用，水泥水化物中游离的氢氧化钙吸收水和空气中的二氧化碳，发生碳酸化作用，生成不溶于水的碳酸钙，这种反应也能增加水泥土的强度，但增速较慢，增幅也较小。

3. 水泥搅拌桩有关技术参数

（1）加固范围和平面布置。水泥搅拌桩的平面布置可根据上部结构特点及对地基承载力和变形的要求，采用柱状、壁状、格栅状或块状等加固型式。桩可布置在基础范围内，独立基础下的桩数不宜少于3根。柱桩加固可采用等边三角形和正方形等布桩形式。

（2）桩长、桩径与桩间距。水泥搅拌桩桩长、桩径与桩间距可根据土质条件、上部荷载大小等条件计算确定，并宜穿透软弱土层到达承载力相对较高的的土层；为提高抗滑稳定性而设置的搅拌桩，其桩长应超过危险滑弧以下2m。一般，湿法的加固深度（桩长）不宜大于20m；干法的加固深度（桩长）不宜大于15m。

水泥搅拌桩的直径应小于50cm。

桩间距应根据复合地基承载力或变形要求确定的置换率而定，一般为1.2～2.0m。

（3）水泥土的强度。水泥土的无侧限抗压强度一般为$q_u=0.3\sim0.4$MPa，比天然软土要大几十倍甚至数百倍。当水泥土强度为0.3～0.4MPa时，其变形模量E_{50}（水泥土的竖向应力达到其无侧限抗压强度的50%时应力应变之比值）为40～60MPa，即$E_{50}=100\sim150q_u$。图7-14是一组水泥土应力与应变关系曲线。由图7-14可以看出，水泥土的变形特征为：在开始受力阶段，应力应变关系基本呈线性，符合虎克定律，当外力达到极限强度的70%～80%时，试件的应力与应变不再继续保持线形关系，当外力达到极限强度时，对于强度大于1.5～2.0MPa的水泥土，很快出现脆性破坏，破坏后残余强度很小，此时轴向应变约为0.8%～1.2%；对于强度小于1.5～2.0MPa的水泥土，则出现塑性破坏。水泥掺入比为土体中掺入的水泥重量与被加固软土的湿重的比值，用a_w表示，即：

$$a_w=\frac{\text{掺入的水泥重量}}{\text{被加固软土的湿重量}}\times100\% \tag{7-27}$$

水泥土强度随水泥掺入比增加而增大。实际工程中确定水泥搅拌桩的水泥掺入比时，既要考虑桩体水泥土的强度，也要考虑造价问题，太低则水泥土强度小，效果不明显，太高则加固处理费用大。一般除块状加固时水泥掺入比为7%～12%，其余水泥掺入比宜为12%～20%。此外，根据工程需要和土质条件，可适当掺入具有早强、缓凝、减水以及节省水泥等作用的外加剂，但应避免对环境造成污染。

水泥土的强度随其养护龄期的增长而增大，与混凝土材料不一样，一般在龄期超过

28d后其强度仍有明显增长（图7-15）。鉴于水泥土强度随龄期变化的特征，对竖向承载的水泥土强度宜取90d龄期试块的立方体抗压强度平均值作为其设计强度；对承受水平荷载的水泥土强度宜取28d龄期试块的立方体抗压强度平均值作为其设计强度。

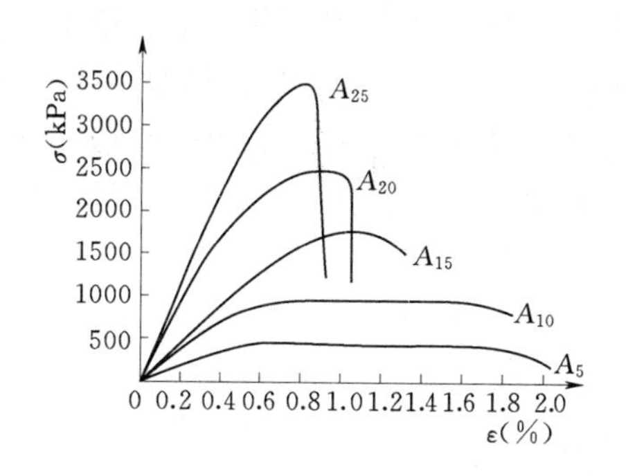

图7-14 水泥土的应力应变曲线
A_5、A_{10}、A_{15}、A_{20}、A_{25}表示水泥掺入比a_w=5%、10%、15%、20%、25%

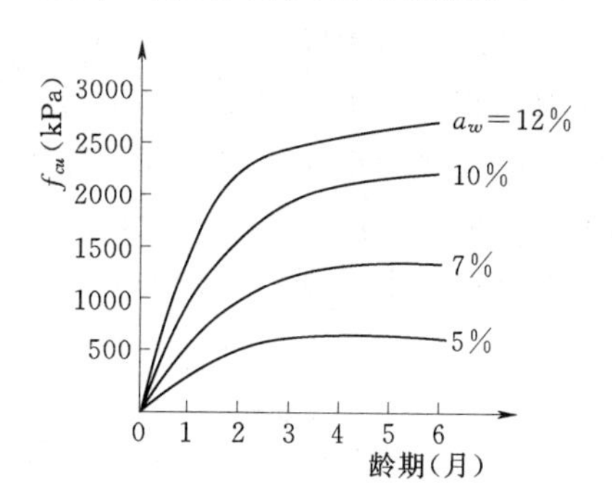

图7-15 水泥图掺入比、龄期与强度的关系曲线

（4）水泥搅拌桩质量检验。为保证水泥搅拌桩的施工质量达到设计要求，必须对其质量进行检验。检验的内容包括桩的平面位置、桩径和桩间距、桩的长度和桩体材料均匀性、单桩承载力以及复合地基承载力等。水泥搅拌桩的检测方法、要求分述如下。

1）浅部开挖桩头。成桩7d后，采用浅部开挖桩头［深度宜为停浆（灰）面以下0.5m］，目测检查搅拌的均匀性，量测成桩直径。检查量为总桩数的5%。

2）轻型动力触探试验。成桩后3d内，可用轻型动力触探（N_{10}）检查每米桩身的均匀性。检验数量为施工总桩数的1%，且不少于3根。

3）单桩和复合地基荷载试验。对单桩和复合地基施加静力荷载，以检验其力学性质和加固效果。该法是检验单桩和复合地基力学性质和加固效果最直接的方法。

竖向承载水泥搅拌桩地基竣工验收时，承载力检验应采用单桩荷载试验和复合地基荷载试验。载荷试验必须在桩身强度满足试验荷载条件时，并宜在成桩28d后进行。检验数量为总桩数的0.5%～1%，且每项单体工程不少于3点。

4）钻芯取样做强度试验并辅以标准贯入试验。经触探和载荷试验检验后对桩身质量有怀疑时，应在成桩28d后，用双管单动取样器钻取芯样作抗压强度试验。检验数量为施工总桩数的0.5%，且不少于3根。

此外，实际工程中，也可采用静力触探试验和小应变动力检测对水泥搅拌桩施工质量进行检测。

7.7.2 高压旋喷桩

1. 概述

高压旋喷（桩）法是用钻机把带有喷嘴的注浆管钻至土层的预定位置，然后将浆液或水以高速向土中水平喷射，借助液体的冲切力切削土层，使喷流射层内土体遭到破坏，同时钻杆一边以一定的速度旋转，一边以低速慢慢提升，使土体与水泥浆充分搅拌均匀，待水泥浆凝结硬化后，即在地基中形成一个水泥土圆柱体，从而使地基土得到加固。

高压旋喷桩（法）于20世纪60年代后期首先由日本发明。我国于1975年开始单管法的试验研究和应用，从20世纪70年代后期起，相继获得三管法在工程中应用的成功和高压旋喷的新方法，即干喷法，至今已在很多项工程中得到应用。

高压旋喷法适用于处理淤泥、淤泥质土、流塑或软塑或可塑的黏性土、粉土、砂土、黄土、素填土和碎石土等地基。当土中含有较多的大粒径块石、大量植物根茎或有较高的有机质时，以及地下水流速过大和已涌水的工程，应根据现场试验结果确定其适用性。

由于土的种类不同，旋喷桩组成结构也不完全相同，在砂土中，旋喷桩外圈有一浆液渗透层；在黏性土中，则旋喷桩外圈没有渗透层，见图7-16。

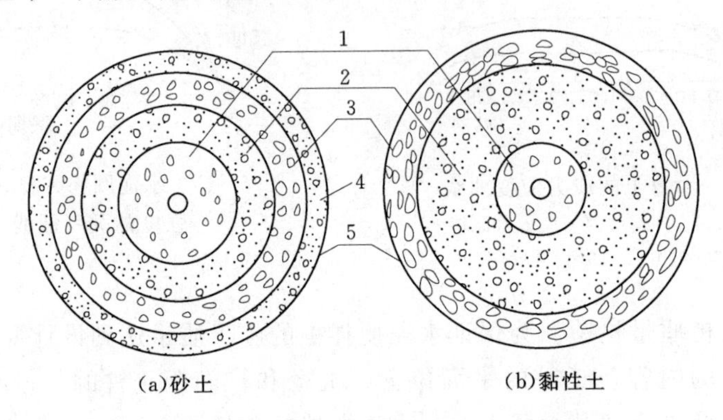

图7-16 高压旋喷固结体横断面示意图

1—浆液主体部分；2—搅拌混合部分；3—压缩部分；
4—渗透部分；5—硬壳

高压旋喷（桩）法可用于既有建筑物和新建建筑物的地基加固，深基坑、地铁等工程的土层加固与防水。

2. 形式和分类

高压旋喷法施工可采用旋喷、定喷和摆喷，喷射浆液时，喷嘴旋转喷射浆液并提升注浆管、喷嘴以不变的方向喷射浆液并提升注浆管、喷嘴以小角度来回摆动喷射浆液并提升注浆管，按此三种施工方法，形成的水泥土体分别为柱状、壁状、条状和块状。

高压旋喷法按施工机具的不同，又可分为单管法、二重管法、三重管法和多重管法。单重管法即以一根注浆管喷射浆液，由于浆液喷射流在土中衰减大，破碎土的射程较短，成桩直径小，一般为0.3～0.8m；二重管法即用同轴双道沟二重注浆管同时喷射浆液和空气二种介质，喷射能量显著增加，成桩直径可达1.0m；三重管法用同轴三重管同时喷射流体、压缩空气和浆液，可形成较大空隙填入浆液，成桩直径大，一般可达1.0～2.0m；多重管法即先在地面钻一个导孔，然后置入多重管，用超高压水射流切削破坏四周土体，经高压水冲击下来的土和石成为泥浆后，立即用真空泵从多重管中抽出，如此反复地冲和抽，便在土层中形成一个较大空间，最后根据工程需要选择浆液、砂浆、砾石等材料填充，形成更大的桩体，在砂性土中最大直径可达4m。

旋喷有效直径的大小，主要取决于旋喷方法、土层条件和施工条件。设计旋喷直径应根据现场试验资料而去取其最小直径值。如无试验资料时，可参考表7-6选用。

表7-6　旋喷桩径选用

土质情况		旋喷方法		
		单管法	二重管法	三重管法
		直径（m）		
黏性土	0<N<5	1.0±0.2	1.5±0.2	2.0±0.3
	6<N<10	0.8±0.2	1.2±0.2	1.5±0.3
	11<N<20	0.6±0.2	0.8±0.2	1.0±0.3
砂　土	0<N<10	1.0±0.2	1.3±0.2	2.0±0.3
	11<N<20	0.8±0.2	1.1±0.2	1.5±0.3
	21<N<30	0.6±0.2	1.0±0.2	1.2±0.3
砂　砾	20<N<30	0.6±0.2	1.0±0.2	1.2±0.3

注　N为标准贯入击数。

3. 高压旋喷法施工及旋喷桩技术参数

旋喷法加固地基的施工、程序如图7-17所示。图中①表示钻机就位；②、③表示钻杆旋转喷水下沉，直到设计标高为止；④、⑤表示压力升高到一定值后喷射浆液，钻杆约以20r/min旋转，提升速度约每喷射3圈提升25～30mm（具体与喷嘴直径，加固土体所需要的浆液量有关）；⑥表示旋喷成桩，再移动钻机重新以②～⑤程序进行土层加固。

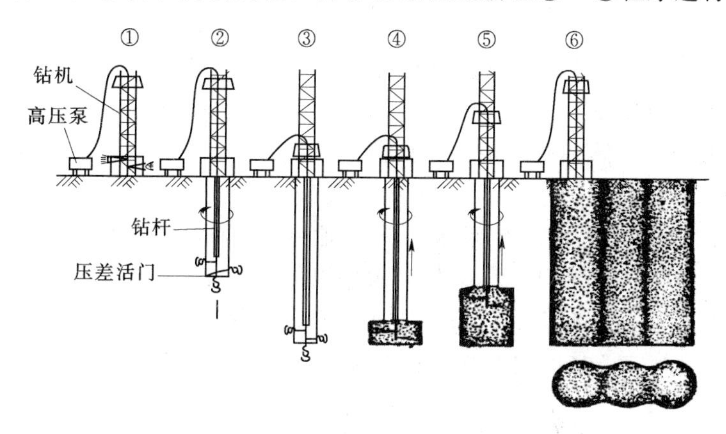

图7-17　旋喷法施工程序

高压旋喷桩的强度和加固范围，应通过现场试验确定。当无现场试验资料时，亦可参照相似土质条件的工程经验。

竖向承载高压旋喷桩的平面布置平面布置可根据上部结构和基础特点确定。独立基础下的桩数一般不应少于4根。

竖向承载高压旋喷桩复合地基宜在基础和桩顶之间设置褥垫层。褥垫层厚度可取200～300mm，其材料可选用中砂、粗砂、级配砂石等，最大粒径不宜大于30mm。

表7-7为我国通常采用的高压旋喷技术参数，可参考使用。

7.7.3　柔性材料桩复合地基

水泥搅拌桩、高压旋喷桩等柔性材料桩与地基土一起构成柔性材料桩复合地基，共同承受外力，抵抗变形。因此加固后的地基承载力和变形可按复合地基原理进行计算。

表 7-7 高压旋喷技术参数

技术参数		单管法	二重管法	三重管法	
				CJG 工法	RJP 工法
高压水	压力（MPa）	—	—	20～40	20～40
	流量（L/min）	—	—	80～120	80～120
	喷嘴孔径（mm）	—	—	1.7～2.0	1.7～2.0
	喷嘴个数	—	—	1～4	1
压缩空气	压力（MPa）	—	0.7	0.7	0.7
	流量（L/min）	—	3	3～6	3～6
	喷嘴间隙（mm）	—	2～4	2～4	2～4
水泥浆液	压力（MPa）	20～40	20～40	3	20～40
	流量（L/min）	80～120	80～120	70～150	80～120
	喷嘴孔径（mm）	2～3	2～3	8～14	2
	喷嘴个数	2	1～2	1～2	1～2
注浆管	提升速度（cm/min）	20～25	10～20	5～12	5～12
	旋转速度（r/min）	约 20	10～20	5～10	5～10
	外径（mm）	ϕ42、ϕ50	ϕ50、ϕ75	ϕ75、ϕ90	ϕ90

柔性桩复合地基承载力特征值应通过现场复合地基载荷试验确定，也可按下式计算：

$$f_{spk}=m\frac{R_a}{A_p}+\beta(1-m)f_{sk} \tag{7-28}$$

式中 f_{spk}——柔性桩复合地基承载力特征值；

m——面积置换率；

f_{sk}——桩间土天然地基承载力特征值；

A_p——桩的截面积；

β——桩间土承载力折减系数，宜按地区经验取值，如无经验时可取 0.75～0.95，天然地基承载力较高时取大值；

R_a——单桩竖向承载力特征值，应通过现场单桩静载荷试验确定。

初步设计时，单桩竖向承载力特征值也可按下式计算确定：

$$R_a=\eta f_{cu}A_p u_p \tag{7-29}$$

或

水泥搅拌桩
$$R_a=u_p\sum_{i=1}^{n}q_{si}l_i+\alpha q_p A_p \tag{7-30}$$

高压旋喷桩
$$R_a=u_p\sum_{i=1}^{n}q_{si}l_i+q_p A_p \tag{7-31}$$

式中 η——桩身强度折减系数，水泥搅拌桩干法取 0.20～0.30、水泥搅拌桩湿法取 0.25～0.33，高压旋喷桩取 0.33；

f_{cu}——与水泥搅拌桩或高压旋喷桩桩身水泥土配比相同的室内加固土试块（边长 70.7mm 的立方体，水泥搅拌桩也可采用边长为 50mm 的立方体）在标准养护条件下 90d 龄期的立方体抗压强度平均值；

u_p——桩的周长；

n——桩长范围内所划分的土层数；

l——桩长范围内第 i 土的厚度；

q_{si}——桩周第 i 层土的侧阻力特征值，对于水泥搅拌桩：淤泥可取 4～7kPa、淤泥质土可取 6～12kPa、软塑状态的黏性土可取 10～15kPa、可塑状态的黏性土可取 12～18kPa，对于高压旋喷桩：可按《建筑地基基础设计规范》（GB 50007—2011）有关规定或地区经验确定；

q_p——桩端地基土为经修正的承载力特征值，可按《建筑地基基础设计规范》（GB 50007—2011）有关规定或地区经验确定；

α——水泥搅拌桩桩端天然地基土的承载力折减系数，可取 0.4～0.6，承载力高时取低值。

7.7.4　柔性材料桩复合地基沉降计算

柔性材料桩复合地基的沉降计算应按《建筑地基基础设计规范》（GB 50007—2011）的有关规定执行。如柔性材料桩桩长小于地基压缩层厚度，则沉降量由两部分组成，即加固区复合地基沉降量和非加固区天然地基沉降量。

对于柔性材料桩复合地基模量，可按下式计算：

$$E_{sp}=\frac{E_s(A_e-A_p)+E_pA_p}{A_e} \tag{7-32}$$

式中　E_{sp}——柔性材料桩复合土层压缩模量；

E_s——桩间土的压缩模量，可用天然地基土的压缩模量代替；

E_p——柔性材料桩体的压缩模量；

A_e——每根桩承担的处理面积。

7.8　托　换　技　术

7.8.1　概述

托换技术是指解决对既有建筑物的地基需要处理和基础需要加固的问题；和对既有建筑物基础下需要修建地下工程及其邻近需要建造新工程而影响到既有建筑物的安全问题的技术总称。托换技术又可称为基础托换。

托换技术适用于既有建筑物的加固、增层或扩建，以及受修建地下工程、新建工程和深基坑开挖的影响的既有建筑物的地基处理和基础加固。

在制定托换设计和施工方案前，应充分收集和掌握以下资料。

（1）场地工程地质和水文地质资料，必要时应进行补充勘察工作。

（2）被托换结构设计、施工、竣工、沉降观测和损坏原因分析等资料。

（3）场地内地下管线、邻近建筑物和自然环境等对既有建筑物在托换施工时或竣工后可能产生影响的调查资料。

由于托换技术是一种建筑技术难度较大、费用较贵、工期较长和责任性较强的特殊施工方法，所以应加强托换时的施工监测和竣工后的沉降观测，并做好施工记录，确保托换施工过程中的安全与可靠性。

7.8.2　托换技术分类

按照施工方法，托换技术可分为 3 类，即桩式托换法、灌浆托换法和基础加固法。

1. 桩式托换法

桩式托换法为采用桩进行基础托换方法的总称。它是在基础结构的下部或两侧设置各类桩，在桩上搁置托梁或承台系统或直接与基础锚固，来支承被托换的墙和柱基。桩式托换可分为坑式静压桩托换、锚杆静压桩托换、灌注桩托换和树根桩托换等。本节仅介绍前两种桩式托换。

桩式托换适用于软弱黏性土、松散砂土、饱和黄土、湿陷性黄土、素填土和杂填土等。

(1) 坑式静压桩托换。坑式静压桩托换系在墙基或柱基下开挖竖坑和横坑，在基础底部放直径为150～200mm的钢筋混凝土预制方桩，每节桩长可按托换坑的净空高度和千斤顶的行程确定（一般为1～2m），桩顶上安放钢垫板，在其上再设置行程较大的15～30t的油压千斤顶，千斤顶上放压力传感器，用钢垫板顶住基础底板作为反力支点，分节将钢管或钢筋混凝土预制方桩压入，如图7-18所示，施工时对坑壁不能直立的砂土和软弱土等地基，要进行坑壁支护，可在基础底面下开挖横的导坑，如坑内有水，应在不扰动地基土的情况下降水后才能施工。桩分段压入，对钢管桩分段接头可采用焊接，对钢筋混凝土桩分段接头可采用硫黄胶泥或焊接接桩。桩顶应压入到压桩力达1.5倍单桩承载力标准值相应深度的土层内。桩压至设计深度后，拆除千斤顶，对钢管桩，可根据工程要求在管内浇注混凝土。最后应用混凝土将桩与原有基础浇注成一个整体。

坑式静压桩托换一般适用于条形基础的托换加固。

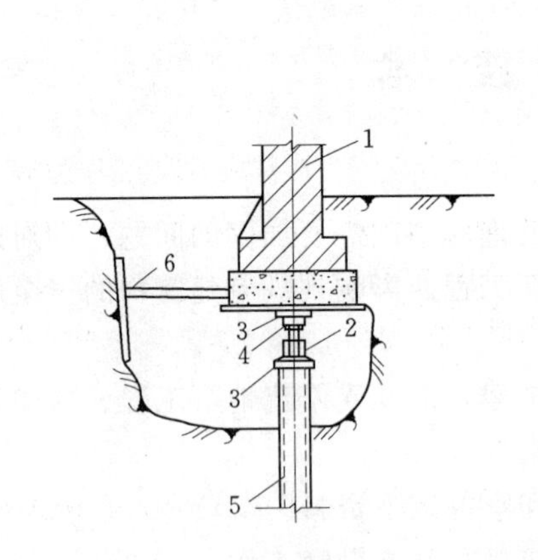

图7-18　静压桩托换

1—被托换基础；2—油压千斤顶；3—钢垫板；4—传感器；5—短钢管；6—支撑和挡板

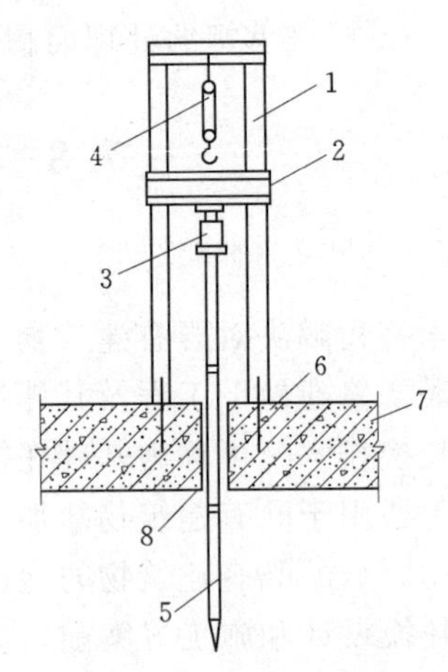

图7-19　锚杆静压桩托换

1—反力架；2—反力架；3—油压千斤顶；4—倒链；5—分节混凝土预制桩；6—锚杆；7—基础承台；8—压桩孔

(2) 锚杆静压桩托换。如图7-19所示，锚杆静压桩系先在被托换的基础上按要求位置开凿桩位孔和锚杆孔，桩孔应凿成上大下小，以利于基础承受冲剪。在压桩部位埋设锚杆，用环氧浆锚固10倍锚杆直径，安设型钢制桩杆静压桩机进行压桩。

锚杆静压桩的桩身可采用混凝土强度等级为C30的200mm×200mm或300mm×

300mm的钢筋混凝土预制方桩，每节长度为1～3m，具体长度应由施工净空高度确定，也可选用钢管和钢轨做桩身。接头可采用焊接或硫黄胶泥。

在桩压入预定深度后，如设计需要对桩施加预压应力，应在不卸荷条件下将桩与基础锚固，在封桩混凝土达到设计强度后，才能拆除压力架和千斤顶。当不需要对桩施加预应力时，在达到设计深度和预压力后，即可拆除桩架，并进行封桩处理。

锚杆静压桩托换适用于既有建筑物和新建建筑物的地基处理和基础加固。

2. 灌浆托换法

灌浆托换法指利用气压、液压等方式通过灌浆管将无机或有机化学浆液注入土中，使地基固化，起到提高地基承载力、减小沉降量以及防渗堵漏的一种加固方法。

灌浆托换法适用于既有建筑物的地基处理。

根据灌入地层中浆液的材料不同，灌浆托换法可分为：水泥灌浆法、硅化加固法和碱液加固法。

（1）水泥灌浆法。水泥灌浆法适用于砂土和碎石土中的渗透灌浆，也可适用于黏性土、填土和黄土中的压密灌浆和劈裂灌浆。

浆液主材水泥应选用普通硅酸盐水泥或矿渣水泥，其强度等级不低于32.5，水泥浆的水灰比可取1。为防止水泥浆被地下水冲失，可在水泥浆中掺入相当于水泥重量1%～2%的速凝剂，常用的速凝剂有水玻璃和氯化钙。

（2）硅化加固法。硅化加固法是将水玻璃和氯化钙分别轮流注入土中（称双液硅化法）或将水玻璃注入土中（称单液硅化法），使土体固化的一种方法。

当地基土的渗透系数为0.1～80m/d时，适用于双液硅化法；当对渗透系数为0.1～2.0m/d的湿陷性黄土，宜用单液硅化法，对自重湿陷性黄土，宜采用无压力单液硅化法，以减少施工时的附加下沉。

（3）碱液加固法。碱液加固法是将碱液（氢氧化钠溶液）注入土层，由溶液本身析出的胶结物质将分散的土颗粒胶结而使土体得到加固。

碱液加固法主要适用于处理既有建筑物下的非自重湿陷性黄土地基。

碱液加固法施工时，用洛阳铲或用钢管打到预定的处理深度，孔径一般为50～70mm，孔中填入粒径20～40mm的小石子至注浆管下端的标高处，将直径为20mm的注浆管插入孔中，管子四周填入5～20mm的小石子，高度200～300mm，再用素土分层填实到地表。

碱液加固法所用的氢氧化钠用量可为加固土体干土重量的3%左右，溶液浓度可采用100g/L。

3. 基础加固法

基础加固法适用于建筑物基础支承能力不足的既有建筑物的基础加固。

当基础由于机械损伤、不均匀沉降和冻胀等原因引起开裂和损坏时，或当既有建筑物的基础产生裂缝或基底面积不足时，可采用灌浆法（浆液可采用水泥浆或环氧树脂等）或用混凝土或钢筋混凝土套加基础等方法进行加固处理。

采用灌注法加固时，可在基础中钻孔或打孔，孔径应比注浆管的直径大2～3mm，在孔内放置直径25mm的注浆管，孔距可取0.45～1.0m。对单独基础每边打孔不应少于2

个。灌浆压力可取0.2～0.6mPa。当注浆管提升至地表下1.0～1.5m范围内而浆液不再下沉时，可停止灌浆。灌浆的有效直径为0.6～1.2m。施工应沿基础纵向分段进行，每段长度可取2.0～2.5m。

采用混凝土或钢筋混凝土套加大基础处理时，可沿基础单向或双向加宽。用混凝土套加固时，每边一般可加宽200～300mm；用钢筋混凝土套加固时，每边可加宽300mm以上。加宽部分钢筋应与基础内主钢筋连接。在加宽部分的地基上，应铺设厚度为100mm的压实碎石层或砂砾层。灌注混凝土前，应将原基础凿毛和刷洗干净，并隔一定高度插入钢筋或角钢。

复习思考题

1. 哪些地基属于软弱地基？地基处理的目的是什么？

2. 什么是复合地基？形成复合地基的基本条件是什么？

3. 常用的地基处理方法有哪些？其适用范围如何？

4. 换土垫层的作用是什么？如何设计？对换填土有何要求？

5. 强夯法适宜于处理哪些地基？其处理地基的机理是什么？

6. 砂井预压处理地基时，地基固结度如何计算？砂井地基固结主要是由径向还是竖向控制？

7. 注降加固地基的作用有哪些？注浆法可分为哪几类？

8. 散体材料桩加固黏性土和无黏性土地基的机理有什么不同？水泥土桩加固地基的机理为何？

9. 砂石桩和水泥土桩复合地基承载力如何确定？

10. 高压旋喷法适用的使用条件是什么？按施工机具的不同，高压旋喷法有哪几种类型？

11. 何谓托换技术？按施工方法，托换技术可分为哪几类？

第8章 基 坑 工 程

8.1 概 述

随着高层及超高层建筑的大量涌现，以及大型市政设施的施工及地下空间的开发利用，工程建设中出现了大量的基坑工程。基坑工程主要包括岩土工程勘察、支护体系设计与施工、降水、土方开挖与回填、监测与检测等多个方面，是一项综合性很强的系统工程。其目的是为主体地下结构的施工创造空间条件、保证基坑和地下结构的施工安全，以及减小对周边环境的影响。

基坑工程涉及岩土工程、结构工程等学科领域，既涉及土力学中典型的强度与变形问题，同时还涉及土与支护结构的共同作用问题。基坑工程综合性强，工程技术复杂，影响因素多，其设计计算理论尚不成熟，在一定程度上仍依赖于工程实践经验。

基坑工程具有以下特点。

(1) 基坑支护是为主体地下结构施工而采取的临时性措施。主体地下结构施工完成时支护体系就完成任务，其安全储备相对较小，存在较大的风险性。基坑工程施工过程中应加强现场监测，事前做好应急预案。在施工过程中一旦出现险情，及时采取抢救措施。

(2) 基坑工程具有区域性。不同场地的工程地质和水文地质条件不同，基坑工程的支护体系设计和降止水、土方开挖等施工技术都要因地制宜，不能简单搬用和借鉴已有工程经验。

(3) 基坑工程具有个性。基坑工程还与基坑相邻建（构）筑物和市政地下管线的位置、抵御变形的能力和重要性以及场地周围环境等因素有关，这就决定了基坑工程具有很强的个性。因此，对基坑工程进行分类、规定支护结构允许变形的统一标准都存在困难。

(4) 基坑工程具有时空效应。基坑的深度和平面形状对基坑支护体系的稳定性和变形有较大影响，因此，设计中要考虑基坑几何形状引起的空间效应。与此同时，土体具有蠕变性，特别是软黏土，使得作用在支护结构上的土压力随时间变化。土体蠕变可使得土体强度降低，导致基坑支护系统的稳定性降低，从而使得基坑工程性状表现出很强的时间效应。

(5) 基坑工程的环境效应。基坑开挖势必引起周围地基中地下水位变化和应力场改变，从而导致周围地基土体发生变形，对相邻建（构）筑物及地下管线产生影响。影响严重时将危及相邻建（构）筑物与地下管线的正常使用。因此，基坑工程的环境效应应给予高度重视。

(6) 基坑工程是系统工程。基坑工程涉及的知识面广，不仅涉及岩土工程，而且也涉及结构工程。基坑工程中支护体系设计和施工的合理性都会对基坑的工作性状产生重要的影响。因此，基坑工程是包括设计、施工和监测的一个系统工程。在精心设计的基础上，制定合理的施工方案，加强施工现场监测，充分利用监测数据，及时调整施工方案，实现对基坑工程的信息化施工。

8.1.1 基坑工程的组成

典型基坑工程是由地面向下开挖的一个地下空间。基坑四周一般为垂直的挡土结构，挡土结构一般是在基坑底面下有一定插入深度的板墙结构。常用材料为混凝土、钢、木等，可采用钢板桩，钢筋混凝土板桩、柱列式灌注桩、水泥土搅拌桩、地下连续墙等结构型式。根据不同的基坑深度，板墙结构可以是悬臂的，也可以是单撑和多撑式的（单锚式或多锚式）结构。支撑的目的是为板墙结构提供弹性支承，以控制墙体的弯矩在墙体断面允许承受的范围内，达到经济合理的工程建设要求。支撑的类型可以是基坑内部受压体系或基坑外部受拉体系，前者为坑内井字型支撑或其与斜撑组合的受压杆件体系，也有做成在中间留出较大空间的周边桁架式体系。后者为锚固端在基坑周围地层中受拉锚杆体系，可提供易于基坑和地下结构施工的较大空间。

8.1.2 基坑工程的设计

基坑开挖是地下工程施工中的一个古老的传统课题。同时又是一个综合性的岩土工程难题，既涉及土力学中典型强度与稳定问题，又包含了变形问题，同时还涉及土与支护结构的共同作用。对这些问题的认识及其对策是随着土力学理论、计算技术、测试仪器以及施工机械、施工工艺的进步而逐步完善的。在理论上，经典的土力学已不能满足基坑工程设计的要求，考虑土的应力路径（卸载）、土的各向异性、土的流变、土的扰动、土与支护结构共同作用等理论，以及有限单元法和系统工程等软科学已在基坑工程中得以应用。

基坑工程设计广义上讲包括岩土工程勘察、支护结构设计、施工、现场监测和周围环境保护等几个方面的内容，相比其他基础工程，其更为突出的特殊性是其设计和施工相互依赖，密不可分。施工的每一个阶段，结构体系和外部荷载都在发生变化，而且施工工艺、挖土次序和挖土位置、支撑和留土时间等不确定因素非常复杂，且都对基坑工程的性状产生直接影响。目前基坑工程设计理论尚不完善，设计参数的合理选取有待深入研究，设计中还不能事先完全考虑施工中遇到的各种复杂因素。

8.1.3 基坑工程的施工

基坑工程的成功与否不仅取决于设计，而且与施工方案的合理性、施工工况与设计工况的一致性以及施工质量等多种因素密切相关。因此，基坑工程要严格按照设计要求、施工方案和有关的规范进行施工，才能保证基坑施工的顺利进行。

基坑工程的施工组织设计或施工方案应根据支护结构形式、地下结构、开挖深度、地质条件、周围环境、工期、气候和地面荷载等有关资料精心编制，其内容应该包括工程概况、地质资料、施工组织、挖土与降水方案、现场监控方案、环境保护和应急措施等方面。

基坑工程施工是引起基坑工程事故的主要因素，已有工程案例表明，绝大多数基坑工程事故都与基坑施工有关。因此，基坑工程施工中应严格遵照设计工况实施基坑施工，遵循“开槽支撑、先撑后挖、分层开挖、严禁超挖”的施工原则，以达到减少基坑工程事故的目的。此外，在基坑施工过程中应加强现场监测，及时发现和解决施工中存在的问题，调整基坑支护方案，实现基坑工程的信息化施工。

8.1.4　基坑工程环境效应

基坑工程环境效应包括支护结构和工程桩施工、降低地下水位、基坑土方开挖等阶段对周围建（构）筑物和市政设施的影响。城市中基坑工程通常处于建（构）筑物和生命线工程的密集地区，基坑开挖必定对临近环境产生影响，为了减小基坑工程对临近环境的影响，确保已建建（构）筑物的正常使用和安全运营，常需将基坑工程周围的地面沉降、挡土结构水平位移和地下水位变化限制在一定范围之内。为了将基坑开挖对临近环境的影响降低到最小，除了在设计时要严格控制变形外，还应通过采用合理有效的施工方法、强化施工监测、实行信息化施工等措施减小基坑工程环境效应。

8.2　基坑支护方案

基坑开挖产生的土体位移常引起周围建（构）筑物、管线的变形和危害，必须在设计阶段就提出相应的预测和治理对策，并在施工过程中采用现场监控手段及必需的应急措施来确保基坑和周围环境的安全。针对不同场地的地质条件、周围环境条件及基坑开挖深度等因素，合理选定支护结构类型、支撑体系形式、开挖方式是基坑工程设计成功与否的关键。

8.2.1　基坑开挖分类、要求与分级

基坑工程根据其开挖和施工方法可分为无支护开挖法与有支护开挖法。

无支护放坡基坑开挖是在空旷施工场地环境下的一种常用基坑开挖方法，一般包括降水工程、土方开挖、地基加固及土坡坡面保护等方面。放坡开挖深度通常限于3～6m，如果大于6m的开挖深度，则必须采用分段开挖，分段之间应设置平台，平台宽度一般取2～3m。当挖土经过不同土层时，可根据土层情况改变放坡坡率，并酌留平台以利安全。

有支护的基坑开挖一般包括支护结构、支撑体系、土方开挖、降水工程、地基加固、现场监测和环境保护工程等方面。有支护的基坑工程可进一步分为无支撑支护和有支撑支护。无支撑支护基坑开挖适合于开挖深度较浅、地质条件较好、周围环境保护要求较低的基坑工程，具有施工方便、工期短等特点。有支撑支护开挖适用于地质条件较差，周围环境复杂、环境保护要求高的深基坑开挖，但存在开挖机械的施工空间受限、支撑布置需考虑适应主体工程地下结构施工、换拆支撑施工较复杂的因素。

基坑支护设计的基本技术要求包括：

（1）安全可靠性。确保基坑工程的安全以及周围环境的安全。

（2）经济合理性。基坑工程在支护结构安全可靠的前提下，要从工期、材料、设备、人工以及环境保护等多方面综合研究经济合理性。

（3）施工便利性和工期保证性。在安全可靠经济合理的原则下，最大限度地满足便利施工和缩短工期的要求。

基坑支护设计时，应综合考虑基坑周边环境和地质条件的复杂程度、基坑深度等因素，按表8-1划分支护结构的安全等级。对同一基坑的不同部位，可采用不同的安全等级。

表 8-1 支护结构的安全等级

安全等级	破坏后果
一级	支护结构失效、土体过大变形对基坑周边环境或主体结构施工安全的影响很严重
二级	支护结构失效、土体过大变形对基坑周边环境或主体结构施工安全的影响严重
三级	支护结构失效、土体过大变形对基坑周边环境或主体结构施工安全的影响不严重

对安全等级为一级、二级、三级的支护结构，其结构重要性系数（γ_0）分别不应小于1.1、1.0、0.9。

8.2.2 基坑支护总体方案

基坑工程设计阶段的划分取决于基坑内主体工程的性质、投资规模、建设计划进度等要求，一般有总体方案设计和施工图设计两个阶段。

基坑支护总体方案设计多在主体工程施工图完成后，基坑施工前进行。但为了使基坑工程与主体工程之间有较好的协调性和经济性，大型深基坑的总体方案设计应在主体工程的初步设计时就应进行，以利于协调处理主体工程与基坑工程的相关问题。以解决诸如工程桩兼作立柱桩、地下工程施工中如何更换支撑、基坑支护结构与主体工程的结合方式以及如何处理支模、防水等问题。

总体方案设计要在调查研究的基础上，明确设计依据、设计标准，提出基坑开挖方式、支护结构、支撑结构、地基加固、开挖与支撑施工、施工监控以及施工场地总平面布置等各项方案。

施工图设计一般在主体工程（地下部分）施工图已完成及基坑工程总体方案确定后进行。提出的施工图、施工说明及检验方法必须符合国家有关建筑法规、法令和技术规范、规程。

8.3 基坑工程设计依据

在基坑工程设计的前期工作中，应对基坑内的主体工程设计、场地地质条件、周边环境、施工条件、设计规范等进行调研和收集，以全面掌握设计依据。

8.3.1 基坑工程勘察

基坑工程岩土工程勘察所提供的勘察报告及相关资料，是开展基坑支护设计与施工的重要依据。一般情况下，基坑工程的勘察应与主体工程的勘察同步进行。在制定勘察任务书或编制勘察纲要时，应考虑到基坑工程的特点，对基坑支护工程的工程地质和水文地质勘察工作提出专门要求。

（1）勘察任务书应具备下列资料。

1）建筑场地的地形、管线及拟建建筑物的平面布置图。

2）拟建建筑物的上部结构类型、荷载以及可能采用的基础类型。

3）基坑开挖深度、坑底标高、基坑平面尺寸及可能采用的基坑支护类型。

4）场地及周围环境条件等。

（2）基坑工程详细勘察阶段需进行的勘察工作。

1）勘探点范围应根据基坑开挖深度及场地的岩土工程条件确定；基坑外宜布置勘探点，其范围不宜小于基坑深度的1倍；当需要采用锚杆时，基坑外勘探点的范围不宜小于基坑深度的2倍；当基坑外无法布置勘探点时，应通过调查取得相关勘察资料并结合场地内的勘察资料进行综合分析。

2）勘探点应沿基坑边布置，其间距宜取15～25m；当场地存在软弱土层、暗沟或岩溶等复杂地质条件时，应加密勘探点并查明其分布和工程特性。

3）基坑周边勘探孔的深度不宜小于基坑深度的2倍；基坑面以下存在软弱土层或承压含水层时，勘探孔深度应穿过软弱土层或承压含水层。

（3）场地水文地质勘察应达到以下要求。

1）查明开挖范围及邻近场地各含水层的埋深、厚度和分布，判断地下水类型、补给和排泄条件；有承压水时，应分层测量其水头高度。

2）查明地下水含水层和隔水层的层位、埋深和分布情况，查明各含水层（包括上层滞水、潜水、承压水）的补给条件和水力联系。

3）对基坑开挖与支护结构使用期内地下水位的变化幅度进行分析。

4）当基坑需要降水时，宜采用抽水试验测定各含水层的渗透系数与影响半径；勘察报告中应提出各含水层的渗透系数。

5）分析施工过程中水位变化对支护结构和基坑周边环境的影响，提出应采取的措施。

（4）基坑工程勘察报告主要内容。

1）场地的地层结构和岩土的物理力学性质。

2）基坑支护结构型式的建议和基坑支护设计参数。

3）地下水类型、地下水控制方式和计算参数。

4）基坑开挖过程中应注意的问题及其防治措施。

5）基坑施工中应进行的现场监测项目。

8.3.2　基坑工程设计参数

基坑工程设计参数应满足基坑支护、降水设计与施工的需要，一般要包含下列内容。

（1）土的常规物理试验指标。包括土的天然重度γ、天然含水量ω与孔隙比e。

（2）土的颗粒级配。包括砂粒、粉粒及粘粒的含量和不均匀系数C_u，以便评价土层管涌、潜蚀及流砂的可能性。

（3）土的抗剪强度指标。土的抗剪强度指标是基坑支护设计中的重要设计参数，其确定方法可分为原位测试和室内试验两大类。原位测试有十字板剪切试验、静力触探等方法，其中十字板剪切试验，可直接测得土体天然状态的抗剪强度，静力触探法可根据经验公式换算成土的抗剪强度。

室内试验可分为直剪试验和三轴试验两类，按试验条件也可分为固结或不固结，排水或不排水等。虽然直剪试验存在受力条件比较复杂、排水条件不能控制等缺点，但由于仪器和操作都比较简单，又有大量实践经验，因此基坑工程中较广泛采用直剪仪获得的固结快剪指标作为基坑工程设计中的强度指标，因为固结快剪是土样在垂直压力下固结后再进行剪切，其试验成果反映了正常固结土的天然强度，由于充分固结，使土样受扰动的影响减小到最低限度，从而使试验指标比较稳定。

基坑支护设计采用的抗剪强度指标，对黏性土、黏质粉土，采用三轴固结不排水抗剪强度指标 c_{cu}、φ_{cu} 或直剪固结快剪强度指标 c_{cq}、φ_{cq}；对砂质粉土、砂土、碎石土，采用有效应力强度指标 c'、φ'；对欠固结土，采用有效自重压力下预固结的三轴不固结不排水抗剪强度指标 c_{uu}、φ_{uu}。对砂土和碎石土，也可根据标准贯入试验实测击数和水下休止角等物理力学指标确定有效应力强度指标 φ'。

（4）土的渗透系数。对重要工程应采用现场抽水试验或注水试验测定土的渗透系数。一般工程可进行室内渗透试验，测定土层垂直向渗透系数 k_v 和水平向渗透系数 k_h。砂土和碎石土可采用常水头试验，粉土和黏性土可用变水头试验，透水性很低的软土可通过固结试验测定。

（5）特殊条件下应根据实际情况选择其他适宜的试验方法获得设计参数。

8.3.3 基坑周边环境勘查

在基坑支护设计施工前，应对周围环境进行详细调查，查明影响范围内已有建筑物、地下结构物、道路及地下管线设施的位置和现状，并预测由于基坑开挖和降水对周围环境的影响，提出必要的预防、控制和监测措施。

基坑周边环境勘查应包括以下内容。

（1）查明基坑影响范围内既有建筑物的结构类型、层数、位置、基础形式和尺寸、埋深、使用年限、用途等。

（2）查明基坑周边既有地下管线、地下构筑物的类型、位置、尺寸、埋深、使用年限、用途等；对既有供水、污水、雨水等地下输水管线，尚应包括其使用状况及渗漏状况。

（3）查明基坑周边道路的类型、位置、宽度、道路行驶情况、最大车辆荷载等。

（4）确定基坑工程施工和支护结构使用期内施工材料、施工设备荷载。

（5）查明雨季时场地周围地表水汇流和排泄条件，地表水的渗入对地层土性影响的状况。

8.3.4 基坑支护设计资料

基坑支护结构设计、施工前应取得以下基本资料。

（1）建筑场地及其周边区域地表至支护结构底面下一定深度范围内地层分布、土（岩）的物理力学性质及含水层的地下水位、渗透系数等资料。

（2）标有建筑红线、施工红线的地形图及基础结构设计图。

（3）建筑场地及其临近区域的地下管线、地下构筑物的位置、深度、结构形式及埋设时间等资料。

（4）临近已有建筑物的位置、层数、高度、结构类型、完好程度。建设时间以及基础类型、埋深、尺寸、基础距基坑的净距等资料。

（5）基坑周围的地面排水情况，地面雨水与污水、上下水管线排入或漏入基坑的可能性。

（6）基坑附近的地面堆载及大型车辆的动、静荷载情况。

（7）已有相似支护工程的经验性资料。

表 8-2

基坑及支护结构监测报警值

序号	监测项目	支护结构类型	基坑类别								
			一级			二级			三级		
			累计值		变化速率（mm/d）	累计值（mm）		变化速率（mm/d）	累计值（mm）		变化速率（mm/d）
			绝对值（mm）	相对基坑深度（h）控制值（%）		绝对值（mm）	相对基坑深度（h）控制值（%）		绝对值（mm）	相对基坑深度（h）控制值（%）	
1	围护墙（边坡）顶部水平位移	放坡、土钉墙、喷锚支护、水泥土墙	30～35	0.3～0.4	5～10	50～60	0.6～0.8	10～15	70～80	0.8～1.0	15～20
		钢板桩、灌注桩、型钢水泥土墙、地下连续墙	25～30	0.2～0.3	2～3	40～50	0.5～0.7	4～6	60～70	0.6～0.8	8～10
2	围护墙（边坡）顶部竖向位移	放坡、土钉墙、喷锚支护、水泥土墙	20～40	0.3～0.4	3～5	50～60	0.6～0.8	5～8	70～80	0.8～1.0	8～10
		钢板桩、灌注桩、型钢水泥土墙、地下连续墙	10～20	0.1～0.2	2～3	25～30	0.3～0.5	3～4	35～40	0.5～0.6	4～5
3	深层水平位移	水泥土墙	30～35	0.3～0.4	5～10	50～60	0.6～0.8	10～15	70～80	0.8～1.0	15～20
		钢板桩	50～60	0.6～0.7	2～3	80～85	0.7～0.8	4～6	90～100	0.9～1.0	8～10
		型钢水泥土墙	50～55	0.5～0.6		75～80	0.7～0.8		80～90	0.9～1.0	
		灌注桩	45～50	0.4～0.5		70～75	0.6～0.7		70～80	0.8～0.9	
		地下连续墙	40～50	0.4～0.5		70～75	0.7～0.8		80～90	0.9～1.0	
4	立柱竖向位移		25～35		2～3	35～45		4～6	55～65		8～10
5	基坑周边地表竖向位移		25～35		2～3	50～60		4～6	60～80		8～10
6	坑底隆起（回弹）		25～35		2～3	50～60		4～6	60～80		8～10
7	土压力		60%～70%f_1			70%～80%f_1			70%～80%f_1		
8	孔隙水压力										
9	支撑内力		60%～70%f_2			70%～80%f_2			70%～80%f_2		
10	围护墙内力										
11	立柱内力										
12	锚杆内力										

注 1. h 为基坑设计开挖深度；f_1 为荷载设计值；f_2 为构件承载能力设计值。

2. 累计值取绝对值和相对基坑深度（h）控制值两者的小值。

3. 当监测项目的变化速率达到表中规定值或连续 3d 超过该值的 70%，应报警。

4. 嵌岩的灌注桩或地下连续墙报警值宜按上表数值的 50%取用。

8.3.5 基坑支护结构设计原则

基坑支护应保证基坑周边建（构）筑物、地下管线、道路的安全和正常使用，创造主体地下结构的施工空间。基坑支护的设计使用期限不应小于一年。

支护结构设计应满足承载能力极限状态和正常使用极限状态要求。

（1）承载能力极限状态。

1）支护结构构件或连接因超过材料强度而破坏，或因过度变形而不适于继续承受荷载，或出现压屈、局部失稳。

2）支护结构及土体整体滑动。

3）坑底土体隆起而丧失稳定。

4）对支挡式结构，坑底土体丧失嵌固能力而使支护结构推移或倾覆。

5）对锚拉式支挡结构或土钉墙，土体丧失对锚杆或土钉的锚固能力。

6）重力式水泥土墙整体倾覆或滑移。

7）重力式水泥土墙、支挡式结构因其持力土层丧失承载能力而破坏。

8）地下水渗流引起的土体渗透破坏。

（2）正常使用极限状态。

1）造成基坑周边建（构）筑物、地下管线、道路等损坏或影响其正常使用的支护结构位移，基坑及支护结构监测报警值见表8－2，周边环境监测报警值的限值应根据主管部门的要求确定，如无具体规定，可按表8－3采用。

表8－3 建筑基坑工程周边环境监测报警值

监测对象 \ 项目				累计值（mm）	变化速率（$mm \cdot d^{-1}$）	备注
1	地下水位变化			1000	500	—
2	管线位移	刚性管道	压力	10～30	1～3	直接观察点数据
			非压力	10～40	3～5	
		柔性管线		10～40	3～5	—
3	邻近建筑位移			10～60	1～3	—
4	裂缝宽度	建筑		1.5～3	持续发展	—
		地表		10～15	持续发展	—

注 建筑整体倾斜度累计值达到2/1000或倾斜速度连续3d大于$0.0001H/d$（H为建筑承重结构高度）时报警。

2）因地下水位下降、地下水渗流或施工因素而造成基坑周边建（构）筑物、地下管线、道路等损坏或影响其正常使用的土体变形。

3）影响主体地下结构正常施工的支护结构位移。

4）影响主体地下结构正常施工的地下水渗流。

8.4 支护结构方案

8.4.1 支护结构类型

支护结构的种类很多，应根据具体开挖深度、地下水和土层条件、周围环境、工程重要性、工程造价和施工条件等多种因素加以综合选择。常见的支护结构类型主要有：

（1）重力式水泥土挡墙［图8-1（a）］，将土和水泥强制拌和成水泥土桩，结硬后成为具有一定强度的整体壁状挡墙，用于开挖深度3～6m的基坑，适合于软土地区、环境保护要求不高，施工低噪声、低振动，结构的止水性较好，造价经济，但支护挡墙较宽，一般需3～4m。

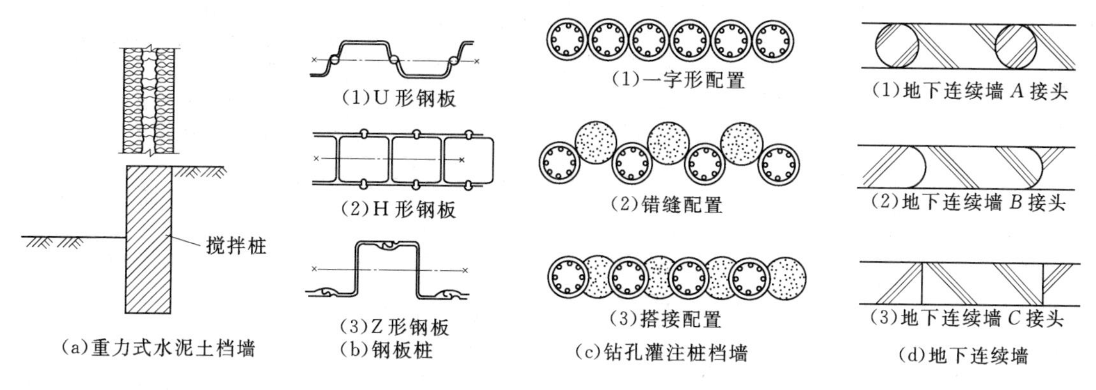

图8-1 常见的支护结构类型

（2）钢板桩［图8-1（b）］，用槽钢正反扣搭接组成，或采用U形、H形和Z形截面的锁口钢板桩组成。通常用打入法打入土中，相互连接形成钢板桩墙，既用于挡土又用于挡水，一般用于开挖深度3～10m的基坑。钢板桩具有较高的可靠性和耐久性，在完成支挡任务后，可以回收重复使用；与多道钢支撑结合，可适合软土地区的较深基坑，施工方便、工期短。但钢板桩刚度比排桩和地下连续墙要小，开挖后挠曲变形较大，打拔桩振动噪声大、容易引起土体移动，导致周围地面产生较大沉降。

（3）钻孔灌注桩挡墙［图8-1（c）］，直径600～1000mm，桩长15～30m，组成排桩式挡墙，顶部浇筑钢筋混凝土圈梁，用于开挖深度为6～13m的基坑。具有噪声和振动小，支护桩的刚度较大，就地浇制施工，对周围环境影响小等优点。适合软弱地层使用，但接头防水性差，需根据地质条件选用注浆、搅拌桩、旋喷桩等方法解决防水问题。支护结构的整体刚度较弱，不适合兼作主体结构。

（4）地下连续墙［图8-1（d）］，在地下成槽后，浇筑混凝土，建造具有较高强度的钢筋混凝土挡墙，用于开挖深度达10m以上的基坑或施工条件较困难的情况。具有施工噪声低，振动小，就地浇制、墙接头止水效果较好、整体刚度大，对周围环境影响小等优点。适合于软弱土层和建筑设施密集城市市区的深基坑，高质量刚性接头的地下连续墙可作永久性结构，并可采用逆筑法或半逆筑法施工。

8.4.2 支护结构选型

基坑工程支护结构的类型应根据场地地质条件、基坑深度、基坑周边环境、主体地下结构及其基础形式、基坑平面尺寸及形状、支护结构施工工艺、施工场地条件、施工季节以及经济指标、环保性能和施工工期等因素综合考虑合理选择。基坑工程的支护结构可参考表8-4进行选型。

表 8－4 基坑工程支护结构适用条件

<table>
<tr><td colspan="2" rowspan="2">结构类型</td><td colspan="3">适 用 条 件</td></tr>
<tr><td>安全等级</td><td colspan="2">基坑深度、环境条件、土类和地下水条件</td></tr>
<tr><td rowspan="5">支挡式结构</td><td>锚拉式结构</td><td rowspan="5">一级、二级、三级</td><td>适用于较深的基坑</td><td rowspan="5">1. 排桩适用于可采用降水或截水帷幕的基坑。
2. 地下连续墙宜同时用作主体地下结构外墙，可同时用于截水。
3. 锚杆不宜用在软土层和高水位的碎石土、砂土层中。
4. 当邻近基坑有建筑物地下室、地下构筑物等，锚杆的有效锚固长度不足时，不应采用锚杆。
5. 当锚杆施工会造成基坑周边建（构）筑物损害或违反城市地下空间规划等规定时，不应采用锚杆</td></tr>
<tr><td>支撑式结构</td><td>适用于较深的基坑</td></tr>
<tr><td>悬臂式结构</td><td>适用于较浅的基坑</td></tr>
<tr><td>双排桩</td><td>当锚拉式、支撑式和悬臂式结构不适用时，可考虑采用双排桩</td></tr>
<tr><td>支护结构与主体结构结合的逆作法</td><td>适用于基坑周边环境条件很复杂的深基坑</td></tr>
<tr><td rowspan="4">土钉墙</td><td>单一土钉墙</td><td rowspan="4">二级、三级</td><td>适用于地下水位以上或经降水的非软土基坑，且基坑深度不宜大于 12m</td><td rowspan="4">当基坑潜在滑动面内有建筑物、重要地下管线时，不宜采用土钉墙</td></tr>
<tr><td>预应力锚杆复合土钉墙</td><td>适用于地下水位以上或经降水的非软土基坑，且基坑深度不宜大于 15m</td></tr>
<tr><td>水泥土桩垂直复合土钉墙</td><td>用于非软土基坑时，基坑深度不宜大于 12m；用于淤泥质土基坑时，基坑深度不宜大于 6m；不宜用在高水位的碎石土、砂土、粉土层中</td></tr>
<tr><td>微型桩垂直复合土钉墙</td><td>适用于地下水位以上或经降水的基坑，用于非软土基坑时，基坑深度不宜大于 12m；用于淤泥质土基坑时，基坑深度不宜大于 6m</td></tr>
<tr><td colspan="2">重力式水泥土墙</td><td>二级、三级</td><td colspan="2">适用于淤泥质土、淤泥基坑，且基坑深度不宜大于 7m</td></tr>
<tr><td colspan="2">放坡</td><td>三级</td><td colspan="2">1 施工场地应满足放坡条件
2 可与上述支护结构形式结合</td></tr>
</table>

注 1. 当基坑不同部位的周边环境条件、土层性状、基坑深度等不同时，可在不同部位分别采用不同的支护形式。
2. 支护结构可采用上、下部以不同结构类型组合的形式。

8.5 支撑结构方案

8.5.1 支撑结构类型

基坑支护体系由两部分组成，一部分是支护挡墙，另一部分是内支撑或者土层锚杆。支撑与支护挡墙之间的相互联系，增强了支护结构的整体稳定性，不仅直接关系到基坑的安全和土方开挖，而且对基坑工程的造价和施工进度都会产生很大的影响。

在基坑工程中，支撑结构的作用是承受支护挡墙传递的土压力和水压力。作用在支护挡墙上的水压力、土压力可以通过内支撑实现有效的传递和平衡，也可以由坑外设置的土锚维持其平衡，并能有效地减少支护结构的位移。内支撑构造简单，受力明确。而土锚设置为挖土、地下结构施工创造了有利空间。

支撑系统按其材料可分为钢支撑和钢筋混凝土支撑，并可根据工程情况，在同一个基坑中采用钢支撑和钢筋混凝土支撑相组合的支撑系统。

钢结构支撑具有自重小，安装和拆除方便，且可以重复使用等优点。根据土方开挖进度，钢支撑可以做到随挖随撑，并可施加预应力，通过调整轴力而有效控制支护挡墙的变形，对控制墙体变形十分有利。因此，在一般情况下，应优先采用钢支撑。但钢支撑系统整体刚度较差，安装节点比较多，当节点构造不合理、施工不当或不符合设计要求时，往往容易因节点变形造成钢支撑变形，进而导致基坑产生过大的水平位移。甚至可能出现由于节点破坏，造成断一节点而支撑系统整体破坏的后果。对此应通过合理设计、严格现场管理和提高施工技术水平等措施加以控制。

现浇钢筋混凝土结构支撑具有较大的刚度，适用于各种复杂平面形状的基坑。现浇节点不会产生松动而增加墙体位移。工程实践表明，相比钢支撑，钢筋混凝土支撑具有更高的可靠性。但混凝土支撑也存在自重大、材料不能重复使用、支撑浇筑、养护时间长、拆除困难等缺点。当采用爆破方法拆除支撑时，会对周围环境产生影响。由于混凝土支撑从钢筋、模板、浇捣至养护的整个施工过程需要较长的时间，因此不能做到随挖随撑，不利于墙体变形的控制，大型基坑下部支撑采用钢筋混凝土支撑时应特别慎重。

8.5.2 支撑体系的结构形式

支撑体系按其受力可以分为单跨压杆式支撑、多跨压杆式支撑、双向多跨压杆式支撑、水平桁架式支撑、水平框架式支撑、大直径环梁及边桁架相结合的支撑和斜撑等类型。这些支撑系统在实践中都有各自的特点和不足之处。常见的内支撑结构形式有以下几种。

(1) 单跨压杆式支撑［图8－2 (a)］。当基坑平面呈窄长条状，且短边的长度不很大时，所用支撑杆件在该长度下的极限承载力尚能满足支护系统的需要，这种形式的支撑具有受力明确、设计简洁、施工安装灵活方便等优点。

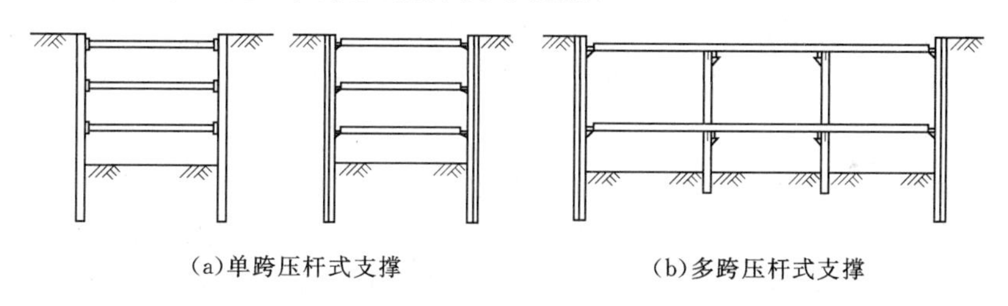

(a)单跨压杆式支撑　　(b)多跨压杆式支撑

图8－2 支撑结构示意图

(2) 多跨压杆式支撑［图8－2 (b)］。当基坑平面尺寸较大，所用支撑杆件在基坑短边长度下的极限承载力尚不能满足支护系统的要求时，就需要在支撑杆件中部加设若干支点，给水平支撑杆加设垂直支点，从而构成多跨压杆式的支撑系统。这种形式的支撑受力较明确，但施工安装较单跨压杆式支撑要复杂。

8.5.3 支撑体系的布置形式

支撑体系的布置形式在基坑工程设计中常表现出丰富的创造性，也是一项技术要求较高的设计，支撑体系布置应考虑以下要求。

(1) 能够因地制宜合理选定支撑材料和支撑体系布置形式，综合技术经济指标合理。

（2）支撑体系受力明确，充分协调发挥各杆件的力学性能，安全可靠，经济合理。能够在稳定性和变形控制方面满足对周围环境保护的设计标准要求。

（3）在安全可靠的前提下，能最大限度地方便土方开挖和主体地下结构快速施工。

图 8-3 给出常用支撑体系的布置形式。

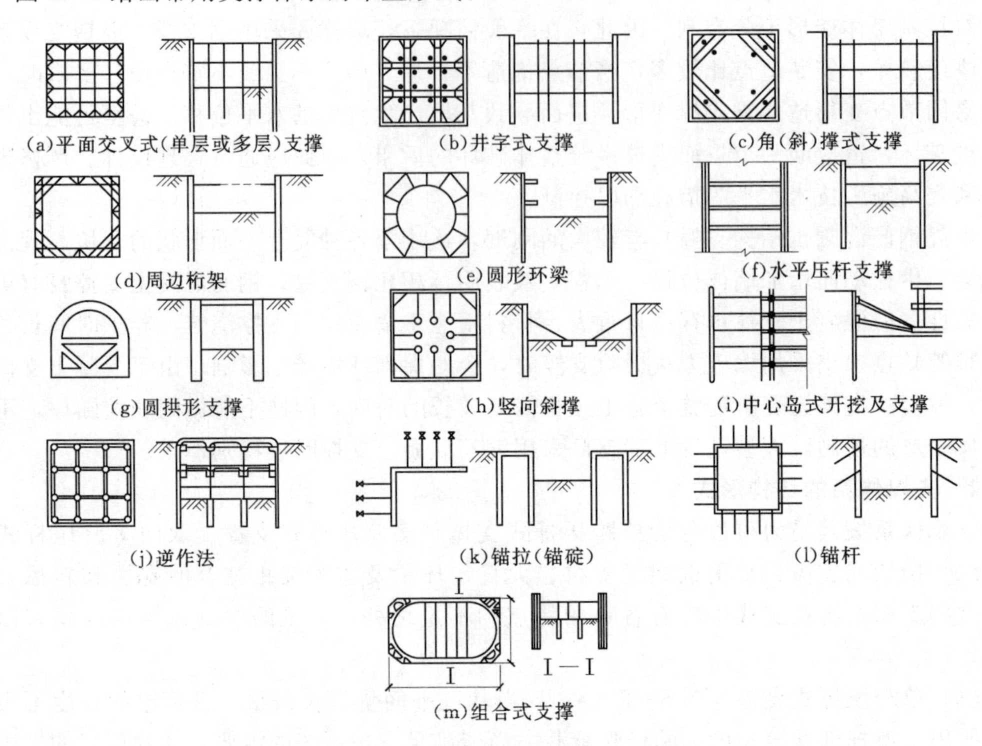

图 8-3 常用支撑体系的布置形式

8.5.4 支撑体系的布置要点

支撑体系布置时一般应注意以下几点要求。

1. 支撑材料和类型

应根据场地地质、周围环境、施工技术和材料设备等条件，因地制宜地选择安全而经济的支撑材料和支撑类型。在软土地区则首先考虑用钢支撑，在建筑密集市区的基坑工程中需配置带轴力调控装置的装配式钢支撑，当没有钢支撑施工的技术条件时则采用现浇钢筋混凝土支撑。对于地质条件和环境条件较好的场地，可首先考虑锚拉方案。

2. 支撑道数

水平支撑的道数应根据基坑开挖深度、地质条件、地下室层数和标高等条件，结合选用的支护构件和支撑系统酌情决定，设置的各层支撑标高以不妨碍主体工程地下结构各层构件的施工为标准。一般情况下，支撑构件底与主体结构面之间的净距不宜小于 500mm。另外还应满足支护结构的变形控制要求，以减少对周围环境的影响。

3. 支撑体系的平面布置

各层支撑的走向应尽量一致，即上、下层水平支撑轴线在投影上应尽量接近，并力求避开主体结构的柱、墙位置。对于软弱地层、周围环境复杂、基坑变形要求严格的深大基坑，应选择平面直交式或井字形集中式支撑。采用钢筋混凝土支撑的水平间隔一般为10～12m，装配式钢支撑一般为6～10m，以支撑形成的水平净空方便施工为好。

4. 支撑立柱

支撑立柱布置在纵横向支撑的交点处或桁架式支撑的节点位置上，并力求避开主体工程梁、柱及结构墙的位置。立柱的间距尽量拉大，但必须保证水平支撑的稳定且足以承受水平支撑传来的竖向荷载。立柱下端应支承在较好的土层中，可借用工程桩，必要时应另外打桩。立柱材料通常选用H形钢、钢管和角钢形成格构柱，以便于穿越底板、楼板和防水处理。

8.6　作用于支护结构上的荷载

8.6.1　支护结构的荷载因素

计算作用在支护结构上的水平荷载时，应考虑下列因素。

（1）基坑内外土的自重（包括地下水）。

（2）基坑周边既有和在建的建（构）筑物荷载。

（3）基坑周边施工材料和设备荷载。

（4）基坑周边道路车辆荷载。

（5）冻胀、温度变化等产生的作用。

上述各项荷载因素最终转化为水平荷载（土压力）作用于支护结构之上，支护结构上的土压力是不易准确确定的荷载。土压力的大小及其分布规律是同支护结构的水平位移方向和大小、土的性质、支护结构物的刚度及高度等因素有关。

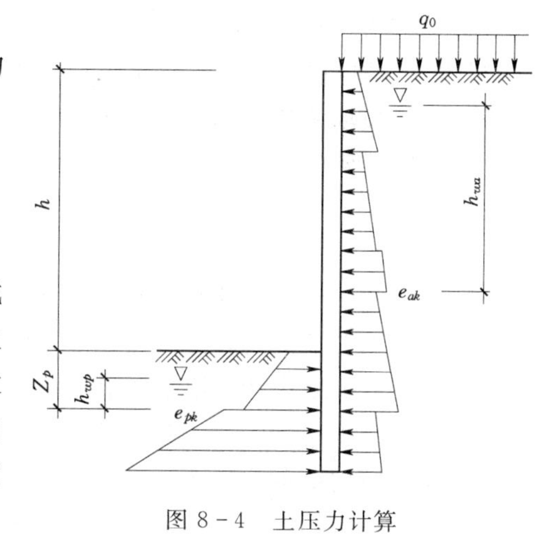

图8-4　土压力计算

8.6.2　支护结构上的土压力

（1）作用在支护结构外侧、内侧的主动土压力强度标准值、被动土压力强度标准值宜按图8-4所示土压力模式进行计算。

1）地下水位以上或水土合算的土层。

$$e_{ak}=\sigma_{ak}K_{a,i}-2c_i\sqrt{K_{a,i}} \qquad (8-1)$$

$$e_{pk}=\sigma_{pk}K_{p,i}+2c_i\sqrt{K_{p,i}} \qquad (8-2)$$

式中　e_{ak}——支护结构外侧，第i层土中计算点的主动土压力强度标准值；当$e_{ak}<0$时，应取$e_{ak}=0$；

e_{pk}——支护结构内侧，第i层土中计算点的被动土压力强度标准值；

σ_{ak}、σ_{pk}——支护结构外侧、内侧计算点的土中竖向应力标准值；

$K_{a,i}$、$K_{p,i}$——第i层土的主动土压力系数$K_{a,i}=\tan^2\left(45°-\frac{\varphi_i}{2}\right)$、被动土压力系数$K_{p,i}=$

$\tan^2\left(45°+\frac{\varphi_i}{2}\right)$；

c_i、φ_i——第 i 层土的黏聚力、内摩擦角。

2）水土分算的土层。

$$e_{ak}=(\sigma_{ak}-u_a)K_{a,i}-2c_i\sqrt{K_{a,i}}+u_a \tag{8-3}$$

$$e_{pk}=(\sigma_{pk}-u_p)K_{p,i}+2c_i\sqrt{K_{p,i}}+u_p \tag{8-4}$$

式中 u_a、u_p——支护结构外侧、内侧计算点的水压力。

（2）对静止地下水，支护结构外侧、内侧的水压力 u_a 和 u_p（图 8-4）。

$$u_a=\gamma_w h_{wa} \tag{8-5}$$

$$u_p=\gamma_w h_{wp} \tag{8-6}$$

式中 γ_w——地下水的重度，取 $\gamma_w=10\text{kN/m}^3$；

h_{wa}——基坑外侧地下水位至主动土压力强度计算点的垂直距离；对承压水，地下水位取测压管水位；当有多个含水层时，应以计算点所在含水层的地下水位为准；

h_{wp}——基坑内侧地下水位至被动土压力强度计算点的垂直距离；对承压水，地下水位取测压管水位。

（3）土中竖向应力标准值（σ_{ak}、σ_{pk}）应按下式计算。

$$\sigma_{ak}=\sigma_{ac}+\sum\Delta\sigma_{k,j} \tag{8-7}$$

$$\sigma_{pk}=\sigma_{pc} \tag{8-8}$$

式中 σ_{ac}——支护结构外侧计算点，由土的自重产生的竖向总应力；

σ_{pc}——支护结构内侧计算点，由土的自重产生的竖向总应力；

$\Delta\sigma_{k,j}$——支护结构外侧第 j 个附加荷载作用下计算点的土中附加竖向应力标准值，应根据附加荷载类型计算。

（4）均布竖向荷载作用下土中附加竖向应力标准值（图 8-5）。

$$\Delta\sigma_{k,j}=q_0 \tag{8-9}$$

式中 q_0——均布附加荷载标准值。

（5）局部附加荷载作用下的土中附加竖向应力标准值。

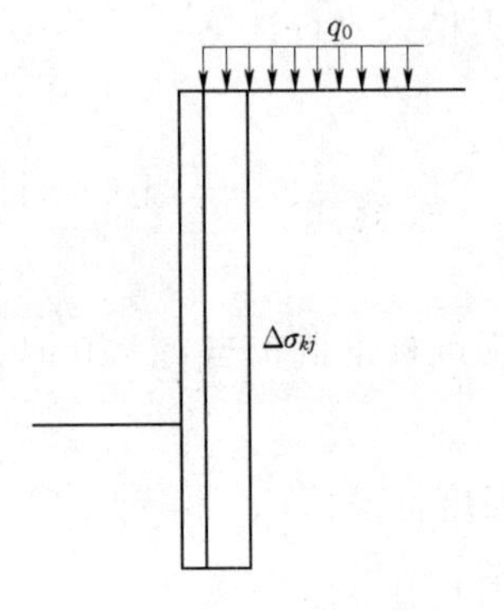

图 8-5 均布竖向荷载作用下土中附加竖向应力计算

1）条形基础下的附加荷载［图 8-6（a）］：

当 $d+a/\tan\theta\leqslant z_a\leqslant d+(3a+b)/\tan\theta$ 时

$$\Delta\sigma_{k,j}=\frac{p_0 b}{b+2a} \tag{8-10}$$

式中 p_0——基础底面附加压力标准值，kPa；

d——基础埋置深度，m；

b——基础宽度，m；

a——支护结构外边缘至基础的水平距离，m；

θ——附加荷载的扩散角，宜取 $\theta=45°$；

z_a——支护结构顶面至土中附加竖向应力计算点的竖向距离。

当 $z_a < d + a/\tan\theta$ 或 $z_a > d + (3a+b)/\tan\theta$ 时，取 $\Delta\sigma_{k,j} = 0$。

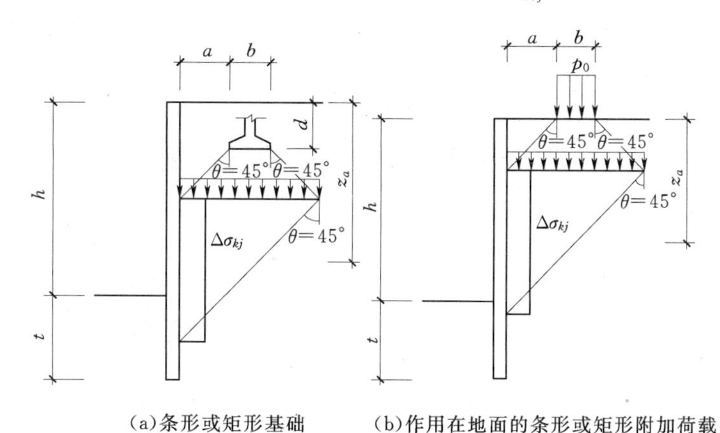

(a)条形或矩形基础　　(b)作用在地面的条形或矩形附加荷载

图 8-6　局部附加荷载作用下土中附加竖向应力计算

2）矩形基础下的附加荷载［图 8-6（a）］。

当 $d + a/\tan\theta \leqslant z_a \leqslant d + (3a+b)/\tan\theta$ 时

$$\Delta\sigma_{k,j} = \frac{p_0 bl}{(b+2a)(l+2a)} \tag{8-11}$$

式中　b——与基坑边垂直方向上的基础尺寸，m；

l——与基坑边平行方向上的基础尺寸，m。

当 $z_a < d + a/\tan\theta$ 或 $z_a > d + (3a+b)/\tan\theta$ 时，取 $\Delta\sigma_{k,j} = 0$。

取 $d=0$ 时，式（8-10）和式（8-11）适用于计算地面条形、矩形附加荷载作用下土中附加竖向应力标准值 $\Delta\sigma_{k,j}$［图 8-6（b）］。

8.6.3　土的抗剪强度指标选用

（1）对地下水位以上的各类土。土压力计算、土的滑动稳定性验算时，对黏性土、黏质粉土，土的抗剪强度指标应采用三轴固结不排水抗剪强度指标 c_{cu}、φ_{cu} 或直剪固结快剪强度指标 c_{cq}、φ_{cq}；对砂质粉土、砂土、碎石土，土的抗剪强度指标应采用有效应力强度指标 c'、φ'。

（2）对地下水位以下的黏性土、黏质粉土，可采用土压力、水压力合算方法，即土压力计算、土的滑动稳定性验算采用总应力法。此时，对正常固结和超固结土，土的抗剪强度指标应采用三轴固结不排水抗剪强度指标 c_{cu}、φ_{cu} 或直剪固结快剪强度指标 c_{cq}、φ_{cq}；对欠固结土，宜采用有效自重压力下预固结的三轴不固结不排水抗剪强度指标 c_{uu}、φ_{uu}。

（3）对地下水位以下的砂质粉土、砂土和碎石土，应采用土压力、水压力分算方法，即土压力计算、土的滑动稳定性验算应采用有效应力法。此时，土的抗剪强度指标应采用有效应力强度指标 c'、φ'，对砂质粉土，缺少有效应力强度指标时，也可采用三轴固结不排水抗剪强度指标 c_{cu}、φ_{cu} 或直剪固结快剪强度指标 c_{cq}、φ_{cq} 代替。对砂土和碎石土，有效应力强度指标 φ' 可根据标准贯入试验实测击数和水下休止角等物理力学指标取值。

土压力、水压力采用分算方法时，水压力可按静水压力计算；当地下水渗流时，宜按渗流理论计算水压力和土的竖向有效应力；当存在多个含水层时，应分别计算各含水层的水压力。

（4）有可靠的地方经验时，土的抗剪强度指标尚可根据室内、原位试验得到的其他物理力学指标，按经验方法确定。

8.7 排桩支护结构计算

8.7.1 概述

对不能放坡或由于场地限制而不能采用水泥土墙支护的基坑，即可采用排桩支护。排桩支护可采用钻孔灌注桩、人工挖孔桩、预制钢筋混凝土板桩或钢板桩。

（1）排桩支护结构可分为。

1）柱列式排桩支护。当边坡土质尚好、地下水位较低时，可利用土拱作用，以稀疏钻孔灌注桩或挖孔桩支挡土坡，如图 8－7（a）所示。

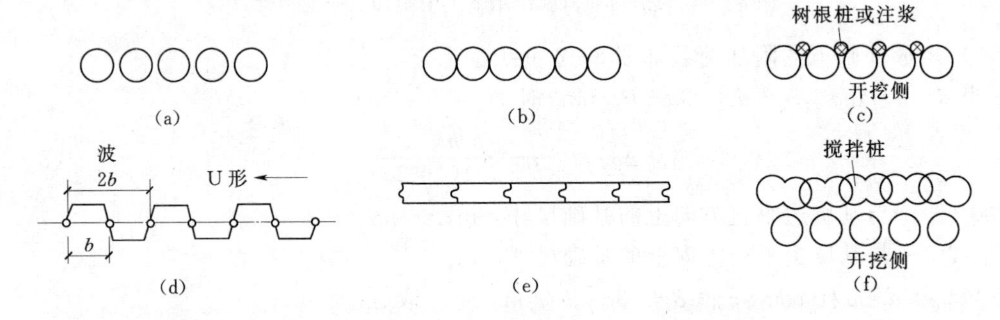

图 8－7 排桩支护的类型

2）连续排桩支护［图 8－7（b）］。因软土中一般不能形成土拱，支挡结构应该连续密排。密排的钻孔桩可互相搭接，或在桩身混凝土强度尚未形成时，在相邻桩之间做一根素混凝土树根桩将钻孔桩连接成排桩支护结构，如图 8－7（c）所示。也可采用钢板桩、钢筋混凝土板桩，如图 8－7（d）、图 8－7（e）所示。

3）组合式排桩支护。在地下水位较高的软土地区，可采用柱列式钻孔灌注排桩支护与水泥土桩防渗墙形成组合式排桩支护结构，如图 8－7（f）所示。

（2）按基坑开挖深度及支挡结构受力情况，排桩支护可分为以下几种情况。

1）无支撑（悬臂）支护结构：当基坑开挖深度不大，即可利用悬臂作用挡住墙后土体。

2）单支撑支护结构：当基坑深度大至不能采用无支撑支护结构时，可以在支护结构顶部附近设置一道支撑（或拉锚）。

3）多支撑支护结构：当基坑开挖深度较深时，可设置多道支撑，以减少挡墙的内力。

8.7.2 悬臂式排桩支护结构计算

悬臂式排桩支护静力平衡计算方法采用古典的板桩计算理论，如图 8－8 所示，悬臂桩支护结构在主动土压力作用下，将绕悬臂桩支护结构上的某一点 b 发生转动，导致桩的上部将向基坑内侧倾移，而下部则反方向变位，从而使支护桩上作用的土压力分布发生变化。b 点以上墙体向左移动，其左侧作用被动土压力，右侧作用主动土压力；点 b 以下则相反，其右侧作用被动土压力，左侧作用主动土压力。因此，作用在桩体上各点的净土压力强度为各点两侧的被动土压力强度和主动土压力强度之差，其沿桩身的分布情况如图8－8（b）所示。简化成线性分布后的悬臂桩计算模式如图8－8（c）所示。在此基础上，根据静力平衡条件，通过求解关于入土深度的四次方程得到悬臂桩的入土深度，并可进一步计算悬臂桩的内力。

鉴于静力平衡法求解四次方程计算工作量大的缺点，为了简化计算，采用图8－8（d）的简化计算模式求解悬臂桩的入土深度及内力。

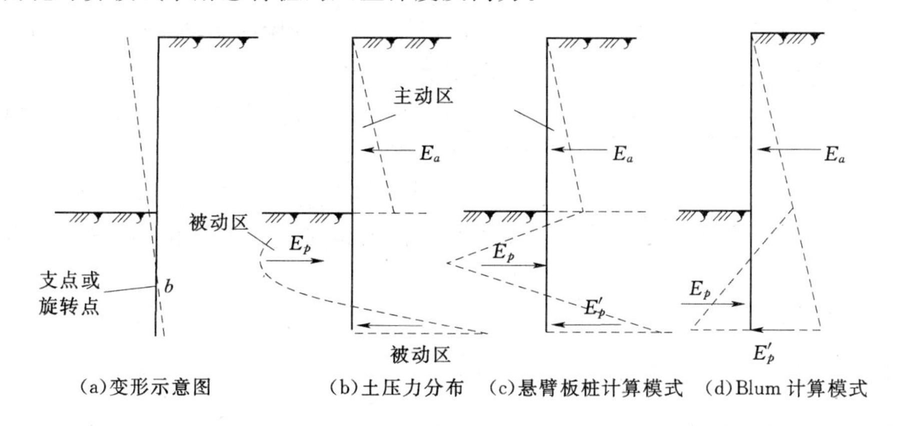

图8－8 悬臂板桩的变形及计算模式

1. 静力平衡法

图8－8（c）表明作用在支护结构上的主动土压力强度及被动土压力强度随深度呈线性变化，随着悬臂桩入土深度的不同，作用在不同深度上各点的净土压力强度的分布也不同。当单位宽度悬臂桩墙两侧所受的净土压力相平衡时，板桩墙处于稳定状态，相应的板桩入土深度即为悬臂桩保证其稳定性所需的最小入土深度。根据静力平衡条件，联合求解水平力平衡方程（$\sum H=0$）和对桩底截面的力矩平衡方程（$\sum M=0$）获得板桩最小入土深度。

（1）悬臂桩墙前后土压力分布。

作用在悬臂桩墙的主动土压力强度和被动土压力强度可采用第8.6节式（8－1）和式（8－2）计算。

当墙后有地面荷载时，可折算成均布荷载进行计算：①繁重的起重机械：距板桩1.5m内按60kN/m^{2}取值；距板桩1.5～3.5m，按40kN/m^{2}取值；②轻型公路：按5kN/m^2；③重型公路：按10kN/m^2；④铁道：按20kN/m^2。

主动土压力强度和被动土压力强度计算采用的土的黏聚力c和内摩擦角φ参数可按第8.6节给出的方法确定。当采用井点降低地下水位、地面有排水和防渗措施时，土的内摩擦角φ值可酌情调整：①板桩墙外侧，在井点降水范围内，φ值可乘以1.1～1.3；②无桩基的板桩内侧，φ值可乘以1.1～1.3；③有桩基的板桩墙内侧，在疏桩范围内乘以1.0；在密集群桩深度范围内，乘以1.2～1.4；④在井点降水土体固结的条件下，可将土的黏聚力c值乘以1.1～1.3。

（2）悬臂桩入土深度。

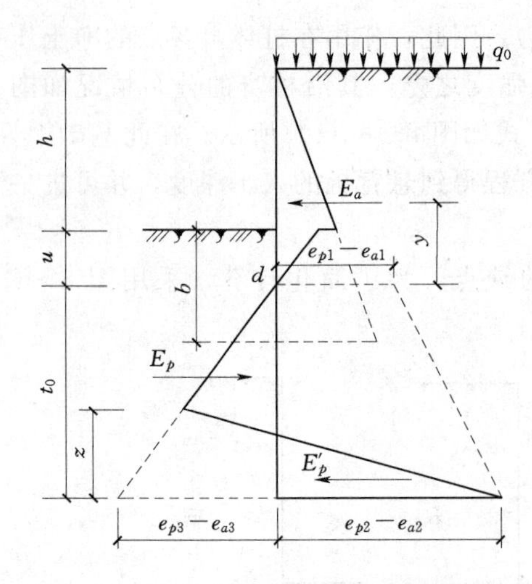

图 8-9　静力平衡法悬臂板桩计算模式

静力平衡法悬臂板桩计算模式如图 8-9 所示，悬臂板桩入土深度计算步骤如下：

1）计算桩底墙后主动土压力强度 e_{a3} 及墙前被动土压力强度 e_{p3}，然后进行叠加求得第一个土压力强度为零的点 d，设该点离坑底距离为 u；

2）计算 d 点以上主动土压力合力 E_a 及 E_p 作用点至 d 点的距离 y；

3）计算 d 点处墙前主动土压力强度 e_{a1} 及墙后被动土压力强度 e_{p1}；

4）计算桩底墙前主动土压力强度 e_{a2} 和墙后被动土压力强度 e_{p2}；

5）根据作用在悬臂板桩结构上的水平力平衡条件和绕挡墙底部自由端力矩平衡条件可得：

$$\sum H=0\quad E_a+[(e_{p3}-e_{a3})+(e_{p2}-e_{a2})]\frac{z}{2}-(e_{p3}-e_{a3})\frac{t_0}{2}=0 \tag{8-12}$$

$$\sum M=0\quad E_a(t_0+y)+\frac{z}{2}[(e_{p3}-e_{a3})+(e_{p2}-e_{a2})]\frac{z}{3}-(e_{p3}-e_{a3})\frac{t_0}{2}\frac{t_0}{3}=0 \tag{8-13}$$

整理后可得 t_0 的四次方程式：

$$t_0^4+\frac{e_{p1}-e_{a1}}{\beta}t_0^3-\left[\frac{6E_a}{\beta^2}2y\beta+(e_{p1}-e_{a1})\right]t_0-\frac{6E_ay(e_{p1}-e_{a1})+4E_a^2}{\beta^2}=0 \tag{8-14}$$

式中　　$\beta=\gamma_n[\tan^2(45°+\varphi_n/2)-\tan^2(45°-\varphi_n/2)]$

求解上述四次方程，即可得桩嵌入 d 点以下的深度 t_0 值。

为安全起见，实际嵌入坑底面以下的入土深度可取为：

$$t=u+1.2t_0 \tag{8-15}$$

（3）悬臂桩最大弯矩。

悬臂桩最大弯矩的作用点，亦即支护结构断面剪力为零的点。例如对于均质的非黏性土，如图 8-9 所示，假设剪力为零的点在基坑底面以下深度 b 处，即有：

$$\frac{b^2}{2}\gamma K_p-\frac{(h+b)^2}{2}\gamma K_a=0 \tag{8-16}$$

式中　K_a、K_p——土的主动土压力系数、被动土压力系数；

　　　γ——土的重度。

由式（8-16）解得 b 后，可求得最大弯矩：

$$M_{\max}=\frac{h+b}{3}\frac{(h+b)^2}{2}\gamma K_a-\frac{b}{3}\frac{b^2}{2}\gamma K_p=\frac{\gamma}{6}[(h+b)^3K_a-b^3K_p] \tag{8-17}$$

2. 布鲁姆（Blum）法

布鲁姆（H. Blum）建议采用图 8-8（d）计算模式进行悬臂板桩计算，即桩底出现的被动土压力以一个集中力 E'_p 代替，如图 8-10 所示。

如图 8-10（a）所示，为求悬臂桩插入深度，对桩底 C 点取矩，根据 $\sum M_c=0$，有：

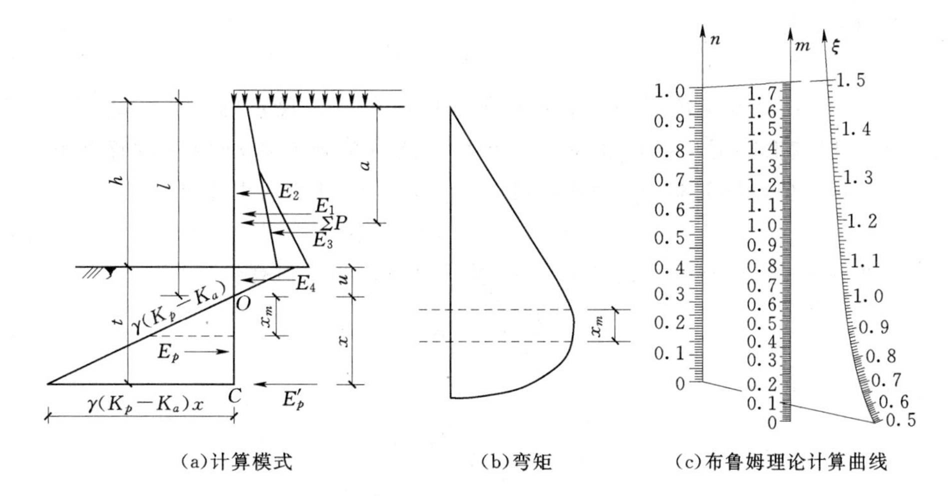

(a)计算模式　　(b)弯矩　　(c)布鲁姆理论计算曲线

图 8-10　布鲁姆简化计算

$$\sum P(l+x-a)-E_p\frac{x}{3}=0 \tag{8-18}$$

其中
$$E_p=\gamma(K_p-K_a)x\frac{x}{2}=\frac{\gamma}{2}(K_p-K_a)x^2$$

代入式（8-18）得：

$$\sum P(l+x-a)-\frac{\gamma}{6}(K_p-K_a)x^3=0 \tag{8-19}$$

化简后得：

$$x^3-\frac{6\sum P}{\gamma(K_p-K_a)}x-\frac{6\sum P(l-a)}{\gamma(K_p-K_a)}=0 \tag{8-20}$$

式中　$\sum P$——主动土压力、水压力的合力，kN/m；

a——$\sum P$ 合力距地面距离；

u——土压力强度为零处距坑底的距离。可根据桩前被动土压力强度和桩后主动土压力相等的关系求得：

$$u=\frac{K_a h}{K_p-K_a} \tag{8-21}$$

从式（8-20）的三次式计算求出 x 值，板桩的插入深度：

$$t=u+1.2x \tag{8-22}$$

为了方便求解式（8-20），布鲁姆（H. Blum）作了一个曲线图［图 8-10（c）］，利用该图可方便求得 x。

令 $\xi=\frac{x}{l}$，代入式（8-20）得：

$$\xi^3=\frac{6\sum P}{\gamma l^2(K_p-K_a)}(\xi+1)-\frac{6a\sum P}{\lambda l^3(K_p-K_a)} \tag{8-23}$$

再令
$$m=\frac{6\sum P}{\gamma l^2(K_p-K_a)}，\ n=\frac{6a\sum P}{\lambda l^3(K_p-K_a)}$$

式（8-23）即变成：

$$\xi^3=m(\xi+1)-n \tag{8-24}$$

式（8-24）中 m 及 n 值只与荷载及桩的长度有关，m 及 n 确定后，从图 8-10（c）中 n 曲线和 m 曲线上确定 n 和 m 值对应的点位，然后绘制 n 及 m 点位的连线并延长至 ξ 曲线求得对应的 ξ 值。同时根据 $x=\xi l$，可求得 x 值，则桩的入土深度：

$$t=u+1.2x=u+1.2\xi l \tag{8-25}$$

最大弯矩在剪力 $Q=0$ 处，设从 O 点往下 x_m 处 $Q=0$，则有：

$$\sum P-\frac{\gamma}{2}(K_p-K_a)x_m^2=0 \tag{8-26}$$

求解式（8-26）得：

$$x_m=\sqrt{\frac{2\sum P}{\gamma(K_p-K_a)}} \tag{8-27}$$

桩身最大弯矩为：

$$M_{\max}=\sum P\cdot(l+xm-a)-\frac{\gamma(K_p-K_a)x_m^3}{6} \tag{8-28}$$

利用式（8-28）求得桩的最大弯矩后，即可对悬臂桩结构进行设计。

【例 8-1】 某基坑工程支护桩设计。基坑开挖深度 6.0m，基坑边超载 $q=10\text{kN/m}^2$，如图 8-11 所示。地基土为中粗砂，中密—密实，$\varphi=34°$，$\gamma=20\text{kN/m}^3$。

试确定悬臂支护桩的桩长和最大弯矩。

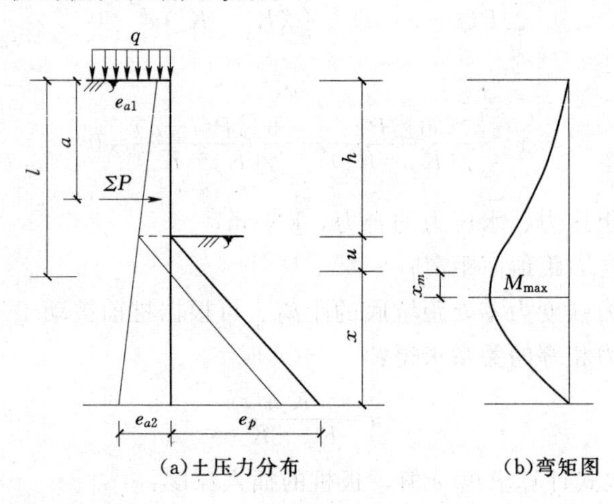

图 8-11 悬臂支护桩计算简图

解： 采用布鲁姆法进行悬臂支护桩计算。

（1）桩的入土深度。

$$K_a=\tan^2(45°-\varphi/2)=\tan^2(45°-34°/2)=0.53^2=0.28$$

$$K_p=\tan^2(45°+\varphi/2)=\tan^2(45°+34°/2)=1.88^2=3.53$$

$$e_{a1}=qK_a=10\times0.2809=2.8(\text{kN/m}^2)$$

$$e_{a2}=(q+\gamma h)K_a=(10+20\times6)\times0.2809=36.51(\text{kN/m}^2)$$

$$u=\frac{\gamma hK_a}{\gamma(K_p-K_a)}=\frac{36.51}{20(3.53-0.28)}=0.56(\mathrm{m})$$

$$\sum P=\frac{(2.8+36.51)\times 6}{2}+\frac{0.56\times 36.51}{2}=128.18(\mathrm{kN/m^2})$$

$$a=\frac{2.863+33.71\times\frac{6}{2}\times\frac{6}{3}\times 2+36.51\times\frac{0.56}{2}\times 6.19}{128.15}=4.04(\mathrm{m})$$

$$m=\frac{6\sum P}{\gamma(K_p-K_a)}=\frac{6\times 128.15}{20(3.53-0.28)\times 6.56^2}=0.2749$$

$$n=\frac{6\sum P}{\gamma(K_p-K_a)l^3}=\frac{6\times 128.15\times 4.04}{20(3.53-0.28)\times 6.56^3}=0.1693$$

查布鲁姆理论的计算曲线，得：

$$\xi=0.67$$

$$x=\xi l=0.67\times 6.56=4.40(\mathrm{m})$$

$$t=1.2x+u=1.2\times 4.40+0.56=5.84(\mathrm{m})$$

支护桩桩长：6.00+5.84=11.84m，实取 12.0(m)。

(2) 桩的最大弯矩。

最大弯矩位置：

$$x_m=\sqrt{\frac{2\sum P}{\gamma(K_p-K_a)}}=\sqrt{\frac{2\times 128.15}{20\times(3.53-0.28)}}=1.98(\mathrm{m})$$

最大弯矩：

$$M_{\max}=\sum P(l+x_m-a)-\frac{\gamma(K_p-K_a)x_m^3}{6}$$

$$=128.15\times(6.56+1.98-4.04)-\frac{20\times(3.53-0.28\times 1.983)}{6}=492.61(\mathrm{kN\cdot m})$$

8.7.3 单支点排桩支护结构计算

顶端支撑（或锚系）的排桩支护结构与顶端自由（悬臂）的排桩支护结构在受力机理上不同。顶端支撑的支护结构，因顶端支撑而不能移动形成一铰接的简支点。鉴于桩埋入土中部分的长度，入土浅时为简支，入土深时则为嵌固。桩因入土深度不同而产生不同的工作性状。

(1) 支护桩入土深度较浅，支护桩前的被动土压力全部发挥，对支撑点的主动土压力的力矩和被动土压力的力矩相等［图 8-12 (a)］。此时墙体处于极限平衡状态，由此得出的跨间最大正弯矩 $M_{\max}$ 和最小入土深度 $t_{\min}$。这时其墙前被动土压力全部被利用，墙的底端可能发生少许向左位移的现象。

(2) 支护桩入土深度大于 $t_{\min}$ 时［图 8-12 (b)］，则桩前的被动土压力得不到充分发挥与利用，这时桩底端仅在原位转动一角度而没有发生位移现象，这时桩底的土压力便等于零，未发挥的被动土压力可作为安全储备。

(3) 支护桩的入土深度继续增加，墙前墙后都出现被动土压力，支护桩在土中处于嵌固状态，相当于上端简支下端嵌固的超静定梁。支护桩的弯矩大大减小而出现正负二个方向的弯矩。其底端的嵌固弯矩 M_2 的绝对值略小于跨间弯矩 M_1 的数值，土压力强度零点

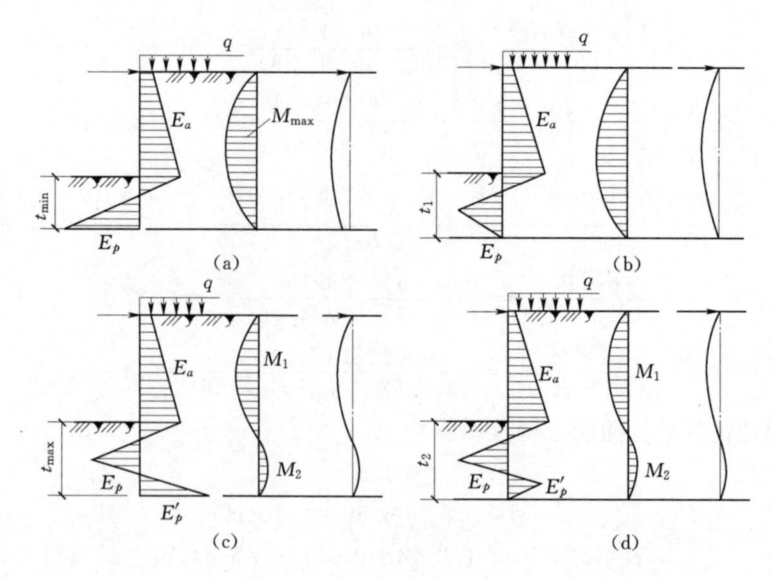

图 8-12　不同入土深度的板桩墙的土压力分布、弯矩及变形图

与弯矩零点大约相吻合［图 8-12（c）］。

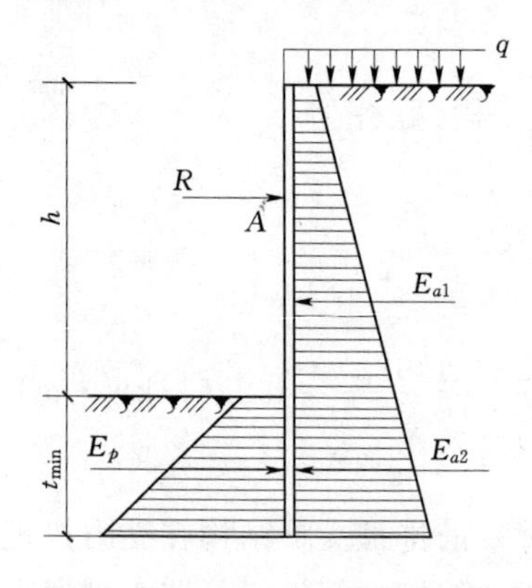

图 8-13　静力平衡计算简图

（4）支护桩的入土深度进一步增加［图 8-12（d）］，因支护桩的入土深度过深，墙前墙后的被动土压力都不能充分发挥和利用。此时，支护桩入土深度的增加对跨间弯矩减小的作用明显减弱。

以上 4 种不同入土深度的支护桩工作状态，第四种因支护桩入土深度过深而不经济，所以设计时基本不采用。第三种是目前常采用的工作状态，一般使正弯矩为负弯矩的 110%～115%作为设计依据，但也有采用正负弯矩相等作为设计依据的。该状态得出的桩的长度虽然较长，但因桩身弯矩较小，设计时可以选择较小的桩身断面，同时因入土较深，比较安全可靠。若按第一、第二种情况设计，可得较小的入土深度和较大的桩身弯矩，且第一种情况下，桩底可能出现位移。

1. 静力平衡法

图 8-13 是单支点排桩支护结构静力平衡法计算简图，桩的右侧作用主动土压力，左侧作用被动土压力。可采用下列方法确定桩的最小入土深度 t_{min} 和水平向每延米所需支点力（或锚固力）R。

取单位支护长度，对支撑点 A 取矩，令 $M_A=0$；同时保证水平向静力平衡，$\sum E=0$，则有：

$$M_{Ea1}+M_{Ea2}-M_{EP}=0 \tag{8-29}$$

$$R=E_{a1}+E_{a2}-E_P \tag{8-30}$$

式中　M_{Ea1}、M_{Ea2}——基坑底以上及以下主动土压力合力对 A 点的力矩；

M_{EP}——被动土压力合力对 A 点的力矩；

E_{a1}、E_{a2}——基坑底以上及以下主动土压力合力，kN/m；

E_p——被动土压力合力，kN/m。

2. 等值梁法

等值梁法将桩当作一端弹性嵌固另一端简支的梁来研究。桩身两侧作用着主动土压力与被动土压力。由图 8－14 给出的计算模式计算桩的入土深度、支撑反力及跨中最大弯矩。

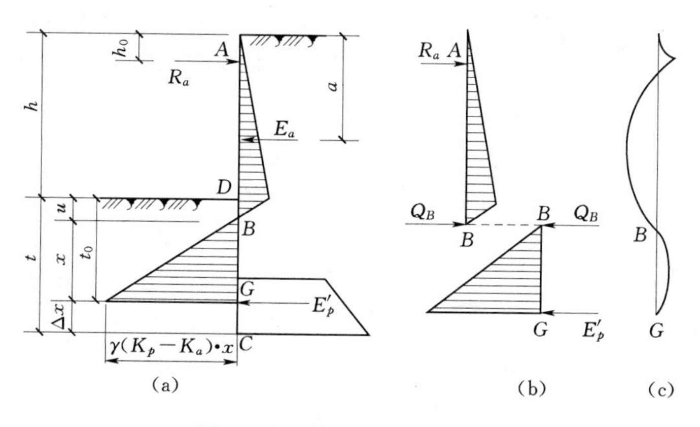

图 8－14 等值梁法计算模式

单支点排桩支护结构下端为弹性嵌固时，其弯矩图如图 8－14（c）所示。对于下端为弹性支撑的单支点排桩支护结构其净土压力强度零点位置与弯矩零点位置十分接近，因此可在土压力强度零点处将桩分为两个相连的简支梁，这种简化计算法就称为等值梁法，其计算步骤如下。

（1）根据基坑深度和地基土勘察资料计算主动土压力强度与被动土压力强度，求出土压力强度零点 B 的位置，按式（8－21）计算 B 点至坑底的距离 u 值。

（2）根据等值梁 AB 的力矩平衡方程计算支撑反力 R_a 及 B 点剪力 Q_B：

$$R_a=\frac{E_a(h+u-a)}{h+u-h_0} \tag{8-31}$$

$$Q_B=\frac{E_a(a-h_0)}{h+u-h_0} \tag{8-32}$$

（3）由等值梁 BG 求算支护桩的入土深度，取$\sum M_G=0$，则：

$$Q_B x=\frac{1}{6}[K_p\gamma(u+x)-K_a\gamma(h+u+x)]x^2$$

由上式求得：

$$x=\sqrt{\frac{6Q_B}{\gamma(K_p-K_a)}} \tag{8-33}$$

由 x 即可求得桩的最小入土深度：

$$t_0=u+x \tag{8-34}$$

如桩端的土质条件一般，为保证基坑工程的安全性，可乘以系数 1.1～1.2，即支护

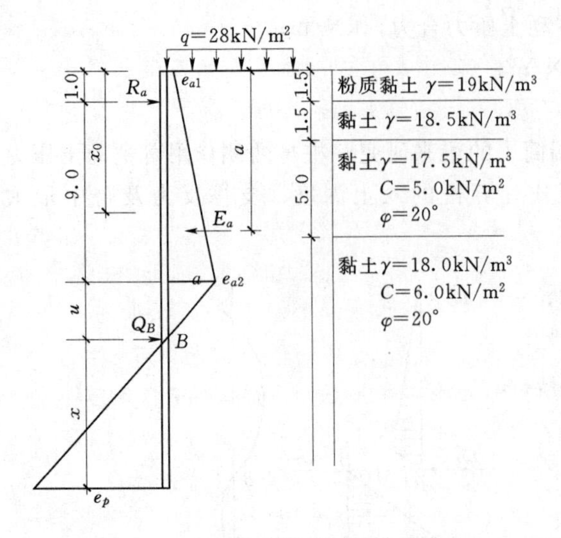

图 8-15 基坑支护简图和土层分布

桩的入土深度：

$$t=(1.1\sim1.2)t_0 \qquad (8-35)$$

（4）求桩的最大弯矩 $M_{\max}$ 值。

在确定剪力零点位置的基础上，计算桩的最大弯矩 $M_{\max}$ 值。

【例 8-2】 某工程基坑开挖深度 10.0m，采用单点支点排桩支护结构，场地土层分布和地面荷载如图 8-15 所示。试确定支护桩桩长、支撑轴力和桩身最大弯矩。

解： 采用等值梁法计算。

（1）主动土压力强度。

γ、c、φ 值取地面下 25m 土层范围内的加权平均值计算。

$$\gamma=18.0\text{kN/m}^2 \quad \varphi=20° \quad c=5.71(\text{kN/m}^2)$$

$$K_a=\tan^2(45°-\varphi/2)=0.49$$

$$K_p=\tan^2(45°+\varphi/2)=2.04$$

$$e_{a1}=qK_a-2c\sqrt{K_a}=28\times0.49-2\times5.71\times0.7=5.73(\text{kN/m}^2)$$

$$e_{a2}=(q+\gamma h)K_a-2c\sqrt{K_a}=(28+18\times10)\times0.49-2\times5.71\times0.7=93.93(\text{kN/m}^2)$$

（2）土压力强度零点位置。

$$u=\frac{e_{a2}-2c\sqrt{K_p}}{\gamma(K_p-K_a)}=\frac{93.93-2\times5.71\times1.43}{18(2.04-0.49)}=2.78(\text{m})$$

（3）支撑反力 R_a 和 Q_B。

$$E_a=\frac{1}{2}\times(5.73+93.93)\times10+\frac{1}{2}\times93.93\times2.78=628.86(\text{kN/m})$$

$$a=\frac{5.73\times\frac{10^2}{2}+(93.93-5.73)\times\frac{10}{2}\times\frac{2}{3}\times10+\frac{1}{2}\times93.93\times2.78\times\left(10+\frac{3.37}{3}\right)}{628.86}$$

$$=\frac{286.5+2940+1426.62}{628.86}=7.40(\text{m})$$

$$R_a=\frac{E_a(h+u-a)}{h+u-h_0}=\frac{628.86\times(10+2.78-7.40)}{10+2.78-1.0}=287.20(\text{kN/m})$$

$$Q_B=\frac{E_a(a-h_0)}{h+u-h_0}=\frac{628.86\times(7.40-1.0)}{10+2.78-1.0}=341.66(\text{kN/m})$$

（4）支护桩的入土深度 t。

$$x=\sqrt{\frac{6Q_B}{\gamma(K_p-K_a)}}=\sqrt{\frac{6\times341.66}{18\times(2.04-0.49)}}=8.57(\text{m})$$

$$t_0=u+x=2.78+8.57=11.35(\text{m})$$

$$t=(1.1\sim1.2)t_0=(1.1\sim1.2)\times11.35=12.49\sim13.62(\text{m})$$

取桩的入土深度 $t=13.0\text{m}$，支护桩桩长 10+13=23（m）

（5）最大弯矩 M_{max}。

先由 $Q=0$ 确定剪力零点的位置 x_0，再求该点 M_{max}。

$$R_a-5.73x_0-\frac{1}{2}\times\frac{x_0^2}{10}\times(93.93-5.73)=0$$

$$287.20-5.73x_0-4.41x_0^2=0 \quad x_0=7.45\text{m}$$

$$M_{max}=287.20\times(7.45-1.0)-\frac{5.73\times7.45^2}{2}-\frac{1}{6}\times\frac{88.2\times7.45^2}{10}=1085.6(\text{kN}\cdot\text{m})$$

8.7.4 多支点排桩支护结构计算

当基坑开挖深度较大、且场地土性质较差时，单支点排桩支护结构不能满足基坑工程的强度和稳定性要求时，可以采用多层支撑的多支点排桩支护结构。支撑层数及位置应根据土质、基坑深度、支护结构、支撑结构和施工要求等因素确定。

目前对多支点支护结构的计算方法很多，一般有等值梁法、支撑荷载的1/2分担法、侧向弹性地基抗力法、有限元法等。下面主要介绍前两种计算方法。

1. 等值梁法

多支点支护结构的等值梁法计算原理与单支点的等值梁法的计算原理相同，一般可当作刚性支承的连续梁计算（即支座无位移），在假定下层挖土不影响上层支点的计算水平力基础上，根据分层挖土深度与每层支点设置的实际施工阶段，通过建立静力平衡计算体系，进行多支点排桩支护结构计算。如图8-16所示的多支点基坑支护系统，按以下各施工阶段的情况分别进行计算。

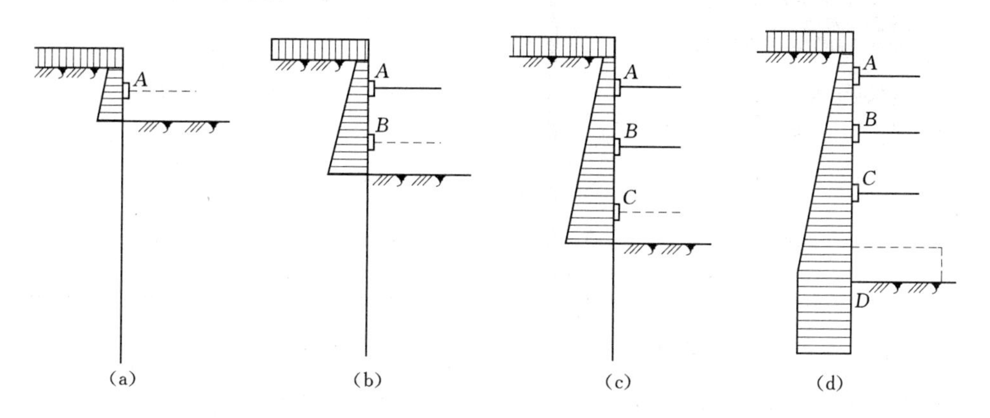

图8-16 各施工阶段的计算简图

（1）设置支撑 A 以前的开挖阶段［图8-16（a）］，可将支护桩作为一端嵌固在土中的悬臂桩。

（2）设置支撑 B 以前的开挖阶段［图8-16（b）］，支护桩是两个支点的静定梁，两个支点分别是 A 及土中净土压力强度为零的点。

（3）设置支撑 C 以前的开挖阶段［图8-16（c）］，支护桩是具有3个支点的连续梁，

3个支点分别为 A、B 及土中净土压力强度为零的点。

（4）浇筑底板以前的开挖阶段［图8-16（d）］，支护桩是具有4个支点的三跨连续梁。

【例8-3】 北京京城大厦，地上52层，地下4层，地面以上高183.53m，箱形基础，埋深23.76m（按23.5m计算），采用进口27m长的H形钢桩（488mm×300mm）作为支护结构，钢板桩间距1.1m，锤击打入，设置三层锚杆，锚杆布置和地质资料如图8-17所示。

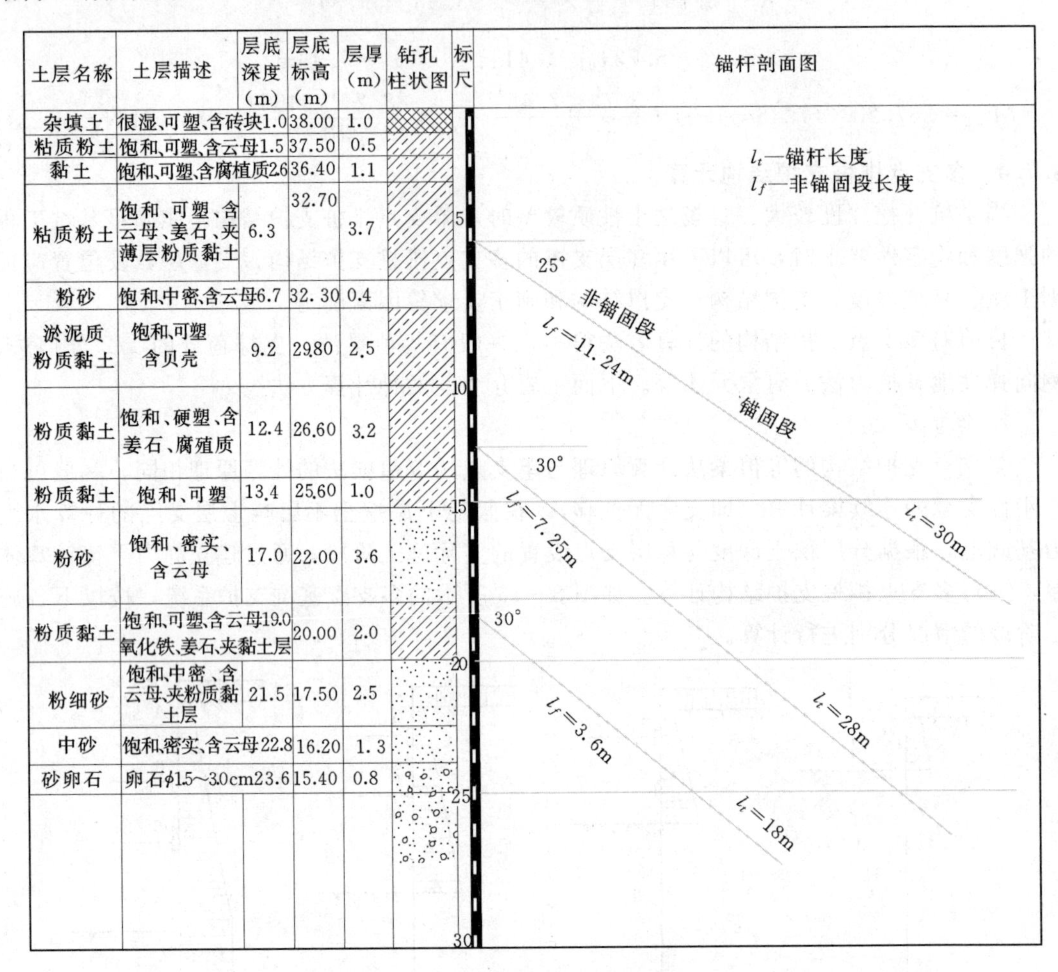

土层名称	土层描述	层底深度（m）	层底标高（m）	层厚（m）	钻孔柱状图	标尺
杂填土	很湿、可塑、含砖块	1.0	38.00	1.0		
粘质粉土	饱和、可塑、含云母	1.5	37.50	0.5		
黏土	饱和、可塑、含腐植质	2.6	36.40	1.1		
粘质粉土	饱和、可塑、含云母、姜石、夹薄层粉质黏土	6.3	32.70	3.7		5
粉砂	饱和、中密、含云母	6.7	32.30	0.4		
淤泥质粉质黏土	饱和、可塑含贝壳	9.2	29.80	2.5		
粉质黏土	饱和、硬塑、含姜石、腐殖质	12.4	26.60	3.2		10
粉质黏土	饱和、可塑	13.4	25.60	1.0		
粉砂	饱和、密实、含云母	17.0	22.00	3.6		15
粉质黏土	饱和、可塑、含云母、氧化铁、姜石、夹黏土层	19.0	20.00	2.0		
粉细砂	饱和、中密、含云母、夹粉质黏土层	21.5	17.50	2.5		20
中砂	饱和、密实、含云母	22.8	16.20	1.3		
砂卵石	卵石φ1.5～3.0cm	23.6	15.40	0.8		25

图8-17 地质剖面及锚杆布置示意图

各层土的平均重度 $\gamma=19\text{kN/m}^3$，平均内摩擦角为30°，平均黏聚力 $c=10\text{kPa}$，23m以下为砂卵石，$\varphi=35°\sim43°$。地面荷载按 10kN/m^2 计。试确定支护桩桩长、支撑轴力和桩身最大弯矩。

解：（1）计算参数。

$$K_a=\tan^2(45°-\varphi/2)=0.33$$

$$K_p=\left[\frac{\cos\varphi}{\sqrt{\cos\delta}-\sqrt{\sin(\varphi+\delta)\sin\delta}}\right]^2=\left[\frac{\cos36°}{\sqrt{\cos25°}-\sqrt{\sin(36°+25°)\sin36°}}\right]^2=11.8$$

考虑到支护桩已在基坑下砂卵石中，被动土压力系数采用库仑公式计算，取 φ_p 值为

36°，$\delta=2\varphi/3$ 约为 25°，$\varepsilon=0$，$\beta=0$。

（2）土压力强度为零（近似零弯点）位置。

$$u=\frac{(q+\gamma h)K_a}{\gamma(K_p-K_a)}=\frac{(10+19\times23.5)\times0.33}{19\times(11.8-0.33)}=0.69(\text{m})$$

（3）计算连系梁固端弯矩。

基坑支护简图如图 8-18 所示。将支护桩假设为一连续梁，其荷载为土压力，如图 8-19 所示。

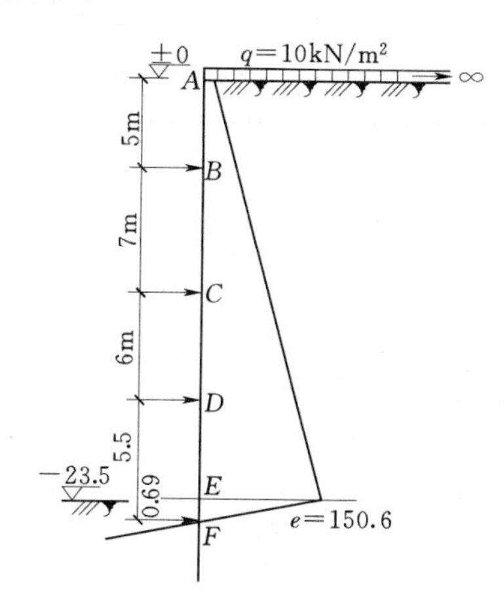

图 8-18 基坑支护简图

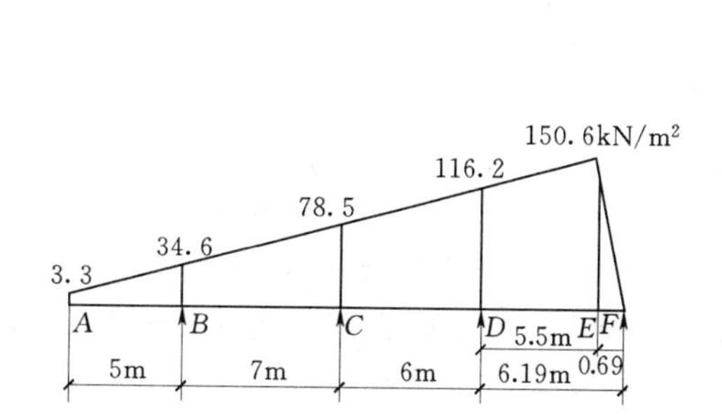

图 8-19 支护桩作为连续梁计算简图

1）悬臂梁 AB 段的弯矩。

$$M_B=\left(3.3\times\frac{5^2}{2}+(34.6-3.3)\times\frac{5}{2}\times\frac{5}{3}\right)=171.8(\text{kN}\cdot\text{m})$$

2）梁 BC 段的弯矩。

$$M_C=\left[\frac{(7\times34.6+8\times78.5)\times7^2}{120}-\frac{171.8}{2}\right]=269.4(\text{kN}\cdot\text{m})$$

3）梁 CD 段的弯矩。

$$M_C=\left(-\frac{78.5\times6^2}{12}-\frac{(116.2-78.5)\times6^2}{30}\right)=-280.7(\text{kN}\cdot\text{m})$$

$$M_D=\left(-\frac{78.5\times6^2}{12}+\frac{(116.2-78.5)\times6^2}{20}\right)=303.4(\text{kN}\cdot\text{m})$$

4）梁 DEF 段的弯矩。

F 点为零弯矩点，D 点的弯矩为 $M_D=-637.0(\text{kN}\cdot\text{m})$

（4）弯矩分配。

计算得到的固端弯矩不平衡，需要弯矩分配法来平衡支点 C、D 的弯矩。通过弯矩分配，得出各支点的弯矩为

$M_B=-171.8\text{kN}\cdot\text{m}$ $M_C=-235.8\text{kN}\cdot\text{m}$ $M_D=-486.0\text{kN}\cdot\text{m}$ $M_F=0$

（5）支点反力。

$R_B=167.2\text{kN}$ $R_C=434.7\text{kN}$ $R_D=896.9\text{kN}$ $R_F=388.0\text{kN}$

各种工况下，各层锚杆的支点反力及正负弯矩值汇总于表 8-5，上述计算结果主要

反映的是工况 4 的情况。

表 8-5 各层锚杆的支点反力及正负弯矩表

工况	开挖深度（m）	第一层锚杆			第二层锚杆			第三层锚杆		
		R_B（kN）	M_B（kN·m）	M_{BC}（kN·m）	R_C（kN）	M_C（kN·m）	M_{CD}（kN·m）	R_D（kN）	M_D（kN·m）	M_{DF}（kN·m）
1	−5.5			491.5						
2	−12.5	363.6	−183.3	535.0						
3	−18.5	196.2	−158.3	116.0	578.5	−416.8	545.8			
4	−23.5	167.2	−171.8	142.6	434.7	−235.8	72.0	896.9	−486.0	395.9

（6）H 形钢桩入土深度。

土压力强度零点位置　$u=0.69(\mathrm{m})$

按式（8-33）得 x：

$$x=\sqrt{\frac{6R_F}{\gamma(K_p-K_a)}}=\sqrt{\frac{6\times388}{19\times(11.8-0.33)}}=3.2(\mathrm{m})$$

$$t_0=u+x=(0.69+3.2)=3.89(\mathrm{m})$$

H 形钢桩需打入砂卵石层，实际长度取 27m，即入土 3.5m。

2. 支撑荷载的 1/2 分担法

支撑荷载的 1/2 分担法是多支点支护结构的一种简化计算方法，计算过程较为简便。

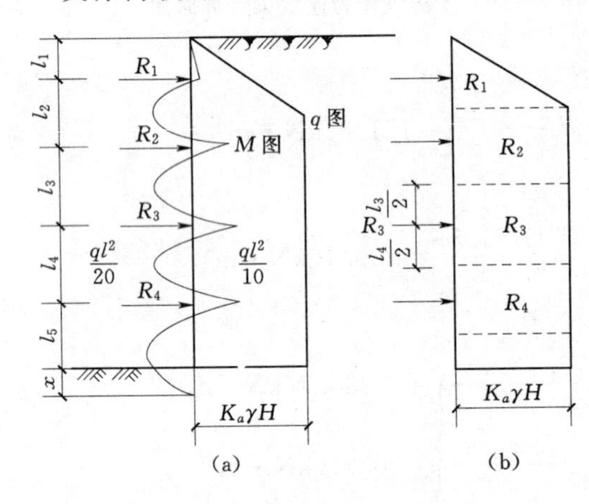

图 8-20　支撑荷载的 1/2 分担法

Terzaghi 和 Peck 根据柏林和芝加哥等地铁工程基坑挡土结构的支撑轴力测定结果，以受力包络图为基础，以 1/2 分担法将支撑轴力转化为土压力，提出土压力分布图，见图 8-20。反之，如土压力分布图已确定（设计计算时必须确定土压力分布），则可以用 1/2 分担法来计算多支撑的受力，这种方法不考虑桩、墙体和支撑的变形，每道支撑承受的相邻上下两个半跨上作用的压力（土压力、水压力、地面超载等）。

当土压力强度为 q，对于连续梁，最大支座弯矩为 $M=ql^2/10$，最大跨中支座弯矩为 $M=ql^2/20$。这种方法的荷载图式采用了由实测支撑轴力反算的经验包络图，所以具有一定的实用性，特别是对于估算支撑轴力有一定的参考价值。

8.8　重力式水泥土墙计算

8.8.1　重力式水泥土墙型式

水泥土搅拌桩是一种具有一定刚性的脆性材料所构成，其抗拉强度比抗压强度小得多，在工程中要充分利用抗压强度高的优点，回避其抗拉强度低的缺点。“重力坝”式挡墙就是利用结构本身自重和抗压不抗拉的一种支挡结构形式。

重力式水泥土墙设计时应综合考虑下列因素。

（1）基坑的几何尺寸、形状、开挖深度。

（2）工程地质、水文地质条件：土层分布及其物理力学性质，地下水情况。

（3）支护结构所受的荷载及大小。

（4）基坑周围的环境、建筑、道路交通及地下管线情况。

重力式水泥搅拌桩支护结构是将搅拌桩相互搭接而成，平面布置可采用壁状体，如图8－21所示。若壁状的挡墙宽度不够时，可加大宽度，做成格栅状支护结构，即在支护结构宽度内，不需对整个土体都进行搅拌加固，可按一定间距将土体加固成相互平行的纵向壁，再沿纵向按一定间距加固肋体，用肋体将纵向壁连接起来，形成如图8－22所示的格栅状水泥土挡墙结构。这种挡土结构目前常采用双头搅拌机进行施工，单个搅拌头形成的桩体直径为700mm，两个搅拌头间的轴距为500mm，搅拌桩之间的搭接距离为200mm。根据使用要求和受力特性，水泥土搅拌桩挡土结构的断面形式如图8－23所示。

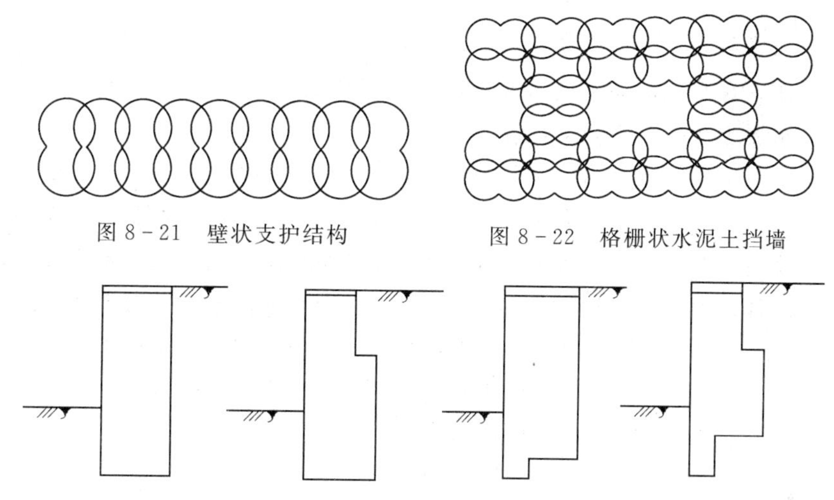

图8－21 壁状支护结构

图8－22 格栅状水泥土挡墙

图8－23 水泥土挡墙支护结构断面型式

8.8.2 重力式水泥土墙设计

1. 重力式水泥土墙的破坏模式

（1）倾覆破坏。

如图8－24（a）所示，由于墙身入土太浅或宽度不足，当地面堆载过多或重载车辆在坑边频繁行驶，都可能导致倾覆破坏。

（2）地基整体破坏。

如图8－24（b）所示，当开挖深度较大，坑底土体又十分软弱时，特别当地面存在大量堆载（堆土）时，地基土连同支挡结构一起滑动。地基整体破坏造成的危害严重，常伴随着地面下陷及坑底隆起，有可能造成坑内主体结构工程桩位移。

（3）墙趾外移破坏。

如图8－24（c）所示，当挡土结构插入深度不够，坑底土体太软或因管涌及流砂导致坑底土体强度削弱，则可能发生墙趾外移破坏。

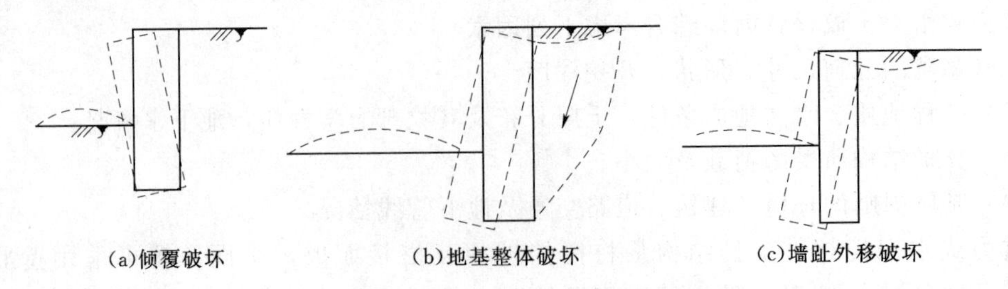

图 8-24　水泥土搅拌桩的破坏模式

2. 重力式水泥土墙的计算

水泥土挡墙的计算内容包括抗滑稳定性、抗倾覆稳定性及整体稳定性验算等。

(1) 抗滑移稳定性验算。抗滑移稳定性计算模式如图 8-25 所示。重力式水泥土墙的抗滑移稳定安全系数：

$$K_h=\frac{\text{抗滑力}}{\text{滑动力}}=\frac{E_{pk}+(G-u_mB)\mu+cB}{E_{ak}} \tag{8-36}$$

式中　K_h——抗滑移稳定安全系数，其值不应小于 1.2；

E_{ak}、E_{pk}——作用在水泥土墙上的主动土压力、被动土压力标准值，kN/m；

G——水泥土墙的自重，kN/m；

u_m——水泥土墙底面上的水压力；水泥土墙底面在地下水位以下时，可取 $u_m=\gamma_w(h_{wa}+h_{wp})/2$，在地下水位以上时，取 $u_m=0$，此处，h_{wa} 为基坑外侧水泥土墙底处的水头高度，h_{wp} 为基坑内侧水泥土墙底处的水头高度；

μ——墙体基底与土的摩擦系数 $\mu=\tan\varphi$，φ 为水泥墙底面下土层的内摩擦角。当无试验资料时，μ 可按下列土类取值：淤泥质土：$\mu=0.20\sim0.25$；黏性土：$\mu=0.25\sim0.40$；砂土：$\mu=0.40\sim0.50$；

c——水泥土墙底面下土层的黏聚力；

B——水泥土墙的底面宽度。

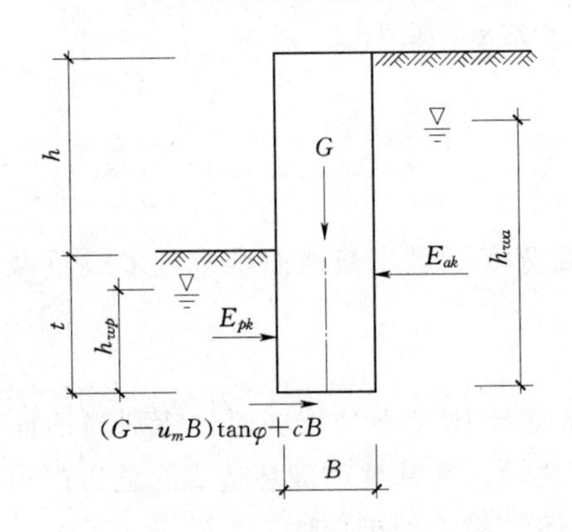

图 8-25　抗滑移稳定性验算

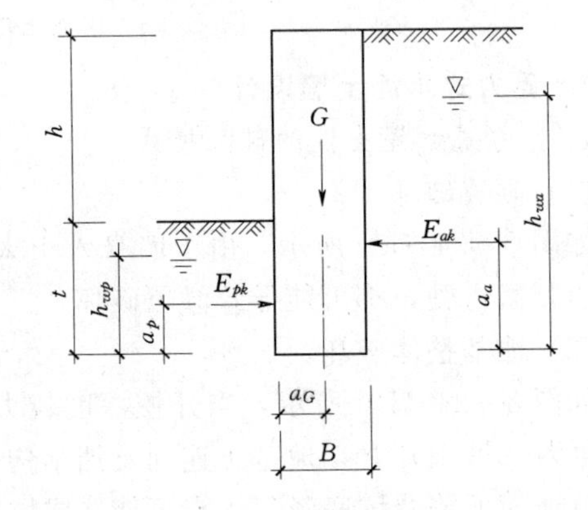

图 8-26　抗倾覆稳定性验算

(2) 抗倾覆稳定性验算。抗倾覆稳定性计算模式如图 8-26 所示。重力式水泥土墙的抗倾覆稳定安全系数：

$$K_0=\frac{\text{抗倾覆力矩}}{\text{倾覆力矩}}=\frac{E_{pk}a_p+(G-u_mB)a_G}{E_{ak}a_a} \tag{8-37}$$

式中 K_0——抗倾覆稳定安全系数，其值不应小于1.3；

a_a——水泥土墙外侧主动土压力合力作用点至墙趾的竖向距离；

a_p——水泥土墙内侧被动土压力合力作用点至墙趾的竖向距离；

a_G——水泥土墙自重与墙底水压力合力作用点至墙趾的水平距离。

（3）整体滑动稳定性验算。重力式水泥土墙整体滑动稳定性验算可采用圆弧滑动条分法验算（图8-27），滑动稳定安全系数应满足：

$$K_s=\frac{\sum\{c_jl_j+[(q_jb_j+\Delta G_j)\cos\theta_j-u_jl_j]\tan\varphi_j\}}{\sum(q_jb_j+\Delta G_j)\sin\theta_j} \tag{8-38}$$

式中 K_s——圆弧滑动稳定安全系数，其值不应小于1.3；

c_j、ϕ_j——第j土条滑弧面处土的黏聚力、内摩擦角；

b_j——第j土条的宽度；

q_j——作用在第j土条上的附加分布荷载标准值；

ΔG_j——第j土条的自重，按天然重度计算；分条时，水泥土墙可按土体考虑；

u_j——第j土条在滑弧面上的孔隙水压力；对地下水位以下的砂土、碎石土、粉土，当地下水是静止的或渗流水力梯度可忽略不计时，在基坑外侧，可取$u_j=\gamma_wh_{wa,j}$，在基坑内侧，可取$u_j=\gamma_wh_{wp,j}$；对地下水位以上的各类土和地下水位以下的黏性土，取$u_j=0$；

其中 γ_w——地下水重度；

$h_{wa,j}$——基坑外地下水位至第j土条滑弧面中点的深度；

$h_{wp,j}$——基坑内地下水位至第j土条滑弧面中点的深度；

θ_j——第j土条滑弧面中点处的法线与垂直面的夹角。

当墙底以下存在软弱下卧土层时，稳定性验算的滑动面中尚应包括由圆弧与软弱土层层面组成的复合滑动面。

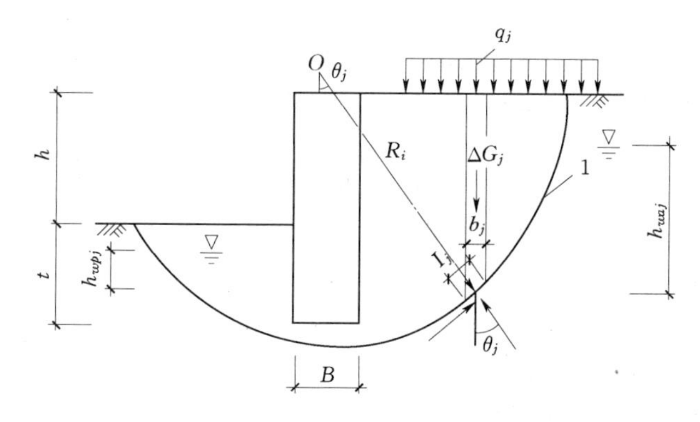

图8-27 整体滑动稳定性验算

（4）墙体正截面应力验算。重力式水泥土墙在侧向土压力作用下，墙身产生弯矩，墙体偏心受压，应对墙体压应力、拉应力与剪应力进行验算。验算的计算截面应包括以下部位：基坑面以下主动土压力强度与被动土压力强度相等处；基坑底面处；水泥土墙的截面突变处。

当边缘应力为拉应力时：

$$\frac{6M_i}{B^2}-\gamma_{cs}z\leqslant 0.15f_{cs} \tag{8-39}$$

压应力：

$$\gamma_0\gamma_F\gamma_{cs}z+\frac{6M_i}{B^2}\leqslant f_{cs} \tag{8-40}$$

剪应力：

$$\frac{E_{ak,i}-\mu G_i-E_{pk,i}}{B}\leqslant\frac{1}{6}f_{cs} \tag{8-41}$$

式中 M_i——水泥土墙验算截面的弯矩设计值，kN·m/m；

B——验算截面处水泥土墙的宽度；

γ_{cs}——水泥土墙的重度；

z——验算截面至水泥土墙顶的垂直距离；

f_{cs}——水泥土开挖龄期时的轴心抗压强度设计值，应根据现场试验或工程经验确定；

γ_F、γ_0——荷载综合分项系数、结构重要性系数，作用基本组合的综合分项系数 γ_F 不应小于 1.25。对安全等级为一级、二级、三级的支护结构，其结构重要性系数（γ_0）分别不应小于 1.1、1.0、0.9；

$E_{ak,i}$、$E_{pk,i}$——验算截面以上的主动土压力标准值、被动土压力标准值（kN/m），验算截面在基底以上时，取 $E_{pk,i}=0$；

G_i——验算截面以上的墙体自重，kN/m；

μ——墙体材料的抗剪断系数，取 0.4～0.5。

（5）水泥土墙水平位移计算。水泥土墙产生的水平位移直接影响周围建筑、道路和地下管线的安全。水平位移的计算可采用经验公式、弹性地基“m”法和非线性有限元法进行计算。

当水泥土墙的插入深度 $D=(0.8\sim1.2)H$（H 为基坑开挖深度）、墙宽 $B=(0.6\sim1.0)H$ 时，水泥土墙墙顶位移可采用经验公式进行估算：

$$\delta=\frac{H^2L_{\max}\xi}{1000DB} \tag{8-42}$$

式中 δ——墙顶水平位移计算值，mm；

$L_{\max}$——基坑的最大边长，m；

ξ——施工质量系数，取 0.8～1.5；

H——基坑开挖深度，m；

D——墙体插入坑底以下的深度，m；

B——搅拌桩墙体宽度，m。

重力式水泥土墙水平位移计算采用弹性地基“m”法，假设地基为线弹性体，即把侧向受力的地基土用一个个单独的弹簧来模拟，如图 8-28 所示。弹簧之间互不影响，弹簧受力与其位移成比例，可以表示为：

$$p=K(z)y \tag{8-43}$$

式中 p——挡墙侧面的横向抗力；

$K(z)$——随深度变化的地基基床系数，kN/m^3；

y——z 处的水平位移值。

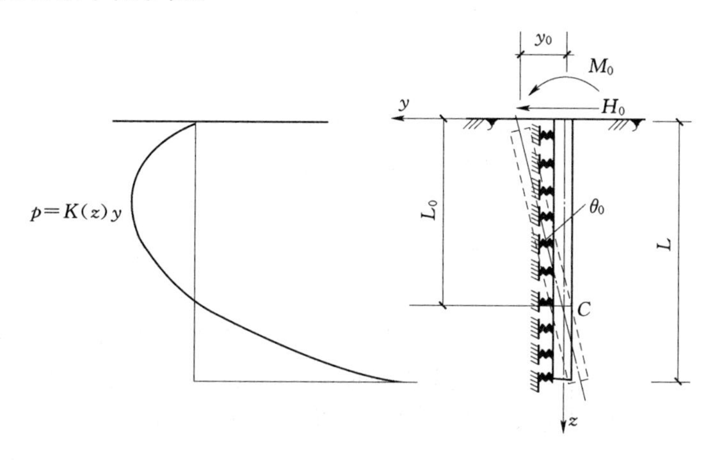

图 8-28 “m”法计算地基模型

地基基床系数 K 与地基土的类别、物理力学性质有关。“m”法决定 K 随深度正比增加，即：

$$K=mz \tag{8-44}$$

式中 m——地基基床系数的比例系数，kN/m^4。

重力式挡墙刚度为无限大时，在墙后水土压力作用下，将产生平移和转动，如图 8-29（a）所示。沿 $B-B'$ 截面把墙身截开，可以计算作用于 $B-B'$ 截面上的弯矩 M_0 和剪力 H_0。

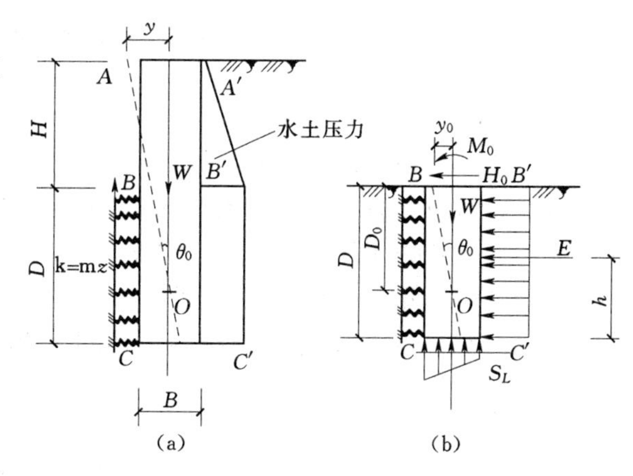

图 8-29 按“m”法计算墙顶位移

取出 $B-B'$ 面以下墙体为计算单元，如图 8-29（b）所示，由于假设墙体刚度为无限大，在外力作用下墙体以某一点 O 为中心作刚体转动，若转角为 θ_0、基坑底面处的水平位移为 y_0，则墙顶的水平位移可写为：

$$y=y_0+\theta_0 H \tag{8-45}$$

式中 θ_0——墙身转角；

y_0——$B-B'$断面处的水平位移；

H——基坑开挖深度。

y_0 及 θ_0 可按下式计算：

$$y_0=\frac{24M_0'-8H_0'D}{mD^3+36mI_B}+\frac{2H_0'}{mD^2} \tag{8-46}$$

$$\theta_0=\frac{36M_0'-12H_0'D}{mD^4+36mDI_B} \tag{8-47}$$

其中

$$M_0'=M_0+H_0D+Eh-W\cdot B/2$$

$$H_0'=H_0+E-S_L$$

$$S_L=B\cdot c$$

$$I_B=\frac{1\times B^3}{12}$$

式中 S_L——墙底土提供的摩擦阻力，kN/m；

c——土的黏聚力；

I_B——单位宽度的墙身截面惯性矩。

8.8.3 重力式水泥土墙构造

重力式水泥土墙采用水泥土搅拌桩相互搭接形成的格栅状结构型式，也可采用水泥土搅拌桩相互搭接成实体的结构型式。搅拌桩的施工工艺宜采用喷浆搅拌法。

若基坑深度为 h，重力式水泥土墙的嵌固深度，对淤泥质土，不宜小于 $1.2h$，对淤泥，不宜小于 $1.3h$；重力式水泥土墙的宽度（B），对淤泥质土，不宜小于 $0.7h$，对淤泥，不宜小于 $0.8h$。

重力式水泥土墙采用格栅形式时，每个格栅的土体面积应符合下式要求：

$$A\leqslant\delta\frac{cu}{\gamma_m} \tag{8-48}$$

式中 A——格栅内土体的截面面积；

δ——计算系数；对黏性土，取 $\delta=0.5$；对砂土、粉土，取 $\delta=0.7$；

c——格栅内土的黏聚力；

u——计算周长，按图 8-30 计算；

γ_m——格栅内土的天然重度；对成层土，取水泥土墙深度范围内各层土按厚度加权的平均天然重度。

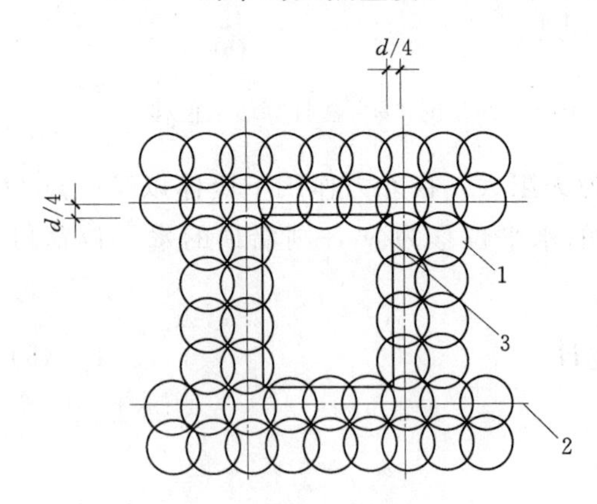

图 8-30 格栅式水泥土墙

1—水泥土桩；2—水泥土桩中心线；3—计算周长

水泥土的置换率对于淤泥不宜小于 0.8，淤泥质土不宜小于 0.7，一般黏性土及砂土不宜小于 0.6，格栅长宽比不宜大于 2。

水泥土桩与桩之间的搭接宽度应根据挡土及截水要求确定，考虑截水作用时，桩的有效搭接宽度不宜小于 150mm；当不考虑截水作用时，搭接宽度不宜小于 100mm。水泥土墙体 28d 无侧限抗压强度不宜小于 0.8MPa。

当变形不能满足要求或需要增强墙身的抗拉性能时，可在水泥土桩内插入杆筋。杆筋可采用钢筋、钢管或毛竹。杆筋的插入深度宜大于基坑深度。杆筋应锚入面板内。宜采用基坑内侧土体加固或水泥土墙插筋加混凝土面板及加大嵌固深度等措施。

水泥土墙顶面宜设置混凝土连接面板，面板厚度不宜小于150mm，混凝土强度等级不宜低于C15。

8.8.4　施工与检测

水泥土墙应采取切割搭接法施工。应在前桩水泥土尚未固化时进行后序搭接桩施工。施工开始和结束的头尾搭接处，应采取加强措施，消除搭接勾缝。深层搅拌水泥土墙施工前，应进行成桩工艺及水泥掺入量或水泥浆的配合比试验，以确定相应的水泥掺入比或水泥浆水灰比，浆喷深层搅拌的水泥掺入量宜为被加固土重度的15%～18%；粉喷深层搅拌的水泥掺入量宜为被加固土重度的13%～16%。高压喷射注浆施工前，应通过试喷试验，确定不同土层旋喷固结体的最小直径、高压喷射施工技术参数等。高压喷射水泥水灰比宜为1.0～1.5。

深层搅拌桩和高压喷射桩水泥土墙的桩位偏差不应大于50mm，垂直度偏差不宜大于0.5%。当设置插筋时，桩身插筋应在桩顶搅拌完成后及时进行。插筋材料、插入长度和出露长度等均应按计算和构造要求确定。高压喷射注浆应按试喷确定的技术参数施工，切割搭接宽度应符合下列规定：①旋喷固结体不宜小于150mm；②摆喷固结体不宜小于150mm；③定喷固结体不宜小于200mm。

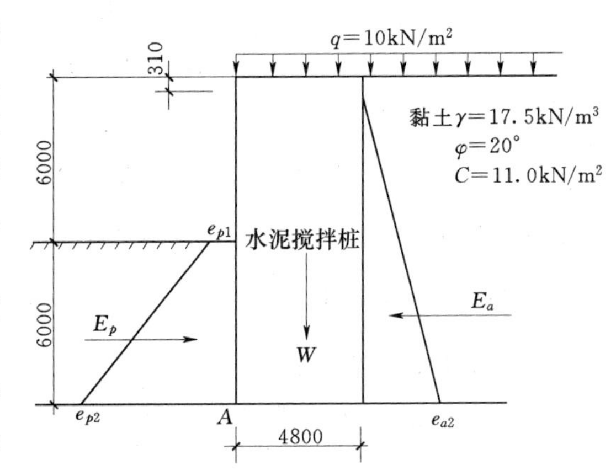

图8-31　水泥土墙断面及土压力分布

重力式水泥土墙的质量检测应采用开挖的方法，检测水泥土固结体的直径、搭接宽度、位置偏差。应采用钻芯法检测水泥土的单轴抗压强度及完整性、水泥土墙的深度。进行单轴抗压强度试验的芯样直径不应小于80mm。检测桩数不应少于总桩数的1%，且不应少于6根。

【例8-4】　某工程基坑开挖深度为6.0m，拟采用水泥土墙进行支护，土层资料见图8-31所示。地面超载10.0kN/m²，试验算水泥土墙的稳定性。

解：（1）初选尺寸。

基坑开挖深度$h=6.0$m，由桩长$L=(1.8\sim2.2)h$和墙宽$B=(0.7\sim0.95)h$的水泥土墙设计经验。取$L=12.0$m，$B=4.8$m。

（2）计算参数。

$$K_a=\tan^2(45°-\varphi/2)=0.49\quad \sqrt{K_a}=0.70$$

$$K_p=\tan^2(45°+\varphi/2)=2.04\quad \sqrt{K_p}=1.43$$

$$G=\gamma_0 B(h+t)=18\times4.8\times(6+6)$$
$$=1036.8(\text{kN/m})$$

（3）主动土压力和被动土压力。

主动土压力强度：

$$e_{a1}=qK_a-2c\sqrt{K_a}=-10.5(\text{kN/m}^2)$$

$$e_{a2}=(q+\gamma h)K_a-2c\sqrt{K_a}=92.4(\text{kN/m}^2)$$

拉应力区高度 h_0 为：

$$h_0=3/\left(1+\frac{92.4}{10.5}\right)=0.31(\text{m})$$

主动土压力合力 E_a 为：

$$E_a=\frac{1}{2}(12.0-0.31)\times 92.4=540.08(\text{kN/m})$$

主动土压力产生的倾覆力矩 M_a 为

$$M_a=E_a\cdot\frac{1}{3}(h+D-h_0)=540.08\times\frac{1}{3}(12.0-0.31)=2104.51(\text{kN}\cdot\text{m/m})$$

被动土压力强度：

$$e_{p1}=2c\sqrt{K_p}=31.46(\text{kN/m}^2)$$

$$e_{p2}=\gamma hK_p+2c\sqrt{K_p}=245.66(\text{kN/m}^2)$$

被动土压力合力 E_p 为：

$$E_a=\frac{1}{2}(31.46+245.66)\times 6=831.38(\text{kN/m})$$

被动土压力产生的抗倾覆力矩 M_p 为：

$$M_p=31.36\times 6\times\frac{6}{2}+(245.66-31.46)\times\frac{6}{2}\times\frac{6}{3}=1851.48(\text{kN}\cdot\text{m/m})$$

（4）抗滑移稳定性验算。

$$K_h=\frac{E_p+G\tan\varphi+cB}{E_a}$$

$$=\frac{831.38+1036.8\times\tan 20°+11.0\times 4.8}{540.08}=2.34>1.2\quad\text{满足要求}$$

（5）抗倾覆稳定性验算。

$$K_0=\frac{E_pa_p+Ga_G}{E_aa_a}=\frac{M_p+G\dfrac{B}{2}}{M_a}$$

$$=\frac{1851.48+1036.8\times 4.8/2}{2104.51}=2.06>1.3\quad\text{满足要求}$$

8.9 基坑稳定性分析

在基坑开挖时，由于坑内土体挖出后，使地基的应力场和变形场发生变化，可能导致地基的失稳。例如地基失稳，坑底隆起及涌砂等，所以基坑支护设计时，需要验算基坑的稳定性，必需时应采取必要的加强防范措施，使基坑的稳定性具有一定的安全度。

由于设计或施工不当，基坑会失去稳定而破坏，这种破坏可能是缓慢地发生，也可能是突然地发生。引起的原因有地下水、暴雨、外荷或其他的人为因素，主要是由于设计时安全度不够或施工不当造成的。

在放坡开挖的基坑中，边坡失稳主要由于土方开挖引起基坑内外压力差（包括水位差）。边坡的整体稳定性验算通常采用圆弧滑动法（如条分法）进行计算。

有支护结构基坑的整体稳定分析，同样采用圆弧滑动法进行验算。分析中所需地质资料要能反映基坑顶面以下至少2～3倍基坑开挖深度范围内的工程地质和水文地质条件。采用圆弧滑动法验算支护结构和地基的整体抗滑动稳定性时，应注意支护结构内支撑或外侧的锚拉结构与墙面垂直的特点，不同于边坡稳定验算的圆弧滑动，滑动面的圆心一般在挡墙上方，靠坑内侧附近。一般通过试算确定最危险的滑动面和最小安全系数。考虑到内支撑作用时，通常不会发生整体稳定破坏。因此，对只设一道支撑的支护结构，需验算整体滑动，对设置多道内支撑时可不作验算。

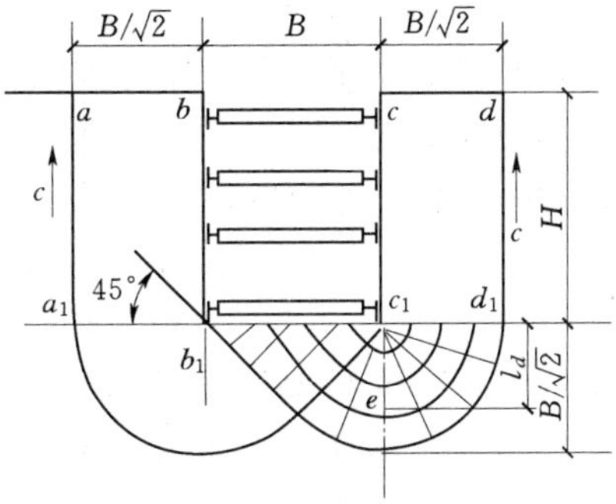

图8-32 抗隆起计算的太沙基和派克法

8.9.1 基坑的抗隆起稳定性验算

1. 太沙基—派克方法

设黏土的内摩擦角$\varphi=0$，滑动面由圆筒面与平面组成，如图8-32所示。太沙基认为，对于基坑底部的水平断面，基坑两侧的土就如作用在该断面上的均布超载，该超载有使坑底发生隆起的现象。当考虑dd_1面上的黏聚力c后，c_1d_1面上的全荷载P为：

$$P=\frac{B}{\sqrt{2}}\gamma H-cH \tag{8-49}$$

式中、γ——土的湿容重；

B——基坑宽度；

c——土的黏聚力；

H——基坑开挖深度。

其荷载强度p_v为：

$$p_v=\frac{P}{\dfrac{B}{\sqrt{2}}}=\gamma H-\frac{\sqrt{2}cH}{B} \tag{8-50}$$

太沙基认为，若荷载强度超过地基的极限承载力就会产生基坑坑底隆起。若以黏聚力c表达的黏土地基极限承载力q_d为：

$$q_d=5.7c \tag{8-51}$$

基坑坑底隆起安全系数K为：

$$K=\frac{q_d}{p_v}=\frac{5.7c}{\gamma H-\dfrac{\sqrt{2}cH}{B}} \tag{8-52}$$

太沙基建议K不小于1.5。

太沙基和派克的方法适用于一般的基坑开挖过程。这种方法没有考虑刚度很大、且有一定插入深度的地下连续墙对坑底隆起产生的有利作用。

2. 考虑 C、φ 的抗隆起计算法

在许多土体隆起稳定性计算的公式中，仅仅给出纯黏土（$\varphi=0$）或纯砂土（$c=0$）的公式，很少同时考虑 c 和 φ。显然对于一般的黏性土，在土体抗剪强度中应包括 c 和 φ 的因素。同济大学汪炳鉴等参照普朗特尔（prandtl）及太沙基（Terzaghi）的地基承载力公式，并将墙底面的平面作为求极限承载力的基准面，其滑动面线形状如图 8－33 所示，建议采用式（8－53）进行抗隆起稳定性验算：

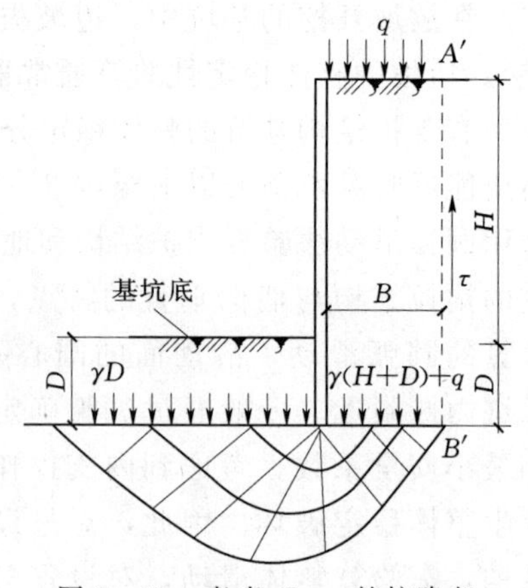

图 8－33　考虑 C、φ 的抗隆起基坑计算示意图

$$K_L=\frac{\gamma_2 DN_q+cN_c}{\gamma_1(H+D)+q} \tag{8-53}$$

式中　K_L——抗隆起安全系数；

D——墙体入土深度；

H——基坑开挖深度；

q——地面超载；

γ_1——坑外地表至墙底，各土层天然重度的加权平均值；

γ_2——坑内开挖面以下至墙底，各土层天然重度的加权平均值；

N_q、N_c——地基极限承载力的计算系数。

采用普朗德尔公式时，N_q、N_c 分别为

$$N_{qp}=\tan^2(45°+\varphi/2)e^{\pi\tan\varphi}$$
$$N_{cp}=(N_{qp}-1)\cdot 1/\tan\varphi \tag{8-54}$$

采用太沙基公式则为

$$N_{qT}=\frac{1}{2}\left[\frac{e^{\left(\frac{3}{4}\pi-\frac{\varphi}{2}\right)\tan\varphi}}{\cos(45°+\varphi/2)}\right]^2 \tag{8-55}$$
$$N_{cT}=(N_{qT}-1)\cdot 1/\tan\varphi$$

对于安全等级为一级、二级、三级的锚拉式支挡结构和支撑式支挡结构，其抗隆起安全系数 K_L 应分别不小于 1.8、1.6、1.4。

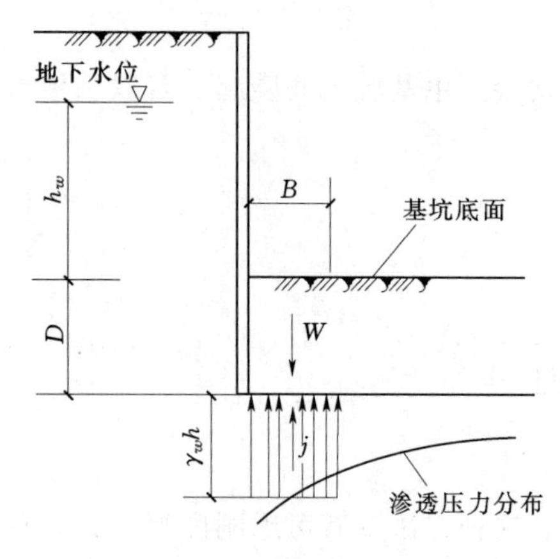

图 8－34　流土稳定性验算

8.9.2　基坑的抗渗稳定性验算

1. 抗流土稳定性验算

在含水饱和的土层中进行基坑开挖，需考虑地下水引起的水压力，为确保基坑稳定，有必要验算在渗流情况下地基土是否存在发生流砂的可能性。当地下水从基坑底面以下向基坑底面以上流动时，地基中的土颗粒就会受到渗透压力引起的浮托力，一旦出现过大的渗透压力，土颗粒就会在流动的水中呈悬浮状态，从而发生流土现象。

如图 8－34 所示的基坑，作用在流土范围 B 上的渗透压力 J 为：

$$J=\gamma_w iBD=\gamma_w \frac{h_w}{h_w+2D}BD \tag{8-56}$$

式中 h_w——在 B 范围内从墙底到基坑底面的水头损失；

γ_w——水的重度；

i——水力梯度；

B——流土发生的范围，根据实验结果，流土发生在离坑壁大约等于挡墙插入深度一半的范围内，即 $B\approx D/2$。

流土范围内土的有效重量为：

$$W=\gamma' DB \tag{8-57}$$

式中 γ'——土的有效重度；

D——地下墙的插入深度。

若满足 $W>J$ 的条件，则流土就不会发生。故流土稳定性安全系数为：

$$K_s=\frac{W}{J}=\frac{\gamma'}{\gamma_w \dfrac{h_w}{h_w+2D}}=\frac{\gamma'(h_w+2D)}{\gamma_w h_w} \tag{8-58}$$

若坑底以上土层为松散填土或透水性较好的土层，可忽略不计土层中的水头损失。此时水力梯度为：

$$i=\frac{h_w}{2D} \tag{8-59}$$

故流土稳定性安全系数为：

$$K_s=\frac{\gamma'}{\gamma_w \dfrac{h_w}{2D}}=\frac{2\gamma' D}{\gamma_w h_w} \tag{8-60}$$

式中 K_s——流土稳定性安全系数；安全等级为一、二、三级的支护结构，K_s 分别不应小于 1.6、1.5、1.4。

2. 抗承压水头稳定性验算

若坑底以下有水头高于坑底的承压水含水层，且未用截水帷幕完全隔断其基坑内外的水力联系时，基坑坑底在承压水作用下可能发生坑底突涌现象，如图 8-35 所示。

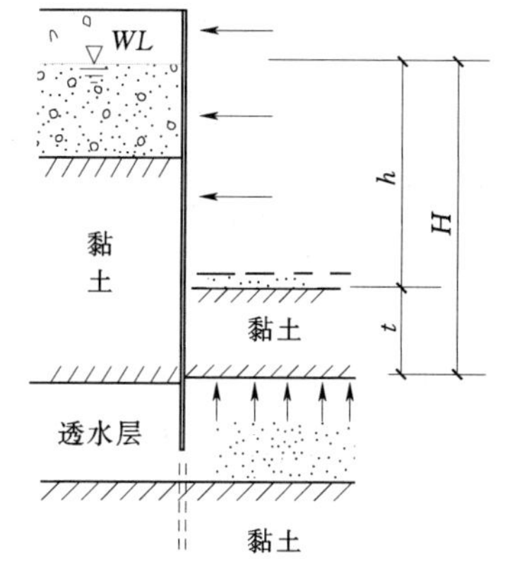

图 8-35 承压水引起坑底土突涌稳定性验算

坑底土体的突涌稳定性按下式验算：

$$K_t=\frac{t\gamma}{(h+t)\gamma_w} \tag{8-61}$$

式中 K_t——突涌稳定性安全系数；K_t 不应小于 1.1；

t——承压含水层顶面至坑底的土层厚度；

γ——承压含水层顶面至坑底土层的天然重度；对成层土，取按土层厚度加权的平均天然重度；

h——基坑内外的水头差；

γ_w——水的重度。

复习思考题

1. 如何确定基坑工程岩土工程勘察范围和设计参数？

2. 作用于支护结构上的土压力和水压力，在什么情况下按水土分算原则计算？在什么情况下按水土合算原则计算？如何计算？

3. 什么是基坑隆起？如何验算基坑底部抗隆起稳定性？

4. 试分析产生流土的原因。应采取哪些措施来避免基坑产生流土破坏？

5. 在什么情况下要进行抗承压水头稳定性验算？

6. 水泥土墙的设计计算内容有哪些？

7. 某基坑工程开挖深度为8m，采用悬臂式排桩支护结构，其土层参数及地面超载如图8-36所示。试设计支护桩。

8. 某基坑工程开挖深度为9m，采用单支点排桩支护结构。其土层参数及地面超载如图8-37所示。试设计支护桩。

9. 某基坑工程开挖深度为18m，采用多支点排桩支护结构，其土层参数及地面超载如图8-38所示。试设计支护桩。

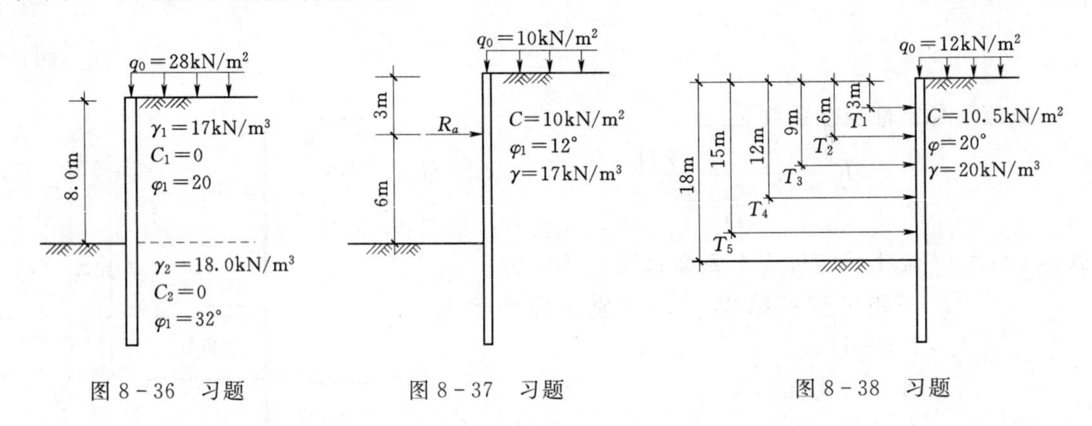

图8-36 习题　　图8-37 习题　　图8-38 习题

第9章 地下连续墙设计与施工

9.1 概 述

9.1.1 地下连续墙的特点

地下连续墙是利用特殊的挖槽设备在地下构筑的连续墙体，常用于挡土、截水、防渗和承重等。地下连续墙1950年首次应用于意大利米兰的工程，在近50年来得到了迅速发展。特别是近20年来，随着地下连续墙设计理论的进步，施工设备与工艺的发展，地下连续墙在城市高层建筑、地铁、桥梁、大型地下设施等工程中的基坑围护应用中已日趋成熟，特别是既作基坑围护工程的临时挡土结构，又兼做地下主体结构一部分的相结合设计与施工，促进了地下连续墙在城市地下空间开发建设中的利用。如上海500kV世博地下变电站工程，圆形基坑直径130m，开挖深度为34m，采用了1.2m厚的地下连续墙作为围护结构，同时在正常使用阶段又作为地下室外墙。在许多城市地铁工程中，地铁站基坑采用明挖法施工时，大多设计以地下连续墙作为基坑围护结构，且在正常使用阶段又作为车站结构的外墙使用。

地下连续墙的施工程序如图9-1所示，即在基坑土方开挖前，用特制的挖槽机械在泥浆护壁下，在所定位置按一定长度开挖沟槽形成一单元槽段，槽段开挖至设计深度并清除沉渣后，将预先制作好的钢筋笼吊放入槽段内，采用导管进行水下混凝土灌注，混凝土灌注至设计标高完成该单元槽段施工。各单元槽段由特定接头方式连接，即形成连续的地下墙体。

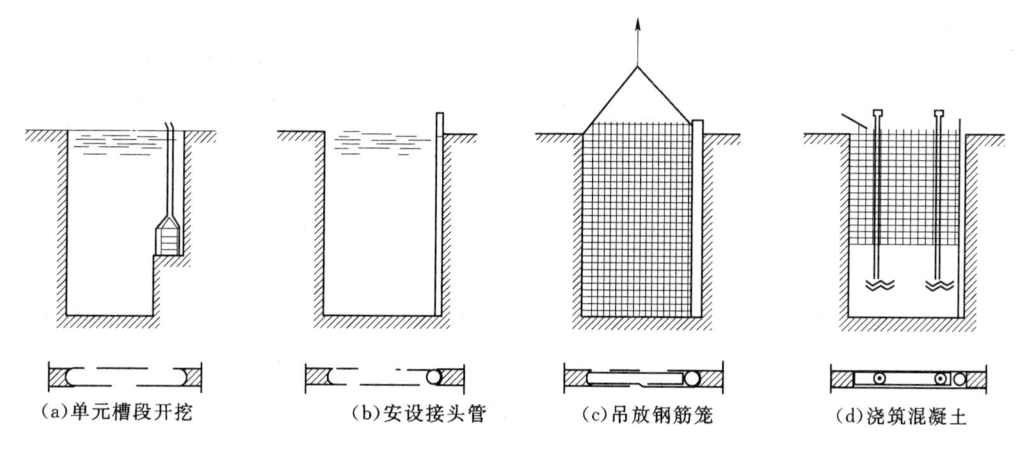

图9-1 地下连续墙施工过程示意

(1) 近20年来，地下连续墙得到突飞猛进的发展与广泛的应用，因为其具有如下的优点。

1) 减少工程施工对环境的影响。施工时振动少，噪音低；能够紧邻相邻的建筑物及地下管线施工，对沉降及变位较易控制。

2) 地下连续墙的墙体刚度大、整体性好，结构和地基的变形都较小，既可用于超深围护结构，也可用于主体结构。

3）地下连续墙为整体连续结构，加上现浇墙壁厚度一般不小于60cm，钢筋保护层较大，耐久性好，抗渗性能也较好。

4）可实行逆作法施工，有利于施工安全，加快施工速度，降低造价。

（2）地下连续墙也有自身的缺点和尚待完善的方面，主要有。

1）弃土及废泥浆的处理。除增加工程费用外，若处理不当，会造成新的环境污染。

2）地质条件和施工的适应性。地下连续墙最适应的地层为软塑、可塑的黏性土层。当地层条件复杂时，会增加施工难度和影响工程造价。

3）槽壁坍塌。地下水位急剧上升、护壁泥浆液面急剧下降、有软弱疏松或砂性夹层、泥浆的性质不当或已经变质、施工管理不当等，都可引起槽壁坍塌。槽壁坍塌轻则引起墙体混凝土超方和结构尺寸超出允许的界限，重则引起相邻地面沉降、坍塌，危害邻近建筑和地下管线的安全。

9.1.2 地下连续墙的适用条件

地下连续墙是一种比钻孔灌注桩和深层搅拌桩造价昂贵的结构型式，其在基础工程中的适用条件有。

（1）基坑深度不小于10m。

（2）软土地基或砂土地基。

（3）在密集的建筑群中施工基坑，对周围地面沉降、建筑物的沉降要求必须严格限制时，宜用地下连续墙。

（4）围护结构与主体结构相结合，用作主体结构的一部分，对抗渗有较严格要求时，宜用地下连续墙。

（5）采用逆作法施工，内衬与护壁形成复合结构的工程。

9.1.3 地下连续墙的分类

地下连续墙按其填筑的材料，分为土质墙、混凝土墙、钢筋混凝土墙（现浇和预制）和组合墙（预制钢筋混凝土墙板和现浇混凝土的组合，或预制钢筋混凝土墙板和自凝水泥膨润土泥浆的组合）；按其成墙方式，分为桩排式、壁板式、桩壁组合式；按其用途，分为临时挡土墙、防渗墙、用作主体结构兼作临时挡土墙的地下连续墙。

（1）桩排式地下连续墙，实际就是钻孔灌注桩并排连接所形成的地下连续墙。其设计与施工可归类于钻孔灌注桩，本章不作详细讨论。

（2）壁板式地下连续墙，采用专用设备，利用泥浆护壁在地下开挖深槽，水下浇筑混凝土，形成地下连续墙。

（3）桩壁组合式地下连续墙，即将上述桩排式和壁板式地下连续墙组合起来使用的地下连续墙。

9.2 地下连续墙的设计

9.2.1 地下连续墙的受力特点

地下连续墙作为深基坑的一种支护形式，墙体入土深、刚度大、施工过程工况多，特别是当地下连续墙兼做临时挡土结构和地下主体结构一部分时，应分别按施工阶段和使用阶段两种情况进行结构分析。

图 9－2 为地下连续墙施工阶段和使用阶段的几种典型工作状态。图 9－2（a）为槽段土方开挖阶段，此时地下连续墙还未形成，由槽段内泥浆起护壁作用，槽壁稳定是此阶段的关注点。图 9－2（b）为地下连续墙已浇筑形成，作为基坑开挖前的初始受力状态；图 9－2（c）为基坑第一层土方开挖，地下连续墙处于悬臂受力状态；图 9－2（d）为基坑土方开挖过程中，有若干道水平支撑作用时的地下连续墙工作状态；图 9－2（e）为基坑土方开挖结束，浇筑底板前的工况，需要验算基坑底隆起，基坑整体失稳，防止基坑发生管涌、流砂等破坏；图 9－2（f）工程竣工时，地下连续墙作为主体结构一部分，承受水土压力和上部垂直荷载共同作用。

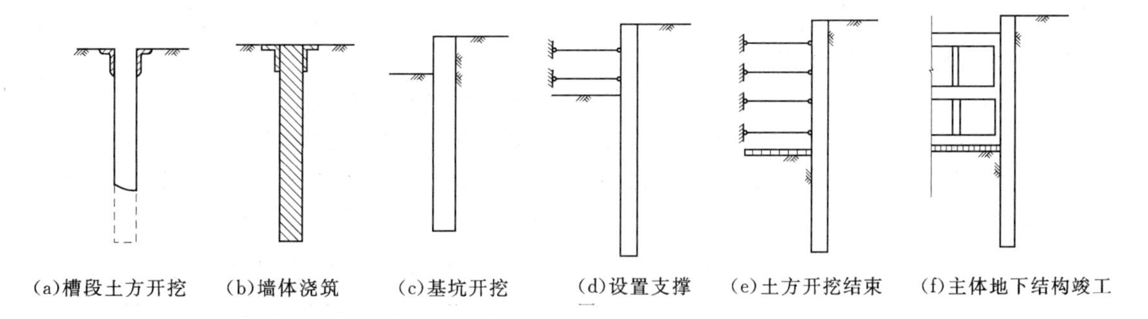

图 9－2　地下连续墙的典型工作状态

9.2.2　地下连续墙挡土结构体系的破坏形式

地下连续墙挡土结构体系是由墙体、支撑（或地锚）及墙前后土体组成的共同受力体系。其受力变形状态与基坑形状、尺寸、墙体刚度、支撑刚度、墙体插入深度、土体的力学性能、地下水状况、施工程序和开挖方法等多种因素有关。地下连续墙的破坏形式可分为。

1. 稳定性破坏

（1）整体失稳。松软地层中因支撑位置不当或施工中支撑系统结合不牢等原因使墙体位移过大，或因地下连续墙入土太浅，导致基坑外整个土体产生大滑坡或塌方，致使地下连续墙支护系统整体失稳破坏［图 9－3（a）］。

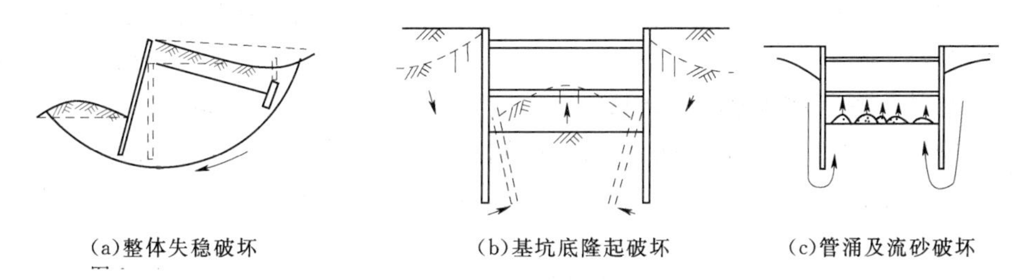

图 9－3　地下连续墙的稳定性破坏

（2）基坑底隆起。在软弱的黏性土层中，若墙体插入深度不足，开挖到一定深度后，基坑内土体会发生大量隆起及基坑外地面的过量沉陷，导致整个地下连续墙支挡设施失稳破坏［图 9－3（b）］。

（3）管涌及流砂。在含水的砂层中采用地下连续墙作为挡土、挡水结构时，开挖形成的水头差可能会引起管涌及流砂［图9-3（c）］，开挖面内外层中砂的大量流失导致地面沉降。

2. 强度破坏

（1）支撑强度不足或压屈。当设置的支撑强度不足或刚度太小时，在侧向土压力作用下支撑损坏或压屈，从而引起墙体上部或下部变形过大，导致支挡系统毁坏。

（2）墙体强度不足。由土压力引起的墙体弯矩超过墙体的抗弯能力，导致墙体大裂缝或断裂而破坏。

（3）变形过大。由于地下连续墙刚度不足，变形过大或者由于墙体渗水漏泥引起地层损失，导致基坑外的地表沉降和水平位移过大，会引起基坑周围的地下管线断裂和地面房屋的损坏。

9.2.3 地下连续墙的设计内容

根据上述可能发生的破坏形式，地下连续墙的设计计算主要包括。

（1）确定在施工过程和使用阶段各工况的荷载：作用于连续墙的土压力、水压力以及上部传来的垂直荷载。作为基坑围护的临时挡土结构时，地下连续墙所受荷载及计算可参阅第8.6节。

当地下连续墙设计为围护结构兼做主体结构一部分时，施工阶段的荷载主要指基坑开挖阶段的水、土压力，地面施工荷载、逆作法施工时上部结构传递的垂直承重荷载等。作为主体结构外墙时，在使用阶段荷载主要包括使用阶段的水、土压力及主体结构使用阶段传递的恒载和活载等。作为挡土为主的地下结构，确定地下连续墙施工与使用阶段的水、土压力大小是荷载确定的关键。

（2）确定地下连续墙所需的入土深度，以满足抗管涌、抗隆起、防止基坑整体失稳破坏（参阅第8.7、第8.9节）以及满足地基承载力的需要。

（3）验算开挖单元槽段的槽壁稳定，必要时重新调整槽段长、宽、深度的尺寸。

（4）地下连续墙结构体系（包括墙体和支撑）的静力分析和变形验算。

（5）地下连续墙结构的截面设计，包括墙体和支撑的配筋设计或截面强度验算；节点、接头的联结强度验算和构造处理。

（6）估算基坑施工对周围环境的影响程度，包括连续墙的墙顶位移和墙后地面沉降值的大小和范围。

9.2.4 开挖单元槽段的槽壁稳定计算

单元槽段是指地下连续墙一次开挖成槽的程度，设计计算内容包括槽段长度的确定与槽段划分，槽段长度一般与施工选用的成槽设备尺寸成模数关系，最小不小于一次抓挖深度，最大则应根据槽壁稳定性确定。

泥浆护壁槽壁稳定的计算是地下连续墙工程的一项重要内容，主要用来确定在深度已知条件下的设计分段长度。其验算方法有理论分析及经验公式法，工程中应用较多两种经验公式法如下。

1. 梅耶霍夫经验公式法

开挖槽段的临界深度 H_{cr} 按下式求得：

$$H_{cr}=\frac{Nc_u}{K_0\gamma'-\gamma'_c} \tag{9-1}$$

矩形开挖槽壁为：

$$N=4\left(1+\frac{B}{L}\right)$$

式中　c_u——黏土的不排水抗剪强度；

K_0——静止土压力系数；

γ'——黏土的有效重度；

γ'_c——泥浆的有效重度；

N——条形深基础的承载力系数；

B——槽壁的平面宽度；

L——槽壁的面长平度。

槽壁的坍塌安全系数 F_s：

$$F_s=\frac{Nc_u}{e_{0m}-e_{1m}} \tag{9-2}$$

式中　e_{0m}、e_{1m}——开挖的外侧和内侧槽底水平压力强度。

2. 无黏性土的经验公式

对无黏性土，槽壁坍塌的安全系数可由下式求得：

$$F_s=\frac{2(\gamma-\gamma_c)^{\frac{1}{2}}\tan\varphi_d}{\gamma-\gamma_c} \tag{9-3}$$

式中　γ——无黏性土的重度；

γ_c——泥浆的重度；

φ_d——砂土的内摩擦角。

由式（9－3）可知，对于无黏性土无临界深度，F_s 为常数，与槽壁深度无关。

9.2.5　地下连续墙结构体系的静力计算理论

地下连续墙的静力计算理论是从古典的假定土压力为已知，不考虑墙体变形，不考虑横撑变形，逐渐发展到考虑墙体变形，考虑横撑变形，直至考虑土体与结构的共同作用，土压力随墙体变化而变化。典型方法见表 9－1。

表 9－1　地下连续墙计算方法

分类		假设条件	方法
古典理论计算方法 荷载结构法		土压力已知，不考虑墙体变形，不考虑横撑变形	自由端法、弹性线法、等值梁法、1/2 分割法、矩形荷载经验法、太沙基法
修正的荷载结构法	横撑轴向力、墙体弯矩不变化的方法	土压力已知，考虑墙体变形，不考虑横撑变形	山肩邦男弹塑性法、张有龄法、m 法
	横撑轴向力、墙体弯矩可变化的方法	土压力已知，考虑墙体变形，考虑横撑变形	日本的《建筑基础结构设计规范》的弹塑性法、有限单元法
共同变形理论		土压力随墙体变位而变化，考虑墙体变形，考虑横撑变形	森重龙马法 有限单元法

1. 古典理论计算方法

计算板桩墙的常用方法，即假定作用于地下连续墙上的水、土压力均已知，且墙体和支撑的变形，不会引起墙体上的水、土压力的变化。在计算过程中，首先采用土压力计算的经典理论（如 Rankine 理论），确定作用于连续墙上的水、土压力的大小和分布，然后用结构力学方法，计算墙体和支撑的内力，确定配筋量或验算截面强度。在引入一些假定后，还可以算出连续墙所需的入土深度，也称之为荷载结构法。属于此类方法有等值梁法、1/2 分割法，太沙基（Terzaghi）法，另外还可用图解法求解的弹性曲线法等。虽然此类方法对荷载的计算和边界约束条件的确定有很大的随意性，与结构的实际受力情况可能有较大的差别，但这类方法的计算图式简单明了，能用解析法直接算得结果，在工程中被广泛采用。

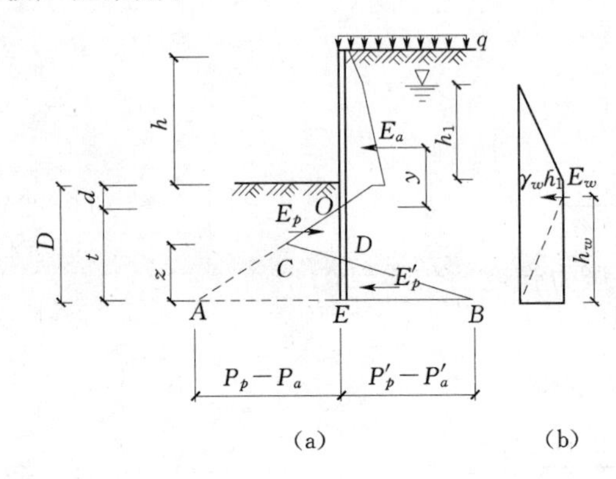

图 9-4 悬臂墙计算示意图

根据地下连续墙不同施工阶段的受力状态，可按以下不同情况计算。

（1）悬臂墙工况。地下连续墙一般用于深基坑的挡土结构。在土方开挖到基坑底面时，通常设置多道水平支撑（或拉锚）。但在开挖第一层土体时，第一道支撑还未设置，地下墙处于悬臂状态，计算图式如图 9-4 所示，采用了悬臂式板桩的计算图式。作用于墙身的荷载有：墙后主动土压力、水压力，墙前被动土压力。土压力的计算，通常由朗肯土压力理论确定。图中 d 为被动土压力强度与主动土压力强度相抵为零的压力零点 O 到基坑底面的距离；t 为压力零点 O 以下所需的“板桩”插入深度（待求）；z 为墙前土抗力转折点到“板桩”墙底的距离（待求）；e_p 为墙底处的墙前被动土压力强度值，按深度 D 计算；e_a 为墙底处的墙后主动土压力强度值，按深度 $D+h$ 计算，且考虑地面超载 q 的影响；e'_p 为墙底处的墙后被动土压力强度值，按深度 $D+h$ 计算；e'_a 为墙底处的墙前主动土压力强度值，应按深度 D 计算。此处所谓“墙前”指地下墙基坑内侧面，所谓“墙后”指地下墙基坑外侧面。

在求出墙后主动土压力合力 E_a 及合力作用点至 O 点的距离 y，墙后水压力合力 E_w 及合力作用点至墙身底的距离 h_w 后，以 t 值、z 值为未知数，建立水平合力 $\sum H=0$ 和对墙底弯矩 $\sum M=0$ 的平衡条件，并由图中 $\triangle OAE$ 和 $\triangle CAB$ 两三角形面积分别扣去四边形 $AEDC$ 面积，即为被动土压力合力 E_p 和 E'_p，不难列出两个联立方程式，解出 t、z 值，然后求出墙身各点的弯矩、剪力，详细计算见第 8.7.2 节。

对于悬臂式板桩，其入土深度可取 $d+1.2t$。而地下连续墙悬臂式工况一般不控制墙的入土深度。上述计算主要目的是确定该工况下的地下连续墙的内力。墙身顶端的水平位移，可假定为嵌固于最大弯矩处的悬臂梁计算，得到的墙顶位移，实际是墙体本身的弹性变形。根据经验实际的墙顶位移可取上述计算值的 2～3 倍。

（2）单支点工况（自由端法）。当地下连续墙为一道水平支撑的工作状态时，可取图 9-5 所示的计算图式。由于地下墙的刚度相对于土体刚度大得多，周围土体对地下连续墙墙底的嵌固作用不大，也即认为地下墙底端为自由端。故该计算方法称为“自由端法”。自由端法的关键是确定最小入土深度 D，以满足墙身在荷载作用下的静力平衡。

自由端法的前提也是事先已知土压力的大小和分布情况。计算简图中，墙后作用的水、土压力和墙前作用的被动土压力均为已知。a 点为单支点支撑；o 点为土压力零点。e_p 和 e_a 分别为墙底处的墙前被动土压力强度值和墙后主动土压力强度值。其中 t 为待求的连续墙 o 点以下所需的最小插入深度。如果假定 t 为已知值不难求出土压力强度值 e_p 和 e_a 的表达式，并可进一步求得主动土压力合力 E_a，被动土压力合力 E_p 和墙后水压力合力 E_w 以及这些合力点的位置。上述表达式均含有待求的未知数 t。

将主动土压力 E_a，被动土压力 E_p 和水压力 E_w 分别对支撑点 a 取矩，得到总力矩 $\sum M_a=0$ 的方程式，可求解方程得到插入深度 t 的大小，再按水平方向所有外力平衡的条件，求得支撑的轴力 T 值，详细计算见第 8.7.3 节。这时地下连续墙成为外力均已知的静定结构，可计算出各个截面的弯矩和剪力。支撑轴力的设计值通常应取计算值的 1.2～1.4 倍。

对于多道支撑的地下连续墙，一道支撑的工况通常不会控制地下墙的插入深度。上述计算主要是为了求该工况的地下连续墙内力，但如果只设置一道支撑的地下连续墙，上述计算值 t，可看作为满足静力平衡条件的最小插入深度，考虑一定安全度，墙体的总高度为：

$$L=h+d+1.2t \qquad (9-4)$$

确定墙体的插入深度，同时还应满足基坑抗管涌、抗隆起等要求。

作用于地下墙背面的水压力分布有两种选择：地下墙插入深度不大时（单支撑地下连续墙）。由于墙底的内外侧水压力的平衡，该点水压力强度值应取为零，即图 9－5 中水压力图形取为三角形；当地下墙插入深度很大时，水压力图形可取为梯形。

除用自由端法计算单道支撑的地下连续墙外，还可采用等值梁法，详见第 8.7.3 节。

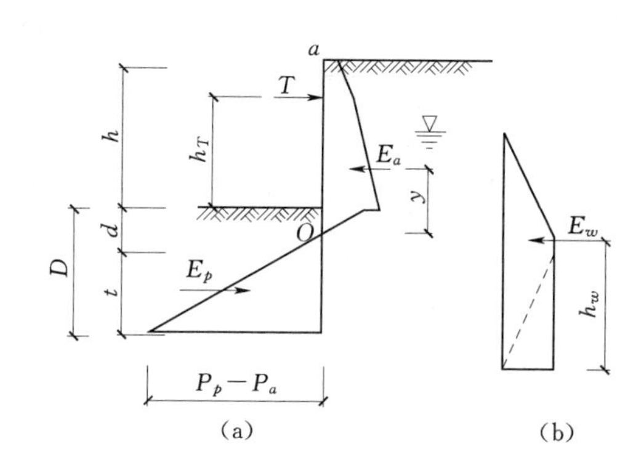

图 9－5　单支点墙的计算示意图

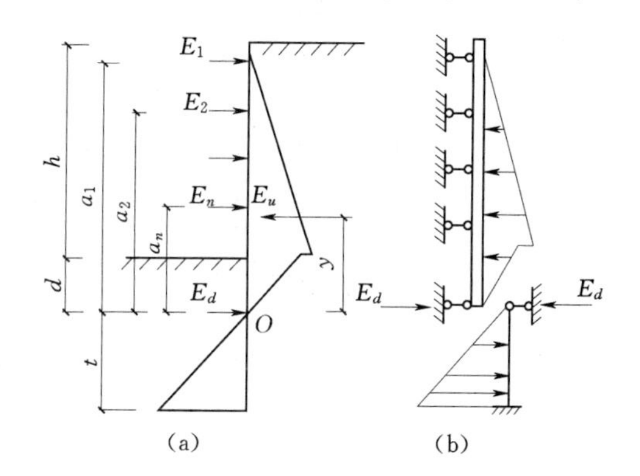

图 9－6　等值梁法示意图

（3）多支点工况。多支点的地下连续墙可采用等值梁法计算，其计算简图如图 9－6 所示。等值梁法也属于荷载结构法，前提是已知作用在地下连续墙上的水土压力值，且水土压力值不因墙体变形而改变。

等值梁法的基本思想是找到基坑底面以下地下连续墙弯矩为零的点，将该点假想为一个铰。该铰将墙体分为上下两段假想的梁。上段以各道支撑和假想铰为支点的多跨连续梁；下段为一端固定一端铰支的假想梁，如图 9-6 所示。

一般而言，假想铰的位置应与土层的软硬程度有关，土层越硬，对墙体嵌固作用越大，铰的位置越靠近地面。通常假定土压力零点为假想铰位置点，即其弯矩也为零。确定假想铰位置后，假想铰以上墙体即为已知外荷载的多跨连续梁，可用结构力学知识求解。

求墙底最小插入深度，可采用图中一端固定一端铰支的下段梁的计算图式。假定净土压力合力 E_p 和梁端 o 剪力 E_d 相等，有

$$t=\sqrt{\frac{2E_d}{\gamma(K_p-K_a)}} \tag{9-5}$$

式中 E_d——梁端 o 剪力，即为上段梁的支座反力；

γ——基坑底面以下土的重度；

K_p——被动土压力系数；

K_a——主动土压力系数。

在计算设有多层支撑的地下连续墙时，为避免求解超静定结构的繁复性，又提出了如下方法。

1）1/2 分割法。该法假定每一道横撑所承受的是跨中到跨中的那部分水、土压力，如图 9-7（a）所示，横撑轴力已知后，即可很方便地求出墙的弯矩图形。

2）土压力为矩形分布时的经验法。采用太沙基—派克建议的矩形土压力包络图作荷载时，可将设有多层支撑的地下连续墙作为一刚性支承连续梁，并利用以下经验公式求出内力。如图 9-7（b）所示，支座弯矩为：

$$M=\frac{PL}{10} \tag{9-6}$$

式中 P——横撑的轴向力；

L——计算跨度。

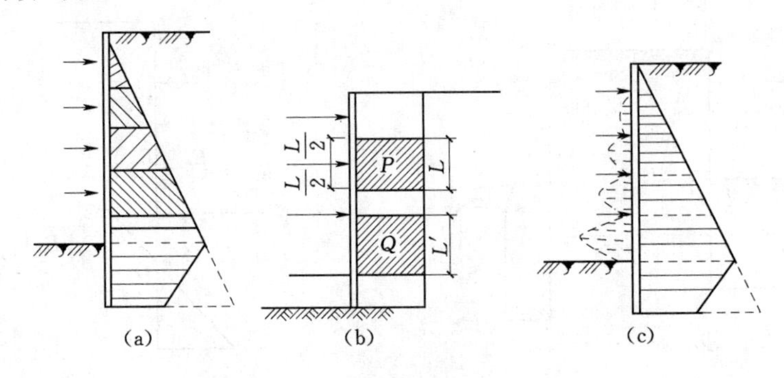

图 9-7 太沙基经验方法示意图

支座间最大弯矩为：

$$M_{\max}=\frac{QL'}{10} \tag{9-7}$$

式中 Q——跨内总荷载；

L'——计算跨度。

3）太沙基法。太沙基假定墙体在横撑（第一道支撑除外）支点及开挖底面处形成塑

性较［如图 9－7（c）］该法与 1/2 分割法比较，横撑轴向力相差不大，但弯矩则主要为开挖侧的正弯矩。

2. 修正的荷载结构法

地下连续墙用于深基坑开挖的挡土结构，基坑内土体的开挖和支撑的设置是分层进行的，作用于连续墙上的水、土压力也是逐步增加的。实际上各工况的受力简图是不一样的。荷载结构法的各种计算方法是采用取定一种支承情况，荷载一次作用的计算图式，不能反映施工过程中挡土结构受力的变化情况。山肩邦男等提出的修正荷载结构法考虑了逐层开挖和逐层设置支撑的施工过程。

（1）山肩邦男等提出的修正荷载结构法假定土压力是已知的，另外根据实测资料，又引入一些简化的假定。

1）下道横支撑设置以后，上道横支撑的轴力不变。

2）下道横支撑支点以上的挡土结构变位是在下道横支撑设置前产生的，下道横支撑支点以上的墙体仍保持原来的位置，因此下道横支撑支点以上的地下连续墙的弯矩不改变。

3）在黏土层中，地下连续墙为无限长弹性体。

4）地下连续墙背侧主动土压力在开挖面以上取为三角形，在开挖面以下取为矩形，是考虑了已抵消开挖面一侧的静止土压力的结果。

5）开挖面以下土体横向抵抗反力作用范围可分为两个区域，即高度为 l 的被动土压力塑性区以及被动抗力与墙体变位值成正比的弹性区。

山肩邦男法的计算简图如图 9－8 所示。沿地下墙分成 3 个区域，即第 k 道横支撑到开挖面的区域、开挖面以下的塑性区域和弹性区域。建立弹性微分方程式后，根据边界条件及连续条件即可导出第 k 道横支撑轴力 N_k 的计算公式及其变位和内力公式，该方法称为山肩邦男的精确解。

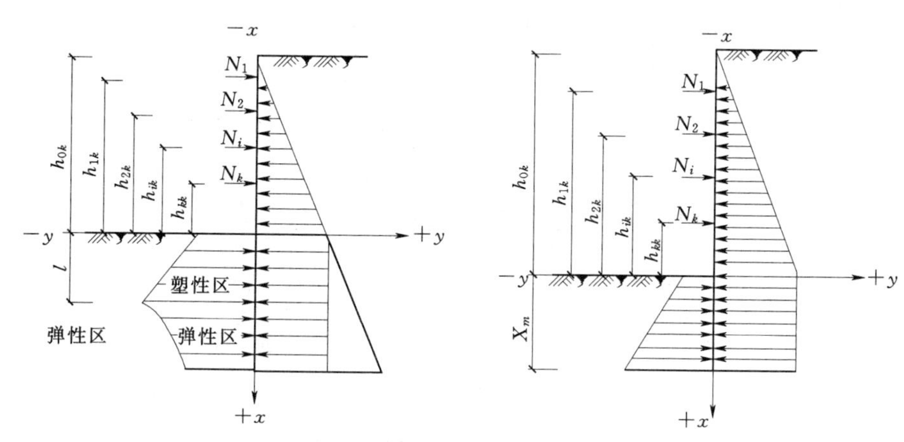

图 9－8　山肩邦男精确解计算简图　　图 9－9　山肩邦男近似解计算简图

（2）为简化计算，山肩邦男又提出了近似解法，其计算简图如图 9－9 所示，不同之处为。

1）在黏土地层中，地下连续墙作为底端自由的有限长梁。

2）开挖面以下土的横向抵抗反力采用线性分布的被动土压力，其中（$\xi x+\zeta$）为被动土压力减去静止土压力（η_x）后的数值。

3）开挖面以下地下连续墙弯矩为零的点假想为一个铰，忽略铰以下的挡土结构对铰以上挡土结构的剪力传递。

由作用于地下连续墙的墙前墙后所有水平作用力合力为零的平衡条件，即$\sum Y=0$有：

$$N_k=\frac{1}{2}\eta h_{ok}^2+\eta h_{ok}x_m-\sum_{1}^{k-1}N_i-\zeta x_m-\frac{1}{2}\xi x_m^2 \tag{9-8}$$

由所有水平作用力对地下连续墙墙底自由端合力矩为零即$\sum M_A=0$和式（9－8）的关系有：

$$\frac{1}{3}\xi x_m^3-\frac{1}{2}(\eta h_{ok}-\zeta-\xi h_{kk})x_m^2-(\eta h_{ok}-\zeta)h_{kk}x_m$$
$$-\left[\sum_{1}^{k-1}N_ih_{ik}-h_{kk}\sum_{1}^{k-1}N_i+\frac{1}{2}\eta h_{ok}^2\left(h_{kk}-\frac{1}{3}h_{ok}\right)\right]=0 \tag{9-9}$$

式中 N_i——第i道支撑的轴力；

h_{ik}——第i道支撑到基坑底面的距离；

η——主动土压力系数。

该法是已知外荷载的结构分析方法，但其计算过程一定程度上反映了逐步开挖和支撑隧道设置的施工过程，故称为修正的荷载结构法。

3. 共同变形理论

以上各法都是假定墙后土压力为已知，没有考虑到墙体对于土压力的影响作用。考虑墙体变形对墙后土压力的影响，即为考虑墙与土体共同作用与变形的理论。

（1）森重龙马法。森重龙马提出了墙体变位对土压力产生增减的计算方法，其基本假定为。

1）墙体、水平撑及地基均为弹性体。

2）计算的初始状态，墙体完全没有变位，土压力按静止土压力考虑，见图9－10（a）。

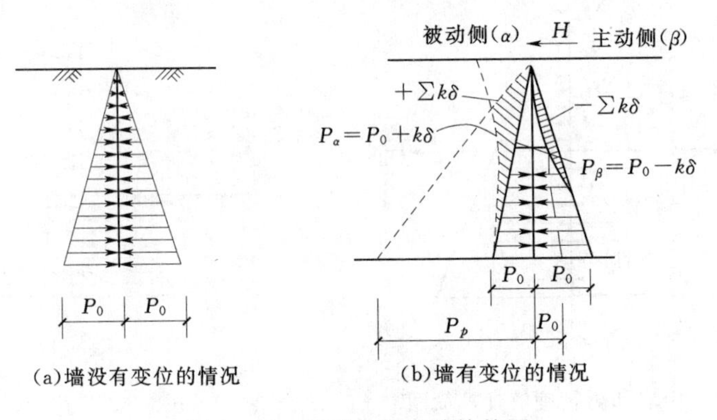

图9－10 森重龙马法计算简图

3）作用于墙上的土压力随墙的变位而变化，其最小主动土压力为e_a，最大被动土压力为e_p，见图9－10（b）。如墙上某点m的水平变位为δ，则在主动侧作用于m点的土压

力强度值从 e_0 变为 $e_\beta=e_0-k\delta\geqslant e_a$；被动侧 m 点的土压力强度从 e_0 增至 $e_\alpha=e_0+k\delta\leqslant e_p$，$k$ 为地基侧向压缩系数；不论 δ 为何值，均应符合下列条件：

被动侧（被动土压力）：　$e_\alpha=e_0+K\delta\leqslant e_p$

主动侧（主动土压力）：　$e_\beta=e_0-K\delta\geqslant e_a$

4）水平撑只承受压力，不承受拉力；

5）墙上不同深度处的水平方向基床系数 K_h，墙的刚度 EI、水平撑的弹簧系数 EA/L 等，可根据地基和地下墙的情况而分别采用不同的数值；

6）不考虑因墙的水平变位而产生的地基在垂直方向的拱作用影响。

现以第一次开挖结束时悬臂结构的计算顺序说明森重龙马法的计算。如图 9-11 所示。当第一次开挖结束时，静止土压力变成图 9-11（a）的状态，被动侧的静止土压力小于主动侧的静止土压力。相应求出墙体变位 δ 如图 9-11（b）所示。然后根据墙变位 δ 计算主动侧与被动侧的土压力，如图 9-11（c）所示。按 e_α 与 e_β 不能不能大于被动土压力与小于主动土压力的条件，对土压力进行修正，修正后的土压力如图 9-11（d）所示。将这作为土压力的第一次近似值，重复进行图 9-11（b）～图 9-11（d）的计算，直到按图 9-11（d）算得的土压力与前次计算的土压力之差可以忽略为止。最后，在这个最终与墙体变位协调的土压力作用下，计算出墙体的内力，以此作为第一次开挖结束时的内力值。

详细计算过程可参阅有关文献。

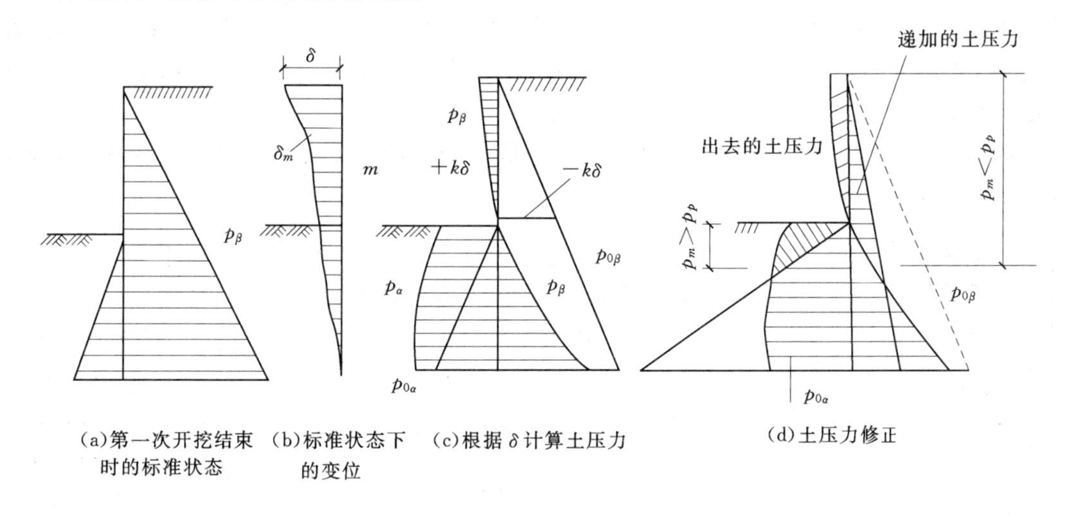

图 9-11　森重龙马法第一次开挖土压力计算示意

（2）有限单元法。

有限单元法可用于处理复杂的岩土力学和工程问题，是研究地下结构和周围介质之间相互共同作用问题的强有力工具。用于分析地下连续墙等地下支挡结构时，可考虑各种边界条件、初始状态、结构外形以及不同的施工阶段，不同介质条件下的墙体内力与变形等复杂因素，可以考虑岩土介质的各向异性、弹塑性、黏滞性等多种性态。三维问题的有限元法还可考虑沿基坑纵向分区开挖的空间受力效应。

有限单元法在地下连续墙的设计计算、施工开挖等方面的理论和具体公式可参阅相关的教材和手册。

9.2.6 地下连续墙兼做主体结构外墙的设计

当地下连续墙在使用阶段同时兼做主体结构一部分时，考虑地下连续墙与主体结构的结合方式不同，其设计方法有所差别。在设计计算上需验算以下 3 种工况内力。

（1）施工期，由作用在临时挡土结构上的土压力、水压力产生的内力。

（2）竣工时，由作用在墙体上的土压力、水压力以及作用在主体结构上的垂直、水平荷载等产生的内力。

在施工期和竣工时的施工阶段，可采用竖向弹性地基梁法计算上述水平力作用下的墙体内力。计算模式与计算工况确定时，应考虑基坑分层开挖、支撑分层设置、换撑拆除等施工工艺在时间上的先后顺序和空间上的位置不同，考虑主体结构的梁板布置以及施工条件等因素，合理确定支撑标高和基坑分层开挖深度等计算工况，进行各种工况下的连续完整计算。

（3）使用阶段，经过长时期使用以后，土压力和水压力从施工阶段的状态回复到使用阶段的稳定状态，如土压力由主动土压力转变为静止土压力，水位回复到静止水位，此时只计算荷载增量引起的内力。

在地下结构使用阶段，主体地下结构基础底板与梁板通过结构环梁和结构壁柱等构件与地下连续墙墙体形成了整体框架，应根据主体结构梁板与地下连续墙体连接节点的实际约束条件及侧向的水土压力，确定地下连续墙体的约束条件，取单位宽度地下连续墙作为连续梁进行设计计算。正常使用阶段设计主要以裂缝控制为主，计算裂缝应满足相关规范规定的裂缝宽度要求。

地下连续墙与主体结构的结合可分为单一墙、分离墙、重合墙、复合墙等几种方式，如图 9-12 所示。

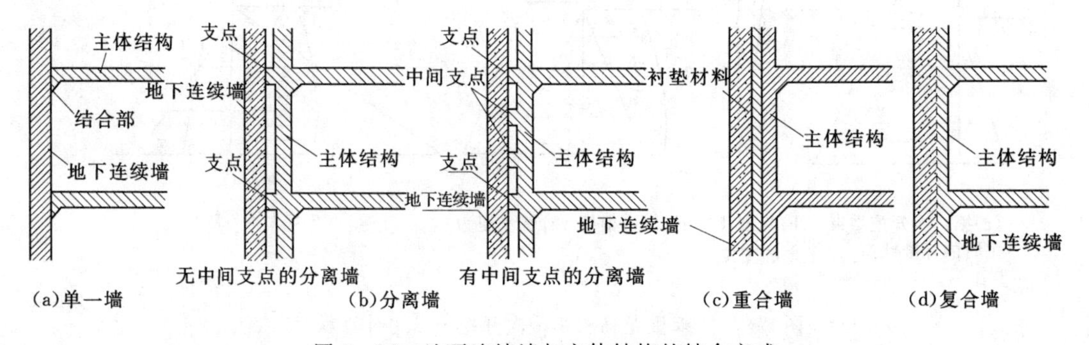

图 9-12 地下连续墙与主体结构的结合方式

1. 单一墙设计

单一墙式即将地下连续墙直接作为主体结构的外墙，壁体构造简单，地下室内部不需要另做受力结构层［图 9-12（a）］。但要求主体结构与地下连续墙连接的节点需满足结构受力要求，地下连续墙槽段接头要有较好的防渗性能。

一般而言，地下连续墙作为临时挡土结构时设置的水平支撑与主体结构的水平构件不在同一位置，且相应支撑方式与地下连续墙和主体结构的结合状态不同。在地下连续墙的施工期、竣工时和作为主体结构一部分的使用阶段，作用在地下连续墙背面的土压力及内力分布如图 9-13 所示。

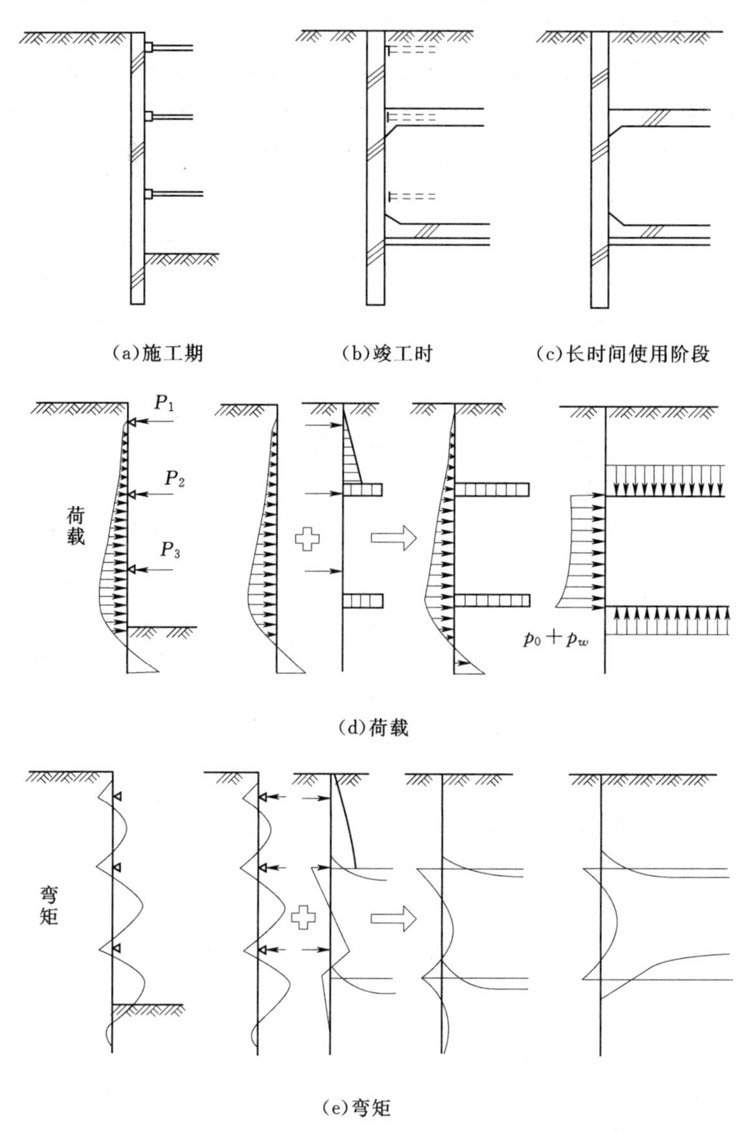

图 9-13　作用在单一墙上的荷载与弯矩

刚竣工时地下连续墙应力是施工期间地下连续墙应力与竣工后由作用在主体结构上的外荷载产生的应力之和。竣工后作用在主体结构上的外荷载有：回填土的土压力、回填土及板的自重、作用在水平构件上的荷载、地面活荷载。

经过长时间的使用阶段，土压力和水压力从施工期间的状态恢复到稳定状态，如土压力由主动土压力转变为静止土压力，水位回复到静止水位。地下连续墙的应力与竣工时有所不同，此时须验算土压力和水压力变化引起的荷载增减导致的墙体应力。

另外，地下连续墙与主体结构相结合的应力计算，还需对地下连续墙与主体结构因温差和干燥收缩引起的应力或蠕变的影响等进行验算。

2. 分离墙设计

分离墙是在主体结构物的水平构件上设置支点，把主体结构作为地下连续墙的支点，起着水平支撑的作用［图 9-12（b）］，地下连续墙作为该支点上的连续梁。其特点是地下连续墙与主体结构结合简单，且各自受力明确。地下连续墙的功用在施工和使用时期都起着挡土和防渗的作用，而主体结构的外墙或柱子只承受垂直荷载。

与单一墙设计类似，在施工期、竣工时和经过长时间的使用阶段，产生在分离式地下连续墙上的应力也是不相同的，如图 9-14 所示。

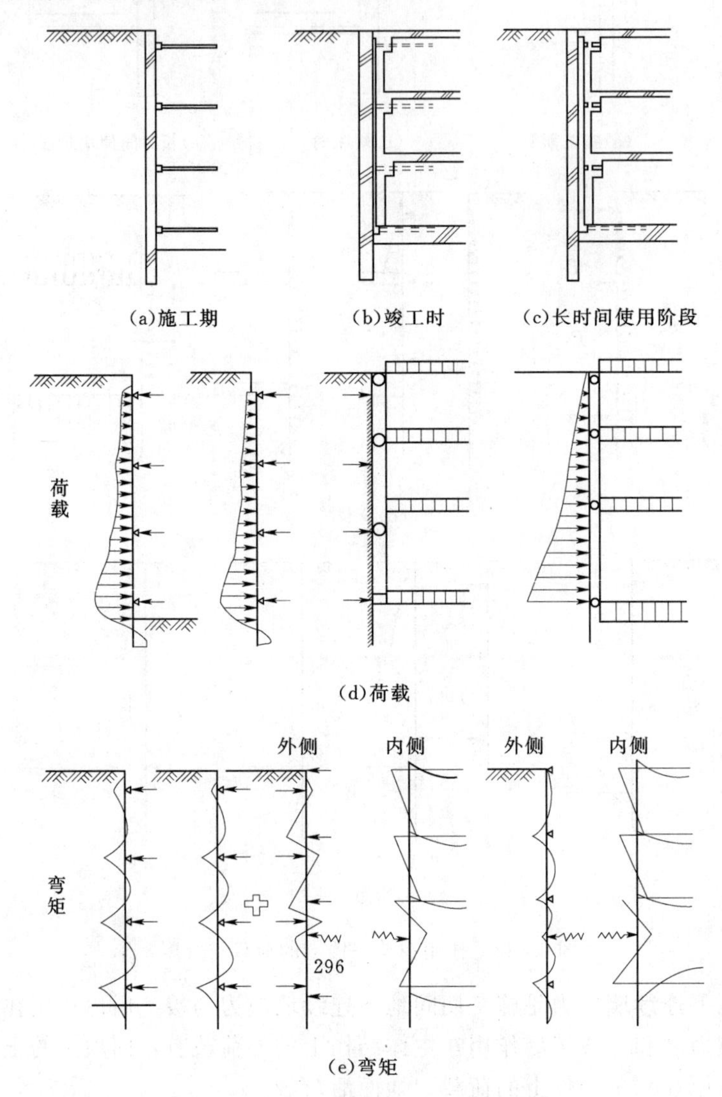

图 9-14　作用在分离墙上的荷载与弯矩

3. 重合墙设计

重合墙即将主体结构垂直边墙重合在地下连续墙内侧，在内外墙之间填充隔绝材料使之仅传递水平力不传递剪力［图 9-12（c）］，地下连续墙与主体结构地下室外墙所产生的垂直方向变形不相互影响，但水平方向的变形相同，受力条件较单一墙和分离墙有利。随着地下结构深度的增大，可以增大内墙厚度，即使地下连续墙厚度受到限制，重合墙形式也能承受较大的应力。

刚竣工时的地下连续墙应力，是施工期间墙体应力与竣工后由作用在主体结构上的外力产生的应力之和。而实际上地下连续墙与主体结构是分离开的，应该按地下连续墙与主体结构相接触的状态进行结构计算。施工期间、竣工时和经过长时间的使用阶段，作用在墙体上的荷载与内力分布如图 9-15 所示。

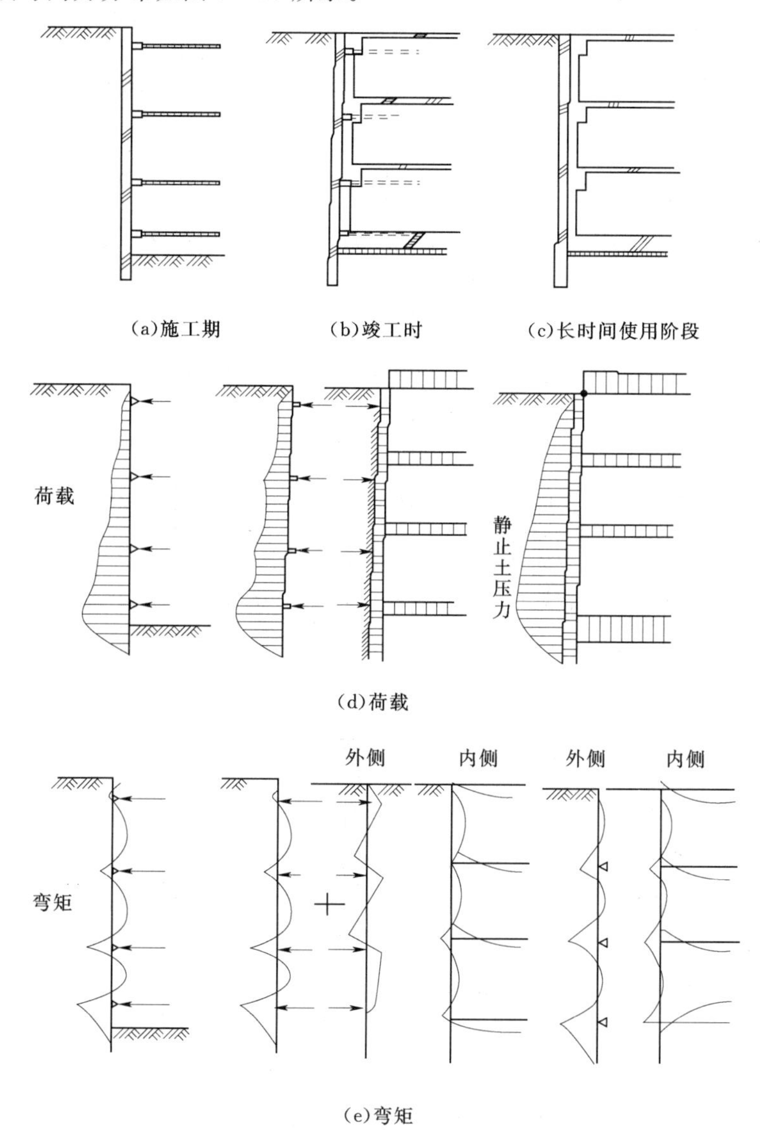

图 9-15　作用在重合墙上的荷载与弯矩

4. 复合墙设计

复合墙即把地下连续墙内侧凿毛并用剪力块将地下连续墙与主体结构连接起来，结合处能传递剪力，形成一个整体。复合墙结构形式的墙体刚度大，防渗性能较单一墙好，框架节点处（内墙与结构楼板或框架梁）构造简单［图 9－12（d）］。但有时需考虑新老混凝土之间因干燥收缩不同而产生的应变差会使复合墙产生较大的内力。

复合墙在地下连续墙施工期间、竣工时和经过长时间的使用阶段的墙体荷载与内力分布如图 9－16 所示。复合墙竣工后的应力分布如图 9－17 所示。与单一墙或重合墙一样，复合墙也会由于水平支撑和水平构件的位置不同而引起应力的变化或发生温度应力、收缩变形应力等。

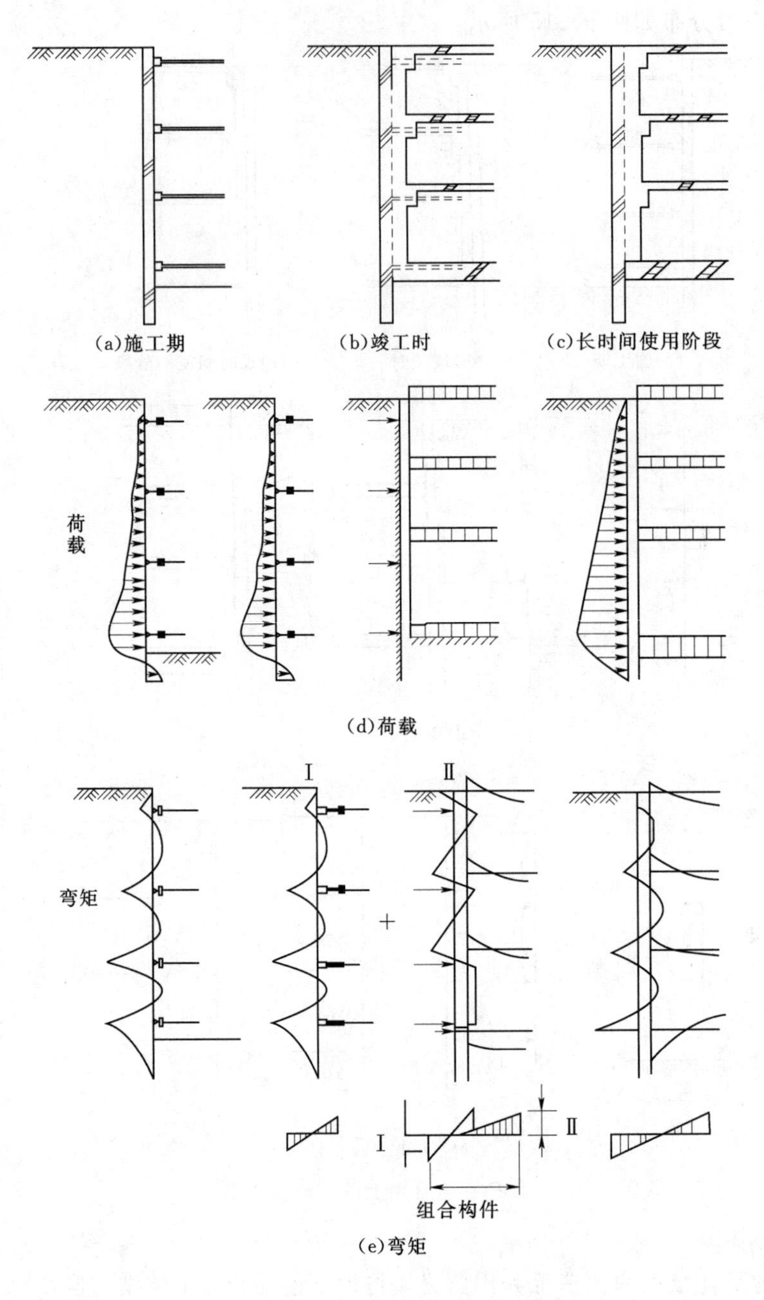

图 9－16　作用在复合墙上的荷载与弯矩

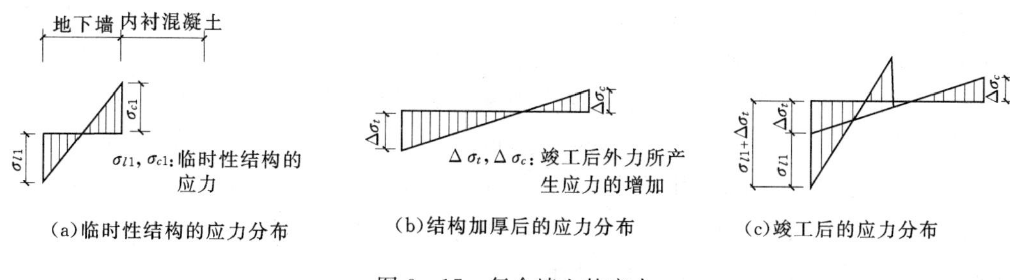

图 9－17　复合墙上的应力

另外，如果地下连续墙作为地下结构的承重墙，还应承担相应垂直荷载，主要有两种形式。

(1) 地下连续墙仅作为地下室外墙，不承担上部结构的垂直荷载，仅承担自重和地下室楼板传递的一部分荷载；甚至当地下室设置边柱或底板下设置边柱时，则仅仅承受自重。

(2) 上部结构的一部分垂直荷载（柱荷载或墙荷载）直接作用于地下连续墙顶，地下连续墙顶需承担自重、地下室楼板传递的一部分荷载和上部结构的垂直荷载。

地下连续墙作为地下承重结构计算，目前采取的简化方法是根据群桩计算方法，将地下连续墙折算成工程桩，即把地下连续墙通过承载力等量代换，折算成若干根工程桩，布置在基础底板的周边，将桩、土、底板视为共同结构的复合基础来进行计算分析。

考虑地下连续墙与基础底板、或有桩的基础底板之间实际特性和结构体系连接特征的共同作用计算方法，还有待于深入研究。

9.3　地下连续墙的接头设计

地下连续墙的接头按其作用可分为两类：施工接头和结构接头。施工接头是浇筑地下连续墙时连接两相邻单元墙段的接头；结构接头是已竣工的地下连续墙与地下主体结构构件（梁、柱、楼板等）相连接的接头。

9.3.1　施工接头

根据其受力特性可分为柔性接头和刚性接头。能够承受弯矩、剪力和水平拉力的施工接头称为刚性接头，反之不能承受弯矩和水平拉力的接头称为柔性接头。

1. 柔性接头

常用的柔性接头主要有圆形（或半圆形）锁口管接头、波形管（双波管、三波管）接头、楔形接头、钢筋混凝土预制接头和橡胶止水带接头。接头平面形式如图 9－18 所示。柔性接头抗剪、抗弯能力较差，一般适用于地下连续墙仅作为地下室外墙，不承担上部结构的垂直荷载，仅承担自重和地下室楼板传递的一部分荷载，对槽段施工接头抗剪、抗弯能力要求不高的基坑工程中。

(1) 锁口管接头。锁口管接头包括圆形（或半圆形）锁口管接头 [图 9－18 (a)、图 9－18 (b)]、波形管（双波管、三波管）接头等 [图 9－18 (c) ～图 9－18 (e)]，是最常用的接头形式。在地下连续墙混凝土浇筑时锁口管可作为侧模，防止混凝土的绕流，同时在槽段端头形成半圆形或波形面，增加了槽段接缝位置地下水的渗流路径。锁口管接头构造简单，施工适应性较强，止水效果可满足一般工程的需要。

（2）钢筋混凝土预制接头。钢筋混凝土预制接头可在工厂进行预制加工后运至现场，也可现场预制。预制接头一般采用近似工字型截面，如图9-18（f）所示，在地下连续墙施工中取代锁口管的位置和作用，沉放后无需顶拔，作为地下连续墙的一部分。由于预制接头无需拔除，特别适用于锁口管拔出困难的超深地下连续墙工程。

（3）工字形型钢接头。采用钢板拼接的工字形型钢作为施工接头，型钢翼缘钢板与先行槽段水平钢筋焊接，后续槽段可设置接头钢筋深入到接头的拼接钢板区。该接头不存在无筋区，形成的地下连续墙整体性好。先后浇筑的混凝土之间由钢板隔开，加长了地下水渗透的绕流路径，止水性能良好。工字形型钢接头的施工避免了常规槽段接头施工中锁口管或接头箱拔除的过程，接头如图9-18（g）所示。

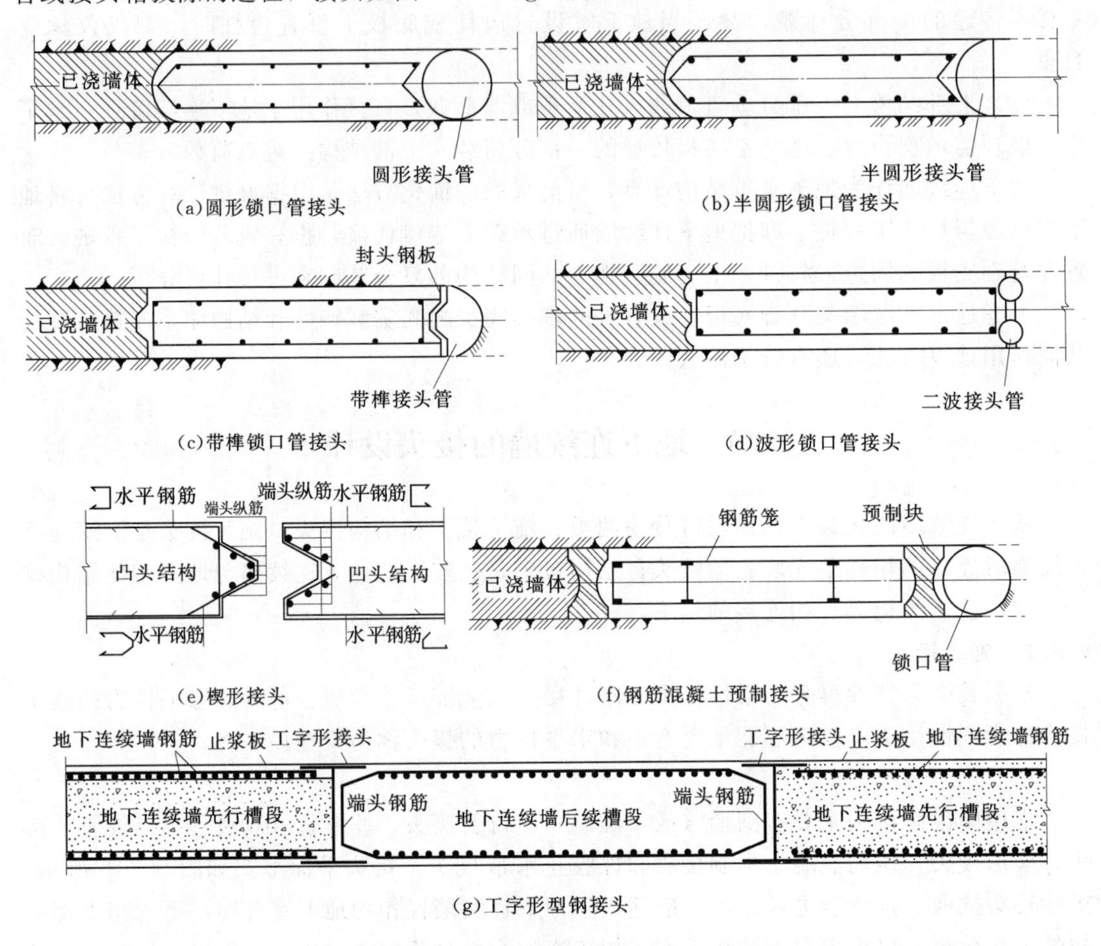

图9-18 地下连续墙柔性施工接头形式

2. 刚性接头

当槽段之间需要形成刚性连接时，常采用刚性接头，刚性接头可传递槽段之间的竖向剪力。工程中应用的刚性接头主要有一字或十字穿孔钢板接头、钢筋搭接接头和十字形钢插入式接头，如图 9－19 所示。刚性接头可适用于地下连续墙需承担自重、地下室楼板传递的一部分荷载和上部结构的一部分竖向荷载（柱荷载或墙荷载）直接作用于地下连续墙顶情况。

（1）十字穿孔钢板接头。十字穿孔钢板接头是最常用的刚性接头形式，如图 9－19（a）所示，以开孔钢板作为相邻槽段间的连接构件，开孔钢板与两侧槽段混凝土形成嵌固咬合作用，可承受地下连续墙垂直接缝上的剪力，并使相邻地下连续墙槽段形成整体共同承担上部结构的竖向荷载，协调槽段的不均匀沉降；同时穿孔钢板接头也具备较好的止水性能。

（2）钢筋搭接接头。钢筋搭接接头采用相邻槽段水平钢筋凹凸搭接，先行施工槽段的钢筋笼两面伸出搭接部分，浇灌混凝土时可留下钢筋搭接部分的空间，先行槽段形成后，后施工槽段的钢筋笼一部分与先行施工槽段伸出的钢筋搭接，然后浇灌后施工槽段的混凝土。钢筋搭接接头形式如图 9－19（b）所示。钢筋搭接在接头位置有地下连续墙钢筋通过（水平钢筋和纵向主筋），为完全的刚性连接。其结构连接刚度和接头抗剪能力均优于开孔钢板接头。

（3）十字形钢插入式接头。十字形钢插入式接头是在工字形型钢接头上焊接两块 T 形型钢，并且 T 形型钢锚入相邻槽段中，进一步增加了地下水的绕流路径，在增强止水效果的同时，增加了墙段之间的抗剪性能，形成的地下连续墙整体性好。十字形钢插入式接头如图 9－19（c）所示。

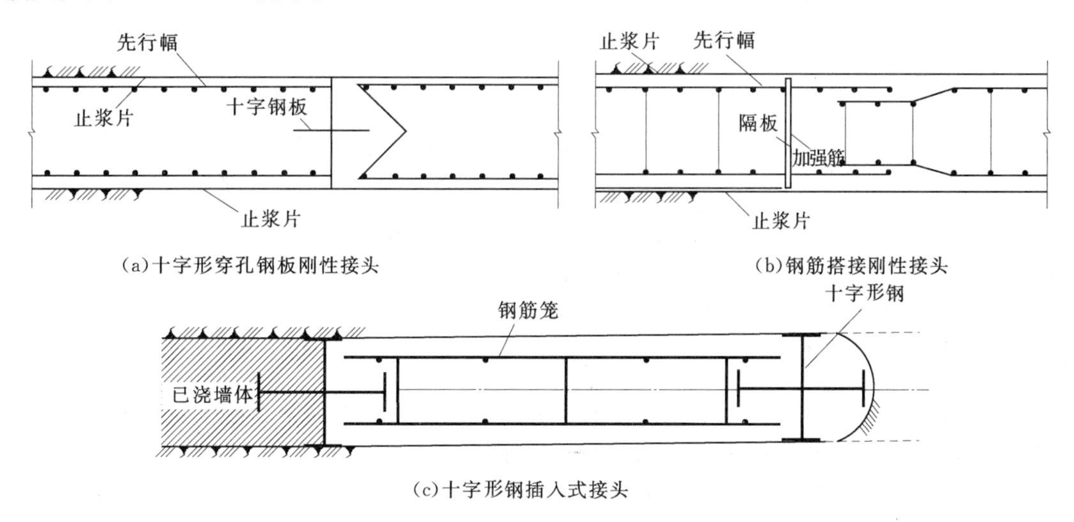

图 9－19　地下连续墙刚性施工接头形式

3. 施工接头选用原则

由于地下连续墙施工接头种类和数量众多，在实际工程中在满足受力和止水要求的前提下，应结合地区经验尽量选用施工简便、工艺成熟的施工接头，以确保接头的施工质量。

（1）由于锁口管柔性施工接头施工方便，构造简单，一般工程中在满足受力和止水要求的条件下地下连续墙槽段施工接头宜优先采用锁口管柔性接头；当地下连续墙超深顶拔锁口管困难时建议采用钢筋混凝土预制接头或工字形型钢接头。

（2）当根据结构受力要求需形成整体或当多幅墙段共同承受竖向荷载，墙段间需传递竖向剪力时，槽段间宜采用刚性接头，并应根据实际受力状态验算槽段接头的承载力。

9.3.2 结构接头

地下连续墙与地下主体结构构件（梁、柱、楼板等）的连接形式可分为。

1. 直接接头

直接接头是在地下连续墙体内连接部位预埋钢筋，一端与地下连续墙主筋相连接，另一端弯折平行紧贴墙面。待地下连续墙竣工后，开挖出露墙体后，凿去预埋钢筋处的墙面，将预埋筋弯成圆形与后浇主体结构构件钢筋相连接，如图 9－20 所示。预埋筋一般直径不大于 22mm，且考虑连接处往往为结构薄弱环节，钢筋数量可留 20％的余量。钢筋的弯折可采用加热方法。直接接头方法施工容易，是目前应用广泛的结构接头。

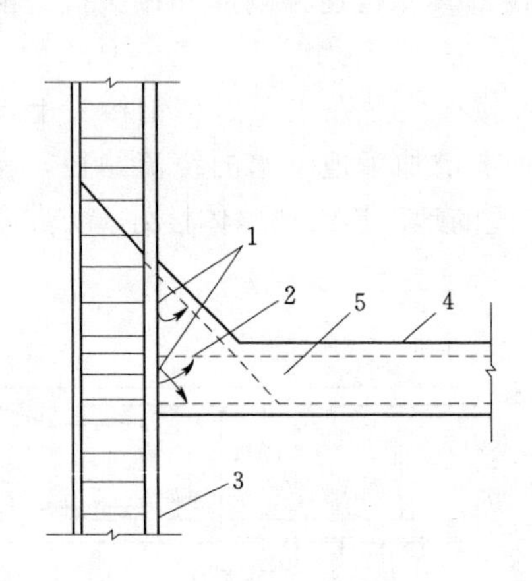

图 9－20 预埋筋直接接头

1—预埋的连接钢筋；2—焊接处；3—地下连续墙；4—后浇结构中的受力钢筋；5—后浇结构

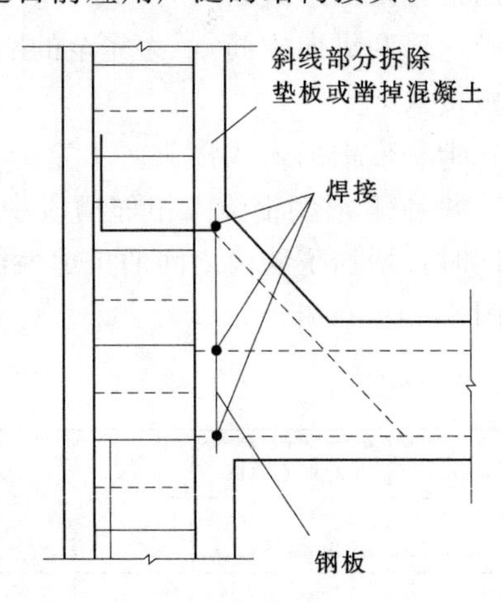

图 9－21 预埋钢板连接

2. 间接接头

间接接头是通过焊接将地下连续墙的钢筋与地下结构构件的钢筋连接。可分为预埋连接钢板（图 9－21）和预埋剪力块（图 9－22）两种方法。

预埋连接钢板是将钢板预先固定在地下连续墙钢筋内，待浇筑混凝土及墙内土方开挖后，凿去内侧混凝土面层露出钢板，将主体结构中的受力筋焊接在预埋钢板上。

预埋剪力块法与预埋钢板法类似，剪力块连接件一般主要承受剪力。

3. 钢筋接驳器连接接头

钢筋接驳器连接接头在地下连续墙内预埋锥螺纹或直螺纹钢筋（钢筋接驳器），采用机械连接方式连接。接驳器的预留精度受地下连续墙施工工艺及地层条件等影响，因此对成槽精度、钢筋笼制作、吊放等施工控制要求较高。是目前应用较广的方式。

4. 植筋法接头

植筋法接头在地下连续墙内难以预埋钢筋等接头时，可在开挖后的地下连续墙上直接

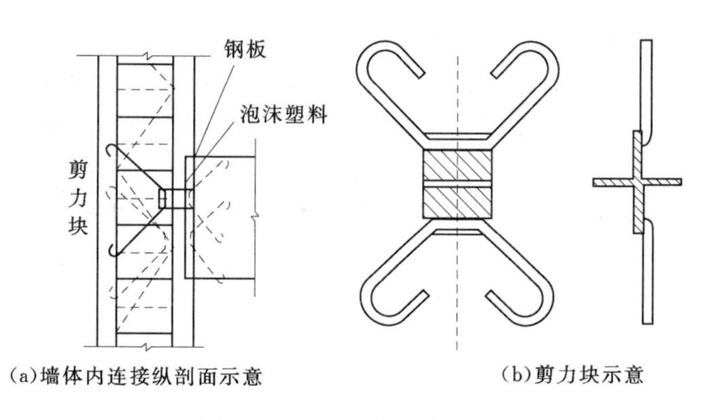

(a)墙体内连接纵剖面示意　(b)剪力块示意

图 9-22　预埋剪力块连接

钻孔埋设化学螺栓替代预埋钢筋。

9.4　地下连续墙的施工

地下连续墙的施工，先在地面上构筑导墙，采用专门的成槽设备，沿着支护或深开挖工程的周边，在特制泥浆护壁条件下，每次开挖一定长度的沟槽至指定深度，清槽后，向槽内吊放钢筋笼，然后用导管法浇筑水下混凝土，混凝土自下而上充满槽内并把泥浆从槽内置换出来，筑成一个单元槽段，如图 9-23 所示。依此逐段进行，这些相互邻接的槽段在地下筑成一道连续的钢筋混凝土墙体，以作承重、挡土或截水防渗结构之用。

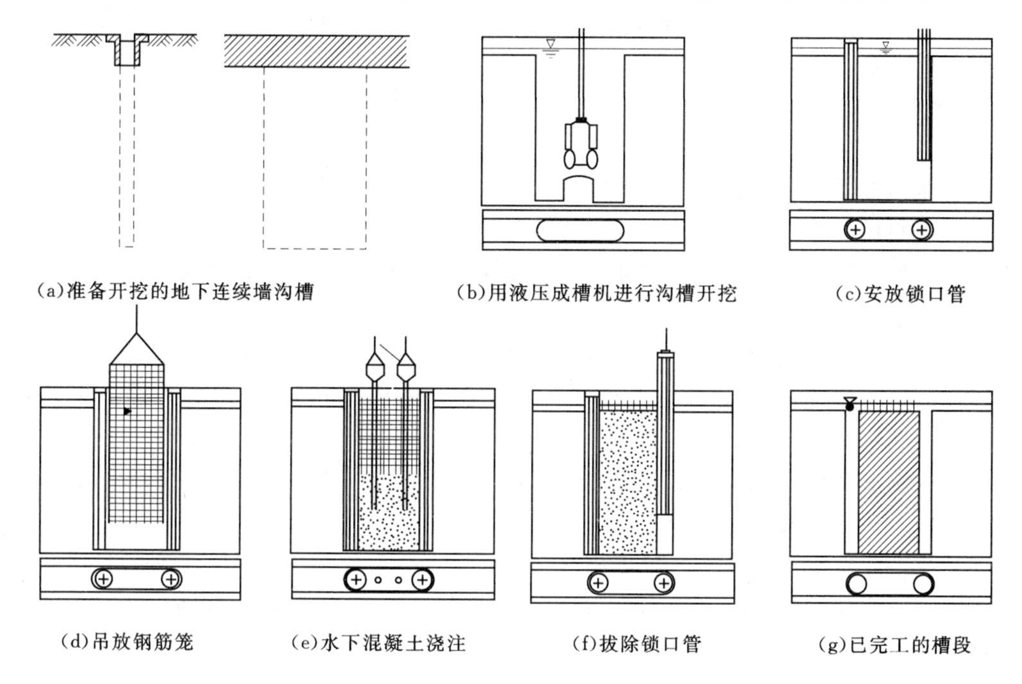
(a)准备开挖的地下连续墙沟槽　(b)用液压成槽机进行沟槽开挖　(c)安放锁口管

(d)吊放钢筋笼　(e)水下混凝土浇注　(f)拔除锁口管　(g)已完工的槽段

图 9-23　地下连续墙施工工序示意

地下连续墙施工由诸多工序组成，施工过程较为复杂，其中修筑导墙，泥浆的制备和处理，成槽施工，钢筋笼的制作和吊装，水下混凝土浇筑是主要的工序。

地下连续墙一般多用于施工条件较差的情况，且其施工的质量在施工期间不能直接观察，在施工之前应详细制定施工方案，编制工程的施工组织设计。地下连续墙的施工组织设计应包含以下内容。

（1）工程规模和特点，工程地质、水文地质和周围环境以及其他与施工有关条件的说明。

（2）挖掘机械等施工设备的选择。

（3）导墙设计。

（4）单元槽段划分及其施工顺序。

（5）地下连续墙预埋件和地下连续墙与内部结构连接的设计和施工详图。

（6）护壁泥浆的配合比、泥浆循环管路布置、泥浆处理和管理。

（7）废泥浆和土渣的处理。

（8）钢筋笼加工详图，钢筋笼加工、运输和吊放所用设备和方法。

（9）混凝土配合比设计，混凝土供应和浇筑的方法。

（10）施工平面图布置：包括挖掘机械运行路线；挖掘机械和混凝土浇筑机架布置；出土运输路线和堆土处；泥浆制备和处理设备；钢筋笼加工及堆放场地；混凝土搅拌站或混凝土运输路线；其他必要的临时设施等。

（11）工程施工进度计划、材料及劳动力等的供应计划。

（12）安全措施、质量管理措施和技术组织措施等。

（13）必要的施工监测（槽壁垂直度、宽度变化及槽侧地面和建筑物沉降等）和环境安全及保护措施。

9.4.1 导墙施工

1. 导墙的作用

导墙作为地下连续墙施工中必不可少的构筑物，具有以下作用。

（1）控制地下连续墙施工精度。导墙与地下墙中心相一致，规定了沟槽的位置走向，可作为量测挖槽标高、垂直度的基准，导墙顶面又作为机架式挖土机械导向钢轨的架设定位。

（2）挡土作用。由于地表土层受地面超载影响，容易塌陷，导墙起到挡土作用。为防止导墙在侧向土压力作用下产生位移，一般应在导墙内侧每隔 1～2m 架设上下两道木支撑。

（3）重物支承台。施工期间，重物支承台承受钢筋笼、灌筑混凝土用的导管、接头管以及其他施工机械的静、动荷载。

（4）维持稳定液面的作用。导墙内存蓄泥浆，为保证槽壁的稳定，要使泥浆液面始终保持高于地下水位一定的高度。大多数规定为 1.25～2.0m。上海地区施工经验，使泥浆液面保持高于地下水位 1.0m，一般也能满足要求。

2. 导墙的形式与施工。

导墙一般采用现浇钢筋混凝土结构，也有钢制的或预制钢筋混凝土的装配式结构。根据工程实践，采用现场浇筑的混凝土导墙容易做到底部与土层贴合，防止泥浆流失。其他预制式导墙较难做到这一点。图 9－24 所示为各种形式的现浇钢筋混凝土导墙。图 9－24（a）、（b）断面最简单，适用于表层土质良好（如密实的黏性土等）和导墙上荷载较小的情况。图 9－24（c）、（d）为应用较多的两种，适用于表层土为杂填土、软黏土等承载能力较弱的土层。图 9－24（e）适用于作用在导墙上的荷载很大的情况，可根据荷载的大小计算确定其伸出部分的长度。图 9－24（f）适用于邻近建筑物的情况，有相邻建筑物的一侧应适当加强。当地下水位很高而又不采用井点降水时，为确保导墙内泥浆液面高于地下水位 1m 以上，可采用图 9－24（g）的导墙，在导墙周边填土。

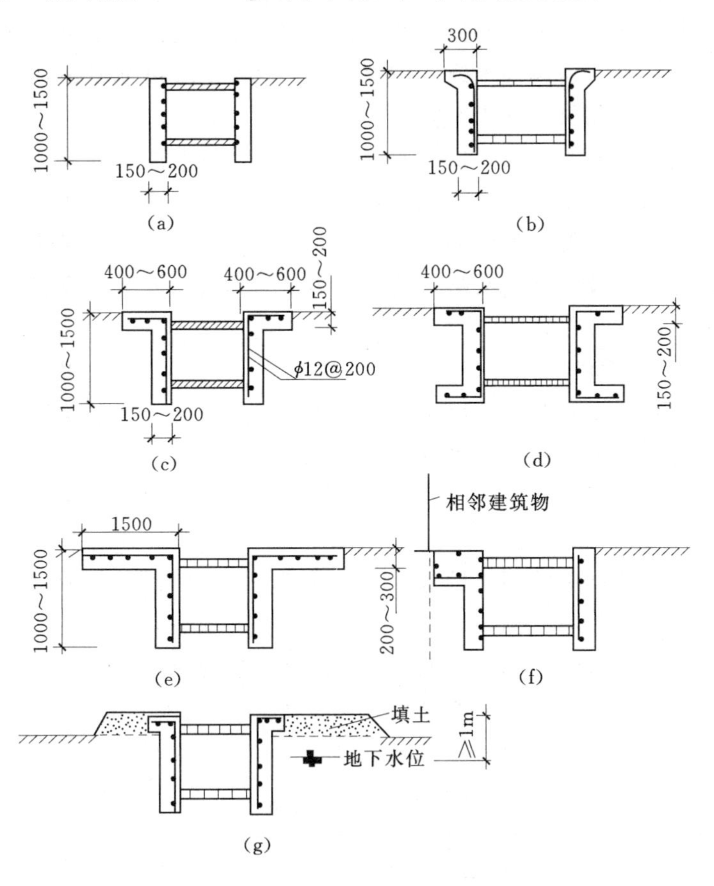

图 9－24　各种形式的现浇钢筋混凝土导墙

导墙一般采用 C20 混凝土浇筑，配筋通常为 $\phi12 \sim \phi14@200$。当表土较好，在导墙施工期间能保持外侧土壁垂直自立时，可以土壁代替外模板，避免回填土，以防槽外地表水渗入槽内。若表土开挖后外侧土壁不能垂直自立，外侧需设模板。导墙外侧的回填土应用黏土回填密实，防止地面水从导墙背后渗入槽内，引起槽段塌方。

地下墙两侧导墙内表面之间的净距，应比地下连续墙厚度略宽，一般为 40mm 左右。导墙顶面应高于地面 100mm 左右，以防雨水流入槽内稀释及污染泥浆。

现浇钢筋混凝土导墙拆模以后，应沿纵向每隔 1m 左右设上、下两道木支撑，将两片导墙支撑起来，在导墙的混凝土达到设计强度之前，禁止任何重型机械和运输设备在旁边行驶，以防导墙受压变形。

9.4.2 泥浆制备与处理

1. 泥浆的作用

地下连续墙挖槽过程中，泥浆的作用是护壁、携渣、冷却机具和切土滑润，其中护壁为最重要的功能。泥浆的正确使用，是保证挖槽成败的关键。

泥浆具有一定的密度，在槽内对槽壁有一定的静水压力，相当于一种液体支撑。泥浆能渗入土壁形成一层透水性很低的泥皮，有助于维护土壁的稳定性。

泥浆具有较高的黏性，能在挖槽过程中将土渣悬浮起来。可使钻头时刻钻进新鲜土层，避免土渣堆积在工作面上影响挖槽效率，又便于土渣随同泥浆排出槽外。

泥浆既可降低钻具因连续冲击或回钻而上升的温度，又可减轻钻具的磨损消耗，有利于提高挖槽效率并延长钻具的使用时间。

挖槽筑墙所用的泥浆不仅要有良好的固壁性能，而且要便于浇筑混凝土。如果泥浆的膨润土浓度不够、密度太小、黏度不大，则难以形成泥饼、难以固壁、难以保证其携砂作用。但若黏度过大，也会发生泥浆循环阻力过大、携带在泥浆中的泥砂难以除去、浇筑混凝土的质量难以保证以及泥浆不易从钢筋笼上驱除等弊病。泥浆还应有一定的稳定性，保证在一定时间内不出现分层现象。

2. 沟槽开挖临界深度

沟槽的允许开挖深度，与土质情况、开槽的形状、长度、宽度以及施工方法等诸多因素有关。也与护壁泥浆的性能密切相关。开挖临界深度的确定，可按第 9.2 节经验公式(9-1)～式(9-3)估算，一般应根据经验或通过现场实地试验确定。

3. 护壁泥浆的成分

地下连续墙挖槽护壁用的泥浆除通常使用的膨润土泥浆外，还有聚合物泥浆、CMC 泥浆及盐水泥浆。

我国工程中使用最多的是膨润土泥浆。膨润土泥浆的成分为膨润土、水和外加剂。膨润土的颗粒极其细小，遇水显著膨胀，黏性和可塑性都很大。膨润土由多种黏土矿物组成，最主要的是蒙脱石，其矿物成分见表 9-2。

表 9-2 膨润土的矿物成分 %

产地	SiO_2	Al_2O_3	Fe_2O_3	CaO	MgO	细度（目/mm^2）	硅铝率
吉林九台	75.46	13.23	1.52	1.49	2.09	300	5.1
浙江临安	64.09	15.21	2.57	0.96	0.19	260	3.6
南京龙泉	61.75	15.68	2.15	2.21	2.57	260	3.4

注 硅铝率＝$SiO_2/(Al_2O_3+Fe_2O_3)$。硅铝率不小于 4 称为膨润土，小于 4 称高岭土。

膨润土分散在水中，其片状颗粒表面带负电荷，端头带正电荷。如膨润土的含量足够多，则颗粒之间的电键使分散系形成一种机械结构，膨润土水溶液呈固体状态，一经触动(摇晃、搅拌、振动或通过超声波、电流)、颗粒之间的电键即遭到破坏，膨润土水溶液就随之变为流体状态。如果外界因素停止作用，水溶液又变作固体状态。该特性称作触变性，这种水溶液称为触变泥浆。

制备泥浆的水，一般选用纯净的自来水，水中的杂质和 pH 值过高或过低，均会影响泥浆的质量。

4. 控制泥浆性能的指标

（1）密度：泥浆密度取决于泥浆设计配合比中的固体（膨润土）物质的含量。密度大的泥浆对槽壁面的稳定有利，但一般均希望采用密度较小的泥浆这样施工性好，易于泵吸泵送、管道输送压力损失小、携带土砂能力大、土渣易于在机械分离装置内分离。密度较小的适用泥浆的用土量也少，节约膨润土原料的用量。我国采用膨润土拌制的泥浆的密度通常为1.03～1.045g/cm^3。

泥浆的密度是反映泥浆性能的一个综合指标。在成槽过程中由于挖掘土砂的混入，泥浆密度的逐渐增加是必然的，导致泥浆携带土砂的能力减小，还会影响混凝土质量，如钢筋和混凝土的握裹力，影响墙段接头质量和造成地下连续墙底的沉淀层。

（2）黏度：泥浆的黏度采用漏斗黏度计测定。我国常用500/700方法，即用700mL容量的漏斗黏度计装满泥浆，测定从下口漏出500mL所需的时间（s），作为泥浆的黏度指标。黏度指标控制范围为19～30s，视地质条件而定。在适应地质条件时尽量采用黏度小些的泥浆，施工性能好。

（3）失水量和泥皮性质：控制泥浆的失水量，使泥浆具有产生良好的泥皮性质，是泥浆护壁作用的重要因素。通常对于新制泥浆要求失水量在10c. c. /30min以下，泥皮要求致密坚韧，厚度不大于1mm。对循环使用中的泥浆，由于土砂颗粒的混入及地下水中的钙离子等污染，性能会渐渐恶化，但要求控制失水量在200c. c. /30min及泥皮厚在2mm以下。

（4）pH值：施工中泥浆受水泥、地下水和土壤中的钙离子等金属阳离子污染，泥浆会失去悬液性质，产生凝絮化，使pH值升高。一般对新泥浆要求pH值为8～9，对使用中泥浆控制在11以内。

（5）稳定性：检验泥浆本身的悬液结构和稳定性的指标。泥浆应该长期静置不产生清水离析，新浆不应该有制浆固体材料的沉淀。对新浆要求稳定性为100%，对使用中的循环泥浆没有明确的稳定性指标，但稳定性差的泥浆，在槽内易产生沉渣，携渣能力也比较差。

（6）含砂量：采用含砂量测定器测定。

5. 泥浆的工作状态

在地下连续墙的各种施工方法中，泥浆的工作状态可分为静置式、正循环式和反循环式。在正循环和反循环中都以泥浆作为挖掘土砂的携带媒质，借泥浆流动将挖掘土砂运出槽外。

泥浆静置式，槽内挖出的土砂是靠挖斗的提升搬出槽外的，泥浆没有携带土砂出槽的功能。

正循环方式是将处理过的泥浆用泵经过管道或空心钻杆压送到钻头处，被钻削的土砂和从钻头喷出的泥浆混合在一起在槽内上升，在槽口处设置泥浆泵将携带土砂的泥浆吸送到土砂分离系统。

反循环方式是当前施工中普遍应用的方式，它是将所钻削的土砂和泥浆混在一起，从钻头处通过空心钻杆或另外设置的管道被吸出槽外并送到土砂分离系统，而经处理的泥浆则被送到槽口进行补充。吸出的方式有气力提升方式（空气吸泥）和泵吸方式（砂石吸力泵）两种类型。

两种循环方式的差别如表9-3所示。

表 9－3 两种循环方式的差别

比较项目	反循环式	正循环式
携带土砂的泥浆的上升通道	管道内	整个槽段
携带土砂的泥浆的上升速度	快	慢
槽内泥浆情况	清洁	混有土砂
成槽结束后槽内残留土砂量	少	多
槽内泥浆密度	小	大
槽底沉渣	少	多

6. 泥浆恶化

泥浆经过多次使用，其性能会逐渐恶化。造成泥浆性能恶化的原因是。

（1）在成槽过程中，成槽机械将土砂混入泥浆中。

（2）泥浆在槽壁面形成泥皮和土砂分离时带去部分膨润土，使泥浆中有效成分减少。

（3）在浇筑混凝土过程中泥浆不断和混凝土接触，水泥钙离子混入泥浆中，使泥浆的胶体化学性质发生变化。

（4）土和地下水中的多价阳离子混入泥浆中。

土砂的混入和泥浆中膨润土等成分减少使泥浆密度增加、黏度变大、失水量增加而泥皮变厚、泥皮性质松软。泥浆受钙离子等多价阳离子污染的结果造成泥浆凝絮化，稳定性恶化，pH 值升高，失水量增加，泥皮劣化。

7. 添加剂

施工中对泥浆性能的调整，采取对循环过程中的泥浆添加不同材料的方法。不同添加物对泥浆的效用如下。

（1）加水：减少泥浆黏度，促使砂土沉降，减少比重。

（2）加增黏剂（CMC 或聚丙烯酰胺）：增加黏度，减少失水量和改善泥皮性质。

（3）加分散剂（FCL 或硝基腐殖酸钠）：降低黏度，提高泥浆抗絮凝化能力，促使泥浆中砂土沉淀，降低泥浆密度。

（4）加膨润土浆：增加黏度，提高稳定性，减少失水量，改善泥皮。

9.4.3 成槽施工

开挖槽段是地下连续墙施工中的重要环节，约占工期的一半，挖槽精度又决定了墙体制作精度，所以是决定施工进度和质量的关键工序。地下连续墙通常是分段施工的，每一段称为一个槽段，一个槽段是一次混凝土浇筑单位。

1. 槽段长度的确定

槽段划分应结合成槽施工顺序、地连墙接头形式、主体结构布置及设缝要求等确定。因槽段划分确定了地连墙接头位置，故该位置应避开预留钢筋或接驳器位置，并尽量与结构缝位置吻合，还应考虑地连墙分期施工的接头预留位置的影响等。

槽段长度的选择，不能小于钻机长度，越长越好，可以减少地下墙的接头数，以提高地下连续墙防水性能和整体性。实际长度的确定，一般应考虑以下的因素。

（1）地质情况的好坏：地层很不稳定时，为防止沟槽壁面坍塌，应减少槽段长度，以缩短成孔时间。

（2）周围环境：假使近旁有高大建筑物或较大的地面荷载时，为确保沟槽的稳定，应缩减槽段长度，缩短槽壁暴露时间。

（3）工地具备的起重机能力：根据工地所具备的起重机能力是否能方便地起吊钢筋笼等重物，决定槽段长度。

（4）单位时间内供应混凝土的能力：通常可规定每槽段长度内全部混凝土量，须在 4 小时内灌筑完毕。即：

$$槽段长度(m)=\frac{4h\ 内混凝土的最大灌筑量}{墙宽(m)\times 墙深(m)} \tag{9-10}$$

（5）工地所具备的稳定液槽容积：稳定液槽的容积一般应是每一槽段容积的 2 倍。

（6）工地占用的场地面积以及能够连续作业的时间：为缩短每道工序的施工时间，应减小槽段的长度。

施工中确定常用槽段长度为 3～6m，考虑施工时效与槽壁稳定的时效，一般不超过 8m。

2. 槽段平面形状和接头位置

作为深基坑的围护结构或地下构筑物外墙的地下连续墙，一般多为纵向连续一字形。但为增加地下连续墙的抗挠曲刚度，也可采用 L 形、T 形及多边形，墙身还可设计成格栅形。

划分单元槽段时，应注意槽段之间接头位置的合理设置，一般应避免接头设在转角处及地下连续墙与内部结构的连接处，以保证地下连续墙有较好的整体性。

3. 挖槽机械和槽段开挖

地下连续墙施工挖槽机械是在地面操作，穿过泥浆向地下深处开挖一条预定断面槽深的工程机械。由于地质条件不同，断面深度不同，技术要求不同，应根据不同要求选择合适的挖槽机械。

目前我国在施工中应用较多的是：吊索式或导杆式（蚌式）抓斗机，钻抓斗式挖槽机和多头钻机。

（1）吊索式、蚌式抓斗机。蚌式抓斗在国内外应用较多，它用于开挖墙厚 450～1200mm，深 50m，土的标贯值不大于 50 的地下连续墙。蚌式抓斗通常以钢索操作斗体上下和开闭，即索式抓斗。用导杆使抓斗上下，并通过液压开闭斗体，即导杆式抓斗。为提高挖槽垂直精度，可在抓斗的两个侧面安装导向板，也称导板抓斗。

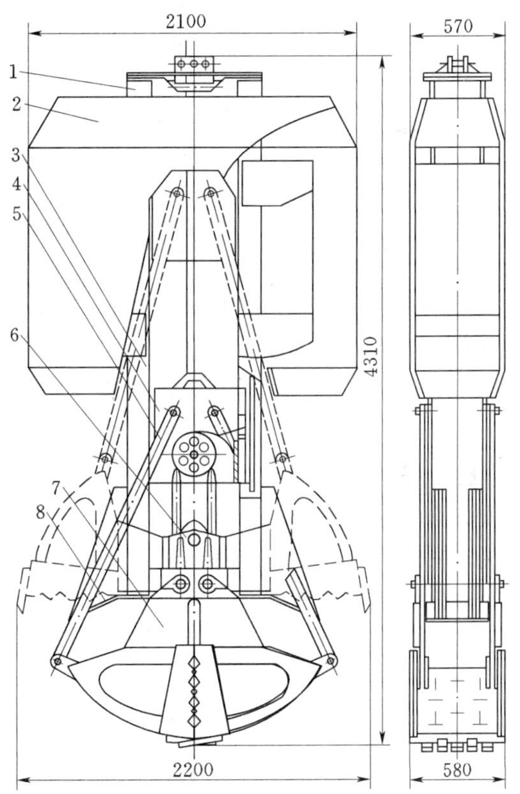

图 9－25　索式斗体推压式导板抓斗
1—导轮支架；2—导板；3—导架；4—动滑轮组；5—提杆；6—定滑轮组；7—斗体；8—弃土压板

索式斗体推压式导板抓斗，如图 9－25 所示，这种抓斗切土时能推压抓斗斗体进行切土；又增设弃土压板，能有效的切土和弃土，并易于增大开斗宽度，增大一次挖土量，也可采用液压方式提高挖掘力。

（2）钻抓式挖槽机。钻抓式挖槽机将索式导板抓斗与导向钻机组合成钻抓式挖槽机，对较硬土层挖掘效率较好，我国用的钻抓式挖槽机如图 9-26 所示。钻抓式挖槽机施工时先用潜水电钻，根据抓斗的开斗宽度钻两个导孔，孔径与墙厚相同，然后用抓斗抓除两导孔间的土体，效果较好。钻抓式挖槽机挖槽时，采用两孔一抓施工工艺。预先在每一个挖掘单元的两端先用潜水钻机钻两个直径与槽段宽度相同的垂直导孔，然后用导板抓斗依次挖除导孔之间的土体，使之形成槽段。导孔位置必须准确垂直，以保证槽段质量。

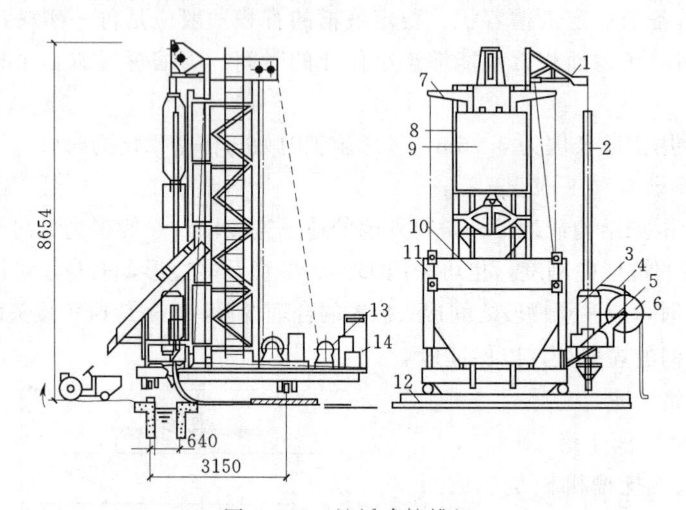

图 9-26　钻抓式挖槽机

1—电钻吊臂；2—钻杆；3—潜水电钻；4—泥浆管及电缆；5—钳制台；6—转盘；7—吊臂滑轮；8—机架立柱；9—导板抓斗；10—出土上滑槽；11—出土下滑槽架；12—轨道；13—卷扬机；14—控制箱

（3）多头钻成槽机。多头钻（图 9-27）是采用动力下放，泥浆反循环排渣，电子测斜纠偏和自动控制给进成槽的机械，适用于黏性土、砂土、砂砾层及淤泥软土等土层，振动噪音较小，效率高，对周围建筑影响小。多头钻成槽机属无杆钻机，一般由组合多头钻机（4～5 台潜水钻组成）、机架和底座组成。钻头采取对称布置正反向回转，使扭矩相互抵消，旋转切削土体成槽。掘削的泥土混在泥浆中，以反循环方式排出槽外，一次下钻形成有效长 1.3～2m 的圆形掘削单元。排泥采用专用潜水砂石泵或空气吸泥机，不断将吸泥管内泥浆排出。下钻时应使吊索处于张力状态，保持钻机头适当压力，引导机头垂直成槽。下钻速度取决于泥渣排出能力和土质硬度，应注意下钻速度均匀，一般采用吸力泵排泥，下钻速度 9.6m/h，采用空气吸泥法及砂石泵排泥，下钻速度 5m/h。

4. 成槽质量控制

（1）严加控制垂直度和偏斜度。尤其是由地面至地下 10m 左右的初始挖槽精度，对以后整个槽壁精度影响很大，必须慢速均匀掘进。

（2）开槽速度要根据地质情况、机械性能、成槽精度要求及其他环境条件等来选定。

（3）挖槽要求连续作业，依顺序施工。因故中断时，应迅速将挖掘机（抓斗或多头钻）从槽中提出，以防塌方。

（4）掘进过程中应保持护壁泥浆不低于规定高度，特别对渗透系数较大的砂砾层、卵石层，应注意保持一定浆位。对有承压水及渗漏层的地层，应加强对泥浆的调整和管理，以防大量水进入槽内稀释泥浆，危及槽壁安全。

（5）成槽过程中局部遇岩石层或坚硬地层，钻抓或钻孔进尺困难时，可配合冲击钻联合作业，用冲击钻冲击破碎进行成槽。

（6）成槽连续进行，在上一段接头管拔出2h左右，应开始下一槽段施工。

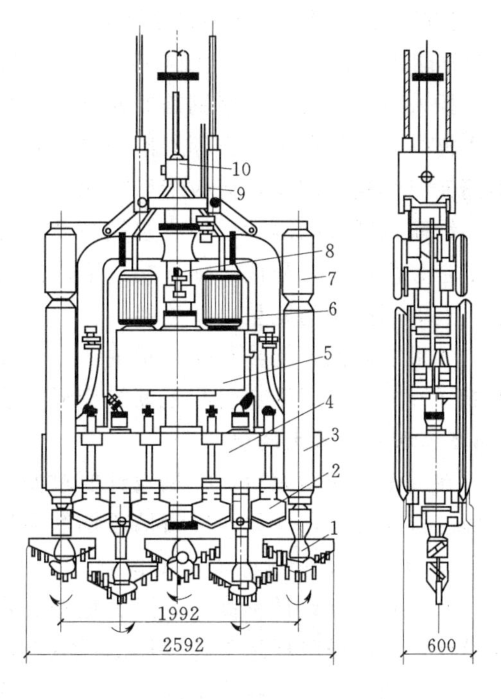

图 9-27　SF 型多头钻的钻头

1—钻头；2—侧刀；3—导板；4—齿轮箱；5—减速箱；6—潜水电机；7—纠偏装置；8—高压进气管；9—泥浆管；10—电缆接头

9.4.4　钢筋笼的制作与吊装

1. 钢筋笼的制作

根据地下连续墙墙体配筋和单元槽段的划分来制作钢筋笼，按单元槽段做成整体。若地下连续墙很深，或受起吊设备能力的限制，须分段制作，在吊放时再连接，则接头宜用绑条焊接。

钢筋笼端部与接头管或混凝土接头面间应有 150～200mm 的空隙。主筋保护层厚度为 70～80mm 保护层垫块厚 50mm，一般用薄钢板制作垫块，焊于钢筋笼上。制作钢筋笼时要预先确定浇筑混凝土用导管的位置，由于这部分空间要求上下贯通，周围须增设箍筋和连接筋加固。为避免横向钢筋阻碍导管插入，纵向主筋放在内侧，横向钢筋放在外侧，如图 9-28 所示。纵向钢筋的底端距离槽底面 100～200mm。纵向钢筋底端应稍向内弯折，防止吊放钢筋笼时擦伤槽壁。

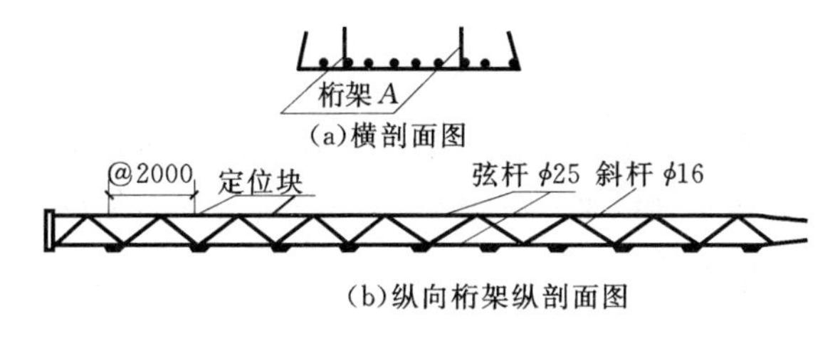

图 9-28　钢筋笼构造示意图

为保证钢筋笼吊放的刚度，采用纵向桁架架筋方式，即根据钢筋笼重量、尺寸及起吊方式和吊点布置，在钢筋笼内布置一定数量的纵向桁架。钢筋连接除四周两道钢筋的交点全部点焊，其余的可采用 50%交叉点焊。

地下连续墙与基础底板以及内部结构板、梁、柱、墙的连接，如采用预留锚固钢筋的方式，锚固筋一般用光面钢筋，直径 $d \leqslant 20$mm。

钢筋笼加工场地尽量设置在工地现场，以便于运输，减少钢筋笼在运输中的变形或损坏的可能性。

2. 钢筋笼的吊放

钢筋笼的起吊、运输和吊放应制定周密的施工方案，不允许产生不能恢复的变形。

钢筋笼的起吊应用横吊梁或吊梁。吊点布置和起吊方式要防止起吊时引起钢筋笼变形。起吊时不能使钢筋笼下端在地面拖引，造成下端钢筋弯曲变形，同时防止钢筋笼在空中摆动。

插入钢筋笼时，要使钢筋笼对准单元槽段的中心、垂直而又准确地插入槽内。钢筋笼进入槽内时，吊点中心必须对准槽段中心，徐徐下降，不要因起重臂摆动或其他影响而使钢筋笼产生横向摆动，造成槽壁坍塌。

钢筋笼插入槽内后，检查顶端高度是否符合设计要求，然后将其搁置在导墙上。如钢筋笼是分段制作，吊放时须连接，下段钢筋笼要垂直悬挂在导墙上，将上段钢筋笼垂直吊起，上下两段钢筋笼呈直线连接。

如果钢筋笼不能顺利插入槽内，应重新吊出，查明原因。若需要则在修槽后再吊放，不能强行插放，否则会引起钢筋笼变形或使槽壁坍塌，产生大量沉渣。

9.4.5 水下混凝土浇筑

在成槽工作结束后，根据设计要求安设墙段接头构件，或在对已浇好的墙段的端部结合面进行清理后，应尽快进行墙段钢筋混凝土的浇筑。

1. 浇筑混凝土前的清底工作

槽段开挖到设计标高后，要测定槽底残留的土渣厚度。沉渣过多时，会使钢筋笼插不到设计位置，或降低地下连续墙的承载力，增大墙体的沉降。

清底的方法，一般有沉淀法和置换法两种。沉淀法是在土渣基本都沉淀到槽底之后再清底；置换法是在挖槽结束之后，对槽底进行认真清理，在土渣还没有沉淀之前用新泥浆把槽内的泥浆置换出来，使槽内泥浆的密度在 1.15g/cm^3 以下。我国多采用置换法。

清除沉渣的方法，常用的有。

(1) 石吸力泵排泥法。

(2) 压缩空气升液排泥法。

(3) 带搅动翼的潜水泥浆泵排泥法。

(4) 抓斗直接排泥法。

清槽的质量要求：清槽结束后 1h，测定槽底沉淀物淤积厚度不大于 20cm，槽底 20cm 处的泥浆相对密度不大于 1.2 为合格。

2. 槽段接头施工

地下连续墙的施工接头形式与施工质量，直接影响地下连续墙的工作性能。划分单元槽段时必须考虑槽段之间的接头位置，以保证地下连续墙的整体性。一般接头应避免设在转角处以及墙内部结构的连接处。对施工接头的要求。

(1) 不能妨碍下一单元槽段的挖掘。

(2) 能传递单元槽段之间的应力，起到伸缩接头的作用。

(3) 混凝土不得从接头下端流向背面，也不得从接头构造物与槽壁之间流向背面。

(4) 在接头表面上不应黏附沉渣或变质泥浆的胶凝物，以免造成强度降低或漏水。

(5) 地下连续墙施工接头的典型连接过程可分为。

1) 接头管接头（锁口管接头）。接头管接头是地下连续墙最常用的一种接头，槽段挖好后在槽段两端吊入接头管。其施工过程如图 9－29 所示。

2) 接头箱接头。接头箱接头使地下连续墙形成更好的整体，接头处刚度好。接头箱与接头管施工相似，以接头箱代替接头管，单元槽开挖后，吊接头箱，再吊钢筋笼。其施工过程如图 9-30 所示。

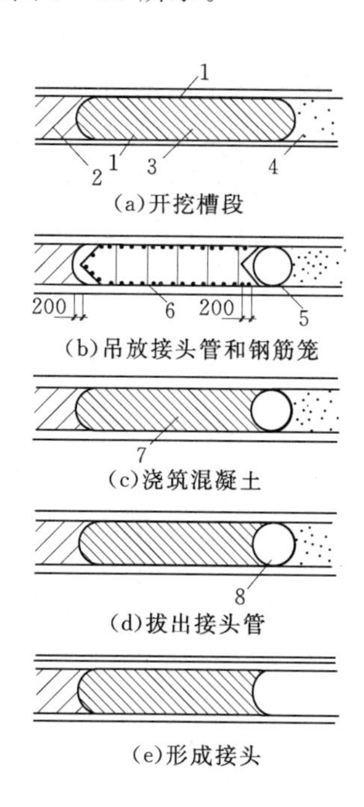

图 9-29　接头管接头的施工过程
1—导墙；2—已浇筑混凝土的单元槽段；3—开挖的槽段；4—未开挖的槽段；5—接头管；6—钢筋笼；7—正浇筑混凝土的单元槽段；8—接头管拔出后形成的圆孔

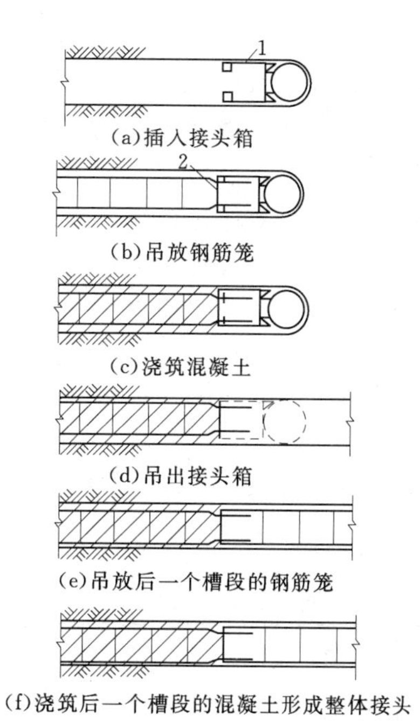

图 9-30　接头箱接头的施工过程
1—接头箱；2—焊在钢筋笼端部的钢板

3. 水下混凝土浇筑

地下连续墙混凝土是用导管在泥浆中灌筑的，如图 9-31 所示。导管的数量与槽段长度有关，槽段长度小于 4m 时，可使用一根导管；大于 4m 时，应使用 2 根或 2 根以上导管。导管内径约为粗骨料粒径的 8 倍左右，不得小于粗骨料粒径 4 倍。导管间距根据导管直径决定，使用 150mm 导管时，间距为 2m；使用 200mm 导管时，间距为 3m。导管应尽量靠近接头。

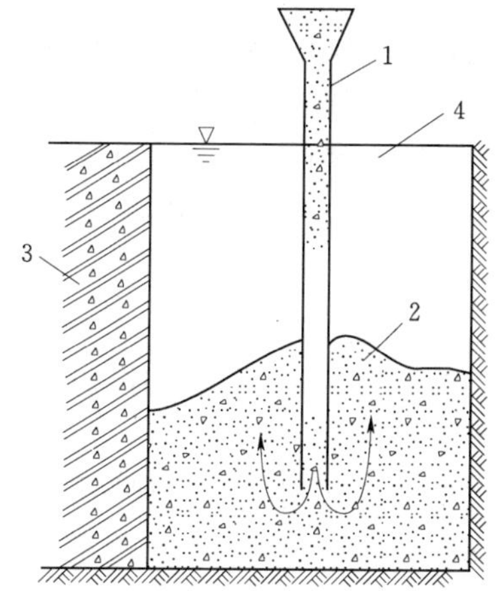

图 9-31　槽段内混凝土浇灌示意图
1—导管；2—正在浇灌的混凝土；3—已浇筑混凝土的槽段；4—泥浆

在混凝土浇筑过程中，导管下口插入混凝土深度应控制在 2～4m，不宜过深或过浅。插入深度太深，容易使下部沉积过多的粗骨料，而混凝土面层聚积较多的砂浆。导管插入太浅，则泥浆容易混入混凝土，影响混凝土的强度。因此导管埋入混凝土深度不得小于 1.5m，也不宜大于 6m。只有当混凝土浇灌到地下连续墙墙顶附近时，导管内混凝土不易流出时，方可将导管的埋入深度减为 1m 左右，并可将导管适当的上下运动，促使混凝土流出导管。

施工过程中，混凝土要连续浇筑，不能长时间中断。一般可允许中断5～10min，最长20～30min，以保持混凝土的均匀性。混凝土搅拌好之后，1.5h内筑完毕为原则。夏天因混凝土凝结较快，必须在搅拌好之后1h内浇完，否则应掺入适当的缓凝剂。

在浇筑过程中，要经常量测混凝土浇筑量和上升高度。量测混凝土上升高度可用测锤。因混凝土上升面一般都不水平，应在3个以上位置量测。浇筑完成后的地下连续墙墙顶存在浮浆层，混凝土顶面需比设计标高超高0.5m以上。凿去浮浆层后，地下连续墙墙顶才能与主体结构或支撑相连成整体。

地下连续墙施工质量应满足表9-4要求。

表9-4　地下连续墙施工质量要求

序号	要求项目	允许偏差
1	墙面垂直度应符合设计要求，一般为$H/200$	$H/200$
2	墙面中心线	±30mm
3	裸露墙面应平整，均匀黏土局部突出	100mm
4	接头处相邻两槽段的挖槽中心线，在任一深度的偏差值，不得大于$b/3$	$b/3$

注　1. H为墙深（m），b为墙厚（m）。
2. 裸露墙面在非均匀性黏土层中或其他土层中的平整度要求，由设计、施工单位研究确定。
3. 混凝土的抗压、抗渗等级及弹性模量应符合设计要求。

9.4.6　地下连续墙兼做主体结构外墙的施工

地下连续墙作为基坑施工阶段主要承受水平向荷载为主的围护结构，当地下连续墙同时兼作主体结构相结合，即“两墙合一”施工中，相应在地下连续墙的垂直度控制、平整度控制、墙底注浆及接头防渗等几个方面有更高的要求，其中墙底注浆则是控制竖向沉降和提高竖向承载力的关键措施。

1. 垂直度控制

“两墙合一”的地下连续墙在基坑工程完成后作为主体工程的一部分而承受永久荷载作用，施工中成槽垂直度要求比普通临时围护地下连续墙要求更高。成槽垂直度的好坏，不仅影响到钢筋笼吊装，预埋装置安装及整个地下连续墙工程的质量，更关系到“两墙合一”地下连续墙的受力性能。一般临时围护地下连续墙垂直度一般要求控制在1/200，而作为“两墙合一”的地下连续墙垂直度需达到1/300，超深地下连续墙对成槽垂直度要求达到1/600。

2. 平整度控制

“两墙合一”的地下连续墙对墙面的平整度要求也比常规地下连续墙要高，其首要影响因素是泥浆护壁效果，可根据实际试成槽的施工情况，调节泥浆比重，一般控制在1.18左右。另外可根据现场场地实际情况，采用暗浜区水泥土搅拌桩加固、施工道路侧水泥土搅拌桩加固、控制成槽、铣槽速度等辅助措施。

3. 地下连续墙墙底注浆

地下连续墙两墙合一工程中，地下连续墙和主体结构变形协调至关重要。地下连续墙与主体结构桩基因埋藏深度不同，施工方法差异大而使得墙底和桩端受力状态存在较大差异。为避免地下连续墙与桩基之间可能会产生较大的差异沉降，须采取墙底注浆措施。墙底注浆加固采用在地下连续墙钢筋笼上预埋注浆钢管，在地下连续墙施工完成后直接压注施工，主要包括。

（1）注浆管的埋设。注浆管常用的有 ϕ48mm 钢管和内径 25mm 钢管，每幅钢筋笼上埋设 2 根，间距不大于 3m。注浆管底部插入槽底土内 300～500mm，注浆管随钢筋笼一起放入槽段内。

（2）注浆工艺流程。地下连续墙的混凝土达到一定强度后进行注浆。注浆有效扩散半径为 0.75m，注浆速度应均匀。注浆时应根据有关规定设置专用计量装置，图 9-32 为注浆工艺流程。

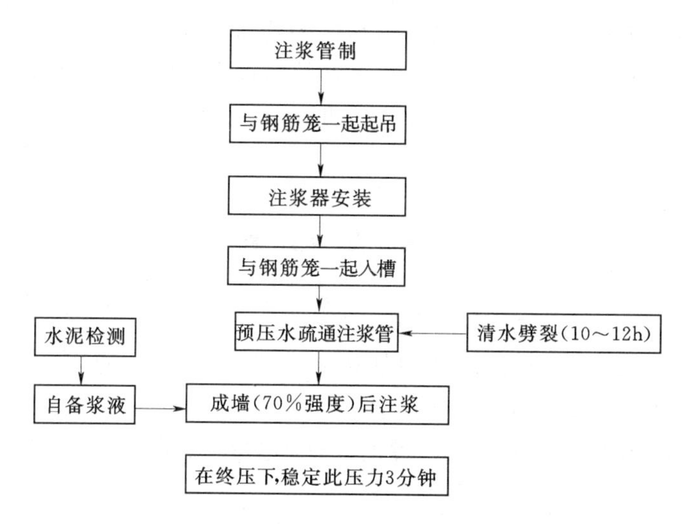

图 9-32　地下连续墙墙底注浆工艺流程

（3）注浆施工机具选用。注浆施工机具大体可分为地面注浆装置和地下注浆装置两大部分。地面注浆装置由注浆泵、浆液搅拌机、储浆桶、地面管路系统及观测仪表等组成；地下注浆装置由注浆管和墙底注浆装置组成。

（4）注浆施工要点。

1）压浆管与钢筋笼同时下入，压浆器焊接在压浆管上，同时必须超出钢筋笼底端 0.5m。

2）注浆浆液拌制须严格按配合比控制材料掺入量，严格控制浆液搅拌时间，浆液搅拌应均匀。

3）注浆材料采用 P42.5 普通硅酸盐水泥，水灰比 0.5～0.6。

4）注浆时间：在 4～5 幅地下连续墙连成一体后，当地下连续墙混凝土强度大于70%的设计强度时即可对地下连续墙进行墙底注浆，并应先对中间幅进行注浆。

5）注浆压力必须大于注浆深度处的土层压力，正常情况下一般控制在 0.4～0.6MPa，终止压力可控制在 2MPa 左右。

6）注浆量：水泥单管用量为 2000kg。注浆流量一般 15～20L/min。

7）根据经验，应在地下连续墙的混凝土达到初凝的时间内（控制在 6～8h）进行清水劈裂，以确保预埋管的畅通。

8）墙底注浆终止标准：实行注浆量与注浆压力双控的原则，以注浆量（水泥用量）控制为主，注浆压力控制为辅。当注浆量达到设计要求时，可终止注浆；当注浆压力不小于 2MPa 并稳压 3min，且注浆量达到设计注浆量的 80%时，亦可终止压浆。

9）为防止地下连续墙墙体产生隆起变形，注浆时应对地下连续墙及其周边环境进行沉降观察。

4. 接头防渗技术

“两墙合一”的地下连续墙既作为基坑施工阶段的挡土挡水结构，也作为结构地下室外墙起着永久的挡土挡水作用，防水防渗要求极高。在单元槽段浇筑前必须采取有效的措施清刷混凝土壁面，地下连续墙单元槽段依靠接头连接，在满足结构受力性能的前提下，应优先选用防水性能更好的刚性接头。在地下连续墙接头处设置扶壁柱，加大地下连续墙外水流的渗流途径，折点多、抗渗性能好。还可在地下连续墙施工结束后，在基坑开挖前对槽段接头缝进行旋喷桩加固。

复习思考题

1. 地下连续墙有哪些特点？可分为哪些种类？
2. 地下连续墙的破坏形式和相应的计算内容有哪些？
3. 地下连续墙静力计算方法有哪些？各有什么特点？
4. 地下连续墙兼做地下主体结构外墙的设计形式有几种？各有什么特点？荷载作用有哪些区别？
5. 地下连续墙的主要施工程序包含哪几个步骤？
6. 地下连续墙施工中导墙的作用是什么？
7. 泥浆的作用是什么？性能怎样控制？施工中泥浆的有哪些工作状态？
8. 地下连续墙槽段开挖的机械有哪些？开挖质量如何控制？
9. 地下连续墙兼做地下主体结构外墙的“两墙合一”施工有哪些要求？

第10章　区域性地基与挡土墙

10.1　概　　述

由于土的原始沉积条件、地理环境、沉积历史、物质成分及其组成的不同，某些区域所形成的土具有明显的特殊性质。例如云南、广西的部分区域有膨胀土、红黏土，西北和华北的部分区域有湿陷性黄土，东北和青藏高原的部分区域有多年冻土等。膨胀土中亲水性矿物含量高，具有显著的吸水膨胀、失水收缩的变形特性；湿陷性黄土在一定压力下遇水会产生明显沉陷；冻土是指具有负温或零温度并含有冰的土。我们把具有特殊工程性质的土称为特殊土。充分认识特殊土地基的特性及其变化规律，能使我们正确设计和处理好地基基础问题。

山区在我国分布很广，其工程地质和水文地质条件很复杂。山区地基的主要特点是：①地表高差悬殊，平整场地后，建筑物基础常会一部分位于挖方区，另一部分却在填方区；②基岩埋藏较浅，且层面起伏变化大，有时会出露地表，覆盖土层薄厚不均；③常会遇到大块孤石、局部石芽或软土情况；④不良地质现象较发育，如滑坡、崩塌、泥石流以及岩溶和土洞等，常会给建筑物造成直接或潜在的威胁。由此可见，山区地基最突出的问题是地基的不均匀性和场地的稳定性。在山区建设中，必须对建设场区的工程地质条件和水文地质条件作出评价，对有直接危害或潜在威胁的滑坡、泥石流、崩塌、采空区以及岩溶、土洞强烈发育地段，不应选作建设场地。如必须使用这类场地时，应采取可靠的防治措施。

为减小或消除特殊地基对建筑物的不利影响，满足地基使用要求，本章将重点分析上述特殊地基的特点和设计原则与方法，介绍工程中常用的结构措施和综合防治措施。针对山区特点，对滑坡和挡土墙设计进行讨论。

10.2　膨 胀 土 地 基

膨胀土地基是指黏粒成份主要由强亲水性矿物组成，同时具有显著的吸水膨胀和失水收缩两种变形特征的黏性土。其黏粒成分主要是蒙脱石或伊利石。在北美、北非、南亚、澳洲、中国黄河流域及其以南地区均有不同程度的分布。

膨胀土一般强度较高，压缩性低，容易被误认为是良好的天然地基。实际上，由于它具有较强烈的膨胀和收缩变形性质，往往威胁建筑物和构筑物的安全，尤其对低层轻型房屋、路基、边坡的破坏作用更甚。膨胀土地基上的建筑物如果开裂，则不易修复。

我国自1973年开始，对这种特殊土进行了大量的试验研究，形成了较系统的理论，结合工程经验，于1987年颁布了《膨胀土地区建筑技术规范》(GBJ 112—87)，使勘察、设计、施工等方面的工作有章可循，对保证建筑物的安全和正常使用具有重要作用。

10.2.1 膨胀土的一般特征和危害

（1）分布特征：膨胀土多分布于二级或二级以上的河谷阶地、山前和盆地边缘及丘陵地带，一般地形坡度平缓，无明显的天然陡坎。如我国分布在盆地边缘与丘陵地带的膨胀土地区有云南蒙自、鸡街、广西宁明、河北邯郸、河南平顶山、湖北襄樊等地，而且所含矿物成分以蒙脱石为主，胀缩性较大；分布在河流阶地或平原地带的膨胀土地区有安徽合肥、山东临沂、四川成都、江苏、广东等地，且多含有伊利石矿物。在丘陵、盆地边缘地带，膨胀土常分布于地表，而在平原地带的膨胀土常被第四纪冲积层所覆盖。

（2）物理性质特征：膨胀土的黏粒含量很高，粒径小于 0.002mm 的胶体颗粒含量往往超过 20%，塑性指数 $I_P>17$，且多在 22～35 之间；天然含水量与塑限接近，液性指数 I_L 常小于零，呈坚硬或硬塑状态；膨胀土的颜色有灰白、黄、黄褐、红褐等色，并在土中常含有钙质或铁锰质结核。

（3）裂隙特征：膨胀土中的裂隙发育，有竖向、斜交和水平裂隙 3 种。常呈现光滑和带有擦痕的裂隙面，显示出土块间相对运动的痕迹，裂隙中多被灰绿、灰白色黏土所填充，裂隙宽度为上宽下窄，且旱季开裂，雨季闭合，呈季节性变化。

在膨胀土地基上建筑物会因为地基的胀缩而开裂，常见的裂缝有：山墙上对称或不对称的倒八字形缝，这是因为山墙两侧下沉量较中部大的缘故；外纵墙外倾并出现水平缝；胀缩交替变形引起的交叉缝等（图 10-1）。

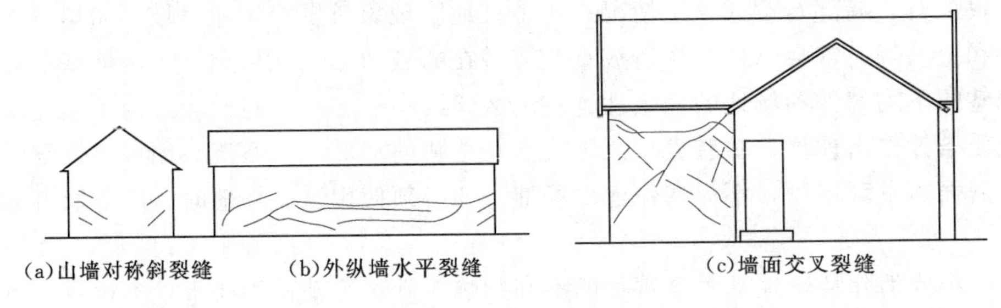

图 10-1 膨胀土地基上低矮房屋墙的裂缝

10.2.2 膨胀土地基的勘察与评价

1. 地基勘察要求

膨胀土地基勘察，除应满足一般工程勘察要求外，还需着重揭示下列内容。

（1）查明膨胀土的地质时代、成因和胀缩性能，对于重要的和有特殊要求的建筑场地，必要时应进行现场浸水载荷试验，进一步确定地基土的性能及其承载力。

（2）查明场地内有无浅层滑坡、地裂、冲沟和隐状岩溶等不良地质现象。

（3）调查地表水排泄、积聚情况，植被影响，地下水类型和埋藏条件，多年水位和变化幅度。

（4）调查当地多年的气象资料，包括降水量和蒸发量、雨季和干旱持续时间、气温和地温等情况，并了解其变化特点。

（5）注意了解当地建设经验，分析建筑物（群）损坏的原因、考察成功的工程措施。

2. 膨胀土的工程特性指标

膨胀土的工程特性指标包括自由膨胀率、膨胀率、收缩系数和膨胀力。其中，自由膨胀率可用于膨胀土地基的评价。

自由膨胀率的定义为：将人工制备的烘干样浸泡于水中，经充分吸水膨胀稳定后所增加的体积与原体积之比，称为自由膨胀率，按式（10-1）计算。

$$\delta_{ef}=\frac{V_w-V_0}{V_0}\times100\% \tag{10-1}$$

式中 δ_{ef}——自由膨胀率；

V_w——土样在水中膨胀稳定后的体积；

V_0——土样的原有体积。

3. 膨胀土地基的评价

（1）膨胀土的判别。

当具有如前所述膨胀土的一般特征，且自由膨胀率 $\delta_{ef}\geqslant40\%$的土，应判定为膨胀土。

（2）膨胀潜势。

由于自由膨胀率能综合反映亲水性矿物成分、颗粒组成、膨胀特征及其危害程度，因此可用自由膨胀率评价膨胀土胀缩性能的强弱（表10-1）。

表10-1 膨胀潜势

胀缩潜势	自由膨胀率（%）
弱	$40\leqslant\delta_{ef}<65$
中	$65\leqslant\delta_{ef}<90$
强	$\delta_{ef}\geqslant90$

表10-2 膨胀土地基胀缩等级

地基胀缩等级	分级胀缩变形量 s_c（mm）
Ⅰ	$15\leqslant s_c<35$
Ⅱ	$35\leqslant s_c<70$
Ⅲ	$s_c\geqslant70$

（3）膨胀土地基的胀缩等级。

根据地基的膨胀、收缩变形对低层砖混房屋的影响程度，可评价地基的胀缩等级，见表10-2。表中地基的分级变形量 s_c 系指膨胀变形量、收缩变形量和胀缩变形量。在判定地基胀缩等级时，应根据地基可能发生的某一种变形计算分级变形量 s_c，其值可按土力学中的地基沉降计算方法或《建筑地基基础设计规范》（GB 50007—2011）推荐方法计算。

10.2.3 膨胀土地基计算

1. 一般规定

建筑场地按地形地貌条件分为两类。

平坦场地：地形坡度小于5°；或地形坡度大于5°小于14°的坡脚地带和距坡肩水平距离大于10m的坡顶地带。

坡地场地：地形坡度大于大约5°；或地形坡度虽小于5°，但同一座建筑物范围内局部地形高差大于1m。

膨胀土地基设计，一般规定如下。

（1）位于平坦场地上的建筑物地基，应按变形控制设计。

（2）位于坡地场地上的建筑物地基，除按变形控制设计外，尚应验算地基的稳定性。

（3）基底压力要满足承载力要求。

（4）地基变形量不超过容许变形值。

2. 地基承载力

膨胀土地基承载力的确定，应考虑土的膨胀特性、基础大小和埋深、荷载大小、土中含水量变化等影响因素。目前确定承载力的途径一般有3种。

（1）现场浸水载荷试验确定。即在现场按压板面积开挖试坑，试坑面积不小于0.5m^2，坑深不小于1m，并在试坑两侧附近设置浸水井或浸水槽。试验时先分级加荷至设计荷载并稳定，然后浸水使其充分饱和，并观测其变形，待变形稳定后，再加荷直到破坏。通过该试验可得到压力与变形的P—S曲线，可取破坏荷载的一半作为地基承载力特征值。在对变形要求严格的一些特殊情况下，可由地基变形控制值取对应的荷载作为承载力特征值。

（2）由三轴饱和不固结不排水剪强度指标确定。由于膨胀土裂隙比较发育，剪切试验结果往往难以反映土的实际抗剪能力，宜结合其他方法确定承载力特征值。

膨胀土地区的基础设计，应充分利用土的承载力，尽量使基底压力不小于土的膨胀力。另外，对防水排水情况好，或埋深较大的基础工程，地基土的含水量不受季节变化的影响，土的膨胀特性就难以表现出来。此时可选用较高的承载力值。

3. 地基变形计算

膨胀土地基的变形，除与土的膨胀收缩特性（内在因素）有关外，还与地基压力和含水量的变化（外在因素）情况有关。地基压力大，土体则不会膨胀或膨胀小；地基土中的含水量基本不变化，土体胀缩总量则不大。而含水量的变化又与大气影响深度、地形、覆盖条件等因素相关。如气候干燥，土的天然含水量低，或基坑开挖后经长时间曝晒的情况，都有可能引起（建筑物覆盖后）土的含水量增加，导致地基产生膨胀变形。如果建房初期土中含水量偏高，覆盖条件差，不能有效地阻止土中水分的蒸发，或是长期受热源形态的影响，如砖瓦窑等热工构筑物或建筑物，就会导致地基产生收缩变形。在亚干旱、亚湿润的平坦地区，浅埋基础的地基变形多为膨胀、收缩周期性变化，这就需要考虑地基土的膨胀和收缩的总变形。

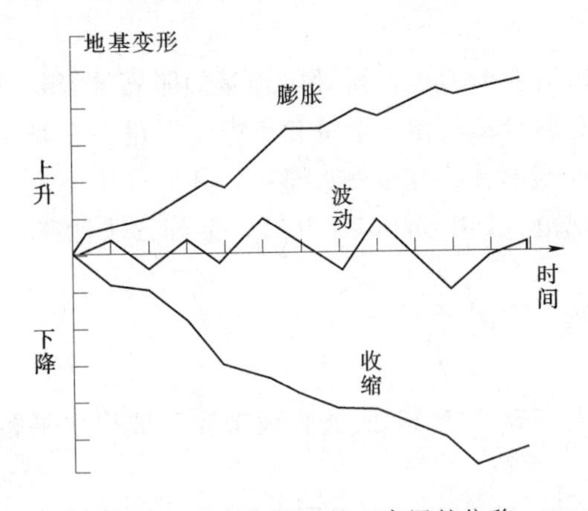

图10－2　膨胀土地基上房屋的位移

总之，膨胀土地基在不同条件下表现为不同的变形形态，可归纳3种：上升型变形、下降型变形和波动型变形（图10－2）。

在设计时应根据实际情况确定变形类型，进而计算相应的变形量，并将其控制在容许值范围之内。《膨胀土地区营房建筑技术规范》（GJB 2129—1994）规定：

（1）地表下1m处地基土的天然含水量等于或接近最小值时，或地面有覆盖且无蒸发可能，以及建筑物在使用期间，经常有水浸湿的地基，仅计算膨胀变形量。

（2）地表下1m处地基土的天然含水量大于$1.2w_p$（塑限），或直接受高温的地基，仅计算收缩变形量。

（3）其他情况按胀缩变形量计算。

10.2.4　膨胀土地基的工程措施

为了避免地基的胀缩性对建筑物产生危害，应从建筑设计、结构设计和施工等几方面加以考虑。

1. 建筑设计措施

（1）场址选择：应选择地面排水畅通或易于排水处理，地形条件比较简单，土质均匀的地段。尽量避开地裂、溶沟发育，地下水位变化大以及存在浅层滑坡可能的地段。

（2）总平面布置：竖向设计宜保持自然地形，避免大开大挖，造成含水量变化大的情况出现。做好排水、防水工作，对排水沟、截水沟应确保沟壁的稳定，并对沟进行必要的防水处理。根据气候条件、膨胀土等级和当地经验，合理进行绿化设计，宜种植吸水量和蒸发量小的树木、花草。

（3）单体建筑设计：建筑物体型应力求简单，并控制房屋长高比，必要时可采用沉降缝分隔措施隔开。屋面排水宜采用外排水，雨水管不应布置在沉降缝处，在雨水量较大地区，应采用雨水明沟或管道进行排水。做好室外散水和室内地面的设计，根据胀缩等级和对室内地面的使用要求，必要时可增设石灰焦渣隔热层、碎石缓冲层，对Ⅲ级膨胀土地基和使用要求特别严格的地面，可采取混凝土配筋地面或架空地面。此外，对现浇混凝土散水或室内地面，分格缝不宜超过3m，散水或地面与墙体之间设变形缝，并以柔性防水材料嵌缝。

2. 结构设计措施

（1）上部结构方面：应选用整体性好，对地基不均匀胀缩变形适应性较强的结构，而不宜采用砖拱结构、无砂大孔混凝土砌块或无筋中型砌块等对变形敏感的结构。对砖混结构房屋，可适当设置圈梁和构造柱，并注意加强较宽的门窗洞口部位和底层窗台砌体的刚度，提高其抗变形能力。对外廊式房屋宜采用悬挑外廊的结构形式。

（2）基础设计方面：同一工程房屋应采用同类型的基础形式。对排架结构可采用独立柱基，将围护墙、山墙及内隔墙砌在基础梁上，基础梁下应预留100～150mm的空隙并进行防水处理。对桩基础，其桩端应伸入非膨胀土层或大气影响急剧层下一定长度。选择合适的基础埋深，往往是减小或消除地基胀缩变形的很有效途径，一般情况埋深不小于1m，可根据地基胀缩等级和大气影响强烈深度等因素按变形确定，对坡地场地，还需考虑基础的稳定性。

（3）地基处理：应根据土的胀缩等级、材料供给和施工工艺等情况确定处理方法，一般可采用灰土、砂石等非膨胀土进行换土处理。对平坦场地上Ⅰ、Ⅱ级膨胀土地基，常采用砂、碎石垫层处理方法，垫层厚度不小于300mm，宽度应大于基底宽度，并宜采用与垫层材料相同的土进行回填，同时做好防水处理。

3. 施工措施

膨胀土地区的施工，应根据设计要求，场地条件和施工季节，认真制定施工方案、采取措施，防止因施工造成地基土含水量发生大的变化，以便减小土的胀缩变形。

做好施工总平面设计，设置必要的挡土墙、护坡、防洪沟及排水沟等，确保场区排水畅通，边坡稳定。施工储水池、洗料场、淋灰池及搅拌站应布置在离建筑物10m以外的地方，防止施工用水流入基坑。

基坑开挖过程中，应注意坑壁稳定，可采取支护、喷浆、锚固等措施，以防坑壁坍塌。基坑开挖接近基底设计标高时，宜在其上部预留厚150～300mm土层，待下一工序开始前再挖除。当基坑验槽后，应及时做混凝土垫层或用1∶3水泥砂浆喷、抹坑底。基础施工完毕后，应及时分层回填夯实，并做好散水。要求选用非膨胀土、弱膨胀土或掺有石灰等材料的土作为回填土料，其含水量宜控制在塑限含水量的1.1～1.2倍范围内，填土干重度不应小于15.5kN/m^3。

10.3 红黏土地基

红黏土是指石灰岩、白云岩等碳酸盐类岩石，在湿热气候条件下经长期风化作用形成的一种以红色为主的黏性土。我国红黏土多属于第四纪残积物，也有少数原地红黏土经间隙性水流搬运再次沉积于低洼地区，当搬运沉积后仍能保持红黏土基本特征，且液限大于45%者称为次生红黏土。

红黏土是一种物理力学性质独特的高塑性黏土，其化学成分以SiO_2、Fe_2O_3、Al_2O_3为主，矿物成分以高岭石或伊利石为主。主要分布于云南、贵州、广西、湖南、湖北、安徽部分地区。

10.3.1 红黏土的工程性质和特征

（1）主要物理力学性质：含有较多黏粒（$I_p=20\sim50$），孔隙比较大（$e=1.1\sim1.7$）。常处于饱和状态（$S_r>85\%$），天然含水量（30%～60%）与塑限接近，液性指数小（0.1～0.4），说明红黏土以含结合水为主。因此，尽管红黏土的含水量高，却常处于坚硬或硬塑状态，具有较高的强度和较低的压缩性。

（2）红黏土的胀缩性：有些地区的红黏土受水浸湿后体积膨胀，干燥失水后体积收缩。

（3）红黏土的分布特征：红黏土的厚度与下卧基岩面关系密切，常因岩石表面石芽、溶沟的存在，导致红黏土的厚度变化很大。因此，对红黏土地基的不均匀性应给予足够重视。

（4）含水量变化特征：含水量有沿土层深度增大的规律，上部土层常呈坚硬或硬塑状态，接近基岩面附近常呈可塑状态，而基岩凹部溶糟内红黏土呈现软塑或流塑状态。

（5）岩溶、土洞较发育，这是由于地表水和地下水运动引起的冲蚀和潜蚀作用造成的结果。在工程勘察中，需认真探测隐藏的岩溶、土洞，以便对场地的稳定性作出评价。

10.3.2 红黏土地基设计要点

确定合适的持力层，尽量利用浅层坚硬、硬塑状态的红黏土作为地基的持力层。

控制地基的不均匀沉降：当土层厚度变化大，或土层中存在软弱下卧层、石芽、土洞时，应采取必要的措施，如换土、填洞、加强基础和上部结构刚度等，使不均匀沉降控制在允许值范围内。

控制红黏土地基的胀缩变形：当红黏土具有明显的胀缩特性时，可参照膨胀土地基，采取相应的设计、施工措施，以便保证建筑物的正常使用。

10.4　湿陷性土地基

湿陷性黄土是指在一定的压力下受水浸湿，土结构迅速破坏，并产生显著附加下沉的黄土。湿陷性黄土是在干旱或半干旱的气候条件下由风、坡积所形成的，在我国分布很广，主要分布在山西、陕西、甘肃大部分地区、河南西部和宁夏、青海、河北的部分地区，此外，新疆、内蒙古、山东、辽宁以及黑龙江的部分地区也有分布，但不连续。

湿陷性黄土是一种非饱和的欠压密土，具有大孔隙和垂直节理。在天然湿度下，其压缩性较低，强度较高，但遇水浸湿时，土的强度明显降低，在附加压力或附加压力与自重压力下引起的湿陷变形是一种下沉量大、下沉速度快的失稳变形，对建筑物的危害性大。因此，在湿陷性黄土地区进行建设，应根据湿陷性黄土的工程特点和工程要求，因地制宜，采取综合措施，防止地基浸水湿陷对建筑物产生危害。

防止湿陷性黄土地基湿陷的工程措施可分为地基处理、防水措施和结构措施 3 种。应采取以地基处理为主的综合措施，即以治本为主，治标为辅，标本兼治，突出重点，消除隐患。防水措施和结构措施也可用于地基不处理或用于消除地基部分沉陷的建筑。

10.4.1　建筑物的分类及湿陷等级的划分

拟建在湿陷性黄土场地上的建筑物，应根据其重要性、地基受水浸湿可能性的大小和在使用期间对不均匀沉降限制的严格程度，对其进行分类。以便针对不同的情况，采用严格程度不同的结构措施，来保证建筑物在使用期间内满足承载力及正常使用的要求。

《湿陷性黄土地区建筑规范》（GB 50025—2004）将湿陷性黄土场地上的建筑物分为甲、乙、丙、丁 4 类，见表 10－3。

表 10－3　湿陷性黄土场地上的建筑物分类表

建筑物分类	各类建筑的划分
甲类	高度大于 60m 和 14 层及 14 层以上体型复杂的建筑
	高度大于 50m 的建筑
	高度大于 100m 的高耸结构
	特别重要的建筑
	地基受水浸湿可能性大的重要建筑
	对不均匀沉降有严格限制的建筑
乙类	高度为 24～60m 的建筑
	高度为 30～50m 的构筑物
	高度为 50～100m 的高耸结构
	地基受水浸湿可能性较大的重要建筑
	地基受水浸湿可能性大的一般建筑
丙类	除乙类建筑以外的一般建筑和构筑物
丁类	次要建筑

湿陷性黄土由于沉积历史、沉积环境和物质组成的差异，其湿陷程度也有差异。为

此，应根据地基湿陷量的计算值（Δ_s）和自重湿陷量的计算值（Δ_{zs}）等因素，对湿陷性黄土地基的湿陷等级进行判定，见表10-4。

表10-4 湿陷性黄土地基的湿陷等级

Δ_s(mm)	湿陷类型		
	非自重湿陷性场地	自重湿陷性场地	
	$\Delta_{zs}\leqslant70$mm	70mm$<\Delta_{zs}\leqslant350$mm	$\Delta_{zs}>350$mm
$\Delta_s\leqslant300$	Ⅰ（轻微）	Ⅱ（中等）	—
$300<\Delta_s\leqslant700$	Ⅱ（中等）	Ⅱ（中等）或Ⅲ（严重）*	Ⅲ（严重）
$\Delta_s>700$	Ⅱ（中等）	Ⅲ（严重）	Ⅳ（很严重）

* 当湿陷量的计算值$\Delta_s>600$mm、自重湿陷量的计算值$\Delta_{zs}>300$mm时，可判为Ⅲ级，其他情况可判为Ⅱ级。

10.4.2 设计措施

1. 场址选择

在湿陷性等级高或厚度大的新近堆积黄土、高压缩性饱和黄土等地段，地基处理难度大，工程造价高，所以应避免将重要建设项目选择在该地段。场址选择应符合下列要求。

（1）具有排水畅通或利于组织场地排水的地形条件。

（2）避开洪水威胁的地段。

（3）避开不良地质环境发育和地下坑穴集中的地段。

（4）避开新建水库等可能引起地下水位上升的地段。

（5）避免将重要建设项目布置在很严重的自重湿陷性黄土场地或厚度大的新近堆积黄土和高压缩性的饱和黄土等地段。

（6）避开由于建设可能引起工程地质环境恶化的地段。

2. 总平面设计

合理总平面布置，可以避免不必要的挖方、填方、地基受水浸湿及相邻基础的影响。总平面设计应符合下列要求。

（1）合理规划场地，做好竖向设计，保证场地、道路和铁路等地表排水畅通。

（2）在同一建筑物范围内，地基土的压缩性和湿陷性变化不宜过大。

（3）主要建筑物宜布置在地基湿陷等级低的地段。

（4）在山前斜坡地带，建筑物宜沿等高线布置，填方厚度不宜过大。

（5）水池类构筑物和有湿润生产工艺的厂房等，宜布置在地下水流向的下游地段或地形较低处。

3. 建筑设计

合理有效的建筑措施，不仅为合理的结构布置创造了条件，同时也为湿陷性黄土地基上建筑的安全及满足正常使用要求提供重要保证。建筑设计应符合下列要求。

（1）建筑物的体型和纵横墙的布置，应利于加强其空间刚度，并具有适应或抵抗湿陷变形的能力。多层砌体承重结构建筑的体型应简单，长高比宜小不宜大，一般不宜大于3。

（2）妥善处理建筑物的雨水排水系统，多层建筑的室内地坪应高于室外地坪。

（3）用水设施宜集中设置，缩短地下管线并远离主要承重基础，其管道宜明装。

（4）在防护范围内设置绿化带，应采取措施防止地基土受水浸湿。

（5）对屋面排水的组织、建筑物周围的散水、地面防、排水处理及各种地下管线的综合布置等方面进行合理安排。

4. 结构设计

（1）当地基不处理或仅消除地基的部分湿陷量时，结构设计应根据建筑物类别、地基湿陷等级或地基处理后下部未处理湿陷性黄土层的湿陷起始压力值或剩余湿陷量以及建筑物的不均匀沉降、倾斜等不利情况，采取下列结构措施：①选择适宜的结构体系和基础形式；②墙体宜选用轻质材料；③加强结构的整体性和空间刚度；④预留适应沉降的净空。

（2）当建筑物的平面、立面布置复杂时，宜合理布置沉降缝。

（3）高层建筑的设计，应优先选用轻质高强材料，并应加强上部结构刚度和基础型度。当不设沉降缝时，宜采取下列措施：①调整上部结构荷载合力作用点与基础形心的位置，减小偏心；②采用桩基础或采用减小沉降的其他有效措施，控制建筑物的不均匀沉降或倾斜值在允许值范围内；③当主楼与群房采用不同的基础型式时，应考虑高低不同部位沉降差的影响，并采取相应的措施。

（4）当有地下管道或管沟穿过建筑物的基础或墙时，应预留孔洞。洞边与管沟外壁必须脱离，且与承重墙和基底保持一定距离。

（5）对砌体承重结构提出适当的构造措施，其根本目的在于提高砌体结构的整体刚度，形成约束砌体的结构形式，提高结构的耐受变形能力，从而满足建筑的使用功能要求。为此，应合理布置砌体承重结构建筑的现浇钢筋混凝土圈梁、构造柱或芯柱。

（6）我国湿陷性黄土地区大部分属于抗震设防地区，在工程设计中应将地质条件、抗震设防要求及温度区段的长度等因素综合考虑。

5. 基础设计

湿陷性黄土场地，地基一旦浸水，便会引起湿陷，给建筑物带来危害，特别是对于上部结构荷载大并集中的甲、乙类建筑、对整体倾斜有严格要求的高耸结构、对主要承受水平荷载和上拔力的建筑或基础等，均应从消除湿陷性危害的角度出发，针对建筑物的具体情况和场地条件，首先从经济技术条件上考虑采取可靠的地基处理措施，当采用的地基处理不能满足设计要求，或经过经济技术比较，采用地基处理不适宜的建筑，可采用桩基础。

在湿陷性黄土地基上采用桩基础时，应根据湿陷性土层的分布情况和湿陷等级，慎重选择桩端的持力层。较常用的桩型有：①钻、挖孔（扩底）灌注桩；②挤土成孔灌注桩；③静压或打入的预制钢筋混凝土桩。在计算单桩竖向承载力时，须考虑到土的湿陷性对桩侧阻力的影响；单桩水平承载力特征值，宜通过现场水平静载荷浸水试验的测试结果确定。

6. 设备专业设计

设备专业的给排水设计，应采取必要的防排水措施及防结露措施，避免渗漏。

7. 施工保护

施工保护和使用维护对防止和减少湿陷事故的发生，保证建筑物的安全和正常使用意义重大，因此，结构设计时应对此提出明确要求。

8. 地基处理

湿陷性黄土地基处理方法，应根据建筑类别、湿陷性黄土的特征、施工条件、材料来源等综合考虑。常用处理方法有：垫层法、强夯法、挤密法、预浸水法等，可采用一种或多种相结合的方法进行处理，以达到最佳处理效果。

10.4.3 地基计算

湿陷性黄土场地自重湿陷量的计算值Δ_{zs}应按式（10-2）计算：

$$\Delta_{zs}=\beta_0\sum_{i=1}^{n}\delta_{zsi}h_i \tag{10-2}$$

式中 δ_{zsi}——第i层土的自重湿陷系数，由勘察报告提供；

h_i——第i层土的厚度，mm；

β_0——因地区土质而异的修正系数。在缺乏实测资料时，可按《湿陷性黄土地区建筑规范》（GB 50025—2004）的规定或相关工程手册建议取值。

自重湿陷量的计算值Δ_{zs}，应自天然地面（当挖、填方的厚度较大时，应自设计地面）算起，至其下非湿陷性黄土层的顶面止，其中自重湿陷系数δ_{zs}值小于0.015的土层不累计。

湿陷性黄土地基受水浸湿饱和，其湿陷量δ_s应按式（10-3）计算：

$$\Delta_s=\sum_{i=1}^{n}\beta\delta_{si}h_i \tag{10-3}$$

式中 δ_{si}——第i层土的湿陷系数；

h_i——第i层土的厚度，mm；

β——考虑基底下地基土的受水浸湿可能性和侧向挤出等因素的修正系数，在缺乏实测资料时，可按《湿陷性黄土地区建筑规范》（GB 50025—2004）的规定或相关工程资料建议取值。

湿陷量的计算值Δ_s的计算深度，应自基础底面（如基底标高不确定时，自设计地面以下1.5m）算起；在非自重湿陷性黄土场地，累计至基底下10m（或地基压缩层厚度）深度止；在自重湿陷性黄土场地，累计至非湿陷性黄土层的顶面止。其中湿陷系数δ_s（10m以下为δ_{zs}）小于0.015的土层不累计。

当湿陷性黄土地基需要进行变形验算时，其变形计算可按土力学教材介绍的分层总和法或《建筑地基基础设计规范》（GB 50007—2011）推荐的应力面积法等方法计算，但其中沉降计算经验系数ψ_s应按《湿陷性黄土地区建筑规范》（GB 50025—2004）第5.6.2款条文的规定取值。

湿陷性黄土地基的承载力特征值，对甲、乙类建筑，可根据静载荷试验或其他原位测试，并结合理论计算和工程实践等方法综合确定；当有充分依据时，对丙、丁类建筑可根据当地经验确定。当基础宽度大于3m或埋置深度大于1.5m时，地基承载力特征值应按《湿陷性黄土地区建筑规范》（GB 50025—2004）第5.6.5款条文的规定进行修正。

10.5 冻 土 地 基

土（岩）温度处于负温或零温且其中含有冰的土（岩）称为冻土。如果土中含水量很少或矿化度很高或为重盐渍土，虽然负温很低，但也不含冰，则称其为寒土而不是冻土，只有其中含冰，土的物理力学特性才发生突变，才是真正的冻土。

冻土可分为 3 类：多年冻土、季节冻土和瞬时冻土。由于瞬时冻土存在时间短、冻深很浅，对建筑物影响很小，故不属于冻土地基范围。作为建筑地基的冻土，根据持续时间可分为季节冻土和多年冻土；根据其变形特性可分为坚硬冻土、塑性冻土与松散冻土。

季节冻土是地表层冬季冻结夏季全部融化的土（岩），其在我国分布很广，华北、东北、西北地区，季节冻土层厚度均在 0.5m 以上，最大的可达 3m 左右。多年冻土指冻结状态持续两年或两年以上的土（岩），在我国主要分布在纬度比较高的黑龙江省大小兴安岭以及海拔较高的青藏高原和甘新高寒山区。

地基冻融对建筑物造成的主要危害有：墙身开裂、天棚抬起、倾斜及倾倒、轻型构筑物基础逐年上拔、门前台阶冻起、散水坡冻裂或形成倒坡等。

10.5.1　冻土的分类

在《冻土地区建筑地基基础设计规范》（JGJ 118—98）中，季节冻土与多年冻土季节融化层土，根据冻前土的天然含水量、冻结期间地下水位距冻结面的最小距离、土冻胀率 η 的大小等可分为不冻胀、弱冻胀、冻胀、强冻胀和特强冻胀 5 类。冻胀率的计算公式如式（10-4）。对有冻胀性的地基，应采取措施防止建筑物冻害的发生。

$$\eta=\frac{\Delta z}{z_d}\times 100\% \tag{10-4}$$

式中　Δz——地表冻胀量；

z_d——设计冻深，按第 3.3.5 节中的相关公式和表格计算。

10.5.2　防冻害措施

在有冻胀性的地基上，确定建筑物基础埋深时应考虑冻胀性的影响，详见第 3.3 节有关建筑物埋深的规定。

（1）在冻胀、强冻胀、特强冻胀地基上，应采用下列防冻害措施。

1）对在地下水位以上的基础，基础侧面应回填非冻胀性的中砂或粗砂，其厚度不应小于 10cm。对在地下水位以下的基础，可采用桩基础、自锚式基础（冻土层下有扩大板或扩底短桩）或采取其他有效措施，如图 10-3（a）、（b）所示。

2）宜选择地势高、地下水位低、地表排水良好的建筑场地。对低洼场地，宜在建筑四周向外一倍冻深距离范围内，使室外地坪至少高出自然地面 300～500mm，见图 10-3（c）。

3）防止雨水、地表水、生产废水、生活污水浸入建筑地基，应设置排水设施。在山区应设截水沟或在建筑物下设置暗沟，以排走地表水和潜水流，见图 10-3（d）。

4）在强冻胀和特强冻胀地基上，其基础结构应设置钢筋混凝土圈梁和基础梁，并控制上部建筑的长高比，增强房屋的整体刚度。

5）当独立基础联系梁下或桩基础承台下有冻土时，应在梁和承台下留有相当于该土层冻胀量的空隙。当使用中不容许预留空隙时，宜采用可压缩材料填充。以防止因土的冻胀将梁或承台拱裂［图 10-3（e）、（f）］。

6）外门斗、室外台阶和散水坡等部位宜与主体结构断开，散水坡分段不宜超过

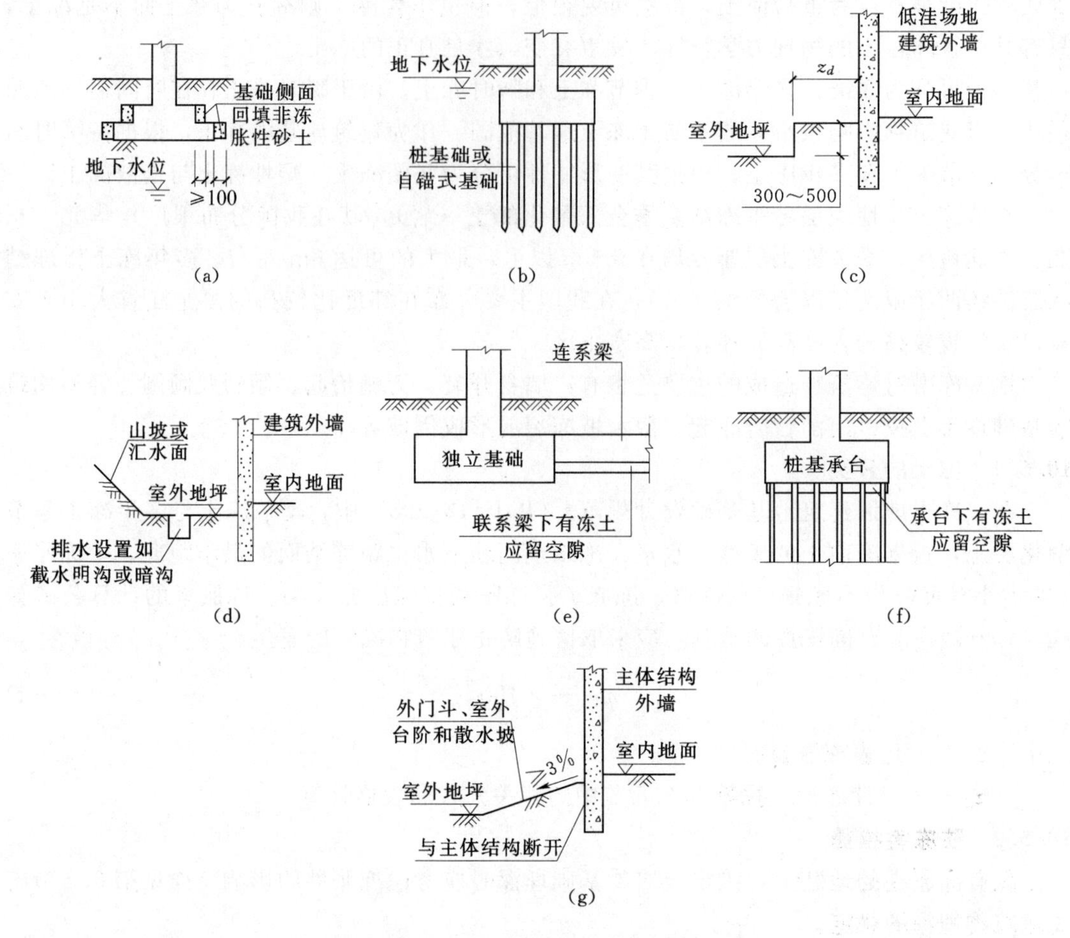

图 10－3　基础防冻害措施

1.5m，坡度不宜小于 3%，其下宜填入非冻胀性材料，见图 10－3（g）。

7）对跨年度施工的建筑，入冬前应对地基采取相应的防护措施；按采暖设计的建筑物，当冬季不能正常取暖，也应对地基采取保温措施。

8）降低和消除切向冻胀力的措施有：基侧保温法、基侧换土法、改良水土条件法、人工盐滞化法、使土颗粒聚集或分散法、增水处理法以及基础锚固法。

9）应采取提高基础整体性和上部结构整体刚度的措施，如对砌体结构设置钢筋混凝土基础圈梁，对钢筋混凝土柱下独立基础及条形基础设置基础拉梁，控制建筑物的长高比等。

（2）当利用季节性冻土作为持力层时，可采用下列方法处理。

1）挖出基础以下冻土，换填砂、砂石或毛石混凝土垫层。

2）当仅考虑地基土冻胀和融陷影响时，基础可浅埋。设计时应根据地基状况和基础性质对基础形状、基础角段、基础梁下空隙以及地基保温等作适当处理，以避免地基冻胀的不良影响。

在冻土地区，为了减小和避免冻胀和融沉对建筑物的危害，①建筑物的平面应力求简单，体型复杂时，宜采用沉降缝隔开；②宜采用独立基础；③当墙长度较长（如不小于

7m)，高度比较高（如不小于 4m）时，宜增加内隔墙或扶壁柱；④可加大上部荷重或缩小基础与冻胀土的接触表面积。

10.6 土岩组合地基

土岩组合地基是山区地基中常见的一种复杂类型的地基，在地基的压缩层内常有起伏变化很大的下卧基岩，在不大的范围内可能分布有不同类型的土层，因此，地基的压缩性和土的物理力学性质差异比较悬殊。

在建筑地基（或被沉降缝分隔区段的建筑地基）的主要受力层范围内，如遇有下列情况之一者，属于土岩组合地基。

（1）下卧基岩表面坡度较大的地基。

（2）石芽密布并有出露的地基。

（3）大块孤石或个别石芽出露的地基。

10.6.1 下卧基岩表面坡度较大的地基

这类地基在我国重庆、云南等地最多。由于基岩起伏不一，上覆土层厚薄差别较大，其主要特点表现在变形不均匀和场地稳定性两大问题上。

当下卧基岩单向倾斜时，建筑物的主要危险是倾斜。评价这类地基主要根据下卧基岩的埋藏条件和建筑物的性质确定。对下卧基岩岩面坡度大于 10%、基底下的土层厚度大于 1.5m 的情况，当结构类型和地质条件符合表 10－5 的要求时，可不作地基变形验算。

表 10－5　下卧基岩表面允许坡度值　%

地基土承载力特征值 f_{ak}(kPa)	四层及四层以下的砌体承重结构，三层及三层以下的框架结构	具有 150kN 和 150kN 以下吊车的一般单层排架结构	
		带墙的边柱和山墙	无墙的中柱
≥150	≤15	≤15	≤30
≥200	≤25	≤30	≤50
≥300	≤40	≤50	≤70

当建筑物的类型和地质条件不能满足表 10－5 的要求时，应验算地基变形。当地基变形影响深度内发育有基岩时，若采用土力学中的地基变形计算公式，则变形计算深度取至基岩表面。但是，土岩组合地基的变形验算应考虑刚性下卧层的存在。对上软下硬的双层地基，在荷载作用下会在上层土中发生应力集中现象（图 10－4），土中应力 σ_z 的增大量，主要由地基相对厚度 h/b（h 为上覆土层厚度，b 为基础宽度）决定，h/b 越小，即刚性下卧层越浅，应力集中现象越显著，这会造成土层变形的增加，应按式（10－5）计算地基的变形。

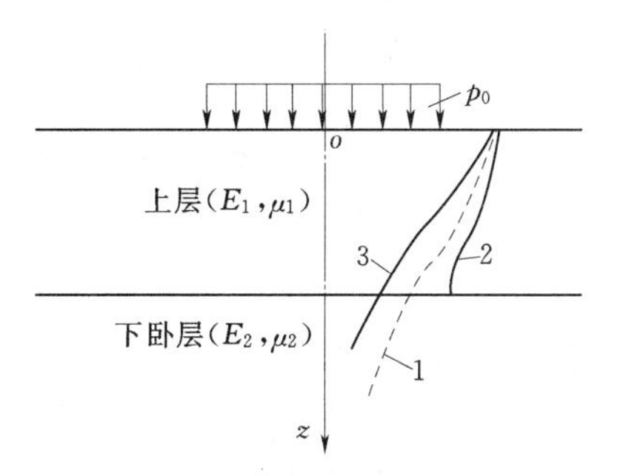

图 10－4　双层地基竖向附加应力分布的比较

1—均质土地基；2—上软下硬地基；3—上硬下软地基

$$s_{gz}=\beta_{gz}s_z \tag{10-5}$$

式中 s_{gz}——具有刚性下卧层时，地基土的变形计算值；

β_{gz}——刚性下卧层对上覆土层的变形增大系数，按表10-6取值；

s_z——变形计算深度相对于实际土层厚度计算的地基最终变形计算值。

表10-6 具有刚性下卧层时地基变形增大系数 β_{gz}

h/b	0.5	1.0	1.5	2.0	2.5
β_{gz}	1.26	1.17	1.12	1.09	1.00

对稳定的土岩组合地基，当变形验算值超过允许值时，可采用调整基础宽度、埋深或采用褥垫等方法进行处理。褥垫可采用炉渣、中砂、粗砂、土夹石（其中碎石含量占20%～30%）或黏性土等材料，厚度宜取为300～500mm，采用分层夯实，并控制其夯填度。褥垫一般构造见图10-5。为避免由于地基土性质及厚度差异引起房屋不均匀沉降，设计时可采用渐变调节措施过渡，减少相邻基础的差异沉降。

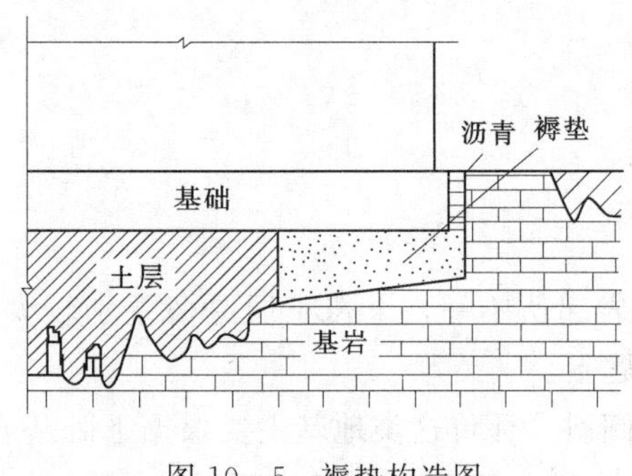

图10-5 褥垫构造图

土岩组合地基的另一个特点是建筑场地的稳定性问题。一般土岩组合地基往往伴随着边坡存在，特别是暗藏的下伏基岩，经常给地基稳定性造成威胁。如不少场地地表看起来比较平坦，但下伏基岩坡度较大，尤其在岩土面上存在软弱层（如泥化带）时，工程处理不当，容易造成地基失稳。

因此，在土岩组合地基上进行工程建设时，应重视场地的工程地质勘察。在勘察阶段，对于基岩面沿房屋纵横向的起伏变化及基岩顶面与基岩底面的关系应查清，以便采取更有针对性的措施调整不均匀沉降和防止地基失稳。

当建筑物位于冲沟部位，下卧基岩往往相向倾斜，呈倒八字形。如岩层表面坡度较缓，而上覆土层的性质又较好时，对于中小型建筑物，可适当加强上部结构的刚度，而不必处理地基。但若存在局部软弱土层，则应验算软弱下卧层的强度及不均匀变形。

若基岩在地下形成暗丘，即岩面向两边倾斜时，地基土层为中间薄、两边厚。这对建筑物最为不利，往往在双斜面交界处出现裂缝，一般应进行地基处理，并在这些部位设置沉降缝。通常处理压缩性较低部分的地基，使之适应压缩性较高的地基，如在石芽出露部位做褥垫（图10-5），也能取得良好效果。也可以处理压缩性较高部分的地基，使之适应压缩性较低的地基，如采用桩基础、局部深挖、换填或用梁、板、拱跨越，当石芽稳定可靠时，以石芽作支墩基础等方法，此类处理方法效果较好，但费用较高。

建造在软硬相差比较悬殊的土岩组合地基，若建筑物长度较大或造型复杂，为减小不均匀沉降所造成的危害，宜用沉降缝将建筑物分开，缝宽30～50mm，在特殊情况下可适当加宽。必要时应加强上部结构的刚度，如加密隔墙，增设圈梁等。

10.6.2 石芽密布并有局部出露的地基

石芽密布并有局部出露的地基是岩溶现象的反映。它的基本特点是基岩表面凹凸不平、起伏较大，一般勘探方法不易查清基岩面的起伏变化，有时只能按基坑开挖后的地基实际情况确定基础的埋置深度。

对于石芽密布并有出露的地基，当石芽间距小于 2m，其间为硬塑或坚硬状态的红黏土时，对于房屋为六层和六层以下的砌体承重结构、三层和三层以下的框架结构，或具有 150kN 和 150kN 以下吊车的单层排架结构，其基底压力小于 200kPa，可不进行地基处理。如不能满足上述要求时，可利用经检验稳定性可靠的石芽作为支墩式基础，也可在石芽出露部位作褥垫。当石芽间有较厚的软弱土层时，可用碎石、土夹石等压缩性低的土料进行置换处理。

10.6.3　大块孤石或个别石芽出露的地基

有大块孤石或个别石芽出露的地基其变形对建筑物极为不利，如不妥善处理，容易导致建筑物产生裂缝。

对于这种地基，当土层的承载力特征值大于 150kPa、房屋为单层排架结构或一、二层砌体承重结构时，宜在基础与岩石接触的部位采用褥垫进行处理；对于多层砌体承重结构，应根据土质情况，可调整建筑平面位置，或采用桩基或梁、拱跨越、局部爆破等综合处理措施。

处理这类地基时，应使局部部位的变形条件与周围的变形条件相适应，否则，容易引起不良后果。如周围柱基的沉降很小，对个别石芽应少处理或不处理（仅把石芽打平）；反之，应处理石芽。

大块孤石常出现在山前冲积层中或冰碛层中，勘察时切勿将孤石误认为基岩。孤石除可用褥垫层处理外，有条件时也可利用它作为柱子或基础梁的支墩。在工艺布置合理的情况下，可将设备直接安装在大块孤石上，并可省去基础。

清除孤石一般采用爆破的方法，并应注意安全。爆破时，周围 100m 范围内不得有人作业或通行。

总之，对土岩组合地基上基础的设计和地基处理，应重点考虑基岩上覆土的稳定性和不均匀沉降或倾斜的问题。对地基变形要求严的建筑物，或地质条件复杂，难以采用合适有效的处理措施时，可考虑适当调整建筑物平面位置。对地基压缩性相差较大的部位，除进行必要的地基处理外，还需结合建筑平面形状，荷载情况设置沉降缝。

10.7　填　土　地　基

填土地基按其堆填方式分为压实填土和未经填方设计已形成的填土两类。压实填土是经分层压实和分层夯实的填土，它不同于任意堆填的素填土和杂填土。

当利用压实填土作为建筑工程的地基持力层时，在平整场地前，应根据结构类型、填料性能和现场条件等，对拟压实的填土提出质量要求。未经检验查明以及不符合质量要求的压实填土，不得作为建筑工程的地基持力层。

当利用未经填方设计的填土作为建筑物地基时，应进行详细的工程地质勘察工作，应查明填料成分与来源，填土的分布、厚度、均匀性、密实度与压缩性以及填土的堆积年限等情况，根据建筑物的重要性、上部结构类型、荷载性质与大小、现场条件等因素，选择合适的地基处理方法，并提出填土地基处理的质量要求与检验方法。

10.7.1 填方设计内容

填方设计的目的是要满足建筑物的使用要求，所以填方设计前先要详细了解每座建筑的位置、形状尺寸、荷载、埋深等资料以及填方完成后可能采用的基础形式，进而从施工工艺可行性、造价、工期等方面进行综合比较后，选出合理的填方设计方案。

填方设计的内容包括填料的选择，施工机械设备的选择，施工参数的确定（必要时通过现场试验确定），技术要求及检验方法。

填方设计前，应先查明场地内原有地表水、地下水的补给、径流及排泄条件，避免因填方造成地表水、地下水径流条件不畅，使得地下水位升高，影响地基承载力及场地稳定性。如无法避免，应在填方设计时采取疏导措施，如设计排水盲沟、排水盲管等，见图 10-6。

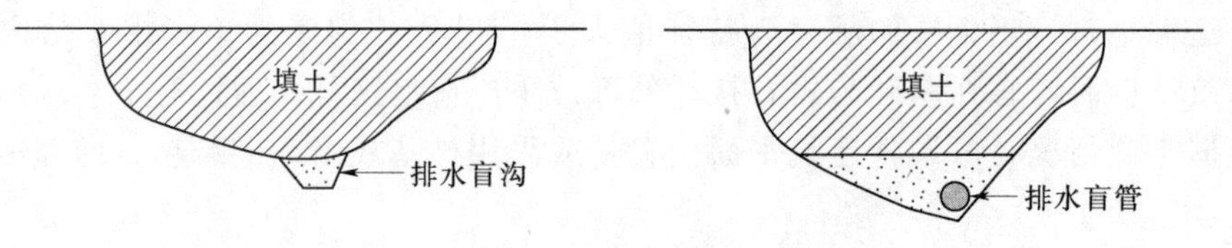

图 10-6 填方疏导措施示意图

对于大型填方工程，施工期间的排水设计也是填方设计需要考虑的内容之一，对于渗透性较差的填土，为防止场内积水，应将场地设计成波浪形，分区汇水，统一外排，见图 10-7。设置在填土区的上、下水管道，应采取防渗、防漏措施，避免因漏水使填土颗粒流失，必要时应在填土土坡的坡脚处设置反滤层。

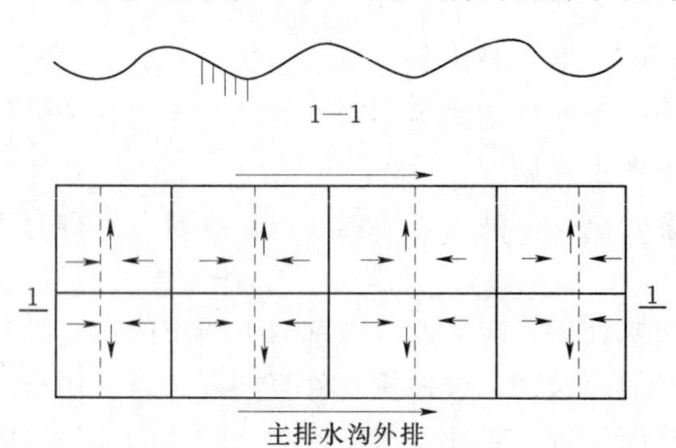

图 10-7 填方工程排水示意图

压实填土的填料，一般根据工程特点和压实填土层底面下土的性质，因地制宜、就地取材。不得使用淤泥、耕土、冻土、膨胀性土以及有机质含量超过 5%的土作为填料。可作填料的有：级配良好的砂土、碎石土、最大粒径不大于 400mm（分层夯实）和 200mm（分层压实）的砾石、卵石或块石；符合设计要求的开山土石料等；也可选择素土、灰土及性能稳定的工业废渣作为填料。粗颗粒的砂石等材料具透水性，而湿陷性黄土和膨胀性土遇水反应敏感，前者引起湿陷，后者引起膨胀，二者对建筑物都产生有害变形。为此，在湿陷性黄土场地和膨胀性土场地设计压实填土，均不得使用粗颗粒的透水性材料作填料。

10.7.2 压实填土的质量要求

压实填土按规定的分层铺设厚度进行压密，分层检验，填土质量以压实系数 λ_c 控制，可按式（10-6）计算：

$$\lambda_c=\frac{\rho_d}{\rho_{d\max}} \tag{10-6}$$

$$\rho_{d\max}=\eta\frac{\rho_w d_s}{1+0.01W_{op}d_s} \tag{10-7}$$

式中　λ_c——压实系数，其值不得小于表 10－7 规定的数值；

ρ_d——压实填土的控制干密度值；

$\rho_{d\max}$——施工前，采用击实试验确定的填土最大干密度，当无试验资料时，可按式（10－7）计算；

η——经验系数，粉质黏土取 $\eta=0.96$，粉土取 $\eta=0.97$；

ρ_w——水的密度；

d_s——土粒相对密度；

W_{op}——填土的最优含水量，在无试验资料情况下，可采用其液限含水量 W_L 的 0.6 倍或采用其塑限含水量 $W_p-(1\%\sim2\%)$。

表 10－7　　压实填土地基质量控制值

结构类型	填土部位	压实系数 λ_c	控制含水量（%）
砌体承重结构和框架结构	在地基主要受力层范围内	≥0.97	$W_{op}\pm2$
	在地基主要受力层范围以下	≥0.95	
排架结构	在地基主要受力层范围内	≥0.96	
	在地基主要受力层范围以下	≥0.94	

注　1. 表中 W_{op} 为最优含水量。
2. 地坪垫层以下及基础底面标高以上的压实填土，压实系数不应小于 0.94。

当填料为碎石或卵石时，其最大干密度 $\rho_{d\max}$ 可取 2100～2200kg/m³。

10.7.3　压实填土的边坡和承载力

为保证压实填土的侧向稳定性，设计边坡应控制斜坡高和坡比。为了提高其稳定性，通常将坡比放缓，但坡比太缓，压实的土方量大，经济上不一定合理，因此坡比不宜太缓，也不宜太陡。压实填土地基边坡坡度允许值可按表 10－8 确定。当压实填土的厚度大于 20m 时，可将压实填土设计成阶梯形。

表 10－8　　压实填土边坡坡度允许值

填　土　类　别	压实系数 λ_c	边坡坡度允许值（高宽比）	
		坡高在 8m 以内	坡高为 8～15m
碎石、卵石	0.94～0.97	1∶1.50～1∶1.25	1∶1.75～1∶1.50
砂夹石（其中碎石、卵石占全重 30%～50%）		1∶1.50～1∶1.25	1∶1.75～1∶1.50
土夹石（其中碎石、卵石占全重 30%～50%）		1∶1.50～1∶1.25	1∶2.00～1∶1.50
粉质黏土、黏粒含量 $\rho_c\geqslant10\%$ 的粉土		1∶1.75～1∶1.50	1∶2.25～1∶1.75

注　当压实填土厚度大于 20m 时，可设计成台阶进行压实填土的施工。

对于在斜坡上或软弱土层上的压实填土，必须验算其稳定性。当天然地面坡度大于 20%时，填料前，宜将斜坡的坡面挖成高低不平或若干台阶，使压实填土与斜坡坡面接触紧密，形成整体，防止压实填土向下滑移。此外，还应将斜坡顶面以上的雨水有组织地引向远处，防止雨水流入压实填土内。

压实填土的承载力特征值应根据静载荷试验、动力和静力触探等原位测试结果确定。当采用载荷试验检验压实填土的承载力时，应考虑压板尺寸与压实填土厚度的关系。压实填土厚度大，压板尺寸也要相应增大，或采取分层检验。否则检验结果只能反映上层或某一深度范围内压实填土的承载力及变性模量。压实填土下卧层顶面的承载力应通过验算确定。如不满足设计要求，且基底压力及基底面积不能调整时，则应增大压实填土厚度。

10.8 岩 石 地 基

岩石地基是山区常见的地基之一。相对于土而言，岩石具有较牢固的刚性连接，因而具有较高的强度和较小的透水性。一般地，岩石地基具有承载力高、压缩性低和稳定性强的特点。因此，完整、较完整、较破碎岩体上的建筑物，只要岩体均匀性良好，可仅按地基承载力特征值进行地基基础设计。

但是，在岩石地基中，常会遇到平面和垂向持力层范围内软、硬岩相间出现的情况。当同一建筑物的地基存在两种或多种不同坚硬程度的岩体在平面上相间分布的情况，且软、硬岩变形模量相差较大，为了安全合理地使用地基，就有必要进行地基变形验算。若建筑物的主要受力层深度内存在软弱下卧岩层时，应考虑软弱下卧岩层的影响进行地基稳定性验算。

岩石地基多在山区和丘陵出现，其岩层表面大多具有一定的坡度。当岩层表面坡度较大时，由于岩石地基刚度大，在地基均匀的情况下，同一建筑物允许使用多种基础形式，如桩基与独立基础并用，条形基础、独立基础与桩基并用等。岩石地基上的基础可以尽量浅埋，但是，基础埋深应满足抗滑移要求。

岩石地基的另一种常遇情况是基岩面起伏剧烈，高差较大并形成临空面。岩体结构面的倾向对地基的稳定性影响较大。为确保建筑物的安全，应高度重视岩体的结构面与临空面的位置关系，以判定岩石地基向临空面的倾覆和滑移稳定性。当存在不稳定的临空面时，应将基础埋深加大至下伏稳定基岩；或在基础底部设置锚杆进入下伏稳定基岩。

一般岩石地基的强度都很高，桩孔、基底和基坑边坡开挖较困难，进行爆破作业时应选择合理的爆破方式，控制爆破药量，减少对地基岩体的扰动。对于节理、裂隙发育及破碎程度较高的不稳定岩体，可采用注浆加固和清爆填塞等措施。

对于遇水易软化或膨胀、暴露后易崩解的软岩、极软岩等岩石，开挖至持力层后应采取封闭等有效保护措施以减少其对岩体承载力的影响。

岩石地基上的基础设计，对于荷载或偏心都较大，或基岩面坡度较大的工程，常采用嵌岩灌注桩（墩），甚至采用桩箱（板）联合基础。对荷载或偏心都较小，或基岩面坡度较小的工程，可采用如图 10－8 所示的基础形式。

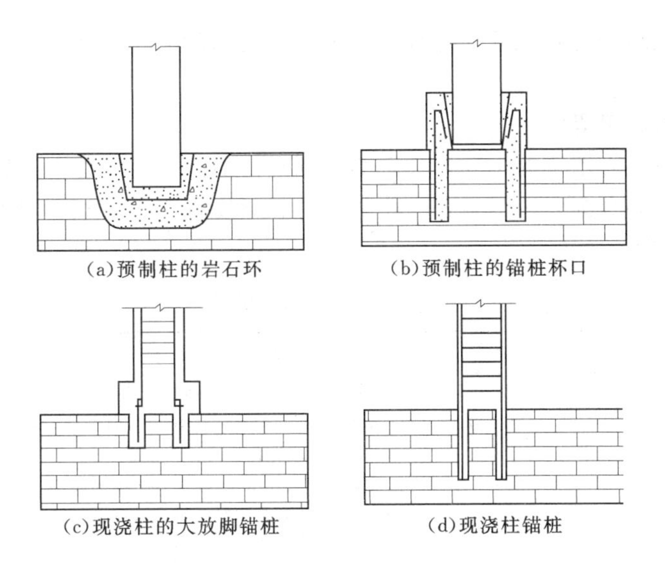
(a)预制柱的岩石环　(b)预制柱的锚桩杯口

(c)现浇柱的大放脚锚桩　(d)现浇柱锚桩

图 10-8　岩石地基的几种基础形式

10.9　岩溶与土洞地基

岩溶（或称喀斯特“Karst”）是指石灰岩、泥灰岩、大理岩、石膏、岩盐等可溶性岩石在水的溶蚀作用下产生的各种地质作用和形态；土洞指岩溶地区覆盖土层中，由于地表水或地下水的作用形成的洞穴，如图 10-9 所示。

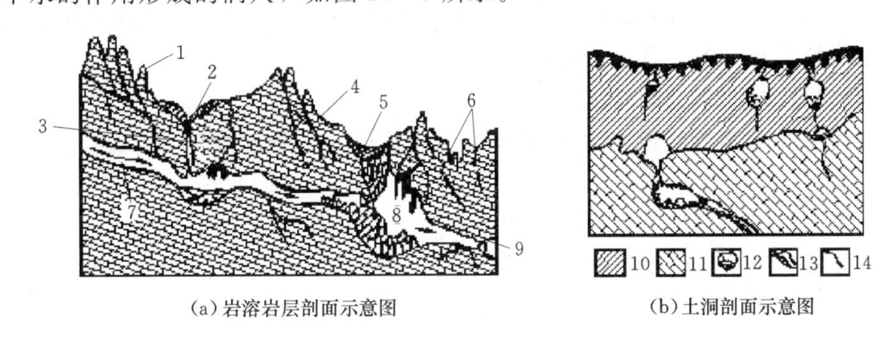

(a)岩溶岩层剖面示意图　(b)土洞剖面示意图

图 10-9　岩溶和土洞

1—石芽、石林；2—漏斗；3—落水洞；4—溶蚀裂隙；5—塌陷洼地；6—溶沟、溶槽；7—暗河；8—溶洞；9—钟乳石；10—土；11—灰岩；12—洞；13—溶洞；14—裂隙

我国的可溶性岩分布很广，在南北方均有成片或零星的分布，其中以云南、广西、贵州分布最广。其规模与地下水作用的强弱程度和时间关系密切，如有的整座小山体内被溶洞、溶沟所掏空。

岩溶地区由于有溶洞、溶蚀裂隙、土洞、暗河等存在，在岩土体自重或建筑物基底压力作用下，地面发生变形，塌陷，造成地基失稳，影响建筑物安全使用；由于地下水的运动，建筑物场地或地基内有时会出现涌水、突泥或淹没等突然事故。因此，在岩溶地区进行工程建设，必须考虑岩溶对地基稳定性的影响。

岩溶对建筑场地和建筑地基稳定性的影响一般是局部的。对地基稳定性构成影响的主要是溶洞和土洞。

10.9.1 岩溶发育程度等级

由于岩溶发育具有严重的不均匀性，为区别对待不同岩溶发育程度场地上的地基基础设计，将岩溶场地划分为岩溶强发育、中等发育和微发育 3 个等级，见表 10－9，用以指导勘察、设计、施工。

表 10－9 岩溶发育程度

等级	岩溶场地条件
岩溶强发育	地表有较多岩溶塌陷、漏斗、洼地、泉眼； 溶沟、溶槽、石芽密布，相邻钻孔间存在临空面且基岩面高差大于 5m； 地下有暗河、伏流； 钻孔见洞隙率大于 30%或线岩溶率大于 20%； 溶槽或串珠状竖向溶洞发育深度达 20m 以上
岩溶中等发育	介于强发育和微发育之间
岩溶微发育	地表无岩溶塌陷、漏斗； 溶沟、溶槽较发育； 相邻钻孔间存在临空面且基岩面相对高差小于 2m； 钻孔见洞隙率小于 10%或线岩溶率小于 5%

10.9.2 岩溶地区建筑场地的稳定性评价

在工程选址和初勘阶段，应查明岩溶的发育规律、分布特征及稳定程度，查明溶洞、溶蚀裂隙和暗河的界限以及场地内有无涌水、淹没的可能性，对建设场地的适宜性作出评价。在拟建场地范围内，按岩溶的发育程度在平面上划分出有无影响场地稳定性的地段，作为选择建筑场地和总图布置的依据。

工程选址和建筑地基应避开下列地段。

（1）有浅层的洞体或溶洞群，洞径大，顶板破碎、变形迹象明显，洞底有新近塌落物等。

（2）地表水沿土中裂缝下渗或地下水升降频繁，上覆土层被冲蚀，土洞塌陷严重。

（3）有较大的漏斗、洼地、槽谷等浅层岩溶且其中充填软弱土体或地面出现明显变形现象。

（4）土洞或塌陷等岩溶现象强烈发育地段。

（5）降水工程的降落漏斗中动水位高于基岩面。

（6）岩溶通道排泄不畅或水流上涌，有可能造成场地淹没。

10.9.3 岩溶地基

岩溶地区的地基基础设计，应以全面、客观地分析、评价地基的稳定性为依据。目前对岩溶稳定性的评价，仍然以定性和经验为主，定量评价还处于探索阶段。

定性评价主要分析岩溶形态及各种地质条件，并考虑建筑物的荷载影响判定其稳定性。若为溶洞，则应了解洞体大小、顶板厚度和形状，顶板岩体的强度、结构面的特征，研究洞内充填情况以及水的活动等因素，并结合洞体的埋深、上覆土层的厚度，建筑物的基础形式、荷载分布情况等进行综合分析。岩溶地基可按下列原则进行稳定性评价。

（1）对于完整、较完整的坚硬岩、较硬岩地基，且符合下列条件之一时，可不考虑岩溶对地基稳定性的影响。

1）洞体较小，基础底面尺寸大于洞的平面尺寸，并有足够的支承长度。

2）顶板岩石厚度大于或等于洞跨。

（2）地基设计等级为丙级且荷载较小的建筑物，当符合下列条件之一时，可不考虑稳定性的不利影响。

1）基础底面以下的土层厚度大于独立基础宽度的 3 倍或条形基础宽度的 6 倍，且不具备形成土洞的条件。

2）基础底面以下的土层厚度小于独立基础宽度的 3 倍或条形基础宽度的 6 倍，洞隙或岩溶漏斗为沉积物充填密实，其承载力特征值大于 150kPa，且无被水冲蚀的可能。

3）基础底面存在面积小于基础底面积 25％的垂直洞隙，但基底岩石面积满足上部荷载要求。

（3）当不满足上述条件时，可根据洞体大小、顶板形状、岩体结构及强度、洞内堆填情况及岩溶水活动等因素进行洞体稳定性分析。当判断顶板为不稳定，但洞内堆填物密实，且无水流活动时，可认为堆填物受力，以其力学指标按不均匀地基评价。在有建筑经验的地区，可按类比法进行评价。

（4）基岩面起伏剧烈，在基础附近形成临空面时，应验算基底岩体向临空面倾覆或滑移的可能。

对地基稳定性有影响的岩溶洞隙，应根据其位置、大小、埋深、围岩稳定性和水文地质条件综合分析，因地制宜采取处理措施。

1）不稳定的岩溶洞隙，可根据其大小、形状及埋深，采用清爆、换填、浅层楔状填塞、洞底支撑、梁板跨越或调整柱距等方法处理。

2）对岩溶水采取疏通勿堵的原则。

3）对未经处理的隐伏土洞或地表塌陷，不得作为天然地基。

4）应注意工程活动改变和堵截山麓斜坡地段地下水的排泄通道，造成较大的动水压力，影响建筑物基坑底板、地坪及道路等正常使用，防止泄水、涌水污染环境。

以上方法，根据工程需要，可单独使用，也可综合使用。

10.9.4　土洞地基

（1）土洞是岩面以上的土体在水的潜蚀作用下，遭到迁移流失而形成。根据地表水和地下水的作用可将土洞分为。

1）地表水形成的土洞，由于地表水下渗，土体内部被冲蚀而逐渐形成土洞或导致地表塌陷。

2）地下水形成的土洞，当地下水位随季节升降频繁或人工降低地下水位时，水对结构性差的松软土产生潜蚀作用而形成的土洞。由于土洞具有埋藏浅、分布密、发育快、顶部覆盖土层强度低的特征，因而对建筑物场地或地基的危害程度往往大于溶洞。

在土洞发育和地下水强烈活动于岩土交界面的岩溶地区，工程勘察应着重查明土洞和塌陷的形状、大小、深度及其稳定性，并预估地下水位在建筑物使用期间变化的可能性以及土洞发育规律。施工时，需认真做好钎探工作，仔细查明基础下土洞的分布位置及范围，再采取处理措施。

（2）对土洞常用的处理措施有。

1）由地表水形成的土洞或塌陷地段，当土洞或陷坑较浅时，可进行挖填、灌砂等处理，边坡应挖成台阶形，逐层填土夯实；当洞穴较深时，可采用水冲砂、砾石或灌注 C15 细石混凝土，灌注时，需在洞顶上设置排气孔。另外，应认真做好地表水截流、防渗、堵漏工作。

2）由地下水形成的塌陷及浅埋土洞，先应清除底部软土部分，再抛填块石作反滤层，面层可用黏土夯填；深埋土洞可采用灌填法或采用梁、板或拱跨越，桩、沉井基础等处理。

10.10 滑坡与防治

滑坡是指岩质或土质边坡受内外因素的影响，使斜坡上的土石体在重力作用下，沿着地层中的薄弱面（带）整体向下滑动的不良地质现象。滑坡产生的内因与地形地貌、地质构造、岩土性质、水文地质等条件相关，其外因与地下水活动、雨水渗透、河流冲刷、人工切坡、堆载、爆破、地震等因素相关。

在山脚河流发育、降雨量大的地区，滑坡的发生是非常普遍的，往往对已建和在建工程造成很大危害。因此，在山区建设工厂、矿山、铁路以及水利工程时，应通过勘察手段准确评价滑坡发生的可能性和带来的危害，做到预先发现，及早整治，防止滑坡的产生和发展。

10.10.1 滑坡的分类

滑坡分类的方法很多，常用的分类方法有以下几种。

1. 按滑坡体的体积分类

小于 3 万 m^3 的为小型滑坡，3 万～50 万 m^3 的为中型滑坡，超过 50 万 m^3 的为大型滑坡，300 万 m^3 以上为特大型滑坡。

2. 按滑坡体的厚度分类

厚度小于 6m 的为浅层滑坡，6～20m 的为中层滑坡，超过 20m 的为深层滑坡。

3. 按滑动面通过岩层的情况分类

（1）均匀土滑坡：多发生在均质土及岩性大致均一的泥岩、泥灰岩等岩层中，滑动面常接近圆弧形，光滑均匀［图 10-10（a）］。

（2）顺层滑坡：此类滑坡体是沿着斜坡岩层面或软弱结构面发生的一种滑动，其滑动面常呈平坦阶梯状［图 10-10（b）］。

（3）切层滑坡：滑动面切割了不同的岩层，常形成滑坡平台［图 10-10（c）］。

4. 按滑动体的受力状态分类

（1）推动式滑坡：主要是由于在斜坡上不恰当的加载所引起。如在坡顶附近建造建筑物、弃土、行驶车辆和堆放货物等作用，使坡体上部先滑动，而后推动下部一起滑动。

（2）牵引式滑坡：主要是由于在坡体下部分任意挖方或河流冲刷坡脚所引起。滑动特点是下部先滑动，而后引起上部接连下滑。

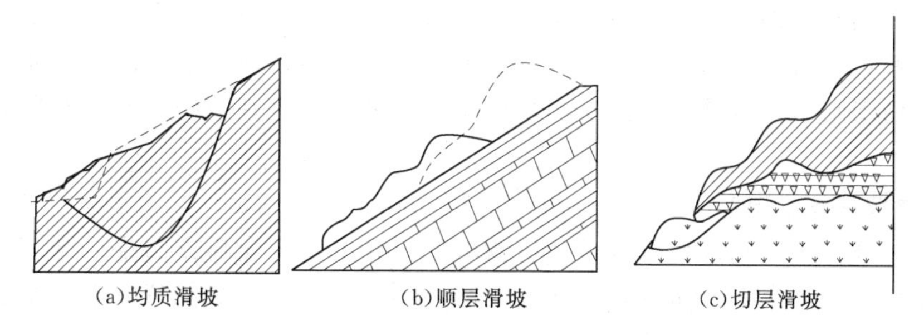

图 10－10　滑坡按滑面通过岩层情况分类

10.10.2　产生滑坡的地质条件和滑坡地带的特征

为避免将工程建在滑坡体上，正确识别滑坡至关重要。根据现有工程经验的归纳总结，对可能产生滑坡的地质条件和滑坡地带的外部特征作简单介绍如下。

1. 容易形成滑坡的地质条件

（1）斜坡体上有较厚的残积、坡积土层或其他堆积层，其中软弱夹层或软弱构造面比较发育，其物理力学性质具有遇水显著降低的特征。

（2）斜坡体上有一定数量的第四纪松散堆积物，下卧基岩为不透水岩层，其岩面倾斜坡度大于 20°。

（3）第四纪松散堆积层下的基岩为易于风化或遇水软化的岩层（如页岩、泥灰岩、千枚岩、云母片岩和沉积岩、变质岩等），岩层面有一定厚度的风化碎屑带，或容易形成风化碎屑带。

（4）黏土层中网状裂隙发育，特别是裂隙中有灰白色亲水性较强的软弱黏土夹层。

（5）地质构造复杂，岩层风化破碎严重，岩层层面或节理面与坡体倾向一致，岩层倾角由坡下向坡上逐渐变陡。

（6）上部岩层透水性强，下部岩层透水性弱，在其接触面上成为地下水的强烈运动带。

2. 滑坡发生后的特征

（1）残积、坡积土层及其他各种堆积层的滑坡，有以下主要特征：①滑坡体上有弧形裂缝出现，开始裂缝较少，随着滑坡的发展裂缝逐渐增多。浅层滑坡裂缝浅，倾斜角度较缓，裂缝长度短且互不连贯；深层滑坡裂缝长并连贯，倾斜角度陡，往往在雨季后期发展快，裂缝位置固定，夯填后仍在原处出现；②滑动擦痕在滑坡体两侧的错位面上常可发现，其方向和滑动方向一致，如果滑动面在黏土层中，滑动面则光滑，擦痕呈一明一暗的条纹状；如果滑动面在黏土夹碎石层中，滑动面则粗糙不平，擦痕更加明显；③现代河床受冲刷的凹岸处，山坡反突向河中，使河流转弯；④阶地被淹埋，滑坡体上土质松散。

（2）岩层中的滑坡，在建筑工程中多表现为浅层滑动，并具有下列主要特征：①在顺层滑坡中，滑坡床纵剖面呈平面式或多级台阶式。滑坡床形状受地貌和地质构造控制，多呈“U”槽状或平板状；②滑坡床上的滑动面（带）多为岩层中的软弱夹层，其抗剪强度偏低，一般具有一定（可以产生滑动）的倾角；③滑坡床（面）常是光滑的，具有明显的擦痕，当滑坡床为软质岩层面时，一旦暴露在地表后，很容易风化剥落呈碎片状；④滑壁上陡下缓，在滑壁及两侧壁上有互相平行的擦痕及擦沟，印痕粗糙有岩石粉末存在；⑤滑坡体上、中部可以看见横向拉开裂缝，基本上与滑动方向正交。滑坡体的下部多呈扇形放射状裂缝，沿滑动方向伸展；⑥岩层的切层滑坡，通常发生在破碎的风化岩层中，类似崩塌现象。

10.10.3 滑坡稳定性分析

由于滑坡体的土岩情况比较复杂，对滑坡稳定性的定量分析方法难以统一。目前，工程中常应用的是极限平衡分析法，有限元方法、离散元方法等数值分析方法在近些年的滑坡分析中也得到了迅速发展和应用。

现阶段，对土质边坡稳定性分析主要有圆弧滑动条分法，如瑞典条分法、毕肖普条分法等；对下卧基岩的土岩组合边坡，主要有考虑折线滑动分析的滑楔法等；对岩质边坡，主要有工程地质类比法、刚体极限平衡法、考虑滑动面变形的边坡块体稳定性分析法等。

现有各种滑坡稳定性分析方法的计算精度还比较低，需要根据具体滑坡的形态、类型和岩土参数，结合工程经验和综合分析对滑坡的稳定性进行判定。

10.10.4 滑坡的防治

1. 滑坡的预防措施

滑坡常会危及建筑物的安全，造成生命财产的损失，因此，在山区建设中，对滑坡必须引起足够的重视和采取有效的预防措施，防止产生滑坡。对有可能形成的滑坡地段，应贯彻以预防为主的方针，确保坡体的稳定性。一般性的预防措施包括。

（1）慎重选择建筑场地。对于稳定性差、易于滑坡或存在古滑坡的地段，一般不应选为建筑场地。

（2）保持场地原有的稳定性。在场地规划时，应尽量利用原有的地形条件，因地制宜地把建筑物沿等高线分级布置，避免大挖大填，破坏场地的平衡。

（3）做好排水工作。对地表水应结合自然地形情况，采取截流引导、培养植被、片石护坡等措施，防止地表水下渗，并注意施工用水不能到处漫流，对地下给排水管道应做好防水设计。

（4）做好边坡开挖工作。在山坡整体稳定的情况下开挖边坡时，应按6.9节边坡坡度允许值确定。在开挖过程中，如发现有滑动迹象，应避免继续开挖，并尽快采取措施，以恢复原边坡的平衡。

（5）做好长期的维护工作。针对边坡的稳定，排水系统的畅通以及自然条件的变化、人为活动因素的影响等情况，应做好长期的维修和养护工作。

2. 滑坡的整治措施

滑坡的产生一般要经历一个由小到大的发展过程，当出现滑坡，应进行地质勘察，判明滑坡的原因、类别和稳定程度，对各种影响因素分清主次，因地制宜地采取相应的措施，使滑坡趋于稳定。整治滑坡贵在及时，并力求根治，以防后患，一般性的处理措施包括：

（1）排水：对滑坡范围以外的地表水，可修筑截水沟进行拦截和旁引。对滑坡范围以内的地表水，可采取防渗和汇集排出措施。对地下水发育且影响较大的情况，可采取地下排水措施，如设置盲沟、盲洞、垂直孔群排水。

（2）支挡：根据滑坡推力的大小，可选用重力式抗滑挡墙、阻滑桩、锚杆挡墙等抗滑结构。抗滑结构基础或桩端应埋设在滑动面以下稳定地层中，并常与排水、卸荷等措施结合使用。

（3）卸载与反压：在主动区的滑坡体上部卸土减重，以减小坡体下滑力。在阻滑区段的坡脚部位加压，以增加阻滑力。如用编织袋装土叠放加压或用石块叠压，在河流岸边的部位，也常用铅丝笼装石块加压处理。卸载、反压常用于坡体上陡下缓，滑坡后壁及两侧岩土较稳定的情况。

（4）护坡措施：为防止或减小地表水下渗、冲刷坡面、避免坡面加速风化以及失水干缩等不良影响，常采取经济有效的护坡措施。可采用的方法有：机械压实、种植草皮、三合土抹面、混凝土压面、喷水泥砂浆面或浆砌片石护坡等。

滑坡的整治，可根据滑坡规模和施工条件等因素，采取实际有效的措施进行处理，必要时可采用通风疏干、电渗排水、化学加固等方法来改善岩土的性质。对小型滑坡，一般可通过地表排水、整治坡面、夯填裂缝等措施即能见效；对中型滑坡，则常用支挡、卸载、排除地下水等措施；对大型滑坡，则需要采取综合处理措施。

10.11　土质边坡与重力式挡土墙

10.11.1　土质边坡支挡的基本原则

土质边坡是比较脆弱的边坡，在边坡上不适当的加载、不恰当的开挖、水流不畅等因素，都有可能导致滑坡危害发生。

土质边坡的坡度允许值，应根据岩土性质、边坡高度等情况，参照当地同类岩土的稳定坡度值确定。当地质条件良好，土质比较均匀、地下水不丰富时，可按表 10－10 确定。

表 10－10　　土质边坡坡度允许值

土的类别	密实度或状态	坡度允许值（高宽比）	
		坡高在 5m 以内	坡高 5～10m
碎石土	密实	1：0.35～1：0.50	1：0.50～1：0.75
	中密	1：0.50～1：0.75	1：0.75～1：1.00
	稍密	1：0.75～1：1.00	1：1.00～1：1.25
黏性土	坚硬	1：0.75～1：1.00	1：1.00～1：1.25
	硬塑	1：1.00～1：1.25	1：1.25～1：1.50

注　1. 表中碎石土的充填物为坚硬或硬塑状态的黏性土。
2. 对于砂土或充填物为砂土的碎石土，其边坡坡度允许值均按自然休止角确定。

当边坡高度大于表 10－10 的规定时，地下水比较发育或具有软弱结构面的倾斜地层时；或开挖边坡的坡面与岩（土）层层面倾向接近，且两者走向的夹角小于 45°时，均应通过调查研究和力学方法综合设计坡度值。

为确保边坡的稳定性，对土质边坡或易于软化的岩质边坡，在开挖时应采取相应的排水和坡脚、坡面保护措施，并不得在影响边坡稳定的范围内积水。

整平建筑场地时，应注意保持边坡的稳定性，切忌盲目开挖坡脚。不应在坡顶和坡面上堆载（如堆置弃土等），如必须在坡顶和坡面上堆置弃土时，必须验算坡体稳定性，并严格控制堆载量。对开挖或填筑形成的新边坡，应及时进行治理。开挖边坡时，应注意施工顺序，宜从上到下，依次进行。

10.11.2 挡土墙设计

1. 挡土墙的类型选择

常用的挡土墙结构形式有重力式、悬臂式、扶壁式、锚杆及锚定板式和加筋土挡墙等。

（1）重力式挡土墙。

重力式挡土墙适用于高度小于8m、地层稳定、开挖土方时不会危及相邻建筑物的地段。重力式挡土墙是依靠墙体自重抵抗土压力作用的一种墙体，所需要的墙身截面较大，一般由砖、石材料砌筑而成。由于重力式挡土墙具有结构简单、施工方便。能够就地取材等优点，在土建工程中被广泛采用。

根据墙背倾斜方向可分为仰斜、直立、俯斜3种形式（图10－11）。俯斜式挡土墙所受的土压力作用较仰斜和垂直的挡土墙大，仰斜式所受土压力最小。当挡土墙高度较高，如当$h>6$m时，可采用衡重式挡土墙［图10－11（d）］。

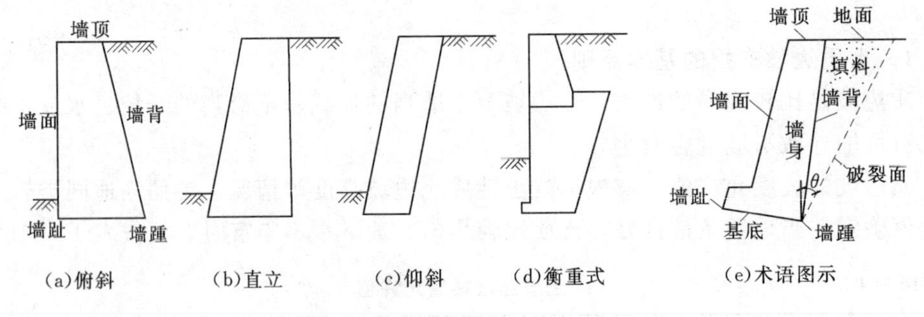

图10－11 重力式挡土墙形式

（2）悬臂式挡土墙。

悬臂式挡土墙一般是由钢筋混凝土制成悬臂板式的挡土墙。墙身立壁板在土压力作用下受弯，墙身内弯曲拉应力由钢筋承担；墙体的稳定性靠底板以上的土重维持。因此，这类挡土墙的优点是充分利用了钢筋混凝土的受力特性，墙体截面较小［图10－12（a）］。

悬壁式挡土墙一般适用于墙高大于5m、地基土质较差、当地缺少石料的情况，多用于市政工程及贮料仓库。

（3）扶壁式挡土墙。

当悬臂式挡土墙高度大于10m时，墙体立壁挠度较大，为了增强立壁的抗弯刚度，沿墙体纵向每隔一定距离（0.3～0.6h）设置一道加劲扶壁，故称为扶壁式挡土墙［图10－12（b）］。

（4）锚定板及锚杆式挡土墙。

锚定板挡土墙一般由预制的钢筋混凝土墙面、立柱、钢拉杆和埋在填土中的锚定板在现场拼装而成（图10－13）。锚杆式挡土墙是只有锚拉杆而无锚定板的一种挡土墙，也常

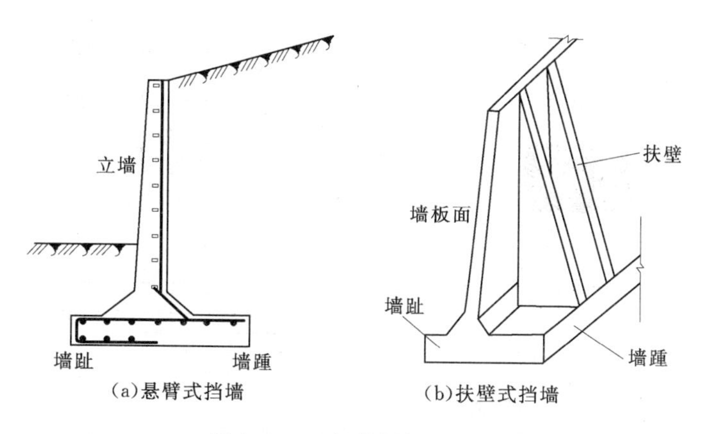

(a)悬臂式挡墙　(b)扶壁式挡墙

图 10-12　钢筋混凝土挡墙

作为深基坑开挖的一种经济有效的支挡结构。

锚定板挡土墙所受到的主动土压力完全由拉杆和锚定板承受，只要锚杆所受到的岩土摩阻力和锚定板抗拔力不小于土压力值时，就可保持结构和土体的稳定性。图 10-14 为 1974 年建成的山西太焦铁路某路段中所使用的锚定板和锚杆式挡土结构。

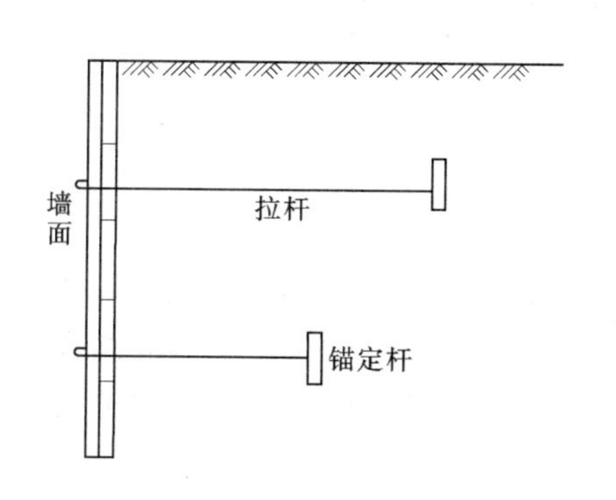

图 10-13　锚定板挡墙

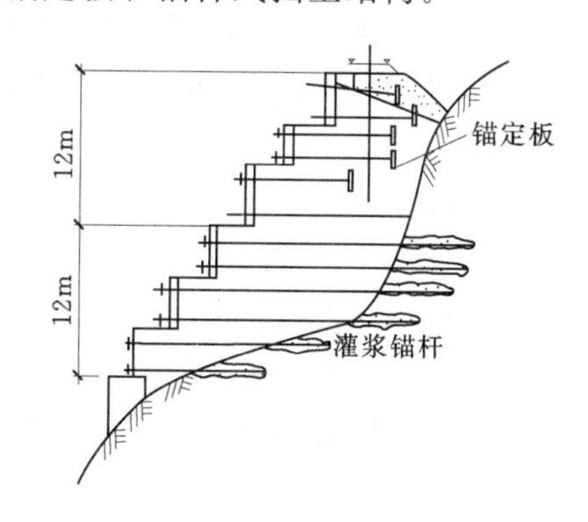

图 10-14　太焦铁路锚定板挡墙实例

(5) 其他形式的挡土结构。

除了上述介绍的几种挡土结构外，还有混合式挡土墙［图 10-15 (a)］、构架式挡土墙［图 10-15 (b)］、板桩墙［图 10-15 (c)］以及土工合成材料（各种土工织物或无纺土工布）挡土墙［图 10-15 (d)］和加筋土挡土墙。

2. 重力式挡土墙的土压力计算

对土质边坡的重力式挡土墙，主动土压力可按库伦土压力理论和朗肯土压力理论计算。但是，要达到主动土压力状态，挡墙的位移量需达到一定值，对于高大的挡土结构来说，是不允许产生过大变形的，因此，按传统土压力理论计算应增加一项土压力增大系数，可按式 (10-8) 进行计算。对黏性土或粉土的主动土压力也可采用楔体试算法图解求得。

$$E_a = \frac{1}{2}\psi_a \gamma h^2 K_a \tag{10-8}$$

式中　E_a——主动土压力；

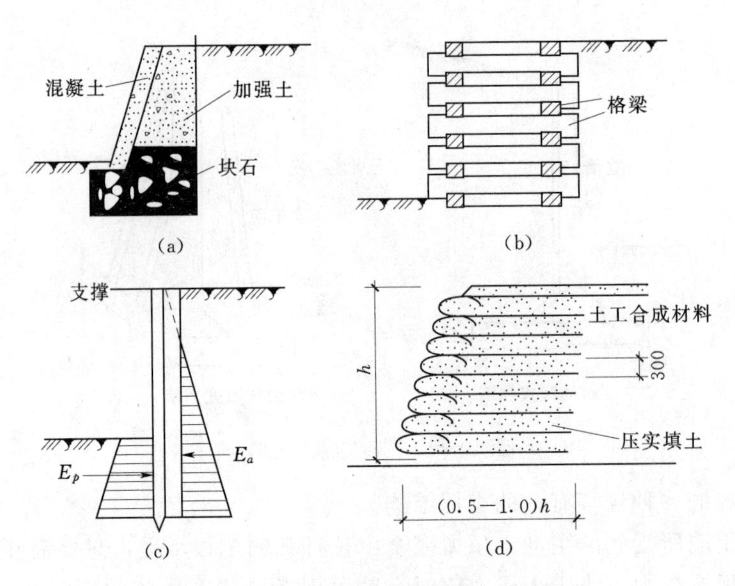

图 10-15　其他各种形式的挡土结构

ψ_a——主动土压力增大系数，挡土墙高度小于 5m 时取 1.0，高度 5～8m 时，取 1.1，高度大于 8m 时取 1.2；

γ——填土的重度；

h——挡土结构的高度；

K_a——主动土压力系数。

山区建设中，常遇到坡角为 60°～80°的陡峭岩石边坡，该坡角经常大于库伦破裂面的倾角（45°+φ/2）。这种情况下的土压力，应为陡峭岩石边坡与支挡结构间的楔形体范围内的填土产生的，根据楔形体的平衡条件计算土压力，其主动土压力系数按式（10-9）计算。

$$K_a=\frac{\sin(\alpha+\theta)\sin(\alpha+\beta)\sin(\theta-\delta_r)}{\sin^2\alpha\sin(\theta-\beta)\sin(\alpha-\delta+\theta-\delta_r)} \tag{10-9}$$

式中　θ——稳定岩石坡面的倾角；

δ_r——稳定岩石坡面与填土间的摩擦角，根据试验确定。当缺少试验资料时，可取 $\delta_r=0.33\varphi_k$（φ_k 为填土的内摩擦角标准值）；

其余符号见图 10-16 所示。

3. 重力式挡土墙的计算

重力式挡土墙的截面尺寸一般按试算法确定，可结合工程地质、填土性质、墙身材料和施工条件等方面的情况按经验初步拟定截面尺寸，然后进行验算，如不满足要求，则应修改截面尺寸或采取其他措施，直到满足为止。

重力式挡土墙的计算内容通常包括：①稳定性验算，即抗倾覆和抗滑移稳定性以及挡墙整体稳定性验算；②地基承载力验算；③墙身强度验算。作用于挡土墙上的荷载有主动土压力、挡土墙自重、墙面埋入土中部分所受的被动土压力，当埋入土中不算很深时，一般可忽略不计，其结果偏于安全。

（1）抗倾覆稳定性验算。抗倾覆力矩与倾覆力矩之比称为抗倾覆安全系数 K_t，如图 10－17 所示一具有倾斜基底的挡土墙，为保证挡土墙在自重和主动土压力作用下不发生绕墙趾 O 点倾覆，要求抗倾覆安全系数 K_t 应满足下式：

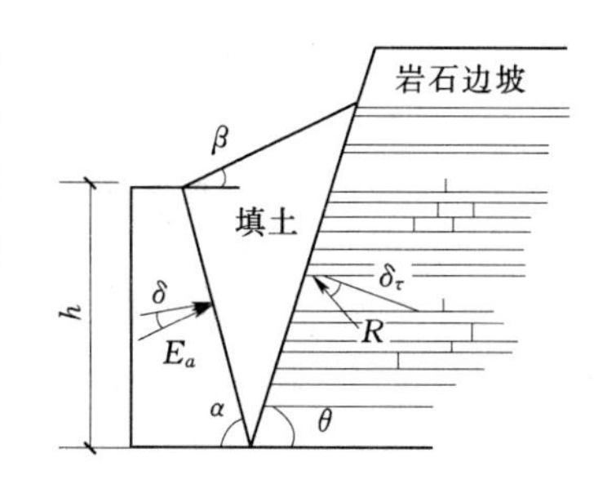

图 10－16　有限填土的土压力计算

$$K_t=\frac{GX_o+E_{az}X_f}{E_{ax}Z_f}\geqslant 1.6 \qquad (10-10)$$

$$X_o-X_f=b-Z\tan\alpha$$

$$Z-Z_f=Z-b\tan\alpha_0$$

式中　G——挡土墙每延米自重；

X_o——挡土墙重心离墙趾的水平距离；

E_{az}——主动土压力 E_a 的竖向分力：$E_{az}=E_a\sin(\alpha+\delta)$；

E_{ax}——主动土压力 E_a 的水平分力：$E_{ax}=E_a\cos(\alpha+\delta)$；

δ——土对挡土墙背的摩擦角，按表 10－11 确定；

α——挡土墙背与竖线夹角；

α_0——挡土墙基底倾角；

b——基底水平投影宽度；

Z——主动土压力 E_a 作用点距墙踵的高度。

表 10－11　　土对挡土墙背的摩擦角

挡土墙情况	摩擦角 δ	挡土墙情况	摩擦角 δ
墙背平滑、排水不良	$(0\sim0.33)\varphi_k$	墙背很粗糙、排水良好	$(0.5\sim0.67)\varphi_k$
墙背粗糙、排水良好	$(0.33\sim0.5)\varphi_k$	墙背与填土间不可能滑动	$(0.67\sim1.0)\varphi_k$

注　φ_k 为墙背填土的内摩擦角标准值。

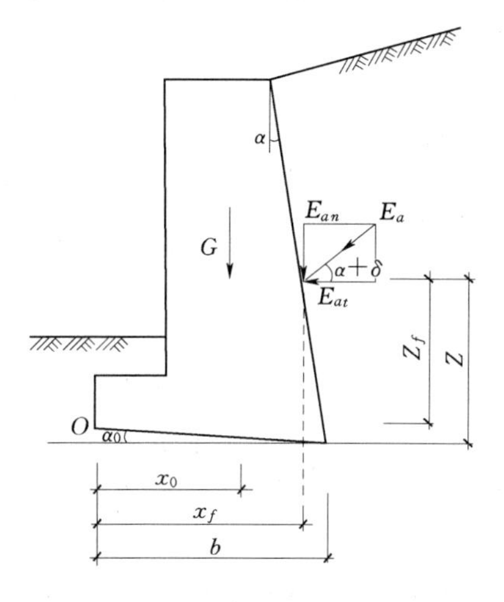

图 10－17　挡土墙倾覆稳定性验算

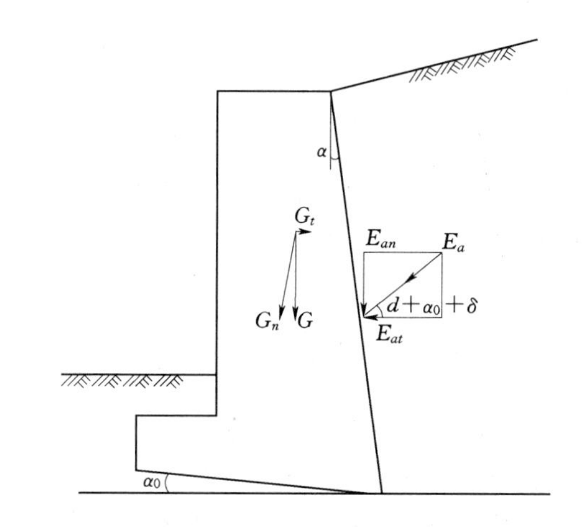

图 10－18　滑动稳定性验算示意

（2）抗滑动稳定性验算。基底抗滑力与滑动力之比称为抗滑安全系数 K_s，如图 10－

18 所示，K_s 应满足下式：

$$K_s = \frac{(G_n + E_{an})\mu}{E_{at} - G_t} \geqslant 1.3 \tag{10-11}$$

式中 G_n——G 垂直于墙底的分力，$G_n = G\cos\alpha_0$；

G_t——G 平行于墙底的分力，$G_t = G\sin\alpha_0$；

E_{an}——E_a 垂直于墙底的分力，$E_{an} = E_a\sin(\alpha + \alpha_0 + \delta)$；

E_{at}——E_a 平行于墙底的分力，$E_{at} = E_a\cos(\alpha + \alpha_0 + \delta)$；

μ——土对挡土墙基底的摩擦系数，宜按试验确定，也可按表 10-12 确定。

表 10-12　土对挡土墙基底的摩擦系数

土的类别		摩擦系数 μ
黏性土	可塑	0.25～0.30
	硬塑	0.30～0.35
	坚硬	0.35～0.45
粉土		0.30～0.40
中砂、粗砂、砾砂		0.40～0.50
碎石土		0.40～0.60
软质岩		0.40～0.60
表面粗糙的硬质岩石		0.65～0.75

注 1. 对易风化的软质岩和塑性指数 I_p 大于 22 的黏性土，基底摩擦系数应通过试验确定。
2. 对碎石土，可根据其密实度、填充物状况、风化程度等确定。

当地基软弱时，在墙身倾覆的同时，墙趾可能陷入土中，造成力矩中心 0 点向内移动，抗倾覆安全系数就将会降低，因此在应用抗倾覆公式计算时，应注意地基土的压缩性。基底滑动也可能发生在软弱的持力层土中，此时应按圆弧滑动面验算地基的稳定性，必要时可进行地基处理。

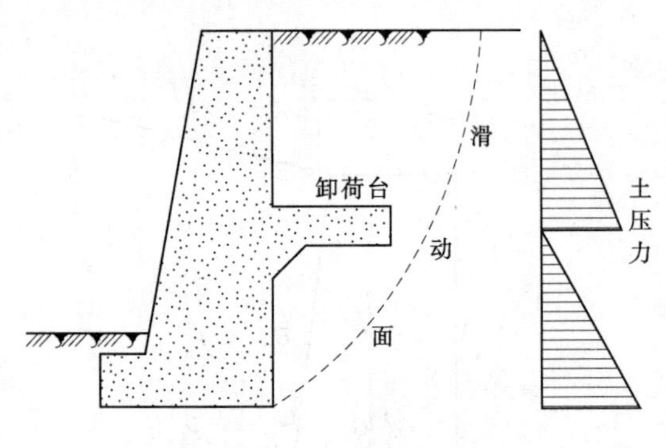

图 10-19　卸荷台挡土墙

挡土墙的抗倾覆不满足要求时，可考虑采取如下措施。

1）增大挡土墙截面尺寸，使 G 增大，但工程量将增加。

2）加宽墙趾，可增加抗倾覆力矩臂，但应注意墙趾宽度与高度需满足刚性角要求，必要时还需验算墙趾根部剪切，甚至配筋。

3）墙背做成仰斜，可减小土压力。

4）在挡土墙背上做卸荷台，形状如牛腿（图 10-19）。这样做的好处在于：平台上土重可增加抗倾覆力矩，且平台以上的土压力不能下传，使总土压力减小。

抗滑动验算不满足要求时，可采取以下措施：①修改挡土墙截面尺寸，以加大 G 值；②加大基底宽度，以提高总抗滑力；③增加基础埋深，使墙趾前的被动土压力增大；④挡土墙底面做砂、石垫层，以提高 μ 值。

(3) 重力式挡土墙整体稳定性验算。重力式挡土墙的整体稳定性验算是一项非常重要的验算工序，特别是仰斜式挡土墙，出现整体稳定性破坏的几率较高。挡土墙整体稳定性验算是按圆弧滑动面采用条分法进行计算，通常要求稳定安全系数应大于 1.05（图 10－20）

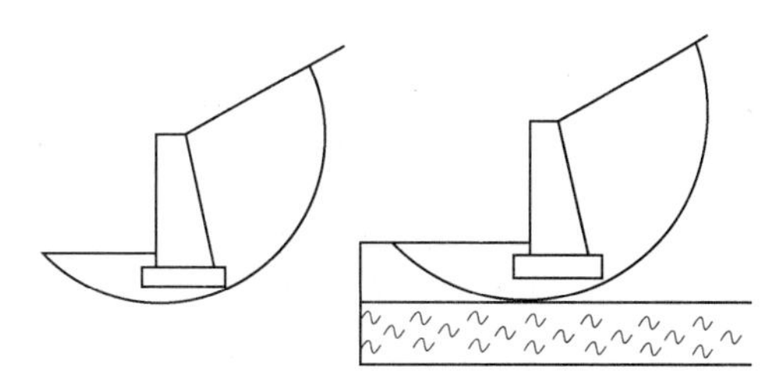

图 10－20　挡土墙整体稳定破坏

(4) 地基承载力及墙身强度验算。地基承载力的验算与一般偏心受压基础的计算方法相同。墙身强度验算，应根据墙身材料分别按砌体结构设计规范和混凝土设计规范中有关内容的要求验算。

4. 重力式挡土墙的构造措施

(1) 墙背形式选择。挡土墙所受主动土压力以墙背为仰斜时最小，直立居中，俯斜最大，但在选择墙背形式时，还需考虑使用要求、地形和施工条件等情况。一般挖坡建墙时优先选择仰斜，其主动土压力小，墙背可与边坡紧密贴合；填方建墙时可选直立或俯斜形式。

(2) 构造尺寸要求。挡土墙的埋置深度，一般不小于 0.5m，遇岩石地基时，应把基础埋入未风化的岩层内，为增加墙体稳定性，基底可做成逆坡［图 10－21 (a)］，坡度可取 0.1 : 1 或 0.2 : 1；基底墙趾也可设置台阶［图 10－21 (b)］，台阶高度比可取 2 : 1；一般重力式挡土墙基底宽度与墙高之比约为（1/2～2/3）。

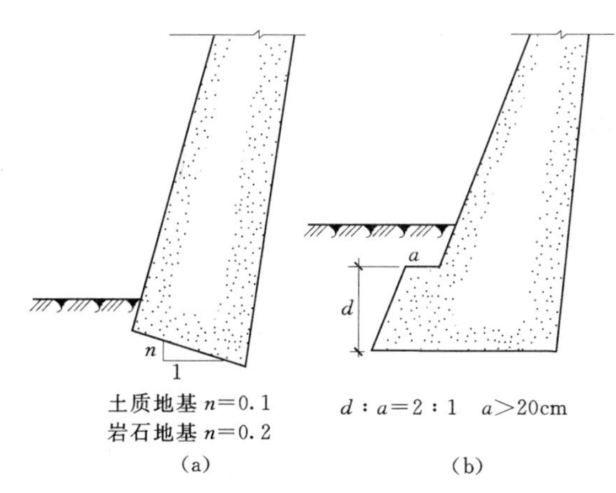

图 10－21　基底逆坡及墙趾台阶

块石挡土墙顶宽不小于 0.4m，混凝土挡土墙为 0.20～0.4m，仰斜墙面与墙背宜平行，坡度（高度比）不宜缓于 1 : 0.25。

为考虑墙体在土压力和温度作用下的胀缩变形问题，挡土墙应每隔 10～20m 设置一道伸缩缝，在地基压缩性变化处，可改设为沉降缝。挡土墙拐角处应适当采取加强的构造措施。

(3) 排水措施。挡土墙常因排水不良，雨水在墙后填土中下渗，甚至存积，造成土的抗剪强度降低，重度变大，水土压力增加，或地基软化，使挡土墙破坏。

如图 10－22 所示的两种排水方案，为使墙后积水易排出，挡土墙应设置泄水孔，孔眼尺寸不宜小于 ϕ100mm，孔坡度外斜 5%，孔水平向间距宜取 2～3m，挡土墙较高时，应在一定高度加设泄水孔。墙后要做好滤水层和必要的排水盲沟，可选用卵石、碎石等粗颗粒作为滤水层，以避免泄水孔淤塞，还可调节土的胀缩性，当排水量较大时，可设置排水盲沟。墙顶地面宜铺设防水层，当墙后有山坡时，应在坡下设置截水沟。为防止积水下渗，应紧靠泄水孔下部设置黏土或其他材料的隔水层，墙前应做好散水或排水沟。

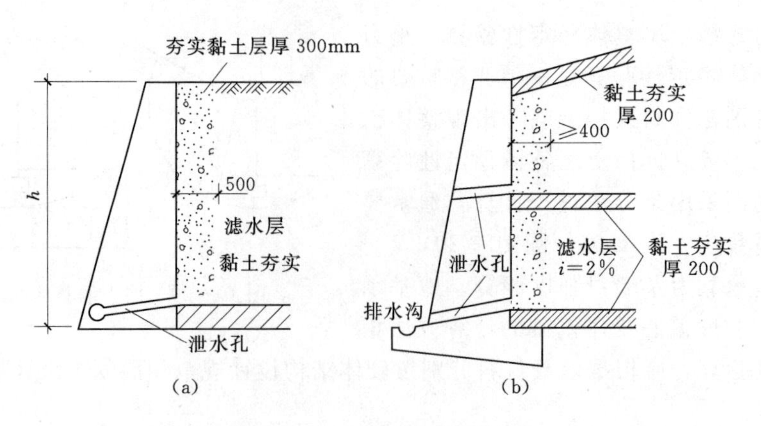

图 10-22　挡土墙排水措施

（4）填土质量要求。墙后填土宜选择透水性强、性能稳定的非冻胀材料，例如粗砂、碎（卵）石、炉碴等材料，其抗剪强度较稳定，不具有胀缩性和冻胀性，且易于排水。不应选择有机质土，也不宜用黏性土作为填料。因为黏性土的性能不稳定，干燥时体积收缩，而在雨季时膨胀，且季节性冻土地区还可能发生冻胀，造成实际土压力值变化很大，导致挡土墙破坏。考虑实际情况，当采用黏性土作为填料时，宜掺入适量的碎石、块石。

填土压实质量应严格控制，分层夯实，并检查其压密质量。

复习思考题

1. 区域性地基分哪几类？各类区域性地基有何特点？有哪些结构措施可以减轻和消除特殊地基对建筑物的不利影响。

2. 压实填土地基对土料和填土质量有何要求？

3. 滑坡的成因是什么？如何治理滑坡？

4. 挡土墙有哪些类型？如何设计重力式挡土墙？

参 考 文 献

[1] 叶书麟，叶观宝．地基处理［M］．2版．北京：中国建筑工业出版社，2005.

[2] 叶书麟．地基处理工程实例应用手册［M］．北京：中国建筑工业出版社，1988.

[3] 朱梅生．软土地［M］．北京：中国铁道出版社，1989.

[4] 凌志平，易经武．基础工程［M］．北京：人民交通出版社，1997.

[5] 赵明华主编．土力学与基础工程［M］．武汉：武汉工业大学出版社，2000.

[6] 华南理工大学，东南大学等四校合编．地基及基础［M］．2版．北京：中国建筑工业出版社，1991.

[7] 陈国兴．高层建筑基础设计［M］．北京：中国建筑工业出版社，2000.

[8] 孙家齐．工程地质［M］．1版．武汉：武汉工业大学出版社，2000.

[9] 刘建航，侯学渊．基坑工程手册［M］．北京：中国建筑工业出版社，1997.

[10] 龚晓南．基坑工程设计施工手册．北京：中国建筑工业出版社，1998.

[11] 宰金珉，宰金璋．高层建筑基础分析与设计［M］．北京：中国建筑工业出版社，1993.

[12] 陈忠汉，黄书秩，程丽萍，等．深基坑工程［M］．北京：机械工业出版社，2002.

[13] 余志成，施文华．深基坑支护设计与施工［M］．北京：中国建筑工业出版社，1997.

[14] 陈国兴，樊良本，陈甦．土质学与土力学［M］．2版．北京：中国水利水电出版社，2012.

[15] 《工程地质手册》编委会．《工程地质手册》［M］．4版．北京：中国建筑工业出版社，2007.

[16] 郭继武．地基基础设计简明手册［M］．北京：机械工业出版社，2008.

[17] 华南理工大学，浙江大学，湖南大学合著．《基础工程》［M］．2版．中国建筑工业出版社，2008.

[18] 王秀丽，白良．基础工程［M］．重庆：重庆大学出版社，2011.

[19] 《建筑地基基础设计规范》编委会．建筑地基基础设计规范理解与应用［M］．北京：中国建筑工业出版社，2012.

[20] 赵锡宏，龚剑．桩筏（箱）基础的荷载分担实测、计算值和机理分析［J］．岩土力学，2005，26(3)：337-341.

[21] 齐良锋．高层建筑桩筏基础共同作用原位测试及理分析［D］．西安：建筑科技大学，2002.

[22] 刘国彬，王卫东．基坑工程手册［M］．北京：中国建筑工业出版社，2009.

[23] 朱合华．地下建筑结构［M］．北京：中国建筑工业出版社，2006.

[24] (GB 50007—2011)《建筑地基基础设计规范》［S］．北京：中国建筑工业出版社，2011.

[25] (GB 50021—2001)《岩土工程勘察规范》(2009版)［S］．北京：中国建筑工业出版社，2009.

[26] (GB 50011—2010)《建筑抗震设计规范》［S］．北京：中国建筑工业出版社，2010.

[27] (JGJ 94—2008)《建筑桩基技术规范》［S］．北京：中国建筑工业出版社，2008.

[28] (JGJ 6—2011)《高层建筑筏形与箱形基础技术规范》［S］．北京：中国建筑工业出版社，2011.

[29] (JGJ 118—98)《冻土地区建筑地基基础设计规范》［S］．北京：中国建筑工业出版社，1998.

[30] (GB 50025—2004)《湿陷性黄土地区建筑规范》［S］．北京：中国建筑工业出版社，2004.

[31] (JTG D63—2007)《公路桥涵地基与基础设计规范》［S］．北京：人民交通出版社，2007.

[32] (JTG D62—2004)《公路钢筋混凝土及预应力混凝土桥涵设计规范》［S］．北京：人民交通出版社，2011.

[33] (JTG/TF 50—2011)《公路桥涵施工技术规范》［S］．北京：人民交通出版社，2011.

[34] （GB 50010—2010）《混凝土结构设计规范》[S]. 北京：中国建筑工业出版社，2010.
[35] （GB 50497—2009）《建筑基坑工程监测技术规范》[S]. 北京：中国计划出版社，2009.
[36] （JGJ 79—2012）《建筑地基处理技术规范》[S]. 北京：中国建筑工业出版社，2012.
[37] （GBJ 112—87）《膨胀土地区建筑技术规范》[S]. 北京：中国计划出版社，1987.